大数据科技译丛

装备科技译著出版基金

复杂系统中大数据分析与实践
Big Data in Complex Systems
Challenges and Opportunities

[埃及]阿布·埃拉·哈桑尼(Aboul Ella Hassanien)

[埃及]艾哈迈德·塔赫尔·阿萨(Ahmad Taher Azar)

[捷克]哈维尔·斯纳谢尔(Vaclav Snasel)　　　　　等编著

[波兰]亚努什·卡茨匹奇克(Janusz Kacprzyk)

[澳大利亚]杰马勒·阿巴瓦耶(Jemal H. Abawajy)

陈桂明　徐建国　李　博　常雷雷　译

国防工业出版社

·北京·

著作权合同登记　图字:军-2016-132 号

图书在版编目(CIP)数据

复杂系统中大数据分析与实践/(埃及)阿布·埃拉·
哈桑尼(Aboul Ella Hassanien)等编著;陈桂明等译.
—北京:国防工业出版社,2018.8
(大数据科技译丛)
书名原文:Big Data in Complex Systems
Challenges and Opportunities
ISBN 978-7-118-11565-9

Ⅰ.①复…　Ⅱ.①阿…　②陈…　Ⅲ.①数据处理
Ⅳ.①TP274

中国版本图书馆 CIP 数据核字(2018)第 038287 号

Translation from the English language edition:
Big Data in Complex Systems:Challenges and Opportunities
edited by Aboul-Ella Hassanien, Ahmad Taher Azar, Vaclav Snasel,
Janusz Kacprzyk and Jemal H. Abawajy
Copyright © Springer International Publishing Switzerland 2015
This Springer imprint is published by Springer Nature
The registered company is Springer International Publishing AG
All Rights Reserved

※

国防工业出版社出版发行

(北京市海淀区紫竹院南路 23 号　邮政编码 100048)
三河市腾飞印务有限公司印刷
新华书店经售

*

开本 710×1000　1/16　印张 28¼　字数 545 千字
2018 年 8 月第 1 版第 1 次印刷　印数 1—2000 册　定价 138.00 元

(本书如有印装错误,我社负责调换)

国防书店:(010)88540777　　发行邮购:(010)88540776
发行传真:(010)88540755　　发行业务:(010)88540717

译者序

复杂系统中的大数据为当前众多领域大数据服务和应用难题提供了解决方案,本书对当前研究的热点进行了归纳梳理与总结,具有较高的学术价值和应用价值。

当前有关复杂系统中大数据的书籍主要有两方面的特点:一是重理论轻应用,着重介绍相关理论知识,尤其是数学理论,而轻视有关应用的介绍;二是重一般性理论轻特异性,着重介绍一般性的通用理论和方法,而轻视面向特定背景下具体问题的剖析过程和解决方案。

本书从复杂系统与大数据的结合点出发,在基础理论知识的基础上,首先通过在多个应用背景下的成功解决方案分析说明如何在复杂系统中应用大数据,然后进行总结,提炼大数据与云计算的应用要点。本书分为三个部分:第一部分(第1~5章)介绍复杂系统中大数据的基础理论知识;第二部分(第6~13章)介绍不同应用背景下将大数据应用于复杂系统的成功应用案例;第三部分(第14~17章)提炼总结复杂系统中大数据的应用要点。本书从复杂系统中大数据的基础理论出发,通过典型背景下成功案例的深入剖析,最终回归其应用要点。

陈桂明负责全书的统稿,与常雷雷负责第一部分的翻译工作,徐建国负责第二部分的翻译工作,李博负责第三部分的翻译工作。同时,熊奇、韩润敏、孟岩磊、孙志鹏、周宇、孙建彬、何其芳、王涛、刘建友等也参与了本书的校对工作。

本书的出版得到了国家自然科学基金(71601180,71671186,71571185),国家社会科学基金军事学项目(14GJ003-192,14GJ003-195,15GJ003-278)及装备科技译著出版基金的支持。本书翻译过程中得到了火箭军工程大学作战保障学院的大力支持,此外还得到了国防科技大学的技术支持,在此一并表示感谢。

译　者
2018 年 6 月

前言

    大数据指大规模和复杂的,并且不能使用传统的数据处理技术进行处理和分析的大型数据集。过去几年中,从复杂系统中获取的数据集成指数级增长,覆盖从社会媒体中数以亿计的用户交互信息、化学信息学、水利信息学到复杂生态数据集包含的信息。这对研究人员和科学家在如何获取、记录、储存和操作大型数据集,如何开发出新工具未进行信息挖掘、研究和可视化方法,如何认识系统中由于信息而不能理解的内容等方面提出了新的挑战和机遇。这一切来源于与大数据主题相关的多学科的融合。

    本书的最终目的是为复杂系统相关研究人员提供最新的和具有一定深度的相关素材,以解决大数据应用所面临的挑战和机遇,为大数据集应用问题寻找新的解决方案。大多数的数据并不是天然结构化的,如 Twitter 和微博是在文本片段中的弱结构化数据,图片和视频虽然结构化储存但是没有语义信息:将这些信息转化为可以支撑分析的结构化数据是重要的挑战。同时,数据分析、组织、检索和建模也存在挑战。算法缺少可扩展性和数据的复杂性使得数据分析成为大数据应用的瓶颈。最后,分析结果的展示和非技术领域专家的解释对于提取可操作的知识非常重要。大数据的广泛应用不仅来源于科学的进步,也为下一代科学、医疗和商业打下基础。

    本书可供相关院校本科生和研究生学习,也可供大数据领域的研究者和实践者使用。每一章的开始均有该章的摘要和关键字列表。主要包括 17 章,所有章按照问题描述、相关工作和结果分析的形式组织。每一章的结尾进行总结和列出参考文献,个别文献单独列出。

    我们希望本书的每一章都能引发大数据领域的进一步研究,希望本书尽可能全地覆盖所有技术方面的问题,并对读者有一定的参考价值。

　　本书的内容来源于很多科学家、学者和研究者的工作,在此表示衷心感谢。同时,感谢为本书提出宝贵评论和意见的审稿人,是他们丰富了本书的内容。特别感谢出版商斯普林格公司,尤其是 Thomas Ditzinger 博士对于大数据系列丛书的不知疲倦的编辑工作。

Aboul Ella Hassanien, SRGE

Ahmad Taher Azar

Vaclav Snasel

Janusz Kacprzyk

Jemal H. Abawajy

2014 年 12 月

目录

第1章 大规模数据云计算设施：当前的紧迫任务

Renu Vashist

摘要 当前计算机时代中人们从无数的来源中收集和存储信息,包括互联网交易、社交媒体、移动设备以及自动传感器等。通过分析其相关模式,会产生海量数据,即大数据。大数据规模呈指数式增长,有预告指出,在 2012—2016 年间,全球的大数据将会增加 31.87%。由于大数据存储规模更加灵活,因此并不需要大幅度降低整个系统的规模以适应大数据规模的高速增长,但是为了更好地存储并利用这些海量数据,仍需要必要的存储硬件和互联网基础设施。

　　由于云计算在存储和分析大数据时的效费比最高,因此云计算成为了处理大数据和提供互联网基础设施服务的最为便捷的技术手段之一。

　　云计算和大数据是当前商业应用中发展最为迅速的技术手段,对大数据进行深入分析可以在商业领域产生大量与数据相关的创新产品,使其更具竞争力,因此业界对其期望颇高。传统的 ICT(信息与通信)技术并不足以应对 TB(Terabytes,太字节)级别和 PB(Petabytes,拍字节)级别的海量数据,但是云计算拥有无上限的、按需的、持续的计算和数据存储能力,同时在建设数据中心时并不需要巨大的先期投资。这两项技术之间存在交集,而在进行数据分析时,这两项技术的结合更是显示了巨大的潜力。同时,云计算平台也具有较强的可拓展性,高达 99.999% 的可靠性,性能优越且可定制。与专用基础设施相比,云计算在提供这些能力的同时所需要的成本也更少。

Renu Vashist

Faculty of Computer Science,

Shri Mata Vaishno Devi University Katra, (J & K), India

e-mail: vashist.renu@gmail.com

© Springer International Publishing Switzerland 2015

A.E. Hassanien et al.(eds.), *Big Data in Complex Systems*,

Studies in Big Data 9, DOI: 10.1007/978-3-319-11056-1_1

但同时,在有关这些技术手段的使用和未来发展方面也存在过高的乐观估计和不切实际的期望。本章将重点讨论这些技术在使用时所涉及的挑战和风险。从当前数据存储模式转移到云存储时,需要特别注意停机时间、数据保密和安全、大数据分析的稀缺性等诸多问题。本章还将阐明使用当前设备和云设备存储数据之间的权衡分析问题。在大数据和云技术更为成熟之前,选择使用大数据和云技术手段应当更加谨慎。

关键词 云计算;大数据;存储设备;停机时间

1.1 引言

当今商业、政府、国防、空间、科研、开发与娱乐等领域持续增长的需求产生了大量的数据。白热化的商业竞争和无穷尽的客户需求进一步拓展了相关技术的边界,这又进一步催生了大数据和云计算。本章中将以 TB 和 PB 计量的数据称为大数据,而传统的存储设备不能存储和分析如此大量的数据。云计算被视为处理大数据的最恰当的技术手段。诸如 Facebook、Twitter 和 YouTube 等社交媒体产生的非结构化数据也是大数据的重要来源之一。大数据技术手段指的是支持高维数据获取、存储和分析的相关技术和体系结构的统称(Villars,2001)。大数据技术可以广泛地应用于各个商业领域,但大数据所面临的挑战也有很多,包括数据量(以 TB 或 PB 计量)、种类(结构化、非结构化)、速度(持续更新)以及数据有效性等(Singh,2012)。数据不再局限于结构化的数据库记录之中,而是包括大量非标准化的非结构化数据(Coronel,2013)。

云计算指的是根据需求使用云设施通过互联网(或电话、电路等类互联网设施)传递信息的服务(Agrawal,2013),同时使用相关服务的客户根据其使用情况进行付费。相应地,云服务所依托的网络是按需分配的,因此云服务所连接的云计算资源一般由外部提供,并不需要用户自身提供技术和成本支持(IOS Press,2011)。云计算正作为一种新兴的、强有力的重要技术手段改变着信息时代的今天(Prince,2011)。

大数据技术有三个方面的难点:存储、处理和成本。云计算可以作为强有力的技术手段解决大数据的存储问题,同时其成本相对低廉,并能够提供较高的可拓展性和灵活性。两大主要的云服务基础设施即服务(Infrastructure-as-a-Service,IaaS)与平台即服务(Platform-as-a-Service,PaaS)可以以相对较低的成本存储和分析海量数据。PaaS 最大的优势在于其允许商业机构根据自身需要定制其存储容量。IaaS 通过快速增加计算节点来提高其处理能力。云服务的灵活性可以使资源得到高效的合理配置,这样一来,任何商业机构都可以在其可控成本范围之内享受到大数据所带来的便捷和优势(Ahuja and Moore,2013a)。

本章着重讨论云计算中的大数据分析。1.2 节介绍相关工作,1.3 节和 1.4 节分别介绍云计算和大数据,1.5 节讨论云计算与大数据的结合,1.6 节介绍二者结合所面临的挑战,1.7 节进行后续讨论,1.8 节总结本章。

1.2 相关工作

云计算与大数据可以称得上是 IT 领域中最值得关注的两个潮流。对于部分企业而言,这两大潮流已经呈现出了相互交叉的趋势,这些企业已经开始通过其云部署服务来管理和分析大数据。甚至有一种观点得到了许多研究人员的认可,那就是大数据与云计算之间的交叉表明,大数据本身就属于云计算(Han,2012)。商业机构越来越多地使用云计算来处理大数据以分析其商业需求。由于云计算具有极高的灵活性,因此可以分门别类地满足每一个用户的需求。例如,对于已经部署了内部云环境的商业组织来说,可以使用云服务或建立一个复合云终端来引入大数据分析,在内部云中保存部分敏感数据,并同时在外部公开云中存储外部数据源和部分应用(Intel,2013)。

(Chadwick and Fatema,2012)提出了一个基于授权的策略,基于该策略云服务提供者可以像传统设备服务机构一样向用户提供云服务。该策略允许用户自身进行安全协定设置以保护用户数据的安全性,未经授权任何人/手段都不能获取用户数据。

(Fernado et al.,2013)通过综述和分析手机云计算相关研究,指出其中存在着若干亟需处理的相关问题。

(Basmadjian et al.,2012)从节约资源的角度研究了私有云计算环境,提出的方法对于其他云计算方式也具有通用性。

大数据分析指的是从数据中挖掘知识的过程,而数据挖掘指的是从数据集合中挖掘知识的方法(Sims,2009)。更加确切地说,知识挖掘指的是采用不同的技术手段从数据中提取知识的过程(Begoli,2012)。对于大数据来说,由于传统的技术和方法难以胜任处理大规模数据和对于灵活性的要求,因此需要重新审视其可用性。大数据带来的另一大挑战在于结构化与非结构化数据并存,以及数据类型的多样性。处理这一挑战的方法之一是采用 NoSQL 数据库,NoSQL 数据库并不是一种关系型数据库,一般也不提供 SQL 语句进行相关数据操作。NoSQL 可描述的数据库类型包括图、文件和值存储。NoSQL 数据库具有高度的灵活性(Ahuja and Mani,2013;Grolinger et al.,2013)。此外还有一种新的关系型数据库,称为 NewSQL 数据库,但该数据库并不在簇中的节点之间进行数据交换,因此其灵活性相对逊色(Pokorny,2011)。在采用云计算和大数据之前,需要重点考虑几个问题,其中两个关键问题是云服务中数据的安全性和隐私性(Agrawal,2012)。使用云计算存储大数据可以带来灵活性、低成本等优势,但是大数据分析并不是万无一失的,尤其是针对云服务体系结构、云服务中数据交换技术等方面需要充分斟酌考虑(Ji,2012)。

1.3 云计算概述

目前,"云"作为"基于互联网的服务"这一概念已经逐渐得到大家接受:云即是互联网,云计算即是通过互联网提供的服务。全世界中每个人都在谈论这项技术,但是至今为止,有关云计算的定义、语义形式、概念等还没有得到大家一致认可,还有很多需要澄清的地方。有两大机构对此做出了重大贡献,国家标准与科技委员会(National Institute of Standards and Technology)和云安全联盟(Cloud Security Alliance),这两大组织对于云的定义是"云计算指的是一种能够按需配置的、无处不在的、实时便捷地获取计算资源(如网络、服务器、存储器、应用和服务等)的模型,该模型能够快速地对资源进行配置,所耗费的管理和服务成本较低,与服务的提供商交互较少(NIST,2009)"。云计算是基于计算机的,但是却通过互联网获得计算、存储和应用服务,因此云计算并不是点对点的应用,也不需要维护相应的硬件基础设施。云服务目前的应用实例包括在线归档存储、社交网络、网络邮箱以及在线商业应用等。云计算是一种新兴的信息传媒和IT服务。客户(企业或个人)以十分便捷的方式订制自己所需的服务之后进行支付,并不需要自己投资购买和部署个人的IT设备(Chen and Wang,2011)。当前云服务种类繁多,从客户的角度来说,很难进行选择,甚至都不知道进行选择的标准是什么(Garg et al. ,2013)。因此考虑到当前云服务的数量众多,十分有必要对不同平台上的云服务按照其效费比进行排序(Fox,2013)。

只要有网络连接,云计算模型就允许用户随时享受信息和计算资源所带来的便捷。云计算能够提供包括计算存储空间、网络、计算处理、定制集成以及用户应用等服务。虽然移动计算机的使用日趋频繁,但是由于资源稀缺性、离线频繁等因素,仍然很难开发其全部潜能。

云模型包括四个基本特征、三个服务模型以及四个部署模型。

1.3.1 云计算的基本特征

云计算有众多特征,其中最为常用的四个特征(Dialogic,2010)是:

(1) 共同基础设备:通过一个虚拟软件模型共用物理服务、存储和网络。无论部署模型是公共云还是私有云,其基础设备都是共用的。

(2) 动态可配置:根据当前需求自动配置相关服务。这个过程是通过软件自动完成的,因此服务的能力是根据需求可调整的。值得注意的是,云服务在具备动态可配置性的同时还保持了较高的可靠性和安全性。

(3)网络接入性:只要有网络链接,就可以获取云服务,因此计算机、笔记本电脑、移动终端设备和其他标准化的 API 设备(如基于 HTTP 的设备)都可以满足这一需求。在云服务中部署相关服务涵盖了从商业应用到最新智能手机的广阔应用。

(4)可控可度量:资源的使用是可监控和可控的,对于服务提供者和用户都是透明的,并且可以通过对于服务的管理和优化提供相关报告和账单信息。因此,客户在使用服务的同时可以随时看到自己所需要支付的账单。简而言之,云计算允许共享和以可度量的方式部署相关服务,相应地,客户可以在任何地点根据其对于服务的使用情况支付相关费用。

1.3.2 服务模型

云服务的基础是商业需求,云计算服务模型包括四种:软件即服务(Software as a Service,SaaS)、平台即服务(Platform as a Service,PaaS)、设施即服务(In frastructure as a Service,IaaS)以及存储即服务(Storage as a service,Saas)。SaaS 提供预先设定好的应用以及所需要的软件、操作系统、硬件和网络。PaaS 提供操作系统、硬件和网络,顾客安装并开发自身所需要的软件和应用。IaaS 仅提供硬件和网络,顾客安装并开发相关操作系统、软件和应用。

SaaS:SaaS 提供安装和运行于云服务中的商业应用(Cole,2012)。SaaS 供应商为顾客提供应用和资源,用户既可以通过客户界面,如网页浏览器,也可以通过项目界面来使用应用。客户并不管理和控制下层的云设备,如网络、服务器、操作系统、存储器等。在四种类型云服务中,顾客对于 SaaS 的控制是最少的。

PaaS:PaaS 处于 SaaS 的下一层,PaaS 的可选择性较强(Géczy et al. ,2012)。PaaS 赋予顾客在云设备的基础上使用编程语言、服务器和工具等开发相关应用的权限。客户并不管理和控制下层的云设备,如网络、服务器、操作系统、存储器等,但是对于部署应用和应用的使用环境等配置方案具有管理权限。由于采用经过验证的技术手段,PaaS 的风险较低,此外 PaaS 还使用共用服务以改进软件安全性,对客户的技术水平要求低,这都是 PaaS 的优势所在(Jackson,2012)。

IaaS:IaaS 建立的基础是按需模型。IaaS 一般采用虚拟设备使用户通过控制台部署虚拟机。云服务提供者管理诸如服务器、存储和网络等物理资源,而用户管理物理资源之上部署的基础设备。需要特别说明的是,IaaS 的用户一般由多名 IT 专家组成。IaaS 可以为客户提供多项能力支持,包括预处理、存储、网络以及其他基本计算资源,基于此,客户可以部署并运行任意软件,包括操作系统和应用等。客户并不管理或控制下层的云设备,但是可以控制操作系统、存储空间以及部署的应用,对于部分网络组件(如主机防火墙等)也拥有有限的管理权限。

一般认为 IaaS 属于效用计算,这是因为 IaaS 将计算资源视为公共资源(如电话等)。当容量需求增加时,可以提供更多的计算资源(Rouse,2010);当容量需求减少时,相应的可用计算资源就随之减少。这体现了云架构的"按需配置"和"按付使用"特征。市场上对于 IaaS 的关注最为强烈,大约有 25% 的商业企业都使用IaaS(Ahuja and Mani,2012,2009)。

图1.1 给出了云计算与三种服务模型之间的关系图。

图 1.1　云计算总览图(取自:Created by Sam Johnston Wikimedia Commons)

Storage as a Service:又称为 StaaS。StaaS 使用云应用来度量超出其限度的服务。StaaS 允许用户在外部存储设备中存储数据,并且通过互联网随时获取这些数据。云存储系统需要满足严格的需求以达到维护用户数据和信息的目的,如要具有高度的可用性、可靠性、可复制性和数据一致性。但是由于这些需求之间存在冲突,单一系统不能满足所有需求。

1.3.3　部署模型

由于需求不同,云计算的部署模型也有所不同,下面将介绍四种部署模型及其特点。图1.2 给出了私有云、公共云和复合云间的关系。

1. 私有云

私有云归属于由多个用户(如商业单元)所组成的单个组织。私有云有可能被单个组织、第三方或二者同时拥有、管理和运行,私有云也可能处于固定地点之内或者外部。私有云综合多种计算资源,最终以标准化的服务集合的形式提供给用户,因此私有云是基于特定用户的需求而订制、构建以及操控的。私有云一般是受服务环境中的需求驱动的,如应用成熟度水平、性能需求、工业或政府管控以及商业差别性原因(Chadwick et al.,2013)等。与 SaaS 相似,私有云的功能并不是直接对客户开放的,如 eBay。

例如,银行和政府都拥有数据安全性需求,因此一般不使用目前通用的公共云服务。私有云类型包括(图 1.2):

(1) 自托管私有云:自托管私有云具有结构优势和运行控制优势,自托管私有云利用当前的人员和设备投资提供了按需订制的从内部进行设计、托管和管理的环境。

(2) 托管私有云:托管私有云属于内部设计、外部托管和管理的专门环境。托管私有云综合了服务与结构设计控制和数据中心外包的优势。

(3) 私有云设备:私有云设备是按照供应商和市场特征以及结构控制进行设计的专门环境。私有云设备进行内部托管、外部/内部管理。它融合了多方面的优势,包括使用预定义功能架构、降低部署风险、内部安全管控。

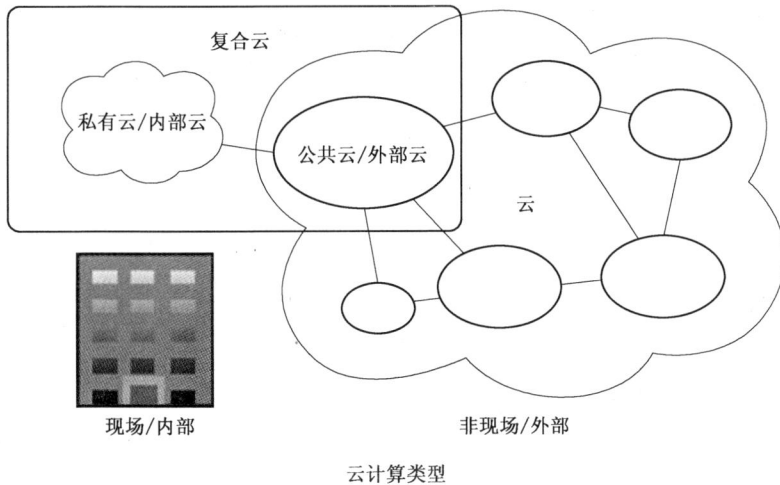

云计算类型

图 1.2　私有云、公共云和复合云计算

2. 公共云

云基础设施提供给公众开放使用。公共云可以由商业机构、学术机构、政府组织或者以上机构组织的综合体共同拥有、管理和使用。公共云位于云服务供应者的处所内。公共云一般由供应商按照"分期付款"或"计量服务"的方式通过计算机提供多项计算服务(Armbrust et al.,2010)。公共云计算具有以下优势:仅支付所消费的服务,通过快速部署获得灵活性;容量快速调整;所有服务都具有一致的可达性、可拓展性、安全性和可管理性。此外,公共云一般认为属于外部云(Aslam et al.,2010),例如亚马逊(Amazon)、谷歌(Google)应用等。

公共云类型包括共用公共云和专用公共云。

(1)共用公共云:共用公共云的优势在于快速执行、高度可扩展、进入门槛低等。共用公共云基于共用物理设施,该设施的结构、订制标准以及安全程度都由供应商根据市场驱动的需求保障。

(2)专用公共云:专用公共云所提供的功能与共用公共云类似,但是其建立在专用的物理设施之上。相比较而言,专用公共云的安全性、整体能力以及订制程度都优于共用公共云。根据规模不同,专用公共云的结构和服务水平由供应商决定,因此其成本也高于共用公共云。

3.社区云

如果多个组织都拥有相似需求并且希望采用共用设施来实现云计算功能,那么就可以使用社区云。与公共云相比,社区云的成本稍高,这是因为仅在少数几个用户之间分摊成本。但是,社区云的隐私性和安全性以及策略一致性更强。

4.复合云

复合云是私有云、公共云的综合体,其目的是在确保控制程度的前提下通过外包降低成本。当前使用复合云的实例并不多,实际使用的仅有 IBM 和 Juniper 等(Aslam et al.,2010)。

即使大部分用户构建了私有云或者在公司或集团的少数几个地方共用了该私有云,这些用户也仅仅关心云计算本身。同时,也有部分用户怀疑云计算的安全性,尤其是财务机构和大型机构一般不愿意将其控制权转移向云端,部分原因是他们并不相信云计算有足够的安全措施来保护这些信息。私有云并不具有共享性,一般公共云也有多种冗余性措施,复合云的隐私与安全信息存储于公共云的设施之中。但不得不承认当私有云和公共云交换敏感信息的时候确实存在安全隐患。

1.3.4 云存储设施

对于个人、企业和机构的数据备份、同步以及在延伸计算机服务器上通过高度可扩展性的手段获取软件应用而言,在云上毫不费力地存储数据广受欢迎(Spillner et al.,2013)。云存储设施既包括硬件设备,如服务器、路由器和计算机网络等,又包括软件,如操作系统和虚拟化软件等。但是与传统存储设施相比,云存储设施的区别在于文件的可达性:可以在云模型中通过基于对象的存储平台获取文件,也可以通过网络服务应用程序界面(API)和基本对象通信协议(SOAP)获取基于对象的存储空间。各相关组织在开始使用云服务之前必须明确自身需求,如多用户安全性、自动计算、存储效率、可扩展性等。

云计算的主要用途之一是数据存储。在云存储的帮助之下,各组织可以控制其不断增长的存储成本。在传统的存储方式中,数据存储在专用的服务器中,而在云存储中,数据存储在多个第三方服务器中。当存储数据的时候,用户可以看到虚拟的服务器,对于用户而言,数据以某个特定的名字存储在某个特定的位置,但是在现实中并非如此。实际上仅仅是云服务创立的一个虚拟空间,实际上用户数据可能存储在任何一台或几台计算机之中。真实的存储空间也可能是不断变化的,这是因为云存储是根据特定算法动态管理其存储空间的。即使位置是虚拟的,但是用户认为其位置是"静态"的,仍然可以通过其个人计算机来管理该存储空间。成本和安全性是云存储的两大优势。云系统的成本优势是通过以少数虚拟资源的高度可扩展性来实现的。在信息安全方面,云存储采用多重备份的方式规避数据侵蚀和硬件崩溃可能带来的危害。由于多重备份是存储在多台计算机之中,因此即使一台计算机离线或崩溃,用户仍然可以通过其他终端获取数据。

用户自身配置云服务是不可取的,这是因为其成本十分高昂。可以依托云存储服务供应商来获得相应的技术支持,即 IaaS 等,此时云服务供应商拥有设备(存储器、硬件、服务器以及网络组件),而客户一般按使用情况支付费用。云部署模型的选择(公共云、私有云或者是复合云)应当根据用户需求来确定,其关键在于创建恰当的服务器、网络和存储设施,并合理优化配置与共享这些资源。因为所有的数据都存储于相同的存储系统之中,数据存储对于共享设施模型来说就至关重要。商业需求驱动的云技术需求一般包括(NetApp,2009):

(1) 按使用情况支付费用。
(2) 长时间在线。
(3) 数据安全与隐私性。
(4) 自服务。
(5) 信息实时性与容量可拓展性。

以上的商业需求直接转换为以下对于设施的需求:

(1) 多用户安全性。
(2) 服务自动化管理。
(3) 数据可移动性。
(4) 存储高效。
(5) 集成数据保护。

1.3.5　云存储设施需求

当今社会,数据的规模与日剧增,再加上经济发展带来的可视化技术需求、非结构化数据也飞速增加,但同时大企业又要求对数据保存较长时间,因此存在着对可靠、恰当的存储设施的庞大需求,数据存储设施实际上已经成为每一个商业机构和组织的支柱。不管是私有云还是公共云,成败的关键都是要创建能够高效共享所有资源的数据存储设施,这是因为所有的数据都依赖于存储系统,而数据存储就成为公共设施模型中最为关键的一环。大多数云设施需求如下:

(1) 灵活性:云存储必须具有灵活性以根据客户和服务等级的需求随下层基础设施快速进行配置。

(2) 自动性:云存储必须能够自动调整,基于此策略可以协调下层设施进一步调整,如在不需要人工干预的情况下在不同的存储层级和地理位置进行用户与内容管理。

(3) 可伸缩性:云存储必须根据用户需求快速进行存储和更新。这是云存储的重要优势之一。

(4) 数据安全性:云服务用户所关心的要点之一是安全性。随着越来越多的客户将其数据存储于云端,客户希望在未授权时其私人数据绝对安全,这实际上相当于每一个用户都拥有一个私有云。但是大多数人使用的是公共云,数据一般存储于共享存储系统(或其一部分)之中,此时云存储供应者应当启用多重策略以确保不同的商业单元或企业都能够安全地共享存储硬件设备。

(5) 综合性能:云存储设施必须提供快速、具有鲁棒性的数据恢复功能。

(6) 可靠性:随着越来越多的客户依赖云服务,可靠性越来越重要。很多云存储用户愿意将其数据备份到云端,云服务必须保证在硬件和软件都出现崩溃时仍能够正常运行。

(7) 高效性:运转高效性是成为成功企业的必要要素,这要求存储能力管理高效,且成本低廉,这两大特性是云存储的优势所在。

(8) 数据可追溯性:一旦数据存储于云中,用户就可以通过互联网在任何地点任何时刻获得该数据。云中数据获取的便捷性对于将云存储设施无缝集成到当前企业的工作流中以及降低云存储移植的难度具有重要意义。

(9) 延时性:云存储模型一般不能满足对于实时性要求较高的应用需求。因此在进行移植之前需要测量和测试网络延迟性。虚拟机和其他不可预计的共享、重置等环节往往会进一步影响和增加网络的延迟。

数据存储设施是 IT 基础设施最重要的组成部分,由于其价格相对昂贵,且超出存储空间所导致的后果较为严重,因此通常被认为是一种稀缺资源。同时由于无人愿意承担作为数据存储设施管理员的责任,因此对于这方面的训练也较少。

1.4 大数据概述

大数据,或称海量数据,已经逐渐成为各个商业领域的新兴热词。大数据特指在规模和数据分析方法上具有独特特征的一类数据,因此可以认为大数据指的是任何数量巨大的、非结构化的、包含隐藏信息的数据以及相关分析方法组合

（juniper networks，2012）。数据不再仅仅局限于结构化的数据库记录，而是非结构化、非标准化的数据（Coronel et al.，2013）。如果分析得当，大数据可以带来新的商业增长点，开创新的市场，创造新的竞争力优势。正如 O'Reilly 所言，"大数据超越传统的数据库系统所能处理的范畴，规模巨大、增长迅速，且不符合现有数据结构特征。为了更好地了解大数据，必须要提出新的分析方法"（Edd Dumbill，2012）。

大数据一方面包含大量非结构化的数据，另一方面严重依赖快速的分析技术手段，往往需要在几秒钟之内给出分析结论。大数据需要大量的存储空间，虽然存储空间的价格不断下降，但是还是需要权衡二者之间的关系，否则所带来的经济压力对于小型和中型商业公司也十分巨大。一般大数据存储和分析设施都是基于集群网络的（Oracle，2012）。

大数据的增长速度十分迅速，几乎可以认为数据的增长是无限的。根据2011IDC 数据世界的研究报告，仅 2005 年就创造了 130EB 的数据，到了 2010 年规模增长到了 1227EB，2015 年预计将以 45.2% 的速度增长至 7910EB。IBM 公司至2020 年的规模预计将有 35000EB（IBM，IDC，2013）。图 1.3 显示了大数据的逐渐增长趋势。

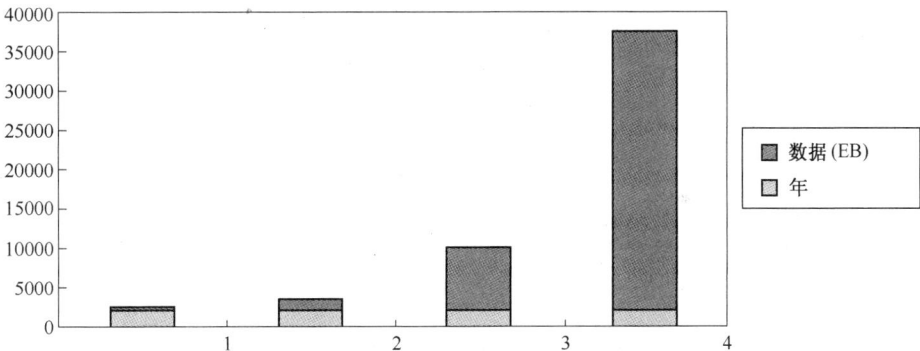

图 1.3　大数据的逐渐增长趋势

1.4.1　大数据的特征

大数据包含传统商业数据、机器数据以及社交数据，例如脸书（Facebook）、谷歌（Google）、亚马逊（Amazon）等，这些企业都在不断分析和收集用户状态信息也就是在不断创造新的数据。这些数据规模如此巨大，且都是非结构化数据。同时，数据的来源也包含一些新的渠道，如 e-mail、社交媒体和网络传感器等（Manyika et al.，2011）。McKinsey Global Institute 预计全球数据每年以 40% 的速度增长，自2009—2020 年将增长 44 倍。大数据的规模最为大家所熟知，但这并非大数据的唯一特征。实际上,至少有五个方面可以帮助我们了解和定义大数据:规模(Volume)、速度(Velocity)、类型(Variety)、价值(Value)和真实性(Veracity),一般称为大数据的5V(Yuri,2013)。图1.4展示了从其中三个视角看大数据。

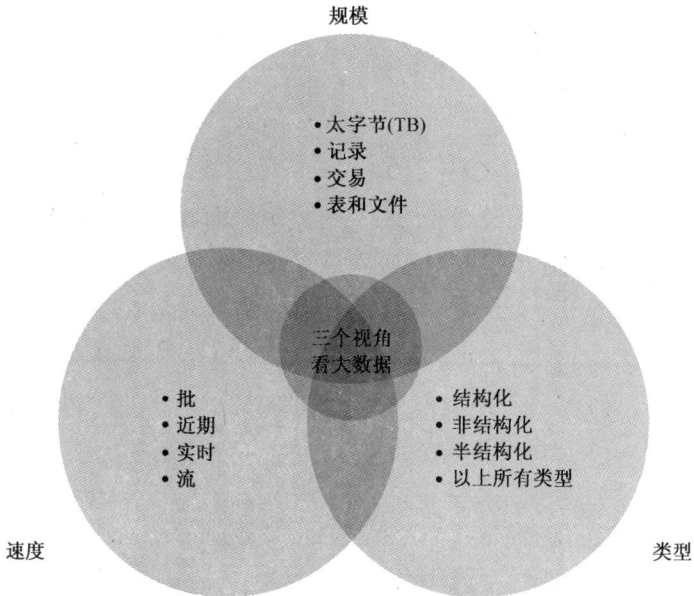

图1.4 三个视角看大数据

可以根据规模定义数据,但是数据的规模只是一个相对的概念。小型和中型的企业一般将吉字节(GB)或者太字节(TB)定义为大数据,但是大型全球企业一般将拍字节(PB)或艾字节(EB)定义为大数据。大多数的企业都存储数据,包括医疗数据、商业市场数据、社交媒体数据等。现在拥有 GB 数据的企业在未来可能就会拥有 EB 数据。数据一般都有多种类型的来源,如生物学和医学、商业研究、人类心理学、行为科学等。正由于来源多样,数据可能是结构化的、非结构化的、半结构化的等等。数据的速度是指数据到达、存储以及获取的速度。速度是指移动中数据的移动速度,商业市场、电影以及广告企业中的数据传输速度相对较快。图 1.5 显示了大数据的更多特征。

1.4.2 大数据对于基础设施的影响

高度可度量的基础设施对于处理大数据至关重要,相对而言,传统的大数据集一般存储于数据仓库。大数据一般由分散的小型数据组成,这些小型数据通过实时累积组成了大数据。大数据并不能用传统的、在线交易处理(OLTP)数据存储,也不能用传统的 SQL 工具进行分析。大数据需要扁平的、水平分布可度量数据库

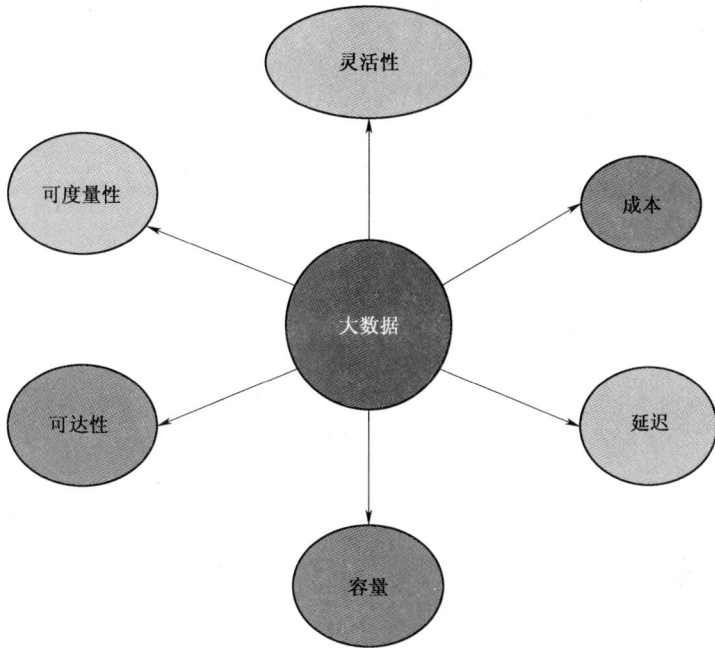

图 1.5　大数据的特征

进行存储,一般通过特定查询工具对真实数据进行实时查询。表 1.1 对比了大数据与传统数据的部分异同点。

表 1.1　大数据与传统数据对比

参数	传统数据	大数据
数据类型	结构化	非结构化
数据规模	TB	PB/EB
数据结构	中央化	分布式
数据之间的关系	已知	复杂

为了处理大容量、高速、多样的数据,以及将这些数据集成到现有企业数据中,就必须更新这些设施才能达到分析大数据的目的。当同时处理和分析大数据与传统数据时,相关企业就可以更加深刻地了解自身,这往往会带来更大的成功,诸如提高生产力,使企业处于更具竞争力的位置,并进一步提升创新力等(Oracle, 2013)。一般使用 MapReduce 来分析大数据,首先提出查询请求,然后返回键值,最终以数据集的形式返回查询结果(Zhang,et al. ,2012)。

一方面大数据以指数式增长,另一方面传统的文档系统不支持存储大数据,因此为了更好地处理大数据,必须以高度可度量性和灵活性的方式存储,这样才不至于重建整个系统来增加存储。各商业公司必须具备相应设施以满足大数据的五大特征。为了更好地利用大数据,首先需要具备合适的硬件和软件,其中的硬件指的是基础设备和相关分析。大数据基础设备包括诸如 Hadoop(Hadoop Project,2009；Dai,2013)和面向数据中心应用的云计算设备。Hadoop 指的是大数据管理软件设备,可以用于在多个横向服务器节点上分布、分类、管理和查询数据。这是一个可以处理、存储和分析海量分布式非结构化数据的框架。分布式文档系统可以同时处理上千节点中的 PB 和 EB 级别的海量数据。Hadoop 是一个在云环境中广泛部署的、用于大型平行计算和分布式文档系统的开源数据管理框架。基础设备是大数据技术堆栈的基础,包括管理接口、真实服务器(物理或虚拟服务器)、存储设施、网络以及可能的备份系统。存储是最重要的基础设备需求,而存储系统已经越来越灵活,这是因为只有将存储系统设计得非常先进才能满足系统性能和容量的多样化需求(Fairfield,2014)。Data Center Knowledge(数据中心知识,一个关于大数据的美国科技网站)最近的一份报告指出大数据已经对基础设施产生巨大的影响,已经开始引导网络和部分数据中心的大范围的基础设施协议制定和部署。但是,最为明确和实质的影响还是存储,其影响体现在存储容量和性能两方面。

有关大数据的以下方面值得特别注意:

(1) 如果管理不当,大数据中每年产生的非结构化数据的存储需求将会消耗巨大的成本。

(2) 从非结构化的数据中提取信息非常困难。

(3) 进行大数据分析所需要的基础设施的潜在成本逐渐下降,因此挖掘信息具有经济上的可行性。

(4) 大数据可以提供潜在竞争力。

(5) 使用内部服务器存储大数据成本巨大。

大数据存储的关键在于需要处理海量的数据,并且要求能够同样具有存储空间增长的潜力,还需要能够同时进行实时输入输出(Input/Output Operations Pei Second,IOPS)以满足进行数据分析的要求。基础设施必须能够处理从实时系统中高速获取的海量数据,这样一来才能够处理并最终理解数据的含义。这是一项具有挑战性的任务,因为数据并不仅仅来源于交易系统,还来自推文、Facebook 等。总而言之,明天的数据与今天的数据是完全不同的。

大数据基础设施的相关企业,包括 Cloudera、HortonWorks、MapR、10Gen 和 Basho 等,向企业提供软件和服务来存储、管理和分析其大数据。大数据基础设施对于从收集得到的海量数据存储设施中获取信息是至关重要的。虽然建立数据存储基础设施层级是十分艰难的任务,但目前相关企业所能获得的软件和专家服务已经越来越便捷。

1.4.3 大数据对于未来市场的影响

随着大数据技术日趋成熟,用户逐渐开始探索采用新的商业战略,大数据管理和商业分析的潜在影响也逐渐显著。根据 IDC 统计,至 2011 年,大数据技术及其服务市场将达到 48 亿美元(图 1.6)。

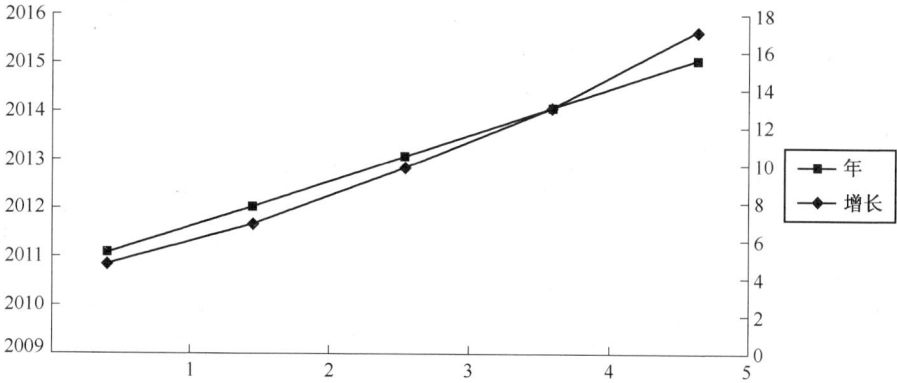

图 1.6　大数据市场预期

2011—2015 年,市场的预期复合年增长率(CAGR)为 37.2%,至 2015 年,市场价值将增长至 169 亿美元。

需要注意的是,在接下来的 1 年内,已经和即将投资大数据技术领域的 IT 领袖将达到 42%,但是相对而言,大多数企业的大数据战略并不成熟。随着大数据带来了传统数据资源和技术无法带来的商业机遇逐渐显现,各企业将越来越意识到大数据的重要性。此外,媒体宣传结合被激起的用户需求,至 2015 年,全球 1000 个大企业中的 20%将会建立起针对"信息基础设施"以及应用管理的相关战略。

1.5　云计算与大数据:不可抗拒的结合

过去的几年中,云计算已经成为大家关注的关键技术之一,同时受到大家关注的还有大数据。大数据指的是能够产生、处理和管理海量数据的工具、方法和手段(Knapp,2013)。结合这两项技术,就能够达到节约成本、改进用户体验以及更大限度探索数据潜能的目的。2009 年 1 月,国家标准与技术研究所(NIST,2009)与其他相关政府组织、商业企业和学术机构召集了有关大数据和云计算作为交叉热点的研讨会。虽然政府机构在采用新技术方法方面一向迟缓,但是却在引领云计算和大数据方面的创新。GigaSpaces 最近的一项调查表明:80%的 IT 领袖认为大数据对于其企业至关重要,并且已经开始在云模型中进行大数据分析。

大数据和云计算两项技术正在出现交叉,当进行分析和存储时,这两项技术的交叉将会显示出更加强大的力量。在与 IaaS 和 PaaS 技术结合之后,大数据逐渐崛起。基于 PaaS,企业可以根据自身需求调整存储规模以降低成本;基于 IaaS,当存在额外需求时可以快速部署新的计算节点。二者结合,可以实时增加新的计算和存储能力。云计算的灵活性允许按需分配资源,因此,企业就不需要额外购买过多的仅供一时使用的硬件设备。云计算具有按需配置、容量可调整、按使用进行计费的计算和存储特点。与自购数据中心相比,用户仅对所使用的云服务付费,不需要大型的 IT 投入,避免了企业规模增长超过存储容量的缺点。因此,转移向云服务的情况越来越多:Amazon 的云存储对象从 2010 年的 2620 亿增长到了 2012 年的 10000 亿。因此,使用云服务来分析大数据越来越具有合理性(Intel,2013)。

大数据分析投资巨大,需要高效以及具有较高效费比的相关设备。目前,只有大型和中等规模的数据中心具有自购资源支持分布式计算模型的能力。私有云可以提供更加高效、效费比更高的模型分析大数据,同时通过公共云提高内部资源的使用效率。复合云可以使企业能够使用按需存储空间,并基于公共云完成特定项目(如短期项目),进而达到增加计算容量的目的。

大数据可以混合内部和外部资源。大多数企业都倾向于自己保存敏感数据,但是大数据一般都存储于云端。部分企业已经开始使用云服务,还有一些企业也逐渐开始使用。敏感数据可以存储于私有云,而公共云可以用来存储大数据。根据需求不同,可以在公共云或私有云上进行相关数据计算。

数据服务需要从大数据中提取更多有效价值。从数据中提取有效信息的焦点在于进行数据分析,而数据分析是由私有云、公共云和混合云以服务的形式提供的。

在云计算的帮助下,可以对大数据进行多种计算分析。云计算为获取数据提供了一条更加便捷、更具灵活性的技术途径。企业可以根据自身需求,如成本、安全性、灵活性和数据交互性等,使用云基础设施。私有云可以用来消解风险并实现对数据更强的控制,公共云可以增强灵活性,复合云可以综合私有云和公共云的优点和资源。通过云技术对大数据进行分析,可以进一步优化成本,其中主要是硬件成本和运行成本。

1.5.1 优化当前基础设施以处理大数据

为了更好地适应大数据的容量、速度、真实性和类型等特征需求,最为重要的因素就是加强针对底层基础设施的建设。许多商业机构仍然以传统底层基础设施来存储大数据,这既不能满足容量需求,也不能满足实时性需求。这些企业和公司需要更换过时的历史底层基础设施以满足其更具挑战性的大数据需求,而这在现实中是一个非常痛苦的过程,其时间和费用花销将十分巨大,这就要求进行改变所带来的收益要远超过其风险。相比而言,在传统基础设施上进行改造是一个更加划算的选择。

为了应对这一挑战,许多机构都采用了基于互联网的 SaaS 应用。基于 SaaS,

各企业公司可以收集并存储远程服务数据,而不需要担心其现有基础设施过载的问题。开源软件允许各企业公司在不访问其算法的情况下向系统中加载交易策略,而 SaaS 将自动处理日益增长的需求,同时,数据分析工作也可以由除 SaaS 外的其他模型来进行处理。

目前已经有越来越多的企业开始引入大数据分析,这些企业并不继续使用其原有基础设施,而是采用 SaaS 和开源软件。Data Center Knowledge 最近的一份报告指出大数据已经对基础设施产生巨大的影响,它经开始引导网络和部分数据中心的大范围的基础设施协议制定和部署。但是,最为明确和实质的影响还是存储,其影响体现在存储容量和性能两方面。

云计算已经成为进行数据处理、存储和发布的主流可行手段,但是在云中存入和输出海量数据仍然面临巨大挑战。

1.6　使用云服务处理大数据的挑战与困难

使用云服务处理大数据时也面临诸多挑战,并将持续为准备采用云服务的企业带来挑战。由于大数据的容量一般以太字节(TB)计算,因此还需要采用传统技术手段将大数据在云端之间和云端与本地进行传输,而这将有可能破坏数据的安全性和隐私性。

使用云计算管理大数据具有较高的效费比、灵活性,但是需要权衡可能遇到的停机、数据安全性等问题。这些问题十分严峻,因此使用云计算来存储、处理和分析大数据将十分艰难。在将大数据转移到云端之前需要慎重考虑以下问题:

(1) 停机的可能:互联网是云计算的支柱。如果云计算中存在某些问题,那么整个系统就会迅速停机,但获取数据需要高速的网络链接。即使拥有快速和可靠的互联网链接,延迟性仍然可能导致停机:即使最低的网络延迟都可能导致停机。如果互联网中断了,就不能获取云中的数据。而即使最先进的云计算服务商都必须面对服务器溢出的问题,这有可能会对企业造成严重的经济影响,此时自购存储就具有了优势。

(2) 从众行为:大数据所面临的主要问题是不清楚是否存在对于大数据的真实需求。经常看到很多公司都有"大数据与云计算"的横幅,但是却并没有做出任何实质举动。由于大数据日趋流行,因此需要首先评估企业所应对的数据是否真的是"大数据",这之后才能真正采用新技术。这很像从谷壳中筛出小麦。对云资源进行合理配置是确保大数据项目取得投资应得回报的关键。

(3) 查询语言不可用:目前并没有专门适用于大数据的查询语言,实际上许多语言都不能直接应用于处理大数据,如 SQL,这些语言会破坏大数据的一致性和准确性。但是,如果 SQL 语言能够很好地处理关系型数据库,那么为什么要使用大数据呢,理解这一点至关重要。大数据是一种非结构化的数据,大数据扩展了传统的数据结构,但是也具有查询困难的弊端。

(4) 缺乏分析:大数据所面临的另一个问题是缺少专业的分析人员来处理大数据和在云计算中寻找有用的模式。即使大多数企业都声称了解大数据对于其生存的重要性,但约有 70% 的企业并不具备进行大数据分析的技术能力。由于各项技术在企业中的演化,超过 2/3 的企业认为其所需要的工作技能发生了变化。企业专家认为,与其花费大量金钱、精力和时间与大数据和云计算,采用简单的传统技术针对少量相关数据进行分析更能够带来经济回报,而实际上前者更像是从堆积成山的信息中用华而不实的工具挖掘有效信息。

(5) 识别正确数据集:直至今日,大多数企业都认为其自身不足以应对大数据带来的挑战,而少数认为自身具有应对大数据能力的企业甚至仅仅在区分大数据时也显得捉襟见肘。部分企业已经开始收集大数据原始信息的相关项目,并将其转换为结构化的可用数据以进行下一步分析。采用大数据和云计算的转换过程应当是逐步开展,而不是一蹴而就的。

(6) 积极方法:应当谨慎规划有关数据的容量、内涵和使用,这样一来就可以先期识别长期数据需求。大数据和云计算的规模可以根据中期和长期计划进行精确调整。企业的未来数据需求必须精确计算,随着大数据规模的不断增长,必须采用充足资源通过云服务来匹配数据存储需求。企业即使能够满足当前的存储需求,也必须对未来日益增长的新的需求做好准备。因此,需要对当前的战略,以及当前战略如何满足未来需求做出精确分析和预测;相反,并不需要一蹴而就地将大数据转移到云服务之中,应当逐步开展。

(7) 安全性风险:全面采用云计算时安全性是关注点之一(Mohammed,2011)。安全性是采用大数据和云计算的企业最关心的重要事项之一。在互联网中存储企业数据的想法本身就使大多数人感觉不安全和不舒服,当涉及敏感因素时更是如此。在将大数据转移到云服务之前,需要考虑大量的安全性因素。正因为如此,企业向云服务的转换受到了限制。

(8) 数据延迟性:实时数据当前还存在一定延迟性。当前的云服务还不足以满足实时性的要求,其提供的信息具有一定的延迟性(1~2ms)。在未来的几年中,新的技术也许能够解决这一难题,但是到目前为止,还没有足够好的技术手段解决数据延迟性。

(9) 识别非活跃数据:处理大数据的首要难点是规模的飞速增长。即使各企业能够处理好当前的数据,也不一定能够完全应对未来的数据需求。大数据中最重要的是活跃数据,但是实际上企业中的大部分数据是非活跃数据(约70%),而用户并不使用这些非活跃数据。例如,一般数据都是具有规律的,大多数数据只在最初的几天和几周内使用,之后这些数据就不再活跃了。

不同的应用具有不同的生命周期(图 1.7),部分应用要求其数据保存数月,如银行应用,而其他应用的数据可能只保留几天,如邮件等。对于大多数公司来说,非活跃数据约占全部存储容量的70%,这也就意味着大量的存储空间都是受到限制的。实际上,长期不再使用的非活跃数据是存储管理效率低下的主要原因,因此需要识别非活跃数据以进行存储优化,将更多的精力用于保存大数据。如果采用云服务保存非活跃数据,那么仍将会浪费大量金钱,因此终极的目的是识别非活跃数据并将这些数据排除出去。

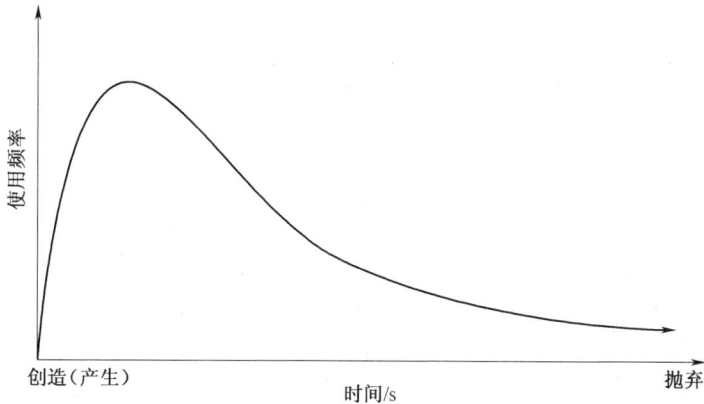

图 1.7　数据生命周期(来源:IBM 集团)

(1)成本:成本是需要考虑的另一个重要因素。经过初步分析,云计算应用存储大数据应当比使用特定软件和硬件存储与分析大数据成本更低。但实际上,云计算应用具有软件的所有特征,如果忽视了某些因素,那么云计算的成本就会变得十分巨大。当某个企业初次使用云计算时,往往可以节约成本。在应用的最初两年,由于这些应用不需要有关执照和支撑基础设施的大型资本投入,SaaS 可以降低用户的总成本;在此之后,从会计的角度来看由于资本贬值,因此采用预先安装的方式可以节约成本。

(2)模式有效性:在进行大数据分析之后获得的模式有效性是另一个重要的因素。如果分析之后发现某些模式无效,那么耗费大量时间、成本和精力的收集、存储和分析数据的整个过程都是失效的。

1.7　讨论

与云计算一样,大数据逐渐成为了一个流行名词,但是其描述的技术已经存在和使用多年了。不断增加的存储能力和不断降低的存储成本以及对于数据分析的巨大投资使得大数据能够为新的公司和企业所使用。科学研究人员、商业分析人员以及医药企业早已经使用大型数据库来应对异常复杂的问题。大型数据库,再结合其他信息,可以帮助发现复杂问题背后的隐含模式和关系。

　　每个企业都想将大数据转换为商业价值,但同时却并不想理解其背后的技术结构和细节。由于企业想要在尽可能短的时间内获取最大利润,因此可能会造成大数据项目的失败。为了最终能够达到商业目的,每个企业都必须首先学会如何应对大数据及其带来的挑战。由于云计算具有较高的效费比,并同时能够满足大数据的快速可度量性,因此云计算是大数据难题的解决方案之一。但是使用云计算进行大数据存储和分析也不是一劳永逸的,有许多问题需要解决,如停机、从众行为、不能读取查询语句、缺少分析、识别正确的数据集、安全性风险、成本因素等。采用云技术解决大数据问题时需要首先处理和解决好这些问题。

1.8　结论

　　过去十年之中云计算和相关衍生技术手段不断融合与发展,但与其他技术一样,云计算的发展和命运也依赖于根据不同需求对云计算本身的不断调整。云计算也许还未成为一种革命性的技术,更为恰当的观点是云计算应当属于高速发展的互联网技术家族中的一员。从另一个方面来说,大数据也在逐渐成为众多商业领域中的一项新兴技术。诸如 Facebook、Twitter 和 YouTube 等社交媒体产生的数据就是大数据,或称为非结构化的数据。大数据已经逐渐成为了一种新兴的技术手段,已经初步应用于面向海量非结构化数据的分析和探索之中,也已经在部分项目中挖掘出了具有更大价值的信息。数据的规模在指数式增长,现有手段在其面前显得束手无策。虽然大数据还仅仅在当前基于互联网的技术大厦中初露头角,但是将云计算作为大数据的存储平台是合理且可行的。基于云计算,大数据可以在任何规模的商业企业中得到应用,解决无数的难题,唯一需要特别注意的是从海量数据中提取信息还是一大技术难点,而有很多项目的失败都在于不了解大数据和云计算与实际问题之间的相互关系。

　　本章的目的在于指出,任何从历史平台向云计算的转换都应当进行谨慎和逐步的先期研究。提醒读者需要特别注意诸如盲目从众心理、查询语言不可用、缺少分析人员等问题,未来这些问题得以圆满解决才能促进云计算和大数据技术的进一步发展。

参考文献

Agrawal, D. , Das, S. , Abbadi, A. E. : Big data and cloud computing: New wine or just new bottles? PVLDB 3(2), 1647-1648 (2010)

Agrawal, D. , Bernstein, P. , Bertino, E. , Davidson, S. , Dayal, U. , Franklin, M. , Widom, J. : Challenges and Opportunities with Big Data - A community white paper developed by leading researchers across the United States (2012), http://cra. org/ccc/docs/init/bigdatawhitepaper. pdf (retrieved)

Ahuja, S. P. , Moore, B. :State of Big Data Analysis in the Cloud. Network and Communication Technologies 2(1), 62-68 (2013)

Ahuja, S. P. , Mani, S. :Empirical Performance Analysis of HPC Bench-marks Across Variations of Cloud Computing. International Journal of Cloud Applications and Computing (IJCAC) 3(1), 13-26 (2013)

Ahuja, S. P. , Mani, S. : Availability of Services in the Era of Cloud Computing. Journal of Network and Communication Technologies (NCT) 1(1), 97-102 (2012)

Armbrust, M. , Fox, A. , Griffith, R. , Joseph, A. D. , Katz, R. , Konwinski, A. , Lee, G. , Zaharia, M. :A view of cloud computing. Communications of the ACM 53(4), 50-58 (2010), doi:10. 1145/1721654. 1721672

Aslam, U. , Ullah, I. , Ansara, S. :Open source private cloud computing. Interdisciplinary Journal of Contemporary Research in Business 2(7), 399-407 (2010)

Basmadjian, R. , De Meer, H. , Lent, R. , Giuliani, G. :Cloud Computing and Its Interest in Saving Energy: the Use Case of a Private Cloud. Journal of Cloud Computing: Advances, Systems and Applications 1(5) (2012), doi: 10. 1186/2192-113X-1-5.

Begoli, E. , Horey, J. :Design Principles for Effective Knowledge Discovery from Big Data. In: 2012 Joint Working IEEE/IFIP Conference on Software Architecture (WICSA) and European Conference on Software Architecture (ECSA), pp. 215-218 (2012), http://dx. doi. org/10. 1109/WICSA-ECSA. 212. 32

Chadwick, D. W. , Casenove, M. , Siu, K. :My private cloud - granting federated access to cloud resources. Journal of Cloud Computing: Advances, Systems and Applications 2(3) (2013), doi:10. 1186/2192-113X-2-3

Chadwick, D. W. , Fatema, K. :A privacy preserving authorizations system for the cloud. Journal of Computer and System Sciences 78(5), 1359-1373 (2012)

Chen, J. , Wang, L. :Cloud Computing. Journal of Computer and System Sciences 78(5), 1279 (2011)

Cole, B. :Looking at business size, budget when choosing between SaaS and hosted ERP. E-guide: Evaluating SaaS vs. on premise for ERP systems (2012), http://docs. media. bitpipe. com/io_10x/io_104515/item_548729/ SAP_sManERP_IO%23104515_EGuide_061212. pdf (retrieved)

Coronel, C. , Morris, S. , Rob, P. : Database Systems: Design, Implementation, and Management, 10th edn. Cengage Learning, Boston (2013)

Dai, W. , Bassiouni, M. :An improved task assignment scheme for Hadoop running in the clouds. Journal of Cloud Computing: Advances, Systems and Applications 2, 23 (2013), doi:10. 1186/2192-113X-2-23

Dialogic, Introduction to Cloud Computing (2010), http://www. dialogic. com/~/media/products/docs/ whitepapers/12023-cloud-computing-wp. pdf

Eaton, Deroos, Deutsch, Lapis, Zikopoulos: Understanding big data: Ana-lytics for enterprise class Hadoop and streaming data. McGraw-Hill, New York (2012)

Edd, D. :What is big data (2012), http://radar. oreilly. com/2012/01/what-is-big-data. html

Fairfield, J. , Shtein, H. : Big Data, Big Problems: Emerging Issues in the Ethics of Data Science and Journalism. Journal of Mass Media Ethics: Exploring Questions of Media Morality 29(1), 38-51 (2014)

Fernado, N. , Loke, S. , Rahayu, W. :Mobile cloud computing: A survey. Future Generation Computer Systems 29(1), 84-106 (2013)

Fox, G. :Recent work in utility and cloud computing. Future Generation Computer System 29(4), 986-987 (2013)

Gardner, D. :GigaSpaces Survey Shows Need for Tools for Fast Big Data, Strong Interest in Big Data in Cloud. ZDNet Briefings (2012), http://Di-rect. zdnet. com/gigaspaces-survey-showsneed-for-tools-for-fast-big-data-strong-interest-in-big-data-incloud-7000008581/

Garg, S. K. , Versteeg, S. , Buygga, R. : A framework for ranking of cloud computing services. Future Generation Computer System 29(4), 1012–1023 (2013)

Gartner, Top 10 Strategic Technology Trends For 2014 (2013), http://www. forbes. com/sites/peterhigh/2013/10/14/gartner–top–10–strategic–technology–trends–for–2014/

Géczy, P. , Izumi, N. , Hasida, K. : Cloud sourcing: Managing cloud adoption. Global Journal of Business Research 6 (2), 57–70 (2012)

Grolinger, K. , Higashino, W. A. , Tiwari, A. , Capretz, M. : Data management in cloud environments: NoSQL and NewSQL data stores. Journal of Cloud Computing: Advances, Systems and Applications 2, 22 (2013)

Hadoop Project (2009), http://hadoop. apache. org/core/

Han, Q. , Abdullah, G. : Research on Mobile Cloud Computing: Review, Trend and Perspectives. In: Proceedings of the Second International Conference on Digital Information and Communication Technology and its Ap–plications (DICTAP), pp. 195–202. IEEE (2012)

IBM. Data growth and standards (2013), http://www. ibm. com/developerworks/xml/library/x – datagrowth/index. html? ca = drs

IDC. Digital Universe Study: Extracting Value from Chaos (2013), http://www. emc. com/collateral/analyst – reports/idc–extracting–value–from–chaos–ar. pdf

IDC. Worldwide Big Data Technology and Services 2012–2015 Forecast (2011), http://www. idc. com/getdoc. jsp? containerId = 233485

Intel, Big Data in the Cloud: Converging Technology (2013), http://www. intel. com/content/dam/www/public/us/en/documents/product–briefs/big–data–cloud–technologies–brief. pdf. Intel. com

IOS Press. Guidelines on security and privacy in public cloud computing. Journal of E–Governance 34, 149–151 (2011), doi: 10. 3233/GOV–2011–0271

Jackson, K. L. : Platform–as–a–service: The game changer (2012), http://www. forbes. com/sites/kevinjackson/2012/01/25/platform–as–a–service–the–game–changer/ (retrieved)

Ji, C. , Li, Y. , Qiu, W. , Awada, U. , Li, K. : Big Data Processing in Cloud Computing Environments. In: 12th International Symposium on Pervasive Systems, Algorithms and Networks (ISPAN), pp. 17–23. IEEE (2012)

Juniper, Introduction to Big Data: Infrastructure and Networking Consideration (2012), http://www. juniper. net/us/en/local/pdf/whitepapers/2000488–en. pdf

Knapp, M. M. : Big Data. Journal of Electronic Resources in Medical Libraries 10(4), 215–222 (2013)

Manyika, J. , Chui, M. , Brown, B. , Bughin, J. , Dobbs, R. , Roxburgh, C. , Byers, A. H. : Big data: The next frontier for innovation, competition, and productivity. McKinsey Global Institute (2011), http://www. mckinsey. com/InsightsMGI/Research/Technology_and_Innovation/Big_data_The_next_frontier_for _innovation (retrieved)

Marciano, R. J. , Allen, R. C. , Hou, C. , Lach, P. R. : Big Historical Data Feature Extraction. Journal of Map & Geography Libraries: Advances in Geospatial Information, Collections & Archives 9(1), 69–80 (2013)

Mohammed, D. : Security in Cloud Computing: An Analysis of Key Drivers and Constraints. Information Security Journal: A Global Perspective 20(3), 123–127 (2011)

NIST, Working Definition of Cloud Computing v15 (2009), http://csrc. nist. gov/groups/SNS/Cloudcomputing/

Netapp, Storage Infrastructure for Cloud Computing (2009), http://delimiter. com. au/wp–content/uploads/2010/10/Storage–infrastructure–for–cloud–computing–NetApp. pdf

Oracle, Oracle platform as a service (2012), http://www. oracle. com/us/technologies/cloud/oracle–platform–as–a–service–408171. html (retrieved)

Oracle, Oracle: Big Data for the Enterprise (2013), http://www. oracle. com/us/products/database/big–data–for–enterprise–519135. pdf (retrieved)

Pokorny, J. : NoSQL databases: a step to database scalability in web environ-ment. In: Proceedings of the 13th International Conference on Information Integration and Web-based Applications and Services (iiWAS 2011), pp. 278-283. ACM, New York (2011), http://doi. acm. org/10. 1145/2095536. 2095583 (retrieved)

Prince, J. D. : Introduction to Cloud Computing. Journal of Electronic Resources in Medical Libraries 8(4), 449-458 (2011)

Promise, Cloud Computing and Trusted Storage (2010), http://firstweb. promise. com/product/cloud/PROMISE-TechnologyCloudWhitePaper. pdf

Rouse, M. : Infrastructure as a Service (2010b), http://searchcloudcomputing. techtarget. com/definition/Infrastructure-as-a-Service-IaaS (retrieved)

Sims, K. : IBM Blue Cloud Initiative Advances Enterprise Cloud Computing (2009), http://www-03. ibm. com/press/us/en/pressrelease/26642. wss

Singh, S. , Singh, N. : Big Data analytics. In: International Conference on Communication, Information & Computing Technology (ICCICT), pp. 1-4 (2012), http://dx. doi. org/10. 1109/ICCICT. 2012. 6398180

Spillner, J. , Muller, J. , Schill, A. : Creating optimal cloud storage systems. Future Generation Computer Systems 29 (4), 1062-1072 (2013)

Villars, R. L. , Olofson, C. W. , Eastwood, M. : Big data: What it is and why you should care. IDC White Pape. IDC, Framingham (2011)

Yuri, D. : Addressing Big Data Issues in the Scientific Data Infrastructure (2013), https://tnc2013. terena. org/includes/tnc2013/ documents/bigdata-nren. pdf

Zhang, Y. , Gao, Q. , Gao, L. , Wang, C. : iMapReduce: A Distributed Computing Framework for Iterative Computation. Journal of Grid Computing 10(1), 47-68 (2012)

第2章　大数据运动：数据处理的挑战

Jaroslav Pokorný,Petr Škoda,Ivan Zelinka,David Bednárek,
Filip Zavoral,Martin Kruliš,Petr Šaloun

摘要　本章主要讨论数据处理方法,尤其是集成了融合生物启发方法的数据平行化和处理方法。这类数据处理方法称为大数据分析方法。本章首先描述一种新的支持大数据存储和处理的数据集架构,此外还将讨论数据源、数据特征、数据处理与数据分析等。本章将重点讨论数据处理的平行化问题:在新的技术的帮助下,程序员不仅可以在分布式情况下(水平尺度下)进行平行化处理,还可以在服务器中也进行平行化处理。本章还涉及天体物理学与计算机科学的多学科交叉研究,本章中称为天体信息学,同时还包括若干数据源和例子。本章的最后一部分讨论生物启发方法以及这些方法在基于天体物理学大数据的简易模型中的应用。本章最

Jaroslav Pokorný · David Bednárek · Filip Zavoral · Martin Kruliš

Department of Software Engineering, Faculty of Mathematics and Physics,

Charles University, Malostranské nám. 25, 118 00 Praha 1, Czech Republic

e-mail: {bednarek,krulis,pokorny} @ ksi.mff.cuni.cz

Ivan Zelinka · Petr Šaloun

Department of Computer Science, Faculty of Electrical Engineering and Computer Science

VŠB-TUO, 17. listopadu 15 , 708 33 Ostrava-Poruba, Czech Republic

e-mail: {petr.saloun,ivan.zelinka} @ vsb.vcz

Petr Škoda

Astronomical Institute of the Academy of Sciences,

Fričova 298, Ondřejov, Czech Republic

e-mail: skoda@ sunstel.asu.cas.cz

© Springer International Publishing Switzerland 2015

A.E. Hassanien et al.(eds.), *Big Data in Complex Systems*,

Studies in Big Data 9, DOI: 10.1007/978-3-319-11056-1_2

后提出基于一种新生物启发方法,并将其应用于天体物理学的大数据算例中,最终讨论提出算法的适用性以及计算极限问题。

关键词 大数据;大数据分析;平行处理;天体信息学;生物启发方法

2.1 引言

大数据指的是数据规模超过当前软件收集、处理、收回和管理能力的数据。某研究结构的首席科学家 McKinsey 指出,从功能上讲,大数据是能够被收集、交流、集成、存储和分析的结构化和非结构化的数据集合,目前大数据已经成为全球经济中每个企业组织和部门中必不可少的一部分。从用户的角度来说,大数据分析是大数据计算中至关重要的一个方面。然而,不同格式的大型数据集,如关系型、XML、文本型、多媒体或 RDF 等,可能给众多大数据处理算法(包括数据挖掘方法)带来诸多困难。同时,与传统数据架构相比,需要更加灵活的处理手段来处理数据规模和用户数量增加的问题。

为了存储和处理大型数据集,用户有多种技术手段处理大数据,如传统平行数据集系统、Hadoop、键值数据集(又称为 NoSQL 数据集)以及最新的 NewSQL 数据集等。

NoSQL 数据集是一种相对较新的数据集,已经越来越受到互联网企业的关注。显然,作为传统数据仓库中技术的延伸,大数据分析也用于处理大额交易数据。但是数据仓库技术主要关注结构化数据,相比较而言,大数据在当今更加具有通用性。因此,大数据分析处理手段不仅需要新的数据库架构而且需要新的分析手段。本章主要追踪当前有关 NoSQL 数据库的相关研究进展(Pokorny,2013),以及在大数据背景下所面临的挑战。本章主要结合 NoSQL 数据库和 Hadoop 技术为大数据问题的求解提供新的思路。

此外,随着当代科学领域创造的数据集越来越多,存储和应用这些数据本身就是一个非常严峻的问题。虽然科学领域的数据集所适用的基本原则与其他数据集应用是一致的,但是其数据库标准架构是不同的。到目前而言,关系型数据库的平行化能力和可拓展性已经成功应用于部分需要大量计算的大数据分析和文本处理应用中。但是,这些数据库系统在处理科学数据集时结果相对较差,主要原因是可用成本估计不足、偏态分布或缓存不足等。研究人员发起的相关讨论已经表明,定制的数据库架构对于流数据处理、数据仓库、文本处理、商业情报应用以及科研数据等具有重大优势。

当前科研活动的许多分支中都涉及海量数据的问题。以天文学和天体物理学为例,其数据量每隔几个月就会翻倍(Szalay and Gray,2001;Quinn et al.,2004)。显然传统的数据处理方法不再适用,而为了更好地寻找解决问题的技术途径并挖掘出数据之中的"隐含信息",就需要提出新的数据挖掘和数据处理方法。显然,这些方法不仅适用于天文学。

从全世界各种分布式网络中的大型电子检测设备、传感器网络和大型多维计算机仿真设备中搜集的信息的规模增长是指数式的,实际上在所有的自然科学领域都几乎如此。在成 PB 规模的数据信息中挖掘科学知识需要一种新的科学手段,称为 e-Science,通过不同领域科学家的协作可以将这种新的手段汇聚成面向全世界的计算能力并最终形成更加巨大的超级计算网络(Zhang et al. ,2008;Zhao et al. ,2008)。由于数据规模的增长已经超出了计算机技术能够应对的范畴,科学家们开始提出一种新的基于高级统计学和数据挖掘的方法,称为数据密集科学,或 X-informatics,并通过全球协作来共享巨大的数据库。同时,这种方法又称为当代科学的第四种范式(Fourth Paradigm(Hey et al. ,2010)),这种方法通过机器学习的手段从海量数据中抽取隐含知识,并形成新的科学发现。

在天文学中应用 X-informatics(如天体信息学),是一个集中了计算机科学、高级统计学和天体物理学的新兴学科,这将有助于激发对于天体物体本质的新认识和新见解。长期以来形成的天体物理学中的工作经验,如天文星表的良好记录与自动归档天文望远镜和卫星数据档案,对于天文学是非常有利的。天文学中的虚拟观测(Virtual Observatory)项目是天文档案联盟、基于网络的服务以及基于超级计算机网络客户端工具的全球基础设施。同时,虚拟观测项目具有严格的标准,全世界范围内的所有资源都得到良好配置,基于此实现了面向大数据的信息共享、数据可视化以及数据分析。只有严密的算法和计算机技术才能够处理如此规模的数据,为了应对这项挑战,科学家们研发出了满足其需求的计算硬件以及相应的数据处理方法。

应用于大数据的非传统方法之一是演化算法。演化算法模拟基于种群的自然演化过程,赋予种群中每一个个体以适应度值,并在选择过程中引入随机性。当系统的独立输入变量与输出(目标函数)之间关系不明确时,优化算法可用于优化系统。使用随机优化算法,如遗传算法、模拟退火算法和差分演化算法等进行优化,系统的输入以向量的形式存在,并度量其输出值。演化算法的寻优机制以迭代的形式根据输入输出值调节输入向量。

大多数工程问题都可以建模为优化问题,如寻找到机器手臂的最优活动路径、压缩容器中钢材质的最佳厚度、控制器参数的最佳取值、模糊模型或模糊集的最优关系等。由于这些问题中的参数具有多种类型,如浮点型、整型等,因此要求解这些问题并不容易。如遗传算法、粒子群算法、蚁群算法等的演化算法具有多种优势,如能够处理混合参数、不依赖导数和其他有关系统的辅助信息(如转换函数)的存在。因此,演化算法已经成功应用于求解多个领域的工程问题。

本章侧重于面向数据处理的最新研究方法,通过探讨这些方法与生物启发方法共同处理天文物理学中数据集、分析特定的演化算法是如何集成模型并提出新的算法的。本章还将介绍这些算法的使用情况,并最终对算法的局限性进行讨论。

本章剩余部分安排如下:2.2 节将介绍两种典型的数据库结构——传统的一般型数据库结构和类 Hadoop 的 MapReduce 框架。2.2.1 节将简要介绍 NoSQL 技术,尤其是数据模型和结构。2.2.3 节将用于讨论大数据问题,如数据源、数据特征、数据处理和分析等。2.3 节将在 2.2 节的基础上继续关注数据处理的平行化问题。2.4 节将介绍天体信息学。2.5 节将讨论生物启发方法及其在模型集成和大数据处理方面的应用。2.6 节总结本章,并重点强调在 e-Science 方面大数据分析的作用。

2.2 大数据中的数据处理

2.2.1 数据结构

早在 1983 年,Härder 和 Reuter 就曾在其文献中使用五层抽象结构建立了映射模型以描述当前广泛存在的 DBMS 框架结构(Härder and Reuter,1983)。在其最为通用的版本中,L1 层可用于描述私有 SQL 语言,L2 ~ L5 层分别为面向记录的数据结构及其导航方法、记录及接入路径管理、传播控制以及文档管理。网络中的每个节点以及与通信、调整和调解相关的服务都可以采用这个模型。一般情况下,也可以采用该结构来描述这种一般情况下的典型不共享的平行关系 DBMS,其 L2 ~ L5 层虽然位于不同计算机之中,但一般彼此关系都十分紧密。通用框架一般都具有仅关联其用户和最外层(SQL 层)的特征。

实际系统的通用框架一般包含三层。但是大多数情况下,目前集中式和分布式数据库并不能很好地满足网络数据管理的需求,其中最为突出的问题是网络环境中传统 DBMSs 不具有可拓展性。传统意义上使用的垂直拓展(scale-up)指的是通过投资购买新的昂贵的大型服务器来逐渐取代新的技术,如基于多个小型服务器链接而成网络来分割数据库任务,这称为水平拓展(scale-out)。显然,水平拓展更加高效且成本更低。在网络中均匀分布数据也就意味着将网格型数据分为若干数列,但与此同时也必须垂直"切碎"这些数据。但更多的时候,这两种情况是并存的,水平分布数据能够提升计算能力并同时处理多项任务。

NoSQL 数据库一般采用水平拓展的方式,其中 NoSQL 指的是"不局限于 SQL"或"非 SQL",也就是说,数据库类型非常多样。NoSQL 的解决方案首先出现于 20 世纪 90 年代末期,当时仅具有较低的可拓展性,与传统关系型数据库相比其性能提升有限,因此可以认为,NoSQL 指的是非关系型、分布式数据存储形式,一般不提供 ACID(数据库中事务的四大属性,即原子性(Atomicity)、一致性(Consistency)、隔离性(Isolation)、持久性(Durability))担保;仅在特殊情况下才可以用于存储半结构化和非结构化数据,因此 NoSQL 一般也用于存储大数据。

当涉及大数据时,另一个广泛使用的软件是 Hadoop。开源软件 Hadoop 是基于 Google 的 MapReduce 框架开发的(Dean and Ghemawat,2008),其设计目的是为数据处理和 Hadoop 分布式文档系统(HDFS)提供支持。HDFS 的顶层是 NoSQL 数据库,即 HBase。作为高度数据型 Map 平台,Hadoop 很快就成为了工业界的标准。一般 NoSQL 环境中的多层结构 Hadoop 软件都是基于三层模型的,但稍有区别(见表 2.1 (Borkar et al. ,2012))。

表 2.1   三层 Hadoop 软件堆栈

抽象层	数据处理		
L5	HiveQL/PigLatin/Jaql		
L2~L4	Hadoop MapReduce Dataflow Layer		M/R jobs
			Get/Put ops
			HBase Key-Value Store
L1	Hadoop 分布式文档系统(HDFS)		

与通用 DBMS 框架结构不同的是,可以通过三种不同的方式获取 Hadoop 软件堆栈中的数据。中间层的 Hadoop MapReduce 系统服务器提供批量分析功能。HBase 可以作为键值层,如 NoSQL 数据库。第三种方式是采用高级语言,如 Facebook 采用的 HiveQL,Yahoo 采用的 PigLatin,IBM 采用的 Jaql 等。说明语言可以大幅减少编程语言的数量,并且可以分布或平行执行。HDFS、Google 文档系统等都属于分布式文档系统(Ghemawat et al. ,2003)。仅使用 HDFS 就足以应对序列数据,同时 HBase 可以提供随机实时读写数据功能。

在这种数据架构下可以通过使用诸如 MapReduce 等编程语言而进一步缩小任务和数据处理的复杂性,尤其在 NoSQL 数据库的背景下。显然,并不是任何算法和编程语言都能够很容易实现这种方法。基于功能编程的 MapReduce 是可执行的,如一般条件下通过向量实现多个稀疏矩阵,同时,也可以优化针对部分分析查询请求和包含多条路径的查询请求的并行执行情况(Rajaraman et al. ,2013)。另一方面,某些语言的计算能力并不支持一般条件下的并行执行。

2.2.2 NoSQL 数据库

NoSQL 数据库能够描述的类别包括至少 150 种产品[①],其中的部分项目相对更加成功,这些项目都是从试图求解小型问题开始的,其中部分产品属于内存数据库,其读取速度更快。目前最快的 NoSQL 存储数据库(如 Redis 和 Memcached)就

属于这一类数据库。

其他开源和封闭的 NoSQL 数据库可见(Cattell,2010)。有关 NoSQL 数据库的详细描述可见(Strauch,2011)。其中比较具有代表性的 NoSQL 数据库可见(Pokorny,2013)。

1. NoSQL 数据库中的数据模型

数据库处理的各种方法的基本原则是(逻辑)数据模型,这对 NoSQL 数据库而言十分直观,并不涉及相关基本原理。NoSQL 术语也具有多样性,从概念和数据库视角认识数据并不存在明显的界限。

大多数简易 NoSQL 数据库称为键值存储,或大哈希表,其中包括键(Key)和值(Values)的组合。键可作为识别值(值一般存储于数组,但也可能是指针):给定键(或行号)的值包括名称和与该名称相关联的值。名称与值所组成的序列一般以数组的形式存储于 BLOB 中。这也就意味着数据获取操作仅依赖于键,一般称为 CRUD(建立、读取、更新和删除)。键和值的组合可以作为文档系统或哈希表的原始概念,非常有利于查询操作。但是需要注意的是,名称和值的组合可以有多种形式。就关系型数据模型而言,名称和值并不一定来源于同一张表。虽然非常高效和具有可拓展性,但是简易的数据模型的缺点对于这样的数据而言也是非常致命的。从另一方面而言,由于所有的数据库都无固定模式,因此可能并不存在 NULL 值。

在更复杂的情况下,NoSQL 数据库存储所有名称和值的组合,如按键排列的行。下面介绍列 NoSQL 数据库,对于这类数据库而言,可以增加新的列。这是更高一级的结构(例如 Cassandra DBMS),称为 super-columns,其中的列又包括子列。由于包含具有 CRUD 操作的列,因此可以进一步提升数据获取能力。需要注意的是,由于按列存储的 DBMS 中使用单独的表存储关系表中的列。因此列 NoSQL 数据库与按列存储的 DBMS 无关,如 MonetDB。

最具一般性的模型称为面向文件的 NoSQL 数据库(document-oriented NoSQL databases),DBMS MongoDB 就是其中的典型代表。一般使用 Java 脚本对象表示法(Java Script Object Notation,JSON)格式来描述这种数据类型。JSON 是二进制的,支持类型包括 map、date、Boolean 以及不同精度的其他数据类型。存储文档可以是任意类型,以及以底层文档形式包含于文档中的情况,但是列仅局限于固定格式,如包含一层或两层目录。就模型层面而言,列中包含键与文档的组合。

以上介绍的所有数据模型在本质上都是以键-值为基础的。这三类不同的数据获取方式也仅仅是在键-值之间组合以及获取值方式上有所不同。

从更加一般化的层面而言,NoSQL 具有多种形式,如面向对象、XML 以及图数据库等,其中图数据库在社交网络方面更具代表性。

2. NoSQL 数据库的结构

NoSQL 数据库在优化处理大量数据过程的同时在模型之间维持较弱的一致

性,并且在基于轻量级协调机制的基础上,在保持较高可拓展性的同时维持中心点的部分控制权限。一般而言,良好的可拓展性与较好的事务性是相对的。实际上,根据 Brewer 的理论(Brewer,2012),假设网络系统的不可靠性是具有一定的容忍程度的,在此程度之内,可拓展性的优先级高于一致性。

在大数据方面,NoSQL 数据库占据主要位置,如捕获和存储交互式负荷。从另一方面而言,一般通过平行数据库系统和 MapReduce 来分析大数据负荷。然而,NoSQL 已经逐渐成为大数据分析的主要手段,当然也具有一定的缺点,如计算模型较复杂,数据处理的底层信息不足等。

在文献(Vinayak et al.,2012)介绍了应用于数据库结构的新方法。ASTERIX 系统是完全基于平行架构的,可以存储、获取、索引、查询、分析和处理大型半结构化数据。如表 2.2 所列的架构与表 2.1 所列结构类似,但是在底层具有自身的 Hyracks 层来管理数据平行计算,中间层是代数方法层,顶层是 ASTERIX 系统——平行信息管理系统。Pregelix 和 Pregel API 均支持大型图的处理,其结构之中也包括 Hadoop 计算层。

表 2.2　Asterix 软件堆栈

抽象等级	数据处理			
L5	Asterix QL			
L2-L4 代数方法	ASTERIX DBMS		HiveQL,Piglet	
		Other HLL Compilers	M/R Jobs	Pregel jobs
	Algebrics Algebra Layer	Hadoop M/R Compatibility	Pregelix	Hayrack jobs
L1	Hyracks Data-parallel Platform			

2.2.3　大数据

在文献(Morgan,2012)中介绍了有关大数据的部分情况,该文献中的大数据指的是需要部署于平行架构之中的、规模超过 100TB 的、每年增长超过 60% 的数据。

除了传统企业数据(如 CRM 系统中获得的用户信息,交易企业资源计划(Enterprise Resource Planning,ERP)数据,网络存储交易等)外,大数据的来源包括传感器数据、电子数据流(如视频、音频、RFID(射频识别)数据等)或者来自于天文学、生物学化学或神经科学的 e-Science 数据。此时就需要使用到数据驱动的相关应用。例如,市场研究、智能健康系统、环境应用、社交媒体网络、水域管理、能源管理、交通管理,以及天文数据分析等。

网络在大数据应用方面起到了至关重要的作用。作为大数据的典型示例之一,文本网络内容可用于应对用户咨询和查询。该领域的挑战包括文档综合集成、网路搜索和用户推荐系统等。复杂的社会结构也促进了网络的形成,如包括 Facebook、LinkedIn 或 Twitter 在内的在线社交网络应用,这些都与大数据紧密相关。一般而言,社交网络平台中用户的交互会形成图结构,也就是大数据图(Big Graph)。

总体而言,大数据主要来源于以下 4 个方面:

(1) 从传统 DW 或数据库中收集获得的大型数据关系。

(2) 大型、非基于网络公司的企业数据。

(3) 大型网络企业的数据,包括大型非结构化数据和图数据。

(4) e-Science 领域的数据。

大数据的典型特征就是缺少统一的框架,因此需要集成结构化和非结构化数据库。

1. 大数据特征

大数据具有以下特征:

规模(Volume):数据量的大小,从 TB 级别到 PB 级别不等。数据规模过大将会导致存储困难,同时数据量过大也是大数据分析的难题之一。

速度(Velocity):数据的传输速度,如流数据的分析速度、结构化记录创建速度、读取和传送可用性速度等,同时还包括数据产生的速度以及数据处理的速度。

种类(Variety):大数据的种类包括结构化、非结构化、半结构化、文本、多媒体等。

真实性(Veracity):大数据的真实性包括不确定性/质量,不精确数据的可靠性和可预测性等。

在文献(Gartner, Inc. , 2011)中介绍了前三个特征,Dwaine Snow 在其博客"*Dwaine Snow′s Thoughts on Databases and Data Management*"中介绍了有关真实性的内容。种类和速度与真实性是相对的,种类和速度降低了数据分析和制定决策之前进行数据清洗的能力。(Gamble and Goble,2011)介绍了第五个特征:

价值(Value):将大数据应用于商业所产生的价值。

数据的价值特征包括基于智能使用、管理等增加社会和经济价值,以及对于数据源的再次使用,这些都可以通过增强其情报属性以满足其个人和商业需求,创造更多机会等,同时还可以创造信息处理方面的新的潮流,而原始数据和分析数据的交换也可以创造新的信息经济价值。

大数据的另一个特征是:

可视化(Visualization):视觉展现手段(如文字云、地图、历史数据流、信息图等)可以为决策支持提供新的视角。

2. 大数据处理

随着数据越来越复杂,数据分析也变得越来越复杂,为了挖掘相关信息,需要增加和拓展相关基础设施以及标准技术手段。大数据及高性能计算(HPC)在处理这方面难题中起到了至关重要的作用。因此,需要根据存储的组合复杂性和数据表达的复杂性来区分 HPC 和大数据。首先,问题并不直接与数据的规模相关,而是与问题的组合结构相关;其次,问题并不在于平行性,而在于线性可拓展性。

大数据处理包括休眠数据和实时数据的交互处理与决策支持。后者一般采用数据流管理系统(Data Stream Management Systems)来完成,而基于 MapReduce 的 Hadoop 更适用于提供决策支持。但是与分布式数据库相比,MapReduce 仍然是相对简单的技术手段。MapReduce 比较适合独立分析大型数据库,但是对于数据接口模式复杂的应用就必须调用多个 Map 和 Reduce 步骤。该设计方案的性能取决于总体策略以及媒体数据展示和存储的类型和质量。例如,e-Science 应用一般包括复杂系统,这对 MapReduce 系统而言是巨大的挑战。由于科学领域数据存在较多噪声,且其复杂性一般较高,最后的处理结果总是不尽如人意。相应地,MapReduce 更适用于处理结构化数据,而不适用于进行特殊分析。相反,NoSQL 较适用于交互式数据服务环境。

大数据分析的本质是采用并综合现有技术手段将信息转换为知识。相关的技术手段包括:

(1) 数据管理(不确定性、接近实时约束下的查询处理、信息抽取)。

(2) 编程模型。

(3) 机器学习和统计方法。

(4) 体系架构。

(5) 信息可视化。

支持这些技术手段的高度可拓展平台称为大数据管理系统(Big Data Management System)。2.2.2 节中提到的 ASTERIX 也属于 BDMS 范畴。

3. 大数据分析

大数据分析一般仅局限于商业领域,但是各领域的商业领袖和科学家都已经开始涉及大型数据集。计算机专家或数据科学家采用多种工具进行面向大数据的复杂分析,同时考虑到数据和任务的特殊需求。尤其需要注意到的是在进行大数据分析时并不能仅仅局限于分析和建模阶段,例如,噪声文本、异质性,还需要将大数据对结果的翻译等因素考虑在内。

除了这些大数据挖掘的经典方法外,其他相关领域也吸引了大家的目光,如实体解析与主观性分析,后者包括基于信息追溯和网络数据分析的语境分析与观点挖掘(Sentiment Analysis and Opinion Mining),其中难点在于从海量数据中抽取基于情景的信息,并且读取抽取信息的含义。

2.3　数据处理服务中的并行性

当前有关 CPU 体系结构中的研究显示出存在并行性的发展趋势,还出现了一种新的平行计算平台,如 GPGPU 或 Xeon Phi 加速器。这些新的技术促使程序员不仅需要在分布式方面(平行拓展),而且在每一个服务器内部(垂直拓展)都需要考虑并行处理问题。并行性涉及众多方面,如果按照目前趋势发展,将会在未来起到更加重要的作用。

2.3.1　性能评估

为了更好地认识并行性的优势,需要首先讨论性能评估问题。基于算法时间复杂性的理论方法并不能完全满足当前的全部要求。另外,衡量运行时间也严重依赖于不同硬件因素,并受到测量误差的影响。但是,运行时间又是唯一能够测量和可接受的指标。因此,本章中将采用并行加速比来作为评估指标,则有

$$\text{speedup} = t_{\text{seriel}}/t_{\text{parallel}} \tag{2.1}$$

式中:t_{seriel}为最佳版本算法所需要的真实时间;t_{parallel}为并行版本算法所需要的时间。各算法都基于同样的数据,求解同样的问题。

提供加速比的同时还需要提供芯片有关指标,如线程等。为了获得足够的精度,需要多次测量时间,并去掉偏离结果。

2.3.2　可拓展性与 Amdahl's 定律

当基于不同芯片测量并行性时,一般需要在不同的设置情况下测量加速比。这些测试的目的是评估算法的可拓展性,换言之,需要知道有多少个可以有效使用的计算单元,或者可以在多大程度上并行化处理该问题,这是十分重要的问题。在最优情况下,加速比等同于使用的计算单元数量(如 2× 表示双核,4× 表示四核等),本例中采用线性加速比。随着新一代的 CPU、GPU 以及其他并行设备的使用,可拓展性也可以帮助我们更加清楚地看到这些应用的巨大潜力。

可以通过测量序列和并行部件的比例来测量算法的可拓展性。如果能够获得这些部件的大小,就可以根据 Amdahl's 定律事先估计加速比:

$$SN = \frac{1}{\left((1 - P) + \dfrac{P}{N}\right)} \tag{2.2}$$

式中:SN 为具有 N 个计算单元和 P 个算法并行单元时的算法加速比。当 N 趋近

于无限时,可以通过式(2.3)估计加速比:

$$\lim SN = \lim\left(1/(1 - P) + \frac{P}{N}\right) = \frac{1}{1 - P} \tag{2.3}$$

当 N 趋近于无限时可以帮助我们更好地理解算法从多核 CPU 移植到拥有上千核的多核 GPU 系统时所产生的影响。当算法的串行部分只处理5%的全部工作时,无论增加部署多少核,都不能达到20×的加速比效果。在四核 CPU 上可以观测到3.48×的加速情况,但即使增加到512核的 GPU,也只能观测到19.3×加速比。因此,我们的目标之一是尽可能地减少串行部分,即使代价是使用具有次优时间复杂度的算法。

2.3.3 任务与数据并行性

受到编程领域设计模型所取得成功的启发,并行编程(Hwu et al.,2008)受到了各研究人员的关注。并行编程指的是识别以往产品中效果较好的模式,并进行总结,最终以设计模型的形式进行推广(Keutzer and Mattson,2008),这种设计模型允许从专家处获取知识并进行传播。

目前已经提出了多个设计模式和相关策略,并且已经广泛应用于并行计算。就数据处理而言,以下方法尤其受到关注。

(1)任务并行化——在逻辑上将问题分解为多个子任务,彼此之间以非交互/少交互的形式串行执行。

(2)数据并行化——问题数据分解为多个大小相等模块,按照同样方法并行执行。

(3)管道化——在生产者和用户中串行执行问题。

就并行执行任务而言,并不是将程序的执行过程分配到多个线程上,相反,程序被作为多个小型任务的集合(Khan et al.,1999)。一个任务包括一部分数据和相应的处理方法。就数据并行系统而言,一般由任务规划人员来执行任务,其主要任务是将任务分配到线程,并且在确保执行相关任务的同时维持多个执行线程。在任何给定时间,一个线程要么处于执行任务之中,要么处于空闲状态。如果处于空闲状态,任务规划人员就在任务库中选择一个恰当的任务并开始在这个空闲线程中执行该任务。

仅拥有一个中央任务规划人员很容易造成瓶颈,这会降低并行性和可拓展性。可以采用任务窃取(Task-stealing)来避免这一问题(Bednárek et al.,2012),任务窃取指的是为每一个线程都分配一个线程库,这样每一个线程就都拥有一个规划器。当线程的队列空置时,规划器就可以发挥作用,限制线程就可以从其他线程的队列中"窃取"一个任务。

精心设计的规划器可以进一步提升 CPU 缓存架构的利用率。当数据在任务之间进行传送时,规划器可以在同样的 CPU 上执行更多的任务,并在缓存中存储数据。

另一方面,维持任务规划器的当前状态也需要额外开销,也就是说在完成前序代码、执行当前代码之前需要额外的维持任务、线程库和执行任务的资源成本。因此,任务-并行系统的设计人员必须精心设计各任务的大小,以平衡规划成本和可拓展性。

数据并行和管道化一般体现为任务并行化,并根据任务规划器的需求进行细微调整。另一方面,数据并行化可以充分利用 CPU 的其他优势,如向量化,甚至其他硬件,如 GPU。GPU 架构设计的目的是要能够处理大型数据,因此尤其适用于处理并行问题。

2.3.4　编程环境

编程环境在并行化应用设计中起到了至关重要的作用。不同类型的硬件和不同的问题需要不同的解决方法。本节首先来关注这些问题和相应技术的类型。

共享存储并行编程(Open Multi - Processing, OpenMP[1]) 和 Intel Threading Building Block[2](英特尔线程构建块)是任务并行化和 CPU 并行编程领域中最广为使用的技术手段。这两种技术提供了语言结构和相应的语言库,基于此,程序员可以很容易地处理不同类型的并行化问题。这两项技术都可以采用复杂的规划器,并进一步在多核 CPU 上进行优化。

为了更好地发挥 GPU 的计算能力,NVIDIA 中部署了专用框架,称为 CUDA[3],CUDA 允许程序员在 GPU 硬件上进行一般化代码设计,而不仅仅是进行图形相关代码设计。AMD 也采取了专用架构,但是 CUDA 在并行化处理和计算性能方面更胜一筹。

随着特殊并行化设备的崛起,出现了并行化计算 API 的新标准,称为OpenCL[4]。OpenCL 主要面向并行设备和编程语言,并设计了可以在这些设备上运行的语言,实现了库宿主功能标准化。当前所有的主流 GPU 以及新的并行设备开发人员,如 Intel Xeon Phi,都采用了专用版本的 OpenCL API 以允许程序员使用自有硬件并在不同设备间使用同样的代码。

即使采用了专用库和相应框架,与传统的线性编程相比,并行编程仍然具有相当的难度。尤其在大数据处理方面,采用众所周知的范式往往可以简化问题。这

---

①　http://www.openmp.org (retrieved on 30.5.2014).

②　http://threadingbuildingblocks.org (retrieved on 30.5.2014).

③　http://docs.nvidia.com/cuda (retrieved on 30.5.2014).

④　http://www.khronos.org/opencl (retrieved on 30.5.2014).

些范式之一来自于流媒体系统。可以将数据作为连续的、有限的信息流,这些数据具有阶段性,可以同时运行,但是其内在代码是时序的。这样一来,流媒体系统就具有了同时调度的能力,而程序员就仅需要编写时序代码。这方面的典型例子是Bobox(Bednárek et al.,2012)。

2.3.5　编程语言与代码优化

编译器代码最优化是基于多个微小转换和若干个关键步骤实现的。就当前的编译器而言,最重要的步骤包括过程集成、向量化和调度。向量化指的是识别重复模式以并行评估,评估设备可能是单指令多数据流(Single Instruction Multiple Data,SIMD)也可能是多核设备。通过置换指令的顺序,单核中的执行单元可以不受到指令依赖性的延迟,因此调度可以增强指令集的并行性(ILP)。两种转换都需要基于大量代码,因此,过程集成是十分必要的前提。

编译器技术发端于1970—1980年,此时第一代超级计算机问世。后来,相关硬件技术导致价格出现大幅下降。现在所有面向性能的系统必须具备能够优化以上内容的编译器。

基于编译器的优化受到编译器证明原始代码和转换后代码间等价性的限制,其优化能力依赖于编译器能否精确检测其他代码和分析相关性的能力。由于程序行为的众多问题本质上都难以驾驭,因此编译器仅适用于代码架构具有明显的等价性的情况。

因此,虽然编译器技术一般是面向具有过程性特征的编程语言的,而优化的可达性往往依赖于分析代码的能力,并进一步依赖于编程语言和编程形式。

但是,当前编程语言与编程方法在某些情况下还逊色于传统语言。尤其是面向对象的编程引入了指针和其他间接概念,这在一定程度上限制了编译器分析和优化代码的能力。

因此,现在常用的过程性语言,如Java和C#都缺少FORTRAN和C所拥有的自动化特征。大多数C++编译器都与C共享优化引擎,因此过多地使用C++往往会减弱其优势。FORTRAN和C语言虽然已经相对古老,但是仍然在高性能领域占有一席之地。这些语言的应用领域甚至扩展到了新的硬件领域,如GPU、CUDA和OpenCL中都广泛使用C语言。

虽然FORTRAN和C在处理数值计算方面具有很大优势,但当处理更加复杂的数据结构时,就会失去这些优势。虽然C在原理上不劣于C++,但从软件工程的角度而言,C++具有更好的包括性和类型检查特性。更进一步来说,泛型编程已经成为软件工程中的主流,而C++仍然是这方面当之无愧的领头羊。但从另一方面来说,C++很难学,因此相对Java和C#来说,相对小众。

任何大数据项目都包含性能关键代码,大多数情况下,都要求开发人员使用C

或 C++（如 MonetDB 和 Hadoop 的核心框架都是基于 C 的,而 MongoDB 是基于 C++的),因此要参加这样的项目就必须熟练掌握 C 或 C++,所以更加困难。参与特定项目的领域专家一般都具有编程能力,但是一般都缺少软件工程相关知识,不能处理大型项目。因此,许多大数据项目不仅需要应对海量数据带来的困难,还需要应对海量代码带来的挑战,如 Belle II。

2.4　天文学中的大数据崩塌

天文学总是引起人类的无限好奇。天文学可能是所有自然科学中最为古老的学科,这是因为天文学可以追溯到十分久远之前。人类对于世界的突破性认识在很大程度上都源于天文学上的发现。随着新的自然现象不断涌现出来,不断有新的发现,与其他自然科学一样,天文学也在经历一个发展大爆炸的阶段。

大型天文学设备的广泛使用让每个晚上都能够产生 T 级别的数据,如大型 CCD 芯片、拥有上千个光学纤维的多目标光谱摄制仪,以及能够融合数十个天线信号的无线电接收设备,因此需要借助超级计算机来进行数据分析。

在海量增长的数据需求驱动下,天文学和其他科学领域都在发生巨变,这带来巨大的挑战和机遇。同时,这些数据要么具有不同的数据集结构,要么是从传感器网络中由不同设备收集而来的海量数据流。

当前,大多数科学领域数据集早已经达到了(数十)TB 级别。如,斯隆数字巡天计划(Sloan Digital Sky Survey,SDSS[①])在 2013 年第 10 次公布的数据中包含了针对 4.7 亿个对象和 330 万个光谱的数据(Ahn et al.,2013)。LAMOST 望远镜公布的世界上最大的多目标光谱摄制仪每次曝光可以获得 4000 张光谱图,其第一次公布的光谱图[②]就达到了 220 万张(Zhao et al.,2012)。

目前巡天观测所产生的数据量是最大的。CCD 芯片的技术进步使得可以快速获得面向天空的高分辨率彩色图像。目前中型望远镜所产生的巡天观测图片所占比例最大,一般都达到几百太字节,甚至 PB 级别。

时域天文学的重要领域之一是寻找天文物体时间差异性,这导致在很短的时间内发现了大量的新星和遥远的超新星爆发,以及大量的系外行星,这已经成为新一代巡天观测的发展方向,甚至已经基本形成了一个关于宇宙的数字全景影像,采用这一方法的数据产生速率约为 0~0.1TB/夜。如,Palomar Quest 的容量目前已经达到 20 TB (Djorgovski et al.,2008),Catalina Rapid Transient Survey 的容量目前已经达到约 40 TB (Drake et al.,2009),Panoramic Survey Telescope – Rapid

---

① 　http://www.sdss.org (retrieved on 30.5.2014).

② 　http://data.lamost.org/drl/? locale=en (retrieved on 30.5.2014).

Response System(Pan-STARRS)①(Kaiser et al.,2010)预计将会在几年内达到100TB(Kaiser,2007)。

目前有多个大型巡天观测项目都在建设之中,如大型巡天望远镜项目(LSST)和其他类似空间项目,如 Gaia 和 EUCLID,未来几年内其每晚产生的观测数据就将超过 10TB。2019 年将投入运行的 LSST(Szalay et al.,2002)每晚将会产生 30TB 数据,因此需要 400TB 的浮点运算能力。

该望远镜将会建在智利北部一座海拔 2682m 高的山上——E1 Peñón peak of Cerro Pachón。届时其 3.2G 像素的望远镜将成为世界上最大的望远镜。LSST 每 20s 观测一次,观测半径大约 3.5 度,每次曝光 15s,然后花 2s 读取数据,再进行比对。这将开启一个全新的宇宙观测时代:LSST 平均每晚可产生 15TB 数据,未处理的数据集可达 200PB,每年可拍摄 200000 多张图片,这将远远超过人类可以处理的能力。

LSST 的公开数据库将超过目前其他数据库的规模和复杂程度,这将会给数据架构、数据挖掘,以及天文学和物理学都带来巨大挑战。考虑到数据架构的规模和性质,很显然 LSST 将会推动相关技术的前进。尤其对于数据发布、图像处理(面向 PB 级别图像进行检测和识别特征),以及数据挖掘方面,更是如此。

欧洲空间天文学的里程碑是 Gaia 空间计划(Perryman,2005),在 2013 年 12 月刚发射了一颗卫星。Gaia 空间计划受益于目前最大的数字望远镜(包括 106CCD,4500×1966 pixels),其每秒产生 5MB 数据,预计在 5 年内就会达到 1PB。

欧洲空间管理局批准的 EUCLID 空间计划预计将于 2019 年末发射,其目的是研究宇宙的加速膨胀情况(Mellier et al.,2011)。该项目的一大需求即是研发从多源海量数据中读取有用信息的相关技术手段,以满足相关数据管理的能力需求。

如 ALMA(阿塔卡马大型毫米波/亚毫米波天线阵)②或低频基阵(Low Frequency Array,LOFAR)③等多天线阵列也会产生海量数据流,LOFAR 每秒需要处理来自 48 个工作站的 3GB 数据,其中每一个工作站在最终处理完其图像数据之后,每天将会产生 100TB 数据。LOFAR 预计每年将会产生 PB 级别数据(van Haarlem et al.,2013)。

天文数据目前已经成倍增长,其倍增常数小于 6~9 个月,这比著名的摩尔定律增速更快,摩尔定律仅预测计算机资源的倍增时间约为 18 个月(Szalay and Gray,2001;Quinn et al.,2004)。

许多其他尖端的仪器设备开始逐渐投入使用,更多的先进设备在不远的未来也将投入使用,可以预见,这些先进设备将会产生海量数据,更将会超出人类能够

---

① http://pan-starrs.ifa.hawaii.edu (retrieved on 30.5.2014).

② http://almascience.eso.org (retrieved on 30.5.2014).

③ http://www.lofar.org (retrieved on 30.5.2014).

处理的范围。许多天文学家都缺少相应的计算机科学领域知识,也缺乏能够处理这些数据的技术手段。

因此,天文学面临着一场没有人能够应对的数据崩塌。正因为如此,更需要将先进的技术和创新的方法投入到数据探索、数据发现、数据挖掘分析和可视化等领域之中,以在海量数据中抽取其中真正有用的科学信息。

2.4.1 虚拟观测

尽管非常复杂,但是大多数天文学领域产生的文件仅仅是孤立的数据文件,这些数据具有独特的数据结构、规模和获取方式(一般采用不同的搜索引擎获取这些文件)。搜索获得数据也具有不同的单位、规模、坐标系统以及不同的参数(如 X-ray 天文学中以 keV 表示能量,而光学或射电天文学中用波长和频率表示能量)。

快速获取这些分散的数据是天文学中的大难题,这也就促使天文学家开始研究虚拟观测问题(Virtual Observatory,VO)。虚拟观测的目的是通过标准化描述全世界范围内的天文学资源将相关发现也进行标准化,以进一步为科学分析和可视化工具提供工具支持[1]。

当前广为接受的天文学工具,如 Vizier、Simbad、NED 以及 Aladin 都是虚拟观测技术的应用实例。数据库的复杂性,如 XML 处理器、数据检索协定以及超级计算机分布式网络等,都隐藏于简易的基于网络的简单可视化界面之中,如表格、图片、预览,或者动画等,属于所见即所得的范畴。

要实现完全迥异的各项服务之间的互操作性,其难点在于基于数据格式和元数据的严格标准化的分布式、面向服务的体系结构。天文学在这方面具有优势,因此天文学中所有的框架结构都采用统一的格式——FITS[2],这是在天文学中采用虚拟观测取得成功的原因之一,更重要的原因是在格式化的语义条件下处理元数据具有高效性。

虚拟观测的数据提供者要对最终数据进行校准,这就需要创建相关的元数据标准,并且在相应的虚拟观测标准协议中创建接入接口[3]。这些元数据对于高效提取数据文件中的信息至关重要。

一般可以通过互联网虚拟观测联盟(International Virtual Observatory Alliance,IVOA)[4]来协调虚拟观测的发展和标准化的准备工作。这项技术也可以用于其他

---

[1] http://www.ivoa.net/about/TheIVOA.pdf (retrieved on 30.5.2014).

[2] http://fits.gsfc.nasa.gov/fits_overview.html (retrieved on 30.5.2014).

[3] http://www.ivoa.net/Documents/Notes/IVOAArchitecture/index.html (retrieved on 30.5.2014).

[4] http://ivoa.net (retrieved on 30.5.2014).

与天文学有关的领域,如虚拟磁层观测(the Virtual Magnetospheric Observatory, VMO)[1],虚拟太阳系观测(Virtual Solar Terestrial Observatory,VSTO)[2]以及环境虚拟观测(Environmental Virtual Observatory,EVO)[3]等。气象学领域中最近也开始建立地球网络联盟(Earth System Grid Federation)[4]等相关的基础架构,其目的就是实现从"PB级数据量向EB级数据量"的跨越。

虚拟观测基础设备之间的全球互操作性是建立在若干相关领域的标准化基础之上的。

1. 虚拟观测表(VOTable)

没有元数据,就无法处理数据。尽管各数据表的原始标签不同,但是进行描述的元数据物理结构是相同的。对于单元也一样。起到至关重要作用的因素是归一化内容描述(UCD)中[5]的受控语义词汇。

在受控语义词汇共同作用下,标准化接入协定允许用户从所有虚拟观测设备中同时查询和索引数据。虚拟观测中的标准化数据格式服从XML标准[6],在此基础上可以进行序列化(首先传输源文件,然后传输数据流),以及在实际数据内容中植入超链接(如远程服务上的URL和FITS)等。

虚拟观测表的自描述部分包含所有可用的天文学知识,如提取过程、观测条件以及处理和约简的全部内容[7]。

观测得到的所有物理属性都包含于特征元数据之中,这些特征元数据可以描述所有相关信息,如空间、谱覆盖率、方位、曝光率以及滤镜等。

2. 虚拟观测登记(VO Registry)

全世界范围内有关虚拟观测资源的知识收集需要基于全球分布式数据库,而这与互联网域名服务(DNS)有关,因此所有虚拟观测资源(目录、档案、服务等)都必须在同一个虚拟观测登记处进行登记[8]。

登记处记录按照XML记录,每一个虚拟观测资源都拥有独特的识别码,均以ivo://作为前缀,而不是http://,这与在天文期刊上引用数据集本质上是一样的。

所有数据、参数、特征和引用的描述相关信息都存储于登记服务器中,并定期在虚拟观测登记处进行更新,因此每一个用户都可以在各种信息在线几小时之内获得所有资源的最新列表。

---

[1]   http://vmo.nasa.gov (retrieved on 30.5.2014).

[2]   http://www.vsto.org (retrieved on 30.5.2014).

[3]   http://www.evo-uk.org (retrieved on 30.5.2014).

[4]   http://esgf.org (retrieved on 30.5.2014).

[5]   http://www.ivoa.net/documents/ latest/UCD.html(retrieved on 30.5.2014).

[6]   http://www.ivoa.net/Documents/VOTable (retrieved on 30.5.2014).

[7]   http://www.ivoa.net/Documents/latest/RM.html (retrieved on 30.5.2014).

[8]   http://www.ivoa.net/Documents/latest/RegistryInterface (retrieved on 30.5.2014).

3. 数据接入协议

虚拟观测服务器中数据接入是基于数个严格受控协议实现的,以下列出了多个最常使用的协议。

(1) ConeSearch①:返回星系中给定空间范围(位置、半径)内的对象信息。

(2) SIAP(单图接入协议)②:单图接入协议的用途是根据给定大小和来源将数据转换为图形或图形的一部分。

(3) SSAP③(单谱接入协议):单谱接入协议的用途是根据特定属性(如时间、位置、谱范围等)检索谱。

(4) SLAP④(单线接入协议):单线接入协议是理论层面上的服务,主要用于在特定波长或能量范围内根据给定单线转换返回原子或分子量级上的数据。

(5) TAP⑤(表接入协议):表接入协议同时从多个分布式服务器中查询大型数据表的复杂协议。在很长时间内,表接入协议都是基于通用工作服务(Universai Worker Service,UWS)⑥的非同步模式,查询语句主要基于特定的 SQL 语言,称为 ADQL⑦——天文数据查询语言,基于这种语言,操作者可以在空余时间自由选择要观测的对象,XMATCH 操作员可以确定不同误差范围内对比不同目录下两组对象的概率(称为目录交叉匹配)。

4. 虚拟观测空间

由于真实的天文学数据非常巨大,一般达到 TB 级别,因此必须在不使用用户计算机存储空间的前提下在数据存储位置和数据处理节点之间快速复制。用户在将数据转换到数据挖掘超级计算机终端或可视化节点之前必须开辟必要的虚拟存储空间来存储这些数据,并将最终产生的数据挖掘处理图片或大型数据仿真动画反馈到用户计算机终端,且这两者的数量是非常小的。以上内容一般基于虚拟网络存储或虚拟用户目录(也就是虚拟观测空间)来实现⑧。

5. 虚拟观测应用

虚拟设备与用户的交互是通过多个虚拟观测兼容设备来实现的。这些设备大多数都是面向桌面用户的(用 Java 或 Python 语言编写)。处理多维数据的工具有

---

① http://www.ivoa.net/Documents/latest/ConeSearch.html (retrieved on 30.5.2014).

② http://www.ivoa.net/Documents/latest/SIA.html (retrieved on 30.5.2014).

③ http://www.ivoa.net/Documents/latest/SSA.html (retrieved on 30.5.2014).

④ http://www.ivoa.net/Documents/latest/SLAP.html (retrieved on 30.5.2014).

⑤ http://www.ivoa.net/Documents/TAP (retrieved on 30.5.2014).

⑥ http://www.ivoa.net/Documents/UWS (retrieved on 30.5.2014).

⑦ http://www.ivoa.net/Documents/latest/ADQL.html (retrieved on 30.5.2014).

⑧ http://www.ivoa.net/Documents/VOSpace/ (retrieved on 30.5.2014).

多个,如 VOPlot①或 TOPCAT②,Aladin③可用于展示天体地图集中的多线图像,也可以用于基于谱的特定操作。SPLAT-VO④、VOSpec35⑤、SpecView⑥也可用于这方面应用。所有虚拟观测应用的常规更新列表都保存在欧盟虚拟观测软件界面中⑦。

到目前为止,最为耗时但是却十分重要的天文学技术手段就是确定谱能量分布(SED),谱能量分布可用于分析天文学对象之间的物理特性。虚拟观测技术可用于处理存在海量数据和理论模型的情况。在虚拟观测之中进行谱能量分布分析包括多方面的工作,如收集散射光度数据,并将这些数据转换为一般过滤器系统可以处理的数据,以及将其与从谱模型虚拟观测数据库中获得的理论模型进行比对等。这方面最近的一个应用是 VO Iris⑧中的谱能量分布分析项目,该项目基于互联网开发了更加复杂的分析工具,如虚拟观测谱能量分布分析器(Virtual Observatory SED Analyzer,VOSA)⑨等。

由于各应用都是由不同开发人员面向不同领域开发的,因此并不存在单一的、适合多用途的虚拟观测工具。相反,基于 UNIX 理念,各单独应用都具有基于单应用传输协议(SAMP)⑩的相同的交互式界面。支持 SAMP 的虚拟观测应用也可以在支持 SAMP 的各应用之间交换各种信息。这样一来,就可以将超级计算机网络或基于云的存储空间链接起来,建立更加复杂的处理和分析工具。

虚拟观测基础设施是处理天文学大数据的关键,可以提供对大型数据进行均质预过滤和预处理操作,进而为数据挖掘建立大型的复杂知识库。

2.4.2 天文信息学

基于以上分析,进行虚拟观测分析将可用于分布式存档资源(如多谱搜索)的自动集成、传输数据的无缝转换、不同工具之间的图像可视化等属性的互操作。

将不同的、具有高性能的虚拟观测技术设备集成起来形成网络就可以实现在给定时间范围内对大型天空观测的预先分析。

---

① http://vo.iucaa.ernet.in/~voi/voplot.htm (retrieved on 30.5.2014).

② http://www.star.bris.ac.uk/~mbt/topcat/ (retrieved on 30.5.2014).

③ http://aladin.u-strasbg.fr/aladin.gml (retrieved on 30.5.2014).

④ http://star-www.dur.ac.uk/~pdraper/splat/splat-vo/ (retrieved on 30.5.2014).

⑤ http://www.sciops.eas.int/index.php? project:STA&page vospecl retrieved on 30.5.2014).

⑥ http://www.stsci.edu/resources/software_hardware/specview(retrieved on 30.5.2014).

⑦ http://www.euro-vo.org/? q=science/software (retrieved on 30.5.2014).

⑧ http://www.usvao.org/science-tools-services/iris-sed-analysis-tool/ (retrieved on 30.5.2014).

⑨ http://svo2.cab.inta-csic.es/theory/vosa/ (retrieved on 30.5.2014).

⑩ http://www.ivoa.net/documents/SAMP (retrieved on 30.5.2014).

更好的理解天文信息学的关键在于理解数据挖掘的作用,更确切地说,是对数据库进行知识挖掘(KDD)的作用,因为其本质上是通过对天文学观测情况抽取出新的物理知识,而这是所有科学研究的最终目的。

e-Science 一般指的是互联网驱动的分布式数据、信息、计算资源和先进科研知识的共享。正如 2.1 节中所讨论的,e-Science 技术中的一个典型例子就是天文学中出现的新的分支——天文信息学。

天文信息学处于传统天文学、计算机科学、信息技术的交叉点上,为我们带来了生物信息学、地理信息学等领域的新的概念(Brescia et al. ,2012b),同时,天文信息学也为天文学领域带来了新的方法和工具,基于此可以更好地分析和理解传统分析方法无法处理的复杂大数据和数据流。这涉及对分布式和集成虚拟天空观测进行分布式数据查询和数据挖掘(Borne et al. ,2009)等内容。

作为 e-Science 的一个典型实例,天文信息学包含基于数据挖掘的机器学习,基于此得到的各种新的发现往往源于针对常规统计模式的再挖掘(Ball and Brunner,2010)。这方面的成功例子包括:估计光度红移(Laurino et al. ,2011),类星体的筛选(D'Abrusco et al. ,2009),星系中球状星团的探测(Brescia et al. ,2012c),瞬变(Mahabal et al. ,2010),发射线星系的分类(Cavuoti et al. ,2014a)等。

1. 天文信息学中的数据挖掘方法

如上所述,天文信息学主要基于机器学习方法等新的学科方向,其中还包含了面向数据库的知识挖掘和面向海量数据集的数据挖掘。从更广的视角来看,大多数的天文学问题都可以视为是对对象进行分类,这在本质上属于分类或者聚类问题。诸如神经网络、决策树、随机决策森林以及支持向量机都可以应用于求解该问题,但解决这一问题的难点在于天文学中的数据量过于庞大,而这对于当前任何方法都是十分困难的。

当前算法和方法的可拓展性是面临的重大挑战之一。众所周知当前数据挖掘方法的复杂程度随着数据量或特征量的增长而加速增长。当处理复杂或大型数据集问题时,通常抽取一小部分数据来进行计算以推测全部数据的特征,这样可以规避计算组合爆炸问题。这样操作会有误差,且这种误差往往难以控制,但是更重要的是,当面对海量数据时,即使其中的一小部分数据也是非常庞大的,很多用户难以处理如此大的计算量。而且,对于给定问题,数据挖掘要求重复进行实验以确定最佳的方法或者确定某一个方法的最佳参数组合。

此外,对于给定的问题,数据挖掘的应用需要一个很长的微调过程,这意味着进行数以百计的实验才能确定最优的方法,或在同一方法中确定最优的架构或参数组合。

天文学数据是异构的,且这些数据集所面对的用户数量巨大,各用户的目的、科研兴趣和使用方法也不尽相同。因此很难将这些数据通过网络以分布式数据的形式将存储位置转移到无数的不同用户终端。

除了以上介绍的难点之外,进行数据挖掘需要消耗大量的时间也是难点之一。

因此数据的规模和进行数据挖掘的数学处理需求,都要求对数据进行分布式处理以及采用新的数据挖掘架构。

2. DAME(数据挖掘与探索)架构

目前为止最为先进的方法是由 Naples 大学提出的 DAME 架构①,即数据挖掘与探索架构。DAME 架构是一种创新、面向总体目标、基于网络的分布式数据挖掘架构(Brescia et al. ,2012a)。DAME 架构致力于采用机器学习方法进行大规模数据挖掘,这些机器学习方法是基于超过 2400 个节点的计算网络实现的。DAME 植入于众多标准化模型和方法中,如虚拟观测,DAME 架构可以充分利用面向当前最新技术的架构和网络服务。基于 DAMEWARE(数据挖掘网络应用资源)②平台,一项致力于大型天文学数据的公共数据挖掘服务已经开始付诸实施,这项服务允许科学领域工作人员基于简易网络浏览器和针对大型数据集进行数据挖掘和探索实验。

基于最先进的互联网 2.0 技术,如网络应用和服务,DAME 可以基于机器学习范式提供多个工具以作为选择数据分析功能的工作环境,如聚类、分类、回归、特征提取等,同时还提供相关模型和算法。

用户可以基于虚拟计算架构,完全依赖自身数据创立、配置和执行相关实验,并不需要在本机上安装其他任何软件。基于 DAME 架构可以进一步拓展所有可用工具的原始工具箱,允许用户书写并执行自己的代码,可以不受初始编程语言限制地上传自己编写的程序,并以交互方式自动安装其应用。

DAME 平台还提供一系列计算功能,并以云可变架构的形式进行组织,从单核处理器到网络架构,完全根据问题特征和计算以及存储需求出发自动根据用户任务进行部署。

最新的 DAME 研究主要面向 GPU,且已产生相对理想的效果(Cavuoti et al. ,2014b)。但是在处理其他机器学习问题时,所产生的效果却差强人意。因此,需要面向 GPGPU 的特殊架构并发全新的数据挖掘算法(Gainaru et al. ,2011)。

虽然面向数据集的知识挖掘在其他领域大获成功,但是在天文学领域仍然面临很多尚未解决的问题。这些问题之一是数据不完备以及大多数算法不能较好地处理缺失信息,同时大多数算法都缺乏这方面的鲁棒性且受上限限制。

对于除天文学外的其他领域,如市场分析等,还有一个小问题即数据一旦被挖掘,部分数据可能会被清理掉,这样就会产生不完备和缺失信息。例如,如果公民记录中"年龄"是缺失的,那么这项数据就不会被采集,但这并不意味着这个公民是没有年龄的。

---

① http://dame.dsf.unina.it/index.html (retrieved on 30.5.2014).

② http://dame.dsf.unina.it/dameware.html (retrieved on 30.5.2014).

但是如果某个天文学对象缺少了特定光度带中的某个维度信息,要么这个信息没有被观测到,要么这个信息太微弱,显然后者更有意义。

第一种情况,如果这个信息没有被观测到,那么只要采用恰当的模型和机器学习方法就可以重新找回这部分缺失信息。

如果出现第二种情况,这就涉及到更多天文学中的问题,如搜索模糊或清晰的红移类星体,缺失数据本身就蕴含着关键信息,而这种信息不能重建。存储和获取这类具有多个非空变量特征信息的最自然方式就是采用一个 NoSQL 数据库,而不是传统数据库。

目前来看,可以采用适应性方法来解决类似的问题。当然还需要采用新的机器学习技术手段或提出新的机器学习技术手段,具体情况需要基于自适应度量从不同维度的超曲面和超维度进行深入分析。

3. 天文信息学与社交网络

借鉴当下最流行的社交网络分析是一种非常规的天文信息学研究方法。

这种方法又称为全民计算,或群体计算,或 U-science。这类平台的基本思路是向相关群体公开大型数据集,并使其利用自身的知识帮助进行数据集分类和提取信息。分类数据挖掘和机器学习方法的不同训练集可以通过收集来自成千上万个个体的经验和知识来完成。

由于业余和外行人员都在参与这项工作,所以这也称为全民计算,其目的就是获取"大众的智慧"以支持天文学研究。

在干预条件下通过多个参与者来分析相同的数据模式可以获得更加符合逻辑推理的误差边界,否则仅基于经典的数据挖掘方法则很难实现,也很难产生新的发现。

4. 出乎意料的发现

全球范围内的大型观测的结果可能产生令人意外的发现,尤其是集成了众多人的智慧之后,如星系动物园(Galaxy Zoo)[①]计划。其中一个至关重要的发现是一个奇怪的绿色小型星系,称为豌豆星系(Cardamone et al.,2009)以及一团星系大小的气状天体,称为 Hanny 天体,而 Hanny 天体就是由一个德国小学教师 Hanny van Arkel 发现的。这位小学教师在参与星系动物园计划进行星系分类时注意到了一个已知星系边缘有一个奇怪的物体,并且询问专业宇航学家相关意见之后确认发现了一个新的天体。

在经过了多个大型望远镜观测之后,如无线电望远镜和空间观测(包括 HST 和 Chandra),虽然已经出现了一些解释的理论(如淡出类星体的光反射理论),但是观测对象的本质仍然未知。

5. 宇宙动物园(Zooniverise)

星系动物园的后续计划宇宙动物园,产生了数十篇科学文献,并进一步产生了

---

① http://www.galaxyzoo.org (retrieved on 30.5.2014).

多个复杂的宇宙动物园平台①。而建立宇宙动物园的初衷是收获群体智能而不是天文学研究,如手动分类图片以挖掘天文学现象,并同样应用于气象学、海洋科学和生物学等。宇宙动物园当前拥有大约 20 个项目,包括探索月球和火星、太阳活动、黑洞、系外行星以及深层空间星系等的相关活动,其中甚至有古希腊的相关研究。

基于群体方法的改进可以进一步提升有关宇宙的物理知识和有关人的行为的社会学研究进展,这可以进一步推进公民社会科学项目或探索当前信息技术的心理学方面研究进展(如何不通过大量的菜单和按钮,而仅是在用户干预下最大限度地吸取广大用户)(Raddick et al.,2010)。

2.5　大数据与演化算法:视角与可能性

演化算法是求解优化问题的多种方法的总称,演化算法的理论基础是模拟生物种群的演化过程、计算种群中每个个体的适应度值、在演化过程中引入随机性和选择操作的。因此,演化算法(又称为演化计算技术或生物启发算法)是基于演化过程的方法,换言之,演化算法是通过长时间观测生物的进化过程,然后进行总结才转化为计算机可执行的算法。本章后续对演化算法进行介绍时,将仅介绍其基本概念和人们是如何利用这些方法并开展相关工作的。有关生物的演化研究最为重要的两个人是孟德尔和达尔文,基于这两个人对于演化过程和遗传过程的观察,现在人们才对演化有了更深刻的认识并将其应用到计算之中,更多资料请见(Zelinka et al.,2010)。

孟德尔(1822.6.20—1884.1.6)是一位奥地利的神父和科学家,由于其早期有关豌豆的遗传研究,后世称之为基因学之父。孟德尔最著名的科学发现是遗传定律:生物的性状是遵循特定的遗传定律的。由于该项发现(Mendel,1865)如此重要,后世即称遗传定律为孟德尔定律。

另一位更加著名的是英国科学家达尔文,达尔文提出了生物进化理论,在其著作《物种起源》中,他提出的修正演化观点成为后世解释生物多样的主要观点。

以上提及的基因学和演化的观点产生于远早于计算机实验和演化准则诞生之前。演化计算技术的出现约在 20 世纪 70 年代,其中最为著名的遗传算法由 Holland 教授提出(Holland,1975),之后 Schwefel(Schwefel,1977)和 Rechenberg (Rechenberg,1973)又提出了一些演化策略并在计算机程序中进行了实现(Fogel et al.,1966)。但是回顾历史就可以发现,演化计算技术的核心内涵真正出现要比以上时间都稍早一些。实际上,A. M. Turing 和 Barricelli 在几十年前就已经开始了

---

① 　http://www.zooniverse.org/ (retrieved on 30.5.2014).

相关工作(Barricelli,1954;Barricelli,1957),(Zelinka et al.,2010)。

近年来,又提出了一大批新的算法来求解随机优化问题,如在输入变量与输出结果之间关系未知情况下系统的优化问题。该方法首先使用随机优化算法(如遗传算法、模拟退火算法和差分进化等)进行计算,然后系统测量随机输入向量和输出结果之间的关系,再采用新的算法来调整输入向量的值,最后通过迭代的形式降低系统的建模误差。大多数工程问题都可以建模为优化问题,如寻找到机器人手臂的最优运动轨迹、确定压力容器的最佳厚度、确定控制器的最佳参数配置方案,识别模糊模型中的模糊集最佳设置等。由于这类问题在求解过程中参数类型多样,如同时包含浮点型和整型参数,因此这类问题的解一般都很难确定。而演化算法,如遗传算法、粒子群算法、蚁群算法等都具有能够处理带有混合变量、复杂约束条件、综合利用附加信息的优势,因此可以(实际上已经)应用于求解这些问题。

演化计算技术是基于达尔文进化论和孟德尔遗传学的数值算法。在演化算法中,种群中的每个个体能够通过其个体特征和适应环境从而生存和繁殖的能力(适应度)来进行表征。这些特征和能力在基因中以编码的形式体现,因此基因中的编码可以视为一种存储、处理和转换信息的"蓝本"。基于此,父代中的适应度编码可以遗传给子代并支持子代在新的环境中生存。对于这一机制,达尔文认为是适应度、种群动态性和遗传性在发挥作用,但是孟德尔认为输入是遗传性之间的相关性、特征、能力和适应度的体现。将演化观点应用于复杂计算的过程如下(Zelinka et al.,2010):

(1)参数初始化:对于每一个算法来说,其参数是用来控制算法运行和终止的,如算法的代数等。一般还需要定义成本函数,一般采用问题的数学模型,模型的目标一般是最小化或最大化问题。在有限条件下该函数与步骤(2)中的当前种群个体的质量具有"环境等价性"。

(2)产生初始种群:一般生成一个 $N \times M$ 种群,其中 N 是每一个个体的参数个数,M 是种群中个体的数量。初始种群是随机产生的,其中每一个个体都代表问题的一个可能的解。

(3)适应度求解:通过目标函数对所有个体进行计算,返回一个值,这个值就是个体的适应度值。

(4)选择:根据每个个体的质量,如适应度、目标函数的值或其他准则,选择父代个体。

(5)交叉:对父代个体进行交叉以产生新的子代个体。每个算法在该步骤各不相同,其中部分父代个体交换基因。交叉操作一般是向量操作。

(6)变异:不同的个体随机进行变异。

(7)适应度求解:返回步骤(3)。

(8)选择最优个体:在子代或父代中选择最优个体。

(9)结合选择的最优个体产生新的种群。

（10）以新的种群替代旧的种群,返回步骤(4)。

迭代操作步骤(4)~(10)直到算法终止。各种演化算法都遵循以上基本原则,但可能根据具体问题稍有差异。

演化方法另一方面的适应性体现在符号结构和方案集成上,一般通过遗传规划(GP)或语义演化(GE)来体现。另一项十分有意思的研究称为人工免疫系统(AIS),AIS并不采用基本的树形线性结构(或其他相似的算法,如多表达式编程(MEP))进行基因编程。本章中将介绍另一种方法——解析规划。解析规划是一种超结构算法,该算法可以基于任意编程语言以及演化算法或数值优化方法。解析规划可以用于求解多个问题,如遗传规划中的对比研究问题、确定型混沌问题以及电子电路的集成问题等。对于仿真问题而言,遗传规划可以广泛应用于演化算法,如差分演化、自组织迁移算法、遗传算法以及模拟退火算法等。

所有这些方法的目的都是为了基于数据分析得出结论。符号回归本身即是测量数据集的过程,并采用解析方式获得相应的数学表达式。符号表达式的输出可以是$(K_{x2+y3})^2$等。作为计算机语言的重要内容之一,符号回归是基于遗传规划问题而提出的(Koza,1990;Koza,1998),而语义演化(GE)是由Ryan等人(Ryan et al.,1998)提出的,解析规划是由Zelinka等人(Zelinka et al.,2011)提出的。另一个使用符号回归的典型是对人工免疫系统(AIS)和概率增量规则演化问题(PIPE)的研究(Johnson,2004),该研究基于所有当前可用程序通过自适应的概率生成功能程序。另一项新的技术称为移植演化(Weisser and Osmera,2010a;Weisser and Osmera,2010b;Weisser et al.,2010),该技术与解析规划和改进的语义演化概念类似。而语义演化中包括差分进化(O'Neill and Brabazon,2006)等算法。一般而言,该过程可以基于基础简易对象进行组合、评估和创造新的更加复杂的结构。这些简易对象可能是简单的数学操作(如+,-,×,等),也可能是简单的函数关系(如,sin,cos,and,not等)。符号回归的输出是更加复杂的"对象",如公式、函数或命令等,而符号回归可以解决包括所谓六次和五次问题(Koza et al.,2003;Zelinka et al.,2014)、随机集成函数问题(Zelinka et al.,2005)、奇偶对称解的布尔问题(Koza et al.,2003;Zelinka et al.,2014),又或者是复杂机器人控制指令集成问题(Koza et al.,1998;Oplatkova and Zelinka,2006)等。

1. 遗传规划

遗传规划是使用计算机而不是人脑解决符号回归问题的首要工具。遗传规划的概念来自于遗传算法,(Koza,1990;Koza et al.,1998)首次应用了遗传规划。遗传规划性能优越,可以解决复杂的问题,如电子电路问题(Koza et al.,2003)。

遗传规划的基本原理是基于遗传算法的,其语言是LISP编程语言。不同于遗传算法,遗传规划中每个个体并不是二进制串,而是包含LISP的符号对象,如命令、函数等。这些对象来自于LISP,但仅仅是简单的用户自定义函数。符号对象一般分为两类:函数与变量。函数需要事先进行定义,而变量一般包括独立变量,

如 x, y, 也包括常数, 如 $\pi, 3.56$ 等。

遗传规划的原理一般通过树来表示, 每一个个体都是树上的叶子, 如公式 $0.234Z + X - 0.789$, 这称为程序。由于遗传规划是基于遗传算法的, 因此也包括遗传算法的交叉、变异等步骤 (Koza, 1990; Koza et al., 1998; Zelinka, 2011)。

2. 语义演化

O'Neill 和 Ryan (O'Neill and Ryan, 2003) 的另一创新是提出了语义演化, 语义演化与基因规划面对的任务类似。但是相对于基因编程, 语义演化具有一个独特的优势, 就是可以使用任意编程语言, 而不仅仅是 LISP。与其他的优化算法不同, 语义演化仅采用少数几个搜索策略, 对于种群的表达也是二进制的 (O'Neill and Ryan, 2003)。O'Neill 和 Brabazon (O'Neill and Brabazon, 2006) 最近汇报了在语义演化中采用差分进化算法的实例。与基因规划相比, 语义演化是基于改进遗传算法的, 其最大的差别是个体编码。

与基于 LISP 符号表达的基因编程不同, 语义演化中的个体是基于分割为多个密码 (codons) 的二进制字符串。然后将这些字符串转换为整数序列, 再绘制成 Backus-Naur 形式的最终程序, 并基于 (O'Neill and Ryan, 2003) 提出的操作模运算实现将个体转换为程序的规则。最后, 使用操作模运算将密码转换为 0~255 区间范围内的整数数字, 并且基于定义的语法进一步转换为相应的结构 (O'Neill and Ryan, 2003; Zelinka et al., 2011)。

3. 解析编程

最后一种方法称为解析编程 (Zelinka et al., 2011), 与基因编程相比, 解析编程所取得的结果更优 (Zelinka and Oplatkova, 2003; Zelinka et al., 2005; Oplatkova and Zelinka, 2006; Zelinka et al., 2008)。

文献 (Zelinka, 2001) 与 (Zelinka, 2002) 首先提出了解析编程的概念, 解析编程的基础是多组函数、运算符和变量 (常数和独立变量), 这与遗传算法和语义演化类似。

所有这些对象组成一个集合, 解析编程在该集合基础上进一步求解。由于这个集合内容的多变性, 将其称为泛函数集 (GFS), 泛函数集的结构是网状的, 这是因为泛函数集中的子集根据其中参数个数的不同而不同。GFS 中的内容依赖于用户, 不同函数和变量可以混合在一起。如全集的泛函数集, GFS_{all}, 是一组函数、运算符和变量的集合, GFS_{3arg} 是仅包括至多 3 个参数的子集, 而 GFS_{0arg} 中仅包括变量。

如前所述, 解析规划是从一组个体向一组程序的映射。在解析规划中, 种群中的个体包括非数值的表达式, 如运算符、函数等, 而这些表达式在优化过程中是以整型序列号的形式存在的 (Zelinka et al., 2011)。这些序列号的作用类似指针, 指向表达式集合, 而解析规划集成这些表达式并得出最终的函数 (程序), 并将其作为成本评估函数 (Zelinka et al., 2011)。

泛函数集不仅包括如上所述的纯数学函数,还包括其他类型的函数,如逻辑函数、表达电子电路中各元素的函数,或者代表机器人运动指令的函数等。

以上提到的各种基于演化算法的语义表达式方法可以基于任意数学形式进一步集成具有复杂结构的语义表达式方法集合,如

$((A \land ((((((B \land A) \lor (C \land A) \lor (\neg C \land B) \lor (\neg C \land \neg A)) \land ((B \land A) \lor (C \land A) \lor (\neg C \land B) \lor (\neg C \land \neg A))) \lor (B \lor {}^-A)) \land ((A \lor (B \land A) \lor (C \land A) \lor (\neg C \land B) \lor (\neg C \land \neg A)) \land B \land ((B \land A) \lor (C \land A) \lor (\neg C \land B) \lor (\neg C \land \neg A)))))) \land C) \land (C \lor (C \lor {}^-(A \land (C \land ((B \land A) \lor (C \land A) \lor (\neg C \land \neg A)))))))$

或

$$x(x^2(x(K_7 + x) - K_2 + x(K_4 - K_5) + xK_6 + K_1 + K_3 - 1$$

程序的可视化可以将抽象的程序形象化,如图 2.1 所示(Zelinka et al., 2011)。

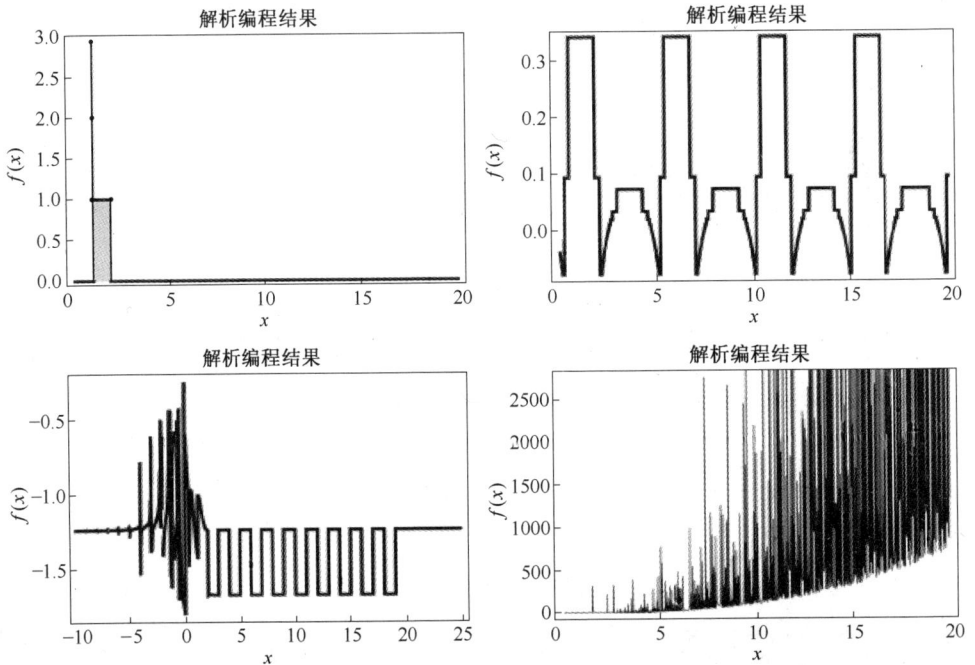

图 2.1 不同函数的可视化模型(横轴为时间)

将用户程序综合集成的过程也可以进行可视化处理,如以下是机器人动态行为的控制程序:

If FoodAhead [Move,Prog3 [If FoodAhead [Move,Right],Prog2 [Right,Prog2 [Left,Right]],Prog2 [IfFoodAhead [Move,Left],Move]]],

可视化如图 2.2 所示,其中包含多个命令。

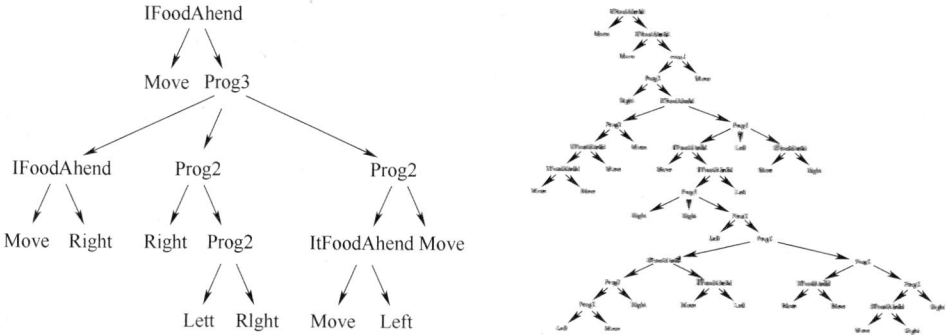

图 2.2　人工机器人控制问题的两个不同"树"型程序

从大数据视角来看,符号表达式的最大优势在于,它能够泛化集成所有程序,而不仅仅局限于数据公式和电子电路等,也可以与其他算法集成(Oplatkova,2009;Oplatkova et al.,2010a;Oplatkova et al.,2010b;Oplatkova et al.,2010b)。已有文献已经涉及了这一观点(Yadav et al.,2013;Tan et al.,2009;Flockhart and Radcliffe,1996;Khabzaoui et al.,2008)。符号表达式也可以用来估计参数,并可以与相关算法集成,如异常检测、分类树、模型集成、神经网络学习、模式聚类,或者数据挖掘中的小波分析方法等(Maimon and Rokach,2010)。符号表达式的另一大用途是进行数据清洗、数据集成、属性选择、数据挖掘、预测模型集成、分类聚类和回归分析中的参数估计和算法集成。

例如,神经网络的演化集成方法已经应用于多个领域(Dorogov,2000;Babkin and Karpunina,2005),基于特定数据集所得出的模型结构虽然奇特,但是功能完好,如图 2.3 所示。

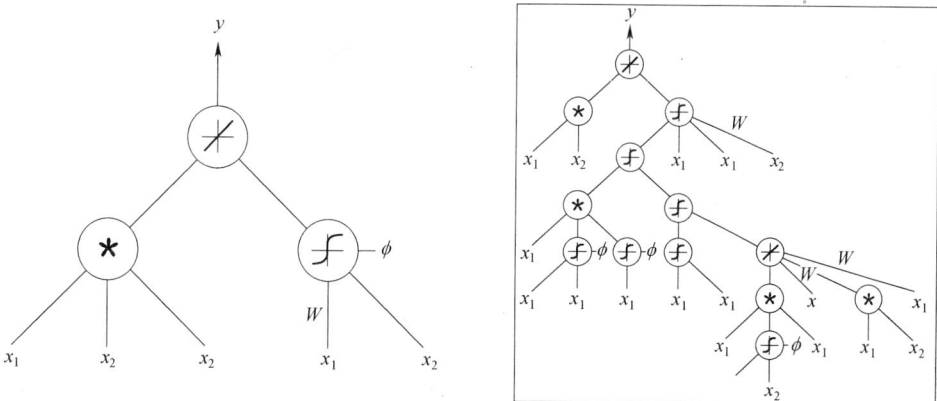

图 2.3　演化神经网络集成模型的示例

符号表达式的应用实例之一是科学家对一颗 Be 星发射谱线轮廓建立了合成模型(Zelinka et al. ,2013),也就是说,符号表达式可以用于处理天体物理学中的大数据集。Be 星以其特殊的放射谱线而闻名,以往研究中一般基于其放射线的特殊形状而采用自动分类方法进行特征提取,其目的是设计一种特征约简方法。应用符号表达式之后,从演化计算的角度来看,仍然基于其放射线的特定形状,但是在此基础上对其数学模型进行演化集成,基于经典随机论进行解析编程,并采用混沌随机数发生器。实验数据从捷克共和国科学院天文学研究所获得。图 2.4 中对比了不同模型在同一质量水平下获得的结果。

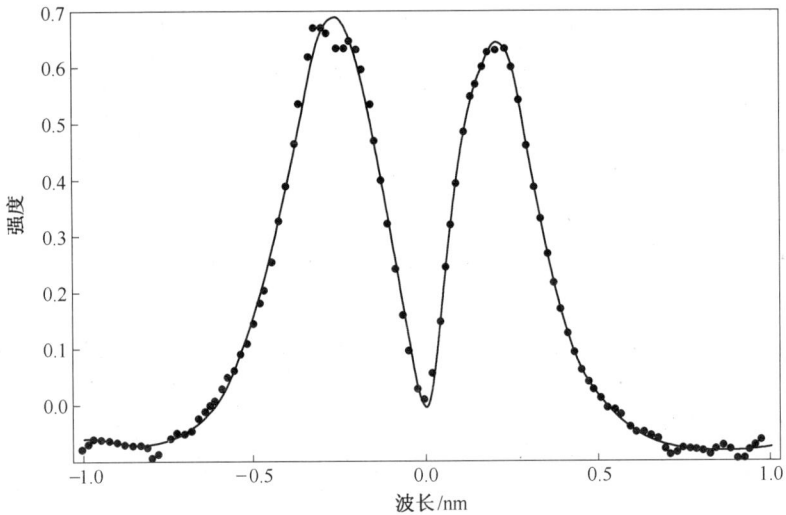

图 2.4 天文学示例:Be 星的谱线轮廓集成结果(点表示数据,实线表示集成函数拟合结果)

4. 计算极限

但是,无论采用任何功能强大的计算机和算法,仍然存在极限。部分问题从根本上就是不能用算法求解的,更确切地说,这些问题所消耗的计算时间太长而无法求解(Zelinka et al. ,2010)。

这些约束部分来源于计算机的理论层面(Amdahl,1967),部分来源于这些问题的物理本质,即由于其热动力学、量子物理学的物理极限导致的。这些问题的时空本质和量子力学本质限制了计算机和算法的输出能力。这些极限是基于我们当前对于物理学的理解,也就是说,当采用新的实验方法和理论时,就需要重新评估这些极限。根据 Bremermann 极限(Bremermann,1962),每千克物质的处理极限是 10^{51} 位/s;而 Bremermann 更早的文献认为每克物质的处理速度为 2×10^{47} 位/s(Bremermann,1962)。这个极限从最初的观点来看并不算难以接受,但当考虑到"基本元素"之后,就需要重新评估这个观点(Zelinka et al. ,2010)。

另一位研究者将这些极限应用于研究在真实物理信息通道(计算机可以视为

传输信息的特殊通道)中的信息传输问题(Lloyd et al. ,2004),发现了非常奇怪的结论:当传输通道中信息量(或者能量)达到一定程度之后,就不能再增加信息,这是因为,从理论上讲,信息通道"崩塌"之后形成了一个"黑洞"。

处理海量信息需要复杂的计算机硬件和算法,而最终最具希望的方法之一就是生物启发方法并行化。

2.6　总结

本章重点关注科学领域中的大数据分析问题以及大数据的相关研究趋势(如预测 2014 年的发展情况①)。本章的主要工作是基于大数据研究的发展趋势改进数据挖掘技术手段并分析其可拓展性。由于大数据往往缺少标准化结构,因此面向大数据的查询过程以及对于查询结果的解释变得越来越重要,这其中的深层次原因是查询返回的答案太过庞大,单纯依靠人的能力已经无法理解。由于大多数数据并未按照结构化格式进行存储,因此将这些内容转换为能够进行分析的格式是非常具有挑战性的任务。已经广泛应用于从结构化和半结构化数据集中提取和常用关系信息分析手段的数据挖掘技术在经过适当延伸和调整之后可以用于大数据分析。

到目前为止,数据挖掘过程仍由分析人员主导,分析人员对于应用场景的知识决定了哪些数据是有用的、哪些信息应当被提取出来。更加先进的技术手段还包括自动挖掘处理以及从具有复杂结构和大型数据集中提取近似集成信息等。

通过以上各节的分析可以发现,当今天文学中充斥着大量的数据,并以指数规模增长。为了应对数据的飞速增长并提取有用的信息,一门新的学科应运而生:天文信息学。"宇宙动物园"计划就是一个例子:平行数据挖掘具有超强计算能力,拥有覆盖全球的大型天文学档案,更加重要的是有超过 50 万志愿者参加,将会激发新的颠覆性的发现。

需要注意的是,大数据处理并不仅仅需要复杂的经典算法,实际上更加需要与非传统算法进行结合,如生物启发算法以及基于符号回归的综合算法等,这些算法可以用于大数据处理和分析等方面。

致谢:本章的研究受到了以下基金和项目的资助:捷克基金委项目(编号:GACR P103/13/08195S 和 P103-14-14292P),ESF 和捷克国家预算项目(编号:CZ.1.07/2.3.00/20.0072)。捷克科学院天文学研究所也受到了项目 RVO 67985815 的支持。本章所使用的数据来自 Ondřejov 实验室的 Perek 2m 望远镜。

---

①　http://www.csc.com/big_data/publications/91710/105057-trends_in_big_data_a_forecast_for_2014 (retrieved on 14.3.2014).

本章研究需要感谢 DAME 团队所给与的支持和帮助,感谢 Longo 教授、Brescia 博士和 Cavuoti 博士,以及合作者 Laurino 博士和 D'Abrusco 博士,感谢他们对于天文学中有关机器学习方面的介绍。

参考文献

Ahn,C. P.,Alexandroff,R.,Allende Prieto,C.,et al.:The Tenth Data Release of the Sloan Digital Sky Survey:First Spectroscopic Data from the SDSS-III Apache Point Observatory Galactic Evolution Experiment (2013), arXiv:1307. 7735

Amdahl,G. M.:Validity of the Single Processor Approach to Achieving Large-Scale Computing Capabilities. In: AFIPS Conference Proceedings,vol. (30),pp. 483-485 (1967),doi:10. 1145/1465482. 1465560.

Babkin,E.,Karpunina,M.:Towards application of neural networks for optimal structural synthesis of distributed database systems. In:Proceedings of 12th IEEE Int. Conf. on Electronics,Circuits and Systems,Satellite Workshop Modeling,Computation and Services,Gammarth,Tunisia,pp. 486-490 (2005)

Ball,N. M.,Brunner,R. M.:Data mining and machine learning in astronomy. International Journal of Modern Physics D 19(07),1049-1107 (2010)

Barricelli,N. A.:Esempi Numerici di processi di evoluzione. Methodos,45-68 (1954)

Barricelli,N. A.:Symbiogenetic evolution processes realized by artificial methods. Methodos 9(35-36),143-182 (1957)

Bednárek,D.,Dokulil,J.,Yaghob,J.,Zavoral,F.:Data-Flow Awareness in Parallel Data Processing. In:Fortino, G.,Badica,C.,Malgeri,M.,Unland,R. (eds.) IDC 2012. SCI,vol. 446,pp. 149-154. Springer,Heidelberg (2012)

Borkar,V.,Carey,M. J.,Li,C.:Inside "Big Data management":ogres,onions,or parfaits? In:Proceedings of EDBT Conference,Berlin,Germany,pp. 3-14 (2012)

Borne,K.,Accomazzi,A.,Bloom,J.:The Astronomy and Astrophysics Decadal Survey. Astro 2010,Position Papers, No. 6. arXiv:0909. 3892 (2009)

Bremermann,H.:Optimization through evolution and recombination. In:Yovits,M.,Jacobi,G.,Goldstine,G. (eds.) Self-Organizing Systems,pp. 93-106. Spartan Books,Washington,DC (1962)

Brescia,M.,Longo,G.,Castellani,M.,et al.:DAME:A Distributed Web Based Framework for Knowledge Discovery in Databases. Memorie della Societa Astronomica Italiana Supplementi 19,324-329 (2012)

Brescia,M.,Cavuoti,S.,Djorgovski,G. S.,et al.:Extracting Knowledge from Massive Astronomical Data Sets. In: Astrostatistics and Data Mining. Springer Series in Astrostatistics,vol. 2,pp. 31-45. Springer (2012), arXiv:1109. 2840

Brescia,M.,Cavuoti,S.,Paolillo,M.,Longo,G.,Puzia,T.:The detection of globular clusters in galaxies as a data mining problem. Monthly Notices of the Royal Astronomical Society 421(2),1155-1165 (2012)

Brewer,E. A.:CAP twelve years later:how the 'rules' have changed. Computer 45(2),23-29 (2012)

Cardamone,C.,Schawinski,K.,Sarzi,M.,et al.:Galaxy Zoo Green Peas:discovery of a class of compact extremely star-forming galaxies. Monthly Notices of the Royal Astronomical Society 399(3),1191-1205 (2009),doi: 10. 1111/j. 1365-2966. 2009. 15383. x

Cattell,R.:Scalable SQL and NoSQL Data Stores. SIGMOD Record 39(4),12-27 (2010)

Cavuoti,S.,Brescia,M.,D'Abrusco,R.,Longo,G.,Paolillo,M.:Photometric classification of emission line galaxies with Machine Learning methods. Monthly Notices of the Royal Astronomical Society 437(1),968-975 (2014)

Cavuoti, S., Garofalo, M., Brescia, M., et al.: Astrophysical data mining with GPU. A case study: genetic classification of globular clusters. New Astronomy 26,12-22 (2014)

D'Abrusco, R., Longo, G., Walton, N. A.: Quasar candidates selection in the Virtual Observatory era. Monthly Notices of the Royal Astronomical Society 396(1),223-262 (2009)

Darwin, C.: On the origin of species by means of natural selection, or the preservation of favoured races in the struggle for life, 1st edn. John Murray, London (1859)

Dean, D., Ghemawat, S.: MapReduce: Simplified Data Processing on Large Clusters. Communications of the ACM 51 (1),107-113 (2008)

Djorgovski, S. G., Baltay, C., Mahabal, A. A., et al.: The Palomar - Quest digital synoptic sky survey. Astron. Nachr. 329(3),263-265 (2008)

Dorogov, A. Y.: Structural synthesis of fast two-layer neural networks. Cybernetics and Systems Analysis 36(4),512 -519 (2000)

Drake, A. J., Djorgovski, S. G., Mahabal, A., et al.: First Results from the Catalina Real - time Transient Survey. Astrophys. Journal 696,870-884 (2009)

Flockhart, I. W., Radcliffe, N. J.: A Genetic Algorithm - Based Approach to Data Mining. In: Proceedings of 2nd Int. Conf. AAAI: Knowledge Discovery and Data Mining, Portland, Oregon, pp. 299-302 (1996)

Fogel, L., Owens, J., Walsh, J.: Artificial Intelligence through Simulated Evolution. John Wiley, Chichester (1966)

Gainaru, A., Slusanschi, E., Trausan-Matu, S.: Mapping data mining algorithms on a GPU architecture: A study. In: Kryszkiewicz, M., Rybinski, H., Skowron, A., Raś, Z. W. (eds.) ISMIS 2011. LNCS, vol. 6804, pp. 102 - 112. Springer, Heidelberg (2011)

Gamble, M., Goble, C.: Quality, Trust and Utility of Scientific Data on the Web: Towards a Joint model. In: Proceedings of ACM WebSci 2011 Conference, Koblenz, Germany, 8 p. (2011)

Gartner, Inc., Pattern - Based Strategy: Getting Value from Big Data. Gartner Group (2011), http://www.gartner.com/it/page.jsp? id=1731916 (accessed May 30,2014)

Ghemawat, S., Gobioff, H., Leung, S.-L.: The Google File System. ACM SIGOPS Operating Systems Review 37(5), 29-43 (2003)

Härder, T., Reuter, A.: Concepts for Implementing and Centralized Database Management System. In: Proceedings of Int. Computing Symposium on Application Systems Development, Nürnberg, Germany, B. G., pp. 28 - 104 (1983)

Hey, T., Tansley, S., Tolle, K. (eds.): The Fourth Paradigm: Data - Intensive Scientific Discovery. Microsoft Research, Redmond (2010)

Holland, J.: Adaptation in natural and artificial systems. Univ. of Michigan Press, Ann Arbor (1975)

Hwu, W., Keutzer, K., Mattson, T. G.: The Concurrency Challenge. IEEE Des. Test of Computers 25(4),312-320 (2008)

Johnson, C.: Artificial immune systems programming for symbolic regression. In: Ryan, C., Soule, T., Keijzer, M., Tsang, E., Poli, R., Costa, E. (eds.) EuroGP 2003. LNCS, vol. 2610, pp. 345 - 353. Springer, Heidelberg (2003)

Kaiser, N.: The Pan-STARRS Survey Telescope Project. In: Advanced Maui Optical and Space Surveillance Technologies Conference (2007)

Kaiser, N., Burgett, W., Chambers, K., et al.: The pan-STARRS wide-fieldoptical/NIR imaging survey. In: Society of Photo-Optical Instrumentation Engineers (SPIE) Conference Series, vol. 7733, p. 12 (2010)

Keutzer, K., Mattson, T. G.: A Design Pattern Language for Engineering (Parallel) Software. Addressing the Challenges of Tera-scale Computing. Intel Technology Journal 13(04),6-19 (2008)

Khabzaoui,M. ,Dhaenens,C. ,Talbi,E. G. :Combining Evolutionary Algorithms and Exact Approaches for Multi-Objective Knowledge Discovery. Rairo-Oper. Res. 42,69-83(2008),doi:10. 1051/ro:2008004

Khan,M. F. ,Paul,R. ,Ahmed,I. ,Ghafoor,A. :Intensive data management in parallel systems:A survey. Distributed and Parallel Databases 7(4),383-414 (1999)

Koza,J. :Genetic programming:A paradigm for genetically breeding populations of computer programs to solve problems. Stanford University,Computer Science Department,Technical Report STAN-CS-90-1314 (1990)

Koza,J. :Genetic programming. MIT Press (1998)

Koza,J. R. ,Bennett, F. H. ,Andre,D. ,Keane,M. A. :Genetic Programming III;Darwinian Invention and problem Solving. Morgan Kaufmann Publisher (1999)

Koza,J. ,Keane,M. ,Streeter,M. :Evolving inventions. Scientific American 288(2),52-59 (2003)

Laurino,O. ,D'Abrusco,R. ,Longo,G. ,Riccio,G. :Monthly Notices of the Royal Astronomical Society 418,2165-2195 (2011)

Lintott,C. J. ,Lintott,C. ,Schawinski,K. ,Keel,W. ,et al. :Galaxy Zoo:'Hanny's Voorwerp',a quasar light echo? Monthly Notices of Royal Astronomical Society 399(1),129-140 (2009)

Lloyd,S. ,Giovannetti,V. ,Maccone,L. :Physical limits to communication. Phys. Rev. Lett. 93,100501 (2004)

Mahabal,A. ,Djorgovski,S. G. ,Donalek,C. ,Drake,A. ,Graham,M. ,Williams,R. ,Moghaddam,B. ,Turmon,M. :Classification of Optical Transients:Experiences from PQ and CRTS Surveys. In:Turon,C. ,Arenou,F. ,Meynadier,F. (eds.) Gaia:At the Frontiers of Astrometry. EAS Publ. Ser. ,vol. 45,EDP Sciences,Paris (2010)

Maimon,O. ,Rokach,L. :Data Mining and Knowledge Discovery Handbook,2nd edn. Springer (2010)

Manyika,J. ,Chui,M. ,Brown,B. ,Bughin,J. ,Dobbs,R. ,Roxburgh,C. ,Byers,A. H. :Big data:the next frontier for innovation,competition,and productivity. McKinsey Global Inst. (2011)

Mellier,Y. ,Laureijs,R. ,Amiaux,J. ,et al. :EUCLID definition study report (Euclid Red Book). European Space Agency (2011),http://sci. esa. int/euclid/48983-euclid-definition-study-report-esa-sre-2011-12 (accessed May 30,2014)

Mendel,J. :Versuche uber Pflanzenhybriden Verhandlungen des naturforschenden Vereines in Brunn. Bd. IV fur das Jahr. Abhandlungen,3-47 (1865);For the English translation,see:Druery,C. T. ,Bateson,W. :Experiments in plant hybridization. Journal of the Royal Horticultural Society 26,1-32 (1901),http://www. esp. org/foundations/genetics/classical/gm-65. pdf (accessed May 30,2014)

Morgan,T. P. :IDC:Big data biz worth $16. 9 BILLION by 2015. The Register (2012)

Mueller,R. ,Teubner,J. ,Alonso,G. :Data processing on FPGAs. Proc. VLDB Endow. 2(1),910-921 (2009)

O'Neill,M. ,Brabazon,A. :Grammatical differential evolution. In:Proceedings of International Conference on Artificial Intelligence,pp. 231-236. CSEA Press (2006)

O'Neill,M. ,Ryan,C. :Grammatical Evolution,Evolutionary Automatic Programming in an Arbitrary Language. Springer,New York (2003)

Oplatkova,Z. :Optimal trajectory of robots using symbolic regression. In:Proceedings of 56th International Astronautics Congress,Fukuoka,Japan (2005)

Oplatkova,Z. :Metaevolution:Synthesis of Optimization Algorithms by means of Symbolic Regression and Evolutionary Algorithms. Lambert Academic Publishing,New York (2009)

Oplatkova,Z. ,Zelinka,I. :Investigation on artificial ant using analytic programming. In:Proceedings of Genetic and Evolutionary Computation Conference,Seattle,WA,pp. 949-950 (2006)

Oplatkova,Z. ,Senkerik,R. ,Belaskova,S. ,Zelinka,I. :Synthesis of control rule for synthesized chaotic system by means of evolutionary techniques. In:Proceedings of 16th International Conference on Soft Computing Mendel

2010, Technical university of Brno, Brno, Czech Republic, pp. 91-98 (2010)

Oplatkova, Z., Senkerik, R., Zelinka, I., Holoska, J.: Synthesis of control law for chaotic Henon system - preliminary study. In: Proceedings of 24th European Conference on Modelling and Simulation, ECMS 2010, Kuala Lumpur, Malaysia, pp. 277-282 (2010)

Oplatkova, Z., Senkerik, R., Zelinka, I., Holoska, J.: Synthesis of control law for chaotic logistic equation - preliminary study. In: IEEE Proceedings of AMS 2010, ASM, Kota Kinabalu, Borneo, Malaysia, pp. 65-70 (2010)

Perryman, M. A. C.: Overview of the Gaia Mission. In: Proceedings of the Three-Dimensional Universe with Gaia, ESA SP-576, p. 15 (2005)

Pokorny, J.: NoSQL Databases: a step to databases scalability in Web environment. International Journal of Web Information Systems 9(1), 69-82 (2013)

Quinn, P., Lawrence, A., Hanisch, R.: The Management, Storage and Utilization of Astronomical Data in the 21st Century, IVOA Note (2004), http://www. ivoa. net/documents/latest/OECDWhitePaper. html (accessed May 30, 2014)

Raddick, J. M., Bracey, G., Gay, P. L., Lintott, C. J., Murray, P., Schawinski, K., Szalay, A. S., Vandenberg, J.: Galaxy Zoo: Exploring the Motivations of Citizen Science Volunteers. Astronomy Education Review 9(1), 010103 (2010)

Rajaraman, A., Leskovec, J., Ullman, J. D.: Mining of Massive Datasets. Cambridge University Press (2013)

Rechenberg, I.: Evolutionsstrategie - Optimierung technischer Systeme nach Prin-zipien der biologischen Evolution. PhD thesis, Printed in Fromman-Holzboog (1973)

Ryan, C., Collins, J. J., O' Neill, M.: Grammatical evolution: Evolving programs for an arbitrary language. In: Banzhaf, W., Poli, R., Schoenauer, M., Fogarty, T. C. (eds.) EuroGP 1998. LNCS, vol. 1391, pp. 83-95. Springer, Heidelberg (1998)

Schwefel, H.: Numerische Optimierung von Computer - Modellen, PhD thesis (1974), reprinted by Birkhauser (1977)

Strauch, C.: NoSQL Databases. Lecture Selected Topics on Software-Technology Ultra-Large Scale Sites, Stuttgart Media University, manuscript (2011), http://www. christof - strauch. de/nosqldbs. pdf (accessed May 30, 2014)

Szalay, A., Gray, J.: The World Wide Telescope. Science 293, 2037-2040 (2001)

Szalay, A. S., Gray, J., van den Berg, J.: Petabyte scale data mining: Dream or reality? In: SPIE Conference Proceedings, vol. 4836, p. 333 (2002), doi: 10. 1117/12. 461427

Tan, K. C., Teoh, E. J., Yu, Q., Goh, K. C.: A hybrid evolutionary algorithm for at-tribute selection in data mining. Expert Systems with Applications 36, 8616-8630 (2009)

van Haarlem, M. P., Wise, M. W., Gunst, A. W., et al.: LOFAR: The LOw-Frequency Array. Astronomy and Astrophysics 556(A2), 53 (2013)

Vinayak, R., Borkar, V., Carey, M. -J., Chen Li, C.: Big data platforms: what' s next? ACM Cross Road 19(1), 44-49 (2012)

Weisser, R., Osmera, P.: Two-level transplant evolution. In: Proceedings of 17th Zittau Fuzzy Colloquium, Zittau, Germany, pp. 63-70 (2010)

Weisser, R., Osmera, P.: Two-level transplant evolution for optimization of general controllers. In: New Trends in Technologies, Devices, Computer, Communication and Industrial Systems, pp. 55-68. Sciyo (2010)

Weisser, R., Osmera, P., Matousek, R.: Transplant evolution with modified schema of differential evolution: Optimization structure of controllers. In: Proceedings of 16th International Conference on Soft Computing MENDEL, Brno, Czech Republic, pp. 113-120 (2010)

Yadav, C. , Wang, S. , Kumar, M. : Algorithm and approaches to handle large Data – A Survey. IJCSN International Journal of Computer Science and Network 2(3), 37–41 (2013)

Zelinka, I. , Guanrong, C. , Celikovsky, S. : Chaos synthesis by means of evolutionary algorithms. International Journal of Bifurcation and Chaos 18(4), 911–942 (2008)

Zelinka, I. : Analytic programming by means of new evolutionary algorithms. In: Proceedings of 1st International Conference on New Trends in Physics 2001, Brno, Czech Republic, pp. 210–214 (2001)

Zelinka, I. : Analytic programming by means of soma algorithm. In: Proceedings of First International Conference on Intelligent Computing and Information Systems, Cairo, Egypt, pp. 148–154 (2002)

Zelinka, I. , Oplatkova, Z. : Analytic programming – comparative study. In: Proceedings of Second International Conference on Computational Intelligence, Robotics, and Autonomous Systems, Singapore (2003)

Zelinka, I. , Oplatkova, Z. , Nolle, L. : Analytic programming – symbolic regression by means of arbitrary evolutionary algorithms. Int. J. of Simulation, Systems, Science and Technology 6(9), 44–56 (2005)

Zelinka, I. , Skanderova, L. , Saloun, P. , Senkerik, R. , Pluhacek, M. : Chaos Powered Symbolic Regression in Be Stars Spectra Modeling. In: Proceedings of the ISCS 2013, Praha, pp. 131–139. Springer (2014)

Zelinka, I. , Celikovsky, S. , Richter, H. , Chen, G. (eds.) : Evolutionary Algorithms and Chaotic Systems. SCI, vol. 267. Springer, Heidelberg (2010)

Zelinka, I. , Davendra, D. , Senkerik, R. , Jasek, R. , Oplatkova, Z. : Analytical Program-ming – a Novel Approach for Evolutionary Synthesis of Symbolic Structures. In: Kita, E. (ed.) Evolutionary Algorithms, pp. 149–176. InTech (2011), doi: 10. 5772/16166

Zhang, Y. , Zheng, H. , Zhao, Y. : Knowledge discovery in astronomical data. In: SPIE Conference Proceedings, vol. 701938, p. 108 (2008), doi: 10. 1117/12. 788417

Zhao, Y. , Raicu, I. , Foster, I. : Scientific workflow systems for 21st century, new bottle or new wine? In: Proceedings of IEEE Congress on Services – Part I, pp. 467–471 (2008)

Zhao, G. , Zhao, Y. , Chu, Y. , Jing, Y. , Deng, L. : LAMOST Spectral Survey. Research in Astron. Astrophys. 12(7), 723–734 (2012)

第3章 基于高维数据的鲁棒性能模型担保

Rui Henriques,Sara C.Maderia

摘要 当前科学研究过程中需要对"子空间"这一概念进行更深入的研究,子空间中的特征数量往往多于观测数据数量,因此基于高维空间的模型非常容易出现过拟合。在这些子空间中,模型的性能往往多变且依赖于目标误差估算、数据规律和模型属性。模型性能多变是数据分析中的常见问题,这些相关数据包括组学数据、健康数据、协同过滤数据以及从非结构数据或多维数据库中提取的特征所组成的数据。在这种情况下,评估基于高维空间模型的性能担保水平显著相关性对于验证这些模型行为不断增加的科学陈述并赋予权重至关重要。因此,本章从未被广泛关注的高维视角回顾基于大数据的评估模型所带来的机遇与挑战。本章重点提出一种约束和比较不同模型性能的方法。首先,我们将集中分析所面临的多个挑战,然后,提出基本原则来应对这些挑战。这些基本原则可以作为路线图来回答以下问题:①选择适当的统计测试集、损失函数和抽样模式;②从多个设置方案中评估性能担保水平,包括不同的数据规律和学习参数化;③确保可以应用于不同的模型,包括分类和描述模型。到目前为止,这是首次提出兼具鲁棒性和灵活性的不同类别模型,且该模型对数据维度和数据大小敏感。由于这些原则提出了一致的设置模式来约束和比较高维空间中学习模型的性能,并且可以学习和完善这些模型的行为,因此经验证据也支持这些原则的相关性。

关键词 高维数据;性能担保;学习模型的统计显著性;误差估算;分类;双聚类

Rui Henriques · Sara C. Madeira

KDBIO,INESC–ID,Instituto Superior Técnico,Universidade de Lisboa,Portugal

e-mail:｛rmch,sara.madeira｝@ tecnico.ulisboa.pt

© Springer International Publishing Switzerland 2015

A.E. Hassanien et al.(eds.),*Big Data in Complex Systems*,

Studies in Big Data 9,DOI:10.1007/978-3-319-11056-1_3

3.1　引言

越来越多的领域,如生物医学数据、社交网络或多维数据等,开始使用高维数据来获取其中的隐含信息。在高维空间中,至关重要的一点就是确保其具有统计显著性,也就是说,这些获取的信息并不具有偶然性。当获取的信息来自原始高维空间的子空间,或者抽样数据量少于特征数量时,这一点就更加重要。观测数值或抽样量少于或不显著多于特征数量的情况主要包括:协同过滤数据、组学数据(如基因表达数据、结构基因变量和生物网络等)、临床数据(如从健康记录、功能磁共振和生理信号中抽取的数据),以及随机领域的数据(Amaratunga, Cabrera, and Shkedy,2014)。为了约束和对比由不同关系组成的模型的性能,需要重点考虑从高维空间进行学习对于这些模型的统计评估影响。

尽管已经有很多研究人员致力于从模型的数据维度和数据量大小对学习模型的性能水平进行影响评估(Kanal and Chandrasekaran, 1971; Jain and Chandrasekaran,1982;Raudys and Jain,1991;Adcock,1997;Vapnik,1998;Mukherjee et al.,2003;Hua et al.,2005;Dobbin and Simon,2007;Way et al.,2010;Guo et al.,2010),但是大家对于这方面所获其少。本章中,我们将基于高维空间和相关准则分析一系列模型性能担保水平的评估需求,这些准则可以应用于进一步提出新的学习方法,也可以用做估计统计显著关系所需的最小样本量。

这项工作面临的最严峻挑战包括以下几个方面:①基于仿真和拟合学习曲线评估模型的性能往往不具有鲁棒统计特性。一般在这些情况下,估计的显著性要以基于置换后数据和性能担保水平的松耦合模型进行验证,而性能担保水平一般不受观测误差的变化影响(Mukherjee et al.,2003;Way et al.,2010)。②现有评估模型和方法大都假设特征之间是相互独立的(Dobbin and Simon,2005;Hua et al.,2005)。这个假设对于高维空间并不成立,因为高维空间中的少数特征可能存在相关的情况。这就是为什么依赖于空间特征子集的方法,如基于规则的方法,往往产生的观测误差较大,且方法的目标性能边界较低。③误差估计一般都是不完备的,这是因为一般建模误差的损失函数是不完备的,而针对测试样本大小影响的相关研究不足以使误差估计不具有统计显著性(Beleites et al.,2013)。④基于集成数据的评估方法一般依赖于简单数据分布,如多变量高斯条件类分布(Dobbin and Simon,2007),但是真实世界中数据的特征,如蛋白质、新陈代谢和基因等,都具有很高的维度(Guo et al.,2010)。⑤现有方法一般不可拓展,如多类别和非平衡类别条件下(面向单个类)描述模型或分类模型的性能评估。

在这种情况下,需要定义能够解决以上弊端的准则。本章将主要基于现有文献和实证证据来提出结构化准则,并在此基础上进一步提出一种新的方法。需要注意的是,即使面对同样样本和维度大小的数据集,数据是否具有规律、学习方法的相关设置,都对算法的性能有重要影响。因此,本章提出的方法主要用于进行数据独立性和数据独立条件下的评估。此外,还要区分数据集中不同学习任务是面向单个类别还是多个类别等情况。描述性任务包括若干分类问题,如肿瘤样本、健康需求预测、基因的双聚类、蛋白质组质谱分类,敏感性的预测以及生存分析等。

针对大数据问题,本章提出的评估方法具有以下三个主要贡献:

(1) 集成统计准则为高维空间中模型的真实性能鲁棒性估计提供了重要支持,包括完备的损失函数,抽样方法,具有大方差值和性能差异的统计测试以及相关策略。

(2) 针对不同规律的高维数据集测试模型的通用性能担保水平评估。

(3) 不同类别模型的可用性,包括面向不平衡类别的分类模型,局部或(双)聚类模型和全局描述模型。

本章结构如下:3.1 节首先介绍问题背景,从高维空间角度评估模型;3.2 节综述主要方法以及这些方法的优缺点;3.3 节基于现有方法提出一系列基本准则,并介绍面对的挑战,且提出一种新的评估方法;3.4 节讨论基于实验结果和文献综述的准则相关性,最后 3.5 节进行总结并指出下一步的研究方向。

3.1.1 问题定义

设 (X,Y) 空间中有 n 组 (x_i,y_i) 组成的数据集,其中 $x_i \in \mathbb{R}^m$ 且 Y 由一组标签 $(y_i \in \Sigma)$ 或一组变量 $(y_i \in \mathbb{R})$ 组成。由 $n \in \mathbb{N}$ 个观测变量和 $m \in \mathbb{N}$ 个特征组成的空间可表述为 (n,m)-space, $X^{n,m} \subseteq X$。假设数据服从基本随机规律, $P_{X|Y}$,那么模型学习的目的就是从 (n,m)-space 中推理出服从 $P_{X|Y}$ 条件下误差最小的模型 M,而模型 M 是服从基本随机规律的若干个关系的组合。

基于此假设,模型有两种类型。首先是监督模型,如分类模型($M: X \rightarrow Y$,其中 $Y = \Sigma$ 是一组明确的值)或回归模型($M: X \rightarrow Y$,其中 $Y = \mathbb{R}$),尤其应当注意条件规律 $P_{X|Y}$ 下的不同属性,以及通过损失函数来评估误差(Toussaint,1974)。损失函数一般是基于分类模型的精度、roc 曲线下的区域面积或者敏感性指标,或者是回归模型的均方差归一化值或根值。在有监督模型中,有两类学习范式对性能评估结果有影响:①从所有属性中学习关系,包括基于判别函数的多变量学习(Ness and Simpson,1976),②面向特定子空间 $X^{q,p} \subseteq X^{n,m}$ 中推理出关系的组合学习方法(如决策树以及贝叶斯网络等基于规则的学习方法)。对于后者,当子空间选取得较小时,很容易出现不具有代表性的问题,因此能否通过特征选择提取统计特性十分重要(Iswandy and Koenig,2006)。当评估这些模型的性能时,为了进一步明确维度的影响,假设原始特征中有子集 $X^{n,p} \subseteq X^{n,m}$,且有一特殊类或实数区间, $y \in Y$。假设判别模型分别为 $M: X^{n,p} \rightarrow y$ 的映射函数,要实现对比或者约束这些模型的性能需要注意 (n,p)-space 并不是随机选择的。相反,该子空间实际上是基于原始

判别模型改进的。在高维空间中,原始特征的一个较小子集很有可能具有对某一类特征的偏好。而由于误差估计而得出的统计评估结果会导致结果具有随机性。因此,要进行基于模型属性的统计分析,需要特别注意建立原始(n,m)-space 到(n,p)-space 之间的映射关系。

其次,描述性模型$(|Y|)$可以全局也可以局部服从近似$P_{X|Y}$规律。混合多变量分布一般都属于全局描述模型,而(双)聚类模型一般使用局部描述。此时,对于误差的测量要么是基于效益函数的,要么是基于面向基本规律相关知识的匹配的分布。局部描述模型指的是面向特征子空间进行学习进而获得关系组合,其中特征子空间是$J=X^{n,p}\in X^{n,m}$、样本$I=X^{n,p}\subseteq X^{n,m}$或$(I,J)$。因此,局部模型可以定义$k$个(双)簇,其中每个(双)簇$(I_k,J_k)$都满足特定的一致性准则。与监督模型类似,也需要特别注意鲁棒性特征和误差估计的评估结果。每个(双)簇(其中$q_k=|I_k|$,$p_k=|J_k|$)的(q_k,p_k)-space 选择都具有统计显著性,也就是说,这些子空间中观测数据的一致性水平并不是随机的。

假设特定模型M分类的非对称概率为$\varepsilon_{\text{true}}$,$(n,m)$-space 中观测误差的非偏估计为$\theta(\varepsilon_{\text{true}})$。$(n,m)$-space 中面向特定模型$M$的计算性能担保水平可以根据其性能边界确定,也可以根据其是否优于其他模型来确定。(n,m)-space 中模型M的性能边界$(\varepsilon_{\min},\varepsilon_{\max})$可以根据下式计算:

$$[\varepsilon_{\min},\varepsilon_{\max}]: P(\varepsilon_{\min}<\theta(\varepsilon_{\text{true}})<\varepsilon_{\max}\mid n,m,M,P_{X|Y})=1-\delta \quad (3.1)$$

式中:性能上下界是置信度区间$1-\delta$。

这种情况下,(n,m)-space 中的$\{M_1,\cdots,M_l\}$之间的模型对比可以定义为在不同组模型中寻求发现其中的显著性差异,并同时在一定范围内控制误差以及在$l\times l$次比对中出现一次或多次错误比对的概率。

在已有文献中已经有相关研究通过对比n次观测结果来估计误差,并要求其满足$P(\theta(\varepsilon_{\text{true}})<\varepsilon_{\text{true}}\mid m,M,P_{X|Y})>1-\delta$ 拒绝α置信度假设,或当观测误差不能收敛于$\varepsilon_{\text{true}}$,即$\lim_{n\to\infty}\theta_n(\varepsilon_{\text{true}})\neq\varepsilon_{\text{true}}$,通过放松相关约束$\theta(\varepsilon_{\text{true}})<(1-\gamma)\varepsilon_{\text{true}}$来确定测试观测所需的最小值。

为了更清楚地说明目标性能约束与对比任务的相关性,假设存在如下模型:在任意两个不同类中取向量$\boldsymbol{w}$和点b来定义$\mathbb{R}^m$中的线性超平面$M(x)$,$\text{sign}(\boldsymbol{w}\cdot x+b)$,然后计算某真实值$\boldsymbol{w}\cdot x+b$,或从全局角度描述观测信息,$X\sim\boldsymbol{w}\cdot x+b$。当特征数量超过观测信息的数量($m>n$)时,模型的性能将下降。如图3.1所示,$\mathbb{R}^m$中的线性超平面可以较好地建模$m+1$个观测信息,可采取的形式包括$X\to\{\pm1\}$分类器,或回归模型$X\to\mathbb{R}$,或描述符$X$。因此,对基于相同训练数据得出的模型误差进行评估时,可以在对ε_i进行无偏估计的情况下得出$\theta(\varepsilon_{\text{true}})=0$,因此$\varepsilon_{\min}=\varepsilon_{\max}=0$,注意当存在较多观测信息时该结论不一定正确。

而且,基于新的测试观测信息的模型性能将更加多变,当选择评估过程时,应当重点考虑这些观测信息,包括真实误差估计量,统计测试以及基本假设数据和学习方法。

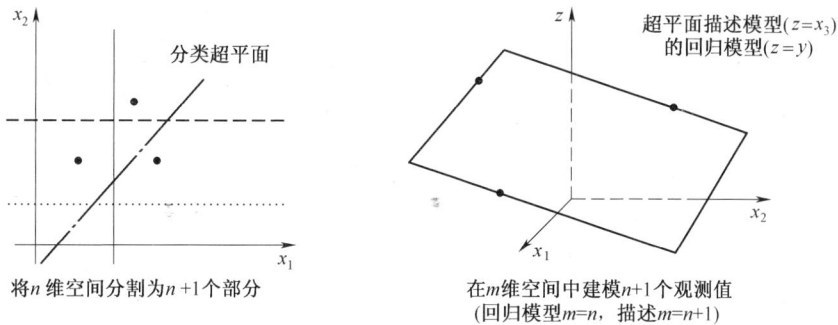

图 3.1　当维度大于观测值(数据样本大小)时,$m \geq n+1$,不能产生线性超平面

3.2　相关工作

将模型的性能约束作为样本数据大小函数的经典统计学方法包括基于频率的指数计算方法和贝叶斯方法(Adcock,1997)、偏约束方法(Guyon et al.,1998)、真实误差 $\varepsilon_{\text{true}}$ 的渐近估计方法(Raudys and Jain,1991;Niyogi and Girosi,1996)以及其他相关方法(Jain and Chandrasekaran,1982)等。数据规模对于观测误差的影响依赖于目标(n,m)-space 的熵。当对比不同模型时,秩、检验序列测试和面向结果的弗里德曼测试仍然是对比误差估计以及基于经典统计获得性能分布的主流方法。

面对未知大小 n 样本进行模型性能担保水平一般化评估的相关工作包括学习曲线方法(Mukherjee et al.,2003;Figueroa et al.,2012)、理论分析方法(Vapnik,1998;Apolloni and Gentile,1998)和仿真方法(Hua et al.,2005;Way et al.,2010)等。这些研究的关键不足在于要么忽视了统计评估中维度的重要性,要么忽视了仅面向总体特征子集进行学习的影响。

现有研究方法的理论基础可以分为 6 种:①经典统计方法;②最小风险理论;③学习曲线;④仿真方法;⑤多变量模型分析;⑥数据驱动分析方法。当面对高维空间时,现有方法至少基于以上一种理论将单个学习模型的性能显著性作为数据量大小的函数进行研究。因此,可以认为不同模型之间的对比实际上是针对模型的性能设计鲁棒性统计实验。

第一种方法是经典统计方法,该类方法要么是基于指数计算(Adcock,1997),要么是采用近似理论、信息理论或统计理论等基于 $\varepsilon_{\text{true}}$ 偏估计进行计算(Raudys and Jain,1991;Opper et al.,1990;Niyogi and Girosi,1996)。指数计算可以控制样本大小 n 和统计指数 $1-\gamma$,$P(\theta(\varepsilon_{\text{true}}) < \varepsilon_{\text{true}}) = 1-\gamma$,其中可以基于频率或采用贝叶斯方法来获得样本大小和噪声数据的大小 $\theta(\varepsilon_{\text{true}})$,因此,根据指数计算可以获得模型误差(性能)。

第二种方法是实验风险最小化理论分析(Vapnik,1982;Apolloni and Gentile,1998)。该方法通过进行模型规模和观测误差的权衡分析来研究模型的误差。为了更好地理解风险最小化的概念,考虑以下两个模型:简易模型和复杂模型。简易模型具有较好的一般性能(模型规模较大),但是观测误差也较大,复杂模型可以实现观测误差最小化但是却容易出现过拟合。误差最小化的权衡分析见图3.2。该项研究的核心贡献来自于 Vapnik-Chervonenkis (VC)理论(Vapnik,1998),其中的样本规模和维度通过 VC-维度(h)相关。模型规模也决定了观测数值的最小值,而这个最小值必须能够满足 m 维空间的学习要求。如图3.1所示,在线性超平面中,$h=m+1$。不同的模型都可以在理论和实验中估计 VC-维度值,而 VC-维度也可以用来对比不同模型的性能,并且进一步估计各模型的下界。虽然目标过拟合问题是在该方法理论分析基础上进行的,但是其评估结果趋中。

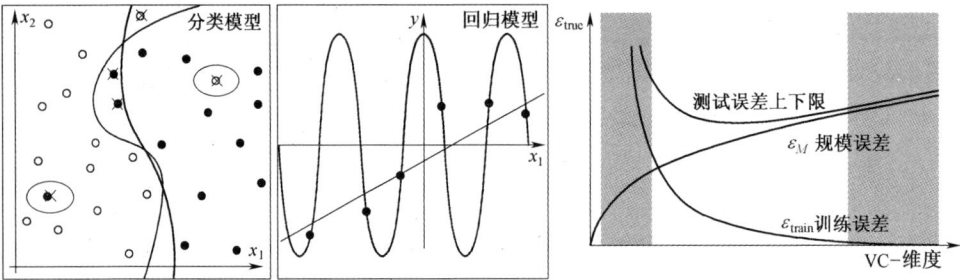

图 3.2　模型规模和训练误差对于分类模型和回归模型的真实误差估计值的影响

第三种方法是学习曲线。学习曲线方法采用模型的观测性能而不是给定数据集来拟合反指数函数以确定模型性能约束条件,并将其作为样本大小或维度的函数(Mukherjee et al. ,2003;Boonyanunta and Zeephongsekul,2004)。进一步拓展到基于信度的权重估计可以应用到医疗数据领域(Figueroa et al. ,2012)。但是,采用面向高维空间($n>m$)学习方法得到精确估计结果需要大量数据,而大多数情况下数据量并不能满足需求,同时误差估计也具有多变性。

第四种方法是仿真方法。仿真方法基于模型的学习性能在研究多参数之间影响关系的基础上评估模型性能担保水平(Hua et al. ,2005;Way et al. ,2010;Guo et al. ,2010)。一般可以通过采用多个大型集成数据集来实施仿真方法。当仿真研究仅用于评估不同设置条件下性能变化所带来的影响时,基于仿真结果并不能进行统计评估和推理。

第五种方法是直接分析方法。基于学习模型的直接分析可以获得真实的模型性能估计结果(Ness and Simpson,1976;El-Sheikh andWacker,1980;Raudys and Jain,1991),直接分析方法可以满足覆盖具有特定规律数据空间维度(空间包括 m 个原始维度,或在特征选择之后得到的包括 m 个原始特征的维度子集)的多变量模型的评估需求。描述模型包括基于判别函数的分类器,如欧式函数、Fisher 函数、二次函数或多项式函数等。与基于高维空间中子空间测试的学习模型不同,多变量学习需要考虑所有特征的值。虽然多变量分析获得了很多学术关注,但是这些模型目前仅代表总体学习模型中的一小部分(Cai and Shen,2010)。

第六种方法是数据驱动方法。Dobbin 和 Simon(2005;2007)综述并进一步拓展了基于数据规律的模型独立规模决策方法。数据驱动方法是定义在维度、类别率、标准倍性变化以及非平凡误差建模基础上的一系列近似和假设的。虽然维度可以影响测试显著性水平和特征的最小值(需要考虑选择子空间的影响),但数据驱动方法是独立于模型选择的,因此并不能进一步拓展以及应用于性能约束计算。

以上六种方法本质上具有相似性并且可以基于理论相互关联,实际上,Haussler,Kearns 和 Schapire (1991)等在统计物理方法、近似理论、多变量分析和VC 理论以及贝叶斯框架基础上已经开展了大量相关研究。

3.2.1 挑战与贡献

虽然以上介绍的每一种方法都提供了求解问题的独特视角,但是也都存在不足,主要原因在于其目标不同,要么不能实现最小数据规模估计,要么性能评估空间 $n \gg m$。这些不足要么与底层假设有关,即子空间的选择会影响评估结果(一般与观测误差的方差分析不完备有关),要么与某种方法不能实现面向特定类型模型或可变数据设置有关。表 3.1 从三个方面说明了以上不足:①依赖鲁棒性统计评估;②从多个可变数据设置角度进行模型性能担保水平评估;③将目标评估拓展到描述模型、不平衡数据以及多参数设置条件。当数据规律和模型参数发生变化时,后两类不足将会给模型性能担保水平评估带来挑战。

由于以上介绍的每一种方法都是面向特定目的和在大量约束条件下提出的,因此这些方法也都具有相应的约束条件,见表 3.1。表 3.2 中将进一步介绍各方法的不足。

表 3.1 面向高维数据的模型性能担保水平评估所面临的挑战

类　别	问 题 描 述
统计鲁棒性	①模型的真实性能非鲁棒性估计。首先,在高维空间中随机选择信息特征的概率相对较高,因此会使误差估计变化较大,导致不能进行模型性能担保水平评估。其次,当特征数量超过观测数据数量时,误差就会出现系统偏差,此时使用均值和绝对偏差作为准则进行误差估计就不能满足对比和约束性能的需求 ②高维空间中面向误差估计的不恰当抽样方法(Beleites et al.,2013)。估计可变范围之内或超出可变范围的结果方差,以及可变范围和测试样本大小数量的影响,对于调整模型性能担保水平至关重要

类　别	问　题　描　述
	③损失函数不足以刻画观测误差。损失函数的选取总是忽视非平衡分类设置的敏感性问题(不能充分表达精度),或者不能充分表达综合误差的函数集合
	④一般密度函数不能满足测试误差估计的显著性需求。一般通过松弛空设置来测试显著性水平(Mukherjee et al.,2003),而并非多个有物理含义的设置。此外,当前提出的估计方法大多具有偏好(Hua et al.,2005)
	⑤其他。基于多变量模型分析的近似和渐进误差估计(Raudys and Jain,1991)并不总是适用于特定学习模型;模型独立的方法,如用于规模最小化估计的基于函数的方法(Dobbin and Simon,2005),不能扩展应用于模型对比或约束性能;通过学习属性的理论分析进行模型性能担保水平评估,如VC-理论(Vapnik,1982)等,是一种保守方法;往往依赖大型数据集收集可变参数(Mukherjee et al.,2003)
数据 灵活性	①通常只在特定的数据集(如经典的统计、学习曲线)的背景下进行模型性能担保水平评估,因此,不能对隐含性能观测情况进行一般化推理
	②性能比较和边界的计算时并未考虑输入数据的相关准则(Guo et al.,2010),而这些准则可以为了解学习任务和学习挑战提供相关背景,进而为显著性水平评估提供指导框架
	③与数据量大小不同,一般不将维度作为变量对比和约束模型的性能(Jain and Chandrasekaran,1982)。根据VC-理论(Vapnik,1998),维度 m 和性能 $\theta(\varepsilon_{\text{true}})$ 一般是相互依赖的变量
	④某些统计评估具有特征独立性。但是,大多数生物医学特征,如分子单元,以及从联合数据中抽取出的特征都是相关的
	⑤非真实的合成数据。人工产生数据集应当具有真实数据集的属性,如局部依赖性分布,偏斜特征和不同水平的噪声等
	⑥其他因素导致的建模变化通常被忽视,如约束条件库、样本交换以及生物医学领域相关问题设置的技术复制问题等(Dobbin and Simon,2005)
可拓展性	①面向类与非平凡条件分布 $P_{X\|y_i}$ 的强不平衡性数据集的统计评估不足问题
	②面向多类模型($\|\Sigma\|>2$)的约束计算弱引导性
	③不能对现有方法进行扩展并应用于评估描述模型的性能约束,包括(单类)全局和局部描述模型
	④缺少在多参数影响设置条件下进行模型性能担保水平评估的恰当准则(Hua et al.,2005;Way et al.,2010)

表 3.2　现有方法面临的挑战

方　法	不　足
贝叶斯与 频率估计	提出的目的是估计最小数据量,因此不能用于模型性能担保水平评估;可应用于单个数据集;不能用于评估特征选择的影响;不支持针对当前状态的描述任务和强数据设置
理论方法	满足最低性能担保水平评估要求;需要谨慎建模,并考虑学习过程的复杂性;在仅考虑空间大小和维度的情况下,模型性能担保水平一般与数据规律相互独立;不支持面向当前状态的描述任务和强数据设置

方　法	不　足
学习曲线	不适用于小型数据集和高维空间，$m>n$；维度和误差变化并不直接影响该方法；模型性能担保水平评估适用于单输入数据集；不支持针对当前状态的描述任务和强数据设置
仿真方法	受误差最小化驱动，性能不具有统计显著性；在最佳数据设置下，数据一般依赖于简易条件规律；不易于得出实验结论
多变量分析	局限于判别函数的多变量模型；不同模型需要不同的参数分析方法；数据一般依赖简易条件规律；不支持针对当前状态的描述任务和强数据设置；近似可以导致松约束
数据驱动方法	不能够得出性能担保水平；仅面向特定数据设置具有估计鲁棒性；特征独立性假设；适用于单输入数据集；不适用于小样本

以上各方法不足的综述相对冗长，更加详细的内容可见相关参考文献。表3.3列举了已有文献，根据各方法不足进一步提出所需要的基本原则，并探讨将分散于文献中各种方法的优势集成起来以满足更高的鲁棒性对比和约束估计需求。

表3.3　目标约束需求及其贡献

需　求	贡　献
多变性能担保水平	对误差分布和损失函数敏感的性能约束与对比统计测试（Martin and Hirschberg,1996；Qin and Hotilovac,2008；Demšar,2006）；VC 理论与判别分析（Vapnik,1982；Raudys and Jain,1991）；特征选择的无偏好原则（Singhi and Liu,2006；Iswandy and Koenig,2006）
偏好影响	误差的偏好分解（Domingos,2000）
完备抽样方法	抽样决策准则（Dougherty et al.,2010；Toussaint,1974）；测试分组影响（Beleites et al.,2013；Raudys and Jain,1991）
表达式损失函数	机器学习中的误差（Glick,1978；Lissack and Fu,1976；Patrikainen and Meila,2006）
灵活性	基于基线设置的估计显著性（Adcock,1997；Mukherjee et al.,2003）
可变数据设置	强数据假设下的仿真，分布、局部依赖性与噪声的混合建模（Way et al.,2010；Hua et al.,2005；Guo et al.,2010；Madeira and Oliveira,2004）
数据规律可追溯性	评估背景下的数据规律（Dobbin and Simon,2007；Raudys and Jain,1991）
维度影响	通过子样本抽样进行特征抽取（Mukherjee et al.,2003；Guo et al.,2010）
高级数据属性	面向其他来源的多样性建模（Dobbin and Simon,2005）
非平衡/高难度数据	基于非平衡数据和完备损失函数的担保水平评估（Guo et al.,2010；Beleites et al.,2013）
多类别任务	以类为中心的性能约束集成（Beleites et al.,2013）
描述模型	完备损失函数与面向全局和(双)聚类模型的误差估计（Madeira and Oliveira,2004；Hand,1986）
引导性准则	面向鲁棒性和紧凑型多参数分析的加权优化方法（Deng,2007）

3.3 约束和对比模型性能的原则

解空间是基于从高维空间中学习得到的 M 的约束/对比性能目标任务而提出的。真实误差估计值的完备定义是本节要讨论的核心问题。本节将采用 k 折交叉验证下观测误差的集合来建立分类模型的性能描述模型,其均值为

$$E[\theta(\varepsilon_{\text{true}})] \approx \frac{1}{k}\sum_{i=1}^{k}(\varepsilon_i \mid M,n,m,P_{X|Y})$$

式中:ε_i 为第 i 折交叉验证的观测误差。当观测数值并不具有显著性时,可以通过留一法(Leave-one-out scheme)进行弥补,其中 $k=n$,可以通过单测试实例(x_i,y_i):$L(M(x_i)=\hat{y}_i,y_i)$的损失函数 L 获得 ε_i。

当存在真实误差估计值时,确定性能约束就依赖于收集得到的误差估计值的非偏好估计,如可以基于均值和 q-百分比对均值估计结果进行包络分析($q\in\{20\%,80\%\}$)。但该策略并不支持面向观测误差的变动鲁棒性分析。针对这种情况,一个简单但更具有鲁棒性的方法是基于底层观测误差估计的期望真实性能情况来获取相应的置信度区间。

虽然评估结果考虑到了估计值的变化,但是由于抽样方法和损失函数不佳,因此仍不能反映模型的真实性能约束情况。此外,当特征数量超过观测数据数量时,集成误差就可能出现系统偏差,甚至导致模型性能担保水平评估结果不可用,因此需要认真评估这些观测结果以调整统计评估结果。

好的估计结果的定义对于对比模型来说也十分重要,这是因为模型对比依赖于结果的误差分布。为了实现这一目的,可采用传统的 T 检验、McNemar 检验和威尔科克森符号秩检验等来对比各分类器的效果,也可以采用 Friedman 检验来分析当前测试情况(Demšar,2006)和较少观测数据集(Garćia and Herrera,2009)的情况,并进一步对比基于不同数据集和具有不同参数模型的运算结果。

在以上面向当前研究方法局限性相关讨论的基础上,本节将提出基于高维空间模型性能担保水平的鲁棒性评估原则。首先在该问题所面临挑战的基础上逐一介绍相关原则,然后结合介绍的基本原则提出与之一致的简易评估方法。

3.3.1 鲁棒性统计评估

1. 性能估计结果的波动性

面向固定数据量 n 的观测,当增加其维度 m 时,将会导致学习模型的性能出现波动,该信息应当融合到性能约束的估计过程之中。解决这个问题的简单原则是将模型方差的基本分布(如高斯分布)融合到模型之中,并以此为基础进行 k 折

"训练集-测试集"分组以获得误差估计 $\{\varepsilon_1,\cdots,\varepsilon_k\}$ 的置信度区间。

但以上方法存在两点不足。首先,该方法假设性能估计波动对于每一个误差估计都是已知的,这一点在某些情况并不成立。其次,当模型性能估计结果的方差较大时,模型之间约束和对比的显著性就会降低。因此,需要基于当前研究提出四个新的策略:①对具有原始维度的模型进行鲁棒性评估;②调整原始空间子空间内模型性能担保水平,③在 $m \gg n$ 设置条件下降低误差波动情况;④获得更多模型性能担保水平评估结果。

首先,可以在特定条件下 $\theta(\varepsilon_{\text{true}}|m,M,P_{X|Y})$ 通过近似估计观测误差和真实误差的渐进估计 $\lim_{n\to\infty}\theta_n(\varepsilon_{\text{true}}|m,M,P_{X|Y})$ 来获得原始空间多变量模型的判别属性(Ness and Simpson,1976)。Raudys 和 Jain(1991)开展了面向观测误差的偏差分析,其中观测误差来源于真实误差,其数据量为 n,维度为 m,判别函数为 M;后续该项工作又得到了进一步拓展(Bühlmann and Geer,2011;Cai and Shen,2010)。

其次,采用特征提取方法的无偏原则来影响原始空间子空间内模型性能担保水平的显著性,此时可以采用特征子集学习模型 M 或其他显式或隐式的特征选择方法,这些特征选择方法的核心准则包括 Mahalanobis(马氏距离),Bhattacharyya(巴氏距离),Patrick-Fisher(Patrick-Fisher 距离),Matusita(M 距离),分散准则,共用信息准则和熵准则等(Raudys and Jain,1991)。在本节中,采用统计测试来确保当面向原始维度时面向给定准则的特征优于数值的随机分布(Singhi and Liu,2006;Iswandy and Koenig,2006)。该项测试返回一个 p 值,该值可作为在 (n,m)-space 中随机选择的特征集合概率,对其进行赋权,以及进一步影响目标模型的性能约束条件和置信度。Singhi 和 Liu(2006)对选择偏好进行了建模,分析了其统计属性,并研究了这些信息是如何影响性能约束的。

再次,基于误差估计结果提出不同方法来控制估计结果的观测波动水平,这些方法包括与抽样方法和密度函数相关的一般性准则,也包括更加具体的面向真实生物医学实例中结果波动性的评估方法。3.3.2 节中将具体讨论相关方法。

最后,对于固定维度的折中方法可以追溯到目标模型的 VC-维度(Vapnik,1982;Blumer et al.,1989)。这些约束条件可以用来引导模型对比。当通过理论和实验方法获得 VC-维度(Vayatis and Azencott,1999)时,一般可通过研究独立数据集的误差率方差来获得 VC-维度的实验估计结果。模型 M 的真实性能估计值的描述下限包括 h 个映射函数,$\theta_n(\varepsilon_{\text{true}}) \geqslant \dfrac{1}{n}\left(\lg\dfrac{1}{\delta}+\lg h\right)$(Apolloni and Gentile,1998)(全书中无底数时,默认底数为 10),其中,δ 是统计指数①。在高维空间中,h 趋向于更大数值,性能约束水平会随着数据量的减少而降低。对于复杂模型来说,如贝

---

① 基于概率 $P(\varepsilon_{\text{true}}|M,m,n)$ 进行推导,可以得出:在 n 个观测值中都是一致的。

叶斯模型或决策树,可以基于相关假设来降低 VC-维度的折中约束[①](Apolloni and Gentile,1998)。但是,这些约束仍然是基于数据独立分析而获得的,同时这些约束仍然依赖于海量数据,因此这些约束仍然是松约束。

2. 带有偏好的高维空间

在 $n<m$ 的(n,m)-space 中,特定模型的观测误差可以进一步分解为偏好和方差以进一步理解导致误差估计波动的原因。虽然方差是由模型的观测能力决定的(见图3.2),但偏好主要取决于问题的复杂性。可以通过特定状态、社交网络中获取的高维数据或者受特定环境或(如生物医学领域中)预处理技术影响下收集的示例来获得偏好水平,因此,基于偏好-方差分解的误差可以为分类或回归模型的误差分析带来新的启示,文献(Domingos,2000)在多个应用示例中对这一思路和方法进行了讨论。最后,目前已经提出了多个基于数据的偏好和方差估计准则与抽样方法,包括 Kohavi 和 Wolpert 广泛使用的"留一法"等(Kohavi and Wolpert,1996)。

3. 抽样方法

当学习模型的参数分析并不能真正用于模型性能评估时,需要依赖原始数据集进行抽样估计。抽样方法有两个主要影响因素,抽样准则和训练-测试集大小。高维空间中的误差估计在很大程度上依赖于选择的抽样方法(Way et al.,2010)。目前已经提出了多种抽样方法(Molinaro,Simon,and Pfeiffer,2005;Dougherty et al.,2010;Toussaint,1974)。也有大量的研究对比和评估了面向大型数据集时的交叉验证方法和 bootstrap 方法(如随机 bootstrap、0.632 估计方法、mc-估计方法、复杂 bootstrap 法等)。不同于交叉验证方法,随机 bootstrap 方法在带有训练样本偏好时效果较差。但是在高维空间 $n<m$ 中,当存在较大观测误差时,bootstrap 方法效果较好(Dougherty et al.,2010)。重置方法一般认为是存在偏好的,因此应当谨慎使用;相对而言,应当尽量采用 k 折交叉验证和 bootstrap 方法。对于 k 折交叉验证,其中应当根据置信度的统计鲁棒性评估结果的最小值来确定 k。对于多变量模型或 $n\ll m$ 的高维度空间,应当优先选择比较大的 k 值。

在 $n<m$ 的(n,m)-space 中,性能担保水平评估所遇到的另一个问题是要确保交叉验证中测试集的数量能够支撑可靠性误差估计,这是因为特定的交叉验证中的观测误差与系统偏好和随机方差不确定性有关。目前有两个方法可以降低这种影响。第一,寻找到最佳"训练集-测试集"分割比。Raudys 和 Jain(1991)提出了基于损失函数、测试数据集的维度、学习模型 M 的属性、训练样本大小以及渐进误差估计值来确定测试样本最佳大小的方法。第二种方法是在不考虑训练样本大小

---

① 特征子集的数量和大小可能影响性能估计的结果。例如,在 n 维空间中 d 深度上抽取 p 个特征,基于测试得到的决策列表的下边界为 $\theta_n(\varepsilon_{\text{true}}) \geq \dfrac{1}{n}\left(\lg\dfrac{1}{\delta} + \Theta(p^d \lg_2 p^d)\right)$。

的前提下建模测试样本大小。这种方法可以确保模型的鲁棒性,但是所需要的测试样本大小可能影响到抽样大小,并进而影响学习结果。一般认为误差估计是一个 Bernoulli 过程,其中 n_{test} 表示测试实例个数,t 表示在特定交叉验证中观测结果为真的个数,并可以进一步估计其真实性能值,$\hat{p} = t/n_{\text{test}}$,以及方差 $p(1-p)/n_{\text{test}}$。n_{test} 的估计值依赖于已知精度条件下真实概率 p 的置信度区间[1](Beleites et al.,2013),同时也可以基于 Fleiss(1981)所提出的基于统计测试中误差类型 I 和类型 II 的期望值获得。

4. 损失函数

不同的损失函数可以提供不同的模型性能观测视角,也会带来不同的观测误差,$\{\varepsilon_1, \cdots, \varepsilon_k\}$。针对不同的损失函数可以分别采用三种不同的视角来计算相应的误差。①一般通过测试数据集中非正确分类/预测/描述的数据相对数量来获得误差。②基于距离区间对误差估计进行曲线平滑拟合(Glick,1978),对于具有概率输出(正确分类的数据数量可以用来估算误差)的分类模型也可以采用这种方法来获得回归模型。③当存在类别条件分布时,后验概率估计(Lissack and Fu,1976)一般都是完备的。后面两项准则为模型性能评估提供了严格完备性保障,并同时可用于得出相应的概率结果,同时,这种情况下得到的模型方差也比简单的误差计算更加具有实用性。平滑拟合所面临的挑战在于其与误差距离函数的独立性问题,尤其是当数据集较小时后验概率往往会存在较大偏差。

误差计算(以及其他两种视角)一般都与基于精度的损失函数一致,而基于其他准则进行分析可以获得具有更强可拓展性的结论,因此也可以采用其他准则来获得回归模型或描述模型。对于使用混淆矩阵的情况,其重要性在于(不适用混淆矩阵的话)识别部分类别/区间值是十分困难的,同时基于混淆矩阵而观测误差也可以进一步将观测误差分为类型 I 和类型 II 两种误差。

表 3.4 中集成了每种模型中最常使用的性能准则,3.3.3 节中将进一步讨论这些准则,本节将重点介绍如何从基于描述设置估计误差。

原始需求驱动下的互补损失函数广泛用于评估模型的性能担保水平,只是在不同条件下面向不同误差估计损失函数稍有不同。

表 3.4　用于无偏估计和描述模型真实误差估计的性能视角

模型	性能
分类模型	精度(正确分类样本的百分比);回归特征曲线(AUC)下的面积;根据多特征混淆矩阵,如敏感性、特异性和 F-值确定的其他关键性能指标
回归模型	均方差根、平均归一化均方差根以及相关性均方差根;为了与现有文献进行对比,建议采用归一化均方差根(NRMSE)以及对称平均绝对误差百分比(SMAPE)

<hr>

[1]　在某些生物医学实验中(Beleites et al.,2013),一般需要 75~100 个测试样本,要达到 90%的敏感度,一般需要 140 个测试样本。数据集大小一般应当大于观测指标数量。

模 型	性 能
局部描述模型 （存在隐含双簇）	熵, F-值以及匹配聚类指标（Assent et al. , 2007; Sequeira and Zaki, 2005）; F 值可以进一步分解为回归（隐含簇中样本覆盖率）和精度（其他隐含簇中的缺失样本率）; 基于 Jaccard 指数的解相似度的匹配值评估结果（Preli′c et al. , 2006）; Hochreiter et al. （2010）提出了基于双簇组之间相似度的一致性评分方法; 双簇准则可以应用于单簇准则或相关非相交区域的两维空间之中（Bozdǎg, Kumar, and Catalyurek, 2010; Patrikainen and Meila, 2006）
局部描述模型 （不存在隐含 双簇）	在对比系数和 Pearson 相关系数条件下, 只要评价函数不存在基于目标准则的偏好就可以采用相关评价准则（Cheng and Church, 2000）; 采用特定区域评估结果计算统计 p 值（Madeira and Oliveira, 2004）
全局描述模型	测试无知条件下是否符合规律的评价函数; 多变量分布之间的等价性测试; 观测分布与近似分布之间的相似性函数

5. 估计结果的或然性

如前所述, 真实误差的不同估计可以定义为确定置信度区间或与特定模型 M 性能相关的显著性差别。为了实现这一目标, 可以从学习模式的参数分析或特定抽样方法以及损失函数条件下的误差估计角度获取估计值。然而, 只有当这些估计值超过空模型并达到统计显著性水平时, 根据这些估计值进行的性能担保水平评估结果才是有效的。基于估计结果的显著性分析结果可以进一步辅助确定能否获得给定模型的性能担保水平评估结果, 在某些情况下还需要获得更多的目标观测样本才能得出这一结论。

进行模型验证的简易方法之一是对比原始数据集排列的 M 值显著性水平 (Mukherjee et al. , 2013）, 一般采用 k 折交叉验证进行排列操作, 其中 t 个样本的类 （判别模型）或域值（描述模型）是随机排列的。根据式(3.2)计算排列和密度函数的误差:

$$P_{n,m}(x) = \frac{1}{kt} \sum_{i=1}^{k} \sum_{j=1}^{t} \theta(x - \varepsilon_{i,j,n,m}) \tag{3.2}$$

式中: 当 $z \geq 0$ 时, $\theta(z) = 1$; 反之, 则 $\theta(z) = 0$; $P_{n,m}(x)$ 为模型的显著性指标, 也就要求随机排列相对于误差的比例小于 x, 同时可以根据目标模型 M 的真实误差估计值确定 x。平均误差 $\varepsilon_{n,m} = \frac{1}{k} \sum_{i=1}^{k} (\varepsilon_i | n, m)$ 或序列 $\{e_1, \cdots, e_k\}$ 的第 θ 个百分位可以视为真实误差的估计值, 误差估计的均值和第 θ 百分位均可视为无偏估计值, 并且可以采用不同百分位值来对真实误差进行误差包络分析。

但是该方法中存在两个主要问题。首先, 观测误差的多样性并不能直接反映为显著性水平, 在 $k \times t$ 排列基础上进行误差估计所产生的多样性需要首先进行鲁棒性统计实验, 例如, 采用自由度为 $(k \times t) - 1$ 的一折 t-实验来测试目标模型的单侧显著性水平。其次,可以通过排列数据获得模型 M 习得关系的显著性水平,这是一个相对来说较为松弛的约束。相应地,可以基于全局规则来评估同类模型以确保显著性水平并不是基于过拟合观测数据得到的。相应地,统计 t 实验也适用于这种情况。

在以上分析的基础上,当不能通过统计显著性水平进行误差估计时,还可以采用两种方法。第一种方法是采用更多的数据集,但要求至少具备以下两个要素之一:①基于完全相同的真实数据的更多样本;②与原始数据近似并服从相同分布的合成数据。第二种方法是放松对评估分析的显著性水平要求。在这种情况下,认为得到的结果同样有效。

3.3.2 数据灵活性

基于单一数据集提取性能担保水平意义并不大,即使是面向特定领域,也需要基于具有不同特征的多个数据集来进行模型评估,这样才能提供一种更完备的和具有一般性意义的框架。但是由于缺少其他准则,采用多个数据集也会导致产生多个,甚至互相矛盾的性能评估结果①。3.3.4 节中间会重点阐述确定数据集性能边界和进行对比的一般化准则。

当采用真实数据集时,需要尽量从更加多源的背景信息中提取准则。为了实现这一目标,可以进行分布式测试以发现全局准则,也可以采用双簇法来识别有意义的局部关系,也可以采用模型约简变换来检测或移除冗余(Hoching,2005)。如果目标真实数据集大,那么基于其数据集规模和维度来近似获得学习曲线或者在多维 (n,m)-空间中提取性能边界并进行对比分析。由于面对不同的数据集,其在多维 (n,m)-空间中的性能边界的对比分析结果并不相同②,因此建议仅合并近似条件下 $P_{X|Y}$ 的基于数据集得到的估计结果。

在仿真实验中,可以基于真实准则生成集成数据集,其一般分布式假设包括单变量或多变量,如对于 $(M(X))$ 或 $(M:X \rightarrow Y)$,可以采用单变量或多变量的高斯分布(Way et al.,2010;Guo et al.,2010;Hua et al.,2005;El-Sheikh and Wacker,1980)。在分类问题中,当 $\mu_1 \neq \mu_2$ 时,可以假设均值不等或相等的协方差矩阵($X_i | y_1 \sim \text{Gaussian}(\mu_1, \sigma^2), X_j | y_2 \sim \text{Gaussian}(\mu_2, \sigma^2)$)。根据实际情况或基于真实生物医学数据集的估计结果不同协方差矩阵可能有所差别。在(Way et al.,2010)中,就采用了不等的协方差矩阵。当进行正规化处理之后,面向较少数据集的分析可能会获得较好的拟合效果,但是大多数生物医学数据集都不能仅在简易假设条件下进行处理。在其他文献中,一般采用布尔特征空间中的多个目标分布的混合假

---

① 模型之间的性能对比可以面向多个数据集采用(Demsar,2006)基于 Nemenyi 测试方法提出的 Friedman 框架学习获得。

② 相同 (n,m)-空间中的不同的数据集可能具有完全不同的学习复杂度(Mukherjee et al.,2003)。

设来评估目标模型的非线性能力(Kohavi and John,1997)。Hua 等(2005)提出了一种具有一般性的生物模型,在该模型中,对于类 y_1,其条件分布是高斯分布(其中心为 $\mu_0 = (0,\cdots,0)$),即对于类 y_2,其条件分布是多个高斯分布的混合(其中心为 $\mu_{1,0} = (1,\cdots,1)$ 和 $\mu_{1,1} = (-1,\cdots,-1)$)。Guo 等(2010)进一步分析了高斯条件分布的复杂性,在其研究中,其高斯分布的中心点固定为 $\mu_0 = 0$,μ_1 从 0.5 至 0 按照 0.05 的间隔分布,$\sigma_0^2 = \sigma_1^2 = 0.2$。该研究中还考虑了基于均匀分布和高斯分布的混合分布生成的数据的情况。

虽然考虑了如此多的可变数据假设,部分数据集的特征仍不明显,尤其是在处理(人的)分子数据集时更是如此。Guo 等(2010)提出了度量数据集中信号与噪声之间不同等级的方法,基于该方法得到的观测统计结果相对于计算约束十分小。此外根据"类-状态分布"仅产生了一部分总体特征分布,这样一来即使面对非显著生物标记特征也可以模拟一般观测结果。

大多数真实世界数据都具有功能相关的特征,因此面向 m 个目标特征分别考虑不同类型的独立性对于进行模型性能担保水平评估十分重要。Hua 等(2015)提出采用不同协方差矩阵、考虑不同相关系数($\rho \in \{0.125, 0.25, 0.5\}$),以将不同特征集成为相关子集的方法,其中每个子集都是多个特征($p \in \{1,5,10,30\}$)的集合。通过降低 g 或提高 ρ 来增强特征之间相关性可以提高面向固定维度的贝叶斯误差。Guo(2010)提出了将部分因子集成到相应原始特征集的分析方法。在其他研究中也提出了其他采用不等协方差矩阵进行条件分布测试的方法(Way et al.,2010)。最后,也有研究人员提出了将双簇集成到数据之中以在众多特征和观测信息中提取可变功能关系的方法。在生物医学数据中广泛存在局部依赖性(Madeira and Oliveira,2004)。

造成非平稳性的原因包括筛选数据集中存在重复数据或筛选手段不当等原因造成的技术偏差,可以基于此调整真实误差的估计值,也可以进一步产生新的集成数据。Dobbin 和 Simon (2005;2007)进一步讨论了这些因素是如何影响观测误差的,并且根据数据进一步分析由于这些因素造成的额外非平稳性。本章在无偏差(多类)和描述性(单类)的情况下都建模了这些因素,其中独立观测因素都较少。在这些模型中,其优化目标是模型的输出结果与真实结果之间的误差最小,($\lim_{n\to\infty} \varepsilon_{\text{true}|n}) \to \varepsilon_{\text{true}|n}$,其中根据非平稳性的影响因素确定 $\varepsilon_{\text{true}|n}$。虽然本节主要讨论如何阐述对真实误差估计产生影响的数据特征,但是建立的模型也可以作为独立假设条件下的松约束。(Surendiran and Vadivel,2011)提出了基于 ANOVA 模型的统计变量以评估这些因素对于模型性能的影响。

灵活的数据假设下可以进行更加一般化的完备性能评估。面对不同数据规模和维度,可以从以下六个方面来认识大数据。①基于真实和人工合成数据集得到的评估模型可以为更具有鲁棒性的评估框架提供额外支撑。②当采用多变量高斯分布来生成数据时,可以根据不同非线性问题的特征和相关因素,采用基于均指、协方差矩阵等的多种距离度量方式,也可以考虑非高斯分布。③不同的噪声应当以具有不同特征和不同偏差值进行分析。④应当评估部分具有无偏属性(如较小的方差)的特征。⑤应当挖掘其他特征,例如先植入具有不同属性的局部准则以评估描述模型的性能,然后再构建不同类别的不均衡性来评估分类模型。⑥应当在独立背景下仿真与其他影响因素相关的特征。

3.3.3　数据可拓展性

1. 非均衡数据条件下的性能评估

类别(分类模型)、值域(回归模型)以及特征分布中的非均衡性会对模型的性能产生影响,相应地,性能评估结果也会受到影响。在许多多维问题中,如生物医学标签数据,相关实例和控制类中都普遍存在非均衡数据(缺少必要条件或某些不常见疾病)。在这种情况下,就需要基于非均衡的真实数据或人工合成数据来评估(n,m)空间的性能特征。基于此分析,本章进一步分析面向特定 M 模型的性能评估问题,相应地,对于多类任务,基于真实数据或人工合成数据(类别数量不同且不均衡)进行性能评估以获得目标模型 M 的真实性能水平。

此外,选择损失函数来计算观测误差需要进行相关设置。假设存在 c 个类别,可采用的策略之一是估计 c 次性能,其中每次都根据损失函数以及特定类的灵敏度估计的模型性能上下限。最终的输出是根据 c 次估计结果确定的总的上下限。这种方法对于确保每个类别的分类模型性能的鲁棒性评估结果十分重要。

2. 描述模型的性能评估

3.3.1 节和 3.3.2 节提出的相关准则可以进一步拓展应用到部分约束条件下的描述模型中。表 3.4 中考虑到了损失函数的情况,在这种情况下可以采用局部和全局描述模型。对于局部描述模型的评估问题,可以采用或不采用隐(双)簇 H。相应地,全局描述模型将会返回混合多种分布的种群近似结果,在对各种群中的样本 $X \sim \pi$ 进行评估时可以考虑也可以不考虑隐含真值。

但是,描述模型和全局模型都不能完全依赖于传统的抽样方法来选择误差估计值。因此,为了在(n,m)空间中进行多误差估计,需要首先进行鲁棒性统计评估,基于以下值获得相关评估值:

(1) 特定数据集的子样本(不考虑测试数据)。

(2) 多个人工合成数据集,各数据集分别具有不同的观测数据数量 n 和特征数量 m。

3.3.4　多设置条件下性能担保水平评估

在之前各节中,本章提出了面向真实模型性能水平进行评估的多种方法以及在不同条件下使用数据集的方法。此外,学习模型的性能水平可以随其参数化水平而存在显著差异。部分变量与差方值有关:数据规模、数据维度、损失函数、抽样方法、模型参数、数据隐含分布、无偏和偏差特征子集、局部相关性、噪声度等。不同估计结果、参数和数据集相关的多个视角都可能影响目标模型的上下限和对比结果。因此,进行模型性能水平评估至关重要,同时其结果也对基于学习模型误差估计结果的性能评估具有重要影响。

在基于超平面组合爆炸特征进行面向特定模型 M 引导准则评估时需要考虑引导准则的影响。当进行模型对比时,可以采用简易的统计和层次化关系评估方法。

当分析性能水平约束条件时,一个简单的策略是使用相似设定条件下的极大值和极小值来定义保守上下限值。从更鲁棒性的角度而言,误差估计可以用于定义更具一般性的置信度区间。其他的基于加权函数的准则可以用于评估相应的模型约束条件(Deng,2007)。为了避免出现具有较大偏差的评估结果,可以采用惩罚手段,例如使用默认值来初始相关参数,并且一次仅允许测试一个参数或在进行性能边界评估时聚类不同设置条件下的评估结果等。

3.3.5 多准则集成

本章提出的各准则可以根据简易的方法进行综合集成以提高基于高维空间获得的模型性能评估结果。首先与估计值相关的决策,包括损失函数、抽样方法和误差估计可行性的选择都为确定模型性能的约束条件和进行对比提供了结构基础。

其次,为了避免有偏的性能估计结果,本节提出了相对于人工合成数据集的模型上下限估计方法。基于本章提出的方法可以评估不同 $X|Y$ 的影响、植入特征依赖程度,并可用于处理不同来源的非稳定性和提出新的无偏模型的非均衡性指标。由于不同的参数之间的差异性可能导致估计结果的差异,因此需要确定相关策略以应对不同设置条件下的模型性能评估影响情况,并基于这些策略将估计结果融合至性能评估的集成框架之中。

再次,面向初始空间的模型(如支持向量机、全局描述模型和无偏多变量模型等),一般采用性能评估中维度影响的默认值,并进一步基于不同特征进行深入分析。对于依赖于全部特征子集的模型而言,误差估计的不确定性可能并不直接影响真实性能,可以根据特征选择的无偏准则来调整性能估计,抑或根据 VC 理论来获取相关的保守估计结果。

最后,对于无偏模型或描述模型而言,真实性能的评估结果应该可以分解为偏差或方差。当性能具有高变量特征时,该分解可以为更好地帮助理解模型如何应对高维空间中的过拟合问题所带来的风险。

3.4 结果与讨论

本节将以实验手段评估所提出方法的相关性水平。首先对比不同评估模型的参数,并将对比评估结果作为评估 $n<m$ 情况下高维数据集相关原则的有效性评估准则。其次,面向多个属性对基于数据集的分类模型进行模型性能对比分析。最后阐明面向非平衡多类别以及单类(描述)模型采用备用损失函数的重要性。

本节使用的实验手段主要包括真实和人工生成数据集,其中主要包括两类真实世界的数据集:实例数量较少($n<m$)的高维数据集和实例数量较多的高维数据集。对于第一类真实世界数据集,本节将采用来自 BIGS 的肿瘤数据集[1],包括直肠癌数据集($m=2000,n=62$,2 个类别)、淋巴瘤数据集($m=4026,n=96$,9 个类别)和白血病数据集($m=7129,n=72$,2 个类别);第二类真实世界数据集将以卫生遗传奖数据库[2]($m=476,n=20000$)为基础随机选择其中部分数据,该数据库的数据来源包括医院、药店和实验室。原始的关系型方法一般首先将每个病人作为一个实例,然后对每个实例进行逆归一化处理。数据库中每个实例的特征从原始收集得到的 400 个属性中提取获得,这些特征的来源包括每个月的实验室测试和服用药物特征(72 个特征),以及每位病人的档案特征(6 个特征)。本节将重点分析两个类别和用药水平(低、中、高)之间的分类关系,并将其作为健康管理和用药管理的重要支撑。

两个人工数据集分别是面向无偏模型的多类别数据集和描述模型的未分类数据集。多类别数据集通过调整以下参数获得:观测值与特征的比例和数量、类别的数量和非平衡性,条件分布(每个类别的混合高斯分布与泊松分布)以及植入噪声的数量。表 3.5 给出了相关参数。为了进一步分析局部描述模型的属性,人工数

表 3.5 多类别人工数据集相关参数

特征	$m \in \{500,1000,2000,5000\}$
观测/示例	$n \in \{50,100,200,500,1000,10000\}$
类的数量	$c \in \{2,3,5\}$
分布(描述性)	$(c=3)\{N(1,\sigma),N(0,\sigma),N(-1,\sigma)\},\sigma \in \{3,5\}$ (easy setting)
	$(c=3)\{N(u1,\sigma),N(0,\sigma),N(u3,\sigma)\},u1 \in \{-1,2\},u2 \in \{-2,1\}$
	$(c=3)$ mixtures of $N(ui,\sigma)$ 和 $P(\lambda i),\lambda 1=4,\lambda 2=5,\lambda 3=6$
噪声	$\{0\%,5\%,10\%,20\%,40\%\}$
奇异特征	$\{0\%,30\%,60\%,90\%\}$
非平衡度	$\{0\%,40\%,60\%,80\%\}$

---

[1] http://www.upo.es/eps/bigs/datasets.html.

[2] http://www.heritagehealthprize.com/c/hhp/data(under a granted permission).

据集还包括数量和形状不同的双簇,表3.6给出了相关属性设定条件,该属性设定条件与分子数据的属性一致(Serinand Vingron,2011;Okada,Fujibuchi,and Horton,2007)。需要注意的是,本节采用的矩阵最大为 $m=4000$、$n=400$,同时矩阵的行列比与观测得到的基因表达数据一致。

表 3.6　无类别人工数据集相关属性

特征×观测数	100×30	500×60	1000×100	2000×200	4000×400
隐含双簇数量	3	5	10	15	20
双簇中的列数量	5,7	6,8	6,10	6,14	6,20
双簇中的行数量	10,20	15,30	20,40	40,70	60,100
双簇比例	9.0%	2.6%	2.4%	2.1%	1.3%

本节提出方法的软件采用 Java(JVM 版 1.6.0-24)编写,在 WEKA 软件编写并运行。相关实验的运行环境为 Intel Core i3 1.80GHz,RAM 6GB。

1. 相关挑战

图 3.3 对比了面向高维数据集对两个分类模型分类结果的初始评估结果。面向 $m>n$ 真实数据集的评估结果性能区间[①]表明对高维空间的模型学习性能具有较大不确定性。需要注意的是,采用 10 折或 n 折交叉验证(以及留一法)得到的上下限超过了 30%。一般情况下,留一法得到结果的方差往往大于 10 折交叉验证得到的结果。虽然留一法可以更好地应对观测实例较多的数据集(往往分类结果会随之下降),但 10 折交叉验证的真实方差是根据每折得到结果的平均误差计算而得到的,因此往往具有平滑效果,而交叉验证抽样方法的平滑效果有益于提升显著性水平并可以进一步获得更真实的模型性能上下限结果。此外,采用 bootstrap 方法和随机方法来增加数据集中实例的个数可能会导致获得过于乐观的模型性能评估结果。与这些数据集相比,遗传数据集的模型中 $n \gg m$,因此在每折中模型的性能水平都很平稳。与之一致的是,Friedman 测试得到的结果也表明若干遗传数据集的分类模型的显著性最强。

采用 VC 推理或特定百分比的误差估计对模型性能进行约束往往会引入误差。实际上,在类似实验设定条件下,VC 约束往往比较悲观(模型误差往往大于 10 个百分点)。相比而言,图 3.3 分别采用 0.15 个和 0.85 个百分比来定义模型性能水平的下限和上限,最终得到的模型约束相对乐观。虽然通过调整百分比可以调整目标观测水平,但是却难以捕获到误差估计的变化。

表 3.7 和图 3.4 中分别对比了高维真实数据集和人工数据集之间学习获得的相互关系的显著性水平,其中采用了不同的方法来计算误差估计结果的显著性水

---

① 样本误差估计均值的置信区间应服从正态分布,且期望均值相同,标准差为 $\sigma/\sqrt{n}$,显著性为 $\alpha = 0.05$。

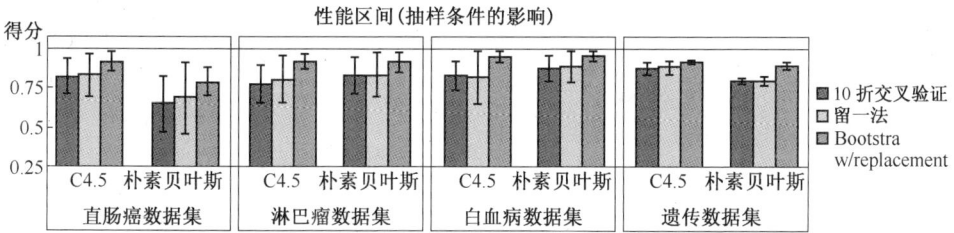

图 3.3 不同抽样条件、不同 n/m 比值下两分类器面向真实数据集测试结果的性能担保水平对比

平(p 值)。这些方法的基本原则是通过对比松约束条件与计算所得到的误差水平来获得 p 值,其中松约束条件指的是:①目标模型基于置换后数据进行学习;②空类①基于原始数据进行学习;③目标模型基于(保留全局条件特征的)空数据进行学习。本节还考虑了 Mukherjee 等(2003)分析的实验条件作为对比分析,同时与单尾 t 检验进行了对比。表 3.7 和图 3.4 中的对比方法包括 C4.5、Naïve Bayes 和支持向量机,并同时面向真实数据集和人工数据集进行了测试。基于对比结果,可以得出以下结论:当 $n<m$ 时,p 值并未出现显著性变化($\ll 1\%$),也就是说,本节提出的学习模型的性能并未显著强于松约束条件下的其他方法得到的模型。但同时,实验对比结果也说明了在高维空间中制定评估框架的重要性。此外,不同的显著性视角下的 p 值也有所不同,这也说明选择评估对比指标也十分重要。与空数据的对比结果尤其不显著,但同时条件②(置换密度函数)下的对比表明,当存在误差不匹配情况时,实验结果对距离不敏感,这很容易导致产生不准确的结果。

表 3.7　面向真实世界数据集的模型误差估计结果显著性水平(以 p 值表示)。
p 值通过对比目标模型与基准分类模型获得,其中误差估计来源包括原始数据
集和置换数据集或(仍遵守通用准则的)空集

	C 结肠癌数据集			白血病数据集			遗传数据集		
	C4.5	NBayes	SVM	C4.5	NBayes	SVM	C4.5	NBayes	SVM
对比置换数据	1.5%	41.3%	1.2%	0.6%	0.1%	0.2%	~0%	~0%	~0%
对比空模型	1.1%	32.3%	1.2%	0.1%	0.1%	0.1%	~0%	~0%	~0%
对比空数据集	15.2%	60.3%	9.3%	9.7%	12.0%	7.2%	1.3%	3.8%	1.7%
置换密度函数	14.0%	36.0%	8.4%	8.4%	1.2%	0.8%	0%	0.4%	0%

为了进一步理解面向高维数据集学习模型的性能波动原因,图 3.5 将该问题分解为两个部分:偏好和方差。偏好描述的是期望误差是如何在每折结果之间出现偏离的,方差描述的是模型行为在每折训练数据集之间的不同。基于图 3.5 可得,偏好的影响强于方差,这其中的部分原因是 $m>n$ 高维空间之中的抽样存在自

---

① 此处考虑了特殊的分类器,该分类器能够定义训练阶段每个类别和面向特征类模式的均值。

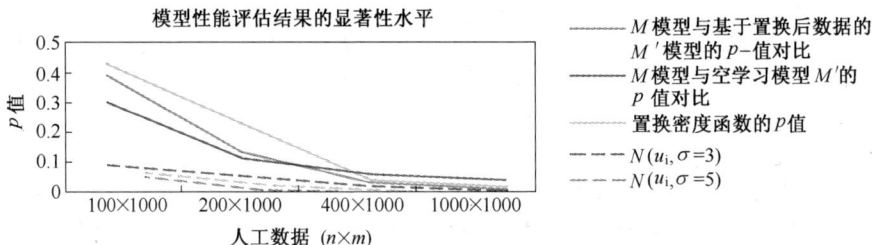

图3.4 面向人工数据集 $m>n$ 的分类模型误差结果显著性水平,其中人工数据集相关
参数条件包括松约束基准条件、弱约束条件 $N(u_i, \sigma=3)$ 和适中约束条件 $N(u_i, \sigma=5)$

然偏好,而方差一般与模型的过拟合相关。同时,随着 m/n 比例提高,偏好/方差的比值也随之增加。这两部分之和会随着观测实例数 n 的减少而减少,同时也与数据集的条件分布有关,这与具有条件高斯分布的人工数据集是一致的:其密度曲线下方的交叉面积出现了从小到大的变化。就显著性能担保水平而言,偏好和方差对于研究整体误差和训练误差对学习模型的影响都是至关重要的(图3.2)。

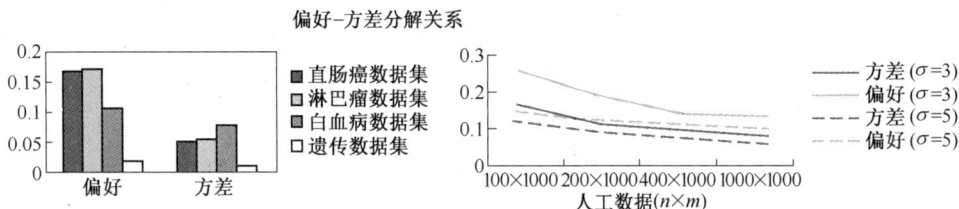

图3.5 面向真实和人工数据集(见表3.5)采用C4.5算法评估结果
性能分析:方差与偏好的对比

2. 非平衡多类数据

图3.6说明了选择具有完备性的视角进行模型性能担保水平评估的重要性,但该问题并未得到充分重视,主要原因在于:①平衡数据集中每个类别分布的复杂性不同(图3.6(a)中直肠癌数据集和白血病数据集的类别敏感性对比情况);②对于非平衡数据集而言,即使其每个类别的条件分布相似,各类别的代表性仍然差异巨大,因此各学习方法处理起来也十分困难(参看图3.6(b)中非平滑数据集中每个类别的灵敏性对比情况)。在本节的分析之中,将采用灵敏性作为主要准则而不是一般研究中采用的损失函数等。表3.4综合了目前广泛采用的性能评估准则。但是需要说明的是,采用何种准则进行分析对于期望误差影响较大,且该影响同时包括误差上下限和显著性对比两个方面,见图3.6(a)中的误差方差对比。

3. 面向可变数据设定条件的模型性能担保水平评估

为了更好地理解在可变数据设定条件下面向特定模型如何进行模型性能担保水平评估,本节采用C4.5方法对具有不同噪声水平和偏差特征的人工数据集进行模型性能水平评估。如图3.7所示,在不同设定条件下对模型担保水平进行评估对于获取更加一般化的模型性能水平至关重要。面向具有不同复杂度的数据集

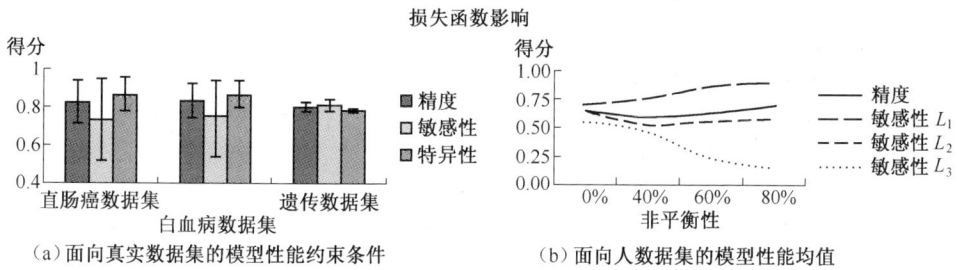

损失函数影响

(a) 面向真实数据集的模型性能约束条件

(b) 面向人数据集的模型性能均值

图 3.6 采用不同损失函数的影响对比分析:(a) 面向真实数据集,
(b) 面向具有不同非平衡类的人工数据集($n = 200, m = 500$)

进行一般化的模型性能水平分析可能得到较为松弛的分析结论,因此,应当尽量避免出现这种情况,实际上,植入噪声和偏差特征不仅会增强期望误差也会增大期望方差。但同时,当误差估计结果之间的差别不大时,仍可以使用一般化的模型性能水平分析方法。在这种情况下,误差估计结果可以作为获取置信区间的输入信息之一(见图 3.7)。当对比模型设定条件时,需要测试放松显著性水平和不同设定条件下的优先级关系,如果不同设定条件都具有相同的优先级关系,就应输入该结果。在本节的实验研究中,在松显著性水平(10%)条件下采用 Friedman 测试,仅发现 C4.5 和 Naïve Bayes 之间具有少部分相同的优先级关系。

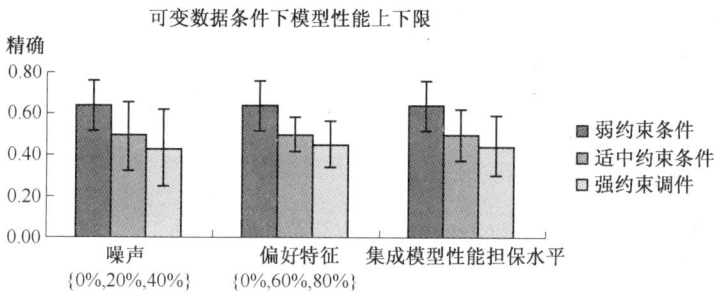

可变数据条件下模型性能上下限

图 3.7 具有不同植入噪声和偏差特征的($n = 200, m = 500$)-空间中模型性能担保水平评估结果

图 3.8 评估了采用 C4.5 方法时不同条件分布对于一般化模型性能担保水平评估结果的影响。当条件分布之间的交叉越大或当某个特定的类由多个混合分布组成时,期望误差就越大。同时考虑强约束条件和相对松约束条件就可以得到相对较为松弛的模型约束条件,同时也可以获得一组模型之间关系的显著性优先级结果。同时需要注意的是,该评估需要考虑数据独立条件对于模型性能的影响。

4. 描述模型

本节之前介绍的相关原则可以拓展应用到具有完备损失函数和采用相应抽样方法的描述模型之中以进行相关评估。也就是说,本节提出的以显著性、误差分解和模型性能担保水平分析等作为分析视角的方法可以应用于多种模型,如(双)簇

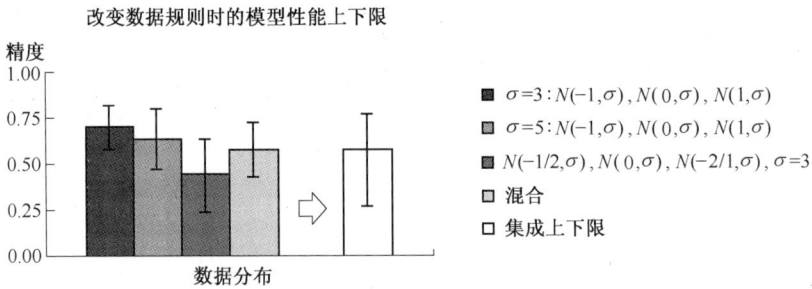

改变数据规则时的模型性能上下限

图例:
- $\sigma=3: N(-1,\sigma), N(0,\sigma), N(1,\sigma)$
- $\sigma=5: N(-1,\sigma), N(0,\sigma), N(1,\sigma)$
- $N(-1/2,\sigma), N(0,\sigma), N(-2/1,\sigma), \sigma=3$
- 混合
- 集成上下限

图 3.8 根据表 3.5 中不同原则指导下的 $(n=200, m=500)$–空间中模型性能担保水平评估结果

模型和全局描述模型。图 3.9 给出了采用三种不同损失函数时使用 BicPAM 双簇模型[1]的性能约束条件,其中损失函数由具有相同大小、维度并遵循相同准则(如表 3.6)的数据集计算而得。目标损失函数指的是通用匹配度值(Prelic et al.,2006),其中匹配度是通过评估双簇 B 与基于 Jacard 指数[2]、Fabia 一致性参数[3](Hochreiter et al.,2010)的植入双簇 H 之间的相似度获得的。当对比不同描述模型时,通过 Frideman 测试可以体现损失函数的性能水平均值与方差之间的差别。因此,得到的结果显然与特定的损失函数、抽样方法、数据设定条件和显著性阈值有关。

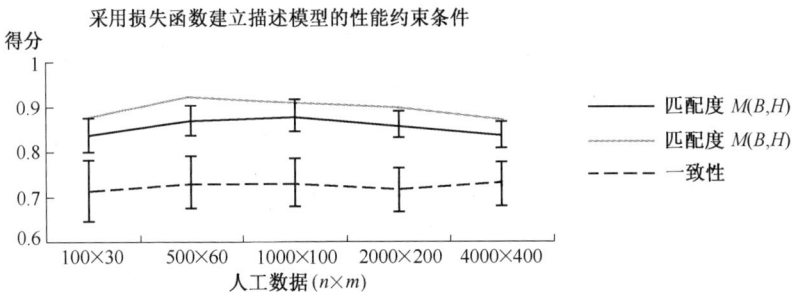

采用损失函数建立描述模型的性能约束条件

图例:
- 匹配度 $M(B,H)$
- 匹配度 $M(B,H)$
- 一致性

图 3.9 使用损失函数(Fabia 一致性)、匹配值($M(B,H)$ 与 $M(H,B)$)和面向 20 个数据实例误差的双簇模型(BicPAM)性能评估

---

[1] http://web.ist.utl.pt/~rmch/software/bicpam。

[2] $MS(B,H)$ 定义双簇与隐含双簇之间的匹配度,$MS(H,B)$ 反映隐含双簇的识别情况,$MS(B,H) = \frac{1}{|B|}\sum_{I_1,I_2 \in B} \max_{I_1,I_2 \in H} \frac{|I_1 \cap I_2|}{|I_1 \cup I_2|}$。

[3] 令 S_1, S_2 分别表示由 $\{B,H\}$ 分别得到的双簇中的最大和最小集合,令 MP 表示采用 Munkres 方法基于交叉面积配对的 $B \leftrightarrow H$(Munkres, 1957),则 $FC(B,H) = \frac{1}{|S_1|}\sum_{((I_1,J_1)\in S_1,(I_1,J_2)\in S_2)\in MP}$

$\frac{|I_1 \cap I_2| \times |J_1 \cap J_2|}{|I_1| \times |J_1| + |I_2| \times |J_2| - |I_1 \cap I_2| \times |J_1 \cap J_2|}$。

5. 最终讨论

本章提出了面向高维数据集学习模型相关约束条件和模型性能对比的主要准则。

（1）综述了面向 $n<m$ 的 (n,m) 空间中相关研究工作所面临的挑战，这一点在相关研究中已经有所涉及，需要注意的是基于序列空间和空（null）空间得到的分类模型的模型性能水平差别并不显著。同时，模型性能水平的置信度区间并不宽，这样就导致在进行 Friedman 对比时往往缺乏显著性结论。

（2）在这些挑战的牵引下，本章分析了采用鲁棒性统计准则对评估模型的可行性进行分析的重要性，提出了不同的显著性水平测试方法，每一种方法虽然都有所缺陷，但是都可以用于验证和权衡面向高维空间中模型性能水平评估问题的不同需求。

（3）本章得到的评估结论有一点十分重要，那就是模型性能水平差异的源头分析与模型过拟合问题或模型的评估结果实际上与数据集的复杂度有关。模型的性能水平差异可以进一步分解为方差和偏好，方差指的是目标模型或样本之间行为的差别，可以体现为模型的能力（见图 3.2），而偏好指的是选择样本的学习误差。这两个因素表明模型性能担保水平评估结论对于理解和重新定义模型行为是十分重要的。

（4）通过采用不同方法对比模型的约束条件和模型性能水平，包括不同抽样方法，不同损失函数和不同测试方法。尤其需要注意的是，本书采用实证研究证据表明采用不同评估准则可能会影响误差或减弱模型多样性。

进行模型性能水平评估的另一种方法是根据模型属性来评估模型性能水平。对于这种方法可以采用两个策略，首先是根据具有同样原始维度的多变量模型的学习参数进行模型性能担保水平评估（Ness and Simpson，1976；El-Sheikh and Wacker，1980），另一个策略是当原始空间具有相关特征集合时，从原始空间中筛选局部子空间进行无偏显著性分析。

（5）对不同的模型性能担保水平评估数据准则进行了分析，这些数据准则包括问题空间的多个属性，如不同的 n/m 比例、（条件）分布、噪声、多类别之间的非平衡性以及均匀特征等。需要特别注意的是，本章得到的结论表明面向可变数据进行一般化的模型约束条件分析和对比是可行的，但是当混合数据设定条件具有较高复杂度要求时可能会产生较为松弛的模型性能担保水平评估结果。在这种情况下，就需要根据误差估计结果的分布进行数据设定条件权衡分析。

最后，本书还讨论了将相关原则应用于多种模型的可行性分析，如描述模型。

3.5 结论及下一步工作

为了更好地应对高维数据相关研究中所面临的挑战，本章就如何评估高维空间中不同学习方法的担保水平进行了深入讨论。不同空间真实性能的完备评估问题具有高方差和易受误差估计值影响的特点，因此对其进行定义十分重要。本章综述了一系列方法，这些方法能够将模型的性能水平建模为其中数据量的相关函数，并且对各方法的优缺点进行了分类分析，各模型的优缺点与其假设和模型的目标紧密相关。现有方法在很多情况下都不支持进行模型的鲁棒性性能担保水平评估，也很难对其进行拓展并对非平衡数据设置条件和无偏模型（如局部和全局描述模型）进行评估，也不能在大数据条件设定和面向多属性情况（如局部相关性特征、噪声和潜在复杂分布等）中评估得出模型的担保水平。

　　本章提出了一系列准则来应对以上挑战，这些准则是（采用数据抽样或直接模型分析）进行完备性评估方法筛选、损失函数分析和对高维空间模型性能进行统计测试灵敏性分析的重要基础。此外，当全局和局部隐含规则发生改变时，可以基于这些原则对可变数据设定条件的模型担保水平一致性进行评估。最后，将本章提出的以上原则都集成为一个新的方法，该方法可以作为一个鲁棒的、灵活的和完全的框架来支撑面向高维数据得到的学习模型之间的性能对比。实际上，该方法为评估其他面向高维数据的模型提供了指导原则，基于该方法得出的评估结论可以作为确定数据规则和维度的重要基准，并可以为相关实验、信息收集和提供注释成本等提供决策支持。

　　实验结果支撑本章提出的相关原则。本章提出的方法以实例验证的形式支撑这一结论：当需要评估模型性能、筛选完全误差估计量、根据可变数据设定推断可靠性以及进行误差分解分析误差源时，根据计算完备显著性水平来校正统计功效是十分重要的。此外，本章还以实验验证了相关方法支持完备性能评估视角下的描述模型。

　　本章的工作为更好地理解、建模和对比高维空间中的模型性能提供了重要支撑。首先，本章提出的方法可以用于新模型、参数化和特征提取方法的性能担保水平。此外，这些模型性能担保水平可以进一步用于权衡和验证面向高维数据建立模型的评估结果。最后，基于得出的评估结果可以进一步拓展并用于结构化空间（如高维序列空间）中的模型评估。

　　致谢：本章工作得到了 FCT 中项目 PTDC/EIAEIA/111239/2009（Neuroclinomics）和 PEst-OE/ EEI/LA0021/2013，以及博士支持项目 SFRH/BD/75924/2011 的支持。

　　本章中使用的集成数据集以及统计测试集所用软件见 http://web.ist.utl.pt/rm--ch/software/bsize/。

参考文献

Adcock，C. J.：Sample size determination：a review. J. of the Royal Statistical Society：Series D（The Statistician）46

(2) ,261–283 (1997)

Amaratunga, D. , Cabrera, J. , Shkedy, Z. : Exploration and Analysis of DNA Microarray and Other High–Dimensional Data. Wiley Series in Probability and Statistics. Wiley (2014)

Apolloni, B. , Gentile, C. : Sample size lower bounds in PAC learning by algorithmic complexity theory. Theoretical Computer Science 209(1–2) ,141–162 (1998)

Assent, I. , et al. : DUSC: Dimensionality Unbiased Subspace Clustering. In: ICDM, pp. 409–414 (2007)

Beleites, C. , et al. : Sample size planning for classification models. Analytica Chimica Acta 760, 25–33 (2013)

Blumer, A. , et al. : Learnability and the Vapnik–Chervonenkis dimension. J. ACM 36(4) ,929–965 (1989)

Boonyanunta, N. , Zeephongsekul, P. : Predicting the Relationship Between the Size of Training Sample and the Predictive Power of Classifiers. In: Negoita, M. G. , Howlett, R. J. , Jain, L. C. (eds.) KES 2004. LNCS (LNAI) , vol. 3215, pp. 529–535. Springer, Heidelberg (2004)

Bozdağ, D. , Kumar, A. S. , Catalyurek, U. V. : Comparative analysis of biclustering algorithms. In: BCB, Niagara Falls, pp. 265–274. ACM, New York (2010)

Bühlmann, P. , van de Geer, S. : Statistics for High–Dimensional Data: Methods, Theory and Applications. Springer Series in Statistics. Springer (2011)

Cai, T. , Shen, X. : High–Dimensional Data Analysis (Frontiers of Statistics). World Scientific (2010)

Cheng, Y. , Church, G. M. : Biclustering of Expression Data. In: Intelligent Systems for Molecular Biology, pp. 93–103. AAAI Press (2000)

Demšar, J. : Statistical Comparisons of Classifiers over Multiple Data Sets. J. Machine Learning Res. 7, 1–30 (2006)

Deng, G. : Simulation–based optimization. University of Wisconsin–Madison (2007)

Dobbin, K. , Simon, R. : Sample size determination in microarray experiments for class comparison and prognostic classification. Biostatistics 6(1) ,27+ (2005)

Dobbin, K. K. , Simon, R. M. : Sample size planning for developing classifiers using high–dimensional DNA microarray data. Biostatistics 8(1) ,101–117 (2007)

Domingos, P. : A Unified Bias–Variance Decomposition and its Applications. In: IC on Machine Learning, pp. 231–238. Morgan Kaufmann (2000)

Dougherty, E. R. , et al. : Performance of Error Estimators for Classification. Current Bioinformatics 5 (1) , 53–67 (2010)

El-Sheikh, T. S. , Wacker, A. G. : Effect of dimensionality and estimation on the performance of gaussian classifiers. Pattern Recognition 12(3) ,115–126 (1980)

Figueroa, R. L. , et al. : Predicting sample size required for classification performance. BMC Med. Inf. & Decision Making 12, 8 (2012)

Fleiss, J. L. : Statistical Methods for Rates and Proportions. Wiley P. In: Applied Statistics. Wiley (1981)

García, S. , Herrera, F. : An Extension on "Statistical Comparisons of Classifiers over Multiple Data Sets" for all Pairwise Comparisons. Journal of Machine Learning Research 9, 2677–2694 (2009)

Glick, N. : Additive estimators for probabilities of correct classification. Pattern Recognition 10(3) ,211–222 (1978)

Guo, Y. , et al. : Sample size and statistical power considerations in highdimensionality data settings: a comparative study of classification algorithms. BMC Bioinformatics 11(1) ,1–19 (2010)

Guyon, I. , et al. : What Size Test Set Gives Good Error Rate Estimates? IEEE Trans. Pattern Anal. Mach. Intell. 20 (1) ,52–64 (1998)

Hand, D. J. : Recent advances in error rate estimation. Pattern Recogn. Lett. 4(5) ,335–346 (1986)

Haussler, D. , Kearns, M. , Schapire, R. : Bounds on the sample complexity of Bayesian learning using information theory and the VC dimension. In: IW on Computational Learning Theory, pp. 61–74. Morgan Kaufmann Publishers

Inc. ,Santa Cruz (1991)

Hochreiter,S. ,et al. :FABIA:factor analysis for bicluster acquisition. Bioinformatics 26(12),1520-1527 (2010)

Hocking,R. :Methods and Applications of Linear Models:Regression and the Analysis of Variance. Wiley Series in Probability and Statistics,p. 81. Wiley (2005)

Hua,J. ,et al. :Optimal number of features as a function of sample size for various classification rules. Bioinformatics 21(8),1509-1515 (2005)

Iswandy,K. ,Koenig,A. :Towards Effective Unbiased Automated Feature Selection. In:Hybrid Intelligent Systems, pp. 29-29 (2006)

Jain,A. ,Chandrasekaran,B. :Dimensionality and Sample Size Considerations. In:Krishnaiah,P. ,Kanal,L. (eds.) Pattern Recognition in Practice,pp. 835-855 (1982)

Jain,N. ,et al. :Local - pooled - error test for identifying differentially expressed genes with a small number of replicated microarrays. Bioinformatics 19(15),1945-1951 (2003)

Kanal,L. ,Chandrasekaran,B. :On dimensionality and sample size in statistical pattern classification. Pattern Recognition 3(3),225-234 (1971)

Kohavi,R. ,John,G. H. :Wrappers for feature subset selection. Artif. Intell. 97(1-2),273-324 (1997)

Kohavi,R. ,Wolpert,D. H. :Bias Plus Variance Decomposition for Zero-One Loss Functions. In:Machine Learning, pp. 275-283. Morgan Kaufmann Publishers (1996)

Lissack, T. , Fu, K. - S. : Error estimation in pattern recognition via Ldistance between posterior density functions. IEEE Transactions on Information Theory 22(1),34-45 (1976)

Madeira, S. C. , Oliveira, A. L. : Biclustering Algorithms for Biological Data Analysis: A Survey. IEEE/ACM Trans. Comput. Biol. Bioinformatics 1(1),24-45 (2004)

Martin,J. K. ,Hirschberg,D. S. :Small Sample Statistics for Classification Error Rates II:Confidence Intervals and Significance Tests. Tech. rep. DICS (1996)

Molinaro, A. M. , Simon, R. , Pfeiffer, R. M. : Prediction error estimation: a comparison of resampling methods. Bioinformatics 21(15),3301-3307 (2005)

Mukherjee,S. ,et al. :Estimating dataset size requirements for classifying DNA Microarray data. Journal of Computational Biology 10,119-142 (2003)

Munkres,J. :Algorithms for the Assignment and Transportation Problems. Society for Ind. and Applied Math. 5(1), 32-38 (1957)

van Ness,J. W. ,Simpson,C. :On the Effects of Dimension in Discriminant Analysis. Technometrics 18(2),175-187 (1976)

Niyogi,P. ,Girosi,F. :On the relationship between generalization error,hypothesis complexity,and sample complexity for radial basis functions. Neural Comput. 8(4),819-842 (1996)

Okada,Y. ,Fujibuchi,W. ,Horton,P. :A biclustering method for gene expression module discovery using closed itemset enumeration algorithm. IPSJ Transactions on Bioinformatics 48(SIG5),39-48 (2007)

Opper,M. ,et al. :On the ability of the optimal perceptron to generalise. Journal of Physics A:Mathematical and General 23(11),L581 (1990)

Patrikainen,A. ,Meila,M. :Comparing Subspace Clusterings. IEEE TKDE 18(7),902-916 (2006)

Prelić,A. ,et al. :A systematic comparison and evaluation of biclustering methods for gene expression data. Bioinf. 22 (9),1122-1129 (2006)

Qin,G. ,Hotilovac,L. :Comparison of non-parametric confidence intervals for the area under the ROC curve of a continuous-scale diagnostic test. Stat. Methods Med. Res. 17(2),207-221 (2008)

Raeder,T. ,Hoens,T. R. ,Chawla,N. V. :Consequences of Variability in Classifier Performance Estimates. In:ICDM, pp. 421-430 (2010)

Raudys,S. J. ,Jain,A. K. ;Small Sample Size Effects in Statistical Pattern Recognition;Recommendations for Practitioners. IEEE Trans. Pattern Anal. Mach. Intell. 13(3),252-264 (1991)

Sequeira,K. ,Zaki,M. ;SCHISM;a new approach to interesting subspace mining. Int. J. Bus. Intell. Data Min. 1(2), 137-160 (2005)

Serin, A. , Vingron, M. ; DeBi; Discovering Differentially Expressed Biclusters using a Frequent Itemset Approach. Algorithms for Molecular Biology 6(1),1-12 (2011) (English)

Singhi,S. K. ,Liu,H. ;Feature subset selection bias for classification learning. In;IC on Machine Learning,pp. 849-856. ACM,Pittsburgh (2006)

Surendiran,B. ,Vadivel,A. ;Feature Selection using Stepwise ANOVA Discriminant Analysis for Mammogram Mass Classification. IJ on Signal Image Proc. 2(1),4 (2011)

Toussaint,G. ;Bibliography on estimation of misclassification. IEEE Transactions on Information Theory 20(4),472-479 (1974)

Vapnik,V. ;Estimation of Dependences Based on Empirical Data. Springer Series in Statistics. Springer-Verlag New York,Inc. ,Secaucus (1982)

Vapnik,V. N. ;Statistical Learning Theory. Wiley-Interscience (1998)

Vayatis,N. , Azencott, R. ; Distribution-Dependent Vapnik-Chervonenkis Bounds. In; Fischer, P. , Simon, H. U. (eds.) EuroCOLT 1999. LNCS (LNAI),vol. 1572,pp. 230-240. Springer,Heidelberg (1999)

Way,T. ,et al. ;Effect of finite sample size on feature selection and classification;A simulation study. Medical Physics 37(2),907-920 (2010)

第4章 流聚类算法导读

Sharanjit Kaur、Vasudha Bhatnagar 和 Sharma Chakravarthy

摘要 随着数据获取技术的进步及其广泛应用,流数据已经无所不在。海量数据汇聚成了需要实时处理的、连续的数据流。数据流的处理过程涉及存储管理和以数据聚合为目的持续性的数据查询。此外,还有另外一种重要的数据处理方式,通过数据挖掘发现并了解隐藏的数据形式,进而获取有用的知识。本章重点探讨数据流聚类,并将简单介绍数据流环境下的聚类算法。

由于数据流聚类可以从无标记的非静态数据中获取自然结构,所以其重要性与日俱增。目前在流数据的聚类过程中仍面临单次数据扫描、有界内容的使用以及获取数据演化方式等挑战,因此,本章从上述制约因素出发,详细论述并对比了各种流聚类算法,同时基于某些基本的聚类方法,提出了一种分类算法,并针对每种聚类方法,对当前的一些知名算法进行了系统说明。我们高度重视合并流数据特征的概要数据结构,并在流聚类算法设计中将其作为重点考虑对象。我们认为:

Sharanjit Kaur

Department of Computer Science, Acharya Narendra Dev College,

University of Delhi, Delhi, India

e-mail: sharanjitkaur@ andc.du.ac.in

Vasudha Bhatnagar

Department of Computer Science, University of Delhi, Delhi, India

e-mail: vbhatnagar@ cs.du.ac.in

Sharma Chakravarthy

Computer Science and Engineering Department,

University of Texas at Arlington, TX, USA

e-mail: sharma@ cse.uta.edu

© Springer International Publishing Switzerland 2015

A.E. Hassanien et al.(eds.), *Big Data in Complex Systems*,

Studies in Big Data 9, DOI: 10.1007/978-3-319-11056-1_4

概要选择会影响聚类算法的很多功能和运算性能(如聚类质量、异常值处理、参数的数量等)。此外,本章还概述了由不同算法支持的聚类功能。最后,本章提出了改进流聚类算法的研究方向。

4.1 引言

数据挖掘在打造和部署商业及科技模型方面取得了非凡成就。20 世纪 80 年代末,数据获取、存储和加工技术突飞猛进,数据储存库快速发展,数据挖掘的概念也应运而生。20 世纪 90 年代末出现的某些数据源,可以源源不断地产生可能反复出现或没有边界的数据。目前,这类流数据源通常出现在诸如:网络流、Web 点击流、功耗计量、传感器网络、股市、ATM 交易中。这些数据源的规模、输入速度以及性质都千差万别,给数据库管理(Chakravarthy and Jiang,2009)和数据挖掘(Hirsh,2008)领域带来了严峻挑战。

数据库领域在流数据处理研究中取得的成果,为数据流管理系统或 DSMS(Abadi et al.,2003;Arasu et al.,2004;Chakravarthy and Jiang,2009)提供了多种方法。设计这些系统是用于处理到达数据流的持续查询,满足用户自定义的服务质量(QoS)要求(例如,内存使用率、响应时间和吞吐量)。

与处理监控应用程序的流数据不同,流数据挖掘旨在识别数据流中的重要且有效的当前模式,进而深入了解底层系统的行为。数据流挖掘已经广泛应用于科技和商业领域,属于重要研究领域(Aggarwal,2007;Babcock et al.,2002;Barb'ara,2002;Domingos and Hulten,2000;Gaber et al.,2005;Gama,2010;Guha et al.,2000,2002)。尽管数据流环境中的数据分布和数据输入速率可能会发生变化,但是挖掘数据流和挖掘静态数据的目标是一致的。数据流中的分类工作旨在使用由演化流训练过的预测模型对不可见数据进行实时分类,进而创建一个系统,并确保系统中的训练模型能够快速适应潜在数据流中发生的变化(Aggarwal,2007;Aggarwal et al.,2006)。数据流中的频繁模式挖掘旨在通过跟踪项集的变化状态研究数据演化(Cormode and Muthukrishnan,2003;Fan et al.,2004;Gama,2010;Giannella et al.,2003)。随着时间的推移,非频繁项集可能变为频繁相集,反之亦然,因此需要以动态方式调整存储结构,以掌握数据的演化。

数据流聚类可用于研究数据随时间变化的分组情况。从持续增加的数据流中识别嵌入式结构的需求推动了数据挖掘技术的普及。流聚类的实际应用涵盖科技和商业等多个领域。流聚类在科技领域的应用包括监测天气、观察和分析天文及地震数据、监控临床观察中的患者、追踪传染病的传播。流聚类在商业领域的应用包括电子商务智能、监控远程通信中的呼叫、监控股市分析和 Web 日志。

2000 年,Guha 等人正式定义了聚类数据流的问题。"数据流"是首次发布的专用于解决聚类数据流问题的算法(Guha et al.,2002)。该算法通过近似算法获取预先指定的簇的个数来处理数值及数据空间中的数据流。十多年前,就已经发布过大量的相关算法。单次数据扫描、有界内容使用和数据演化是流聚类算法面临的主要挑战。DanielBarb′ara(Barb′ara,2002)明确指出了聚类数据流的三种基本处理要求:簇的紧凑表示、对到达的数据点的快速处理和对在线异常值的检测。之前十年设计出的多种算法都体现了上述处理要求,并且可以从数据流中有效挖掘簇(Aggarwal et al.,2003;Cao et al.,2006;Charikar et al.,2003;Gao et al.,2005;Guha et al.,2002;Motoyoshi et al.,2004;Park and Lee,2004;Tasoulis et al.,2006)。然而,输入速率无法预测的突发数据流的挖掘并没有像处理输入速率恒定的数据流引发广泛关注。

本章旨在全面描述聚类数据流所采用的方法以及分类法,并系统地对已发布的算法进行分类,同时全面分析这些方法及其特征,并且根据分类总结了所选算法及其在解决数据流"无二次回看"要求的关键问题时的优缺点,详细说明了概要中显著影响流聚类算法功能和运算性能的部分,简要介绍了针对该问题的两项调查结论(Amini et al.,2011;Mahdiraji,2009)。

流聚类领域最近的几项研究都收获颇丰,值得关注。AndradeSilva 等在研究报告(2013)中充分探讨了流聚类算法的重要方面。该报告对流聚类应用、软件包和数据储存库领域的科研人员和从业人员而言具有重要的参考价值。读者可以通过本书提及的分类法查阅流聚类方面的重要研究成果。本章还论述了评估算法有效性的实验方法。Amini(Amini et al.,2014)等详细描述了基于密度的流聚类算法,回顾了近 20 种顶尖算法,并按照时间顺序对其进行了排序。这些算法分为两大类:密度微聚类算法和基于密度网格的聚类算法。虽然该研究报告对两大类算法进行了说明,但却未能深入分析算法的概要结构及其对输出聚类方案的影响。

本章后续结构如下:4.2 节描述流聚类算法的常规体系结构;4.3 节探讨数据流聚类的核心问题;4.4 节介绍聚举数据流常用的方法;4.5 节概述当前主要算法,并对其进行说明和对比;4.6 节建议加强流聚类研究,并提高这些算法在流数据挖掘应用中的实用性。4.7 节强调上述观点,做出结论。

4.2 流聚类算法的体系结构

数据流为分别在时间戳 $t_1,t_2,\cdots,t_m,\cdots$ 到达的 d 维数据点 $X_1,X_2,\cdots,X_m,\cdots$ 其中,数据点 $X_i=<x_i^1,\cdots x_i^d>$ 为 d 维向量。时间戳可以是逻辑意义或物理意义上的,也可以是暗指的或者明确的。数据流是无限的,而且数据点到达的顺序也无法预测。数据以无界流的形式持续流入,要求单次扫描限制数据特征具有紧凑的表现形式,并能够对到达的数据点进行快速处理。

流聚类算法需要执行两项基本任务:①处理到达的数据点,将其纳入概要;②由概要生成簇。该操作一般由设计算法通过在线组件和离线组件完成。在线组件可处理到达的数据点并更新当前以紧凑形式表示的概要。概要可提取充足的时间、空间信息,并对其进行归纳总结以发现簇。离线组件既可以周期性提供簇,也可以根据用户需要提供簇。图4.1描述了含有两个组件(见第4.4节说明)的聚类算法的常规体系结构。有些算法可在单个阶段内生成簇(Gao et al.,2005;Luhr and Lazarescu,2009)。但是,这些算法难以处理快速数据流。

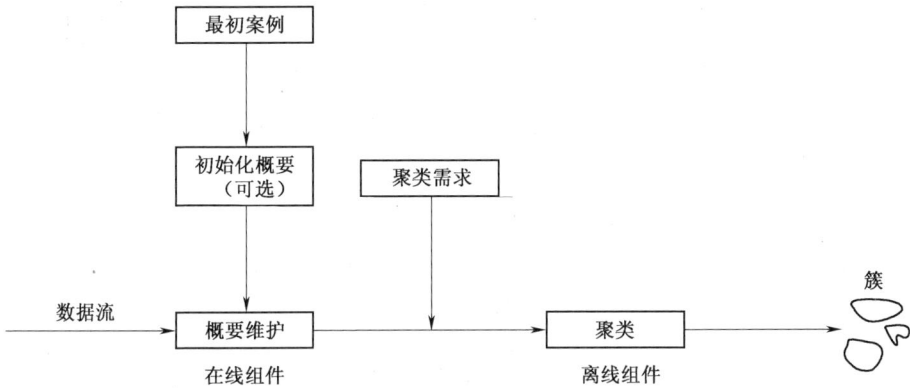

图4.1 流聚类算法的常规体系结构

4.3 数据流聚类存在的问题

本节探讨了由数据的无界、持续流动导致的一些问题。其中有些问题在静态数据聚类算法中就已经存在,只是在数据流中变得愈加复杂。例如,由于流数据特征具有演化特性,所以在处理各类不同属性和实现不同簇之间的预期关系(明确关系和模糊关系)时的难度就会相应加大。

4.3.1 概要表示

鉴于流数据的持续性,在已发现的簇中寻找点成员并不现实(Barb′ara,2002;Garofalakis et al.,2002)。因此必须使用概要来描述到达数据点的特征。然后对每个到达的数据点进行处理后归并到概要中,进而根据用户需求打造聚类方案。

概要设计是聚类数据流中最关键问题之一,因此需要谨慎对待,以免影响聚类算法的目标。在概要中插入数据点时,必须具备时间连贯性,且其顺序应完全独立于数据点的到达顺序。此外,插入时间应具备可预测性,以确保每个数据点可以成功插入概要,并确保得到的聚类方案具有代表性。概要形式构成了算法主干并会影响异常值处理、聚类质量等算法功能特征以及初始化、有界内容使用、恒定的单点处理时间等运算性能。关于上述内容的详细讨论见第 4.5 节。

4.3.2　到达的数据点的高效增量处理

在线组件可处理到达的数据点,并将其插入概要中。在这一过程中,为了避免数据丢失,必须在恒定时间内处理数据流中的每个数据点,且处理时间必须少于各点到达时的时间间隔(Barb'ara,2002;Gaber et al.,2005;Garofalakis et al.,2002)。尽管概要范围会不断扩大,但是单点处理时间的限定仍然是在线组件设计面临的重大挑战,在概要设计过程中,这个问题必须得到解决。此外,为了防止数据丢失,聚类专用离线组件在读取概要时,在线组件必须缓冲到达的数据点。

因为数据丢失具有可预测性,所以当统一数据流单点处理时间恒定时,就可以对数据传输错误作出精确估计。如遇到突发数据流,则需要采取独立于应用程序的措施在最大程度上减少错误,因此,我们应当深入研究用于流数据管理的降载技术(如随机和语义和降载)并将其用于突然数据流的聚类。

4.3.3　处理混合属性

在流聚类的应用中,例如监控疾病传播、使用文本匹配法检索文档、监控网络等,既需要处理数值数据,也需要处理范畴数据。因此,计算点之间相似性的功能应当满足高效处理混合类型属性的需求。

对于混合类数据流而言,每种范畴属性都需经过合理转化,进而方便相似性计算(Han and Kamber,2005;Tan et al.,2006),但是这样就会增加单点处理时间,并可能导致数据丢失。最近,(Aggarwal and Yu,2006;He et al.,2004;Li and Gopalan,2006)针对范畴数据流和交易数据流的聚类,设计了多种算法。(He et al.,2004)在混合数据类型的处理中,通常是通过创建柱状图来处理范畴属性,采用分箱(Binning)技术处理数值属性,但是目前尚无法对这些插件的性能进行系统评估。

4.3.4　获取近期性和数据演化

隐匿在流背后的数据分布会随着时间变化而变化(Barb'ara and Chen,2001;Gaber et al.,2005)。为确保发现的聚类方案的近期性,需要创建一种可以对历史数据进行持续压缩(Discount),并可以确保单点处理时间达到最小值的机制。此外,该机制必须足够强健,它既要应对到达速率不断变化的数据流,又要确保在结构至少一次被纳入聚类模型前不会丢失。如果压缩新生成的簇时间过早,数据分布变化又很快,则极容易出现数据丢失的问题。窗口模型如图 4.2 所示。

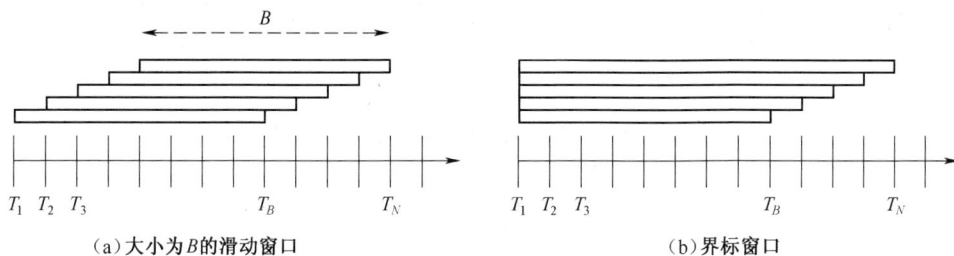

(a)大小为 B 的滑动窗口   (b)界标窗口

图 4.2   窗口模型(a)大小为 B 的滑动窗口保留最近 B 数据点并保持窗口大小固定不变;
(b)界标窗口需要引入界标(图中的 T_1),该窗口大小随着时间递增

发现新数据结构的过程中,一般使用滑动窗口、界标窗口和衰减窗口模型来降低过时数据产生的不良影响(Aggarwal,2007)。在滑动窗口模型中,每个数据点均带有时间戳,数据点在到达 B 时间戳后立即失效,其中 B 为窗口大小(Dang et al.,2009;Dong et al.,2003)。最新 B 元素集具有近期性(图 4.2(a)),可用于建立模型。窗口继续滑过一个时间周期,会吸纳一个新的数据点,摒弃一个较早的数据点。因为单点处理时间恒定,所以该模型对在线组件而言极为重要。

在界标窗口模型中,窗口大小会随着时间单调递增(图 4.2(b));由于在建模时有预定义界标,所以接收到的所有数据点都会落入窗口内(Aggarwal et al.,2003;Guha et al.,2000)。在数据流中,较早数据点的数量大大超过新数据点,因此该方法对数据演化的敏感度较低。随着窗口逐渐增大,单点处理时间增加,模型计算成本也会越来越高,因此,在当代流聚类算法中,该模型并不被看好。

衰减窗口模型从全部的旧数据中发现新聚类,但会给每个数据点分配一个权,权值与该数据点存在时长呈反比,同时引入可以周期性调整数据点权值的衰减函数(Aggarwal et al.,2004;Chen and Tu,2007;Lu et al.,2005)。然后忽略权值低于阈值的点,将剩余点用于建模。尽管我们会根据数据流的预计速度对衰减因子进行微调,但由于衰减因子的变化并不频繁,所以就无法发现一些存在时间很短的结构。从计算角度看,衰减窗口模型恰好可以弥补之前所述两种模型的不足。但是由于单点处理时间取决于数据,所以无法对单点处理时间进行预测,这是该模型的一大弊端。

有趣的是,窗口模型的选择会受到聚类方案完整性和近期性要求的影响。因此为了确保结果的完整性,任何流聚类算法都必须考虑上次建模聚类之后接收到的每一个点。相反地,每种算法都仅在具有遗忘较早数据的有效机制时才能获取近期性。虽然滑动窗口模型无法保证完整性,但是它可以有效获取不同数据流的近期性;界标窗口模型则可以通过获取过时数据确保数据的完整性,而衰减窗口模型则均衡了这两种要求,并且可以提供合适的衰减因子。

4.3.5 硬聚类和模糊聚类

在硬聚类或互斥聚类下,每个数据点都来源于同一种簇;而在模糊聚类中,同一个数据点可能来自不同的簇,而且这些簇还有可能彼此重叠。如在市场菜篮子分析、网络分析、趋势分析、科研论文接受度分析等应用中,一条记录一定是属于这些非重叠类中的某一种,因此上述这些应用采用的算法就必须将记录明确纳入某个簇当中。而相反地,辨认潦草字迹和图像分析等应用对不精确性、不确定性和近似推理的容忍度较高,因此在这些应用中,一个点就会归于多个簇中,从而形成模糊簇或重叠簇(Baraldi and Blonda,1999;Coppi et al.,2006;Kim and Mitra,1993;So-lo,2008)。由此可见,簇(硬簇或模糊簇)之间预期关系的适合度是由实际应用决定的。

在数据流环境下,生成互斥(硬)簇需要了解更新后概要获取数据的整体情况。如果概要能够获取到达点的拓扑信息,流聚类算法就能生成硬簇。否则,在没有原始数据的情况下,该算法就会生成重叠簇,即从概要中提取出的近似值。

4.3.6 异常值检测

流中的异常值是指与目前发现的簇难以兼容的点(Barb′ara,2002)。通常,在数据流环境下,异常值和簇的作用可以互换(Cao et al.,2006)。随着数据流的演化和时间的流逝,新的簇出现、旧的簇淡出,而这些情况都是无法预测的。因此,流聚类算法必须能有效区分新出现的簇和异常值,同时不得影响聚类方案的质量。

4.4 流聚类方法

在设计流聚类算法之前,我们已经阐明了需要解决的问题,并对聚类数据流的各种方法进行了介绍。我们重点关注在聚类数据流中接收所有点的算法,并排除了重视互斥机制的基于样本的方法。一般来说,流聚类中基于取样的方法可用于计算数据流中权值较小的样本,即核心集,在这个基础上,使用基于近似值的方法可以生成网络聚类方案(Ackermann et al.,2010;Braverman et al.,2011)。

以聚类方法为依据,可将数据流聚类算法分为四类(图4.3)。该图使用了不同的灰度标示与每种方法有关的算法。图中基于密度的方法既与基于距离的方法重叠又与基于网格的方法重叠。此图描述的基本原理为:在计算某点的周边密度(采用基于密度的方法)时,需要借助距离函数来确定点的邻近距离。基于网格的方法则是通过密度机制来确定数据空间中的结构,并未使用距离参数。这就可以解释基于密度的方法和基于网格的方法的重叠的现象。基于统计的方法与其他三种方法并没有共同点,所以单独列出。

流聚类分类与静态聚类算法的分类相类似是正常现象,导致算法之间产生差异(用于聚类静态数据和流数据)的主要原因包包括:①数据的增量处理;②概要维护;③处理近期性的机制。上述所有特点都是数据流所具有的特性。

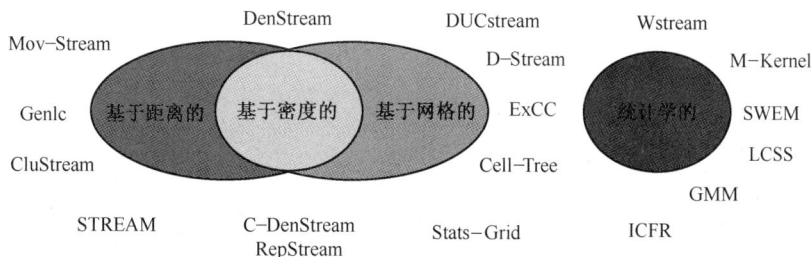

图 4.3　聚类数据流的方法

4.4.1　基于距离和基于密度的方法

在静态聚类中,基于距离的方法和基于密度的方法是最为常见的两种方法,在流数据聚类中这两种方法也同样常见。

基于距离的方法使用距离指标将到达的数据点放入合适的簇中(现有的)。这些方法可以生成凸簇,如果出现异常值,这些方法的有效性则会降低。因为在相似性计算中使用了距离指标,所以这些方法同样适用于数值数据的计算。另一方面,基于密度的方法可以将距离和密度阈值作为用户参数,并提供任意形状的簇。距离阈值可用于评估临近跨度和密度阈值,并持续检测临近数据点的数量。鉴于基于密度的方法会间接使用距离指标评估某个点近邻范围的密度,因此将这两种方法放在同一小节介绍。

如保证概要适用于到达数据的增量处理,则这些方法也可用于流聚类。数据流的初始样本聚类为静态数据并进一步生成具有代表性的簇,数据流中的到达的数据点也会分配到该簇中。在常规情况下,具有代表性的簇的中心/核心可以根据用户需求生成网络聚类方案。下文对使用这些方法的典型数据流聚类算法进行了介绍。

4.4.1.1　数据流算法

数据流算法是最早的一种数据流聚类算法(Guha et al.,2002)。该算法基于距离对数据进行聚类。数据流算法采用分治策略处理数据流中的数据点,并通过界标窗口模型生成 k 个最优簇,然后将数据流作为块(批)序列处理,将每个块存入主储存器。最后在每个大小为 n 的块中识别不同的数据点及其频率。该算法给出的结果为加权块。

近似算法(局部搜索)属于 k-Median 问题中的拉氏松弛问题,可用于将不同加权块保存在 k 个加权簇中心,由此形成每批加权块的概要。采用不同点的频率计算每个聚类中心的权(如 m),然后采用相同算法处理每个块中的加权聚类中心以获得最佳数量的簇。该算法的特点是存储空间的利用率高,且运行时间为 $O(nm+nklogk)$。

数据流算法适用于需要完整聚类的应用。较之于概要大小固定的 k-means 和 BIRCH(Zhang et al.,1996)算法,数据流算法在解决问题方面更胜一筹。在分治策略后使用该算法,只需较小的存储空间(Cao et al.,2006)便可得出恒定因子近似结果。

该算法的主要缺点是虽然可以呈现静态数据流的特征,但是无法明确处理数据演化。该算法可以保存固定数目的簇中心,在算法执行后产生模糊聚类的过程中可以进一步变更或合并这些簇中心。需要注意的是,使用标注界标窗口时不允许在不同时间段上聚类。

4.4.1.2 CluStream 算法

CluStream 算法(Aggarwal et al.,2003)采用基于距离的方法将到达点的信息加入微簇之中(μCs)。μCs 是 BIRCH 中定义的簇特征向量的临时扩展(Zhang et al.,1996),也是最早用于增量聚类的方法之一。每个 μC 都包含概述成员数据点的信息,μCs 集合能够形成可以表达在任意时间点处数据流中的局部数据。这些微簇是用于生成簇的伪数据点。在用户指定的时间范围内,使用金字塔形时间帧生成簇。微簇定义如下:

定义 4.1 微聚类(μC)是 d 维点 $\boldsymbol{X}_1, \boldsymbol{X}_2, \cdots, \boldsymbol{X}_n$ 的集合,各时间戳 $t_1, t_2, \cdots, t_n$ 由五元组($\overline{CF2^x}, \overline{CF1^x}, CF2^t, CF1^t, n$)表示。五元组中各元素的定义如下:

(1)对于每一维,$\overline{CF2^x}$ 为每个 d 维向量中元素值的平方和。$\overline{CF2^x}$ 的第 p 个输入值等于 $\sum_{j=1}^{n} (x_j^p)^2$。

(2)对于每一维,$\overline{CF1^x}$ 为每个 d 维向量中元素值的和。$\overline{CF1^x}$ 的第 p 个输入值等于 $\sum_{j=1}^{n} x_j^p$;

(3)$CF2^t$ 为时间戳 $t_1, t_2, \cdots, t_n$ 的平方和。

(4)$CF1^t$ 为时间戳 $t_1, t_2, \cdots, t_n$ 的和。

(5)n 为微簇中数据点的数量。

存储微簇的空间复杂度为 $O(2 \cdot d+3)$。在算法初始化阶段,使用 k-means 算法处理从早期数据流中抽取的样本,生成 $q\mu C$ 集合,构成概要。在线组件根据距离阈值,将到达的数据点吸纳到概要中的某个 q 微簇之中。如果现有 μC 无法吸纳新的到达点,就会创建一个新的 μC。为了确保概要大小恒定,可以采取如下两种方法:①删除带有少量点或最近时间戳的 μC;②将临近的两个 μC 合并,如删除某个 μC 后,应该以异常值形式报告给客户。

金字塔形时间帧用于存储不同时间段事件概要的快照形式,以确保在用户定义的时间范围 h 内发现簇。该算法的离线组件通过对时间段 h 中报告的所有 μC 采用 k-means 聚类算法发现该簇,也可以利用 μC 的减法属性通过不同快照的形式来存储概要以生成高级簇。

Clustream 是目前最流行的数据流聚类算法。从实践角度看,概要大小恒定有助于提高存储空间利用率,充分发挥算法优势。概要的另一个优点是在到达点处理时间上有严格的上界($O(q)$)。使用金字塔形时间帧可以为研究不同时间簇演化的用户带来巨大的灵活性,同时,该功能对股市监控、共同基金对比等金融应用十分有用。

对输入参数 $\mu Cs(q)$、最终簇(k)的数量和距离阈值较敏感,是该算法的局限性之一;在初始化阶段倾向于使用初始聚类方案,是该算法的另一个局限性。使用距离函数计算相似性无法发现形状不规则的簇。此外,当数据流中出现异常值时,会舍弃一个真实的、旧的簇,创建一个新的 μC。因为有时候某个偏远的点可能替换掉真正的簇,因此 Clustream 算法对异常值处理的能力很弱。由于微簇会随着数据流中的数据演化而动态变化,因此该算法无法确保簇的完整性。

4.4.1.3 DenStream 算法

Cao 等(Cao et al. ,2006)提出的 DenStream 是一种基于密度的数据流聚类算法,该算法使用衰减窗口模型处理演化的数据流。该算法将 μC 的概念延伸到在概要中起关联作用的潜在微簇(P-μC)和异常值微簇(O-μC)中。这种引申旨在获取不断变化的数据流的动态性,与此同时 P-μCs 可以获取稳定结构,O-μC 可以获取近期模式和异常值。

该算法在初始化阶段采用 DBSCAN 算法(Ester et al. ,1996)处理初始的 n 个点,生成 P-μC。接着将新到达的点加入到最近的 P-μC 之中,但是需要确保此时 P-μC 的半径增量未超过预先定义的阈值。如果某个到达点无法加入 P-μC,则需创建一个新的 O-μC 或将该到达点加入到现有的最近 O-μC 中计算其权值。如果该点的权值大于某个阈值,将其转化为 P-μC。该算法可以利用衰减机制减少旧数据对当前趋势的影响。该算法要求周期性更新并检查每个 P-μC 的权值以确保其有效性,同时删除所有无效的过时的 P-μC。当需要聚类时,可以将离线组件作为 DBSCAN 算法中的一个变量集成于 P-μC 集合之中。

该算法通过周期性区分潜在簇和异常情况,可以有效获取异常值。聚类时使用基于密度的方法可以发现任意形状的簇。此外,O-μC 的数量可能随时间变化而增加,当向用户报告异常情况后,采用删减策略删除真正的异常点,确保聚类的完整性。

该算法需要用户提供多个参数,例如,μC 的最大允许半径、删减的衰减因子、区分 P-μC 和 O-μC 的阈值。这些参数对数据分布很敏感,在获取有效的簇方案时需要根据重要域知识和经验、实验和探索进行适当微调。一旦这些参数设置错误,就极易在数据流中产生畸变,降低决策质量。

4.4.1.4 RepStream 算法

RepStream 算法(Luhr and Lazarescu,2009)是基于图的单阶段算法,可用于发现任何形状的簇。基于图的簇保留了数据点之间的空间关系,适用于数据空间中时间-空间关系建模。我们并未将该算法归入图形分割算法,而是将其归类为基于距离和密度的算法,这包括两个原因:①图形分割算法直接或间接地使用距离指标判断相似性;②使用图形分割算法的流聚类文献资料十分有限。

该算法使用互连的 K 个近邻中的两个离散图确定簇。第一个图用于获取最近处理过的数据点之间的连接关系。在该图中将满足密度阈值的顶点作为代表点。第二个图用于跟踪所选代表点之间的连接性。簇围绕代表点形成。代表点进一步细分为中心点和预测因子。中心点表示持续恒定的簇,簇信息存储在知识库中,预测因子可用于获取潜在的簇。代表点之间的差异有利于处理具有演化性的数据流。

该算法使用 AVL-tree 和 KD-tree 等复杂数据结构对两个图中的信息进行快速更新和快速检索。图中每个顶点的权值会随着时间衰减,因此需要对图进行周期性删减,以确保存储器使用效率和数据点的近期性。删减策略主要考虑点的数量和顶点的近期性。较之于小权值的近期代表点,最早的大权值代表点更加有用。

计算成本高是该算法的一大缺点。其产生原因是使用了两种基于树结构的数据结构来维护图,而对于树结构的修改可能会导致演化模式的误删。用于获取当前结构的机制会导致该算法难以捕获流数据中的数据漂移。调整临近数(k)、密度大小(α)和衰减因子(λ)这三个参数最小值也会影响最终聚类方案的质量。

4.4.1.5 其他算法

本部分将概述在该算法基础上进行扩展或增量修改而得到的其他数据流聚类算法。

通用增量算法(GenIc)(Gupta and Grossman,2004)是一种类似 Clustream 的使用 k-means 的单阶段聚类算法。增量 k-means 聚类算法首先将数据流划分为大小固定的窗口,然后在每个窗口将点分配到 k 簇中心。k 簇中心随后用于生成最终的簇。该算法使用演化技术提高了其搜索全局最优解和找到 k 簇中心的能力。演化技术(Eiben and Smith,2007)使用继承、变异、选择和交叉等自然进化操作生成最优化问题的解。这些解会不断随机更新,并使用适应性函数评估性能,直到无法继续改进为止。

在使用滑动窗口模型聚类和获取数据演化的过程中,Mov-Stream 算法(Tang et al.,2008)还用到了 k-均值 s 聚类算法,并检查每个窗口,确认不同类型的聚类活动,如衰退、漂移、扩展和收缩。该算法主要解决单个聚类的演化,而在综合概述用户自定义时间范围内流的演化时,该算法存在不足。

C-DenStream 算法(Ruiz et al.,2009)是 DenStream 算法的扩展。该算法使用约束条件形式的领域知识来执行半监督聚类,并使用领域知识验证和评估聚类模型。但是如果需要设置限制条件,则需要将数据进行标记,因此该算法不适用于缺少带标签数据的问题。HUE-Stream(Meesuksabai et al.,2011)能够像 CluStream 算法一样保留带有附加信息的概要,并为概要中的每个特征绘制柱状图,由此便可获得异构数据流的聚类结构演化过程。

ClusTree 算法(Kranen et al.,2010)采用索引结构存储来保持最新聚类方案的概要。该算法具有和 Clustream 类似的聚类功能,可以存储所有到达数据点的紧凑表示方法。微簇使用 R-tree 检索不同粒度等级的信息,实现微簇分级。由于该算法能够聚集到达点并将其插入树中,可避免频繁插入和数据丢失,所以该算法适用于处理极快速流。

4.4.2　基于网格的方法

基于网格的流聚类将多维有界数据空间分解为一组非重叠数据区(数据单元)以保留到达点的详细数据分布。该方法使用网格覆盖数据空间,构建数据的空间概要,并组织封闭该模式的空间(Akodje et al.,2007;Gama,2010;Schikuta,1996),如图 4.4 所示。

基于距离的方法通过数值属性发挥作用,基于网格的方法可以妥善处理混合数据类型的属性,且后者可以生成任意形状的簇,包括图 4.4 所示的数学函数生成的形状。该方法对数据中的异常值和噪声有很强的适应能力。算法参数对发现异常值和噪声的性能会产生很大影响。与基于距离和密度的算法相比,基于网格的算法速度更快(Schikuta,1996;Tsai and Yen,2008;Yue et al.,2008),但是有时候基于网格的算法会受到必须在有界数据区域内作业的制约。

具有固定粒度(g)、预先指定粒度(g)或动态改变粒度的 trie 树是保存网格时最常用的一种数据结构。树中的每个树叶代表包含一个或多个数据点的 d 维超立方区域(称为数据单元)。概述到达数据流所需的关键统计数据,例如点的概述、点的数量等则保存在每个数据单元中。

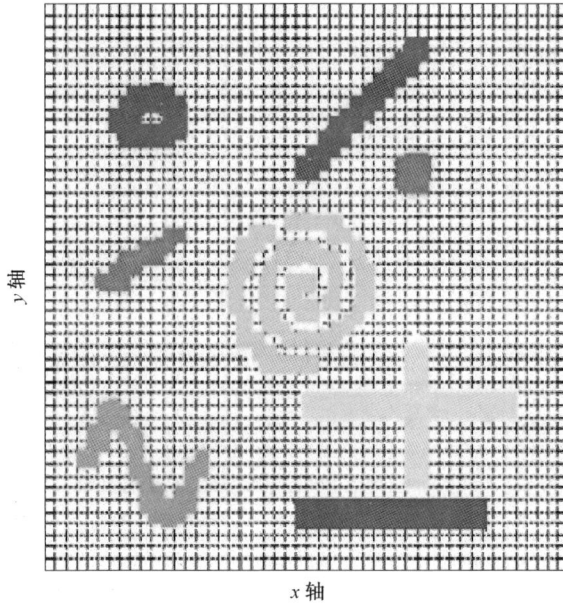

图 4.4　具有固定粒度($g=48$)和八个任意形状簇的二维空间网格结构

基于网格的方法将密度作为数据中结构存在的标志,密度的大小则可以通过某个数据单元内数据点的数量进行评估。基于网格的方法未使用距离计算,而是采用密度进行聚类。因此,与图 4.3 中基于网格的方法和基于密度的方法出现了重合。

尽管基于网格的流聚类算法不需要用户指定聚类数量,但需要用到两个关键参数:网格粒度和数据单元的密度阈值。属性的网格粒度(g)决定了数据空间的解析度,并会对聚类质量产生显著影响。使用 g 对数值属性进行离散化,并根据各域内的不同值对分类属性进行划分。在数据单元粒度更小的细分网格(g 的大值)中发现的簇的边界比在数据单元粒度较大的网格中发现的簇的边界更加精细(图 4.5)。粒度更细的网格允许对存储空间需求进行多尺度分析(Gupta and Grossman,2007)。因为粗粒度网格含有尺寸较大、内部数据点整体呈非均匀分布的数据区域,所以聚类质量也会相应受到影响(图 4.6 中带有实心点的数据单元)。

根据问题确定合适的 g 值对终端用户而言是一个挑战,而且流数据具有演化属性,因此在流数据中解决这个问题的难度更大。很显然,细粒度适用于含有距离很近的小簇的数据集,而粗粒度则适用于含有高度分离的簇的数据集。因此在辨别优秀的聚类方案时必须先确定网格粒度,而在确定网格粒度的过程中关于域的专业知识至关重要。如果使用动态网格则无需使用 g 值。因为动态网格计算成本高,且需要某个参数来控制维度分割,所以并不具备显著优势。

100

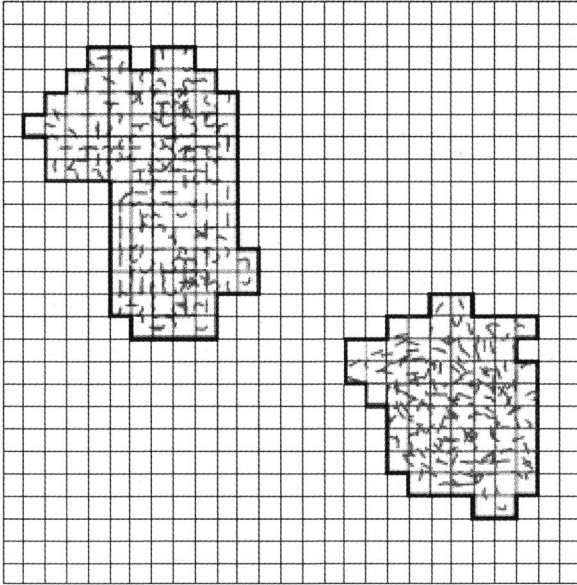

图 4.5　簇的细粒度边界

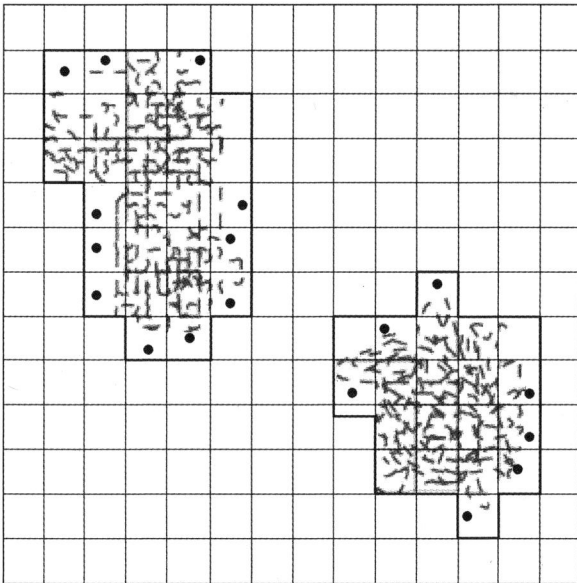

图 4.6　粗粒度包括簇周边的噪声区

数据单元密度阈值(ψ)可用于区分稠密数据单元和非稠密数据单元。当数据单元至少含有 ψ 个数据点时属于稠密数据单元,可用于聚类。为 ψ 设置不同值会得到不同的聚类方案,因此 ψ 值必须由域专家仔细挑选,以免造成含糊不清的结果。下文介绍了部分基于网格的算法。

4.4.2.1 Stats-Grid 算法

Stats-Grid 算法(Park and Lee,2004)可使用动态划分的网格在流数据中生成任意形状的簇,并根据空间局部性原理,将到达的数据点插入网格中。单个数据单元中的数据点的数量构成其支持(密度)。当数据单元的支持超过预定义阈值时,根据标准差将其分为两个具有一定维度的数据单元,然后,继续执行基于密度的分割,直到将数据单元分解为单位数据单元,即数据单元各维度的长度要小于预定义值。递归数据单元的分割有助于以多粒度水平保存关于当前趋势的信息。为了减少历史数据对当前趋势的影响,应根据数据单元的支持对数据单元进行删减,并将数据单元的统计加入其上一级数据单元。在任意时间 t 内,簇是网格中毗邻稠密数据单元构成的分组。

通过网格动态分割可以从多个粒度水平发现簇。高密度数据区域产生具有细致边界的簇,而密度相对较低的区域则形成粗粒度的簇。此外,对网格数据单元动态划分可能会重复创建和删除许多数据单元,也会占用较多存储器,消耗大量计算成本,而且,每个网格数据单元的大小并不恒定,因此在只能使用线性搜索的情况下访问某个特定网格数据单元的做法,成本高,效率低。

4.4.2.2 DUCstream 算法

基于网格的 DUCstream 算法在处理数据流时,会将数据流看作由大小均匀的块组成的序列,并采用连通区域分析法对聚类进行分析(Gao et al. ,2005)。该算法采用界标窗口模型将当前可见的数据生成簇。

该算法使用粒度固定的网格(FGG)作为其概要。首先,将首块中点的分布统计结果保存到网格中。然后,通过首块中的稠密数据单元的连通区域分析,生成初始的代表性聚类方案。如果某个数据单元的相对密度($n/(m \times t)$)大于用户定义的阈值,则属于稠密的数据单元。这里的 n 为数据单元中点的数量,m 为块的大小,t 为当前已处理过的块的数量。对于后继的块,则将点插入合适的数据单元,并更新分布统计结果。如有可能,新生成的数据单元会与现有簇合并,反之,新生成的数据则会生成一个新的簇。处理每个后继块之前,可以通过删除或合并现有簇来达到更新簇的目的。

使用 FGG 作为概要可以确保到达点处理性能的可预测性。该算法不考虑密度随时间衰减的非稠密区域,且通过调整可以适应数据流中的变化。然而,该操作可能导致丢失正在归并的簇。该算法需用到三个由用户自定义的参数:块的大小、网格粒度以及数据单元的密度阈值。选择不同的参数会对最终的聚类方案产生显著影响。

4.4.2.3 数据单元树算法

数据单元树算法(Park and Lee,2007)是对 Stats-Grid 算法(Park and Lee,2004)的延伸。每当有数据点插入时,网格会递归地划分为数量固定的数据单元,而且数据单元的统计结果将会在这些数据单元之间进行分配。随着时间的流逝,为维持聚类方案的流通性,预定义因子会缩减这些统计数据。此外,为了实现聚类方案的可扩展性,这种算法引入了两种新的数据结构:兄妹列表和数据单元树。

兄妹列表是用于管理一维数据空间中的网格数据单元。兄妹列表在管理网格数据单元中充当索引作用来定位特定的网格数据单元。每当一维数据空间形成一个稠密数据单元后,新的其他维度的兄妹列表将以子网格数据单元的形式产生。每个维度都会递归重复这个过程,直至形成与数据维度深度相当的数据单元树。数据单元树中每个稠密网格单元都具备唯一的识别路径。因此,聚类操作需通过对稠密数据单元进行连通分支分析。

数据单元树算法通过划分高密度区域或合并随时间逐渐衰减的临近数据单元的方式来适应不断变化的数据分布。由于这种算法以动态的方式划分网格,因此它的主要弊端在于无法预测单点处理时间,而它的主要优点则在于其发出的簇具有细腻的边缘,因此这种算法可在数据空间捕捉到数据单元的自然形状。

4.4.2.4 D-Stream 算法

D-Stream 算法(Chen and Tu,2007)将 d 维数据空间划分成密度为 $N = \prod_{i=1}^{d} g_i$ 的密度网格,其中 g_i 是用户自定义的第 i 维的粒度。作者使用术语"网格"表示 d 维超立方区域(数据单元)。这种算法的在线组件将每个数据点映射到网格中,并更新以特征向量形式存储的统计信息。所有网格均保存在具有哈希表功能的 G-list 数据结构中。哈希表使用网格坐标作为其关键码,所以它能加速查询、更新和删除等操作。

根据其密度以及更新时间,G-list 中的网格可分为稠密网格、过渡网格以及离散网格。如果某一网格比较稀疏而且在近期进行了更新,那么这个网格属于过渡网格。聚类中只会使用稠密网格和过渡网格,而离散网格通常会被删除以确保 G-list 处于在存储器界内。这种算法的离线组件会根据网格属性转变所需的时间定期进行聚类操作。簇是以稠密网格为中心且周围有其他稠密网格或过渡网格。

D-Stream 算法在生成高质量簇的过程中会将时间范围、衰减因子以及数据密度之间的关系考虑在内。这种算法运用了新策略来控制衰减因子和检测异常值。虽然稠密数据单元从过渡数据单元中分离时可以获取任意形状的簇的周边的噪声,但是这种算法的效率以及所得到的聚类方案的质量取决于网格分类以及用来确定网格粒度的两大关键阈值参数。此外,使用哈希表快速访问网格数据单元时还对额外的存储空间有要求。

4.4.2.5 ExCC 算法

ExCC 算法(Bhatnagar et al. ,2013) 通过使用粒度固定的网格(FGG)作为概要来形成互斥数据流聚类及完整数据流聚类。这种算法的在线组件会处理到达数据点并将根据这些到达数据点各自在数据空间的位置将其存储到网格数据结构中。这种算法的离线组件通过进行连通区域分析以获取数据空间中任意形状的稠密区域作为簇。这种算法健壮性强且除网络粒度 g 外不再需要其他参数。其显著特征是基于速度的(自适应)删减标准。因此,如果数据流的速度增加(减少),删减的速度也将随之增大(减小)。这种删减标准能保证聚类的完整性,这意味着不论出现的聚类有多小,只要它们出现过,它们就会被报告,所以在它们的生命周期里它们至少会被报告一次。这种算法采用观望策略并通过监控异常数据点的到达模式以获取数据漂移。

FGG 的使用能使在线组件的单点处理时间恒定,因此通过 FGG 可对流处理过程中的性能进行预测。这种算法可以检测到异常值和数据分布的变化、能对聚类的完整性进行说明,而且还有利于语义解释。但是问题在于,聚类方案的精度随网格粒度的变化而变化,而网格粒度设置需要先前提到的行业知识。

4.4.2.6 其他算法

为 D-Stream 算法设计的几个变量可用于改进这种算法的性能,并克服它的缺点。

DD-Stream 算法(Jia et al,2008)的工作机制和 D-Stream(Chen and Tu,2007)算法类似,主要包括周期性地在网格中聚集点,再将网格进行分类并生成簇。这种算法可以周期性处理网格边界数据点,并将其吸收到距离最近的近期稠密网格中。周期性处理既不需丢弃边界数据点,又能立即更新网格边界,这两种处理方式分别会影响到簇质量和聚类效果。只要多个解决方案中潜在的聚类方案发生变化,MR-流算法(Wan et al. ,2009)就能发现聚类。DENGRIS-Stream 算法(Amini and Wa,2012)的工作机制与 D-Stream 算法类似,但这种算法在保持结果的当前性时主要使用滑动窗口。

4.4.3 基于统计法的方法

文献介绍了几种基于参数统计法和非参数统计法的数据流聚类算法。基于参数统计技术的聚类方法通过初始样本评估未知的分布参数,这个评估结果可作为未来计算中会使用的真参数值的近似值。

非参数统计方法在聚类时不会预测潜在分布而且通常采用密度估计(DE)法。从未知分布中得到一串相同且独立的随机变量,一般密度估计问题主要会表达该潜在分布的密度函数,然后使用这种概率分布发现数据集中稠密区域和稀疏区域,并将这种概率分布函数的局部最大值作为聚类中心(Sain,1994)。核密度估计(KDE)是一种被广泛研究的非参数密度估计方法,而且由于这种方法不预测潜在分布,因此这种方法非常适用于数据挖掘应用。这类算法中多数都使用滑动窗口模型以保持发现聚类的近期性。

4.4.3.1　ICFR 算法

ICFR(通过回归分析使用 F 值的增量聚类)(Motoyoshi et al.,2004)提出要提供比当代流算法更为精确的聚类方案,并将数据流视作块的序列。每个块在时间轴上大小恒定。在初始化阶段,初始($h-1$)块会根据相似性函数而形成簇,其中 h 是用户自定义的参数。

概要由每个聚类的方差矩阵与协方差矩阵组成且会在一个块到达后进行更新。这种算法会在固定时间段上对簇进行动态地计算,而且概要大小由在时间段上接收到的点的数量界定。每个簇的重心、方差、回归系数和 F 值都要用概要计算。

如果新合并的簇的 F 值大于所有备选聚类的 F 值,那么相临近的聚类将会迭代合并。这个过程会反复进行直到聚类无法进行合并而且所得到的集合为最终的聚类方案。每个新块都进行这个过程直至形成簇集。当 F 值增加时,这些簇以迭代的方式与现有有效聚类合并,否则,所有使用新 F 值得到的现有聚类将从零开始聚类。

然而,由于对数据局部回归的假设通常会随时间而发生变化,所以数据局部回归的假设不适用于实际情况下的流数据应用。此外,这种算法还缺少获取数据流中演化特征的机制。

4.4.3.2　GMM 算法

GMM 算法利用高斯混合模型的参数法检测聚类(Song and Wang,2004)。这种算法将最近的数据和此前估计的密度考虑在内并不断地更新密度评估结果。这种算法使用期望最大化技术进行聚类并通过均值和均方差表示每个聚类。新到达的点会通过对协方差和均值等式进行多变量统计测定的方式合并。

协方差矩阵的主要优势是平移不变性,而且平移不变性也可用于确定簇的方向。然而,聚类预定义的数量要求以及对多变量正态分布的假设使得这种方法不适用于在实际情况下的进化数据流。

4.4.3.3　LCSS 算法

在使用均值和协方差的基础上,Song 和 Wang(Song and Wang,2006)还引入偏度和峰度来检测低复杂度的簇的问题。多变量偏度是用以反映概率分布(PD)不对称性的单个非负值,因此它也可用以表示簇的不对称性。多变量峰度是用以测量概率分布的峰度以及簇集中度的单个非负值。为了形成簇,这种算法引入期望最大化(EM)算法并计算了所有需要的统计值。这种算法在生成复杂度低的簇的同时准确地描述了簇的形状。为减少簇的数量,会分两个阶段进行合并。在第一个阶段中,具有相近均值和协方差的簇进行合并。否则,需检测两个簇的全部数据的偏度和峰度以确定多变量是否正常。如果这两个簇的偏度和峰度均正常,那么即使这两个簇在均值和偏方差方面存在不等,这两个簇都需要进行合并。这个过程会反复进行直到簇无法进行合并为止。

与较低阶统计相比,使用多变量偏度和峰度等的高阶统计可以更准确地描述簇的形状。然而,使用期望最大化聚类技术时这种算法的计算成本较高,因此该聚类技术不适用于高维数据流。此外,在流环境下,采用高斯混合模型描述数据似乎不太协调。

4.4.3.4　M-Kernel 算法

在有限存储空间和线性时间下,Zhou 等为在线评估概率密度函数提出了 M-Kernel 算法(Zhou et al. ,2003)(每个 M-Kernel 涉及三个参数:权、均值和带宽)。这种算法的基本思想是对类似的数据点进行分组,并对各组的核函数进行评估,最后对计算过的核进行评分以确定簇。

如果截至目前数据流中仍能看到 N 个数据点,那么说明核的数量(M)应该比 N 少很多,即 $M \ll N$,这个策略的该特征有助于满足存储器的要求。尽管在后期提供的只是近似结果,这种算法仍适用于标注窗口和滑动窗口模型。我们已经使用高斯核(Gaussian Kernel)法在一维数据中检测过使用有界存储器的算法。这种方法的主要局限性在于它只能处理一维数据流。因此,这种方法不太适用于实际的流数据。此外,所用的存储数量对潜在的数据分布极为敏感。

4.4.3.5　Wstream 算法

Wstream(Tasoulis et al. ,2006)借助 Epanechnikow Kernel 将传统的和密度估计聚类拓展到流环境下的时间-空间数据中。这种算法使用多变量核密度估计处理多维流并通过不断调整核获取演化流的动态信息。这种算法中的窗口集可以定义每个时间点的聚类结果。窗口的移动(渐增)、扩大和收缩取决于加入该簇的数据点的值。通过周期性地计算窗口的权并将其应用于核函数中,这些操作可以将较早的数据衰减考虑在内。当不属于任何现有窗口(簇)的新数据点到达时,一个具有合理的初始化核参数的新窗口会被创建,同时两个重叠度高的窗口将会合并。

这种方法的一大弊端是随着数据点的增多,需要引入窗口也会增多(每个簇至少需由一个窗口表示)。由于在处理不断变化的数据流时储存空间会受到限制,所以这种方法并不适用于不断变化的数据流。

4.4.3.6　SWEM 算法

SWEM(Dang et al.,2009)算法采用滑动窗口模型和期望最大化技术(EM)来进行增量化自适应数据流聚类。这是一种软性聚类方法,适应力强,能处理数据丢失问题。这种算法分两个阶段执行。第一阶段,SWEM 扫描到达数据点并将其归纳到一组微组件中。在该微组件中,每个元素都通过大量统计特征描述。这些微组件在第二阶段中用来使其在规定的时间段内到达与全局簇相近的程度。

Log-likelihood 测量用于评估每个窗口微组件集近似算法的正确性。如果这些值在连续两个时间段内出现较小的偏差,则表示无变化,而如果出现较大的偏差则表示数据分布发生了变化。在后一种情况下,为了适应新的数据分布,SWEM 使用最大方差值将微组件分为两个组件。原始微组件统计的分布是在假定数据流符合多变量正态分布并且各属性彼此独立的情况下进行的。由于保存的微组件的数量固定,因此分割后两个足够近似的组件会再次合并。过程中会使用衰减因子来衰减统计数据以弱化最近聚类方案中过时数据的影响。

尽管在聚类中使用期望最大化会使聚类在域中更加稳定、有效(即使可能存在潜在分布),但这种方法的计算成本很高。这种算法通过引入衰减函数的方式来获取最近趋势。但是,由于保存的簇的数量是固定的,所以这种算法对异常值相当敏感。因此,在有噪声的环境下,聚类质量可能会下降。

4.4.4　讨论

我们在本节结尾会首先陈述每种方法的优缺点,然后对所选算法进行功能相当的对比分析。

4.4.4.1　各种方法的对比分析

相对于基于密度的方法会得到数量不固定且具有任意形状的簇而言,通过基于距离的方法得到的聚类数据流的操作更为简单,而且通过这种方法会产生固定数量的凸形簇。但是,与后一种方法不同的是,前一种方法对异常值很敏感,而且无法区分噪声和模式。鉴于两种方法都必须通过在初始阶段形成概要来在线积累引到达数据,因此所提供的聚类方案更倾向于初始概要,其次,揭示真正的数据演化需要更多的时间。

在网格结构中积累数据的特性使基于网格的流聚类方法无需数据排序(Berkhin,2006)。通过这种方法还能发现任意形状的簇,而且最重要的是,还不需要用户指定簇的数量。然而,高维数据的数据单元的数量可能会呈指数级增加,这会导致网格与存储器不匹配。所以必要时还得借助删减策略以确保网格存储处于存储器中,但这种做法可能会降低聚类的质量。基于网格的方法不但能获取数据的拓扑关系,而且还能根据自身的自然顺序获取数据的物理内容,因此这种方法更适用于空间-时间数据。

鉴于对参数统计方法的假定的数据分布,因此应用参数统计法时需要非常谨慎。此外,如果数据维度较低且呈单一分布,那么聚类时采用非参数统计法会非常有效。而在实际应用中,数据可能来自各种不同的分布,并且会不断地发生变化,所以这些方法难免存在局限性。但是,密度估计法可以克服某些局限性,并且可以生成稳定、准确的结果。然而,聚类结果受到由初始样本生成的初始模型的影响,所以处理到达数据点时对实时性要求较高,而这些方法计算很复杂,因此这些方法并不适用于流环境下的应用。一般来说,基于统计的方法适用于批量处理。

4.4.4.2 所选算法的对比分析

表4.1按照出现的先后顺序概括了所选算法(最上面的一行)的算法特点。

Clustream和Denstream可以在线处理到达数据,并能处理不断变化的数据。而stream算法可以批量处理到达数据。因此,stream自始至终作用于整个数据流的近似算法上,而不区分新旧数据,而Clustream和DenStream可以推出最近模式。在Clustream中使用金字塔形时间帧可以更好更灵活地探索簇在用户给定的时间段内的演化性质。Stresm和Clustream采用基于距离的方法聚类并形成凸形簇,而DenStream则会形成任意形状的簇。Stresm算法能最小化簇的平方距离,这将使具有较大任意残差的异常值对预估结果产生很大的影响。相反,CluStream可以将最大边界与每个簇连接在一起以弱化这种影响。HUE-Stream也使用与CluStream类似的基于距离的聚类方法,但其在从混合数据流中获取聚类结构演化时常会使用直方图这一附加簇功能。

DUCstream、数据单元树、DD-Steam、DENGRIS和ExCC在总结达到点时采用网格结构,而且在单点处理中需要比基于距离的算法更短的时间。此外,这些算法可以使用连通区域分析的方法合并网格中毗邻的稠密数据单元并生成任意形状的簇。DUCstream、数据单元树和DD-Stream通过删减和衰减的方式处理演化流。ExCC使用基于速度且完全以数据为依据的标准进行删减,因此,ExCC不涉及任何算法方面的参数设置。由于DD-Stream可以区分稠密型、过渡型和离散型数据单元,因此相对于DUCstream和数据单元树算法,DD-Stream获取异常值的效率更高。类似地,DENGRIS可以通过滑动窗口模型区分活跃与非活跃簇,也可以摒弃超出指定口大小的簇,而ExCC使用观望策略发现流中的异常值。所以当出现根据数据空间的变化确定的严重的数据漂移时,这种算法可以扩大网格。

ICFR和SWEM使用基于统计的方法在数据流中生成非重叠簇。这两种算法都需要在初始阶段设置好概要,并使用滑动窗口模型删除过期数据。但是,所生成的聚类方案对异常值很敏感。而这些算法仅适用于数据符合某种特定分布的情况,因此它的实用性不强。

表 4.1　所选流聚类算法的功能对比

算法 算法	流	CluStream	Stat Grid	ICFR	DUCStream	DenStream	数据单元格树	DD-Stream	SWEM	HUE Stream	DENGRIS Stream	ExCC
特征/年份	2002	2003	2004	2004	2005	2006	2007	2008	2009	2011	2012	2013
处理的性质	批	在线	在线	批	批	在线	在线	在线	在线	在线	在线	在线
簇的预定义数量	否	是	否	否	否	否	否	否	是	否	否	否
初始阶段	是	是	否	是	否	是	是	是	是	否	否	否
对按需聚类的支持	否	是	是	否	否	是	是	是	否	是	是	是
演化机制	否	是	否	是	是	是	是	是	是	是	否	是
聚类方法	基于距离	基于距离	基于网格	统计方法	基于网格	基于密度	基于网格	基于网格	统计	基于距离	基于网格	基于网格
聚类技术	基于距离	基于距离	CCA	RA	CCA	基于密度	CCA	CCA	基于 EM	基于距离	CCA	CCA
簇的形状	C	C	A	E	A	A	A	A	C	C	A	A
异常值检测	否	否	否	否	否	是	是	是	否	是	否	是
非重合聚类	是	否	是	是	是	否	是	是	是	是	是	是

CCA:连通区域分析;RA:回归分析;EM:期望最大化;A:任意;E:椭圆;C:凸出

4.5　流聚类算法中概要的功能

概要的功能是概述到达数据点并形成所有流聚类算法的主干部分。概要结构的挑选必须十分谨慎,这是因为多个功能特征(如异常值处理、聚类类型、聚类质量)和操作功能(如初始化、有界内存使用、恒定单点处理时间)都与概要的使用相关。表4.1对比了当前主要的流聚类算法。我们将在本节讨论概要结构对这些特征的影响。

挖掘得到的数据作为核心概要主要满足下列重要要求:①单次数据扫描;②为防止数据丢失而实时处理每个到达点;③最小化聚类中的输入/输出操作。由于通过流聚类算法得到的概要含有数据分布的充足信息,因此该概要可以揭示数据中潜在的自然结构。所以,它在生成高质量聚类方案中起着非常关键的作用,而且它的设计会影响算法中许多功能特征以及操作特征。在生成高质量聚类方案中具有重要作用,其设计影响到这种算法的多种功能和运算性能。简而言之,具有恒定的单点处理时间功能及有界内存的概要对流环境来说十分重要。

基于统计方法的流聚类算法将矩阵/概率分布函数作为概要,并通过组织批量输入的数据更新概要。这类算法或形成特定的数据分布,或在初始化阶段通过初试样本确定参数/数据分布。这种方法计算成本较高,而且这种方法只有在处理低维数据时才有较好效果。

网格和微簇(μCs)是两种重要的概要结构。微簇通过距离计算提取到达数据点的信息,而基于网格的概要会离散化整个数据空间,以便聚集拓扑结构合适的数据区中的相似点。尽管在传统意义上网格粒度是固定的,但科研人员还是以动态划分的网格进行了实验。我们在下文中对微簇(μCs)、粒度固定的网格(FGG)和动态粒度网格(DGG)这三种常用概要结构就其在流聚类算法中的重要功能进行分析和对比。这些讨论可为流聚类算法设计中概要的选择提供一些指导原则。

4.5.1　概要对参数的敏感性

概要参数设置对最终聚类方案的质量有决定性影响。含有最少参数的概要设计可以减轻用户参数说明的工作量同时能够更多地减少对结果的影响。

基于概要的微簇最少会用到两个参数:q(μC的数量)和δ(用于确定何时建立新μC的距离阈值)。μC像伪点一样,q值越大簇的质量就越高。此外,δ值越大会形成越少的簇,并且成员之间的相似度也会降低。所以,这种情况很可能会降低聚类方案的质量。另外,δ值较小时会导致时间较久的真聚类被删除,并将重心转移

110

至近期形成的聚类方案上。在这种情况下,终端用户应该根据他们的应用要求来对聚类方案的质量和近期性进行权衡。

粒度固定的网格要求用户对网格粒度进行说明。网格粒度越细,得到的簇就越多。虽然隔离状态下簇的精度越细越好,但这种精度会使得这样的簇与大量比较小的簇的关联性变弱。在考虑到数据分布会随时间而发生变化的情况下,即使是专家级的用户也很难在簇的精度和数量之间进行权衡。算法中常用的另一个参数是数据单元密度阈值。只有稠密的数据单元才可以进行合并进而生成簇,所以参数的设定对噪声和簇的区分起着非常关键的作用。在动态网格中,用户需要设定对数据单元进行分割的密度阈值以及终止数据单元分割的阈值。这些参数与粒度固定的网格中影响生成聚类方案的参数一样会对它们使用的目的产生非常重要的影响。

因此,这三种概要都最少需要两个参数,而且这些参数都对聚类方案的生成至关重要。对用户来说,正确地设置这些参数并非易事。所以这将限制流聚类算法在实际应用中的使用。

4.5.2 概要初始化

基于 μCs 的概要需要通过初始化阶段确定微簇的初始集合,以便在线处理到达数据点。一般而言,可以通过对来自数据流的初始点的预定义数值进行处理的方式得到 μCs 的初始集合。初始化阶段之后,数据流中的到达点会被分配到该集合中距其最近的 μCs。我们在这个阶段可能遇到的问题是初始化阶段创建的概要会对数据点的初始集合有所偏向,因此这些算法可能无法快速检测到数据演化。由于基于网格的概要中每个点的身份完全由其数据值决定,所以基于网格的概要无需初始化。而在 FGG 和 DGG 中,每个数据点会根据其在数据空间中的位置而非其到达的顺序被插入到超立方中合适的位置。因此,我们需要使用删减和衰弱功能来保证在合理的时间段内如实地获取数据演化。

4.5.3 获取数据中自然结构的能力

聚类算法的主要功能是发现数据流中的自然结构,而且这种功能的发挥在很大程度上取决于概要。基于 μCs 的概要使用距离函数将到达的数据点分配到微簇集合中,进而形成凸结构。随后,当微簇合并后,再次使用距离函数来形成凸形宏簇。但是,这种操作的弊端在于分两阶段使用距离函数有时会扭曲数据中的自然结构。基于网格的概要能保存 FGG 和 DGG 中数据空间中数据点的拓扑分布。因此,这样会提高通过基于网格的聚类方法获取空间局部性和数据自然结构的能力。

4.5.4　存储器的使用

由于 μCs 的最大数量是预设的固定值(例如,q),因此基于微簇的概要使用存储器会受到 $O(q)$ 的限制。此外,网格概要占用相对来说更大的存储空间。而且,FGG 大小会受到 $O(g^d)$ 的限制,其中 g 和 d 为网格粒度和数据维度。再加上 DGG 对存储器的要求取决于输入参数的值,如数据单元的分割阈值和单位数据单元的大小。由于必然会受到数据和输入参数的影响,所以这种情况下要预测对存储器的要求是相当复杂的。

在实践中,FGG 对存储器的要求取决于数据流中的数据分布。基于网格的聚类算法的多数作者明确表示:存储器实际用量比理论上限 $O(g^d)$ 低很多。这是因为如果数据区存在至少一个数据点时,存储器才会被占用。此外,高维空间下不大可能出现均匀分布(Hinneburg and Keim,1999;Yue et al.,2007)。在基于网格的概要中,删减/衰弱函数不仅能保持近期性,而且还能控制网格的大小。

4.5.5　单点处理时间

恒定的单点处理时间是流聚类算法在线组件的一个重要操作特征。这种时间处理方法需要在快速处理流数据点的同时不丢失任何数据,因此这种时间处理方法对减少近似误差至关重要。在基于 μCs 的方法中,数据流处理组件的复杂度为 $O(dq)$,其中 d 为维度,q 是微簇的最大数。尽管处理时间恒定,但由于概要中每个微簇需检查以确定其成员状态的过程还会花费时间,所以计算数据点成员身份所需的时间无法预测。

在 FGG 中,只有通过遍历 d 维数据才能确定新数据点成员状态的维度,从而形成恒定的单点处理时间 $O(d)$。在这一点上,网格结构对快速处理数据流来说具有十足的吸引力。在 DGG 中,每个稠密维度都需要反复划分以达到标准的单个数据单元大小。分割会在网格中添加数据点的同时在线完成。但是,由于单点处理时间不可预测,因此这种方法对突发性数据流而言并不可靠。

4.5.6　对数据排序的敏感性

由于聚类中心的持续变化会影响未来的成员身份,而且聚类中心随时间的变化会导致簇的重叠,簇的重叠将无法满足硬聚类或互斥聚类的要求,而 μCs 中数据点的插入会导致聚类中心的更新,并会致使数据被处理,所以这使得将 μCs 作为概要的聚类算法对数据的处理顺序十分敏感。

此外,由于网格结构中数据点会根据它们的值聚集,而且会保存数据空间的拓扑分布,这使得基于网格(而非基于方法)的聚类对数据排序非常敏感。由于网格中的数据单元都是独立的单元,而且每个点都只是位于一个数据单元内,因此基于网格的概要会产生互斥聚类。

4.5.7 管理混合属性

得益于相似性评估中的距离计算,基于微簇的方法可以自然地处理数值属性。但是分类数据流的聚类需要特殊处理,因此为了解决混合属性的问题,我们提供了两种备选方案。第一种方案是在采用数值距离测量之前先将范畴属性转化为数字值,但是这个方案的缺点是它在某些应用中可能存在语义不当的问题。第二种方案是离散数值属性时使用分类聚类法。但是众所周知离散数值属性会导致数据丢失,因此这种方法也并非尽善尽美。此外,为匹配距离函数数据而进行的实时数据转化会增加资源开销,所以这种方法在数据流处理中并不理想而且也是不能接受的。因此,我们不建议在混合数据流中采用基于 μCs 的概要。

相反,网格结构却与混合属性类型非常匹配。由于在处理数据时需要量化属性空间,因此网格结构在处理混合属性方面有较大的优势。数值的数据粒度由用户指定,但是针对范畴数据粒度的大小应与域的大小相同。

4.5.8 处理异常值

数据流的动态属性通常会导致异常值和结构以不可预测的方式混合。因此,流聚类算法急需能够区分异常值和出现的结构的功能机制。

由于潜在数据结构和用于识别数据成员身份的相似性函数的问题,在线异常值检测在基于 μCs 的概要中并不可行。但是由于已经保存了一定数量的微簇,所以异常值有可能会被现有的簇中心吸收。为克服这一问题,可以让现有 μCs 利用最小距离阈值来吸收某一个点。如果距离超过阈值,那么当前的这个点会创造一个新的 μCs 来代替之前的 μCs 而成为唯一成员。所以当数据创建过程中受到意外干扰时,聚类方案中可能会出现多个异常值替换时间较久的真值的问题。这个问题可以通过在临时单元 μCs 中插入异常值的方法来解决,这些异常值通常在被确认为真值之前会周期性地出现。

当动态异常值处于数据空间之外时,基于网格的概要能够进行帮助并报告该动态异常值。由于所有稀疏数据单元中的点都会被报告为噪声,所以可以采用的代替机制是在将其报告为异常点之前先观察网格数据单元中的到达模式。这样的话网格概要中处理异常值会更干净利落。

4.5.9 获取数据演化

基于 μCs 的方法通过以新的 μCs 替换现有 μCs 的方式来实现数据演化进而获

取数据特征变化情况。由于对结构固定数量的限定,所以即使有些变化非常短暂,但这些现有的 μCs 仍然会被替换掉。所以这样的做法会导致不是最近形成或出现的真簇的丢失,而簇的这种丢失是非常不理想的。

基于网格的概要处理数据演化的能力更强。新的超立方被插入到网格结构中以获取数据特征的变化,同时为了删除网格中陈旧的信息,比较陈旧的数据单元会被删除。由于网格中每个数据单元都是独立的实体,因此数据单元的插入和删除并不会影响到其他数据单元。

4.5.10 总结

由上述讨论可见,在流聚类算法设计中,概要的选择十分重要。概要的不恰当选择将会导致聚类算法无法达到想要的目标。表 4.2 总结了上述三种概要的功能特征和操作特征。从表 4.2 中很容易看出:就流聚类算法的功能特征和操作特征而言,网格结构比基于微簇的概要的局限小、功能多,而且还能解决聚类数据流的多数问题。但是单点时间不可预测的动态网格无法满足聚类流数据的主要要求。

表 4.2　概要比较

特征(类型)/概要	μC	FGG	DG
检测内在的自然模式(F)	否	是	是
对数据排序的敏感性(F)	是	否	否
硬聚类/互斥聚类(F)	否	是	是
异常值检测(F)	是	是	是
数据演化(F)	是	是	是
初始化所需的复杂度(O)	是	否	否
概要参数(O)	2个	1个	2个
单点处理时间(O)	$O(dq)$	$O(d)$	$O(dT)$
存储空间使用(O)	$O(q)$	$O(g^d)$	$O(\lambda^d)$

F:功能特征;O:操作特征;μC:微簇;FGG:粒度固定的网格;DG:动态网格;d:维数;q:微簇数量;g:网格粒度;T:访问和分割一个维度的时间;λ:维度下最小单元的长度

4.6　流聚类的其他问题和挑战

截至目前,我们已经客观地比较了各类方法和算法存在的问题以及各自的特征。在下文中将会提出一些结论,以及一些可能对研究人员在提高实际数据挖掘应用中流聚类算法的利用水平方面的具体建议。

4.6.1　弱实验评估

尽管大量研究工作促进了多种高效流聚类算法的发展,但实验的范围还是不够广,而且相对死板和单一。将同一算法以不同的形式应用到各种数据集和参数中会产生迥然不同的结果。尽管很多算法都宣称对原有算法进行了改进,但我们还是非常希望能够通过实际实验看到进步。需要特别指出的是,现有文献中关于流聚类算法的研究还存在以下问题:

（1）虽然（Aggarwal et al. ,2003;Bhatnagar et al. ,2013;Cao et al. ,2006;Luhr and Lazarescu,2009;Park and Lee,2007）实验研究的范围很广,但这些实验并没有面向实际应用。而且在仔细研究了这些论文中的实验分析后,我们发现流聚类算法评估过的应用非常有限,这难免会让大家对这些算法能否被运用到天气监控、股票交易、通信、网络流量监控等具体应用中产生怀疑。

（2）无法使用基准数据是造成这种情况的一个主要原因。大多数算法使用综合数据集实现了既定功能,也证明了结果的有效性（Aggarwal et al. ,2003; Bhatnagar et al. ,2013;Cao et al. ,2006;Chen and Tu,2007;Jia et al. ,2008;Park and Lee,2004,2007）。由于入侵检测数据集（KDD Cup）和森林植被型数据集的数据量大,所以它们是流聚类探究领域最常用的公共数据集。这些数据集有多种不同的属性,其中的数值属性常被大多数实验选用。虽然国际知识发现和数据挖掘竞赛（KDD-Cup）数据可以通过一定想象展示聚类演化,但是森林植被型数据集并不适用于这类应用,所以在这种数据集中对数据演化进行有意义的测试的空间非常有限。因此,在这种数据集中测试数据演化意义不大。但由于没有采用通过使用基准数据集而进行的算法的对比分析,所以降低了这些算法在实际问题中的实用性,同时也缩小了它们的应用范围。

（3）由于已公布算法鲜有应用,所以相关实验资料严重缺失。只有将当前算法与已有算法进行对比分析时,采用原有实施方案（针对现有算法）才可行、可靠。然而,目前公布的算法中很少采用竞争算法的原始实施方案。

（4）第三点是对反映聚类质量的纯度指标的认识。计算聚类纯度的公式如下:

$$P_i = \frac{\rho_i^{dom}}{\rho_i} x100\% \tag{4.1}$$

式中:ρ_i为第 i 个聚类中点的数量,ρ_i^{dom}为带有优势类标签的点的数量。很多算法曾探讨过不同时间范围内聚类方案平均纯度的问题（Aggarwal et al. ,2003; Bhatnagar et al. ,2013;Cao et al. ,2006;Park and Lee,2007）。每种聚类方案的纯度会随着聚类数量的增加而增加,将每条记录看作一个聚类时,纯度为100% 。DenStream 和 Clustream 聚类质量对比实验中,据说 DenStream 始终更胜一筹。但是,

这两个实验均为说明得到了多少个聚类。这种指标局限性可以通过使用单个聚类纯度加权和的方式解决,其计算公式如下:

$$P = \frac{1}{k} \sum_{i=1}^{k} \frac{P_i * \rho_i}{N} \qquad (4.2)$$

式中:N 为 k 聚类下聚类方案的总点数。

大多数文献中对聚类质量对概要参数的敏感性的研究非常不足,所以很有必要对参数和数据特征之间关系进行系统地研究以确定所提出的算法在不同场合下的实用性。

频繁项集合挖掘(FIM)领域在十年前也曾遇到类似问题。算法领域存在的一些彼此竞争甚至是对立的结论促进了 ICDM'03(FIMI,2003)和 ICDM'04(FIMI,2004)研究工作的开展。这些研讨会的重点是提交描述算法的论文、相关的代码以及该算法在公开数据集上的详细性能报告。所有的提交项目由测试数据集项目委员会成员单独测试,测试数据集会在提交截止时间后公布。通过这种独特的方法将会产生有用的数据集库和算法实施方案库(Goethals,2013)。尽管公布的流聚类算法大大少于 FIM 算法,但我们还是会巩固这方面的研究并造福于社会。

4.6.2　可用性

我们的第二个结论与流聚类算法的可用性有关。尽管 Andrade Silva 等(2013)完成的这项研究与当前某些问题确实有关,但终端用户对这些从实验室中得来的科研成果并不是很认可,所以他们不大可能会用这些算法来完成他们手头的工作。

正如 4.4.4 节所述,流聚类算法的很多功能特征和操作特征都是由设计中的概要结构决定的,因此,任何单个的算法都无法满足客户对功能特征 X 和操作特征 Y 的要求。例如,异常检测中,如果客户希望在异常值检测过程中得到任意形状的、数量固定的聚类,Clustream 和 DenStream 算法都无法满足这三个要求。

所以,为了提高算法的可用性,用户应该详细阐明应用的功能特征和操作特征。表 4.3 中列举了一些应用实例并在表格第一列中表明了这些应用各自的聚类要求。对于已明确提出的要求,应该采用能够通过确定最合适的摘要结构和聚类方法而动态实施算法的智能机制。Bhatnagar 等(2009)针对动态加载流聚类算法提出了一些建议。这种机制中,应用的功能特征和操作特征都非常明确,所以在基于组件的体系结构下终端用户能选择算法功能,从而最大程度地发挥这种算法的优势。所以,对这个问题以及设计智能接口的深入研究非常有必要,而且我们还应该鼓励这种流聚类算法在实际问题中的使用。这样才能提高终端用户的积极性并且鼓励更多用户长久地接受和使用数据库知识发现这一技术。

表 4.3　有特定聚类要求的应用实例

聚类要求		应用
聚类性质	硬聚类	疾病传播、网络数据监控、股市监控
	模糊聚类	图像分析、Web 挖掘
数据的类型	数值型	股市监控、跟踪气象数据
	混合型	网络数据监控、Web 挖掘
数据演化	重要	股市监控、跟踪气象数据
		疾病传播、网络数据监控
聚类完整性	必须	患者监控、股市监控
	无需	跟踪气象数据、网络数据监控、Web 内容挖掘
流属性	统一	传感器监控、跟踪气象数据
	突发性	网络数据监控、Web 用途挖掘

4.6.3　改变建模

我们坚定地认为在时间维度上改变聚类方案的建模是流聚类算法既有趣又有用的衍生。通常情况下,模型随时间变化产生的效果比模型自身更有趣。很多研究(如疾病传播、顾客购买模式、喜好变化等)都使用聚类方法分析其随时间的变化。

近年来,虽然很多人(Kaur et al. ,2009;Kifer et al. ,2004;Spillopoulou et al. ,2006;Spinosa et al. ,2007;Tasoulis et al. ,2007;Udommanetanakit et al. ,2007) 研究了聚类方案的变化,但他们所做的研究都是彼此孤立的,只有将这些研究整合并正规化,才能设计出一套聚类方案的"变化模型"。该"变化模型"将作为簇特征的输入参数(重心、密度、尺寸、形状、增长率)。这些输入参数需要在用户指定的时间段内进行监控以及量化测量其变化。我们可以通过整合聚类方案中所有簇发生的变化推导出导致潜在数据生成过程发生变化的影响因子。这种流聚类的衍生在医疗保健系统、教育系统、金融系统、电子政务系统等应用中前景非常广阔。因此,我们认为这将是未来研究的一个重要方向。

4.7　结论

在该导读中,我们从首个文献记载的算法出发,提出了聚类数据流的不同算法。本章并非只是简单罗列聚类流要求的基本作品,而是总结了各种算法下概要结构的关键功能,探讨了各种算法的优缺点,并且尽可能地说明了每种算法的复杂度。

通过对这些算法功能的分析,我们不难发现概要在高质量聚类方案的生成中起着非常关键的作用,而且概要设计会影响算法的诸多功能特征和操作特征。文中分析了基于微簇的概要、粒度固定的网格概要和粒度变化的网格结构的概要这三种最常见的概要。通过研究我们发现没有一种可能满足所有应用需求的万能概要。在不同的具体情况下,一种概要可能比另一种概要更好(没有所谓的万能钥匙!)。

最后,本书指出了研究中存在的一些不足,并为希望通过流聚类算法能更好地服务于数据挖掘应用的研究提出了一些建议。我们希望本书能对研究流聚类算法起到抛砖引玉的作用。

参考文献

Abadi,D. J. ,Carney, D. ,Çetintemel, U. ,Cherniack, M. ,Convey, C. , Lee, S. , Stone−braker, M. ,Tatbul, N. , Zdonik,S. B. :Aurora:a new model and architecturefor data stream management. Springer Journal on Very Large Databases 12(2) ,120−139 (2003)

Ackermann,M. R. ,Lammersen,C. ,M¨arten, M. ,Raupach, C. ,Sohler, C. ,Swierkot, K. :Streamkm++:A clustering algorithm for data streams. In:The 2010 SIAMWorkshop on Algorithm Engineering and Experiments,Texas,January 16,pp. 173−187 (2010) ,doi:10. 1137/1. 9781611972900

Aggarwal,C. C. (ed.):Data Streams:Models and Algorithms. Springer Sci−ence+Business Media (2007) ISBN: 978−0−387−28759−1

Aggarwal,C. C. ,Han,J. ,Wang,J. ,Yu,P. S. :A framework for clustering evolving data streams. In:The 2003 International Conference on Very Large Data Bases (VLDB) ,Germany,September 9−12,pp. 81−92 (2003) ISBN: 0−12−722442−4

Aggarwal,C. C. ,Han, J. , Wang, J. , Yu, P. S. :A framework for on−demand clas−sification of evolving data streams. IEEE Transaction on Knowledge and Data Engineering 18(5) ,577−589 (2006)

Aggarwal,C. C. ,Han,J. ,Yu,P. S. :A framework for projected clustering of high dimensional data streams. In:The 2004 International Conference on Very large Databases (VLDB) ,Canada,August 31−September 3,pp. 853−863 (2004) ISBN:0−12−088469−0

Aggarwal,C. C. ,Yu,P. S. :A framework for clustering massive text and categorical data streams. In:The 2006 SIAM International Conference on Data Mining,Maryland,April 20−22,pp. 479−483 (2006) ISBN:978−0−89871− 611−5

Akodjènou−Jeannin, M. −I. , Salamatian, K. , Gallinari, P. :Flexible grid−based cluster−ing. In:Kok, J. N. , Koronacki,J. , Lopez de Mantaras, R. , Matwin, S. , Mladeni č, D. , Skowron, A. (eds.) PKDD 2007. LNCS (LNAI) ,vol. 4702,pp. 350−357. Springer,Heidelberg (2007)

Amini,A. ,Teh,Y. W. ,Saybani,M. R. ,Aghabozorgi,S. R. ,Yazdi,S. :A study of density−grid based clustering algorithms on data streams. In:The 2011 IEEE International Conference on Fuzzy Systems and Knowledge Discovery, China,July 26−28,pp. 1652−1656 (2011) ISBN:978−1−61284−180−9

Amini, A. , Wa, T. Y. :Dengris−stream:A density−grid based clustering algorithm for evolving data streams over sliding window. In: The 2012 International Con-ference on Data Mining and Computer Engineering, Thailand, December 21–22, pp. 206–211 (2012)

Amini, A. , Weh, T. Y. , Saboohi, H. : On density – based data streams clustering algo – rithms: A survey. Springer Journal of Computer Science and Technology 29(1), 116–141 (2014)

Arasu, Babcock, Babu, Cieslewicz, Datar, Ito, Motwani, R. , Srivastava, and Widom: Stream: The stanford data stream management system. Technical Report 2004–20, The Stanford InfoLab (2004)

Babcock, B. , Babu, S. , Datar, M. , Motwani, R. , Widom, J. : Models and issues in data stream systems. In: The 2002 ACM Symposium on Principles of Database Systems, Wisconsin, June 3–5, pp. 1–58113 (2002) ISBN: 1–58113–507–6

Barbára, A. , Blonda, P. : A survey of fuzzy clustering algorithms for pattern recognition– part i and ii. IEEE Transactions on Systems, Man and Cybernet-ics 29(6), 778–801 (1999)

Barbára, D. : Requirements of clustering data streams. ACM SIGKDD Explo-rations 3(2), 23–27 (2002)

Barbára, D. , Chen, P. : Tracking clusters in evolving data sets. In: The 2001 FLAIRS

Special Track on Knowledge Discovery and Data Mining, Florida, May 18–20, pp. 239–243 (2001) ISBN: 1–57735–133–9

Berkhin, P. : A survey of clustering data mining techniques. In: Springer Grouping Multidimensional Data – Recent Advances in Clustering, pp. 25–71. Springer (2006)

Bhatnagar, V. , Kaur, S. , Chakravarthy, S. : Clustering data streams using grid – based synopsis. Springer Journal on Knowledge and Information System 41(1), 127–152 (2014)

Bhatnagar, V. , Kaur, S. , Mignet, L. : A parameterized framework for stream cluster-ing algorithms. IGI International Journal for Data Warehousing and Mining 5(1), 36–56 (2009)

Braverman, V. , Meyerson, A. , Ostrovsky, R. , Roytman, A. , Shindler, M. , Tagiku, B. : Streaming k–means on well–clusterable data. In: The 2011 ACM–SIAM Sympo–sium on Discrete Algorithms, California, January 23–25, pp. 26–40. SIAM (2011), doi: 10. 1137/1. 9781611973082. 3

Cao, F. , Ester, M. , Qian, W. , Zhou, A. : Density–based clustering over an evolving data stream with noise. In: The 2006 SIAM International Conference on Data Mining, USA, April 20–22, pp. 326–337 (2006), doi: 10. 1137/1. 9781611972764. 29

Chakravarthy, S. , Jiang, Q. : Stream Data Processing: A Quality of Service Perspec-tive. Springer (2009) ISBN 978–0–387–71002–0

Charikar, M. , Callaghan, L. O. , Panigrahy, R. : Better streaming algorithms for clus–tering problems. In: The 2003 ACM Symposium on Theory of Computing, Cali – fornia, June 9–11, pp. 30–38 (2003), doi: 10. 1145/780542. 780548

Chen, Y. , Tu, L. : Density–based clustering for real–time stream data. In: The ACM SIGKDD International Conference on Knowledge Discovery and Data Mining, California, August 12–15, pp. 133–142 (2007), doi: 10. 1145/1281192. 1281210

Coppi, R. , Gil, M. A. , Kiers, H. A. L. (eds.): Data Analysis with Fuzzy Clustering Methods, vol. 51(1). Elsevier (2006)

Cormode, G. , Muthukrishnan, S. : What's hot and what's not: Tracking most fre–quent items dynamically. In: The 2003 ACM SIGMOD–SIGACT–SIGART Sym–posium on Principles of Database Systems, San Diego, June 9–12, pp. 296–306 (2003), doi: 10. 1145/1061318. 1061325

Dang, X. H. , Lee, V. C. S. , Ng, W. K. , Ong, K. –L. : Incremental and adaptive clus–tering stream data over sliding window. In: The 2009 International Conference on Database and Expert Systems Applications, Austria, August 31–September, pp. 660–674 (2009), doi: 10. 1007/978–3–642–03573–9–55

119

de Andrade Silva, J. , Faria, E. R. , Barros, R. C. , Hruschka, E. R. , de Carvalho, A. C. P. L. F. , Gama, J. : Data stream clustering: A survey. ACM Computing Sur-veys 46(1), 1–31 (2013)

Domingos, P. , Hulten, G. : Mining High–Speed Data Streams. In: The 2000 ACM SIGKDD International Conference on Knowledge Discovery and Data Mining, Maryland, August 20 – 23, pp. 71 – 80 (2000), doi: 10. 1145/347090. 347107

Dong, G. , Han, J. , Lakshmanan, L. V. , Pei, J. , Wang, H. , Yu, P. S. : Online mining of changes from data streams: Research problems and preliminary results. In: The 2003 ACM SIGMOD Workshop on Management and Processing of Data Streams, San Diego, CA, June 8 (2003)

Eiben, A. , Smith, J. : Introduction to Evolutionary Computing, 2nd edn. Natural Computing. Springer (2007)

Ester, M. , Kriegel, H. -P. , Sander, J. , Xu, X. : A density–based algorithm for discov–ering clusters in large spatial databases with noise. In: The 1996 AAAI Inter–national Conference on Knowledge Discovery and Data Mining, Oregon, August 2–4, pp. 226–231 (1996)

Fan, W. , Huang, Y. , Wang, H. , Yu, P. S. : Active mining of data streams. In: The 2004 SIAM International Conference on Data Mining, Florida, April 22–24, pp. 457–461 (2004), doi: 10. 1137/1. 9781611972740. 46

FIMI, ICDM Workshop on Frequent Itemset Mining Implementations, FIMI 2003 (2003)

FIMI, ICDM Workshop on Frequent Itemset Mining Implementations, FIMI 2004 (2004)

Gaber, M. M. , Zaslavsky, A. , Krishnaswamy, S. : Mining data streams: A review. ACM SIGMOD Record 34(2), 18–26 (2005)

Gama, J. (ed.): Knowledge Discovery From Data Streams. Chapman and Hall/CRC Press (2010) ISBN: 978–1–4398–2611–9

Gao, J. , Li, J. , Zhang, Z. , Tan, P. -N. : An incremental data stream clustering algo–rithm based on dense units detec-tion. In: Ho, T. – B. , Cheung, D. , Liu, H. (eds.) PAKDD 2005. LNCS (LNAI), vol. 3518, pp. 420 – 425. Springer, Heidelberg (2005)

Garofalakis, M. , Gehrke, J. , Rastogi, R. : Querying and mining data streams: you only get one look a tutorial. In: The 2002 ACM SIGMOD International Conference on Management of Data, Medison, USA, June 02 – 06, p. 635 (2002)

Giannella, C. , Han, J. , Pei, J. , Yan, X. , Yu, P. : Mining frequent patterns in data streams at multiple time granulari-ties. In: Kargupta, H. , Joshi, A. , Sivakumar, K. , Yesha, Y. (eds.) Data Mining: Next Generation Challenges and Future Di–rections. AAAI/MIT Press (2003)

Goethals, B. : Frequent itemset mining implementation repository, http://fimi. ua. ac. be/ (last retrieved in July 2013)

Guha, S. , Mishra, N. , Motwani, R. , O' Callaghan, L. : Clustering data streams. In: The 2000 IEEE Annual Symposium on Foundation of Computer Science, Cali – fornia, November 12 – 14, pp. 359 – 366 (2000) ISBN: 0 – 7695 – 0850–2

Guha, S. , Mishra, N. , Motwani, R. , O' Callaghan, L. : Streaming–data algo–rithms forhigh–quality clustering. In: The 2002 IEEE International Confer – ence on Data Engineering, California, February 26 – March 1, pp. 685 – 694 (2002), doi: 10. 1109/ICDE. 2002. 994785

Gupta, C. , Grossman, R. L. : Genic: A single – pass generalized incremental algorithm for clustering. In: The 2004 SIAM International Conference on Data Mining, Florida, April 22 – 24, pp. 147 – 153 (2004), doi: 10. 1137/1. 9781611972740. 14

Gupta, C. , Grossman, R. L. : Outlier Detection with Streaming Dyadic Decomposi–tion. In: The 2007 Industrial Con-ferenc e on Data Mining, Ge rmany, July 14–18, pp. 77–91 (2007) ISBN: 978–3–540–73434–5

Han, J. , Kamber, M. : Data Mining: Concepts and Techniques, 2nd edn. Morgan Kaufmann (2006) ISBN 1–55860–

901-6

He,Z. ,Xu,X. ,Deng,S. ,Huang,J. Z. :Clustering Categorical Data Streams. Com-puting Research Repository,abs/cs/0412058 (2004)

Hinneburg,A. ,Keim,D. A. :Optimal grid-clustering:Towards breaking the curse of dimensionality in high-dimensional clustering. In:Proceedings of the 25th International Conference on Very Large Databases,Scotland,September 7-10,pp. 506-517 (1999) ISBN:1-55860-615-7

Hirsh,H. :Data Mining Research:Current Status and Future Opportunities. Wiley Periodicals 1 (2),104 - 107 (2008),doi:10. 1002/sam. 10003

Jia,C. ,Tan,C. ,Yong,A. :A grid and density-based clustering algorithm for processing data stream. In:The 2008 IEEE International Conference on Ge-netic and Evolutionary Computing,USA,September 25-28,pp. 517-521 (2008),doi:10. 1109/WGEC. 2008. 32

Kaur,S. ,Bhatnagar,V. ,Mehta,S. ,Kapoor,S. :Categorizing concepts for detecting drifts in stream. In:The 2009 International Conference on Management of Data,Mysore,December 9-12,pp. 201-209 (2009)

Kifer,D. ,David,S. B. ,Gehrke,J. :Detecting change in data streams. In:The 2004 International Conference on Very Large Data Bases,Canada,August 29-September 3,pp. 180-191 (2004)

Kim,Y. S. ,Mitra,S. :Integrated adaptive fuzzy clustering (iafc) algorithm. In:The 1993 IEEE International Conference on Fuzzy System,San Francisco,March 28-April 1,vol. 2,pp. 1264-1268 (1993),doi:10. 1109/FUZZ-Y. 1993. 327574

Kranen,P. , Assent, I. , Baldauf, C. , Seidl, T. : The clustree:Indexing micro - clusters for anytime stream mining. Springer Journal on Knowledge and Information Systems 29(2),249-272 (2010)

Li,Y. ,Gopalan,R. P. :Clustering transactional data streams. In:Proceedings of Australian Conference on Artificial Intelligence,Australia,December 4-8,pp. 1069-1073 (2006),doi:10. 1007/11941439-124

Lu,Y. S. ,Sun,Y. ,Xu,G. ,Liu,G. :A grid-based clustering algorithm for high-dimensional data streams. In:Li,X. ,Wang,S. ,Dong,Z. Y. (eds.) ADMA 2005. LNCS (LNAI),vol. 3584,pp. 824-831. Springer,Heidelberg (2005)

Luhr,S. , Lazarescu, M. :Incremental clustering of dynamic data streams using connectivity - based representative points. Elsevier Journal on Data and Knowl-edge Engineering 68(1),1-27 (2009)

Mahdiraji,A. R. :Clustering data stream:A survey of algorithms. IOS Knowledge-Based and Intelligent Engineering Systems 13(2),39-44 (2009)

Meesuksabai,W. ,Kangkachit,T. ,Waiyamai,K. :Hue-stream:Evolution-based clus-tering technique for heterogeneous data streams. In:The 2011 International Con-ference on Advanced Data Mining and Applications,China,December 17-19,
pp. 27-40 (2011),doi:10. 1007//978-3-642-25856-5-3

Motoyoshi,M. ,Miura,T. ,Shioya,I. :Clustering stream data by regression anal-ysis. In:The 2004 ACSW of Australa-sianWorkshop on Data Mining and Web Intelligence,New Zealand,pp. 115-120 (January 2004)

Park,N. H. ,Lee,W. S. :Statistical grid-based clustering over data streams. ACM SIGMOD Record 33(1),32-37 (2004)

Park,N. H. ,Lee,W. S. :Cell trees:An adaptive synopsis structure for clustering multi-dimensional on-line data streams. Springer Journal of Data and Knowledge Engineering 63(2),528-549 (2007)

Ruiz,C. ,Menasalvas,E. ,Spiliopoulou,M. :C-denstream:Using domain knowl-edge on a data stream. In:Gama,J. ,Costa,V. S. ,Jorge,A. M. ,Brazdil,P. B. (eds.) DS 2009. LNCS,vol. 5808,pp. 287-301. Springer,Heidelberg (2009),doi:10. 1007/978-3-642-04747-3-23

Sain,S. R. :Adaptive Kernel Density Estimation. PhD thesis,Rice University (1994)

Schikuta,E. :Grid-clustering:An efficient hierarchical clustering method for very large datasets. In:The 1996 IEEE International Conference on Pattern Recog-nition,UK,August 23-26,pp. 101-105 (1996)

Solo,A. M. G. :Tutorial on fuzzy logic theory and applications in data mining. In:The 2009 World Congress in Computer Science,Computer Engineering and Ap-plied Computing,USA,July 14-17 (2008)

Song,M. ,Wang,H. :Incremental estimation of gaussian mixture models for online data stream clustering. In: The 2004 International Conference on Bioinformatics and Its Applications,USA,December 16-19 (2004)

Song,M. ,Wang,H. :Detecting low complexity clusters by skewness and kurtosis in data stream clustering. In:The 2006 International Symposium on Artficial Intelligence and Maths,January 4-6,pp. 1-8 (2006)

Spillopoulou,M. ,Ntoutsi,I. ,Theodoridis,Y. ,Schult,R. :Monic:Modeling and monitoring cluster transitions. In:The 2006 ACM International Conference on Knowledge Discovery and Data Mining, August 20-23, pp. 706-711 (2006),doi:10. 1145/1150402. 1150491

Spinosa,E. J. ,Carvalho,A. P. ,Gama,J. :Olindda:A cluster-based approach for detecting novelty and concept drift in data streams. In:The 2007 ACM Symposium on Applied Computing,March 11-15,pp. 448-452 (2007),doi: 10. 1145/1244002. 1244107

Tan,P. ,Steinbach,M. ,Kumar,V. :Introduction to Data Mining. Pearson Education (2006)

Tang,L. ,Tang,C. -J. ,Duan,L. ,Li,C. ,Jiang,Y. -X. ,Zeng,C. -Q. ,Zhu,J. :Movstream:an efficient algorithm for monitoring clusters in evolving data streams. In:The 2008 IEEE International Conference on Granular Computing, China,August 26-28,pp. 582-587 (2008),doi:10. 1109/GRC. 2008. 4664715

Tasoulis,D. K. ,Adams,N. M. ,Hand,D. J. :Unsupervised clustering in stream-ing data. In:The 2006 IEEE International Workshop on Mining Evolving and Streaming Data (ICDM), China, December 18-22, pp. 638-642 (2006),doi:10. 1109/ICDMW. 2006. 165

Tasoulis, D. K. , Ross, G. J. , Adams, N. M. : Visualising the cluster structure of data streams. In: The 2007 International Conference on Intelligent Data Analysis,Slovenia,September 6-8,pp. 81-92 (2007)

Tsai,C. -F. ,Yen,C. -C. :G-TREACLE:A new grid-based and tree-alike pattern clustering technique for large databases. In:Washio,T. ,Suzuki,E. ,Ting,K. M. ,Inokuchi,A. (eds.) PAKDD 2008. LNCS (LNAI),vol. 5012, pp. 739-748.

Springer,Heidelberg (2008)

Udommanetanakit,K. ,Rakthanmanon,T. ,Waiyamai,K. :E-stream:Evolution-based technique for stream clustering. In:Alhajj,R. ,Gao,H. ,Li,X. ,Li,J. ,Zaïane,O. R. (eds.) ADMA 2007. LNCS (LNAI),vol. 4632, pp. 605-615. Springer,Heidelberg (2007)

Wan,L. ,Ng,W. K. ,Dang,X. H. ,Yu,P. S. ,Zhang,K. :Density-based Clustering of Data Streams at Multiple Resolutions. ACM Transaction on Knowledge Discov-ery in Data 3(3),1-28 (2009)

Yue,S. ,Wei,M. ,Li,Y. ,Wang,X. :Ordering grids to identify the clustering struc-ture. In:The 2007 International Symposiumon Neural Networks,China,June 3-7,pp. 612-619 (2007),doi:10. 1007/978-3-540-72393-6-73

Yue,S. ,Wei,M. ,Wang,J. -S. ,Wang,H. :A general grid-clustering approach. Else-vier Pattern Recognition Letters 29(9),1372-1384 (2008)

Zhang,T. ,Ramakrishnan,R. ,Livny,M. :Birch:An efficient data clustering method for very large databases. In:The 1996 ACM International Conference on Man-agement of Data,Canada,June 4-6,pp. 103-114 (1996)

Zhou,A. ,Cai,Z. ,Wei,L. ,Qian,W. :M-kernel merging:Towards density estimation over data streams. In:The 2003 IEEE International Conference on Database Systems for Advanced Applications, March 26-28, pp. 285-292 (2003)

第5章 大数据中的语言重复交叉检查

A·H·Yousef

摘要 随着数据量的激增,数据的精确性和质量日益重要,这一点对于确保跨企业集成应用、商务智能以及数据挖掘的成功具有举足轻重的作用。检测特定数据集中是否存在表示实体对象的重复数据是确保数据精确性的第一步。当多种自然语言中出现相同对象名称(人、城市)时该操作更为复杂,这是因为重复数据的检测过程会受到多种不同因素的影响,如拼写、排印、发音变化、方言、特殊元音和辅音的区别以及其他一些语言特征。因此,很难确定两个语法值(名称)是否指同一个语义实体。据作者所知,原有的重复记录检测(DRD)算法和框架仅支持单一语言中重复记录最多也只能支持双语重复记录的检测。本章对当前可用的两种重复检测工具进行对比,然后提出、设计并实现了一种通用的基于跨语言的重复记录检测解决方案框架,以应对多语环境下的各种变化。本章所提出的系统设计采用基于字典的语音算法并支持多种不同的索引/分块技术和快速处理。该框架提出采用多个邻近度匹配算法、性能评价指标和分类器,以适应多语言名称匹配的多样性。本章从实证角度通过多个案例研究对本章提出的应用该框架进行了验证。通过多个对比实验对比了本章所提出的系统与其他工具的优劣。结果表明,相对于一些知名工具,本章所提出的系统有明显改进。

关键词 重复记录检测;跨语言系统;实体匹配;数据清理;大数据

Ahmed H. Yousef

Ain Shams University

Computers and Systems Engineering Department, Cairo, Egypt

e-mail: ahassan@eng.asu.edu.eg

© Springer International Publishing Switzerland 2015

A.E. Hassanien et al.(eds.), *Big Data in Complex Systems*,

Studies in Big Data 9, DOI: 10.1007/978-3-319-11056-1_5

5.1 引言

商务智能和数据挖掘项目已在多个领域中得到广泛应用。在医疗卫生行业，从关联数据中检索到的人口普查信息可用于改进卫生政策。此外，集成数据也已广泛应用于刑侦检测。在高等教育领域，商业智能项目的应用范围包括从引文数据库和数字图书馆收集学术数据、实现电子化学习和移动学习以及从相应的管理信息系统中收集学术数据(Mohamed，2008；El-Hadidi，2008；Hussein et al.，2009；Elyamany and Yousef，2013)。所有这些应用都具有数据量大、种类多、处理速度快的特点。

社交网络中有数十亿组数据集，数据类型和数据结构也日渐复杂，其中的非结构性数据正在不断增加(80%～90%的现有数据为非结构化数据)。鉴于新数据的产生增速惊人，在使用商业智能、数据挖掘或数据科学将这些新数据转化为有意义的信息、知识或智力成果前，我们必须确保数据干净、一致。

从个人角度而言，我们通常只在手机上保留一条关于某个朋友的记录，以避免重复。检测重复记录的应用软件无论是对管理手机数据还是对管理云端数据都十分重要，另外，因为这类软件可以检测重复上传的视频内容，最大程度降低系统存储要求，所以对 YouTube 这类在线视频平台而言，检测重复记录的应用软件也同样重要。对于拥有上亿条记录的社交网络或专业网站而言，关于某个人或者某个实体的多条描述信息很有可能会导致出现伪页面和冗余的重复记录。

使用社交网络的用户在不断增加，全球性的数据激增长期持续。Facebook、Google+和 Twitter 等社交网络吸引了来自世界各地的诸多新用户，专业人员可以通过 LinkedIn 等职业社交网络进行跨文化合作项目的交流。在这些社交网络的全球化影响下，位于埃及的用户可以搜索到他们在瑞典某个城市的朋友或同事。近期，某机构对职业社交网络进行了分析，并将其用做商业情报工具来识别特定群体的行为趋势并统计相关数据(Yousef，2012)。解决类似的大数据问题需要引入新的工具或技术，以实现不同语种、不同类型数据的存储和管理，进而实现特定的商业目标。

每种自然语言都是通过特定符号记录实体名称的，例如，法国人姓名中一般有双姓，阿拉伯语等非欧洲语系中，人名较为复杂，包含如 Abdel Hamid、Aboul Wafa 等词汇。尽管所指对象都一样，但是由于拼写、发音、方言、特殊元音和辅音等区别及其他的语言特点的影响，同样的名称会出现不同的书写格式和音译。例如，音译的名字"Abdel Gabbar""Adb Al Jabbar"和"Abd El Gabbar"在阿拉伯语中指的都是同一个意思，即便在阿拉伯语中，"عبدالإله""عبد الإله""عبد الاله"也都表示的是同一个意思。

因此,对于检测大数据中的重复记录而言,最为关键的就是发明一款将上述所有变体考虑在内的智能软件,同样地,这样的智能软件在信息检索领域的作用也至关重要。假设某个日本用户想检索一位名字叫 Jürgen Voβ 的德国同事,那么无论是让日本用户使用在线德式键盘,还是让德国人把名字写成英文,都不太现实。然而英语是全球通用的语言,所以这个日本用户可以输入他德国同事名字的英文音译形式,如 Jurgen Voss,在 Facebook 上进行搜索。我们希望 Facebook 可以支持使用德语中的特殊字符和其对应的英文字符进行搜索,这样的话,就可以用更加智能的方法在 Facebook 上搜索找到这个德国人。下表列出了德语中的部分特殊字符及与其对应的英文字符。

表5.1和表5.2分别给出了德语和欧洲语言中的特殊字符和字母。

表 5.1   德语中的特殊字符及与其对应的英文字符

德语	英语
ä	a,e
ö	o
ü	u
ß	ss

法语、瑞典语、丹麦语和其他欧洲语中也存在这种情况,实例如下:

表 5.2   欧洲语言中的特殊字母

语言	特殊字母
法语	à, â, ç, é, è, ê, ë, î, ï, ô,œ, ù, û, ü, ÿ
西班牙语	á,é,í,ñ,ó,ú,ü
瑞典语	ä,å,é,ö
丹麦语	å,æ,é,ø
土耳其语	ç,ğ,ı,İ,ö,ş,ü
罗马尼亚语	ă,â,î,ş,□,ţ,□
波兰语	ą,ć,ę,ł,ń,ó,ś,ź,ż
冰岛语	Á,æ,ð,é,í,ó,ö,þ,ú, ý

因为希腊语和俄语中所有的字母符号都与英语截然不同,所以这种对应关系很难确定。而在日语、中文、阿拉伯语、波斯语和希伯来语等非欧洲语言中,这种对应关系的确定难度就更大了。

不同数据源中,人名等数据的定义一般并不一致。而数据输入错误、缺少完整性限制以及不同的信息记录习惯等多种因素都会影响数据质量。

多数名称及其音译都是单音节。但是在某些语言中,全名是由多个音节(单词)组成的。例如,在荷兰语中,Van Basten、Van der Sar 仅表示两位著名足球运动员的姓。这两个姓是由多个音节组成的,其中的 Van 是前缀。在有些语言中也存在某些姓带有后缀的情况。如 Ibrahimović 和 Bigović 的后缀均为 ović。俄语中的男性姓名中也存在很多后缀。如 Alexandrovsky 和 Tachaikovsky 中,后缀为"vsky",再如 dimitrov 和 sharapov 中,后缀为"ov"。后缀"ova"多用于俄语中的女性姓名,如 Miliukova 和 Sharapova。

阿拉伯语种的姓名通常包括多个音节。阿拉伯语中的姓名中既有前缀(如 Abdel Rahman、Abd El Aziz、Abou El Hassan 和 Abou El Magd),也有后缀(如 Seif El Din 和 Hossam El Din)。常用的阿拉伯语姓名前缀的英文音译有:Abd、Adb Al、Abd El、Abdel、Abdol、Abdul、Abo、Abo El、Aboel、Abou、Abou El、Abu、Al 和 El,后缀有:El Din、El Deen、Allah 等。阿拉伯语中,字符串内字符的发音和位置决定其表达的含义。例如,字符"ا"根据发音可以写成(ٱ,إ,أ)。而合成词,如"ابو الفتوح",既可以保存为两个单词组成的字符串也可以保存为中间没有空格的单个字符。因为并没有统一的标准化系统,所以无法控制数据输入过程中的上述问题。如果数据的音译已经存在的话,那么数据表示的难度就会更大,包括用英语表示阿拉伯语中的姓名,因为同一个名字可以有多种音译形式。例如,名字("عبد الرحمن")可音译为"Abd El rahman"或"Abdul Rahman"以及其他形式。

1. 动机

在含有数百万条数据记录的多语种数据源中检测重复记录是一个非常棘手的问题。目前使用的重复记录检测工具在检测英语、法语、德语、荷兰语、希腊语和/或者阿拉伯语中的姓名变体时仍存在局限性。因此,需要创建一个支持新语言扩展的通用解决方案架构(针对特定语言的相似度函数以及拼音算法)和机器词典来解决此类问题。该架构应具备足够的扩展性,以满足大数据时代的需求。

2. 贡献

基于以下几点原因,本书的贡献非比寻常:首先,本书对比了两种顶尖的重复记录检测工具,并根据通用规则和字典提出了针对跨语言重复记录检测的通用型改良框架。其次,本书还提出了通过使用改进的局部搜索 Soundex 算法自动生成名称词典的构想。通过对比现有工具及其关键技术,包括相似度函数、分类算法、词典创建组件和分块技术,以及对照包括准确度、精确度和减少率在内的关于有效性和效率的评价指标,对比结果证明了本书提出的新框架具有巨大的潜力,并明晰了现有工具的优缺点。

3. 文章梗概

本章后续部分按照如下结构展开:5.2 节概述重复记录检测技术的背景。5.3 节介绍相关研究情况,并指出不同技术的效果及复杂度。5.4 节介绍所提出框架、解决方案架构和方法。5.5 节给出以现有工具和现行框架为对象进行的实验结果,并进行分析和探讨。最后,在 5.6 节中对全文内容进行了总结和归纳。

5.2 重复记录检测概述

大数据操作人员一致认为处理大数据时 80% 的精力都耗费在处理原始数据和清理垃圾数据的工作上。重复记录检测属于数据清理过程中的一个环节。在这个环节中,我们会发现现实世界中同一个对象可能会有多种不同的表示方式。重复记录有时候是因为数据输入错误导致的,有时候则是由数据库归并导致的。

因为现实世界中的数据集在存储到数据库中时可能含有噪声、污染,或出现数据不完整、格式不正确的情况,所以数据清理和标准化是十分重要的预处理工作。在数据清理和标准化环节,需实现数据的统一化、规范化、标准化,形成清晰明了的数据形式。之所以要做这步工作,是因为记录或采集原始数据时采用的格式多种多样,且有一些可能已经落后于时代了。在录入姓名和地址的数据项时,至关重要的就是要确保没有错误信息或冗余信息(如重复记录)。人们常会因为面对的机构不同而以不同的形式填报自己的姓名,所以会出现省略中间名或者更换姓名各部分顺序的情况。

现实生活中的实体即便是在同一个数据库中也可能有两个或者更多的表示形式。通常,如果数据录入员因为拼写错误没找到所需记录,那么就会为这个人录入新的数据。事实上,人的姓名有多种有效的拼写方式,特别是在非英语语言中,因此大家普遍认识到了检测这些姓名额外数据的难度。如果人名记录中存在错误,那么重复记录检测就会变得更加困难。而这些错误产生的原因是多种多样的,如誊写错误、信息缺失、没有统一格式中的某个单一因素,或者全部这些因素。

如果一个姓名的两条记录是用不同语言表示的,那么姓名匹配和重复记录检测的问题就会更加棘手。跨语言重复记录检测(CLDRD)是一个新问题,跟(Paul McNamee,2011)定义的跨语言实体链接类似。CLDRD 支持使用自动检索系统查找不同语言中的重复记录。这种概念还可用于跨语言信息检索中(Amor-Tijani,2008)。

重复记录检测和记录链接的目的是将与同一个实体相关的所有记录(如人、机构或对象等)进行匹配并整合这些记录(Winkler,2006;Goiser and Christen,2006)。为了完成这个任务,大家已经提出了多种框架(Köpcke and Rahm,2010)。重复记录检测可归为某类特殊的记录链接问题,因而在检测过程中可以共享相同历史信息。计算机辅助数据链接技术的出现可追溯到 20 世纪 50 年代。Fellegi 和 Sunter 于 1969 年提出了与数据链接有关的概率理论数学基础(Fellegi,1969)。

多数情况下,现实生活中的数据质量不佳才是导致名称匹配困难的原因。名称匹配可看作是相似度搜索(通配符搜索)。本书重点探讨的对象是人,标识符为人名。

科研人员针对清理数据库,删除重复记录进行了多项研究。数据记录装置的一般步骤就是清理数据、实现数据格式的标准化、检索索引或分块、记录配对比较和相似度向量分类。

生成的待比较记录对的数量会影响重复记录检测成本。当数据库规模增加时,对比记录的计算量也将呈平方增加。为了最大程度减少所生成的记录对的数量,我们已经开发出了多种索引或分块技术。分块技术可将数据集分割为多个非重叠数据块。这样做的主要目的是减少待比较记录的数量,仅比较同一个块内关联最大数量的相关记录,确保块内记录之间的比较。在重复记录检测过程中,最大比较次数 N_c 定义为

$$N_c = N * (N - 1) \tag{5.1}$$

式中:N 为数据集中的记录数。现有的索引技术包括传统的分块法和排序临近分块法。

多个相似度函数可用于重复记录检测(Christen,2006)。可用这些函数对比两条记录中的姓名并得出一个相似度值。相似度值取值范围为 0~1,值为 0 表示完全不相同,值为 1 表示完全相同。相似度函数包括数值百分比和数字域内的绝对值比较。支持范围公差的特殊相似度函数可用于比较年龄、日期和时间。关键区别相似度函数可用于比较电话号码和邮编。比较含有人名的字符串变量,还可使用其他很多类型的相似度函数。这包括精确字符串比较、截取的字符串比较和近似字符串比较。近似字符串比较函数包括 Winkler、Jaro、Bag distance、Damerau-Levenshtein(Levenshtein,1966)、Smith-Waterman 等。

根据相似度函数计算所得的相似值可将所有记录对分为两类:重复记录和非重复记录。计算机系统将相似度高(大于某个阈值)的记录对归为重复记录,将相似度低(低于另一个阈值)的记录对归为非重复记录。

相似度值介于两个阈值中间的记录对归为疑似重复的记录。对于这些记录对,则需要进行人工检查和评估,以确定哪些记录对为重复记录对,哪些记录对为非重复记录对。

针对数据源 A,通过求数据源的笛卡儿积 $A \times A$,可得到有序记录对的集合,该集合是 M、U 和 P 三个不相交集合的并集(Christen and Goiser,2007)。第一个集合 M 为匹配集,集合中来自数据源 A 的两条记录是相同内容。第二个集合 U 是非匹配集,集合中来自数据源 A 的两条记录是不同内容。第三个集合 P 是可能匹配的集合。当某个记录对归为集合 P 时,域专家需人工检查该记录对,以判断这条记录对应该归入集合 M 还是集合 U 中。

基于计算机的名称匹配算法有多种应用,包括重复记录检测、记录链接和数据库搜索,这些应用可以解决因书写错误等原因导致的拼写不一致问题。解决名称拼写不一致的程度决定了上述算法的优劣。某些情况下,很难确定某个名称是否属于相同名称的不同拼写还是完全不同的另一个名称。

不同拼写方式可能由多种原因造成:输入错误、字母错误(如将 Mohamed 错拼

为 Mohamad)、添加字母(如 Mohamadi)或漏掉字母(如 Mohamed 和 Mohammed)。

西方语系中存在别名的现象。此外,在一个人的一生中,姓名也有可能会变化,一般是伴随着他的婚姻状态发生变化。某些情况下名称由两个音节组成时,会出现双名的情况,但这种情况并不常见。例如,Philips-Martin 就是完整的双名,单独看就是叫 Philips 或叫 Martin。在阿拉伯语中,从另一角度看,像 Abdel-Hamid 可能被写成 Abdul Hamid 或 Abd El Hameed。(Shaalan and Raza,2007)中对阿拉伯语等中东语言中人名问题的某些难点进行了论述。

Monge 和 Elkan(Alvaro Monge and Elkan,1996)提出了一项基于记号的、根据原子字符串匹配文本字符字段的指标。原子字符串是由标点符号分隔的字母数字序列。如果两个原子字符串相同,或者其中一个原子字符串是另一个的前缀,则这两个原子字符串匹配。在(Yousef,2013)中,Yousef 提出了一个适用于处理阿拉伯语名称匹配问题的加权原子标记函数,并将该函数与 Levenshtein 编辑距离算法进行了对比。传统原子标记不考虑两个字符串的顺序,但是加权原子标记却考虑了字符串的顺序。因此,后者的性能优于经典的 Levenshtein 编辑距离算法。

5.2.1 拼音名字匹配算法

目前已经有多个拼音名字匹配算法,常见的英文名匹配算法有 Russelll Soundex(Russell,1918,1922)算法和 Metaphone 算法。Metaphone 算法在处理一些词语时,无法得出明确结果,因此使用范围受到了限制。改编后的 Henry Code 可用于法语,而 Faitch-Mokotoff 编码法经过调整可用于犹太人姓名中的斯拉夫文及德语的拼写。阿拉伯语版的 Soundex 算法见(Aqeel,2006),(koujan,2008)对该算法进行了改进。改进后的 Soundex 可将两个发音相似的辅音合并。(Yousef,2013)针对阿拉伯语姓名提出了特别版的 Soundex 算法。这种强化的阿拉伯语 Soundex 综合算法解决了标准 Soundex 算法处理由多个阿拉伯单词(音节)构成的阿拉伯语姓名(如 Abdel Aziz、Abdel Rahman、Aboul Hassan 和 Essam El Din)的局限性。这些拼音算法都可作为一种名称匹配方法。这些算法可将每个名称转换为一个代码,然后通过代码识别对等的名称。

5.2.2 重复记录检测技术的质量

我们可以通过(Christen and Goiser,2007)中讨论的混淆矩阵来衡量记录链接技术的质量,其中该混淆矩阵将实际已匹配记录(M)和未匹配记录(U)(根据域专家判断)与机器判定匹配的记录(M')和机器判定为未匹配的记录(U')进行比较。常见的衡量方式有真正(TP)率、真负(TN)率、假负(FN)率和假正(FP)率。

通常使用如下(Christen and Goiser,2007)百分比或比例衡量精确度、准确度和召回率：

$$精确度=(TP+TN)/(TP+FP+TN+FN) \tag{5.2}$$

$$准确率=TP/(TP/FP) \tag{5.3}$$

$$召回率=TP/(TP+FN) \tag{5.4}$$

通过对比比较空间内的记录条数，发现负数 TN 的数量过大。因为 TN 在该公式中将占主导地位（Christen and Goiser, 2007），所以大家普遍认为以 TN 作为判定质量的标准（如精确度）并不准确。

5.3　相关工作

关于解决重复记录检测问题，已经有了多种研究成果和框架，其中的某些是完整的框架，而某些是针对重复记录检测的某个阶段提出的改进型技术。（Christen, 2006）提供了记录链接方法的背景信息，这类方法可用于整合不同来源的数据。当源数据和目标数据相同时，去重操作与记录链接所采取的操作类似。（Elmagarmid et al.，2007）对重复记录检测的相关文献进行了深入分析，并讨论了相似度指标和多个重复检测算法。

重复记录检测系统的评估指标包括两项：第一项指标为复杂度，可以根据所生成的记录对的数量以及减少率 RR 衡量。第二项指标为 DRD 结果的质量，可以通过计算正预测率（准确度）和真正率（召回）获取。通过真正率、假正率、真负率和假负率的计算可以得出上述值。

归并两个没有公共关键字的关系时，需要先确定这两个特定元组的字段值是否相同。对此，实体匹配框架提供了多种方法，可以有效完成不同的匹配工作。（Köpcke and Rahm, 2010）对比分析了 11 种实体匹配框架。该研究重点关注了这类框架所要求的多样性，包括良好的有效性、高效性、普遍性和低人工参与度。

重复记录有三种检测方式：确定性检测、概率性检测和现代检测（Herzog et al.，2007）。仅在要求链接的所有数据集中存在高质量、精确并且唯一的实体标识符时，才能使用确定性检测。这种情况下，对象的重复检测问题就不重要了，只要通过简单的数据库自连接操作就可以完成。然而，在多数情况下，数据集中所有记录并没有唯一的公共关键字，因此需要使用更为复杂的重复检测技术进行重复检测。概率链接操作是以数据集中记录的某些共同属性为基础的。这种概率检测方法的可靠性和一致性更好，因此所提供的结论具有更高的性价比。现代检测方法包括字符串近似比较和应用期望最大化（EM）算法（Winkler, 2006）。

此外，机器学习、信息检索和数据库搜索等其他手段也已取得了进展。某些框架通过训练数据找出实体匹配策略，以半自动的方式解决特定的匹配任务。结果证明，使用计算机检测重复内容的质量比使用人工处理方式的（由人类手工完成）

质量更高(Boussy,1992)。

许多算法是基于机器学习的基础提出的。将记录对高效、精准地归类为匹配记录对和非匹配记录对是重复记录检测工作中遇到的最大挑战之一。传统分类要么以人工设置的阈值为基础,要么基于统计流程。近期较新的分类方式则是以受监督的学习技术为基础。这些分类方式需要使用训练数据,而这种操作在实际情况下往往难以执行或只能通过耗时的人工方式完成(Christen,2008b,Christen,2008a)。第一种分类方法基于一种最近邻分类器,第二种分类法通过向训练集中迭代加入更多实例改善支持向量机(SVM)分类器。

(Weifeng et al.,2010)已给出 Web 数据库方案中记录匹配问题的解决方案。(Navarro,2001)介绍了字符串匹配问题的多种处理技术,这些处理技术允许出现一定比例的错误。信息检索、计算生物学等飞速发展的领域会经常用到这些处理技术。

(Al-onaizan,2002,Knight,1997,Amor-Tijani,2008)探讨了阿拉伯语和日语的机器音译技术。这项技术是通过有限状态机训练基于拼写的模型。(AbdulJaleel,2003a,Abduljaleel,2003b)介绍了自动学习两种语言表示的名称音译模型时所使用的统计方法。(Jiampojamarn,2010)中介绍了今后的机器翻译可以从文本翻译发展到语音翻译。(Ma and Pennsylvania,2008)中介绍了使用未标记的英语—中文和英语—阿拉伯语的双语文本对算法进行协同训练。(Freeman et al.,2006,Paul McNamee,2011)介绍了跨语言(英语与阿拉伯语)名字匹配系统的使用情况。该系统通过运用字符对等提高了经典 Levenshtein 编辑-距离算法的问题处理能力。

使用 R 等大数据工具,可以确定多个场景下多个对象中存在的重复记录。例如,读取对象从光盘读取数据文件并通过选项功能删除重复内容,创建事务对象。但是,这类系统无法识别出拼写方面的细小变化。

英语中可以使用一些工具检测重复记录,包括 TAILOR、Big-Match 和 Febrl。这些工具是通过不同技术手段识别同一种语言下一个或多个数据源中存在的相同内容。TAILOR(Elfeky et al.,2002)是一款灵活的工具箱,用户可以使用不同的重复检测方法对数据集进行检测。BigMatch 是美国人口统计局使用的重复检测程序(Yancey,2002)。Febrl(Christen,2008c)提供的数据结构可以高效处理大型数据集。Febrl 可提供一种基于概率的新方法以提高数据清洁度和标准化程度,并且支持并行处理(Christen et al.,2004)。文献(Christen,2009)对 Febrl 用户的调研结果进行了探讨。然而,因为 FEBRL 是开源框架,所以可用性和配置方面存在一定局限性。另外,FEBRL 需要安装在本地计算机上,因此需配置该操作系统和与 FER-BRL 平台相匹配的必要软件。

根据现有知识以及使用上述工具的经验,我们发现这些工具既不支持跨语言重复记录检测,也不支持音译。并且,有些工具连 Unicode 系统都不支持。当然也识别不了非英语人名及字符的结构和语义。因此,许多研究人员努力改进上述工具和算法,使其支持本土语言和音译。例如,为了支持阿拉伯语(El-Shishtawy,

2013,Yousef,2013,Higazy et al.,2013)开发了许多工具。这些工具使用不同算法检测重复记录。例如,文献(Higazy et al.,2013)针对阿拉伯语重复记录检测问题研发并推广了 DRD 工具。通过使用研究人员存储的阿拉伯语信息中的实例,他们发现,开发了针对阿拉伯语的插件后,该机器的真正率(召回)得到大幅提升(从66%提升至94.7%)。基于此,他们提出并实施了分两个阶段执行的嵌套分块算法。研究表明这种做法大幅度减少了比较次数,并且并未对重复记录合并质量造成任何不良影响。

针对名称分块/索引,文献(Yousef,2013)提出了某种基于 SQL 通配符的搜索方式。然后采用逐步放松条件的方式解决记录中单词数不同时出现的分块过度现象,并使用带权重的原子标记处理阿拉伯语中出现的该问题,且采用基于合成 Soundex 算法和经过主题专家验证的词典来解决阿拉伯语中出现的双语重复记录检测问题。

重复记录检测和记录链接包含了广阔的研究领域。文献(Yakout,2009)中探讨了数据源之间无需交换所有数据便能进行检测或链接计算,我们将该过程称为私人记录链接。文献(Srinivasan,2008)探讨了取证分析的首要目的就是从证据中找到特定的人。文献(Dan Wu,2012)研究了基于查询翻译的跨语言信息访问中的机器翻译。文献(Jiampojamarn,2010)提出语音到语音的机器翻译可以借助能将字母转化为音素的插件实现,如果对该想法进行深入研究,则有可能完成重复视频和图片文件、音频文件等其他多媒体文件的检测。而这一要求需要高性能记录链接和重复检测算法的支持(Kim,2010)。

在跨语言信息检索过程中,我们发现将静态翻译资源和音译相结合时,可以提高解决问题的效率。常规双语词典不适用于查询人名,因为词典编纂者认为人名属于词汇集外词(OOV),所以通常音译处理。(AbdulJaleel,2003a,AbdulJaleel,2003b)中提出了一种训练英语到阿拉伯语的姓名音译模型的简单统计技术,还可以从 Web 提取关于比较实体的其他信息和关系,以提高链接质量。

5.4 方法学

为了检测用不同语言和不同字母表示的人名中存在的重复记录,如英语、阿拉伯语、中文和法语,(Yousef,2013,Higazy et al.,2013)提出了一种新的框架和解决方案体系结构。该框架属于扩展型解决方案,融合了现行的两种研究成果用到的软件和解决方案体系结构,用于解决跨语言重复记录检测。新框架称为 CLDRD,5.4.1 节内容将会介绍其新组件,并根据可用选项将其与 Febrl 进行比较。我们进行了数次实验,对 CLDRD 和 Febrl 两种方法的优劣进行比较。

CLDRD 框架可概述为:用于查看数据集中语言的检测算法。并且可以使用该数据集中的数据记录创建检测到的每种语言的词典。创建的词典可以作为音译和其他重复检测流程的接口。5.4.1 节~5.4.9 节中将介绍该框架,依次描述预处理阶段的详细内容、词典构建过程,以及质量指标的评估。

5.4.1 上述重复记录检测框架

上述系统的体系结构见图 5.1。该图描述了跨语言重复记录检测的主要步骤。因为现实中数据库通常含有脏污和噪声、不完整或不正确的格式信息,所以使用了数据清理和标准化流程。数据清洁和标准化的主要任务就是将新输入的数据转化为明确定义的统一格式,并能在表达信息的同时解决数据不一致问题。

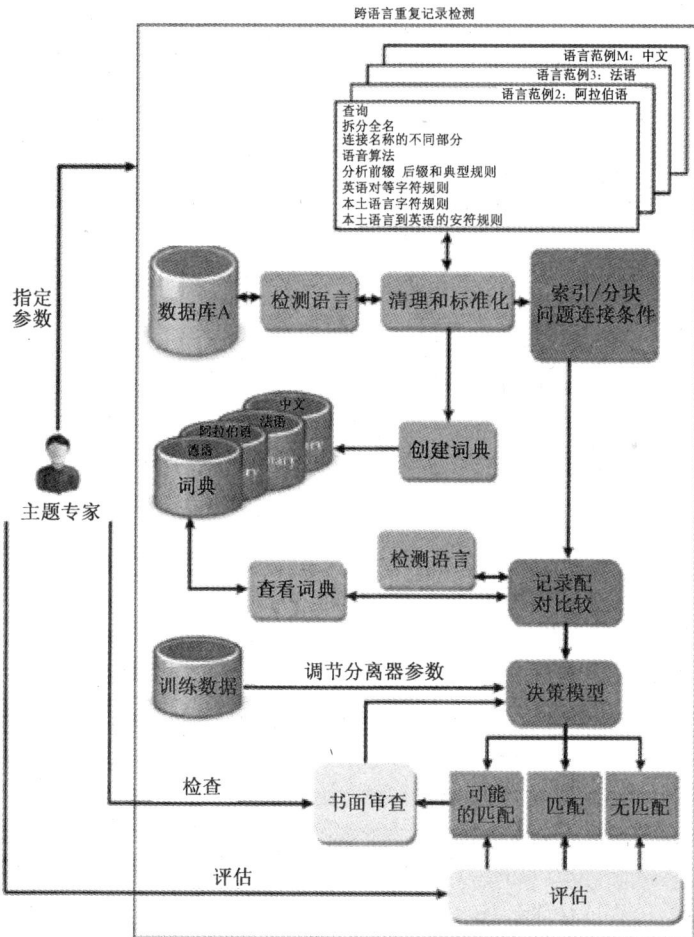

图 5.1 跨语言重复记录检测专用框架

133

本研究中,设计和实施了基于 Web 的重复记录检测框架,以克服当前各种框架中存在的不足和缺点。所提出的框架提供黑盒基于 Web 的重复记录检测服务,无需新增配置,也无需在客户端设备上安装其他应用程序。如图 5.1 所示,所提出框架的整个体系结构,主题专家请求服务,开始为重复记录检测过程指定所需的相关信息:数据源、语言插件、索引/分块选项和其他参数。

可以通过基于训练数据的内置规则执行 DRD 流程。建立基于 Web 的该框架,其附加值在于可以根据人与 Web 界面的交互打造可以不断累积的标准化规则,从而通过积累用户体验不断提高系统性能。检查不断添加的规则并使用训练数据对系统进行测试后,系统就会决定是否将这些规则加入语言插件中。

该框架优化了在含有英语和阿拉伯语数据的数据集上执行 DRD 算法的方式,并对两种语言执行了常规数据清理和标准化规则。针对阿拉伯语数据时,通过采取某种特殊处理方式,可以囊括阿拉伯语中多种印刷变化。该过程是通过阿拉伯语调整插件完成对阿拉伯语人名的特殊属性的处理。通过执行新的索引/分块步骤可以降低 DRD 的复杂度。

第二步("索引/分块")通过使用问题域联合条件消除明显不匹配的记录,然后生成备选记录对。使用近似字符串比较和相似度函数对这些记录进行详细比较。近似字符串比较和相似度函数考虑(印刷)变化并生成带权重的相似度向量。然后,使用决策模型根据带权向量将待比较的备选记录对归为三大类:匹配的记录对、不匹配的记录对和可能匹配的记录对。

在书面审查过程中,通过手动评估可能的匹配对,将其分类到匹配的记录对或不匹配的记录对中。书面审查属于人工监督过程,用于确定可能匹配的记录对的最终重复记录检测状态。通常情况下,进行记录审查的人可以访问更多数据,并根据当前状态、自身直觉和常识,结合现有数据资料作出判定。计算跨语言重复记录检测机效率和有效性的最后一步工作是测量和评价重复记录检测项目的质量和复杂度。

5.4.2　预处理:数据清理和标准化

目前所用的清理和标准化技术无法包括不同印刷体的变体。因此,执行数据清理和标准化操作之前必须安装对应的语言插件。在该过程中,数据应当是统一的、规范化和标准化的。这些操作可以提高输入数据的质量,使数据具有更好的可比性和可用性。语言插件简化名称识别和语言检测过程,为正确识别印刷体名称做出重要贡献。预处理是分层执行的,包括字符级的规范化、拆分和分析、将综合的名称转化为标准格式的名称以及使用查找。

清理和标准化过程包括内置字符规范化阶段,该阶段工作包括从完整名称中删除分隔符、多余空格、连字符、下划线、逗号、点号、斜杠和其他特殊字符,还包括将所有大写字母转换为小写字母。

5.4.3　语言插件

针对非英语语言,通过字符规范化来标准化名称比较困难,涉及到多个步骤。这些步骤属于从下而上的服务,上一层服务依赖较低级别的服务,必要时需调用较低级别的服务。例如,全称拆分服务取决于可以拆分名称中前缀和后缀的分析服务。5.4.3.1 节~5.4.3.4 节小节将介绍这些服务。

5.4.3.1　字符标准化规则

语言插件定义了多种字符标准化规则。第一类是将本地语言转化为英语字符的规则,表 5.1 中为德语基本应用规则的实例。第二类规则是本地语言字符规则。可以定义这样的一条规则:告知 CLDRD 机器——阿拉伯语字符集(أ إ آ ا)相当于阿拉伯字符(ا)。也可以按照这里的方式给其他语言定义相同规则。第三类规则是英语对等字符原则。在阿拉伯语中可使用该规则互换 G 和 J。例如,名称"Gamal"和"Jamal"是对等的。

可以使用培训数据建立一个基本的标准化规则。主题专家可以识别名称的不同样式,然后为每种情况定义一个等效值的集合。语言学和主题专家(SME)也可以设置用于标准化数据的任何其他规则。例如,主题专家可以在字符串级标准化中编辑删除标题、支持中间名缩写、支持职务前缀(如 prof.(教授)和 Dr.(博士))等规则。

5.4.3.2　名称分析和统一(范式转换)

应该分析带有前缀和后缀的名字并将其转换为规范的形式。例如,对于常规单词拆分器和分析器而言,全名"Abdel Rahman Mohamad"或"Macro Van Basten"均会被分析器分解为三个独立单词,看上去似乎由三个不同人名组成。阿拉伯语言插件和荷兰语插件定义了可识别规范形式的名称分析过程。该过程使用预存储的前缀表重新整理"Abdel Rahman",将其视作一个单独的姓,将"Van Basten"视作一个复合姓。最后一步为统一过程,将"Abd El Rahman""Abdul Rahman"和"Abd Al Rahman"等其他表现形式的"Abdel Rahman"统一起来,形成单个统一范式。在该框架中,主题专家可以创建一个标准形式,用于表达与某些条件匹配的输入数据,并用(Abd Al%)取代(Abd Al%)。因此,通过定义一个自定义规则,便可以用另一个字符串取代以某些特定前缀开头的数据字符串。

5.4.3.3　拆分和重新排序

如果数据包含全名形式中的名字字段,则将全名拆分为独立名称部分,分别代表姓、中间名缩写和名。例如,将 John M. Stewart 转换为三个名字:John,M. 和 Stewart。

在包括英语和法语的一些应用程序和语言中,名字中的名放在最前面。在阿拉伯语等其他语言中,则是姓放在最前面。变换某语言名字中各字段的顺序,以匹配另一种语言的音译名,是完成名称匹配的重要一步。

5.4.3.4 用户自定义的查询

为了提高数据质量,我们需要对某些字段进行特殊处理。在缺少共享查询表的情况下,虽然某些记录表示相同值,但是其表现形式却不同,如(København,Copenhagen)。尽管这些值完全相同,但是却会生成两种不同的块,进而造成备选记录的错误插入。主题专家通过定义某个查询来解决这个问题。这种查询可以解决不同语言表示的同一个城市名称的全球化效应。表 5.3 实例显示了某个城市不同数值组成的元素与单个城市名之间的映射。

表 5.3 城市查询规则实例

城市名称	对应的城市
København	Compenhagen
Copenhagen	Copenhagen
CPH	Copenhagen

5.4.4 创建基于语音的词典

在清理和规范数据集之后,检测到每条记录所用的语言,并针对每种非英语语言创建一个词典,将名称与其对应的音译内容一一联系起来。这是记录比较之前需要完成的准备工作。该词典包含一条非英文字符的记录及与其对等的英文字符。词典中将包含所有非英语的名字和它们的英语音译的等效列表。

相同名字在不同语言中发音几近相同,具有相同的语音属性,因此可以借助上义描述的语音算法,使用名字字段具有相同语音代码的数据集中的记录创建该词典。可将代码作为连接条件。Soundex 技术可完成名称和与名称发音类似的变体的匹配。

数据集中每个非英语名称及其对应的英语音译名记录的 Soundex 代码是根据该语言插件中定义的算法生成的。例如,以该技术与综合阿拉伯语的改进型 Soundex 算法为基础,创建阿拉伯语名称对应的相同代码。例如,阿拉伯语名字"محمد"及其对应的音译"Hohamed"将以"M530"作为其 soundex 代码。

5.4.5 索引/分块

每个重复记录检测问题都与某些问题域的索引/分块条件有关。根据这些条件以及在某些字段的相似度就可以确定可能选中哪些记录对。这些字段通常为附加字段,而非名称字段。字段匹配还可用于最大程度减少后续待比较记录对的数量。索引/分块旨在通过防止必然产生无效结果的记录对的比较,减少后继环节中记录对生成数量。采用哪种技术才能更有效地完成任务是由数据性质决定的。不满足条件的记录视作真负,属于不匹配或无匹配可能的记录。

Febrl 使用多种类型的分块算法,包括全索引、分块索引、排序索引和 q-gram 索引、Canopy 聚类索引、字符串镜像索引、后缀数组(Suffix Array)索引、Big Match 索引和去重复索引。值得一提的是,实施同样的上述类型的分块后,Febrl 和 CLDRD 算法都可支持不分块、传统和排序的邻接分块。CLDRD 嵌套式分块的特点独一无二,能够在不影响准确度的情况下提升减少率、缩短计算时间并提升性能。

5.4.6 记录配对比较

在 CLDRD 提出的框架中,如无需考虑所比较的字符串的长短时,可以选择使用 Jaro-Winkler 字符串匹配函数,因为该函数考虑了匹配字符的数量及所需的传输次数。今后,CLDRD 中将会使用更多其他的字符串匹配函数,以便将 CLDRD 和 Febrl 进行对比。因为 Febrl 使用多个近似字符串比较,所以可以使用近似度函数比较每个字段,并为每条记录对生成一个加权向量。

5.4.7 分类函数

根据计算的相似度值,可将代表一对记录的每个加权向量分为三类:重复记录对、非重复记录对和可能重复的记录对。所提及的框架使用培训数据设置上/下限阈值。用户可以修改该值,并根据数据性质设置合适的阈值。CLDRD 中使用的分类器(Higazy et al.,2013,Yousef,2013)是建立在 Fellegi 和 Sunter 分类器基础上的。FEBRL 中使用的分类器包括 Fellegi 和 Sunter 分类器、K 均值聚类、最远首个聚类、最后阈值分类器、支持向量机分类器、两步分类器和受监督分类的真值匹配状态(Christen,2008b,Christen,2008a)。

5.4.8 跨语言重复记录检测的质量评估

在重复记录检测问题中,源数据集 A 中两条记录(a,b)的笛卡儿乘积可构成一条记录对。机器可以识别应当放入匹配集合(M)中的代表精确匹配的乘积结果记录。如果该记录对不匹配,将会放入不匹配的集合(U)中。如果无法确认是要将该记录对放入匹配的集合中还是不匹配的集合时,则应将其放入可能匹配的集合(P)中。然后,由书面审查员负责决定将该记录对放入哪个集合更科学。很明显,集合 P 中的记录数越少,书面检查员的工作量就越少。

假设表 5.4 为专家评审四条记录数据集得到的结论。

表 5.4　主题专家评估后的匹配结果实例

记录 ID	记录 ID	机器相似度	机器分类	主题专家评估	原因
A1	A2	0.9	合格	合格	
A1	A3	0.7	合格	不合格	R1
A1	A4	0.5	合格	不合格	R2
A2	A3	0.2	不合格	合格	R3
A2	A4	0.95	合格	不合格	
A3	A4	0.3	不合格	不合格	

第二行、第三行、第四行列出的记录对显示了分类过程中机器评估结果和主题专家评估意见的差异。我们可以记录造成上述差异的原因,并将其转化为规则,以提高机器分类的效果。可能造成差异的原因如下。R1:机器无法识别复合名称;针对每种语言需要特殊本地化语言 Soundex;R2:机器互换了姓和名的位置,这在某些语言中是不允许的;R3:当某些名字的某条记录是另一条记录的音译版时,机器未找到对应的词典输入。这些原因及主题专家的评论解释了机器结果和主题专家结果之间的差异,可将其转化为规则后添加到语言插件中。

接着在混淆矩阵中对数据分类,再查看 TP、TN、FP 和 FN 指标,之后计算精确度、准确度和召回等其他指标。值得一提的是:如机器分类和主题专家分类不匹配,则表明有改进的机会——可将这种不匹配转化为曾经使用过的定义规则并添加到语言插件中。

5.4.9　未来展望:大数据趋势

如按照下列步骤操作,很容易就可以将 CLDRD 应用于大数据。使用 Hadoop 和 HBase 可以将现有数据导入并分配到多台服务器上。因为 HBase 支持数百万行(离散表)结构化的数据,可以实时随机执行读/写操作,因此可以将 HBase 作为建立在 HDFS(Hadoop 分布式文件系统)之上的面向列的数据库。HBase 是谷歌 BigTable 项目的开源代码版,支持通过数以千计的商业服务器存储 PB 级海量数据。分类中使用的机器学习算法可转化为 Mahout,用作可扩展的机器学习,为 Hadoop 提供数据挖掘。然后,可以使用服务模型软件(SaaS)将基于 Web 的 DRD 应用转化为云。该系统经过改造可以支持面向服务的体系结构,并通过应用软件实现集成。

5.5 结果和讨论

本章将上述框架的功能与 Febrl 进行了比较。本节设计了多个检测两种工具的实验,对新提出的框架进行了验证,并比较了新框架的处理结果与 Febrl 的处理结果。表 5.5 比较了 CLDRD 和 Febrl 的特点。

表 5.5 CLDRD 和 Febrl 的特征对比

功　　能	CLDRD	Febrl
支持 Unicode	是	否
语言检测算法	是	否
相似度函数的数量	3	17+
分类器数量	1	7
分块技术的数量	4	9+
笔误检查工具	是	否
词典创建和搜索	是	否
指标评估(TP、精确度、准确度、RR 查询)	是	否
显示记录配对的详细比较结果	是	否
显示分类器输入、输出,以便跟踪分类器	是	是

在 CLDRD 中,相似度函数指的是 Winkler、Jaro 和针对每种语言订制的语音算法,而 Febrl 支持更多相似度函数,包括 Q-gram、Positional Q-gram、Skip-gram、编辑距离(Edit Distance)、包距离、Damerau-Levenshtein、Smith-Waterman、音节对齐、序列匹配、Editex 近似、最长公共子串、本体最长公共序列、基于压缩的近似值、标记集近似字符串比较和语音算法,包括 Soundex。

就分类器而言,CLDRD 仅支持 Fellegi 和 Sunter 分类器,而 Febrl 支持许多其他分类器,包括 K 均值聚类、最远首个聚类、最优阈值分类器、支持向量机分类器、两步分类器及有监督分类的真值匹配状态。

CLDRD 中使用的分组技术包括传统索引技术、SNH 索引、无分块索引和嵌套索引,而 Febrl 支持其他索引/分块技术,包括全索引、分块索引、排序索引、q-gram 索引、Canopy 聚类索引、字符串镜像索引、后缀组数(Suffix Array)索引、Big Match 索引和去重复索引。

为测试所指框架的有效性,并将其与 Febrl 进行比较,本章引入某数据集,该数据集来源于 http://goo.gl/BTYXf9。笔者鼓励研究人员使用该数据集在各自工具平台上进行实验,以验证 Febrl 和 CLDRD 的实验结果。

该数据集源于 Febrl 原始数据集 dataset_A_10,000。该原始数据集是用 Febrl

数据集生成器人工生成(见 Febrl 分配中的 dsgen 目录)的。数据集中包含人名、地址以及从澳大利亚白页(电话簿)上随机选中的内容生成的其他个人信息。其中部分字段是使用查询表和预定义公式随机生成的。为了方便测试跨语言重复记录检测,可将法语、德语和阿拉伯语的记录随英语音译内容一并插入。删除信息不全记录,即除了 Given_name(名)、last_name(姓)、age(年龄)和 state(状态)之外的字段,进行数据清理。最终,数据集中包括 7709 条记录。

5.5.1 实验 1:比较 CLDRD 和 Febrl

第一个实验旨在检测上述数据集中的跨语言重复记录。该数据集中的记录含有英语、阿拉伯语、法语、德语的人名。

笔者针对每种语言设计了一款语言插件,并将这些插件实施并安装到 CLDRD 系统上。该语言插件含有曾使用过的语音算法的定义、字符规则、前缀、后缀和查询。部分规则见表 5.6。

表 5.6 法语、德语和阿拉伯语语言插件的实例规则

特点	法语	德语	阿拉伯语
本地语言及其英语对等字符之间的规则	ç = c é = e	ü = u ß = ss ä = e ö = o	A = ا B = ب ,…etc
本地对等字符规则	k = c	ä = e	ا = أ ة = ه ى =ي、ئ =ي
英语对等字符规则	无	J = Y	"G" = "J" Abdel = Abdul
语音算法	Henry Code	Daitch Mokotoff Soundex	Arabic Combined Soundex
分析前缀、后缀和范式转化	无	无	Abdel、Abdul、Abd El、El、Aboul、Abu EI、Abo EI、Eldin、EI deen
串联的名称部分(名在前)	是	否	否
其他查询(如 City(城市) = Cairo(开罗))	Caire	Kairo	Al Qahirra القاهرة

该实验中,CLDRD 和 Febrl 中所用的分类器为 K 均值分类器,"Euclidean"采用距离衡量标准,"最小/最大"中心初始化。

针对该数据集中的英语记录,CLDRD 和 Febrl 之间的最终输出的权重向量相同。针对法语、德语和阿拉伯语记录,CLDRD 的相似度权重向量结果优于 Febrl。

在此,需强调四条记录的输出,以示区别。

很明显,相对于 Febrl 而言,CLDRD 的相似度值更高。首先,重复记录检测设备能匹配英文字符与本地语中的对等内容。例如,用户可以分别使用英文中对等字母 u 和 ss 来定义德语中的 ü 和 ß。第二个原因是可以使用词典来比较不同字母表中的名称,如表 5.6 中最后一条记录匹配了阿拉伯语名称和与其相对应的英文音译名。

5.5.2　实验 2:比较 Febrl 和 CLDRD 中的分块技术

本实验对比了 Febrl 和 CLDRD 的分块性能。输入记录为 7709 条。如不使用分块技术,则需进行 59420972(约 6000 万)次比较操作。因为两种工具执行分块的过程相同,所以如对年龄和状态字段采用传统分块技术,那么两种软件执行比较操作的次数均只有 292010 次,因此得到的最终结果也会相同。

嵌套分块技术只能用于 CLDRD 中。尽管(Higazy et al.,2013)宣称采用嵌套分块技术可减少操作次数,但如不采用附加字段作为索引,则无法减少操作次数。例如,在嵌套分块中将特定名称字段作为附加索引并进行排序。在 CLDRD 中使用嵌套分块技术时,比较次数降为 96012 次,相对于传统分块技术而言,比较操作的执行次数减少了 67%。对名进行索引操作还可以进一步降低比较操作的执行次数。

两种分块类型的真阳性次数接近。传统分块技术有 3278 次真阳性,嵌套分块技术有 3267 次真阳性。这表明在索引/分块中添加更多字段有可能减少比较操作的次数。当主题专家将索引/分块定义为某个问题域的连接条件时,则需搜索的块变窄,性能得以提升,且并不会丢失过多的真阳性。这意味着剔除的多数备选对也是真阴性的。

在此,有两个交流结果值得一提。第一个是与 CLDRD 团队交流的心得:在嵌套分块中使用 given_name(名)字段作为附加索引,导致在与传统分块方式进行比较时的结果略有误差。第二个是与 Febrl 团队交流的心得:Febrl 目前并不支持嵌套分块(对某个字段使用传统分块,对另一个字段采用排序分块)。然而,Febrl 开源特征则表明可以增加代码,自由修改内容。当然,用户也可以在不同项目文件中自定义各种索引,获取多个权重向量的集合,再将这些集合合并。

5.6　总结

本章在支持跨语言重复记录检测的性能方面对两大重复记录检测框架(CLDRD 和 Febrl)进行了比较。比较结果表明:CLDRD 可以高效支持跨语言重复记录检测,嵌套分块会影响重复记录检测的时间和性能,适合处理大数据。Febrl针对相似度函数和分类器提供了许多高级选项,几乎不支持跨语言重复记录检测,可提供适度的分块选项。以 CLDRD 为基础,本章提出了一种跨语言重复记录检测通用框架,并进行了部分功能的试用。新提出的框架采用了多种语言插件和语言专用语音算法,可根据现有数据创建基线词典,并可将其用于记录比较。

参考文献

Abduljaleel,N. L. , Leah, S. : English to Arabic Transliteration for Information Retrieval: A Statistical Approach (2003a)

Abduljaleel,N. L. ,Leah,S. :Statistical transliteration for English-Arabic cross language in-formation retrieval. In: Proceedings of the Twelfth International Conference on Informa-tion and Knowledge Management, CIKM, pp. 139-146 (2003b)

AL – Onaizan, Y. , Knight, K. : Machine Transliteration of Names in Arabic Text. In: ACL Workshop on Comp. Approaches to Semitic Languages (2002)

Monge,A. ,Elkan,C. :The field matching problem: Algorithms and applications. In: Second International Conference on Knowledge Discovery and Data Mining (1996)

Amor-Tijani, G. : Enhanced english-arabic cross-language information retrieval. George Washington University (2008)

Aqeel,S. ,Beitzel,S. ,Jensen, E. , Grossman, D. , Frieder, O. : On the Development of Name Search Techniques for Arabic. Journal of the American Society of Information Science and Technology 57(6) (2006)

Boussy,C. A. : A comparison of hand and computer-linked records. University of Miami (1992)

Christen,P. : A Comparison of Personal Name Matching: Techniques and Practical Issues. In: Sixth IEEE International Conference on Data Mining Workshops, ICDM Workshops 2006, pp. 290-294 (December 2006)

Christen,P. : Automatic record linkage using seeded nearest neighbour and support vector machine classification. In: Proceeding of the 14th ACM SIGKDD International Confe-rence on Knowledge Discovery and Data Mining. ACM (2008a)

Christen,P. : Automatic Training Example Selection for Scalable Unsupervised Record Linkage. In: Washio, T. ,Suzu-ki,E. ,Ting,K. M. ,Inokuchi, A. (eds.) PAKDD 2008. LNCS (LNAI), vol. 5012, pp. 511-518. Springer, Hei-delberg (2008b)

Christen,P. : Febrl: a freely available record linkage system with a graphical user interface. In: Proceedings of the Sec ond Australasian Workshop on Health Data and Knowledge Management, vol. 80. Australian Computer Society, Inc. ,Wollongong (2008c)

Christen,P. :Development and user experiences of an open source data cleaning, deduplica-tion and record linkage system. SIGKDD Explor. Newsl. 11,39-48 (2009)

Christen,P. , Churches, T. , Hegland, M. : Febrl - A Parallel Open Source Data Linkage Sys-tem. In: Dai, H. , Srikant,R. ,Zhang,C. (eds.) PAKDD 2004. LNCS (LNAI), vol. 3056, pp. 638 - 647. Springer, Heidelberg (2004)

Christen,P. ,Goiser, K. : Quality and Complexity Measures for Data Linkage and Dedupli-cation. In: Guillet, F. , Hamilton,H. (eds.) Quality Measures in Data Mining. SCI,vol. 43,pp. 127-151. Springer,Heidelberg (2007)

Dan Wu, D. H. : Exploring the further integration of machine translation in English – Chinese cross language information access. Program: Electronic Library and Information Sys-tems 46(4), 429-457 (2012)

Dey, D. , Mookerjee, V. S. , Dengpan, L. : Efficient Techniques for Online Record Linkage. IEEE Transactions on Knowledge and Data Engineering 23(3), 373-387 (2011)

El-Hadidi, M. , Anis, H. , El-Akabawi, S. , Fahmy, A. , Salem, M. , Tantawy, A. , El-Rafie, A. , Saleh, M. , El-Ah-mady, T. , Abdel-Moniem, I. , Hassan, A. , Saad, A. , Fahim, H. , Gharieb, T. , Sharawy, M. , Abdel-Fattah, K. , Salem, M. A. : Quantifying the ICT Needs of Aca-demic Institutes Using the Service Category-Stakeholder Matrix Approach. In: ITI 6th International Conference on Information & Communications Technology, ICICT 2008, pp. 107-113. IEEE (2008)

El-Shishtawy, T. : A Hybrid Algorithm for Matching Arabic Names. arXiv preprint ar-Xiv: 1309. 5657 (2013)

Elfeky, M. G. , Verykios, V. S. , Elmagarmid, A. K. : TAILOR: a record linkage toolbox. In: Proceedings of the 18th In-ternational Conference on Data Engineering, vol. 2002, pp. 17-28 (2002)

Elmagarmid, A. K. , Ipeirotis, P. G. , Verykios, V. S. : Duplicate Record Detection: A Survey. IEEE Transactions on Knowledge and Data Engineering 19(1), 1-16 (2007)

Elyamany, H. F. , Yousef, A. H. : A Mobile-Quiz Application in Egypt. In: The 4th IEEE In-ternational E Learning Conference, Bahrain, May 7-9 (2013a)

Fellegi, I. P. , Sunter, A. B. : A Theory for Record Linkage. Journal of the American Statistic-al Association 64, 1183-1210 (1969)

Freeman, A. T. , Condon, S. L. , Ackerman, C. M. : Cross linguistic name matching in English and Arabic: a "one to many mapping" extension of the Levenshtein edit distance algo-rithm. In: Proceedings of the Main Conference on Human Language Technology Confe-rence of the North American Chapter of the Association of Computational Linguistics, New York (2006)

Goiser, K. , Christen, P. : Towards automated record linkage. In: Proceedings of the Fifth Australasian Conference on Data Mining and Analytics, vol. 61. Australian Computer Society, Inc. , Australia (2006)

Herzog, T. N. , Scheuren, F. J. , Winkler, W. E. , Herzog, T. , Scheuren, F. , Winkler, W. : Record Linkage – Methodol-ogy. Springer, New York (2007)

Higazy, A. , El Tobely, T. , Yousef, A. H. , Sarhan, A. : Web-based Arabic/English duplicate record detection with nested blocking technique. In: 2013 8th International Conference on Computer Engineering & Systems (ICCES) , November 26-28, pp. 313-318 (2013)

Hussein, A. S. , Mohammed, A. H. , El-Tobeily, T. E. , Sheirah, M. A. : e-Learning in the Egyp-tian Public Universi-ties: Overview and Future Prospective. In: ICT-Learn 2009 Confe-rence, Human and Technology Development Foundation (2009)

Jiampojamarn, S. : Grapheme-to-phoneme conversion and its application to transliteration. Doctor of Philosophy, Uni-versity of Alberta (2010)

Kim, H. -S. : High Performance Record Linking. Doctor of Philosophy, The Pennsylvania State University (2010)

Knight, K. G. , Jonathan: Machine Transliteration. Computational Linguistics (1997)

Köpcke, H. , Rahm, E. : Frameworks for entity matching: A comparison. Data & Knowledge Engineering 69(2), 197-210 (2010)

Koujan, T. : Arabic Soundex (2008), http://www. codeproject. com/ Articles/26880/Arabic-Soundex

Levenshtein, V. I. : Binary Codes Capable of Correcting Deletions, Insertions and Reversals. Soviet Physics Doklady 10, 707-710 (1966)

Ma, X. , Pennsylvania, U. O. : Improving Named Entity Recognition with Co-training and Unlabeled Bilingual Data, University of Pennsylvania (2008)

Mohamed, K. A. , Hassan, A. : Web usage mining analysis of federated search tools for Egyptian scholars. Program: electronic library and information systems 42(4), 418-435(2008)

Navarro, G. : A guided tour to approximate string matching. ACM Computing Surveys(CSUR) 33(1), 31-88 (2001)

Mcnamee, P. , Mayfield, J. , Lawrie, D. , Oard, D. , Doermann, D. : Cross Language Entity Linking. In: IJCNLP: International Joint Conference on Natural Language Processing(2011)

Russell, R. C. : Russell IndexU. S. Patent 1,261,167 (1918), http://patft. uspto. gov/netahtml/srchnum. htm

Russell, R. C. : Russell IndexU. S. Patent 1,435,663 (1922), http://patft. uspto. gov/netahtml/srchnum. htm

Shaalan, K. , Raza, H. : Person name entity recognition for Arabic. In: Proceedings of the 2007 Workshop on Computational Approaches to Semitic Languages: Common Issues and Resources. Association for Computational Linguistics, Prague (2007)

Srinivasan, H. : Machine learning for person iden tification with applications in forensic document analysis. Doctor of Philosophy (Ph. D.), State University of New York at Buf-falo (2008)

Weifeng, S. , Jiying, W. , Lochovsky, F. H. : Record Matching over Query Results from Mul - tiple Web Databases. IEEE Transactions on Knowledge and Data Engineering 22(4), 578-589 (2010)

Winkler, W. E. : Overview of record linkage and current research directions. Bureau of the Census (2006)

Yakout, M. A. , Mikhail, J. : Elmagarmid, AHMED. 2009. Efficient private record linkage. In: IEEE 25th International Conferen ce on Data Engineering, ICDE 2009, pp. 1283-1286. IEEE (2009)

Yancey, W. E. : Bigmatch: A Program for Extracting Probable Matches from a Large File for Record Linkage. Statistical Research Report Series RRC2002/01. US Bureau of the Census, Washington, D. C. (2002)

Yousef, A. H. : Cross - Language Personal Name Mapping. International Journal of Computa - tional Linguistics Research 4(4), 172-192 (2013)

Yousef, A. H. , Tantawy, R. Y. , Farouk, Z. , Mohamed, S. : Using Professional Social Net-working as an Innovative Method for Data Extraction, The ICT Alumni Index Case Study. In: 1st International Conference on Innovation & Entrepreneurship. Technology Innovation and Entrepreneurship Center, Smart Village (2012)

第6章 基于粗糙集和改进和声搜索算法混合的新型蛋白序列分类特征选择算法

M.Bagyamathi,H.Hannah Inbarani

摘要 生物信息学和生物技术的发展,产生了大量需要进行详细分析的序列数据。与此同时,测序技术的不断进步又极大地提升了获取蛋白质序列数据的速度。大数据分析在很多应用中都遭遇了瓶颈,尤其是在生物信息学领域。因为生物信息学领域需要分析的数据极为复杂,所以大数据分析在生物信息学领域的应用也极为困难。由此可见,蛋白质序列分析是功能基因组学中一个非常重要的问题。蛋白质在生物体细胞中肩负多重重任,因此,对生物体而言,蛋白质不可或缺。概括来说,蛋白质序列是通过特征向量体现的。蛋白质数据集特征数量庞大,因此蛋白质序列分析的关键在于分析其复杂度。特征选择技术可用于处理特征的高维空间。本章将介绍一种新的特征选择算法,该算法结合了改进的和声搜索算法和蛋白质序列粗糙集理论,旨在成功解决大数据问题。改进的和声搜索算法(Improved Harmony Search,IHS)应是较新的基于种群的元启发式优化算法,和声搜索源于对乐曲创作过程的模仿,借鉴了乐师们通过反复调整乐器的音调而最终达到美妙和声状态的过程。改进的和声搜索算法突破了传统和声搜索算法中的诸多限制。将改进的和声算法用于粗糙集属性约简可获得更加快速和强大的搜索功能。根据氨

M. Bagyamathi

Department of Computer Science, Gonzaga College of Arts and Science for Women,

Krishnagiri, Tamil Nadu, India

e-mail: bagyaarul@gmail.com

H. Hannah Inbarani

Department of Computer Science, Periyar University, Salem, Tamil Nadu, India

e-mail: hhinba@gmail.com

© Springer International Publishing Switzerland 2015

A.E. Hassanien et al.(eds.), *Big Data in Complex Systems*,

Studies in Big Data 9, DOI: 10.1007/978-3-319-11056-1_6

基酸组成、K-mer 模式和 K-元组可以从蛋白质序列数据库中提取特征向量,然后再从提取到的特征向量中进行特征选择。本章将提出的算法与粗糙集约简算法以及基于粒子群(Particle Swarm Optimization,PSO)的粗糙集属性约简算法进行了对比,对比实验的研究对象为蛋白质一级单一序列数据集,该数据集是根据结构类预测(例如,全部为 α,全部为 β,全部为 $\alpha+\beta$,或全部为 α/β),按照蛋白质结构分类从蛋白质数据库中提取的,然后又采用决策树分类算法对上述三种算法预测的蛋白质序列特征子集进行了分析。

关键词 数据挖掘;大数据分析;生物信息学;特征选择;蛋白质序列;粗糙集;粒子群优化算法;和声搜索;蛋白质序列分类

6.1 引言

大数据是指具有结构化或非结构化形式、呈指数增长且可用的数据。其数据量的增长取决于多种因素。一年之内,依靠蛋白组学技术和基因组学技术的支持,部分实验室便可用相对合理的成本生成太字节或拍字节级别的数据。但是,维护和处理如此高级别的数据集以及建立这些数据模式和与其相关的生物学信息之间的联系都依赖于完善的计算基础设施。目前,生物研究人员首要目标就是为计算所需的数据集建立预测模型(Schadt et al.,2010)。

由于分子生物学技术的不断发展,生物数据集的数量也不断增长,随之产生的难题是如何从大量数据集中识别有用的生物学信息。计算生物学的目标便是解决这一难题(Wei,2010)。计算生物学领域面临的诸多难题,如蛋白质功能预测、亚细胞定位预测、蛋白质间相互作用以及蛋白质二级结构预测等都可以归类为序列分类问题(Wong and Shatkay,2013)。在序列分类中,可以依据蛋白质氨基酸序列将蛋白质分为功能类和定位类。

蛋白质是所有生命体的基础,与分子功能和生物过程息息相关。蛋白质是生命体中最重要且具有多种功能的大分子,了解蛋白质的各种功能对于研发新药品、培育优良农作物以及研究合成生化、生物燃料等都至关重要(Nemati et al.,2009)。传统的计算预测方法是根据从蛋白质序列、蛋白质结构或蛋白质间相互作用网络中获取的特征进行预测(Rost et al.,2003;Rentzsch and Orengo,2009)。

过去几十年,分子生物学领域、基因组学技术和蛋白质组学技术取得的重大进展促进了生物信息的高速增长。尽管,得益于基因组测序技术的快速发展,在过去的几年里已知序列的蛋白质数量呈指数增长,但是已知结构和功能的蛋白质数量的增长速度却相对缓慢(Freitas and de Carvalho,2007)。因此,蛋白质功能表征依旧是基因组学研究领域的重要目标(Wong and Shatkay,2013)。

蛋白质由一条或多条氨基酸链构成,具有层级结构。蛋白质一级结构由氨基酸序列决定,二级结构由分子局区域内多肽链沿的盘绕和折叠方式决定,蛋白质的三维结构由其氨基酸序列决定,三级结构由肽链形成三维结构的方式决定。目前的假设是蛋白质的一级结构为更高层级结构和相关功能指定遗传密码。事实上,根据肽链的折叠方式,蛋白质通常形成四种类型的结构,即:全部为 α,全部为 β,全部为 $\alpha+\beta$,或全部为 α/β(Cao et al.,2006)。本章是基于氨基酸组成、K-mer 模式或 K-grams 或 K-元组从蛋白质一级序列中提取特征(Chandran,2008)。根据蛋白质序列数据固有的属性,各组成要素之间是相互独立的。假设蛋白质序列 $x = x_0$,$\cdots$,x_{n-1}(按氨基酸字母顺序),那么相邻要素间的独立性可通过生成长度为 K,x_i-K,$\cdots$,x_i-1,$i = K$,$\cdots$,n(即 K-grams 或基序)的所有相邻子序列的方式建立模型。由于蛋白质基序长度可变,因此可通过在序列 x 上滑动长度为 K 的窗口的方式生成 K-grams 以获得不同的 K 值。挖掘数据间的独立性可丰富表现形式。但是,为进行蛋白质序列分类而使用的固定的或变化的 K 值表现,在 K 值较大时会形成过高的高维输入空间(Caragea et al.,2011)。

降维时最常用的模型是主成分分析模型、潜在狄利克雷分布模型和概率潜在语义分析模型。但是,极高维数据通常都会有成千上万个维度,在运行时通过上述模型将数据实例处理成特征向量的计算成本过高,大量实例证明,更加划算的做法是先采用特征选择进行降维处理。通过特征选择降维时可按照一定标准选择可用的特征子集,从而减少特征数量(Guyon and Elisseeff,2003;Fleuret,2004)。平均互信息进行的特征选择可以选出在该类别中拥有最高平均互信息的最明显特征。

特征选择是发现知识的重要环节,可以提高分类的准确性并减少分类算法的计算时间(Chandrasekhar et al.,2012)。特征选择分为监督式特征选择和非监督式特征选择。在数据的类别标签已知的情况下应选择监督式特征选择,反之,则采用非监督式特征选择。监督式特征选择法通过评估函数或评估指标对一系列特征进行评估以选出仅与决策类数据相关的特征(Mitra et al.,2002;Jothi and Inbarani,2012)。特征选择方法可分为过滤特征选择和绕封特征选择。过滤模型根据数据的普遍特征进行特征评估,而不依赖任何挖掘算法。相反,绕封模型则需要挖掘算法并根据该算法的表现确定特征集的优劣(Fu et al.,2006)。但对于两种模型而言,相关特征的选择都非常重要,因此需要采用基于粗糙集的特征选择方法。

粗糙集理论(Pawlak,1993)为特征选择和知识发现提供了一种数学工具。在该工具的帮助下,我们发现了可以划分对象并保证分类质量的最小属性集(称为"约简"),约简的提出让许多研究实际领域(包括医学、药理学、控制系统、故障诊断及文本分类等)中粗糙集理论有效性的研究人员倍受鼓舞(Pawlak,2002)。本章提出的工作是根据基于粗糙集的操作进行特征约简,该方法也常用于与现有基于粗糙集的特征选择算法进行的比较。本章提出的算法旨在通过优化约简提高特征选择方法的有效性。

优化是指在特定的条件下,从一组可用的方案中选出最优秀的要素的过程。

该过程可通过最小化或最大化目标或问题的价值函数完成。优化过程的每次迭代可以系统地从可取集中选取数值,直至选出最小值或最大值或达到终止条件。优化技术可用于日常产业规划、资源配置、计量问题、调度、决策、工程、计算机科学应用等领域。当下,优化领域的研究十分活跃,后续也将会产生越来越多新的优化方法(Alia and Mandava,2011)。作为一种既新颖又强大的元启发式算法,声搜索算法已经成功地应用于各种优化问题的解决当中。

Geemd 等人提出了一种新的和声搜索元启发式算法,该算法借鉴了音乐制作过程中追求完美和声的过程(Geem et al.,2001)。音乐中的和声与优化过程中最优化类似,在音乐即兴创作的过程中,音乐家用不同的乐器弹奏出不同的音符,再找出最佳的频率组合,从而演奏出最动听的乐章。同理,和声搜索方法也通过选出可用方案的最佳组合优化目标函数。和声搜索方法已成功应用于各种各样的问题中,如结构分析、机械组件设计、给水管网、医学影像、游戏等。与其他元启发式算法相比,和声搜索算法拥有更多优点(Seok and Geem,2005;Kattan et al.,2010):①和声搜索对数学的要求较少且不要求决策变量进行初始值设置;②由于和声搜索采用随机搜索,因此也不需要导数信息;③和声搜索算法在所有现有向量的基础上又提出了一个新向量。和声算法的以上特征使其更具灵活性并能提供更好的解决方案。Mahdavi 等人 2007 年在和声搜索算法的基础上又提出了一种新算法,即改进的和声搜索算法。改进的和声搜索算法克服了原有算法的部分缺点。

本章的其他部分由 6.2~6.7 节构成。6.2 节综述了各种特征选择算法及蛋白质序列;6.3 节阐述了本研究拟定的框架;6.4 节说明了粗糙集理论的基本原理;6.5 节论述了从蛋白质序列中提取特征的方法;6.6 节讲述了现有的和提出的使用粗糙集属性的约简算法的特征选择算法;6.7 节总结了实验分析及其结果与讨论,本章最后阐述并解释了该领域研究在未来的可能性。

6.2　相关工作

在过去的十年里,特征选择技术的应用是生物信息学中建模的先决条件。生物信息学建模任务中拥有的高维度属性,如序列分析、微阵列分析、光谱分析和文献挖掘已经为生物信息学领域提供了丰富的特征选择技术(Blum and Dorigo,2004)。

本章综述的重点是特征选择技术,该技术仅从变量中选择子集,不会改变变量的原有表征。因此,特征选择技术可以保留变量的原有语义,为该领域专家的解读提供极大帮助(Saeys et al.,2007)。虽然特征选择对监督式学习和非监督式学习均适用,但本章的重点是类别标签的监督式学习(分类)。在近十年中,基于种群的算法以其极强的搜索能力得到了越来越多的关注。

对于特征选择的具体问题,基于种群的算法旨在生成更加优质、合适且包含更多信息的特征子集(Al-Ani and Khushaba,2012)。著名的基于种群的特征选择方法是在遗传算法(Siedlecki and Sklanskyl,1989)、模拟退火算法、粒子群优化算法(Wang et al.,2007)以及蚁群优化算法(Aghdam et al.,2008;Basiri et al.,2008;Nemati et al.,2008)的基础上演变而来。作为生物信息学数据的一个预处理步骤,特征选择可高效地进行降维处理、删除不相关数据、提高学习准确性并促进结构的全面性(Xie et al.,2010)。表6.1列举了采用各种特征选择方法、混合特征选择方法及分类技术对生物信息学数据特征选择所进行的大量研究。

表6.1　本研究相关研究

研究人员	研究目的	采用的技术
Wang et al. (2007)	特征选择	该研究的特征选择过程采用了遗传算法、粒子群优化算法及粒子群优化算法和基于粗糙集的特征选择
Chandran(2008)	特征提取及特征选择	该研究提出对蛋白质一级序列采用模糊粗糙集的改进的约简特征选择算法
Nemati et al. (2009)	特征选择及分类	该研究将蚁群优化算法和遗传特征选择算法与分类技术相结合进行蛋白质功能预测
Peng et al. (2010)	特征选择及分类	该研究采用支持向量机且在序列搜索过程中应用过滤特征选择和绕封特征选择进行生物医学数据特征选择
Xie et al. (2011)	特征选择及分类	该研究提出采用改进的F-score和顺序前向浮动搜索进行特征选择
Gu et al. (2010)	特征选择及分类	该研究采用具有不同空间的氨基酸对成分构建特征集,并用二进制的粒子群优化算法和集成分类器提取特征子集
Pedergnana et al. (2012)	特征提取、特征选择及分类	该研究采用基于遗传算法的监督式特征选择技术、遗传算法和随机森林分类器搜索分类输入特征最相关子集
Inbarani and Banu(2012)	特征选择及聚类	该研究采用非监督式约简、非监督式相对约简及非监督式粒子群优化算法提取基因表达数据集
Inbarani et al. (2012)	特征选择及聚类	该研究采用非监督式约简算法、非监督式相对约简算法及非监督式粒子群优化算法提取基因表达数据集
Hor et al. (2012)	特征选择及分类	该研究采用改进的序列向后特征选择并利用特征的不同子集进行支持向量机建模
Inbarani et al. (2013)	特征选择	该研究提出了一种新型的监督式特征选择。该监督式特征选择采用基于容错粗糙集—粒子群优化算法的约简算法和基于容错粗糙集—粒子群优化算法的相对约简算法
Azar et al. (2013)	特征选择	该研究旨在通过基于非监督式粒子群优化算法的相对约简算法选择特征并确定重要的特征以对胎心率进行评估

（续）

研究人员	研究目的	采用的技术
Azar and Hassanien (2014)	特征选择及分类	该研究选择有选择特征的模糊限制语模糊神经分类器进行降维、特征选择及特征分类
Azar et al. (2014)	特征选择	该研究利用基于模糊限制语的模糊神经特征选择进行医学诊断
Inbarani et al. (2014a)	特征选择及分类	该研究采用基于粗糙集的粒子群优化算法约简算法和粒子群优化算法相对约简算法的监督式方法进行医学数据诊断
Inbarani et al. (2014b)	特征选择及聚类	该研究利用基于非监督式粒子群优化算法的相对约简算法进行胎心率特征选择
Lin et al. (2010)	特征选择	该研究提出用一整套伪氨基酸成分的前向选择(增加)搜索优质的小特征集,并用支持向量机对其进行分类
Alia and Mandava (2011)	优化	该研究提出了基于群体的和声搜索算法的优化技术
Mahdavi et al. (2007)	优化	该研究提出用改进的和声搜索算法解决优化问题

6.3 提议的框架

目前已提出蛋白质序列划分方法。图 6.1 所列的提议模型表明了能提高分类所需的最佳特征的数量。本研究以 fasta 格式(又称为 Pearson 格式)从蛋白质资料库中提取蛋白质一级序列(Cao et al.,2006)。fasta 序列文件属于伪氨基酸成分生成器(一种通过氨基酸成分和氨基酸 K-元组或 K-mer 模式生成蛋白质特征空间的网页服务器)的输入数据(Du et al.,2012)。

表 6.2 列举了所有已生成的特征。表 6.2 中的数据为实值,但粗糙集最擅长处理离散值。因此,需要实值数据进行离散化处理。离散化的数值为该研究提取的实际特征集。本研究利用粗糙集属性的约简算法、粒子群优化算法及改进的和声搜索算法等基于粗糙集的特征选择算法选择特征子集。最后,本研究利用运用 WEKA 工具的分类技术对不同特征选择算法预测到的特征子集进行评估(Hall et al.,2009)。后续章节将讨论构建提议的框架时最关键的要素。

6.3.1 蛋白质一级序列

蛋白质序列为连续的氨基酸残基,常用字母表中绝对值为 20 的 A 表示。近年来,许多特征提取方法相继产生。这些特征提取方法一般可分为两类。一类为

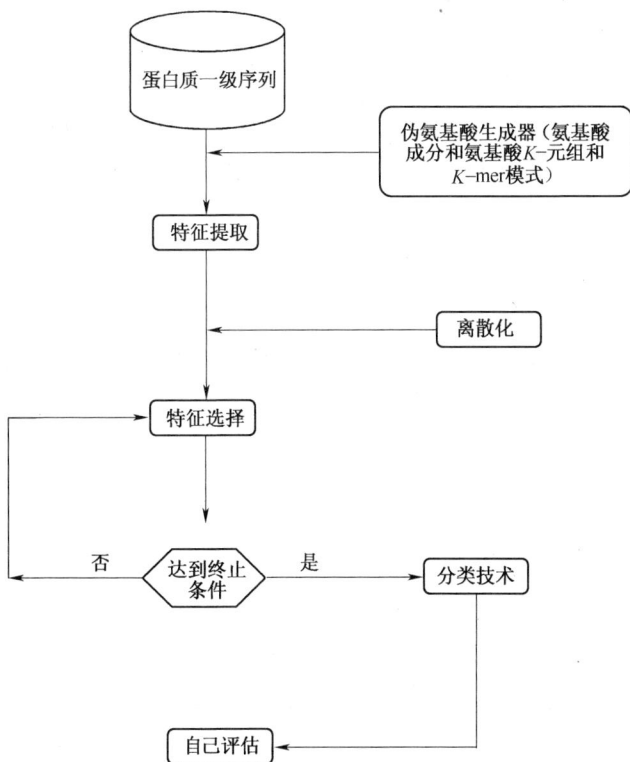

图 6.1　研究框架

表 6.2　二元组蛋白质序列的离散化特征

对象	A	C	D	.	.	.	Y	AA	AC	AD	.	.	.	YY	类别
1	5	1	6	.	.	.	3	5	8	10	.	.	.	8	1
2	6	2	6	.	.	.	2	5	7	9	.	.	.	8	1
3	13	0	6	.	.	.	0	5	9	12	.	.	.	9	2
4	9	1	10	.	.	.	1	10	3	14	.	.	.	11	2
5	13	0	6	.	.	.	0	5	9	12	.	.	.	9	3
6	9	1	10	.	.	.	1	10	3	15	.	.	.	10	3
7	13	0	6	.	.	.	0	5	9	12	.	.	.	9	4
8	9	1	10	.	.	.	1	10	3	14	.	.	.	12	4

仅基于氨基酸成分的特征提取方法,另一种则为从一个氨基酸到 K 个氨基酸元件的原子长度的延伸,其中,K 为大于 1 的整数(也可称为 K-tuple,例如,二元组)(Park and Kanehisa,2003)。在生成特征的第一步中,选用 20 个氨基酸特征作为初始代表特征,这样既简单又高效。除 20 个特征外,还引入了 K-元组。但以上过

151

多的特征数量导致 K-元组预测的计算成本极高。而引入的基于粗糙集的特征选择算法旨在发掘最相关 K-元组,且同时可删除不相关 K-元组。本研究中应用了约简算法、粒子群优化算法约简算法以及改进的和声搜索约简算法等监督式基于粗糙集的特征算法,并划分了蛋白质序列特征向量的结构类别。

6.3.2 伪氨基酸生成器

伪氨基酸成分是指能够将蛋白质序列转化为可通过数据挖掘算法处理的数字向量。在伪氨基酸中编入序列顺序信息可改进常规氨基酸成分。目前,伪氨基酸的应用相当广泛,几乎被用于计算蛋白质组学的所有分支学科中(Du et al.,2012)。

6.3.3 氨基酸成分

在氨基酸成分预测模型中,大小为 N 的数据集中的所有蛋白质序列 i 均由 20 维的输入向量 $\boldsymbol{x}_i$ 和定位标签 y_i(其中 $i = 1,\cdots,N$)表示。可理解为预测程序是在 20 维空间中进行的,每个蛋白质序列代表该空间中的一个点。因此,每个点都有各自对应的标签。

氨基酸残基(缩写为"AAC-Ⅰ")则表示氨基酸残基出现的次数。

$$x_{ij} = \mathrm{count}_i(j),\ 其中 i = 1,\cdots,N 且 j = 1,\cdots,20 \qquad (6.1)$$

式中: x_{ij} 为 $\boldsymbol{x}_i$ 的第 j 个要素; $\mathrm{count}_i(j)$ 为氨基酸 j 在蛋白质序列 i 中出现的次数。

为统一起见,不论该蛋白质序列比其他序列长还是短,下列方程对所有蛋白质序列都成立。

$$\sum_{j=1}^{20} x_{ij} = 1 \qquad (6.2)$$

因此,氨基酸成分则表示氨基酸残基出现概率(缩写为"AAC-Ⅱ"):

$$x_{ij} = \frac{\mathrm{count}_i(j)}{\sum_{j=1}^{20} \mathrm{count}_i(j)} \qquad (6.3)$$

为便于计算,将所有的 $|\boldsymbol{x}_i|$ 统一为 $|\boldsymbol{a}_i|$(其中, $|\boldsymbol{a}_i| = 1$, $i = 1,\cdots,N$)(Nemati et al.,2009)。所以,每个 $\boldsymbol{a}_i$ 即为 20 维欧几里得空间的单位长度向量,而且很容易证明 $\boldsymbol{x}_i$ 和 $\boldsymbol{a}_i$ 存在下述关系:

$$a_{ij} = \sqrt{x_{ij}},\ 其中 i = 1,\cdots,N 且 j = 1,\cdots,20 \qquad (6.4)$$

6.3.4 K-元组子序列

需要指出的是,所有基于氨基酸成分的预测算法均未能考虑到的情况是,序列的顺序不同,其效果也会不同。要提高预测精度,就必须编入其他信息。直观地讲,氨基酸元组可表示部分序列顺序。例如,序列"AIC"和序列"CIA"在 20 个氨基酸特征中表示相同的特征。但如果使用 2 元组特征,应该用"AI"和"IC"表示"AIC","CI"和"IA"表示"CIA"。本研究中使用的是根据式(6.3)得到的 ACC-II (氨基酸残基出现概率)并将其改进为蛋白质序列的 K-元组特征向量。值得注意的是,K-元组空间维度随 K 值呈指数增长。因此,当 K 值为任意数值时,如 10 或更大的数值时,那么特征空间维度为 2010 ≈ 1013,但该学习特征空间过大。

许多研究人员通常采用下列两种不同的特征提取方法中的某一种方法进行研究。①不降维:根据整个 K-元组空间进行预测,而不进行降维处理。K 值的最大值设为 5,则结果为最多可提取 $20^5 = 3.2 \times 10^6$ 个特征。②降维:当蛋白质处于高维空间时,很多 K-元组出现的概率都极小,部分 K-元组在数据集中仅出现一次甚至不出现。由此可断定,许多非常稀疏的 K-元组不会在蛋白质分类过程出现。基于上述结论,本章采用特征选择技术对 K-元组特征集进行筛选,只有相关元组才会选作获取更好分类结果的最佳子集。

6.3.5　离散化

众所周知,许多机器学习算法为生成更好的模型会离散化连续属性(Kotsiantis and Kanellopoulos,2006)。但是,由于粗糙集理论和朴素贝叶斯等分类技术在直接估计概率时需要很多不同值,而且连续属性在直接估计频率时也会涉及很多不同的值,因此,连续属性很难处理(Ferrandiz and Boullé,2005)。所以,很多蛋白质序列特征只能用以处理完全由名义变量构成的数据集。

但是,大部分真实数据集都包含连续变量,即处于间隔水平或比率水平的变量。所以,一种解决方案是将数值变量划分为若干个子范围,并将每个子范围看作一个类别。上述将连续变量划分为类别的过程即为离散化。

6.3.6　蛋白质分类

蛋白质通常会形成一个紧凑且复杂的三维结构。构成蛋白质的氨基酸序列为蛋白质的一级结构。人体中含有将近 30000 个蛋白质,但目前人类已充分掌握的蛋白质却寥寥无几。

大多数蛋白质在结构和功能方面的相似度极高,所以常被归为同一组别成员。但可通过多种方式对蛋白质进行分类。本研究中,计算分子生物学中应用最多的结构分类方法是蛋白质结构分类法(SCOP)。蛋白质结构分类法是为蛋白质资料库(PDB)中所有蛋白质常用的层级结构分类法①。

---

①　http://www.rcsb.org

153

6.4 粗糙集理论基础

粗糙集理论(RST)用于探索数据的独立性,该理论在进行数据集属性约简时只使用数据以保证无任何冗余信息(Mitra et al.,2002)。过去的十年中,粗糙集理论是研究人员关注的重点,同时,该理论已广泛应用于许多领域。基于粗糙集的属性约简(RSAR)提供了一种具有过滤器功能的工具,该工具可简单明了地从某一领域中提取需用的知识,并在保留信息内容的同时减少涉及到的但不必要的知识(Chouchoulas and Shen,2001)。基于粗糙集的属性约简的核心是不可辨认性。本章后续部分将讨论粗糙集的基本概念。

假设 $I = (U, AU\{d\})$ 为一个信息体系,其中,U 为有限对象非空集合的全集,A 为条件属性的非空有限集,d 为决策属性(决策表),$\forall a \in A$,则对应的函数为:$f_a : U \rightarrow V_a$,其中,V_a 为 a 的值集(Velayutham and Thangavel,2011)。如果 $P \subseteq A$,那么相应的等量关系为

$$\text{IND}(P) = \{(x,y) \in UXU \ \forall a \in P, f_a(x) = f_a(y)\} \tag{6.5}$$

式中:U/P 为 $\text{IND}(P)$ 分割 U,如果 $(x,y) \in \text{INP}(P)$,那么将无法根据属性对 x 和 y 与 P 进行区分;$[x]_p$ 为 P 不可分辨关系的等价类。假设 $X \subseteq P$,那么 X 集合的下近似 $\underline{P}X$ 与 P 上近似 $\overline{P}X$ 可表示为

$$\underline{P}X = \{x \in U \mid [x]_p \subseteq X\} \tag{6.6}$$

$$\overline{P}X = \{x \in U \mid [x]_p \cap X \neq \varphi\} \tag{6.7}$$

假设 $P, Q \subseteq A$ 为关于 U 的等价关系,那么正、负及边界区域可定义如下:

$$\text{POS}_P(Q) = U_{x \in U/Q} \underline{P}X \tag{6.8}$$

$$\text{NEG}_P(Q) = U - U_{x \in U/Q} \overline{P}X \tag{6.9}$$

$$\text{BND}_P(Q) = U_{x \in U/Q} \overline{P}X - U_{x \in U/Q} \overline{P}X \tag{6.10}$$

式中:U/Q 关于 P 和 $\text{POS}_P(Q)$ 的正区域是 U 的所有对象集合,其可被归为 P 划分 U/Q 时的块。Q 对 P 的依赖程度为 $k(0 \leqslant k \leqslant 1)$,表示为 $P \Rightarrow_k Q$:

$$K = \gamma_P(Q) = \frac{|\text{POS}_P(Q)|}{|U|} \tag{6.11}$$

式中:P 为所有条件属性集合;Q 为决策属性;$K = \gamma_P(Q)$ 为分类质量。如果 $k = 1$,则表示 Q 完全依赖于 P;如果 $0 < k < 1$,则表示 Q 部分依赖于 P;如果 $k = 0$,则表示 Q 不依赖于 P。属性约简的目标是删除冗余属性,以便约简集的分类质量保证与原有集合一样的质量(Pawlak,1993)。约简集合定义如下:

$$\text{Red}(C) = \{R \subseteq C \mid \gamma_R(D) = \gamma_C(D), \forall B \subset R, \gamma_B(D) \neq \gamma_C(D)\} \tag{6.12}$$

一个数据集可能有许多属性约简,所有最佳约简的集合为

154

$$\text{Red}\,(C)_{\min} = \{R \in \text{Red} \mid \forall R' \in \text{Red}, \mid R \mid \leqslant \mid R' \mid\} \qquad (6.13)$$

6.5　特征提取

蛋白质序列是连续的氨基酸残基,也可理解为长度为 20 的字母 A,即 $\mid A \mid = 20$。近几年相继提出的多种特征提取方法通常可分为两类。一类基于氨基酸成分(Chandran,2008)。另一类是从一个氨基酸到 K 度氨基酸元组(K 为大于 1 的整数,该元组可称为"K-元组",例如二元组)的原子长度的延伸(Park and Kanehisa, 2003)。

本章根据氨基酸组成和 K-mer 模式或 K-元组(Chandran,2008)从蛋白质一级序列中提取特征,并且利用粗糙集建立决策表(包括条件属性和决策属性)以进行降维,$A = (U, AU\{d\})$(Pawlak,1993)。条件属性指从蛋白质一级序列中提取的特征。本章中条件属性集 A 由 K-mer 模式或组合值为 20 个蛋白质一级序列的氨基酸 K-元组构成。全部为 α,全部为 β,全部为 $\alpha + \beta$,或全部为 α/β 为的这四种结构类别为决策属性(见表 6.2)。表 6.3 为决策表。

表 6.3　决策表(二元组特征向量氨基酸成分)

对象	A	C	D	.	.	.	Y	AA	AC	AD	.	.	.	YY	类别
1	5.42	1.81	6.02	.	.	.	2.71	5.42	8.13	9.64	.	.	.	8.13	1
2	6.15	1.54	6.15	.	.	.	1.54	5.38	6.92	9.23	.	.	.	7.69	1
3	12.5	0	6.25	.	.	.	0	4.69	8.59	11.72	.	.	.	8.59	2
4	8.57	1.43	10	.	.	.	1.43	10	2.86	14.29	.	.	.	11.43	2
5	12.5	0	6.25	.	.	.	0	4.69	8.59	11.72	.	.	.	8.59	3
6	8.96	1.49	10.45	.	.	.	1.49	10.45	2.99	14.93	.	.	.	10.45	3
7	12.5	0	6.25	.	.	.	0	4.69	8.59	11.72	.	.	.	8.59	4
8	8.7	1.45	10.14	.	.	.	1.45	10.14	2.9	14.49	.	.	.	11.59	4

由氨基酸成分构成的蛋白质特征向量代表广泛用于各种结构预测的单一序列。当 $K = 1$ 时,特征由表示为 $A1, A2, \cdots, A19$ 和 $A20$ 的 20 个氨基酸 $A, C, D, E, F, G, H, I, K, L, M, N, P, Q, R, S, T, V, W, Y$ 构成, Ai 出现的次数(xi),组成向量定义为($x1/L, x2/L, \cdots, xi/L$),其中 L 表示序列长度)(Chen et al.,2006;Shi et al., 2007)。但是,组成向量只计算单个氨基酸频率,因此仅用组成向量表示序列远远不够。由于一元组特征和二元组可以反映局部氨基酸对之间的相互作用,因此,为获得更多信息,除一元组特征集外,还建立二元组特征(当 $K = 2$ 时)表示氨基酸对(二肽)的频率。根据序列中氨基酸对搭配频率,可算出序列中含有的所有二肽的

数量。由于可能的二肽(AA, AC, AD, …, YY)有 400 个,所以需用相应大小的特征向量表示序列中这些二肽出现的次数(Gu et al.,2010)。因此,表 6.2 总共列了 400 + 20 + 1 = 421 个特征(包括 420 个条件属性和 1 个决策属性)。

6.6 特征选择

特征选择是数据挖掘技术中的一项预处理工作。数据挖掘技术指在不影响特征原始性的情况下,从相当庞大的数据库中提取最相关特征的技术。本章提出将基于粗糙集的监督式特征选择技术应用于蛋白质一级序列。

6.6.1 基于粗糙集属性的约简算法

算法 6.1 所述的基于粗糙集属性的约简算法旨在不生成所有可能子集的情况下,进行约简计算(Jensen and Shen,2004)。该算法的起点是一个空集,随后逐次逐个加入能最大程度提高粗糙集依赖性度量的特征集,直至生成最大可能值(Inbarani et al.,2014a)。

通过约简算法可计算每个蛋白质特征向量的依赖程度并选出最佳候选集。但由于该算法根据依赖程度区分候选集的方法急于求成,所以并不能保证能找到最小特征集。此外,由于约简算法发现的特征子集可能含有不相关特征,所以在某些情况下,该算法无法找到能保证结果准确的特征约简。而且,用含有不相关特征的特征子集设计分类器时会降低蛋白质分类精度(Velayutham and Thangavel,2011)。

算法 6.1　约简算法(C, D)
输入: C(所有条件特征集); D(决策特征集);
输出:约简 R
(1) $R \leftarrow \{\}$
(2)是
(3) $T \leftarrow R$
(4) $\forall x \in (C - R)$
(5)　　如果 $\gamma_{R \cup \{x\}}(D) >_{\gamma} T(D)$
(6)　　　　$T \leftarrow R \cup \{x\}$
(7) $R \leftarrow T$
(8)直至 $\gamma_R(D) > \gamma_C(D)$
(9)返回到 R

6.6.2 粗糙集粒子群最优化算法

粒子群优化算法是一种新的基于种群的启发式算法,该算法通过模拟鸟类鱼类等的集群行为寻找解决非线性数值问题的最优方案。该算法由两位社会心理学家 Eberhart 和 Kennedy 于 1995 年首次提出(Kennedy and Eberhart,1995)。粒子群优化算法是一种高效、简单且有效的用以解决不连续的、多模式、非凸问题的通用优化算法。因此,该算法可用于优化部分不规则问题、嘈杂问题、随时间发生变化的问题。该算法进行初始化时使用的随机解决方案称为粒子(Shi and Eberhart,1998)。

每个粒子被看作是 S 维空间中的一个点。第 i 个粒子的表示方法是 $X_i = (x_{i1}, x_{i2}, \cdots, x_{iS})$。每个粒子的最佳原先位置 $Pbest$(即为给出最佳适应度值的位置)记作 $P_i = (p_{i1}, p_{i2}, \cdots, p_{iS})$。种群所有粒子中最佳粒子表示为 $gbest$。粒子 i 的位置变化速度(速度)用 $V_i = (v_{i1}, v_{i2}, \cdots, v_{iS})$ 表示。

粒子根据下列方程运动:

$$Vid = w * vid + c1 * rand() * (pid - xid) + c2 * rand() * (pgd - xid) \tag{6.14}$$

$$xid = xid + vid \tag{6.15}$$

式中: $d = 1, 2, \cdots, S$; w 为惯性权重,该方程为随迭代生成时间变化的正线性泛函。选择合适的惯性权重既能平衡全局探索和局部探索,又能减少找到最优解决方案的迭代次数。式(6.14)中的加速因子 $c1$ 和 $c2$ 表示将粒子置于最佳原先位置及得到全局最优解的随机加速项的权重(Wang et al.,2007)。

每个维度上粒子的最大速度为 V_{max},粒子的最大速度决定了每个粒子在解空间中的前进速度。如果粒子的最大速度 V_{max} 太小,粒子则不能在局部良好区域外进行充分的调查,那么将出现局部最优问题。但是,如果粒子的最大速度 V_{max} 太大,粒子则有可能飞出最佳解空间。通过式(6.1),可根据粒子原先速度求得粒子的当前速度,也可求得粒子当前位置与其最佳位置及群组最佳位置间的距离。随后粒子将运动至根据式(6.1)计算得出的新位置。每个粒子的表现可通过预定义的适应度函数进行测量(Velayutham and Thangavel,2011,Chen et al.,2012)。算法 6.2 给出了基于 PSO 的约简算法(Inbarani et al,2014a)的伪代码。

算法 6.2　粗糙集粒子群优化算法约简算法(PSOQR)(C,D)

输入: C(所有条件特征集); D(决策特征集)。

输出:约简 R

第 1 步:设定 X 的初始位置为随机位置, V_i 的初始速度为随机速度

　　　$\forall : X_i \leftarrow$ 随机位置()

$V_i \leftarrow$ 随机速度( );

Fit $\leftarrow 0$; globalbest $\leftarrow$ Fit;

Gbest $\leftarrow X_1$; Pbest(1) $\leftarrow X_i$

设 $i = 1, \cdots, S$

$\quad\quad\quad$ pbest(i) = X_i

$\quad\quad\quad$ Fitness(i) = 0

$\quad\quad$ End for

第2步:当 Fit! = 1 //符合终止条件

$\quad\quad$ 设 $i = 1, \cdots, S$ //计算每个粒子

$\quad\quad$ 与 X_i 的特征子集的适应度

$\quad\quad R \leftarrow X_i$ 特征子集(1's of X_i)

$\quad\quad \forall x \in (C - R)$

$$\gamma_{R \cup \{x\}}(D) = \frac{|\mathrm{POS}_{R \cup \{x\}}(D)|}{|U|}$$

$\quad\quad$ Fitness(i) = $\gamma_{R \cup \{x\}}(D)$ $\quad\quad \forall X \subset R, \gamma_X(D) \neq \gamma_C(D)$

$\quad\quad$ Fit = Fitness(i)

$\quad\quad$ End for

第3步:计算最佳适应度

$\quad\quad$ 设 $i = 1:S$

$\quad\quad$ 如果(Fitness(i) > globalbest)

$\quad\quad$ globalbest $\leftarrow$ Fitness(i);

$\quad\quad$ gbest $\leftarrow X_i$; 得到约简(X_i)

$\quad\quad\quad\quad\quad$ Exit

$\quad\quad\quad$ End if

$\quad\quad$ End for

$\quad\quad$ 修正速度( ); // X_i 的修正速度 V_i

$\quad\quad$ 修正位置( ); // X_i 的修正位置

$\quad$ //继续进行迭代

$\quad$ End (while)

输出约简 R

6.6.3 和声搜索算法

和声搜索是一种比较新的基于种群的元启发式优化算法,该算法模拟了音乐

的即兴创作过程。在该过程中,音乐家通过调整乐器的音调以达到完美的和声。许多研究人员都希望利用和声搜索找到更多解决优化问题的方法(Geem and Choi,2007;Degertekin,2008)和声搜索算法模仿了音乐家调整乐器音调以找到符合美学标准的完美和声的自然现象。音乐家们只有历经这个漫长又严密的过程才能找到完美和声。该算法是一种非常成功的用以探索平行的优化环境中给定数据的搜索空间的元启发式算法。平行的优化环境指通过智能地探索及开发搜索空间而形成的解(和声)向量。和声搜索算法的多种特征使其不管作为独立的算法,还是与其他元启发式算法结合的组合型算法,都备受青睐。和声搜索算法的所有步骤如下:

第 1 步:初始化问题及算法参数;

第 2 步:初始化和声记忆库;

第 3 步:创造新的和声;

第 4 步:更新和声记忆库;

第 5 步:检查终止条件。

以上步骤将在后续章节中简单进行介绍。

第 1 步:初始化问题及算法参数

算法 6.3 列举了提议的监督式基于粗糙集的改进的和声搜索算法。该算法中,基于粗糙集的下近似用以计算条件属性对决策属性的依赖程度(已在 6.3 节中讨论)。基于粗糙集的目标函数定义如下:

$$\max f(x) = \frac{\mid POS_{R \cup \{x\}}(D) \mid}{\mid U \mid} \tag{6.16}$$

该步骤同样也初始化改进的和声搜索算法的和声记忆库大小(HMS)、和声记忆库取值概率($HMCR \in [0,1]$)、微调概率($PAR \in [0,1]$)、创建数量(NI)等参数。

第 2 步:初始化和声记忆库

和声记忆库(HM)是大小为 HMS 的矩阵解,该矩阵中的每个和声记忆库向量代表一种可通过式(6.17)求得的解。该步骤中的所有解是根据每个解的适应度函数值(通过 $f(x^1) \leqslant f(x^2) \cdots \leqslant f(x^{HMS})$),按照倒序重新取得并进行重新排列(Alia and Mandava,2011)。

$$HM = \begin{pmatrix} x_1^1 & x_2^1 & \cdots & x_n^1 & \bigm| f(x^1) \\ x_1^2 & x_2^2 & \cdots & x_n^2 & \bigm| f(x^2) \\ \vdots & \vdots & \ddots & \vdots & \bigm| \vdots \\ x_1^{HMS} & x_2^{HMS} & \cdots & x_n^{MHS} & \bigm| f(x^n) \end{pmatrix} \tag{6.17}$$

在应用该算法时,和声记忆库中的每个和声向量由长度为 n (n 为条件属性总数)的二进制字符串表示。该表示方法与 PSO 和基于遗传算法的特征选择的表示方法相同。因此，和声向量的每个位置即为一个属性子集。

a	b	c	d
1	0	1	0

例如，如果 a,b,c,d 为属性，所选的随机和声向量为 (1, 0, 1, 0)，那么属性子集为 (a, c)。

第3步：创造新和声

新和声 $x' = x'_1, x'_2, \cdots, x'_n$ 的产生遵循三个规则：①记忆库取值；②微调；③随机选择。新和声的形成过程称为"创造"（Mahdavi et al.，2007）。

记忆库取值时，新和声向量值会按照和声记忆库取值概率随机保留和声记忆库中的历史值。HMCR（和声记忆库取值概率）（在 0~1 变化）指从和声记忆库储存的历史值中取一个值的概率，而 (1 - HMCR) 则表示随机选中可能值域中值的概率。这种累积步骤可保证较优质和声成为新和声向量元素（Alia and Mandava，2011）：

$$x'_i \leftarrow \begin{cases} x'_i \in \{x_i^1, x_i^2, \cdots, x_i^{\text{HMS}}\}, & \text{概率为 HMCR} \\ x'_I \in X_i, & \text{概率为}(1 - \text{HMCR}) \end{cases} \tag{6.18}$$

例如：HMCR = 0.95 表示和声算法从和声记忆库中的历史值中选择决策变量的概率为90%，或从整个可能值域中选择决策变量的概率为10%（100-90）%。通过记忆库取值得到的所有成分将通过检测以确定是否需要对其进行微调（Navi，2013）。

该操作会使用到 PAR（微调概率）这一参数，该参数使用如下：

$$x'_i \leftarrow \begin{cases} \text{是（进行微调）}, & \text{概率为 PAR} \\ \text{否（不进行任何操作）}, & \text{概率为}(1 - \text{PAR}) \end{cases} \tag{6.19}$$

(1 - PAR) 的值决定无任何操作的概率。如果产生的随机数字 rand() $\in$ [0, 1] 在 PAR 概率之内，新的决策变量 $(x'i)$ 将按照下列方程进行微调：

$$(x'i) = (x'i) \pm \text{rand}() * \text{bw} \tag{6.20}$$

式中：bw 为用于优化和声搜索算法的任意距离带宽；rand() 为生成属于 [0,1] 的任意数字的函数；bw 决定新向量成分可能发生的运动或变化的次数。

这个步骤中，新和声向量的每个变量会依次进行记忆库取值、微调或随机选择等过程。因此，该算法可在搜索空间中找到更多解并能够提高搜索能力（Geem，2009）。

第4步：更新和声记忆库

计算和声的每个新值的目标函数值为 $f(x')$。如果新的和声向量优于和声记忆库中最差的和声，那么该新和声应归入和声记忆库，而现存的最差和声应从和声记忆库中删除。

第5步：检查终止条件

如果达到终止条件(创造的最大值),则计算终止。反之,将重复第3步和第4步。通过该步骤,最终可选出最佳和声记忆库向量,该向量即为问题的最优解。

6.6.4 基于粗糙集的改进的和声搜索算法(RSIHS)

和声搜索算法由 Mahdavi 等人于 2007 年提出(Geem,2006;Mahdavi et al.,2007)。该算法的参数有 HMCR、PAR 和 bw,其中,PAR 和 bw 是优化解向量中非常重要的微调参数。传统的和声搜索算法中,PAR 和 bw 为固定值,而该和声搜索算法中,PAR 和 bw 的值会在第1步中进行调整,且在新生成后将保持不变(Al-Betar et al.,2010)。该算法最大的不足之处在于寻找最优解的过程中迭代的次数会有所增加。为优化和声搜索算法并解决该算法 PAR 和 bw 固定值的问题,改进的和声搜索算法在创造步骤(第3步)中采用 PAR 和 bw 变量(Chakraborty et al.,2009)。PAR 和 bw 根据生成数进行动态变化,其变化方式如下:

$$PAR(gn) = PAR_{min} + \frac{PAR_{max} - PAR_{min}}{NI} * gn \qquad (6.21)$$

式中:每次生成值的 $PAR(gn)$ 为微调概率,PAR_{min} 为最小微调概率;PAR_{max} 为最大微调概率;NI 为创造次数;gn 为生成数。

$$bw(gn) = bw_{max} * exp(c * gn); c = ln[(bw_{min}/bw_{max})]/NI \qquad (6.22)$$

式中:所有生成值的 $bw(gn)$ 为带宽;bw_{max} 为最小带宽。

算法 6.3 中给出了使用基于粗糙属性的约简算法的改进的和声搜索算法的伪代码。

算法 6.3 基于粗糙集的改进的和声搜索约简算法(IHSQR)(C,D)

输入:C,条件属性集;D,决策属性集
输出:最佳约简(特征)
第1步:定义适应度函数,$f(X)$
   初始化变量 HMS = 10//和声记忆库大小

                   (种群)

   HMCR = 0.95   //和声记忆库取值概率

                 (为创造准备)

   NI = 100   //迭代最大数
   PVB   //X 的可能值范围
   PAR_{min},PAR_{max},bw_{min},bw_{max},//微调概率带宽 $\in (0,1)$
   Fit = 0;
   $X_{old} = X_1$;bestfit = X_i;bestreduct = { }

第 2 步:初始化和声记忆库,$HM = (X_1, X_2, \cdots, X_{HMS})$

设 $i = 1$ to HMS   //所有和声

$\forall: X_i$ // X_i 为和声记忆库第 i 个和声向量

//计算 X_i 特征子集适应度

$R \leftarrow X_i$ 特征子集（1's of X_i）

$\forall\, x \in (C - R)$

$$\gamma_{r \cup \{x\}}(D) = \frac{|\mathrm{POS}\gamma_{r \cup \{x\}}(D)|}{|U|}$$

$f(X_i) = \gamma_{R \cup \{x\}}(D) \,\forall\, X \subset R, \gamma_x(D) \neq \gamma_C(D)$

如果 $f(X_i) > $ fit

fit $\leftarrow f(X_i)$

$X_{old} \leftarrow X_i$

End if

End for

第 3 步:创建新和声记忆库

当迭代 $\leqslant$ NI(迭代次数)或 fit $==1$ //达到终止条件

设 $j = 1, 2, \cdots, $ NVAR

$\forall: X_{old}(j)$ // x 为 X 的变量

更新微调概率( ):

如果: rand( ) $\leqslant$ HMCR（和声记忆库取值概率）// rand $\in [0,1]$

//根据最佳和声向量 X_{old} 建立新和声 X_{new}

$X_{new} \leftarrow X_{old}$; // 将最佳和声赋值于新和声

如果: rand( ) $\leqslant$ PAR（微调概率）// rand $\in [0,1]$

$X_{new}(j) = X_{new}(j) \pm$ rand( ) $*$ bw

end if

else

// 选择变量 X_{new} 的一个随机值

$X_{new}(j) = \mathrm{PVB}_{lower} + $ rand( ) $* (\mathrm{PVB}_{upper} - \mathrm{PVB}_{lower})$

end if

end for

第 4 步: 更新新和声记忆库

根据第 2 步计算新和声 X_{new} 的适应度函数

如果 $f(X_{new}) \geqslant f(X_{old})$

则接受并用新和声代替就和声向量

$$X_{\text{old}} \leftarrow X_{\text{new}}$$

如果 $f(X_{\text{new}}) >$ fit

$$\text{fit} \leftarrow f(X_{\text{new}})$$

$$\text{bestfit} \leftarrow X_{\text{new}}$$

End if

Exit

end if

//继续进行迭代

end while

bestreduct←bestfit 特征子集 //约简特征子集:1's of bestfit

6.7 实验分析

6.7.1 数据源

本章按照蛋白质结构分类数据库分类方法从蛋白质资料库中提取蛋白质一级序列数据集(http://www.rcsb.org/pdb)。蛋白质结构分类数据库是一种根据蛋白质结构域的结构和氨基酸序列的相似性对蛋白质结构域进行手工分类的分类法(Chinnasamy et al.,2004)。该数据集由 7623 个全为 α 、10672 个全为 β 、11048 个全为 $\alpha+\beta$ 和 11961 个全为 α/β 的序列构成(Cao et al.,2006)。在 1000 个全为 α 、全为 β 、全为 $\alpha+\beta$ 和全为 α/β 的序列中,每 250 个序列被选作本研究的研究对象。

6.7.2 结果及讨论

6.7.2.1 结果

本章通过一系列实验验证提议的特征选择算法的性能,所有实验在 3.0GHz CPU,2GB 内存的机器上进行。提议的基于粗糙集属性的约简特征选择算法的改进的和声搜索算法于 2012 上半年在 MATLAB 中进行,其操作系统为 Windows Vista。该实验从蛋白质资料库的蛋白质结构分类数据库中提取了 1000 个序列作为研究对象。后续章节将说明实验结果。表 6.4 给出了通过特征选择算法选出的特征数。

表 6.4 通过特征选择算法选出的特征数

蛋白质数据集	使用 K 度序列提取的特征数			选出的特征数		
	K	条件特征数	决策特征数	基于粗糙集属性的约简算法（RSQR）	基于粒子群优化算法的约简算法（PSOQR）	改进的和声搜索约简算法（HSQR）
1000个目标	1	20^1 20	1	14	12	11
	2	20^2 420	1	280	217	32

特征子集的长度和分类质量为评估算法的两个标准。

（1）在第一个标准下（选择的特征数见表 6.3），提议的改进的和声搜索约简算法、约简算法和基于粒子群优化算法的约简算法这三种算法在选择图 6.2 所比较的较小元组特征子集方面,提议的改进的和声搜索约简算法更胜一筹。

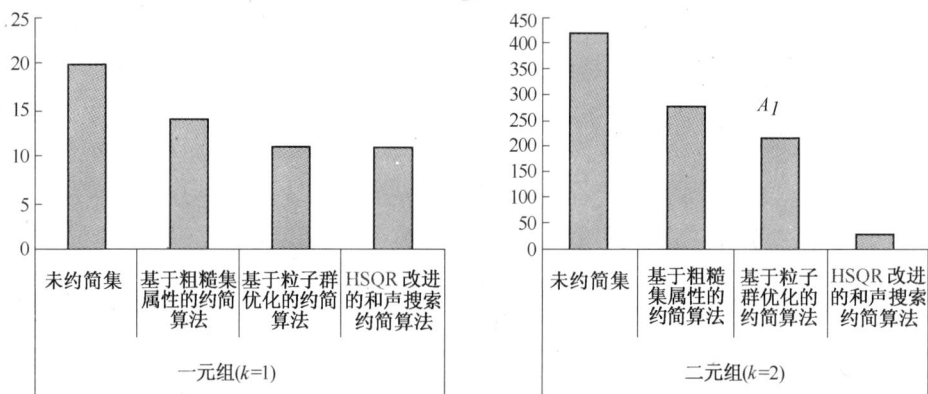

图 6.2 一元组和二元组约简特征集

（2）在第二种标准下比较预测精度。基于粒子群优化算法的约简算法和提议的改进的和声搜索约简算法的预测精度比未约化集（所有特征）和约简算法高。表 6.5 和表 6.6 中比较了一元组和二元组现有算法和提议算法的预测精度。图 6.4~图 6.8 给出了本研究中所涉及的所有特征选择算法的预测精度。

表 6.5 一元组（$k=1$）蛋白质序列特征的分类精度

分类方法	预测精度/%			
	未约简集	约简算法	基于粒子群优化算法的约简算法	改进的和声搜索约简算法
IBK	89.7	90.3	91.1	91.1
Kstar	89.5	90.1	90.6	90.0
Randomforest	88.4	76.7	86.1	88.5
J48	79.9	82.3	81.6	81.3
JRip	74.3	75.0	76.2	78.3

表 6.6　二元组 (k = 2) 蛋白质序列特征的分类精度

分类方法	预测精度/%			
	未约简集	约简算法	基于粒子群优化算法的约简算法	改进的和声搜索约简算法
IBK	83.5	51.3	86.7	91.3
Kstar	86.0	50.5	86.7	90.8
Randomforest	86.7	80.4	90.1	91.7
J48	78.9	80.6	88.6	90.5
JRip	76.2	78.7	89.3	91.8

6.7.2.2　讨论

实验结果表明,使用不相关特征会降低分类精度,而使用特征选择可减少选出的特征提供的冗余信息。本研究通过对比发现,提议的改进的和声搜索约简算法仅使用一个所选特征的小子集便可获得比现有算法更高的精度。

本研究使用 IBK、KSTAR、Randomforest、J48 和 JRip 等分类技术对上述特征选择算法进行比较,且蛋白质序列所选特征子集用作输入的分类器。所有实验均采用十折交叉验证方法。

图 6.3 展示了使用 IBK 分类器的所有特征选择方法选出的特征子集的性能。改进的和声搜索约简算法的表现优于约简算法,而提议的算法的预测精度也略胜于未约简集(所有特征)和基于粒子群优化算法的约简算法。

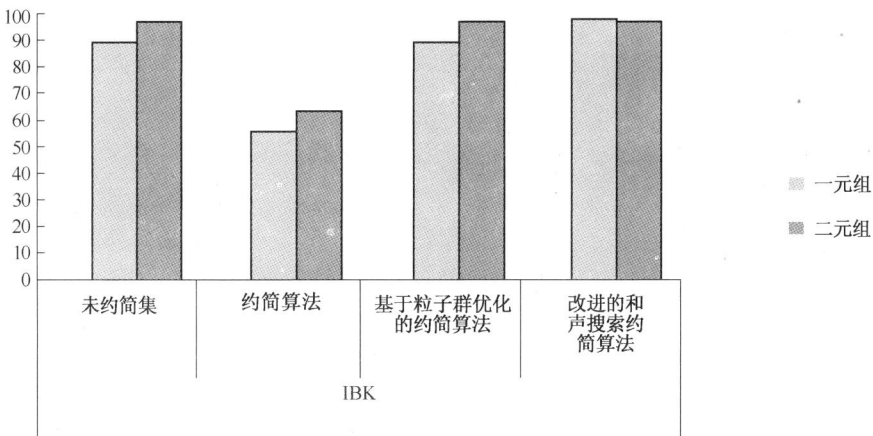

图 6.3　IBK 分类器的预测精度

图 6.4 显示了用于评估特征选择算法性能的 KSTAR 分类器的预测精度。从本图中可知所有特征选择算法及蛋白质特征集未约化集的最高精度。改进的和声

搜索约简算法对一元组和二元组特征集的预测精度比其他算法的预测精度高,但约简算法对一元组特征集的预测精度较低。

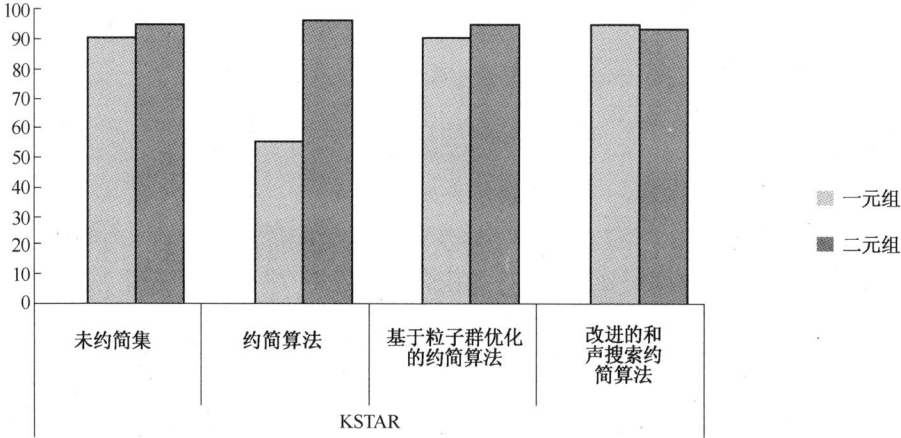

图 6.4 KSTAR 分类器的预测精度

图 6.5 直观地显示了 Randomforest 分类器对特征选择算法的性能评估的结果。与本研究使用的其他算法相比,提议的改进的和声搜索约简算法的预测精度最高。

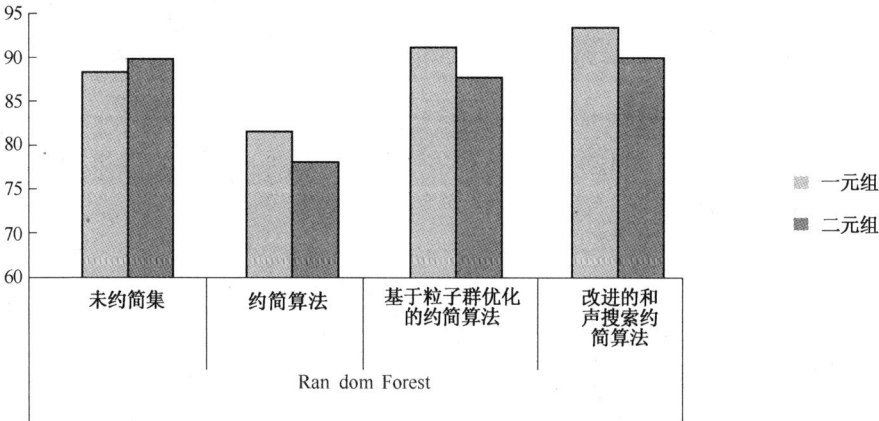

图 6.5 RandomForest 分类器的预测精度

图 6.6 展示了所有使用 J48 分类器的特征选择算法所选出的特征子集的性能。与其他特征选择算法相比,提议的和声搜索约简算法的预测精度最高,但在二元组特征子集中,约简算法的预测精度最高。

使用 JRip 分类器对带有特征子集的特征选择算法进行了评估,如果如图 6.7 所示。结果表明,本书提出的算法和改进 HSQR 算法对于一元组和二元组特征集的预测准率高于所有的其他的特征选择算法。

166

实验结果充分说明提议的算法有利于解决高维问题,并能准确地对蛋白质序列进行结构分类,同时还非常有助于蛋白质功能预测。如果说约简算法和粒子群优化算法等基于粗糙集的特征选择算法耗时非常多的话,那么改进的和声搜索约简算法将是减少算法运行所需时间的最佳选择。

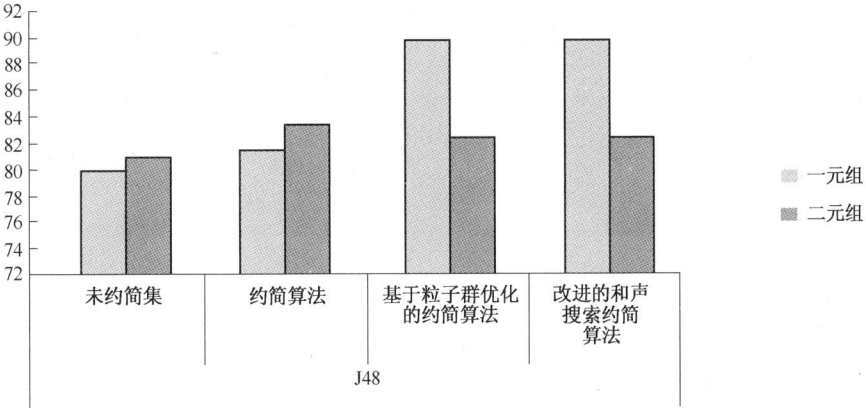

图 6.6   J48 分类器的预测精度

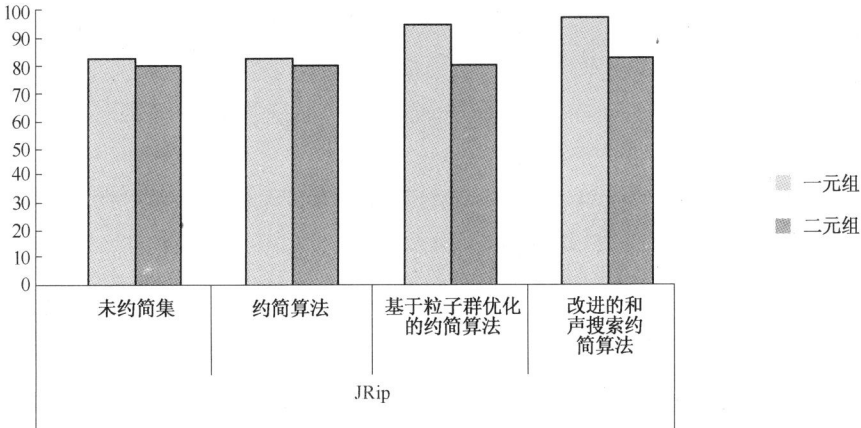

图 6.7   JRip 分类器的预测精度

6.8   结论及未来工作

本章介绍了一种结合了粗糙集理论(RST)优点和改进的和声搜索算法优点的组合型算法,该算法可用于解决高维问题。相较于传统算法,改进的和声搜索算法兼具许多优点。实验对比研究表明该提议的算法能找到最优解、可迅速进行汇集、在问题空间中具有很强的搜索能力,且能迅速准确地从相当庞大的数据库中找到最小约简。由此可见,元启发式算法能最大程度地提高生物信息学数据集的预测精度。本章既将提议的算法与现有的基于粗糙集的监督式算法进行了比较,又通过分类精度测量工具对其性能进行了评估。至此,分析章节已经充分证明了用于蛋白质序列分类(预测蛋白质结构及功能)的和声搜索算法和基于粗糙集理论的算法的效率。作为一项未来工作,该模型可用于预测蛋白质功能、蛋白质间相互作用及 DNA 分析等生物信息学领域的蛋白质组学和基因组学问题中,该模型也可与先进的种群智能技术结合使用。

参考文献

Aghdam, M. H. , Ghasem-Aghaee, N. , Basiri, M. E. : Application of ant colony optimization for feature selection in text categorization. In: Proceedings of the IEEE Congress on Evolutionary Computation (CEC 2008), Hong Kong, June 1-6, pp. 2867-2873 (2008)

Al-Ani, A. , Khushaba, R. N. : A Population Based Feature Subset Selection Algorithm Guided by Fuzzy Feature Dependency. In: Hassanien, A. E. , Salem, A. -B. M. , Ramadan, R. , Kim, T. -h. (eds.) AMLTA 2012. Communications in Computer and Information Science, vol. 322, pp. 430-438. Springer, Heidelberg (2012)

Al-Betar, M. , Khader, A. , Liao, I. : A harmony search with multi-pitch adjusting rate for the university course timetabling. In: Geem, Z. W. (ed.) Recent Advances in Harmony Search Algorithm. SCI, vol. 270, pp. 147-161. Springer, Heidelberg (2010)

Alia, O. M. , Mandava, R. : The variants of the harmony search algorithm: an Overview. Artificial Intelligence Review 36(1), 49-68 (2011)

Azar, A. T. : Neuro-fuzzy feature selection approach based on linguistic hedges for medical diagnosis. International Journal of Modelling, Identification and Control (IJMIC) 22(3) (forthcoming, 2014)

Azar, A. T. , Hassanien, A. E. : Dimensionality Reduction of Medical Big Data Using Neural-Fuzzy Classifier. Soft Computing (2014), doi:10. 1007/s00500-014-1327-4.

Azar, A. T. , Banu, P. K. N. , Inbarani, H. H. : PSORR - An Unsupervised Feature Selection Technique for Fetal Heart Rate. In: 5th International Conference on Modelling, Identification and Control (ICMIC 2013), Egypt, August 31-September 1-2, pp. 60-65 (2013)

Basiri, M. E. , Ghasem-Aghaee, N. , Aghdam, M. H. : Using ant colony optimization-based selected features for predicting post-synaptic activity in proteins. In: Marchiori, E. , Moore, J. H. (eds.) EvoBIO 2008. LNCS, vol. 4973, pp. 12-23. Springer, Heidelberg (2008)

Blum, C. , Dorigo, M. : The hyper-cube framework for ant colony optimization. IEEE Transaction on Systems, Man, and Cybernetics - Part B 34(2), 1161-1172 (2004)

Caragea, C. , Silvescu, A. , Mitra, P. : Protein sequence classification using feature hashing. In: Proceedings of IEEE International Conference on Bioinformatics and Biomedicine, November 12-15. Proteome Science 2012, vol. 14, p. S14 (2011), doi:10. 1186/1477-5956-10-S1-S14.

Cao, Y. , Liu, S. , Zhang, L. , Qin, J. , Wang, J. , Tang, K. : Prediction of protein structural class with Rough Sets. BMC Bioinformatics 7(1), 20 (2006), doi:10. 1186/1471-2105-7-20.

Chakraborty, P. , Roy, G. G. , Das, S. , Jain, D. , Abraham, A. : An improved harmony search algorithm with differential mutation operato r. Fundamenta Informaticae 95(4), 1-26 (2009), doi:10. 3233/FI-2009-181.

Chandran, C. P. : Feature Selection from Protein Primary Sequence Database using Enhanced Quick Reduct Fuzzy-Rough Set. In: Proceedings of International Conference on Granular Computing, GrC 2008, Hangzhou, China, August 26-28, pp. 111-114 (2008), doi:10. 1109/GRC. 2008. 4664758

Chandrasekhar, T. , Thangavel, K. , Sathishkumar, E. N. : Verdict Accuracy of Quick Reduct Algorithm using Clustering and Classification Techniques for Gene Expression Data. IJCSI International Journal of Computer Science Issues 9(1), 357-363 (2012)

Chen, C. , Tian, Y. X. , Zou, X. Y. , Cai, P. X. , Mo, J. Y. : Using pseudo amino acid composition and support vector machine to predict protein structural class. Journal of Theoretical Biology 243(3), 444-448 (2006)

Chen, L. F. , Su, C. T. , Chen, K. H. , Wang, P. C. : Particle swarm optimization for feature selection with application in obstructive sleep apnea diagnosis. International Journal of Neural Computing and Applications 21(8), 2087-2096 (2012)

Chinnasamy, A. , Sung, W. K. , Mittal, A. : Protein Structure and Fold Prediction Using Tree-Augmented 贝叶斯 Classifier. Journal of Bioinformatics and Computational Biology 3(4), 803-819 (2005)

Chouchoulas, A. , Shen, Q. : Rough set-aided keyword reduction for text categorization. An International Journal of Applied Artificial Intelligence 15(9), 843-873 (2001), doi:10. 1080/088395101753210773

Degertekin, S. O. : Optimum design of steel frames using harmony search algorithm. Structural and Multidisciplinary Optimization 36(4), 393-401 (2008)

Du, P. , Wang, X. , Xu, C. , Gao, Y. : PseAAC-Builder: A cross-platform stand-alone program for generating various special Chou's pseudo-amino acid compositions. Analytical Biochemistry 425(2), 117-119 (2012)

Ferrandiz, S. , Boullé, M. : Multivariate Discretization by Recursive Supervised Bipartition of Graph. In: Perner, P. , Imiya, A. (eds.) MLDM 2005. LNCS (LNAI), vol. 3587, pp. 253-264. Springer, Heidelberg (2005)

Fleuret, F. : Fast Binary Feature Selection with Conditional Mutual Information. Journal of Machine Learning Research 5(1), 1531-1555 (2004)

Freitas, A. A. , de Carvalho, A. C. P. L. F. : A tutorial on hierarchical classification with applications in bioinformatics. Research and Trends in Data Mining Technologies and Applications 99(7), 175-208 (2007)

Fu, X. , Tan, F. , Wang, H. , Zhang, Y. Q. , Harrison, R. R. : Feature similarity based redundancy reduction for gene selection. In: Proceedings of the International Conference on Data Mining, Las Vegas, NV, USA, June 26-29, pp. 357-360 (2006)

Geem, Z. W. , Kim, J. H. , Loganathan, G. V. : A New Heuristic Optimization Algorithm: Harmony Search. Simulation 76(2), 60-68 (2001), doi:10. 1177/003754970107600201

Geem, Z. W. : Improved harmony search from ensemble of music players. In: Gabrys, B. , Howlett, R. J. , Jain, L. C. (eds.) KES 2006. LNCS (LNAI), vol. 4251, pp. 86-93. Springer, Heidelberg (2006)

Geem, Z. W. , Choi, J. - Y. : Music composition using harmony search algorithm. In: Giacobini, M. (ed.) EvoWorkshops 2007. LNCS, vol. 4448, pp. 593-600. Springer, Heidelberg (2007)

Geem, Z. W. : Particle-swarm harmony search for water network design. Engineering Optimization 41(4), 297-311 (2009)

Gu, Q. , Ding, Y. , Jiang, X. , Zhang, T. : Prediction of subcellular location apoptosis proteins with ensemble classifier and feature selection. Amino Acids 38(4), 975-983 (2010)

Guyon, I. , Elisseeff, A. : An introduction to variable and feature selection. The Journal of Machine Learning Research 3(1), 1157-1182 (2003)

Hall, M. , Frank, E. , Holmes, G. , Pfahringer, G. , Reutemann, P. , Witten, I. H. : The WEKA data mining software: an update. ACM SIGKDD Explorations Newsletter 11(1), 10-18 (2009)

Hor, C. , Yang, C. , Yang, Z. , Tseng, C. : Prediction of Protein Essentiality by the Support Vector Machine with

Statistical Tests. In: Proceedings of 11th International Conference on Machine Learning and Applications, USA, vol. 1(1), pp. 96-101 (2012), doi:10. 1109/ICMLA. 2012. 25

Inbarani, H. H. , Banu, P. K. N. , Andrews, S. : Unsupervised hybrid PSO - quick reduct approach for feature reduction. In: Proceedings of International Conference on Recent Trends in Information Technology, ICRTIT 2012, April 19-21, pp. 11-16 (2012), doi:10. 1109/ICRTIT. 2012. 6206775

Inbarani, H. H. , Banu, P. K. N. : Unsupervised hybrid PSO- relative reduct approach for feature reduction. In: Proceedings of International Conference on Pattern Recognition, Informatics and Medical Engineering, Salem, Tamil Nadu, India, March 21-23, pp. 103-108 (2012), doi:10. 1109/ICPRIME. 2012. 6208295

Inbarani, H. H. , Jothi, G. , Azar, A. T. : Hybrid Tolerance-PSO Based Supervised Feature Selection For Digital Mammogram Images. International Journal of Fuzzy System Applications (IJFSA) 3(4), 15-30 (2013)

Inbarani, H. H. , Azar, A. T. , Jothi, G. : Supervised hybrid feature selection based on PSO and rough sets for medical diagnosis. Computer Methods and Programs in Biomedicine 113(1), 175-185 (2014a)

Inbarani, H. H. , Banu, P. K. N. , Azar, A. T. : Feature selection using swarm-based relative reduct technique for fetal heart rate. Neural Computing and Applications (2014b), doi:10. 1007/s00521-014-1552-x.

Jensen, R. , Shen, Q. : Semantics-preserving dimensionality reduction: rough and fuzzy-rough based approaches. IEEE Trans actions on Knowledge and Data Engineering 16(12), 1457-1471 (2004)

Jothi, G. , Inbarani, H. H. : Soft set based quick reduct approach for unsupervised feature selection. In: Proceedings of International Conference on Advanced Communication Control and Computing Technologies, Tamil Nadu, India, August 23-25, pp. 277- 281. IEEE (2012)

Kattan, A. , Abdullah, R. , Salam, R. A. : Harmony search based supervised training of artificial neural networks. In: Proceedings of International Conference on Intelligent Systems, Modeling and Simulation (ISMS 2010), Liverpool, England, pp. 105 -110 (2010), doi:10. 1109/ISMS. 2010. 31

Kennedy, J. , Eberhart, R. C. : A new optimizer using particle swarm theory. In: Proceedings of 6th International Symposium on Micro Machine and Human Science, Nagoya, pp. 39 - 43 (1995), doi: 10. 1109/MHS. 1995. 494215

Kotsiantis, S. , Kanellopoulos, D. : Discretization Techniques: A recent survey. GESTS International Transactions on Computer Science and Engineering 32(1), 47-58 (2006)

Lin, H. , Ding, H. , Guo, F. , Huang, J. : Prediction of subcellular location of mycobacterial protein using feature selection techniques. Molecular Diversity 14(4), 667-671 (2010)

Mahdavi, M. , Fesanghary, M. , Damangir, E. : An improved harmony search algorithm for solving optimization problems. Applied Mathematics and Computation 188(2), 1567-1579 (2007)

Mitra, P. , Murthy, C. A. , Pal, S. K. : Unsupervised Feature Selection Using Feature Similarity. IEEE Transactions on Pattern Analysis and Machine Intelligence 24(3), 301-312 (2002)

Navi, S. P. : Using Harmony Clustering for Haplotype Reconstruction from SNP fragments. International Journal of Bio-Science and Bio-Technology 5(5), 223-232 (2013)

Nemati, S. , Boostani, R. , Jazi, M. D. : A novel text-independent speaker verification system using ant colony optimization algorithm. In: Elmoataz, A. , Lezoray, O. , Nouboud, F. , Mammass, D. (eds.) ICISP 2008 2008. LNCS, vol. 5099, pp. 421-429. Springer, Heidelberg (2008)

Nemati, S. , Basiri, M. E. , Ghasem-Aghaee, N. , Aghdam, M. H. : A novel ACO-GA hybrid algorithm for feature selection in protein function prediction. Expert Systems with Applications 36(10), 12086-12094 (2009)

Park, K. J. , Kanehisa, M. : Prediction of protein subcellular locations by support vector machines using compositions of amino acids and amino acid pairs. Bioinformatics 19(13), 1656-1663 (2003)

Pawlak, Z. : Rough Sets: Present State and The Future. Foundations of Computing and Decision Sciences 18(3-

4), 157-166 (1993)

Pawlak, Z. : Rough Sets and Intelligent Data Analysis. Information Sciences 147(1-4), 1-12 (2002)

Pedergnana, M. , Marpu, P. R. , Mura, M. D. , Benediktsson, J. A. , Bruzzone, L. : A Novel supervised feature selection technique based on Genetic Algorithms. In: Proceedings of IEEE International Geoscience and Remote Sensing Symposium, Munich, July 22-27, pp. 60-63 (2012), doi:10. 1109/IGARSS. 2012. 6351637

Peng, Y. H. , Wu, Z. , Jiang, J. : A novel feature selection approach for biomedical data classification. Journal of Biomedical Informatics 43(1), 15-23 (2010)

Rentzsch, R. , Orengo, C. : Protein function prediction-the power of multiplicity. Trends in Biotechnology 27(4), 210-219 (2009)

Rost, B. , Liu, J. , Nair, R. , Wrzeszczynski, K. O. , Ofran, Y. : Automatic prediction of protein function. Cellular and Molecular Life Sciences 60(12), 2637-2650 (2003)

Saeys, Y. , Inza, I. N. , Larrañaga, P. : A review of feature selection techniques in bioinformatics. Bioinformatics 23(19), 2507-2517 (2007)

Schadt, E. E. , Linderman, M. D. , Sorenson, J. , Lee, L. , Nolan, G. P. : Computational solutions to large-scale data management and analysis. Nature Review Genetics 11(9), 647-657 (2010)

Seok, L. K. , Geem, Z. W. : A new meta-heuris tic algorithm for continuous engineering optimization: harmony search theory and practice. Computer Methods in Applied Mechanics and Engineering 194(36-38), 3902-3933 (2005)

Shi, Y. , Eberhart, R. C. : Parameter selection in particle swarm optimization. In: Porto, V. W. , Waagen, D. (eds.) EP 1998. LNCS, vol. 1447, pp. 591-600. Springer, Heidelberg (1998)

Shi, J. Y. , Zhang, S. W. , Pan, Q. , Cheng, Y. M. , Xie, J. : Prediction of protein subcellular localization by support vector machines using multi-scale energy and pseudo amino acid composition. Amino Acids 33(1), 69-74 (2007)

Siedlecki, W. , Sklansky, J. : A note on genetic algorithms for large-scale feature selection. Pattern Recognition Letters 10(5), 335-347 (1989)

Velayutham, C. , Thangavel, K. : Unsupervised Quick Reduct Algorithm Using Rough Set Theory. Journal of Electronic Science and Technology 9(3), 193-201 (2011)

Wang, X. , Yang, J. , Teng, X. , Xia, W. , Jensen, R. : Feature selection based on rough sets and particle swarm optimization. Pattern Recognition Letters 28(4), 459-471 (2007)

Wei, X. : Computational approaches for biological data analysis. Doctoral Dissertation, Tufts Uiversity Medford, MA, USA (2010) ISBN: 978-1-124-21198-5

Wong, A. , Shatkay, H. : Protein Function Prediction using Text-based Features extracted from the Biomedical Literature: The CAFA Challenge. BMC Bioinformatics 14(3), S14 (2013), doi:10. 1186/1471-2105-14-S3-S14

Xie, J. , Xie, W. , Wang, C. , Gao, X. : A Novel Hybrid Feature Selection Method Based on IFSFFS and SVM for the Diagnosis of Erythemato-Squamous Diseases. In: Proceedings of JMLR Workshop and Conference Proceedings. Workshop on Applications of Pattern Analysis, vol. 11(1), pp. 142-151. MIT Press, Windsor (2010)

第7章　Twitter中新闻演化的自动发现

Mariam Adedoyin-Olowe,MohamedMedhatGaber,

Frederic Stahl,JoãoB'artolo Gomes

摘要　最近,不断增加的数据量导致了数据处理方面的多项挑战。这种增长迫使数据用户寻找数据库的自动化手段以提取重要信息。从"大数据"中检索信息就如大海捞针一样。值得注意的是,虽然大数据有计算方面的挑战,但也是一种使世界成为地球村的技术途径。人们认为社交媒体网站(Twitter 是其中之一)是大数据收集器和信息检索的开源库。社交媒体网站的便捷访问以及计算机和智能设备等技术工具的进步,使得不同实体可以方便地实时存储大量数据。人们普遍认为Twitter 是社交媒体中最强大和最受欢迎的微博工具,为用户提供了在网络上 发布

Mariam Adedoyin-Olowe · Mohamed Medhat Gaber

School of Computing Science, Robert Gordon University,

Aberdeen, United Kingdom, AB10 7GJ, UK

e-mail: {m.a.adedoyin-olowe,m.gaber1}@ rgu.ac.uk

Frederic Stahl

School of Systems Engineering, University of Reading,

P.O. Box 225, Whiteknights, Reading, RG6 6AY, UK

e-mail: F.T.Stahl@ reading.ac.uk

João B ártolo Gomes

Institute for Infocomm Research (I2R), A * STAR, Singapore,

1 Fusionopolis Way Connexis, Singapore 138632

e-mail: bartologjp@ i2r.a-star.edu.sg

© Springer International Publishing Switzerland 2015

A.E. Hassanien et al.(eds.), *Big Data in Complex Systems*,

Studies in Big Data 9, DOI: 10.1007/978-3-319-11056-1_7

和接收即时信息的功能和手段。传统的新闻媒体跟踪 Twitter 网络上的活动,以获取有趣的推文(tweets),用于提升新闻报道和更新的速度。Twitter 用户使用"井"号(#)作为关键字前缀,描述推文内容并增强推文的可读性。本章使用关联规则挖掘(ARM)的 Apriori 方法和一种称为规则类型识别映射(RTI-Mapping)的新方法,RTI-Mapping 方法继承于基于事务的规则改变挖掘 TRCM(Adedoyin-Olowe et al.,2013)和基于事务的规则改变挖掘规则类型识别(TRCM-RTI)(Gomes et al.,2013),将推文中主题标签检测到的关联规则映射到现实生活中传统新闻媒体的新闻报道和新闻更新的演化过程中。TRCM 使用 ARM,在连续时期 t 和 $t+1$ 上使用规则匹配(RM)来分析相同主题上的推文,以检测 AR 中的变化,例如涌现的、意外的、新的和无效的规则。这是通过设置用户定义的规则匹配阈值(RMT)得到的,做法是将在时间 t 的推文中的规则与 $t+1$ 的推文中的规则实施匹配,以便对规则进行模式的分类。TRCM-RTI 是从 TRCM 构建的一种方法,它能识别在不同时间段的推文主题标签中存在的演化关联规则的规则类型。本章采用来自(Adedoyin-Olowe et al.,2013)和(Gomes et al.,2013)中的 RTI-Mapping 方法,将各关联规则与顶级传统新闻媒体在线演化的新闻进行映射,以检测和跟踪演化事件的新闻和新闻更新。这是关联规则映射到演化新闻的一项初步实验。在此阶段人工完成映射,并使用四个事件和新闻主题作为案例研究来验证本方法。实验表明,在选定的新闻主题上有实质性的结果。

7.1 引言

"大数据"是指在不同数据仓库中数据的累积,范围涵盖从家庭智能设备上存储的个人数据到万维网上生成的"大数据"。"大数据"这个词于 2005 年首次出现,比 Web 2.0 早一年。数字"大数据"以非常惊人的速度在不同级别的数据库中生成,并且,在目前全球的数据仓库中,具有明显的可持续发展前景。一些大数据专家预计,可能出现称为"新工业革命"的数据爆炸。人们认为,这场革命将彻底改变商业运作和社会机遇,从而可能导致新的创新商业模式和促进竞争优势的新闻业洞察力(Bloem et al.,2012 年)。目前商业零售商销售产品不再局限于实体店,在互联网上销售、购买产品和服务只要一次点击即可做到。这使商家和消费者都可以在不离开住所的情况下进行业务交易。由于互联网业务交易,国际化商业经历了蓬勃发展。尽管使用一些技术会带来安全风险,但参与互联网业务交易的各方都对在世界各地的在线商业交易中使用的技术充满信心。

"大数据"给传统数据存储和处理系统带来了巨大挑战。截至 2011 年,世界上每天就创造 2.5×10^{30}B 的数据(Henno et al.,2013)。世界上最大的 10 个数据库存储着超过 9.786322 PB 的数据,这还不包括不能公开组织的数据库。单单世界气候数据中心(WDCC)就拥有 220 TB 的数据,在线提供 110 TB 的气候模拟数据和 6 PB 的磁带数据。国家能源研究科学计算中心(NERSCC)大约有 2.8PB 的数据。据报道,谷歌的数据库中拥有超过 33 万亿条记录,而美国最大的无线电信网络公司 Sprint,每天要处理超过 5500 万用户的 3.6 亿条呼叫详单记录。LexisNexis 是一家提供计算机辅助法律研究服务的公司,拥有一个超过 250 TB 的数据库,而 You Tube 有一个大约 45 TB 的视频数据库。亚马逊(Amazon),一个在线购物商店,据报道有超过 42 TB 的数据,美国国会图书馆有 1.3 亿件的书籍、照片和地图与近 530 英里(1 英里=1.609km)长的书架。社交媒体网站每秒都会生成数据,而生成的数据则需要更多最新的技术来精炼和存储这一“大数据”,以便在需要时确保数据是有效的。每分钟 Twitter 用户发送超过 100000 条推文,而脸谱(Facebook)用户共享 684478 件内容,大约为品牌和组织点赞 34722 次。此外,每秒 You Tube 用户上传 48 小时的新视频,谷歌收到超过 200 万次的搜索查询。照片墙(Instagram)上的用户共享了 3600 张新照片,而苹果公司收到了大约 47000 次应用(App)下载请求。

显然,全球数据库以惊人的速度增加;然而,随着数据的增加,关于数据的人类知识却在减少。因此,有必要使用高质量的工具从“大数据”检索有建设性的、有效的和有用的内容。许多大型组织机构已经使用创新技术,这使信息技术能够使用大数据分析来产生更高层次的洞察力,从而产生显著的竞争性业务优势。其间社交媒体在全球数据仓库中扮演着重要的角色。个人(如名人)、大型组织、政府机构甚至国家总统都访问社交媒体网站,如 Twitter、Facebook 和 YouTube,来发布内容或了解利益相关者和公众对他们的看法。

本章使用 ARM 的 Apriori 方法和一种称为规则类型识别-映射(RTI-Mapping)的新方法,后者源于基于事务的规则改变挖掘 TRCM(Adedoyin-Olowe et al.,2013)和基于事务的规则改变挖掘规则类型识别(TRCM-RTI)(Gomes et al.,2013),以便从 Twitter Facebook 的“大数据”中提取新闻和新闻更新形式的信息。TRCM-RTI 是一种用于识别在不同时间段 t 和 $t+1$ 的推文主题标签中存在的演化的 AR 的方法。在 Adedoyin-Olowe 等人(2013)的研究中,识别出四种演化关联规则模式,即新规则、涌现的规则、意外后果和意外条件规则以及无效规则。通过提出 RTI-Mapping,本章扩展了 Adedoyin-Olowe 等人(2013)和 Gomes 等人(2013)的实验,将推文中的关联规则与所选择的传统新闻媒体的在线演化新闻进行映射。然后,在一个指定的时间内跟踪所映射的新闻,以便检测新闻的每个更新。在这个阶段人工完成该映射,并使用四个事件/新闻主题作为案例研究来验证本方法论。在选定的案例研究上,这种新颖的方法论显示出实质性的结果。本章还探讨了规则的时间帧窗口(TFW)概念以及推文发起的和新闻发起的(´TwO-NwO´)时间帧窗口。将 Twitter 中存在的关联规则时间帧窗口与现实生活中新闻的时间帧窗口

174

进行了比较,并且实验结果表明,在现实生活中的新闻比具有推文主题标签的新闻拥有更快速的时间帧窗口。本章还讨论了静态主题标签演化新闻(SHEN)的状态。

本章的其余部分组织如下:7.2 节讨论相关研究工作。7.3 节探讨 Twitter 背景,而 7.4 节概述 ARM 和推文中的关联规则。7.5 节讨论 TRCM 方法的演化,7.6 节使用 TRCM-RTI 方法分析推文趋势。7.7 节进行实证研究,7.8 节介绍未来的工作计划。

7.2　相关工作

7.2.1　大数据:挑战和机遇

在过去几十年中,人们认为 Web 2.0 的可用性(affordance)有助于今天以网络为中心的大量数据生成(Evans,2010;Parameswaran and Whinston,2007;Tang and Liu,2010)。大数据生成可以追溯到人类各个部门产生的数据,从个人数据到组织数据,然后到存储在不同数据存储系统(例如移动设备、传感器、CD 和网络点击设备(Web-clicks))中的世界范围的万维网数据,几乎无所不有。例如,从存储在组织数据库中的客户和人员记录以及客户关系管理(CRM)(Bloem 等人,2012)收集组织数据。组织数据进入到其他数据所在的网络,所有这些数据一起构成数字"大数据"。在这个互联网时代,数据从数兆字节迅速增长到数拍字节,数据收集和生成永远不会结束。大数据提出了许多挑战,这其中就有"大数据"的管理和语义方面的挑战(Bizer et al.,2012)。现在,商务走向在线,有很多原因,减少运营成本和促进接触更多的客户与创造社会个人存在价值的机遇是部分原因。根据 Kaplan 和 Haenlein(2009)估计,商业组织在广告/通信、虚拟产品销售、营销研究、人力资源和内部过程管理等领域中都受益于虚拟的社交世界。互联网商务在全球导致数据的大量增长。通过互联网商务产生的"大数据"的挑战之一是商业组织非法使用客户的数据(Bollier and Firestone,2010)。商业组织不断收集客户们的大量数据。这些数据中的一些数据意味着人的肖像,但有时却在错误的人手中,这些人会违反数据机密性和个人隐私权(即泄露数据)。大吞吐量和大型分析是与大数据存储和部署有关的挑战,其中要使用有限的资源将"大数据"转换为有用知识。

过滤、开发、传播和管理"大数据"问题和自动生成数据的合适元数据的问题是处理"大数据"时的一项重要挑战(Labrinidis and Jagadish,2012)。然而,为进行决策,商业组织使用商业智能和分析(BI&A)来分析复杂的业务数据。即使"大数据"有许多挑战,但像 IBM 这样的组织仍然出现了有效处理不断增长的数据库的成功故事。通过计算概念,提高处理性能和支持人类决策,是分析"大数据"的一些机遇。正如天然植物在获得必要营养物质时就会生长一样,随着目前用作数据增长"营养素"的所有技术变得可用,数据这一实体也得到生长。使用不同的参数,对"大数据"实施度量。通过度量数据的体量和累积频率(相对于其寿命),同时保持相关性,对"大数据"进行描述。在学术界,引用数据的次数可以用来衡量数据的相关性,这样的引用增加了数据被重用的机会,从而增加了不断增长的"大数据"的价值(Lynch,2008)。可以看出,"大数据"已经成功地改变了感知、分析、使用、存储和传递知识的方式。由于缺乏保存数据的空间和专业知识,在过去丢失的大多数数据,只要它们仍然是相关的,现在也是可以访问的了。在全球各地普遍存在"大数据",保护数据(无论是大数据还是小数据)的必要性就变得重要起来。以高科技数据保护设备,保障敏感的组织数据和政府数据的安全,并以此保持其相关性。在"大数据"处理中采用充分的数据分析的场合,"大数据"的机遇胜过了它面临的挑战。

7.2.2　社交媒体和"大数据"

社交媒体(SM)是一组基于互联网的应用,它们改进了 Web 2.0 的概念和技术,使创建和交换用户所生成的内容成为可能(Kaplan,2012),如图 7.1 所示。社交媒体可以简单地定义为用于社交的媒体(Safko,2010)。社交媒体网站毫无疑问地成为大数据生成器,互联网用户日复一日地访问不同的社交媒体网站,目的是要发布信息或检索信息。通常社交媒体用户发布与他们的个人生活有关的内容(例如在 facebook 和 Twitter 上),一些用户发布一些照片(在 Instagram 上),而其他人则发布视频(例如在 YouTube、Facebook 和 Twitter 上)。社交媒体用户还创建个人博客,发布真实存在的问题,与其他用户或与公众就此展开讨论。不同的实体(例如名人、商业组织、学校和政府机构等)会阅读某些领域中专家们的个人博客,或是有大量粉丝的那些人的博客;拥有大量追随者的博主有大量的观众,无论他们在博客上写什么,往往都会得到广泛的阅读。社交媒体网站是实时的"大数据"生成器,在这些网站上生成的数据对全球数据库的快速增长贡献巨大。上面提到的不同实体,依靠社交媒体作为与观众沟通交流的手段之一。高速数据采集以及世界各地的人们使用个人计算机和其他复杂的智能移动设备,在方法和手段方面有助于社交媒体网站加速产生大规模数据。电信、电子邮件和电子信使,如 Skype、雅虎信使、谷歌环聊(Google Talk)和 MSN 信使,也被视为社交媒体(Aggarwal,2011)。现在,社交媒体上的地方事件很难保持在当地范围而不扩散,这其中的原因是用户们快速地在互联网上发布有趣的事件,将地方事件转化为全球讨论的问题。当今世界的大多数移动电话用户,使用他们的手机(尤其是智能手机)连接到互联网,手机不再仅用于发出和接收呼叫/短信。目前,许多零售商店在连锁店中包括了在线商店,并鼓励买家在流行的社交媒体网站上对他们体验过的产品/服务留下评论和/或"点赞",这也进一步增加了在线产生的数据规模。社交媒体在很多方面为许多受欢迎的大企业的成功(Kaplan,2012)做出了重大贡献。社交媒体还使消费者们拥有参与他们所关注业务的难以想象的力量(Evans,2010)。更多的人依靠由陌生人在社交媒体上给出的信息,来决定要购买的产品/服务、要在电影院看的电影或要注册的学校(Pang and Lee,2008),从而消除了许多人们由于缺乏信息而犯同样错误的可能性(Qualman,2012)。因为高百分比的顾客惠顾往往是基于其他顾客的评价,所以在线审查产品和服务也是一种迫使企业改进其产品和服务的手段。大型企业投入时间过滤从社交网站生成的大数据,以便做出宝贵的(有价值的)决策。从社交媒体提取高质量信息的研究(Agichtein et al.,2008;Liu et al.,2009)和关于描述 Twitter 事件内容的研究,在最近引起了人们更多的关注(Evans,2010)。Becker 等人的工作(2012)使用事件特征来开发用于在不同社交媒体网站上的一个与事件相关联内容的查询设计方法,并使用在一个社交媒体上检测到的事件内容来开发发现方法,以便检索在其他社交媒体网站上的更多信息。另一方面,Kaplan(2012)的工作概述了企业如何利用移动社交媒体进行营销研究、沟通、销售促销/折扣,以及关系发展/忠诚度计划。他们提出了移动社交媒体使用的四条建议,称为移动社交媒体的"四个 I"。

图 7.1 常见社交媒体

7.2.2.1 分析 Twitter 上的"大数据"

因为 Twitter 每天都会生成大量的数据,所以设计挖掘和分析 Twitter 数据(推文)的计算方法,以便有意义地加以使用,是重要的和切题的。有趣的是,有关 Twitter 网络的研究正在变得非常受欢迎,研究人员们开发了挖掘 Twitter 流式数据的不同方法。Twitter 用户发推文的原因不一,从信息传播个性生活方式的表达(Jansen 等人,2009)、现实生活事件报道、意见/情感表达到实时发布突发新闻(Adedoyin-Olowe et al.,2013；Agarwal et al.,2012；Chakrabarti and Punera,2011；Kwak et al.,2010；Weng and Lee,2011)等,无所不有。主题和事件检测及跟踪,目前吸引了高水平研究的关注,之所以这么说是因为正在进行的一些研究和实验,这些研究和实验是有关如何检测故事和事件,以及它们是如何随着时间的推移而在 Twitter 上逐渐演化的(Adedoyin-Olowe et al.,2013；Gomes et al.,2013；Mathioudakis and Koudas,2010；Okazaki and Matsuo,2011；Osborne et al.,2012；Petrovićet al.,2010；Phuvipadawat and Murata,2010；Popescu and Pennac-chiotti,2010)。Popescu and Pennacchiotti(2010)提出了一些方法来发现确定类型的有争议的事件,这些事件的特征是会引发公众在 Twitter 上的讨论。Becker等人的工作(2011)使用话题相关的消息聚类来发现 Twitter 上的现实世界事件和非事件消息。另一方面,Weng 和 Lee(2011)利用 EDCoW(采用基于小波之信号聚类的事件检测)使用基于模块化的图分割方法来聚类单词以形成事件。Osborne 等人的实验(2012)实施,是为了确定当观察维基百科页面浏览流时,是否可以用于在 Twitter 中提高所发现事件的质量。研究结果证实了 Twitter 在检测事件方面与维基百科相当的及时性特征。在 Chakrabarti 和 Punera(2011)的工作中,使用 SUMMHMM 对实时事件(如在 Twitter 网络上发布的体育赛事)的“大数据”做出摘要。Cataldi 等人(2010)使用页面排名算法来检索在网络上具有权威的用户们的推文。检索到的推文用于创建一个可导航的主题图,连接在用户定义的时间窗口中新出现的主题。Adedoyin-Olowe 等人的实验(2013)利用关联规则挖掘和称为 TRCM 的新颖方法的组合法,识别在两个连续时间段的Twitter 主题标签中的四个关联规则(AR)模式。识别出的关联规则与现实生活事件和新闻报道相关联,以给出推文的动态。此外,通过使用 TRCM-RTI,Gomes等人(2013)的工作建立在基于事务的规则改变挖掘上,以分析 AR 当前推文的规则趋势。他们采用时间帧窗口(TFW)的方法来度量规则的演化,并计算Twitter 网络上规则的寿命。

本章进一步使用 RTI-Mapping,将正在演化的关联规则与知名的传统新闻媒体正在演化的新闻报道和更新进行映射。

7.3　Twitter 网络的背景

　　……在事件现场可能没有新闻报道人员,但即使在专业新闻记者到达现场之前,也总会有 Twitter 用户在 Twitter 上以现场方式广播事件实况……

　　自 2006 年推出以来,Twiteer 已成为一个广受好评的信息传播微博平台(Pak 和 Paroubek,2010),这可以归因于多年来 Twiteer 日渐增加的接受度。

Twiteer 网络支持有效收集"大数据",截至 2012 年 10 月,每天大约产生 500000 条推文。估计其注册用户数量为 5 亿,而正式用户数量为 2 亿。用户未必在 Twiteer 网络上发布推文,因为据报道,40% 的用户只是使用该网络来跟踪他们感兴趣的推文。据 Twiteer 公司说,该网络在 3 年 2 个月 1 天内就达到了第十亿条推文。当迈克尔·杰克逊(美国流行歌手)于 2009 年 6 月 25 日去世时,每秒的推文(TPS)记录达到了 456 条。当前和最新的 TPS 记录是在 2013 年 1 月创造的,当时日本公民在元旦那天每秒推送了 6939 条推文。Twitter 数据可以称为实时新闻,为获得良好认可,该网络从不同的角度报道有用的信息。在线发布的推文,可能是地方、国家或全球关注的新闻、重大活动和主题。在世界各地实时地推送不同的事件/意外事件,使得网络迅速地生成数据。个人、组织甚至政府机构都会关注跟踪网络上的活动,以获得他们的受众如何对影响他们的推文做出反应的知识。Twitter 用户们会跟随社交网络上的其他用户,并能够阅读由他们的追随者发布的推文,同时对所推送的话题做出贡献。庞大数量的 Twitter 数据已经引起了重大的计算挑战,这有时导致嵌入在推文中的有用信息的丢失。显然,越来越多的人依靠 Twitter 来获取信息、产品/服务评论以及关于不同主题的新闻。业界普遍认为,Twitter 已成为在各种问题上发表意见和传播信息的强有力媒体,它也是突发新闻和名人八卦的一个引人注目的来源。2012 年 2 月,惠特尼·休斯顿(美国流行歌手)的死亡大约在新闻界报道前 27 分钟就在 Twitter 上做了报道。通常,Twitter 用户将其他新闻和事件更快地公之于众,这来源于如下事实,即 Twitter 用户仅需要连接到互联网的移动设备,而不是更多的设备,就可向网络上的数亿用户报道新闻。发布在网络上的推文被再次 Twitter,就加速了传播新闻的速度。更重要的是,被人们称为网络上的影响者的用户所发布的推文会被给予更多的关注,原因在于,人们认为这样的推文具有更大的可信度(影响者是 Twitter 网络上这样的用户,由于他们在 Twitter 上发布的推文的质量而拥有大量的追随者)。即使 Twitter 上携带的某些消息有时是不正确的,其他 Twitter 用户也常常会快速地纠正网络上传播的任何错误信息。为密切接触他们的受众,许多组织、公众人物、教育机构和政府官员都设立了 Twitter 账户。由于多种原因,世界各国的总统也推文,其中一个原因据说是可以在一个非正式的平台上就总统们所关注的主题进行沟通交流。

考虑到每天连续产生的大量推文,用户们发明了标记推文的一种常见方式。通常是通过在推文中包括多个主题标签(#)作为关键字的前缀,描述推文的内容,使用主题标签可以方便地搜索和阅读感兴趣的推文。Twitter 网络从不同的角度报道有用的信息,以便更好地对信息进行全面理解(Zhao and Rosson,2009)。在 Twitter 上生成的"大数据"可以使用关联规则挖掘进行分析,以提取和给出有趣的主题标签,可将这种方法应用于跟踪现实生活中的新闻演化。

7.3.1 作为决策支持工具的 Twitter

在决策过程中,对大多数个人来说,其他人的意见总是很重要的。Twitter 经常被用作信息和意见检索用途的网络,它还作为产品和服务广告,以及推荐电影、学校,甚至是候选人在选举中竞争选票的一种媒体。在 2009 年美国大选期间,Twitter 在奥巴马作为总统候选人的运动中发挥了至关重要的作用,支持者使用 Twitter 来推动他的候选资格,这可以说是对贝拉克·奥巴马在 2009 年美国全国大选中取得成功的推动力。由于 Twitter 可以归类为决策支持工具,因此过滤推文以表达人们的兴趣是非常重要的。使用 ARM 挖掘推文主题标签,是揭示推文中现有关联规则的一种有效方式,而且是用于检索嵌入在 Twitter"大数据"中有用信息的一种有效工具。

7.4 关联规则挖掘概述

关联规则挖掘,可在事务数据库、关系数据库和其他信息库中的项目或对象集合中找到频繁模式、关联、连接或底层结构。Rakesh Agrawal 介绍了在超级商店中用于确定由销售点(POS)结构所记录的大规模交易数据中的项目之间关联的技术。一条规则"milk,bread => sugar"(牛奶,面包=>糖)表示包括牛奶和面包在一起的交易可能会导致人们购买面包。此信息可用于营销活动的决策支持,例如定价、货架布置和产品促销。关联规则倾向于使用最低的支持和置信度来揭示满足限定边界的每个可能的关联。关联规则的 Apriori 方法是数据挖掘中常用的算法,它揭示了最少支持的频繁项目集,可用于建立突出数据库中常见趋势的关联规则。一个频繁项目集的一个子集也必须是一个频繁项目集。例如,如果"milk,bread"(牛奶,面包)是一个频繁项目集,则 milk(牛奶)和 bread(面包)也应该是频繁项目集。Apriori 迭代地寻找基数从 $1 \sim k$(k-itemset(k-项目集))的频繁项目集,它使用频繁项目集来生成关联规则。关联规则挖掘技术揭示了事务数据集和关系数据集中的不同模式。表 7.1 表示由推文中的主题标签提取的一个矩阵。

表 7.1　推文中的井号主题标签提取

推文 1	#datamining (数据挖掘)	#bigdata (大数据)	#sql	#KDD
推文 2	#ecommerce (电子商务)	#ISMB	#datamining (数据挖掘)	
推文 3	#bigdata (大数据)	#facebook (Face book)	#data mining (数据挖掘)	#analytics (分析)

推文4	#analytics （分析）	#privacy （隐私）	#datamining （数据挖掘）	
推文5	#datamining （数据挖掘）	#KDD	#bigdata （大数据）	

7.4.1 推文中的关联规则

关联规则挖掘用于分析连续时间段 t 和 $t+1$ [1] 上同一主题的推文。使用规则匹配,匹配存在于两个时间段的规则,以检测推文主题标签中存在的四个规则模式。检测到的规则有:涌现的规则、意外结果和意外条件规则、新规则和失效规则。设置一个用户定义的规则匹配阈值,将在时间 t 的推文中的规则与在 $t+1$ 的推文中的规则进行匹配,得到这些规则,目的是将规则分类到不同模式。人们提出基于事务的规则改变挖掘,说明在不同时间点的推文中规则演化。所有的规则都链接到现实生活中的事物,例如事件和新闻报道。人们提出规则类型识别(基于TRCM 的技术),发现推文主题标签在连续时段上的规则趋势。规则趋势说明规则模式如何演化成不同的时间帧窗口。另一方面,时间帧窗口用于计算推文上和Twitter 网络上的特定主题标签的生命周期,以及这些生命周期如何与现实中和主题标签有关的新闻和事件的演化发生关联。

7.4.2 规则相似性和差异性

为发现关系数据集中的关联规则,Liu 等人(2009)及 Song 和 Kim(2001)计算了规则的相似性和差异性。采用他们的方法,计算在推文主题标签中存在的关联规则的相似性和差异性。使用 Liu 等人(2009)及 Song 和 Kim(2001)中提出的相似度概念来定义相似性。所使用的计算操作和符号描述如表 7.2 所列。

表 7.2 规则相似性的符号

n	主题标签数
i	在二进制向量中存在的数据集 1 中的关联规则
j	在二进制向量中存在的数据集 2 中的关联规则
lh_i/lh_j	在规则 i/j 的条件部分中具有值 1 的主题标签数量
rh_i/rh_j	在规则 i/j 的随后部分中具有值 1 的主题标签数量
lh_{ij}/rh_{ij}	在规则 i/j 的条件/随后部分中相同主题标签数量

n	主题标签数
p_{ij}/q_{ij}	规则 i 和 j 的条件/随后部分中的特征相似度
r_j^t	时间 t 存在的规则
r_j^{t+1}	时间 $t+1$ 存在的规则

7.4.3 度量相似性

$$p_{ij} = \frac{lh_{ij}}{\max(lh_i, lh_j)} \tag{7.1}$$

$$q_{ij} = \frac{rh_{ij}}{\max(rh_i, rh_j)} \tag{7.2}$$

在 Apriori 方法中规则的左手侧(lhs)/条件和右手侧(rhs)/随后部分,用来分析在一个确定的时间段上在推文中传递的主题标签。使用频繁主题标签的同时出现(co-occurrence),检测在不同时间段处推文中存在的关联规则。度量在时间 t 和时间 $t+1$ 处的推文中所发现的关联规则的相似性和差异性,以便将它们分类在一个规则模式(如涌现的规则)下。使用 Apriori 方法,生成规则动态模式中的各项改变。涌现规则的检测(如菲律宾的台风等灾难的突发新闻)可以触发灾难应急组织的一项即时行动。它还可以作为这种组织的决策支持工具,用于如何确定灾难应急组织的服务优先级。灾难新闻经常在一个早期阶段在推文中产生涌现规则,可以称为一次快速规则涌现。这个规则的涌现可导致全球新闻媒体的大范围广播。

7.5 基于事务的规则改变挖掘的演化

基于事务的规则改变挖掘是一个框架,用于在不同时期的推文中定义规则改变模式。将关联规则挖掘的 Apriori 算法应用到 t 和 $t+1$ 的推文中的主题标签,生成两个关联规则集。在 Adedoyin-Olowe 等人(2013)的工作中,使用基于事务的规则改变挖掘检测推文中的四条(时间上)动态规则。所确定的四个规则是新规则、意外规则、涌现规则和失效规则。通过匹配在两个时间段 t 和 $t+1$ 处推文中存在的规则,得到这些规则。二进制向量 0 和 1 被用作规则匹配阈值(RMT),其中 0 表示规则不相似,1 表示规则相似。开发相似度和差异度量指标,来检测规则中的改变度,如图 7.2 所示。根据四个确定的规则相应地对改变进行分类。基于事务的规则改变挖掘揭示了存在于推文中关联规则的动态性,并说明了所研究的不同类型的规则动态性之间的联系。Adedoyin-Olowe 等人(2013)进行的实验研究表明,推文主题标签中存在的规则是随时间的推移而演化的,产生了所谓的规则趋势(Rule trend)。

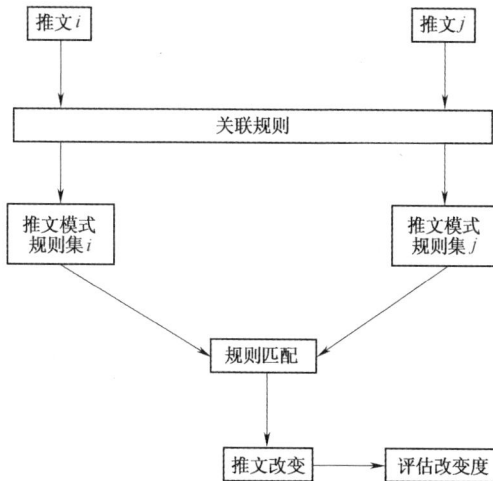

图 7.2 推文改变发现的过程

7.5.1 基于事务的规则改变挖掘规则的定义

在推文中出现**意外的后续改变**($p_{ij} \geqslant thp_{ij}$ 和 $q_{ij} \geqslant thq_{ij}$)。当 r_j^t 和 r_j^{t+1} 中的两个规则具有类似的条件部分但不同的后续部分时,度量值大于 0(如 0.10),就出现这种情况。

推文中的**意外条件改变**($p_{ij} < thp_{ij}$ 和 $q_{ij} \geqslant thq_{ij}$)。当在 r_j^t 和 r_j^{t+1} 处的规则的后续部分相似,但条件部分不同时,发生这种改变。如果绝对差值度量小于 0,则后续部分是相似的,而条件部分不同。另一方面,如果差异度量的绝对值大于 0,则称发生了一次意外的条件改变。

推文中涌现的新改变($p_{ij} \geqslant thp_{ij}$ 和 $q_{ij} > thq_{ij}$)。当在时间 t 和 $t+1$ 处的两个主题标签具有类似的条件和后续部分时,就发现涌现规则。在这种情况下,相似性度量一定大于用户定义的阈值。

新规则。直到发现一条匹配规则之前,所有规则都是“新的”。在时间 $t+1$ 处的每个主题标签与时间 t 处的所有主题标签完全不同($p_{ij} < thp_{ij}$ 和 $q_{ij} < thq_{ij}$)。然而,当在 t 的任何部分中发现一次匹配时,这种情况就发生改变。

失效规则。出现失效规则与新规则的检测是相反的。如果 $t+1$ 中的所有规则的最大相似性度量小于用户定义的阈值($p_{ij} < thp_{ij}$ 和 $q_{ij} < thq_{ij}$),则 t 中的一条规则标记为失效的。在推文主题标签中检测到的四条已定义规则(图 7.3),可用于分析推文中存在的关联规则的趋势。

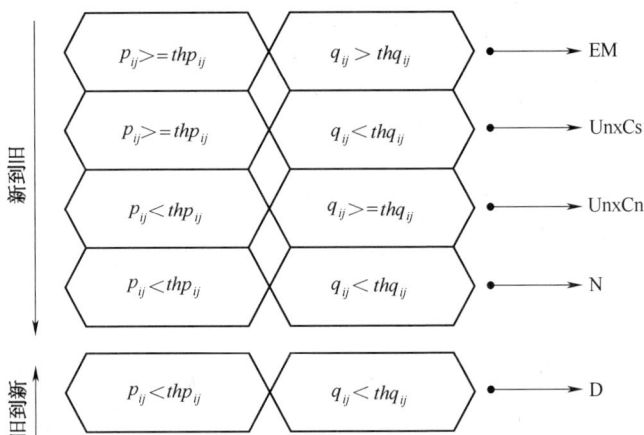

图 7.3 基于事务的规则改变挖掘

7.6 使用基于事务的规则改变挖掘规则类型识别(TRCM-RTI),分析推文趋势

Twitter 数据的趋势分析是分析推文主题标签中存在的规则在一段时间上的演化。趋势分析的最终目标是能够追溯一条规则的起源(规则跟踪)。一条规则 $X=>Y$ 实际上可能已经作为 $A=>B$ 启动,并且随着时间的推移,规则意外地发生了演化。$X=>Y$ 和 $A=>B$ 之间的时间帧可依据如下因素而改变,即这些因素可能影响不同时间点的规则状态。时间帧窗口描述了在推文主题标签中发现的不同的演化链/序列规则状态,以主题标签在网络的整个生命周期中加以度量。影响规则时间框架的因素,包括与正在进行的事件有关的意外发现。这样的发现可以延长或缩短一个主题标签的寿命。在 Gomes 等人(2013)的工作中,应用 TRCM-RTI 来学习推文主题标签在一个连续时段上的规则趋势。创建时间帧窗口以说明可应用于实际中新闻和事件演化的不同规则模式。时间帧窗口用于计算 Twitter 上特定主题标签的寿命,并将主题标签与现实生活中相关事件的寿命相关联。实验研究结果表明,推文主题标签的寿命与现实中新闻和事件的演变相关。

7.6.1 规则趋势分析

规则趋势分析表明,一条规则链/序列,是该规则在 Twitter 网络上演化期间度量的。规则可以通过在每个时间帧窗口中呈现不同的状态来演化,而另一规则可以在连续的演化周期中保持多于一个时间帧窗口的状态。在另外一些趋势中,规则可以演化回到演化过程中先前出现的状态。虽然大多数规则最终都失效了,但有些规则可能不会终结于这个状态;即使这样的规则变成静态的,他们仍将存在于Twitter网络上。正在演化的规则与趋势新闻主题的更新是同义的,并且演化规则的模式可与现实生活场景中的新闻更新内容发生联系。在表7.3中的形式化中说明了推文中趋势分析的规则模式的不同演化情况。

表 7.3　正在演化的规则模式

T	度量一个规则状态的总时间间隔
C_t	规则分类
C_tN	新规则
$C_tU_t^i$	意外的条件规则
C_t^jt	意外的后续规则
C_tE	涌现的规则
C_tD	失效的规则
TFW	时间帧窗口数

7.6.2　推文中正在演化规则的时间帧窗口

时间帧在推文的趋势分析中起着重要作用。虽然从新规则演化为意外规则,一条规则可能需要很短的时间,但是另一规则可能需要较长时间才从一个规则模式演化为另一个规则模式。另一方面,一条规则在成为新规则后可能直接就变为失效规则。这样的规则将呈现单个时间帧窗口(新-失效)。因为时间帧窗口对推文的趋势分析很重要,所以对现实生活中的新闻更新,时间帧窗口也很重要。在图7.4中,序列 A 给出了这样一条规则,在它成为失效规则之前,它在47天的时间帧周期内以及在4个时间帧窗口中是如何演化的。该规则具有 C_tN, $C_tU_t^i$, C_t^jt, C_tE, C_tD 的时间帧序列。在序列 B 中,该规则没有进入失效规则状态。它第二次回到(假定处于) C_tE 状态,并在112天的时间帧周期上演化,此时有3个时间帧窗口。最后,序列 C 给出这样一条规则,它仅一次从 C_tN 演化到 C_tE ,然后在121天的时间帧周期和2个时间帧窗口之后演化到 C_tD 。图7.4中的所有序列解释了现实中的事件/偶发事件如何影响规则的动态。当我们考虑一些事件的演化序列以及它们在一些状态保持多长时间时,该图还说明了一些事件在现实生活中的重要性。理解推文主题标签中规则演化的趋势分析,就使不同实体(如名人、新闻媒体、政府机构等)能够更好地理解推文并充分地利用推文内容,作为决策支持工具或进行信息检索。

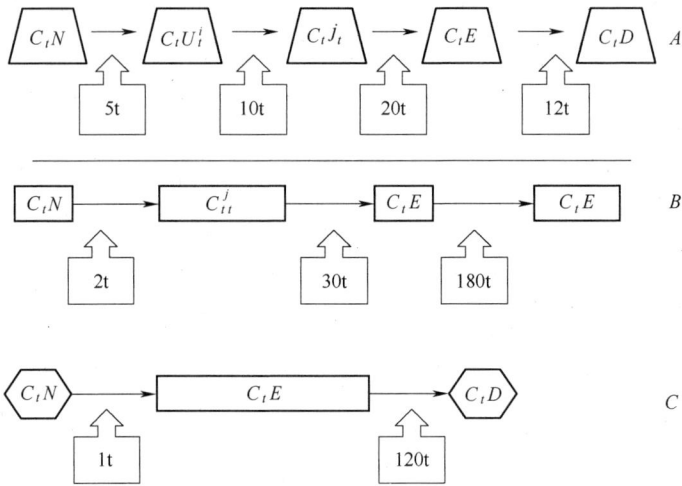

图 7.4　正在演化的规则的链/序列

7.6.3　新闻和主题标签, 哪个先出现? ——"TwO -NwO"状态

Twitter 用户经常就实时事件发表推文或在网络上传播现场信息。这样的推文可以触发新闻记者报道事件/信息, 如图 7.5 所示。这种情况的一个例子是本章前面提到过的惠特尼·休斯顿的死亡新闻。

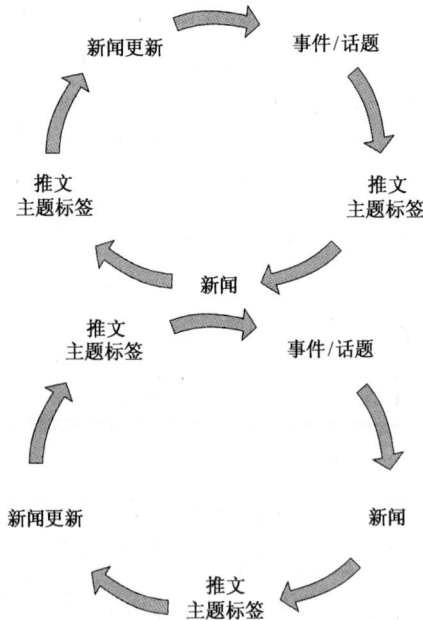

图 7.5　哪个先出现

在这种情况下,推文是在新闻出现之前出现的——推文起源的(tweet-originated)。另一方面,由新闻记者报道的事件或主题可能导致 Twitter 用户在新闻中添加主题标签关键字,同时通过 Twitter 网络表达他们对主题的意见/情感,称这样的主题为新闻起源的(news-originated)。对主题(推文起源的或新闻起源的)表达的意见/情感,可能接下来产生对较早新闻报道的新闻更新链,称为"TwO-NwO"状态。

7.7 实证评估

Twitter 用户发布各种主题的推文,从个人日常活动、关于地方和国家事件的信息到突发新闻各方面的都有。Twitter 以高速率传输数据,使该网络成为"大数据"生成器。为检索有用内容而分析 Twitter 数据,已经成为许多利益相关者(包括大企业组织和传统新闻媒体)的一个关注点。Twitter 成为一些个人和其他实体的一个非官方新闻媒体。不同的实体,在他们的决策过程中,有时会依赖在线张贴的推文。然而值得注意的是,并不是所有的推文都携带有形(有用)的信息,因此为对推文进行分析和使用,有必要过滤那些内嵌有人们所急需信息的推文。除了在网络上构成噪声的无形(无用)推文之外,不合适的主题标签推文也对嵌入在推文中的重要信息的丢失负有一定责任。

我们还观察到,基于正被推送话题的演化,用户替换在特定推文中使用的主题标签。关于一个本地事件的推文,可能触发一项全球讨论,从而导致主题标签的替换。这个消息在当地开始讨论,后来成为全球新闻。因为与事件相关的新闻继续演化,所以当事件逐步展开时,Twitter 用户使用的主题标签发生改变。然而,情况并不总是这样,因为 Twitter 用户有时不能快速更新推文中使用的主题标签,即使他们的推文内容改变时也是如此。重复地推送相同的推文会导致基于事务的规则改变挖掘规则类型识别多次检测到同一组主题标签(但处在相同的 AR 模式中)。

考虑这些挑战,RTI-Mapping 的目标是:①提取满足如下条件的推文主题标签,它们与用户指定的关键字共存,并且满足最小支持和置信度;②在两个不同时间段,将关联规则挖掘的 Apriori 应用到主题标签集,以使用规则匹配方法识别推文中存在的关联规则模式;③将正在演化的关联规则与在现实生活中相关的正在演化的新闻进行映射;④跟踪由传统新闻媒体传播的演化新闻的更新。实验结果将提供一种自动化方法来检索不断演变的新闻和新闻更新信息,支持 Twitter 用户检测和跟踪演化的新闻和更新,而无需访问实验中定位的传统新闻媒体的网站。本质上,现实生活中的事件通常都正在进行,并且要求新闻媒体及时地传播这些新闻的更新。为使他们的观众跟踪了解事件是如何展开的,新闻媒体都要更新事件/事件新闻。RTI-Mapping 将为用户提供一种快速、有用和高效的方式自动同步新闻更新。

7.7.1 实验设置

数据:在进行初步实验时,使用推文的一个小样本数据集。给定一个主题"#Shutdown",算法首先从一个指定时间 t 和 $t+1$ 内的推文中提取与"#Shutdown"同时出现的所有主题标签:

*tweets*0 <-searchTwitter('#Shutdown', since = '2013-07-15', until = '2013-07-16',...")

*tweets*1 <-searchTwitter('#Shutdown', since = '2013-07-17', until = '2013-07-18',...")

接下来,使用关联规则挖掘的 apriori 算法在两个周期(r0,r1)处获得关联规则,并对存在于 t 和 $t+1$ 处的规则,将用户定义的支持和置信参数设置为 supp = 0. 01,conf = 0. 05,target =rules。设置支持和置信参数,使得可提取强关联规则,同时不会由于高支持和置信设置而丢失感兴趣的规则。该设置提高了 RTI-Mapping 的性能准确度。为使用规则匹配阈值(RMT)检测在时间 $t+1$ 的基于事务的规则改变挖掘,对规则左侧和右侧的主题标签(lhsT 和 rhsT)实施匹配。在 r1(sim_lhs> =lhsT)的 LHS(左侧/条件部分)中检测到规则相似性的情况下,那么称发生了意外的后续规则演化。然而,如果在 r1(sim_rhs> =rhsT)的 RHS(右侧/随后部分)中检测到相似性,则发生了意外的条件规则演化。请注意,意外的后续规则和意外的条件规则演化,在现实生活中是相同的,因此被视为一个演化规则模式。另一方面,当规则的 lhs 和 rhs 存在相似性(sim_lhs> =lhsT&sim_rhs> =rhsT)时,发生新规则演化。

注释(Annotation):在现实中用演化的新闻和新闻更新,映射推文中的演化关联规则,对此做注释是手动完成的。类似于 Becker 等人(2011)的工作,对 $t+1$ 中的演化规则进行聚类,并分类为意外的后续规则、意外的条件规则和涌现规则。然后将 RTI-Mapping 应用于演化的关联规则聚类中存在的所有主题标签。对于在所审查的每个案例研究中检测到的每条演化规则,所检测到的关联规则中所有主题标签关键词的组合,用作所选中新闻媒体在线新闻数据库中的搜索词。RTI-Mapping 揭示,在涌现规则聚类内的主题标签,大多是突发新闻,这描述了这样的主题标签令人感兴趣的地方。本节中的四个案例研究,用于验证实验的有效性。

在这个实验中考虑涌现规则和意外规则,原因在于它们是正在演化的关联规则,可最好地描述现实生活新闻和新闻更新的动态。如本章前面所定义的,直到在 t 处的推文中找到匹配之前, $t+1$ 中的所有规则都是新闻。因此,不在实验中对新规则进行聚类。

7.7.2 实验性的案例研究

案例研究 7.1 ——#Woolwich–2013 年 5 月 22 日,一名英国士兵在伦敦东南部 Woolwich 被谋杀,成为一条全球新闻,此时 Twitter 用户在与该事件相关的推文中包括不同的以"#"为前缀的主题标签。#Woolwich 用作实验的关键字。#Woolwich 事件前 7 天内进行的 TRCM-RTI 实验,揭示了一些涌现规则和意外规则。"#EDL =>#Woolwich"和"#Benghazi =>#Woolwich"分别演化为涌现规则和意外规则。这些规则被用作关键字来搜索"The Telegraph"(卫报)报纸的在线版本。在 2013 年 5 月 22 日和 2013 年 5 月 25 日检测到的关联规则,映射到 2013 年 5 月 23 日和 2013 年 6 月 30 日的"The Telegraph"(卫报)报纸的新闻标题和新闻更新,如图 7.6 所示。

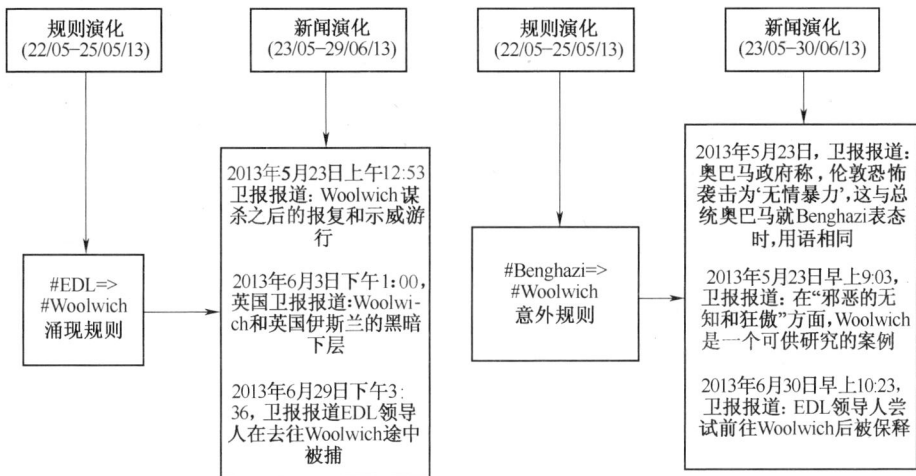

图 7.6 规则映射 1

7.7.2.1 案例研究 1 的分析

在 2013 年 5 月 22 日和 2013 年 5 月 25 日期间,"#EDL=>#Woolwich"演化为涌现规则,该规则被映射到 Twitter 网络上规则演化期间和之后"The Telegraph"(卫报)报纸上的新闻标题。映射到"#EDL =>#Woolwich"的第一条新闻条目的日期为 2013 年 5 月 23 日上午 12:53,标题为"*Retaliations and Demonstrations Follow Woolwich Murder*"(Woolwich 谋杀之后的报复和示威游行)。RTI-Mapping 跟踪了 2013 年 6 月 3 日的一次新闻更新,标题为"*Woolwichand the dark underbelly of British Islam*"(Woolwich 和英国伊斯兰的黑暗下层)。截至 2013 年 6 月 29 日,跟踪了有关 EDL 游行示威的另一条更新,标题为"*EDL Leaders Arrestedduring March toWool-*

wich"(EDL 领导人在去往 Woolwich 途中被捕)。

另一方面,实验期间,"#Benghazi =>#Woolwich"在 Twitter 上演化为意外规则。"Benghazi"和"Woolwich"用作搜索词,并映射到"*The Telegraph*"(卫报)的新闻标题。关于"#Benghazi =>#Woolwich"的第一条新闻被映射到 2013 年 5 月 23 日标题为"*Obama Administration Calls London Terror Attack 'Senseless Violence' theSame Language President Obama used over Benghazi*"(奥巴马政府称,伦敦恐怖袭击为"无情暴力",这与总统奥巴马就 Benghazi 表态时用语相同)。同一天下午 9:03(英国时间),卫报中的一条更新被映射到标题"*Woolwichwas a Case Study in the Banality' and the Idiocy ' of Evil*"(在"邪恶的无知和狂傲"方面,Woolwich 是一个可供研究的案例)。最后一条更新被映射到 2013 年 6 月 30 日 16:23(英国时间)的新闻标题"*EDL leaders bailedafter attempted march toWoolwich*"(EDL 领导人尝试前往 Woolwich 后被保释)。

7.7.2.2 案例研究 2-#GayMarriage(同性恋婚姻)

2013 年,在世界许多国家,有关同性恋婚姻的辩论变得非常激烈。宗教团体、其他团体和个人对在欧洲和美国等一些国家通过同性恋婚姻合法化法案,表达了他们的意见。虽然许多非洲国家驳回了同性恋婚姻立法,但是包括英格兰和威尔士在内的政府法案于 2013 年在下议院获得通过。2013 年 6 月 1 日至 6 月 4 日期间在"#Gaymarriage"(同性恋婚姻)上实施的 RTI-Mapping 实验,揭示出一些不断演化的关联规则。"#gayrights => #gaymarriage"和"#political parties => #gaymarriage"演化为意外规则,这些规则被映射到 2013 年 6 月 4 日至 6 月 27 日的 BBC 政报在线新闻(*The BBC Politics online News*),如图 7.7 所示。

7.7.2.3 案例研究 2 的分析

2013 年 6 月 4 日,标题为"*Gay marriage bill: Lord debatewrecking amendment*"(同性恋婚姻法案:勋爵(Lord)辩论破坏修正案)和"*QA: Gay marriage*"(QA:同性恋婚姻)的两条 BBC 新闻被映射到"#gayrights =>#gaymarriage"。前者是凌晨 2:10 报道的,同一天 17:03 另一条新闻更新标题为"*Gay marriage paves ways for polygamy, says LordCarey*"(Carey 勋爵说同性恋婚姻是为一夫多妻制铺路的,"被映射到相应规则。在 24 小时内,映射到了另一条新闻更新,标题为"*Gay marriagebill: Peers back government plans*"(同性恋婚姻法案:该立法违背政府计划)。

2013 年 6 月 27 日 02:53,BBC 美国和加拿大新闻(BBC US and Canada news)报道的一条新闻更新,标题为"*US Supreme Court in historicrulings on gay marriage*"(美国最高法院关于同性恋婚姻的历史性裁决),也被映射到"#political parties =>#gaymarriage"。后来在同一天 BBC 苏格兰新闻(*The BBC, Scotland*)更新了一条相关新闻,标题为"*Scotland's gay marriage billpublished at Holyrood*"(Holyrood(荷里

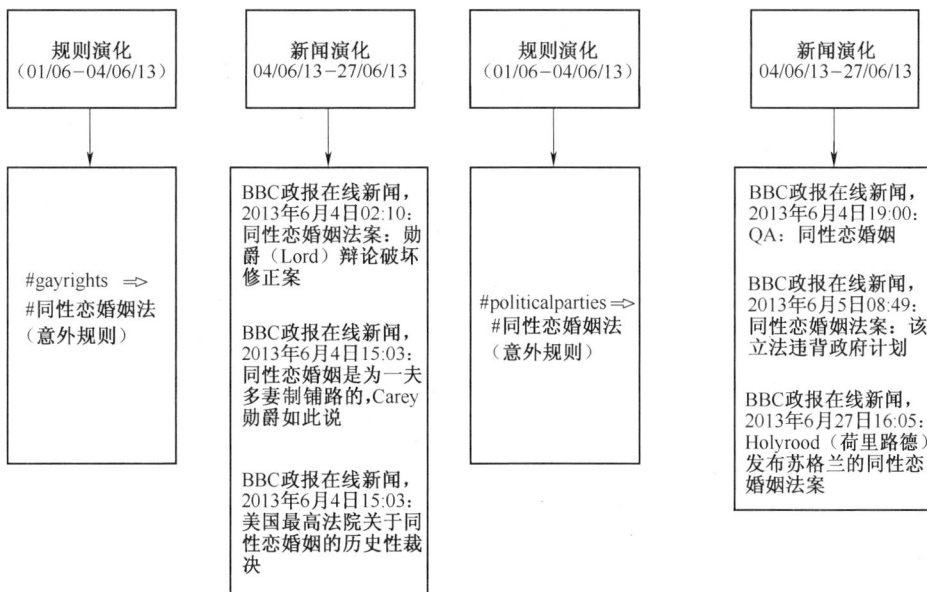

规则演化 （01/06−04/06/13）	新闻演化 04/06/13−27/06/13	规则演化 （01/06−04/06/13）	新闻演化 04/06/13−27/06/13
#gayrights ⇒ #同性恋婚姻法 （意外规则）	BBC政报在线新闻， 2013年6月4日02:10： 同性恋婚姻法案：勋爵（Lord）辩论破坏修正案 BBC政报在线新闻， 2013年6月4日15:03： 同性恋婚姻是为一夫多妻制铺路的，Carey勋爵如此说 BBC政报在线新闻， 2013年6月4日15:03： 美国最高法院关于同性恋婚姻的历史性裁决	#politicalparties ⇒ #同性恋婚姻法 （意外规则）	BBC政报在线新闻， 2013年6月4日19:00： QA：同性恋婚姻 BBC政报在线新闻， 2013年6月5日08:49： 同性恋婚姻法案：该立法违背政府计划 BBC政报在线新闻， 2013年6月27日16:05： Holyrood（荷里路德）发布苏格兰的同性恋婚姻法案

图 7.7　规则映射 2

路德）发布苏格兰的同性恋婚姻法案）。

7.7.2.4　案例研究 3–#Shutdown

美国联邦政府于 2013 年 10 月 1 日至 2013 年 10 月 16 日期间关门，大多数日常性的工作不能进行。政府关门是因为国会未能颁布 2014 年财政年度拨款的立法，或持续解决 2014 财政年度拨款的临时授权。2013 年 10 月 1 日和 4 日进行的 RTI-Mapping 实验，其中"#shutdown"作为关键字，检测 Twitter 上的一些涌现规则和意外规则。正如所料，所有发现的规则都指向美国政府关门风波。"#government => #shutdown"被映射到一些 CNN 新闻报道和更新，如图 7.8 所示。

7.7.2.5　案例研究 3 的分析

2013 年 10 月 1 日，标题分别为"*Shutdown：What happen next？*"（关门：接下来会发生什么？）和"*U. S. Government Shuts Down as Congress can't Agree on Spending Bill*"（国会不同意预算，美国政府关门）的两条新闻被映射到"#government => #shutdown"。CNNMoney 在美国政府关门不到 1 个小时的时间内报道了前一条新闻，而大约 3 个小时后 CNN 政报（CNN politics）报道了后一条新闻。2013 年 11 月 8 日，CNN 政报的另一条新闻更新，映射到"#government => #shutdown"。关联规则"#Shutdown => #PlannedParenthood"意外地发生了演化，映射到 CNN 新闻报，标题为"*In Shutdowns，an Attack onWomen's Health*"（在政府关门期间，对女性健康的

191

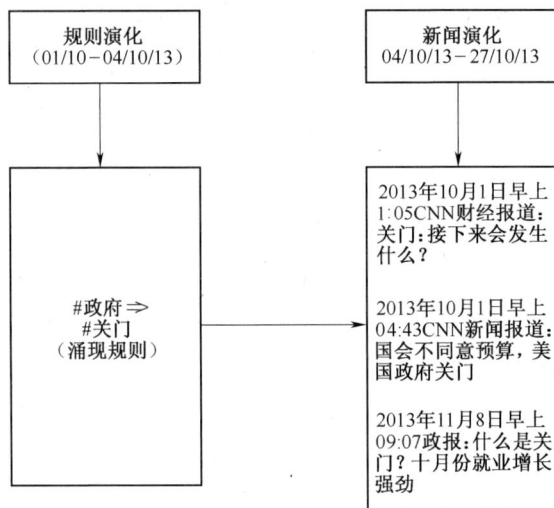

```
┌──────────────┐                    ┌──────────────┐
│   规则演化    │                    │   新闻演化    │
│(01/10-04/10/13)│                    │04/10/13-27/10/13│
└──────┬───────┘                    └──────┬───────┘
       │                                   │
       ▼                                   ▼
┌──────────────┐            ┌──────────────────────┐
│              │            │2013年10月1日早上      │
│              │            │1:05CNN财经报道:       │
│              │            │关门:接下来会发生      │
│              │            │什么?                  │
│   #政府 =>   │            ├──────────────────────┤
│   #关门      │───────────>│2013年10月1日早上      │
│  (涌现规则)  │            │04:43CNN新闻报道:      │
│              │            │国会不同意预算,美      │
│              │            │国政府关门             │
│              │            ├──────────────────────┤
│              │            │2013年11月8日早上      │
│              │            │09:07政报:什么是关     │
│              │            │门?十月份就业增长      │
│              │            │强劲                   │
└──────────────┘            └──────────────────────┘
```

图 7.8　规则映射 3

一次攻击)是在 2013 年 10 月 1 日 14:02 GMT(格林尼治标准时间)报道的。

7.7.3　案例研究

商业新闻(与前三个案例研究不同)不是基于任何事件或偶发事件的。检测到的规则也被映射到 BBC 新闻报上的商业新闻条项。如图 7.9 所示,在实验开始之前,正在发生有关"#BusinessNews"的一些新闻。然而,在实验过程中,"#Sprint-Nextel => #BusinessNews"在 Twitter 上出人意料地发生了演化,这是因为当时一家日本公司(软银(Softbank))接管了 Sprint 公司(美国最大的跨州通信(intercom)公司)。

7.7.3.1　案例研究 4 的分析

2013 年 5 月 29 日,BBC 新闻报道,软银获得美国国家安全许可,以 72 亿美元收购 Sprint Nextel 的 70% 股权,标题为"*Sprint-Softbank gets US national security clearance*"(Sprint-软银获得美国国家安全许可)。该新闻的一次更新被映射到 2013 年 6 月 11 日的"#SprintNextel => #BusinessNews",标题为"*Softbank Sweetens Offer for Sprint Nextel Shareholders*"(软银甜蜜地向 Sprint Nextel 股东伸出橄榄枝)。2013 年 6 月 19 日,新闻演化为标题"*Dish Network abandons bid for Sprint Nextel*"(卫星地面接收网络公司(Dish Network)放弃对 Sprint Nextel 的投标)。接下来,2013 年 6 月 26 日,出现了另一条更新,标题为"*SprintNextel shareholders approve Softbank Bid*"(Sprint Nextel 股东批准软银投标)。案例研究中的最后一个映射是

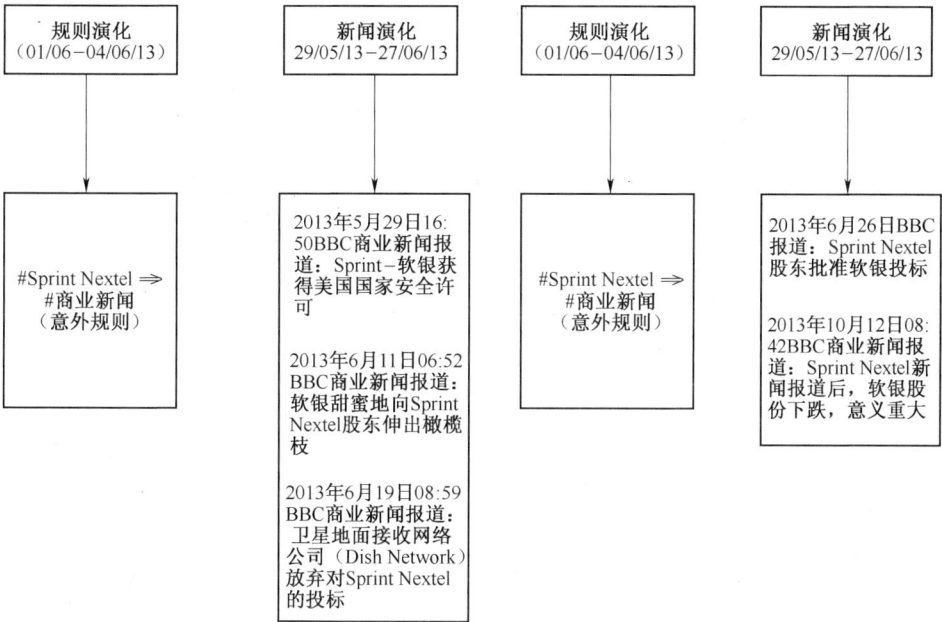

图 7.9　规则映射 4

在 2013 年 10 月 12 日完成的,标题为 "*Softbank Shares Plunge on News of Sprint Nextel talks*" (Sprint Nextel 新闻报道后,软银股份下跌,意义重大)。所映射的所有新闻条目,都包括含关键字 "Sprint Nextel" 和在 Twitter 上检测为关联规则的商业新闻。

7.8　结论

　　与在其他社交媒体上的使用情况相比,主题标签最常用在推文中。本章使用了称为 RTI-Mapping 的一种新颖方法,将在两个连续的时间段 t 和 $t + 1$ 处推文主题标签中识别出的关联规则,映射到由三家在线传统新闻媒体报道的演化新闻。本章解释了 "TwO – NwO" 的情况。TwO 是从 Twitter 网络发起的新闻,NwO 是由新闻媒体发起的新闻。这种消息的一个例子是在事件发生的现场实时推送的新闻。如 7.6 节所述,由在线发布的推文所触发的新闻可以标记为 Twitter 发起的主题。然而,由于许多原因,静态规则、演化的新闻状况可能包括了由推送者更新的主题标签。

　　将推文主题标签中的关联演化,链接到现实生活新闻,这说明了 Twitter 上的规则演化可由 Twitter 上生成的 "大数据" 增强快速信息检索功能。如果在必要时

193

更新了主题标签,它还可以增强及时的新闻更新。关联规则演化映射到现实中的新闻演化,就从"大数据"中检索信息而言,被认为是推文的好处之一。

7.8.1　未来工作

在本章中进行的初步实验,使用小样本数据集(推文)来演示如何使用 RTI-Mapping 技术,将推文主题标签中的关联规则映射到现实中演化的新闻主题。当新闻更新在目标传统新闻媒体的新闻中进行演化时,该技术可跟踪这些新闻更新。在实验中,RTI-Mapping 能够将所有在推文主题标签中检测到的关联规则,映射到由传统新闻媒体在现实中报道的新闻条目。将使用 Seeders 和 topsy. com 的大型数据集(推文)进行以后的实验。Seeders 已经成为 Twitter 的一个不可分割的组成部分,并将用于未来的实验,以便快速找到有价值的新闻。另一方面,Topsy. com 一直是从 Twitter 的噪声中提取有意义的推文的一个很好来源。2013 年,Topsy. com、Topsy Pro 和 Topsy API 开始提供 Twitter 上公开推文,这整个历史数据中就包括 Jack Dorsey 在 2006 年 3 月推送的第一条推文。从 seeder 和 topsy. com 输入(sourcing)推文,将提供提取高质量新闻推文的机会,并最小化 Twitter 网络上的噪声(这些噪声是由非事件型推文加以刻画的)。基于事务的规则改变挖掘将应用于推文主题标签,以检测在 t + 1 处的演化关联规则。对检测到的演化规则实施聚类,聚类中的关键词随后将被映射到由目标传统新闻媒体报道的演化新闻。为以自动方式检测和跟踪新闻,对分类器进行训练。每当存在与检测到的对应关联规则相关的一条信息更新时,系统将发送提示。提示将列出:标题主题、更新日期和时间、更新新闻的新闻媒体名称以及新闻更新的次数。

参考文献

Adedoyin-Olowe, M., Gaber, M. M., Stahl, F.: TRCM: A methodology for temporal analysis of evolving concepts in twitter. In: Rutkowski, L., Korytkowski, M., Scherer, R., Tadeusiewicz, R., Zadeh, L. A., Zurada, J. M. (eds.) ICAISC 2013, Part II. LNCS, vol. 7895, pp. 135-145. Springer, Heidelberg (2013)

Agarwal, P., Vaithiyanathan, R., Sharma, S., Shroff, G.: Catching the long-tail: Extracting local news events from twitter. In: Proceedings of Sixth International AAAI Conference on Weblogs and Social Media, Dublin, June 4-7, pp. 379-382. ICWSM (2012)

Aggarwal, C. C.: An introduction to social network data analytics. Springer (2011)

Agichtein, E., Castillo, C., Donato, D., Gionis, A., Mishne, G.: Finding high-quality content in social media. In: Proceedings of the 2008 International Conference on Web Search and Data Mining, pp. 183-194. ACM (2008)

Becker, H., Iter, D., Naaman, M., Gravano, L.: Identifying content for planned events across social media sites. In: Proceedings of the Fifth ACM International Conference on Web Search and Data Mining, pp. 533-542.

ACM (2012)

Becker, H., Naaman, M., Gravano, L.: Beyond trending topics: Real-world event identification on twitter. In: ICWSM, vol. 11, pp. 438–441 (2011)

Bizer, C., Boncz, P., Brodie, M. L., Erling, O.: The meaningful use of big data: four perspectives-four challenges. ACM SIGMOD Record 40(4), 56–60 (2012)

Bloem, J., VanDoorn, M., Duivestein, S., van Ommeren, E.: Creating clarity with big data. Sogeti VINT, Sogeti 3rd edn. (2012)

Bollier, D., Firestone, C. M.: The promise and peril of big data. Aspen Institute, Communications and Society Program, Washington, DC (2010)

Cataldi, M., Di Caro, L., Schifanella, C.: Emerging topic detection on twitter based on temporal and social terms evaluation. In: Proceedings of the Tenth International Workshop on Multimedia Data Mining, p. 4. ACM (2010)

Chakrabarti, D., Punera, K.: Event summarization using tweets. In: Proceedings of the 5th International Conference on Weblogs and Social Media, Barcelona, July 17–21, pp. 66–73. ICWSM (2011)

Evans, D.: Social media marketing: the next generation of business engagement. John Wiley& Sons (2010)

Gomes, J. B., Adedoyin-Olowe, M., Gaber, M. M., Stahl, F.: Rule type identification using trcm for trend analysis in twitter. In: Research and Development in Intelligent Systems XXX, pp. 273–278. Springer (2013)

Henno, J., Jaakkola, H., M¨akel¨a, J., Brumen, B.: Will universities and university teachers become extinct in our bright online future? In: 2013 36th International Convention on Information & Communication Technology Electronics & Microelectronics (MIPRO), pp. 716–725. IEEE (2013)

Jansen, B. J., Zhang, M., Sobel, K., Chowdury, A.: Twitter power: Tweets as electronic word of mouth. Journal of the American Society for Information Science and Technology 60(11), 2169–2188 (2009)

Kaplan, A. M.: If you love something, let it go mobile: Mobile marketing and mobile socialmedia 4x4. Business Horizons 55(2), 129–139 (2012)

Kaplan, A. M., Haenlein, M.: The fairyland of second life: Virtual social worlds and how to use them. Business Horizons 52(6), 563–572 (2009)

Kwak, H., Lee, C., Park, H., Moon, S.: What is twitter, a social network or a news media?. In: Proceedings of the 19th International Conference on World Wide Web, pp. 591–600. ACM (2010)

Labrinidis, A., Jagadish, H.: Challenges and opportunities with big data. Proceedings of the VLDB Endowment 5(12), 2032–2033 (2012)

Liu, D.-R., Shih, M.-J., Liau, C.-J., Lai, C.-H.: Mining the change of event trends for decision support in environmental scanning. Expert Systems with Applications 36(2), 972–984(2009)

Lynch, C.: Big data: How do your data grow? Nature 455(7209), 28–29 (2008)

Mathioudakis, M., Koudas, N.: Twittermonitor: trend detection over the twitter stream. In:Proceedings of the 2010 ACM SIGMOD International Conference on Management of Data, pp. 1155–1158. ACM (2010)

Okazaki, M., Matsuo, Y.: Semantic twitter: Analyzing tweets for real-time eventnotification. In: Breslin, J. G., Burg, T. N., Kim, H.-G., Raftery, T., Schmidt, J.-H. (eds.) BlogTalk 2008/2009. LNCS, vol. 6045, pp. 63–74. Springer, Heidelberg (2010)

Osborne, M., Petrovic, S., McCreadie, R., Macdonald, C., Ounis, I.: Bieber no more: First story detection using twitter and wikipedia. In: the Workshop on Time-aware Information Access. TAIA, vol. 12 (2012)

Pak, A., Paroubek, P.: Twitter as a corpus for sentiment analysis and opinion mining. In:Proceedings of Seventh International Conference on Language Resources and Evaluation,LREC, Malta, May 17–23, pp. 1320–1326. LREC (2010)

Pang, B. , Lee, L. : Opinion mining and sentiment analysis. Foundations and Trends in Information Retrieval 2, 1–135 (2008)

Parameswaran, M. ,Whinston, A. B. : Social computing: An overview. Communications of the Association for Information Systems 19(1) , 37 (2007)

Petrovi'c, S. , Osborne, M. , Lavrenko, V. : Streaming first story detection with application to twitter. In: Human Language Technologies: The 2010 Annual Conference of the North American Chapter of the Association for Computational Linguistics, pp. 181–189. Association for Computational Linguistics (2010)

Phuvipadawat, S. , Murata, T. : Breaking news detection and tracking in twitter. In: 2010IEEE/WIC/ACM International Conference on Web Intelligence and Intelligent Agent Technology (WI-IAT), vol. 3, pp. 120–123. IEEE (2010)

Popescu, A. -M. , Pennacchiotti, M. : Detecting controversial events from twitter. In: Proceedings of the 19th ACM International Conference on Information and Knowledge Management,pp. 1873–1876. ACM (2010)

Qualman, E. : Socialnomics: How social media transforms the way we live and do business. John Wiley & Sons (2012)

Safko, L. : The Social media bible: tactics, tools, and strategies for business success. JohnWiley & Sons (2010)

Song, H. S. , Kim, S. H. : Mining the change of customer behavior in an internet shopping mall. Expert Systems with Applications 21(3) , 157–168 (2001)

Tang, L. , Liu, H. : Community detection and mining in social media. Synthesis Lectures on Data Mining and Knowledge Discovery 2(1) , 1–137 (2010)

Weng, J. , Lee, B. -S. : Event detection in twitter. In: The Proceedings of the International Conference on Weblogs and Social Media, Barcelona, July 17–21, pp. 401–408. ICWSM(2011)

Zhao, D. , Rosson, M. B. : How and why people twitter: the role that micro-blogging plays in informal communication at work. In: Proceedings of the ACM 2009 International Conferenceon Supporting Group Work, pp. 243–252. ACM (2009)

第8章 基于混合容差粗糙集的社交标签系统智能方法研究

H. Hannah Inbarani 和 S. Selva Kumar

摘要 大数据分析的主要挑战是在短时间内生成大量的数据,如社交标签系统。随着互联网的广泛使用,诸如 BibSonomy 和 del.icio.us 等的社交标签系统逐渐流行起来。社交标签系统是注释 Web 2.0 资源的一种流行方式。社交标签系统支持用户使用自由形式(无形式约束)的标签,注释万维网资源。标签广泛用于解释和分类 Web 2.0 资源。标签聚类是将类似标签分组成聚类的过程,对搜索和组织 Web2.0 资源非常有用,对社交标签系统的成功也很重要。因为标签空间在几个社交书签标记网站中非常庞大,所以聚类标签数据的过程是非常繁琐的。由此,与聚类整个 Web 2.0 数据标签空间的做法不同,可以通过应用特征选择技术,在标签空间中选择足够频繁的一些标签用于聚类。特征选择的目标是从 Web 2.0 数据中确定边际打书签(marginal bookmarked)的 URL 子集,此时在表示原书签方面可保持适当的高准确度。本章使用无监督的快速精简特征选择算法,找到最常见的标记书签集,同时提出容差粗糙集(TRS)方法与元启发式聚类算法杂交的使用方法。所提出的方法有混合容差粗糙集和 K 均值聚类(TRS-K-均值)、混合容差粗糙集和粒子群优化(PSO)K 均值聚类算法(TRS-PSO-K-均值)以及混合容差粗糙集-粒子群优化-K-均值-遗传算法(TRS-PSO-GA)。这些智能方法自动地确定聚集的数量。接下来,将这些方法与社交标签系统的 K-均值基准算法进行了比较。

H. Hannah Inbarani · S. Selva Kumar

Department of Computer science, Periyar University, Salem−636011

e-mail: hhinba@ gmail.com, info_selva@ yahoo.co.in

© Springer International Publishing Switzerland 2015

A.E. Hassanien et al.(eds.), *Big Data in Complex Systems*,

Studies in Big Data 9, DOI: 10.1007/978−3−319−11056−1_8

关键词 标签聚类,书签选择,$K-$均值,容差粗糙集(TRS),粒子群优化(PSO),遗传算法(GA)

8.1 引言

人们在网站的开发和使用方面,引入了一组称为 Web 2.0 的精工制作技术。Web 2.0 的出现和接下来社交网络网站(如 del. icio. us 和 Flickr)的成功,为我们引入了称为社交标签系统的新概念。从那时起,人们建立了支持对各种资源打标签的不同社交系统。给定一个特定的 Web 对象或资源,打标签是一名用户为一个对象分配一个标签的过程(Gupta et al.,2010)。社交标签是用户生成内容的最重要形式之一。打标签为用户们提供了注释、组织和优化资源的一种简单直观的方式。因此,大量的网站系统添加了打标签功能。社交标签系统是社交媒体的一个应用,成功地作为方便信息搜索和共享的一种手段。随着 Web 2.0 的快速增长,在社交网络的网站上标签数据变得越来越丰富。标签是由用户收集的,这些标签对用户在社交书签标记网站中的收藏或兴趣部分进行了概括(Heymann et al., 2008)。

可将打标签看作是将一个相关的用户定义关键字连接到一个文档、图片或视频的操作,这有助于用户更好地整理和分享他们的有趣内容集。这些标签是在社交书签网站中依用户的收藏或兴趣采集的。在社交标签系统中,打标签可以看作是诸如用户、资源和标签等实体链接的行为(Caimei et al.,2011),可帮助用户更好地了解和传播他们的有吸引力的对象集。当一名用户将一个标签应用于系统中的一项资源时,就形成用户、资源和标签之间的一种多边关系,如图 8.1 所示。

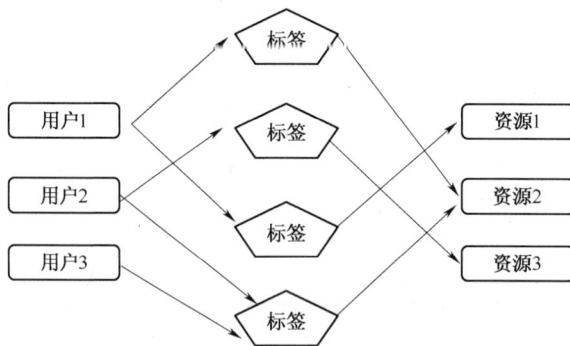

图 8.1 多边关系

在许多领域中,每天都会产生海量和复杂的数据。复杂数据是指体量相当庞大的数据集,庞大到传统数据库管理和数据分析工具不足以处理它们的程度。要管理和分析社交标签大数据,涉及社交标签大数据的结构、存储和分析等方面的许多不同问题(Azar and Hassanien 2014)。特征选择也称为降维,是选择高度相关特征的一个子集的过程,由之处理将来的分析(Inbarani et al.,2014a)。降维是消除噪声(即不相关)和冗余属性的一种流行技术。降维技术可以主要分类为特征提取和特征选择。特征选择是降维、删除不相关数据、提高学习准确性和提高结果可理解性的一种有效方法。在特征提取方法中,将特征投影到较低维度的一个新空间。特征选择方法旨在选择使得冗余最小化和目标书签相关性最大化的一个特征的小型子集。这两种降维方法都能够改善学习性能、降低计算复杂性、建立更好的概括模型和减少所需的存储空间。然而,因为特征选择在降维的空间中维持原特征值,所以在较好的可读性和可解释性方面,它是优越的,而特征提取将数据从原空间变换到具有较低维度的新空间,还不能与原空间中的特征发生联系。所以,对新空间的进一步分析是存在问题的,原因在于,从特征提取技术得到的变换特征是没有物理意义的。

社交标签系统的爆炸式流行,产生了堆积如山的高维数据,社交网络的性质也决定了其数据往往没有标签、带有噪声和不完整,这给特征选择带来了新的挑战。社交标签系统的性质也决定了每个视图经常是带噪声的和不完整的(Jiang et al.,2004)。特征选择(FS)是知识发现的一个重要部分,是尝试选择带有更多信息的特征的一个过程(Velayutham and Thangavel,2011)。特征选择分为监督类和非监督类。当数据的类标签可用时,监督特征选择是适用的,否则无监督特征选择是适用的(Jothi and Inbarani,et al. 2012)。在书签选择(BMS)中采用特征选择技术。书签选择的目标是从 Web 2.0 数据中找出一个边际打书签的 URL 子集,同时保持在表示原书签方面适当的高准确性(Kumar and Inbarani,et al. 2013a)。因为大量带噪声的、不相关或误导的书签添加到 Web 2.0 网站,所以书签选择是必须的。书签选择还用于增加聚类准确度,并减少聚类算法的计算时间。Web 2.0 用户生成的打标签书签数据,通常包含一些不相关的书签,应在知识提取之前删除这些数据。在数据挖掘应用中,决策类标签通常是未知的或不完整的。在这种情况下,无监督特征选择对选择特征起着至关重要的作用。在本章中,无监督快速精简(US-QR)方法用于选择打标签的书签,原因在于,不存在可用于 Web 2.0 打标签的书签数据的类标签。

聚类是数据挖掘中的重要任务之一。聚类是根据数据相似性将数据分组到有意义的聚集,在更高抽象级别上分析社交网络数据的一种方法。聚类是对大量数据的描述性建模的通用方法之一,使分析人员可聚焦于更高级别的数据表示。聚类方法分析和探索一个数据集,以便将对象关联到组中,使得每个组中的对象具有共同的特征。这些特征可以不同的方式表示:例如,人们可以将一个聚类中的对象描述为由一个联合分布生成的群体,或者描述为使与聚类质心的距离最小化的对象集(Kisilevich et al.,2010)。

数据聚类是统计数据分析的一种常用技术。聚类提供了将数据集分割成类似对象或数据聚类子集的方法。在实际使用聚类技术之前,首要任务是将手头的问题转换为可以被聚类算法使用的一种数值表示(Begelman et al.,2006)。聚类是在数据中找到相似性并将类似数据分组的过程(Kumar and Inbarani et al. 2013b)。聚类将一个数据集划分为若干组,使得组内的相似度大于组之间的相似度(Hammouda,et al. 2006)。标签聚类是将相似标签分组到同一个聚类的过程,这对于社交系统的成功是重要的。聚类标签的目标是从打标签的书签中找到频繁使用的标签。就标签聚类而言,基于与书签相关联的标签权重,聚类类似的标签(Kumar and Inbarani 2013a)。在本章中,实现了社会系统的混合容差粗糙集和 K 均值聚类(TRS-K 均值)、混合容差粗糙集和粒子群优化(PSO)K 均值聚类算法(TRS-PSO-K 均值)和混合容差粗糙集-粒子群优化-K-均值-基因聚类算法(TRS-PSO-GA)等算法和技术,并以一个 Delicious(del. icio. us(www. delicious. com))数据集对算法和技术进行了测试。基于诸如均方差量化误差(MSQE)和聚类内部距离和(SICD)的"聚类优度"等评估度量,比较了这些技术的性能。

建议要做的工作包括:

(1)数据提取:从 del. icio. us(www. delicious. com)获取数据,将数据集转换为矩阵表示。"Delicious"(del. icio. us)是用于存储、共享和确定 Web 书签的一项社交书签 Web 服务。

(2)数据格式化:数据格式化指根据以矩阵格式表示的标签权重,映射标签和书签。

(3)书签选择:书签选择是从与标签相关联的一个书签集中选择更有用的打标签书签的过程。

(4)标签聚类:根据与所选书签相关联的标签权重,对相关标签进行聚类。

本章后面的内容如下:8.2 节给出 Web 2.0 标签聚类和特征选择方面的一些相关工作,8.3 节介绍本项研究工作采用的方法,8.4 节报告了各项实验结果,8.5 节讨论了结论。

8.2　相关工作

本节简要回顾了特征选择和聚类技术。特征选择和聚类技术在社交数据分析中起着至关重要的作用。如果没有对数据进行预处理,就没有良好的挖掘结果,这点已被机器学习研究共同体所认同。从特征选择出发,改善标签聚类的性能(Mangai et al.,2012)。特征选择在数据挖掘过程中起着重要作用。

如果需要特征选择处理过多的特征,则可能成为学习算法的计算负担。即使当计算资源不稀缺时,特征选择也是有必要的,原因在于,它提高了机器学习任务的准确性。作为机器学习的预处理步骤,特征选择在降维、去除不相关数据、提高预测准确性以及改进结果可理解性方面是有效的。然而,近来数据维数的增加,在效率和有效性方面,对许多现有的特征选择方法提出了严峻的挑战(Jothi et al.,2013,Azar et al.,2013)。特征选择的优点有两个:一是大大减少了归纳(induction)算法的运行时间;二是提高了结果模型的精度。特征选择算法分为四类:①过滤方法;②包装(Wrapper)方法;③嵌入式方法;④混合方法。在过滤方法中,作为归纳的预处理步骤,实施特征选择。过滤方法独立于学习算法,具有良好的通用性。在包装方法中,特征选择"围绕"一个归纳算法,使得定义搜索的算子偏差和归纳算法的偏差相互作用。虽然包装方法受特征交互的影响较小,但运行时间过长使得这种方法在实践中不可行,尤其存在许多特征的情况下更是不可行的(Hu and Cercone,1999)。包装方法使用一种预先确定的学习算法的预测准确度,确定所选子集的良定性质,而学习算法的准确度通常是较高的。然而,所选特征的通用性是有限的,并且计算复杂度较大。嵌入式方法将特征选择作为训练过程的一部分加以集成,且通常特定于给定的学习算法而有所不同,因此可以比其他三个类别更有效。诸如决策树或人工神经网络的传统机器学习算法是嵌入式方法的示例。Bolón-Canedo(Bolón-Canedo et al.,2012)给出了综合数据特征选择方法的一项综述。混合方法是利用其他方法的组合找到特征子集的一种技术。混合方法比其他方法提供更好的准确性。

特征选择技术应用于标签聚类的书签选择(BMS)。书签选择是社交标签系统中的一个预处理步骤,在降维、减少不相关数据、提高学习准确度和提高完整性方面非常有效。书签选择旨在从社交标签系统域确定最小特征子集,同时在表示原特征方面保持适当的高准确度。粗糙集理论作为这样一个工具取得了巨大的成功。不要求单独使用额外信息的数据,粗糙集理论支持数据依赖关系的发现,同时支持减少数据集中所包含的属性数量(Parthalain and Jensen,2013)。使用粗糙集理论,Velayutham 等人提出了一种新的无监督快速精简(USQR)算法。在没有穷举地产生所有可能的子集的条件下,无监督快速精简算法试图计算一个 Reduct(精简)(Velayutham and Thangavel,2011)。

聚类是模式(观察结果、数据项或特征向量)到组(聚类)的无监督分类。多学科的研究人员解决了许多语境中的聚类问题,这反映了聚类作为探索性数据分析的步骤之一的广泛吸引力和有用性(Jain et al.,1999)。术语"聚类"在数个研究共同体中使用,以描述对未标记数据进行分组的方法。

Dattolo 提出了一种检测相似标签组和它们之间关系的方法(Dattolo et al.,2011)。作者们应用聚类过程,发现不同类别的相关标签,提出了在图内计算标签权重的三种方式:交集、Jaccard 和一种更复杂的方法(这种方法以一个向量空间表示考虑标签的附加分布度量)。在过去数年中,人们进行了在社交标签系统中使用聚类的多项研究。在(Xu et al.,2011)的工作中,Guandong Xu 给出基于相似性的标签聚类的工作示例,并提出用于标签聚类的称为核信息传播的一种聚类技术。

Begelman 给出几种聚类技术,并提供了有关 del. icio. us 和 Raw-Sugar 的一些结果,以证明聚类可以改善打标签体验(Begelman et al.,2006)。AndriyShepitsen 对标签聚类应用层次聚类(Shepitsen et al.,2008)。Inbarani 和 Thangavel(2009 提出基于人工智能的聚类算法,自动计算聚类的数量,用于分析网页、单击流模式。Marco Luca 使用自组织地图(SOM),聚类打标签的书签(Sbodio and Simpson 2009)。Jonathan Gemmell 提出一种方法,使用聚类在民俗学语境内个性化一名用户的体验(Gemmell et al.,2008)。一个个性化的视图可以克服歧义和特殊标签分配,向用户提供更贴近其意图的标签和资源。具体来说,我们检查无监督聚类方法,提取标签之间的共性,并使用发现的聚类,作为用户配置文件和资源之间的中介,以将搜索结果定制到用户的兴趣。

元启发式法是使用现代方法解决问题的另一种外向推理方法(Diplomatic Rational Method)。元启发式法研究的一项进展是元启发式方法(如 GA、PSO 等)混合使用的研究,这也可能导致经常找到比任何其他方法的计算量更少的精巧解决方案。元启发式技术正在成为可行(可靠)的工具,是更传统聚类技术的替代技术。在许多元启发式技术中,使用粒子群优化技术的聚类,成功地解决了聚类问题,它适用于聚类复杂的和线性不可分的数据集。聚类是用于社交标签系统大数据的广泛使用的数据挖掘技术之一(Martens et al.,2011)。为聚类大数据,人们实现了大量的元启发式算法。元启发式算法有一些缺点,例如它们的慢收敛和对初始化值的敏感性。聚类算法将社交标签数据分类为多个聚类,并且将功能相关的标签以一种高效的方式分组在一起(Dhanalakshmi and Inbarani,2012)。

Ahmadi 提出了一种基于群集(flocking)的数据聚类方法(Ahmadi et al.,2010)。Ahmed 给出了关于粒子群优化算法及其对高维数据进行聚类的变体算法的文献综述(Esmin et al.,2013)。Mehdi Neshat 提出了基于粒子群优化和 K-均值的协作聚类算法,他还将该算法与粒子群优化、带收缩因了的粒了群优化(CF-PSO)和 K-均值算法(Neshat et al.,2012)进行了比较。Kuo 等人(2011)将粒子群优化算法(PSOA)与 K-均值集成到聚类数据,他证明了可以使用粒子群优化算法找到用户指定数量的聚类的质心。粒子群优化修正法及其与其他算法的混合法,在与其他元启发式算法(如基因算法,模拟退火算法(SA)等)相比时,就性能、效率、准确性方面,在各种优化问题中给出更好的结果(Rana et al.,2011)。TaherNiknam 提出了一种基于粒子群优化、蚁群优化(ACO)和 K-均值的高效混合方法,用于聚类分析(Taher and Babak,2010)。Yau-King Lam 提出基因表达数据的基于粒子群优化的 K-均值聚类与增强聚类匹配法(Yau et al.,2013)。R. J. Kuo 提出基因算法和粒子群优化算法的一种混合法,用于顺序(order)聚类(Kuo and Lin,2010)。

8.3　社交标签数据聚类的各阶段

聚类社交标签系统数据包括以下步骤(图8.2)。
(1)预处理。
(2)聚类。
(3)模式分析。

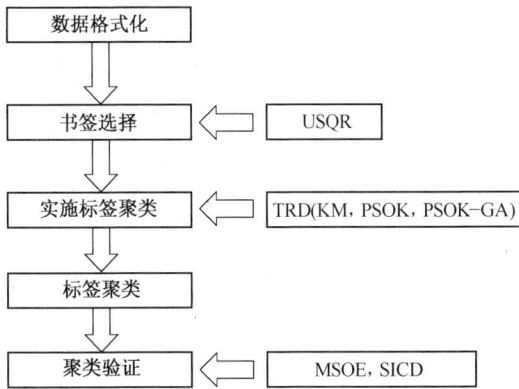

图8.2　聚类社交标签系统数据步骤

8.3.1　数据格式化

　　这项工作的初始步骤是数据提取和数据格式化。数据集是从 Delicious 提取的,这是一个免费的、精巧的工具,用来保存、组织和发现万维网上有趣的链接。Delicious 使用一个非分层分类系统,其中用户可以用自由选择的索引术语标记他们的每个书签。Delicious 是一个互联网网站,支持访问使用社交书签标记法的任何网站。

　　社交书签标记法是存储、组织、搜索和管理网页书签的一种方法。与在您的计算机上保存书签的做法不同,这种方法将书签保存在如 Delicious 的社交书签网站上。可以通过指定关键字来识别自己的网站,并以自己的方式组织网站。标签用于为保存的书签分配名称,标签是关键字,可帮助人们记住网站是关于哪方面内容的。可从连接到网络的任何计算机访问书签。数据集包含与书签相关联的 Tagid(标签 id)、书签 id 和标签权重。表 8.1(a)说明从 Delicious 提取数据集的格式。

表 8.1(a)　来自 Delicious 的标签数据集的格式

S. No	Tag Id(标签 Id)	Bookmark Id(书签 Id)	标签权重
1	1	1	214
2	2	4	44
3	2	2	48
4	4	2	85
5	3	1	521

在获取数据集之后,将标签数据集转换为矩阵表示。表 8.1(b)说明标签数据集的矩阵表示。标签数据集通常由矩阵表示,其中行对应于标签,列对应于社交书签 URL。

在标签矩阵中,n 表示标签数;m 表示打上书签的各个 URL;Wij 表示与书签相关联的标签权重。

表 8.1(b)　标签数据集的矩阵表示

	Bm1	Bm2	Bm3	Bm4
Tag1(标签 1)	214	52	32	14
Tag2(标签 2)	30	48	32	44
Tag3(标签 3)	521	26	47	0
Tag4(标签 4)	14	85	26	33
Tag5(标签 5)	72	54	32	48

8.3.2　预处理

书签选择是数据挖掘中的一个预处理步骤,在降维、减少不相关数据、提高学习准确性和提高完备性方面非常有效(Inbarani et al.,2007)(Inbarani et al.,2014b)。书签选择可能是简化或加速计算的强大工具,在理想情况下,可证明标签的聚类效率和性能,其中是基于类信息而选择书签的。书签选择不仅降低了书签空间的高维度,而且提供了更好的数据理解,这改善了标签聚类结果(Mitra et al.,2002)。所选书签集应包含关于标签数据集的充足信息或更可靠的信息。对于标签聚类,在书签网页中这将形成用户所使用的最具信息的频繁标签识别问题。

1. 无监督快速精简(USQR)算法

粗糙集(RS)理论可以用作降低输入维数并处理数据集中的模糊性和不确定性的工具。

在数据挖掘的许多应用中,类标签是未知的,因此要考虑无监督特征选择

(UFS)的重要性。在这项工作中,无监督特征选择应用于书签选择。在没有完整地生成所有可能子集的情况下,无监督快速精简(Quick Reduct)(USQR)(Velayutham and Thangavel,2011)算法尝试计算书签子集。根据该算法,计算每个书签子集的平均依赖关系,并选择最佳书签子集。算法 8.1 中给出了无监督快速精简算法。

算法 8.1:无监督快速精简算法

算法 8.1:无监督快速精简算法-USQR(C)
C,所有的条件特征集
(1) $R \leftarrow \{\}$
(2) Do
(3) $T \leftarrow R$
(4) $\forall x \in (C - R)$
(5) $\forall y \in C$
(6) $\gamma_{\mathrm{RU}(x)}{}^{(y)} = \frac{|\mathrm{POS}_{\mathrm{RU}(x)}{}^{(y)}|}{|U|}$
(7) If $\overline{Y_{\mathrm{RU}(x)}(y)}, \forall y | \in c > \overline{\gamma_r(y), \forall y | \in c}$
(8) $T \leftarrow \mathrm{RU}\{\mathrm{x}\}$
(9) Until $\overline{Y_{\mathrm{RU}(x)}(y)}, \forall y | \in c > \overline{\gamma_r(y), \forall y | \in c}$
(10) Return R

8.3.3　聚类

聚类标签数据,是使用聚类技术,基于与所选书签相关联的标签权重,将相似标签分组到相同聚类的过程。用户经常在书签中使用相同聚类中的标签。本章综述了三种聚类技术:容差粗糙集-K-均值、容差粗糙集-粒子群优化-K-均值和差粗糙集-粒子群优化-K-均值-遗传算法。我们实现了这些技术,并采用一个 Delicious 数据集进行了测试。

标签聚类算法的输入包括:

标签 $t_i, i = 1::I$,书签 $b_j, j = 1:::J, K$-聚类数量

1. 聚类的目标函数

聚类算法的真正核心理念是调节聚集内的远近度(距离),同时基于距离度量,最大化聚类间的距离,这里目标函数称为验证度量。为了简要说明,我们首选均方差量化误差(MSQE)和聚集内距离和(SICD)用于比较分析。在实验结果中简要解释均方差量化误差和聚集内距离和。

2. 容差粗糙集方法

容差粗糙集模型(TRSM)是由 Ho、TB 和 Nguyen NB 开发的,作为在信息检索、社会标签系统等中对标签和书签建模的基础(算法 8.2)。容差粗糙集模型具有处理朦胧性和模糊性的能力,似乎是标签和书签之间关系建模的一个有前景的工具。使用容差空间和上近似法,丰富标签间和标签聚类关系,这样就可使算法发现采用其他方法检测不到的细微相似性(Ho and Nguyen,2002)。

在 20 世纪 80 年代,Pawlak 提出了粗糙集和近似空间的基本概念,即下/上近似法(Jianwen and Bagan,2005)。根据等价关系,空间中的对象(U)被分类为等价类。属于同一等价类的对象是不可区分的,由等价关系划分的集合是近似空间。由包含在近似空间的任何子集 X 中的等价类的并集组成的集合是下近似,而由与 X 不空的相交等价类的总和构成的集合称为上近似(De and Krishna,2004)。上近似和下近似之间的差称为边界区域,它包含不能判断其是否属于给定类的对象。对象 x 的容差粗糙集,由与所有属性满足对象 x 的容差关系的所有对象的集合定义,为 $R(t) = \{s \in T, sRt\}$,这种关系称为容差或相似性。

(U, T) 对,称为容差空间。我们称一个关系 $T \subset X * U$ 为 U 上的一个容差关系,如果(i)是反身的:对任何 $x \in U, xTx (ii)$ 是对称的:xTy 意味着对 U 的任何成对元素 (x, y),yTx 成立。满足 $T(x) = \{y \in U : xTy\}$ 的集合被称为容差集合。在 T 上定义二元容差关系 R。由 $\overline{R}(P)$ 表示 P 的下近似,和由 $\overline{R}(P)$ 表示 P 的上近似,分别定义如下:

$$\overline{R}(P) = \{t \in P, R(t) \subseteq P\} \tag{8.1}$$

和

$$\overline{R}(P) = U_{t \in P} R(t) \tag{8.2}$$

定义 8.1 由 $R(t)$ 表示的 t 的相似类,是类似于 t 的打上标签的书签集合。定义如下:

$$R(t) = \{s \in T, sRt\} \tag{8.3}$$

定义 8.2 在 T 上定义二元容差关系 R。由 $\overline{R}(P)$ 表示 P 的下近似,和由 $\overline{R}(P)$ 表示 P 的上近似,分别定义如下:

$$\overline{R}(P) = \{t \in P, R(t) \subseteq P\} \tag{8.4}$$

和

$$\overline{R}(P) = U_{t \in P} R(t) \tag{8.5}$$

令 $t_i \in T$ 是一个社交标签向量。上近似 $\overline{R}(t_i)$ 是与 t_i 类似的打标签的书签集合,即 t_i 中打标签的书签与 $\overline{R}(t_i)$ 中的其他标签差不多是相似的。这可被称为相似性上近似,由 S_i 表示。

算法8.2:容差粗糙集方法(智能方法)

> 输入:由 N 个打标签的书签构成的集合,阈值 δ
>
> 输出:K-聚类数
>
> 步骤1:使用式(8.6),构造打标签的书签之间的相似矩阵:
>
> $$余弦相似性 = \frac{\sum_{i=1}^{t} x_i y_i}{\sqrt{\sum_{i=1}^{t} x_i^2 + \sum_{i=1}^{t} y_i^2}} \tag{8.6}$$
>
> 步骤2:基于阈值 δ ,对打标签的每个书签,使用式(8.7),寻找相似性的上近似:
>
> $$\overline{R}X = \{x \in U : R(x) \cap X \neq 0\} \tag{8.7}$$
>
> 步骤3:为标签上近似的每个集合,寻找质心
>
> 步骤4:将类似的质心合并到一个聚类(集合),并将 K 的值设置为不同集合的数量
>
> 步骤5:将聚类数量初始化为 K,将质心初始化为代表性的聚类

我们提供了 Social(社交)标签数据的一个示例,用于构造相似矩阵和寻找上近似。

初始化:

令 $t = \{t1, t2, t3, t4\}$ 是标签集,$b = \{bm1, bm2, bm3, bm4, bm5\}$ 是不同的书签集。令 $t1 = \{bm1, bm2\}$,$t2 = \{bm2, bm3, bm4\}$,$t3 = \{bm1, bm3, bm5\}$,$t4 = \{bm2, bm3, bm5\}$。

表8.2 示例数据

	BM1	BM2	BM3	BM4	BM5
T1	1	1	0	0	0
T2	0	1	1	1	0
T3	1	0	1	0	1
T4	0	1	1	0	1

然后,可将标签表示为向量:

$t1 = \{1,1,0,0,0\}$,$t2 = \{0,1,1,1,0\}$,$t3 = \{1,0,1,0,1\}$,$t4 = \{0,1,1,0,1\}$

步骤1:构建相似矩阵

在所有标签之间,构造余弦相似矩阵,例如 tag1 和 tag2 之间的相似性在下面的表8.3给出,标明了标签之间的相似矩阵

$$=余弦相似性 = \frac{1*0 + 1*1 + 0*1 + 0*1 + 0*0}{\sqrt{(1^2 + 1^2 + 0^2 + 0^2 + 0^2} * \sqrt{(0^2 + 1^2 + 1^2 + 1^2 + 0^2}}$$

$$= \frac{1}{\sqrt{2} * \sqrt{3}} = \frac{1}{1.14 * 1.73} = \frac{1}{1.97} = 0.50$$

表 8.3　相似矩阵

	T1	T2	T3	T4
T1	1	0.50	0.50	0.50
T2	0.50	1	0.33	0.66
T3	0.50	0.33	1	0.66
T4	0.50	0.66	0.66	1

步骤 2:寻找上近似

由阈值=0.6,得到各标签的上近似为

$u(t1) = \{t1\}, u(t2) = \{t2, t4\}, u(t3) = \{t3, t4\}, u(t4) = \{t2, t3, t4\}$

表 8.4　查找所有标签构成的集合的平均值

	BM1	BM2	BM3	BM4	BM5
T1	1	1	0	0	0
T2	0	1	1	1	1
T3	1	1	1	0	1
T4	0	1	1	1	1

步骤 3:为每组标签的上近似寻找质心(表 8.4)

步骤 4:将类似质心合并到一个聚类(集合)中,并将 K 的值设置为不同集合的数量。

在下次迭代中,得到标签的上近似,为

$U(t1) = (t1), U(t2, t3, t4), U(t3) = (t2, t3, t4), U(t4) = (t2, t3, t4)$

然后将类似质心合并到一个聚类(集合)中,并将 K 的值设置为不同集合的数量

$U(t1) = (t1), U(t2) = U(t3) = U(t4) = (t2, t3, t4)$

步骤 5:将聚类的数量初始化为 K,并将质心初始化为代表性的聚类

对于上面的例子,最后我们得到两个集合,$u(t1) = \{t1\}, u(t2) = \{t2, t3, t4\}$,则 K 被赋值为 2,均值被赋予聚类质心。

2. K-均值聚类

聚类算法的重要特征是测量相似性,用于确定两个模式相互之间的接近程度。K-均值算法是最广泛使用的聚类技术之一(Moftah et al.,2013)。K-均值算法非常简单,在解决许多问题中可以很容易地实现这个算法。K-均值算法从 K 个聚类开始,每个聚类包含随机选择的聚类质心。将标签放在以这个最近的质心标识的聚类中。在将每个标签分配给一个聚类之后,计算被改变聚类的质心(Grbovic et al.,2013)。

算法 8.3：TRS-K-均值聚类算法
输入：由 N 个标签组成的集合，K-聚类的数量
输出：K 个重叠标签聚类
步骤 1：使用容差粗糙集初始化聚类数量及其质心
步骤 2：将每个打标签的书签 X_i 分配给最近的聚类质心 Z_j，其中 $i = 1,2,\cdots,m$ 和 $j = 1,2,\cdots,K$，当且仅当 $$\|\ x_i - z_j\ \| < \|\ x_j - z_p\ \|, p = 1,2,\cdots,K \ 和 \ j \neq p$$ 这些是任意求解的，每个点 x_i 的聚类质心计算如下： $$Z_i = (1/n_i)\sum X_i, i = 1,2,\cdots,K \ 和 \ X_j \varepsilon Z_i$$ 式中：n_i 为属于聚类 Z_i 的元素数。
步骤 3：重复此步骤 2，直到质心的值不再发生变化时停止。

3. 粒子群优化-K-均值聚类

粒子群优化算法是群体智能方法之一，同时将进化优化技术应用于实施聚类。粒子群优化是一种基于群体的、全局化搜索算法（该算法使用群体的社会行为原理），是解决不连续、多模态和非凸问题的一种高效的、简单的和有效的全局优化算法（Kuo et al.，2011）。与其他数学算法和进化算法相比，它是计算有效的，更容易实现。

在粒子群优化中，N 个粒子在 D 维搜索空间中到处移动。每个粒子移向最近的邻域。每个粒子与一些其他粒子通信，并由当前质心值 p_i 的任何成员所找到的最佳质心点加以放大。该最佳邻居的向量 p_i 由 p_g 表示。将已知定位的最佳粒子位置，初始化到粒子的初始位置：$p_i \leftarrow x_i$。然后相应地更新粒子或质心值定位的位置及其速度（式 8.8），得到最佳全局位置，或更新最佳质心值式（8.9）以对数据进行分组。重复这些步骤，直到满足一条终止准则。最后，在找到全局最佳位置之后，就得到聚类质心的最佳值。

$$v_{id} = w * v_{id} + C_1 * \text{rand1} * (P_{id} - x_{id}) + C_2 * \text{rand2} * (P_{gd} - x_{id}) \quad (8.8)$$
$$x_{id} = x_{id} + v_{id} \quad\quad\quad\quad\quad\quad (8.9)$$

式中：v_{id} 为粒子的速度；x_{id} 为粒子的当前位置；w 为加权函数；$w = w_{\max} - \dfrac{w_{\max} - w_{\min}}{iter_{\max}} * \text{iter}$，$w_{\min}$，$w_{\max}$ 为最小权重和最大权重，iter 为当前迭代次数，$\text{iter}_{\max}$ 为最大迭代次数；C_1 和 C_2 为确定社交分量和认知分量的相对影响；p_{id} 为粒子 i 的 pbest；p_{gd} 为组的 gbest。

粒子的个体最佳位置计算如下：

$$p_{id}(t+1) = \begin{cases} p_{id}(t), & \text{如果 } f(x_{id}(t+1) \geq f(p_{id}(t)) \\ x_{id}(t), & \text{如果 } f(x_{id}(t+1) < f(p_{id}(t)) \end{cases}$$

抽取到群中最佳粒子的粒子,是每个粒子的整体最佳位置。在开始时,粒子的一个初始位置被认为是个体最佳的,全局最佳可以用最小适应度函数值来识别。

算法 8.4:容差粗糙集-粒子群优化-K-均值聚类算法

输入:D 为由 N 个标签组成的集合,K 为聚类数量,δ 为上近似阈值

输出:来自 D 的具有相关联的隶属函数值的 K 个重叠的标签聚类

步骤 1:使用容差粗糙集方法,初始化聚类数量及其质心

步骤 2:将数据集中的每个向量分配给最近的质心向量

步骤 3:计算每个标签向量的适应度值,使用式(8.8)和(8.9)更新速度和粒子位置,并生成下一个解

步骤 4:重复步骤 2 和 3,直到满足以下终止条件之一

　　(1)超过最大迭代次数

　　(2)迭代之间的质心向量的平均变化小于一个预定义值

---

5. 粒子群优化-K-均值-遗传算法聚类算法(算法 8.5)

在这个聚类算法中,我们将组合两个全局优化算法,即遗传算法和粒子群优化。由于粒子群-K-均值和遗传算法都采用一个解群体实施运算,所以结合这两种方法的搜索能力似乎是一种更聪明的方法(Martens et al.,2011)。相反,遗传算法是在一代代的演化基础上运算的,因此不考虑单一代中个体的变化。基于遗传算法和粒子群优化的互补性质,我们提出一种新算法,结合这两者的进化思想。在遗传算法的再生和交叉运算中,个体被直接再生或选择为父代而不进行任何增强(Kuo and Lin,2010)。然而,本质上而言,个体将成长,并在产生后代之前更适合环境。

算法 8.5:容差粗糙集-粒子群优化-K-均值-遗传算法

输入:由 N 个打标签的书签组成的集合,K 个聚类

输出:K 个重叠的标签聚类

步骤 1:使用容差粗糙集初始化聚类数量及其质心

步骤 2:将数据集中的每个向量分配给最近的质心向量

步骤 3:计算适应度值并更新速度和粒子位置,使用式(8.8)和(8.9),生成下一个解

步骤 4:如果粒子位置停滞,则使用遗传算子/交叉和突变重新分配聚类

步骤 5:重复步骤(2~4),直到满足以下终止条件之一

(1)超过最大迭代次数

(2)迭代之间的质心向量的平均变化小于一个预定义值

---

6. 聚类算法的有效性度量

在本节中,解释了有效性度量,如均方差量化误差和聚类内部距离和。有效性度量是聚类算法的一个目标函数。可给出最小均方差量化误差和聚类内部距离和值的聚类算法,是提供比其他算法更佳性能的算法。

7. 均方差量化误差(MSQE)

$$f(X,C) = \sum_{i=1}^{N} \min\{\{|| X_i - C_l ||^2 | \text{ 其中 } l = 1,\cdots,K\}\} \qquad (8.10)$$

K 个聚类是聚类内总方差或总均方量化误差(MSE),其中 $|| X_i - C_l ||^2$ 是标签 x_i 的第 i 个数据点和第 j 个聚类质心 c_l,$1 < i < n$,$1 < j < K$ 之间的欧氏距离度量,并且是 n 个标签与它们各自的聚类质心的距离的一个指标(Taher and Babak,2010)。

8. 聚类内距离总和(SICD)

$$J(C_1,C_2,\cdots,C_k) = \sum_{i=1}^{k} \Big(\sum_{X_j \in C_i} || Z_i - X_j || \Big) \qquad (8.11)$$

计算一个聚类中每个数据向量之间的欧氏距离和该聚类的质心,并对得到的结果求和。这里 K 是聚类的数量,Z_i 为聚类质心,X_j 为数据向量(Neshat et al.,2012)。

8.4 实验结果

实验数据集是从 del. icio. us 采集的,这是一个流行的 Web 2.0 网站,帮助用户共享其最喜欢的信息项的链接。本节给出了 3 个基准数据集的一项简短的实验评估。关于数据集的信息,包含表 8.5 中给出的数据集名称、标签的数量和书签的数量。在聚类标签数据中,书签被视为属性,标签被视为对象。

表 8.5 数据集描述

S. No	数据集	标签	书签	Url
1	社交方面	53388	12616	http://nlp. uned. es/socialtagging/socialodp2k9/
2	DAI 劳动力	67104	14454	www. markusstrohmaier. info/datasets/
3	tags2con	2832	1474	disi. unitn. it/~knowdive/dataset/delicious/

8.4.1 无监督快速精简书签选择

在不遍历所有可能子集的条件下,使用无监督快速精简的书签选择方法得到精简(reduct)结果。从空集开始,并一次一个地顺序添加使粗糙集依赖度度量最大增加的属性,直到产生在数据集中的最大可能值时才停止。通过无监督快速精简算法减少了特征数,所选书签的数量在表8.6中给出。

表8.6 使用无监督快速精简法选择的书签

S. No	数据集	标签	书签	选中的书签
1	社交数据集	53388	12616	4214
2	DAI 劳动力数据集	67104	14454	3482
3	tags2con	2832	1474	328

特征选择是从数据集中寻找可用于替换原始数据集的任何一个子集的过程。这项研究工作还可做到在无监督方法中进行特征选择,在8.4.2节给出经验结果。图8.3给出了Social(社交的)、DAI Labor(劳动力)和tags2con数据集的实际特征和所选特征。通过无监督快速精简算法选择特征。

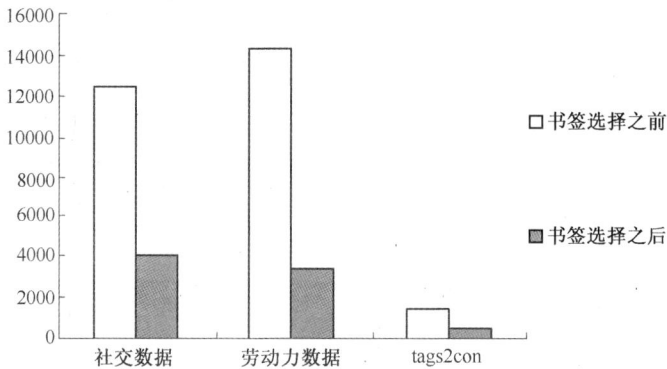

图8.3 书签选择前后的性能

8.4.2 聚类算法的性能分析

在本节中,基于均方差量化误差(MSQE)和聚类内部距离和(SICD)有效性度量,在书签选择之前和之后,将基准算法K-均值法的性能与所提出的算法容差粗糙集-K-均值、容差粗糙集-粒子群优化-K-均值和容差粗糙集-粒子群优化-K-均值-遗传算法进行了比较。

1. K-均值:基准算法

在书签选择前,基于均方差量化误差(MSQE)和聚类内部距离和(SICD)有效性度量,分析了K-均值基准标记算法的性能,结果如表8.7所列。

表 8.7 K-均值算法的性能分析

K-均值聚类	数据集					
	社交方面		DAI 劳动力数据		Tags2con	
	MSQE	SICD	MSQE	SICD	MSQE	SICD
K=2-聚类	19.248	108.3	24.785	119.8	11.241	45.8
K=4-聚类	18.007	97.4	21.219	112.4	10.114	41.2
K=6-聚类	15.331	85.1	19.998	103.7	08.992	37.5
K=8-聚类	13.992	78.9	16.332	94.9	05.927	33.2
K=10-聚类	11.719	70.6	13.328	84.6	04.107	30.9

基于均方差量化误差有效性度量,图 8.4 绘出各种社交标签系统数据集的 K 均值基准聚类算法的性能。

基于聚类内部距离和有效性度量,图 8.5 绘出各种社交标记系统数据集的 K 均值基准聚类算法的性能。

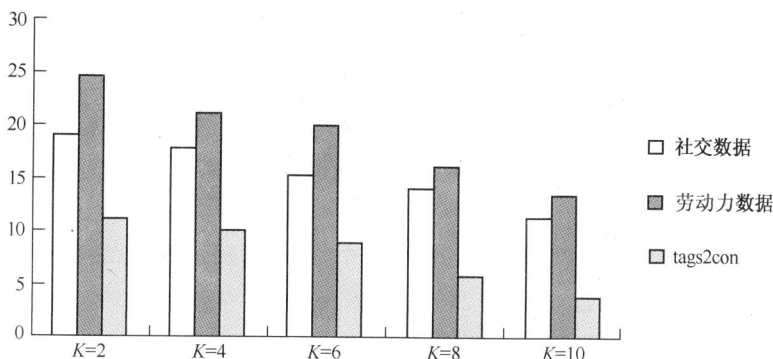

图 8.4 基于均方差量化误差指标的 K-均值算法的性能

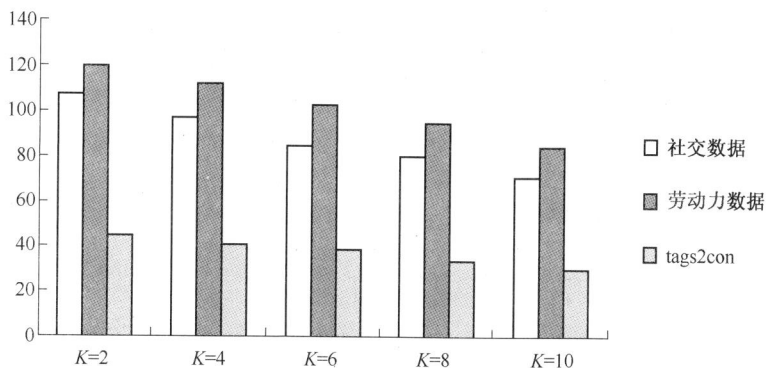

图 8.5 基于聚类内部距离和指标的 K-均值算法的性能

在书签选择后,基于均方差量化误差和聚类内部距离和有效性度量,分析K-均值基准标记算法的性能,结果如表8.8所列。

表 8.8　K-均值算法的性能分析

K-均值聚类	数据集					
	社交数据集		DAI		Tags2con	
	MSQE	SICD	MSQE	SICD	MSQE	SICD
$K=2$-聚类	12.208	87.6	17.364	102.4	08.334	32.8
$K=4$-聚类	11.203	81.7	15.992	96.3	07.009	27.4
$K=6$-聚类	09.278	74.3	13.725	91.7	06.168	23.9
$K=8$-聚类	08.102	68.3	12.001	84.1	04.998	17.1
$K=10$-聚类	06.552	62.5	10.782	78.9	02.004	13.7

基于均方差量化误差有效性度量,图8.6绘出各种社交标记系统数据集的K均值基准聚类算法的性能。

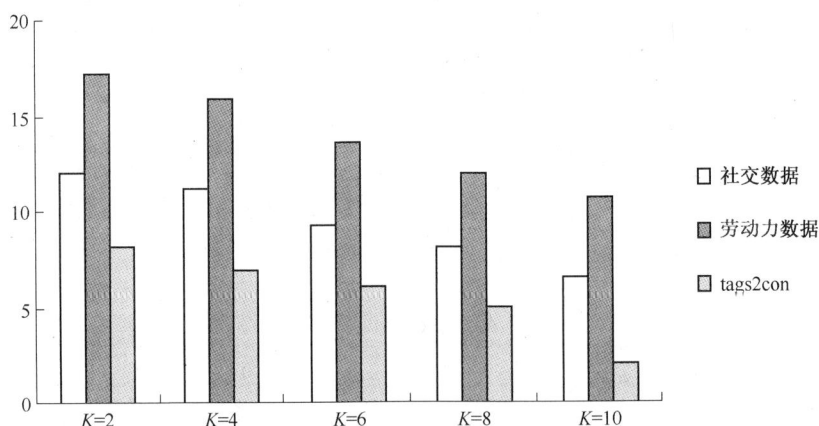

图 8.6　基于均方差量化误差指标的K-均值算法的性能

基于聚类内部距离和有效性度量,图8.7绘出各种社交标记系统数据集的K-均值的性能。

2. 容差粗糙集-K-均值聚类算法

在书签选择前后,基于均方差量化误差和聚类内部距离和有效性度量,分析容差粗糙集-K-均值聚类算法的性能,结果如表8.9所列。

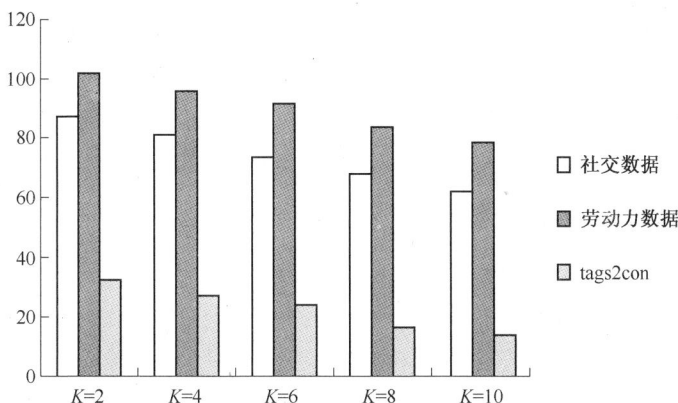

图 8.7 基于聚类内部距离和指标的 K-均值算法的性能

表 8.9 容差粗糙集-K-均值算法的性能分析

数据集	在书签选择前			在书签选择后		
	聚类数量	MSQE	SICD	聚类数量	MSQE	SICD
社交数据集	16	14.108	81.9	6	09.448	72.8
DAI	22	14.668	89.1	8	11.852	80.1
Tags2con	12	09.112	35.7	4	05.874	26.2

基于书签选择之前和之后的均方差量化误差有效性度量,图 8.8 绘出各种社交标签系统数据集的容差粗糙集-K-均值算法的性能。

基于在书签选择之前和之后的聚类内部距离和有效性度量,图 8.9 绘出各种社交标签系统数据集的容差粗糙集-K-均值算法的性能。

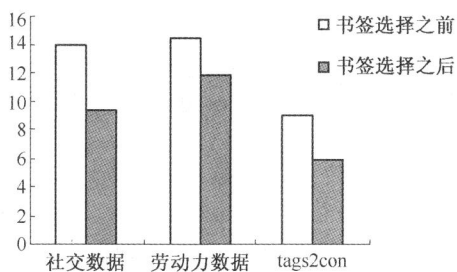

图 8.8 基于均方差量化误差指标的容差粗糙集-K-均值算法的性能

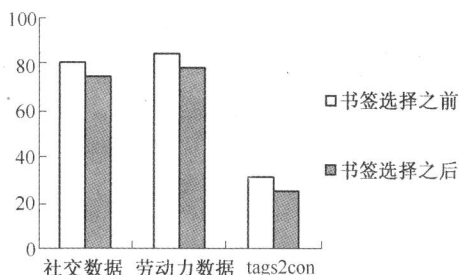

图 8.9 基于聚类内部距离和指标的容差粗糙集-K-均值算法的性能

3. 容差粗糙集-粒子群优化-K-均值聚类算法

在书签选择前后,基于均方差量化误差和聚类内部距离和有效性度量,分析容差粗糙集-粒子群优化-K-均值聚类算法的性能,结果如表8.10所列。

表 8.10　容差粗糙集-粒子群优化-K-均值算法的性能分析

数据集	书签选择之前			书签选择之后		
	聚类数量	MSQE	SICD	聚类数量	MSQE	SICD
社交数据集	16	12.552	76.3	6	08.985	69.7
DAI	22	12.901	85.7	8	11.002	77.1
tags2con	12	07.669	29.8	4	05.108	24.1

　　基于在书签选择之前和之后的均方差量化误差有效性度量,图8.10绘出各种社交标签系统数据集的容差粗糙集-粒子群优化-K-均值算法的性能。

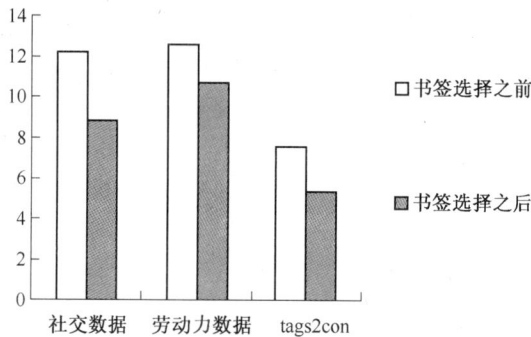

图 8.10　基于均方差量化误差指标的容差粗糙集-粒子群优化-K-均值算法的性能

　　基于聚类内部距离和有效性度量,图8.11绘出在书签选择之前和之后各种社交标签系统数据集的容差粗糙集-粒子群优化-K-均值算法的性能。

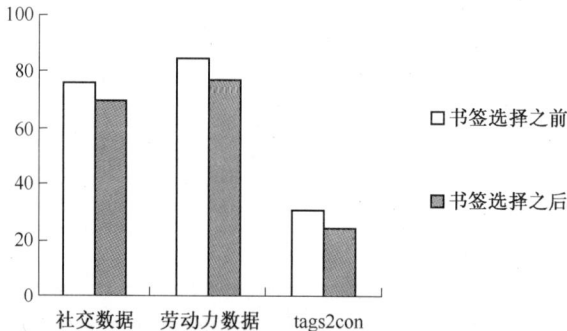

图 8.11　基于聚类内部距离和指标的容差粗糙集-粒子群优化-K-均值算法的性能

4. 容差粗糙集-粒子群优化-K-均值-遗传算法

　　在书签选择前后,基于均方差量化误差及聚类内部距离及有效性度量,分析容差粗糙集-粒子群优化-K-均值-遗传算法的性能,结果如表8.11所列。

表 8.11　容差粗糙集–粒子群优化–K–均值–遗传算法的性能分析

数据集	书签选择之前			书签选择之后		
	聚类数量	MSQE	SICD	聚类数量	MSQE	SICD
社交数据集	16	12.235	73.1	6	07.661	66.4
DAI	22	11.621	82.3	8	09.654	73.8
tags2con	12	06.597	26.9	4	04.231	22.7

　　基于均方差量化误差有效性度量,图 8.12 绘出在书签选择之前和之后各种社交标签系统数据集的容差粗糙集–粒子群优化–K–均值–遗传算法的性能。

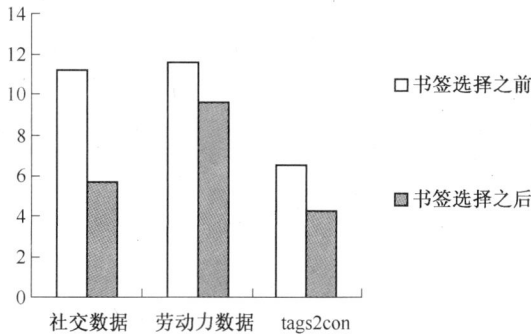

图 8.12　基于均方差量化误差指标的容差粗糙集–粒子群
优化–K–均值–遗传算法的性能

　　基于在书签选择之前和之后的聚类内部距离和有效性度量,图 8.13 绘出各种社交标签系统数据集的容差粗糙集–粒子群优化–K–均值–遗传算法的性能。

8.4.3　比较分析

　　在本节中,使用距离度量(例如均方差量化误差与聚类内部距离和度量),针对社交标记数据,给出采用–K–均值聚类、容差粗糙集–K–均值聚类、容差粗糙集–粒子群优化–K–均值和容差粗糙集–粒子群优化–K–均值遗传算法在聚类质量方面的比较分析。

　　1. 基于均方差量化误差的比较分析

　　表 8.12 给出了在书签选择之前对所有社会标记数据集,基于均方差量化误差有效性度量的聚类算法的比较分析。实验结果表明,粒子群优化–K–均值–遗传算法比其他聚类算法(如 K–均值、容差粗糙集–K–均值和容差粗糙集–粒子群优化–K–均值)显示更好的结果。

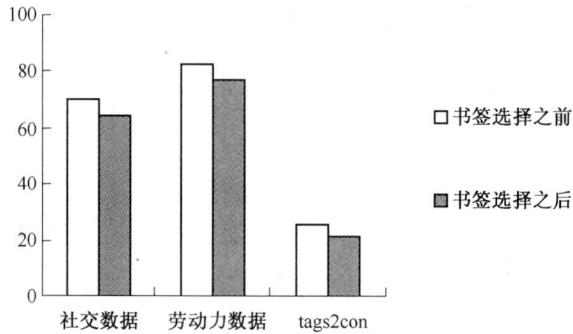

图 8.13　基于聚类内部距离和指标的容差粗糙集–粒子群优
化–K–均值–遗传算法的性能

表 8.12　基于均方差量化误差的聚类算法比较分析

数据集	容差粗糙集采用的聚类集合数	基于容差粗糙集的聚类算法		
		K–均值	粒子群优化–K–均值	粒子群优化–K–均值–遗传算法
社交数据集	16	14.108	12.552	11.235
DAI 劳动力数据	22	14.668	12.901	11.621
tag2con	12	09.112	07.669	06.597

图 8.14 绘出社交标签系统的各种聚类方法的比较分析。从图中可以看出,在书签选择之前,容差粗糙集–粒子群优化–K–均值–遗传算法优于其他方法(如基于一种均方差量化误差度量的 K–均值、容差粗糙集–K–均值和容差粗糙集–粒子群优化–K–均值聚类算法)。

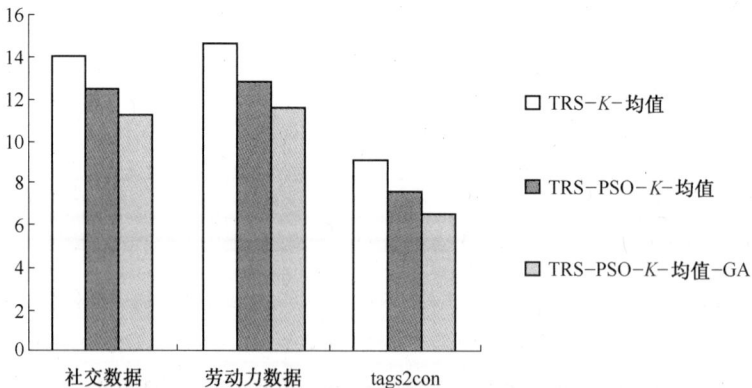

图 8.14　基于均方差量化误差的聚类算法比较分析

表 8.13 给出了在书签选择之后对所有社交标签数据集,基于均方差量化误差有效性度量的聚类算法的比较分析。实验结果表明,粒子群优化-K-均值-遗传算法比其他聚类算法(如 K-均值、容差粗糙家-K-均值和容差粗糙集-粒子群优化-K-均值)显示更好的结果。

表 8.13 基于均方差量化误差的聚类算法比较分析

数据集	容差粗糙集设置的聚类数量	K-均值	基于容差粗糙集的聚类算法		
			K-均值	粒子群优化-K-均值	粒子群优化-K-均值-遗传算法
社交数据集	6	09.278	09.448	08.985	07.661
DAI 劳动力数据	8	12.001	11.852	11.002	09.654
Tags2con	4	07.009	05.874	05.108	04.231

图 8.15 和表 8.13 给出了社交标签系统的各种聚类方法的比较分析。从图 8.15 中可以看出,在书签选择之前,容差粗糙集-粒子群优化-K-均值-遗传算法优于基于均方差量化误差度量的其他方法(K-均值、容差粗糙集-K-均值和容差粗糙集-粒子群优化-K-均值聚类算法)。

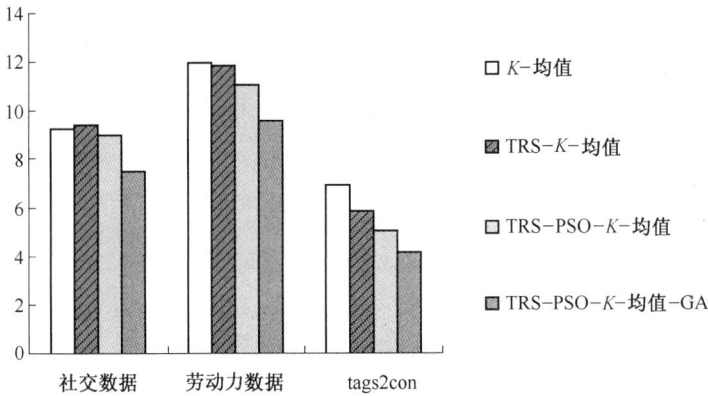

图 8.15 基于均方差量化误差的聚类算法的比较分析

2. 基于聚类内部距离和的比较分析

表 8.14 给出了书签选择之前,对所有社交标签数据集,基于聚类内部距离和有效性度量的聚类算法的比较分析。实验结果表明,粒子群优化-K-均值-遗传算法比其他聚类算法(如 K-均值、容差粗糙集-K-均值和容差粗糙集-粒子群优化-K-均值)显示更好的结果。

图 8.16 给出了社交标签系统的各种聚类方法的比较分析。从图 8.16 中可以看出,书签选择之前,基于聚类内部距离和度量,容差粗糙集-粒子群优化-K-均值-遗传算法优于其他方法(K-均值、容差粗糙集-K-均值和容差粗糙集-粒子群优

化-K-均值聚类算法)。

表 8.14　基于聚类内部距离和的聚类算法的比较分析

数据集	容差粗糙集设置的聚类数量	基于容差粗糙集的聚类算法		
		K-均值	粒子群优化-K-均值	粒子群优化-K-均值-遗传算法
社交数据集	16	81.9	76.3	73.1
DAI 劳动力数据	22	89.1	85.7	82.3
Tags2con	12	35.7	29.8	26.9

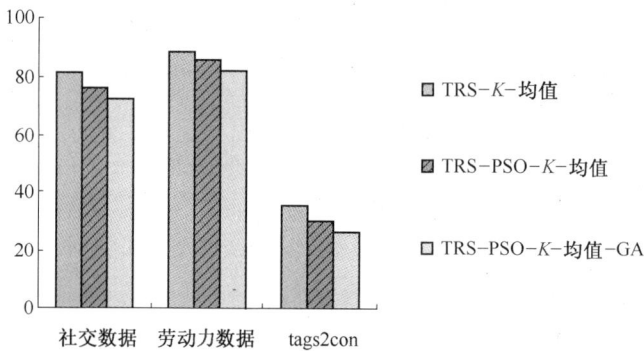

图 8.16　基于聚类内部距离和的聚类算法的比较分析

表 8.15 给出了在书签选择之后基于聚类内部距离和有效性度量,所有社交标签数据集的聚类算法的比较分析。实验结果表明,粒子群优化-K-均值-遗传算法比其他聚类算法(如 K-均值、容差粗糙集-K-均值和容差粗糙集-粒子群优化-K-均值)显示更好的结果。

表 8.15　基于聚类内部距离和的聚类算法的比较分析

数据集	由容差粗糙集设定的聚类数量	K-均值	基于容差粗糙集的聚类算法		
			K-均值	粒子群优化-K-均值	粒子群优化-K-均值-遗传算法
社交数据集	6	74.3	72.8	69.7	66.4
DAI 劳动力数据	8	84.1	80.1	77.1	73.8
Tags2con	4	27.4	26.2	24.1	22.7

图 8.17 给出了社交标签系统的各种聚类方法的比较分析。从图 8.17 中可以看出,在书签选择之后,基于聚类内部距离和度量,容差粗糙集-粒子群优化-K-均值-遗传算法优于 K-均值、容差粗糙集-K-均值和容差粗糙集-粒子群优化-K-均值等其他方法。

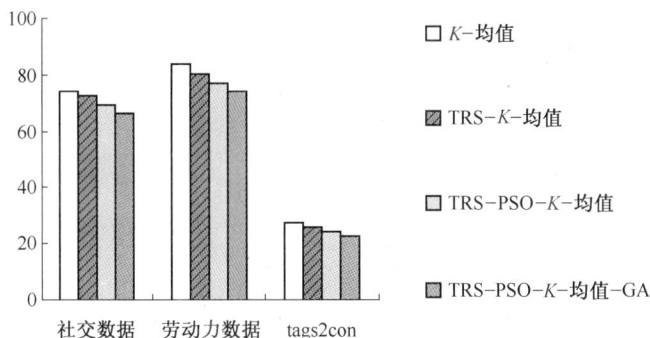

图 8.17 基于聚类内部距离和的聚类算法的比较分析

8.5 结果的解释

数据挖掘技术大范围应用于所有领域的知识提取。社交标签系统在短时间内产生了大量的数据,数据有更多不相关的书签。因此,可应用数据挖掘技术进行知识提取。其中,特征选择技术应用于书签选择,聚类技术应用于标签聚类,书签选择用于选择与标签更相关的书签,标签聚类用于未来的万维网信息检索系统。表 8.16 给出了通过应用无监督快速精简方法选择的样例书签,表 8.17 给出了一个样例标签聚类以及相关的书签。标签聚类对 Web 2.0 网站分类,是非常有用的。

表 8.16 来自 tag2con 数据集的被选定书签样例

样例数	标签 ID	书签数	书签
1	174	59	www. classroom20. com
2	52	48	www. writingfix. com
3	36	35	www. edublogs. org
4	242	14	www. countryreports. org
5	88	37	www. secondlife. com

表 8.17 来自 tag2con 数据集的带有相关书签的标签聚类示例

样例数	标签 ID	标签	书签
1	2	library(图书馆)	www. ifla. org
2	88	Games(游戏、运动)	www. secondlife. com
3	36	education(教育)	www. edublogs. org
4	68	technology(技术)	www. classroom20. com
5	343	blog(博客)	www. edublogs. org

8.6 结论

书签选择和标签聚类问题是一个非常重要的问题,吸引了众多研究人员的大量关注。在本章中,USQR 算法应用于书签选择,本章还提出了一种新的混合算法,用于解决聚类问题,这种算法基于容差粗糙集和元(Meta)启发式聚类算法的组合使用。所提出的聚类算法有混合容差粗糙集-K-均值、混合容差粗糙集-粒子群优化-K-均值和混合容差粗糙集-粒子群优化-K-均值-遗传算法。针对社交标签系统数据集,将建议的聚类算法与 K-均值基准算法进行比较。使用均方差量化误差和聚类内部距离和这两种著名的度量,得到聚类的好处。比较分析表明,针对社交标签系统数据集,相比其他两种方法,容差粗糙集-粒子群优化-K-均值-遗传算法具有最佳性能。这项研究工作还表明了书签选择方法的重要性,原因在于,采用这种方法后,在书签选择之后的聚类方法的性能优于特征选择之前的性能。

致谢:作者要感谢新德里 UGC(印度大学拨款委员会),感谢在 UGC 主要研究项目 F-41-650 / 2012(SR)下获得的资金支持。

参考文献

Ahmadi, A. , Karray, F. , Kamel, M. S. : Flocking based approach for data clustering. Nat. Comput. 9(3) , 767–791 (2010)

Azar, A. T. , Banu, P. K. N. , Inbarani, H. H. : PSORR – An Unsupervised Feature SelectionTechnique for Fetal Heart Rate. In: 5th International Conference on Modelling, Identification and Control (ICMIC 2013), Egypt, August 31–September 1–2 (2013)

Azar, A. T. , Hassanien, A. E. : Dimensionality Reduction of Medical Big Data Using Neural–Fuzzy Classifier. Soft computing (2014), doi:10. 1007/s00500-014-1327-4

Begelman, G. , Keller, P. , Smadja, F. : Automated Tag Clustering: Improving search andexploration in the tag space. In: 15th WWW Conference on Collaborative Web TaggingWorkshop, Edinburgh (2006)

Bolón–Canedo, V. , Snchez–Maroón, N. , Alonso–Betanzos, A. : A review of feature selectionmethods on synthetic data. Knowledge and Information Systems 34(3) , 483–519 (2012)

Lu, C. , Hu, X. , Park, J. –R. : Exploiting the social tagging network for web clustering. IEEETransactions on Systems, Man, and Cybernetics—Part A: Systems and Humans 41(5) ,840–852 (2011)

Dattolo, A. , Eynard, D. , Mazzola, L. : An Integrating Approach To Discover TagSemantics. In: Proceedings of the 2011 ACM Symposium on Applied Computing, TaiChung, Taiwan, March 21–24 (2011)

De, S. K. , Krishna, P. R. : Clustering web transactions using rough approximation. Fuzzy Set. Syst. 148(1) , 131–138 (2004)

Dhanalakshmi, K. , Inbarani, H. H. : Fuzzy Soft Rough K–Means Clustering Approach ForGene Expression Data. Int. J. of Scientific Engineering and Research 3(10) , 1–7 (2012) Ahmadi, A. , Karray, F. , Kamel, M. S. : Flocking based approach for data clustering. Nat. Comput. 9(3) , 767–791 (2010)

Esmin, A. A. , Coelho, R. A. , Matwin, S. : A review on particle swarm optimization algorithmand its variants to clustering high-dimensional data. Artificial Intelligence Review, 1-23(2013)

Gemmell, J., Shepitsen, A., Mobasher, B., Burke, R.: Personalization in FolksonomiesBased on Tag Clustering. In: Intelligent Techniques for Web Personalization &Recommender Systems, pp. 259-266. ACM, Chicago (2008)

Grbovic, M., Djuric, N., Guo, S., Vucetic, S.: Supervised clustering of label ranking datausing label preference information. Machine Learning 93(2-3), 191-225 (2013)

Gupta, M., Li, R., Yin, Z., Han, J.: Survey on social tagging techniques. ACM SIGKDDExplor. Newsl. 12(1), 58-72 (2010)

Hammouda, K.: A Comparative Study of Data Clustering Techniques. Technical Report,Department of Systems Design Engineering, University of Waterloo, Waterloo, Ontario,Canada (2006)

Heymann, P., Koutrika, G., Garcia-Molina, H.: Can social bookmarking improve websearch. In: Proceedings of the International Conference on Web Search and Web Datamining, pp. 195-206. ACM, New York (2008)

Ho, T. B., Nguyen, N. B.: Nonhierarchical document clustering based on a tolerance roughset model. Int. J. of Intelligent Systems 17(2), 199-212 (2002)

Hu, X., Cercone, N.: Data mining via discretization, generalization and rough setfeatureselection. Knowledge and Information System 1(1), 33-60 (1999)

Inbarani, H. H., Thangavel, K., Pethalakshmi, A.: Rough Set Based Feature Selection forWeb Usage Mining. In: International Conference on Computational Intelligence andMultimedia Applications (ICCIMA 2007), Sivakasi, December 13-15, pp. 33-38. IEEE(2007)

Inbarani, H. H., Thangavel, K.: Mining and analysis of clickstream patterns. In: Abraham, A., Hassanien, A. E., De Carvalho, A. P., Snasel, V. (eds.) Foundations of Comput. Intel. Vol. 6. SCI, vol. 206, pp. 3-27. Springer, Heidelberg (2009)

Inbarani, H. H., Banu, P. K. N., Azar, A. T.: Feature selection using swarm-based relativereduct technique for fetal heart rate. Neural Computing and Applications (2014a),doi:10.1007/s00521-014- 1552-x

Inbarani, H. H., Azar, A. T., Jothi, G.: Supervised hybrid feature selection based on PSO andrough sets for medical diagnosis. Computer Methods and Programs inBiomedicine 113(1), 175-185 (2014b)

Jain, A. K., Murty, M. N., Flyn, P. J.: Data Clustering: A Review. ACM ComputingSurveys 31(3), 264-323 (1999)

Jiang, D., Tang, C., Zhang, A.: Cluster Analysis for Gene Expression Data: A Survey. IEEE Transactions on Knowledge and Data Engineering 16(11), 1370-1386 (2004)

Jianwen, M. A., Bagan, H.: Remote sensing data classification using tolerant rough set andneural networks. Science in China Ser. D Earth Sciences 48(12), 2251-2259 (2005)

Jothi, G., Inbarani, H. H.: Soft Set Based Feature Selection Approach for Lung CancerImages. Int. J. of Scientific Engineering and Research 3(10), 1-7 (2012)

Jothi, G., Inbarani, H. H., Azar, A. T.: Hybrid Tolerance-PSO Based Supervised FeatureSelection For Digital Mammogram Images. International Journal of Fuzzy SystemApplications (IJFSA) 3(4), 15-30 (2013)

Kisilevich, S., Mansmann, F., Nanni, M.: Rinzivillo S Spatio-Temporal Clustering. In: DataMining and Knowledge Discovery Handbook, 2nd edn., pp. 855-874. Springer Press,New York (2010)

Kumar, S. S., Inbarani, H. H.: Web 2.0 social bookmark selection for tag clustering. In:Pattern Recognition, Informatics and Medical Engineering (PRIME), Periyar University,Salem, February 22-23, pp. 510-516. IEEE (2013a)

Kumar, S. S., Inbarani, H. H.: Analysis of mixed C-means clustering approach for braintumour gene expression data. Int. J. of Data Analysis Techniques and Strategies 5(2),214-228 (2013b)

Kuo, R. J. , Wang, M. J. , Huang, T. W. : An application of particle swarm optimizationalgorithm to clustering analysis. Soft Computing 15(3) , 533-542 (2011)

Kuo, R. J. , Lin, L. M. : Application of a hybrid of genetic algorithm and particleswarmoptimization algorithm for order clustering. Decis. Support. Syst. 49(4) , 451-462 (2010)

Mangai, J. A. , Kumar, V. S. , Appavu, S. : A Novel Feature Selection Framework forAutomatic Web Page Classification. Int. J. of Automation and Computing 9(4) , 442-448(2012)

Martens, D. , Baesens, B. , Fawcett, T. : Editorial survey: swarm intelligence for data mining. Machine Learning 82 (1) , 1-42 (2011)

Mitra, P. , Murthy, C. , Pal, S. : Unsupervised feature selection using feature similarity. IEEETrans. Pattern Anal. Mach. Intel. 24(4) , 301-312 (2002)

Moftah, H. M. , et al. : Adaptive k-means clustering algorithm for MR breast imagesegmentation. Neural Computing and Applications (2013)

Neshat, M. , Yazdi, S. F. , Yazdani, D. , Sargolzaei, M. : A New Cooperative Algorithm Basedon PSO and K-Means for Data Clustering. J. of Computer Science 8(2) , 188-194 (2012)

Parthalain, N. M. , Jensen, R. : Unsupervised fuzzy-rough set-based dimensionalityreduction. Inf. Sci. 229, 106-121 (2013)

Rana, S. , Jasola, S. , Kumar, R. : A review on particle swarm optimization algorithm andtheir application to data clustering. Artificial Intelligence Review 35(3) , 211-222 (2011)

Sbodio, M. L. , Simpson, E. : Tag Clustering with Self Organizing Maps. Hewlett-PackardDevelopment Company (2009)

Shepitsen, A. , Gemmell, J. , Mobasher, B. , Burke, R. : Personalized recommendation insocial tagging systems using hierarchical clustering. In: Proceedings of the 2008 ACMConference on Recommender Systems, New York, USA, pp. 259-266 (2008)

Taher, N. , Babak, A. : An efficient hybrid approach based on PSO, ACO and k-means forcluster analysis. Appl. Soft Comput. 10(1) , 183-197 (2010)

Velayutham, C. , Thangavel, K. : Unsupervised Quick Reduct Algorithm Using Rough SetTheory. J. of Electronic Science and Technology 9(3) , 193-201 (2011)

Xu, G. , Zong, Y. , Pan, R. , Dolog, P. , Jin, P. : On kernel information propagation for tagclustering in social annotation systems. In: König, A. , Dengel, A. , Hinkelmann, K. , Kise, K. , Howlett, R. J. , Jain, L. C. (eds.) KES 2011, Part II. LNCS, vol. 6882, pp. 505-514. Springer, Heidelberg (2011)

Yau, K. L. , Tsang, P. W. M. , Leung, C. S. : PSO-based K-means clustering with enhancedcluster matching for gene expression data. Neural Computing and Application 22(7-8) ,1349-1355 (2013)

224

第9章 为比较胆囊切除术后病患的共病指数开发麻醉和手术护理医疗数据库

Luis Bejar-Prado＊, Enrique Gili-Ortiz, Julio Lopez-Mendez

摘要–目的 Charlson 共病指数（CCI）和 Elixhauser 共病指数（ECI）为手术和医疗研究中的预后工具。以 2008—2010 年西班牙 87 家医院的大型数据库为例，比较这两种指数在预测胆囊切除术后病患的住院死亡率方面的能力。

方法 电子医疗数据库中的最小基础数据集（MBDS）包括就诊病患的疾病、病情、治疗和人口统计数据信息。我们使用此类可用信息计算 CCI 和 ECI，并分析其同住院死亡率的关系。

结果 根据调整后比值比和95%的置信区间估量时，包括年龄、性别、烟草使用障碍、医院规模以及 CCI 或 ECI 在内的预测模型可预测胆囊切除术病患的住院死亡率。预后指数和死亡风险之间存在剂量–效应关系。住院病患的受试者工作特征（Receiver Operating Characteristic, ROC）预测模型曲线显示，CCI = 0.8717，ECI = 0.8771，但是就统计数据而言，该差值影响不大（$p>10^{-6}$）。

Luís Béjar-Prado · Julio López-Méndez

Department of Preventive Medicine and Public Health, University of Seville, Spain

e-mail: lmbprado@ us.es

Enrique Gili-Ortiz

Unit of Anesthesiology and Pain Therapy,

Hospital Universitario Virgen Macarena, Seville, Spain

Julio López-Méndez

Unit of Preventive Medicine, Surveillance and Health Promotion,

Hospital Universitario Virgen Macarena, Seville, Spain

＊ Corresponding author.

© Springer International Publishing Switzerland 2015

A.E. Hassanien et al.(eds.), *Big Data in Complex Systems*,

Studies in Big Data 9, DOI: 10.1007/978-3-319-11056-1_9

结论 在控制年龄、性别、医院分组和烟草使用障碍后,可根据 CCI 和 ECI 预测在一大批西班牙病患样本中接受胆囊切除术后病患的住院死亡率。若我们控制若干内部有效性风险,诸如偏倚和缺失数据,则可通过大数据,使用更多的医院数据库增强此类结果的外部有效性。

9.1　引言

9.1.1　临床数据库

临床数据库是一种非常强大且高效的研究工具。针对特殊疾病过程长期收集的具有前瞻性的准确临床信息可为研究人员和临床医师提供有价值的知识。同时也可为外科医生和麻醉医师提供关于围手术期以及研究和评估领域的有用信息。

数据库中最简单的部分是收集数据,更为困难的部分是将此类数据处理为信息,然后,便可按要求进行进一步分析,将所有信息转化为外科医生和/或麻醉医师使用和理解的知识;最后,按要求进行详细分析,回答临床难题或挑战性的问题(Platell,2008)。

通常,麻醉过程是一个较为安全的过程,极少发生不良事件,但是一旦发生不良事件,便会对病患和麻醉师带来恶劣的影响。围手术期有效性研究的目标是提高手术和麻醉护理的疗效、效力和功效。一般而言,麻醉过程是一个较为安全的过程,极少发生不良事件,但是一旦发生,便会对病患酿成严重后果。在这种情况下,针对围手术期有效性研究便是一种有效的解决途径,该项研究可通过大型数据库提高手术和麻醉护理疗效。

大数据通过回顾方式从统计和分析角度使用数以千计的数据点,确定某种微妙的模式和关联,而在针对较小样本的前瞻性研究中无法检测到此类模式和关联。由于现代化计算机和数据库的发明,大数据有能力整理和处理大量数据,并从此类数据中导出有用信息。或许,在流行病研究以及手术和麻醉操作评估过程中的下一步是使用整套数据库对结果进行分析,即大数据分析。

从多个数据资源获取大样本的重要优势是使我们有能力研究罕见结果或子组。通常,取自多个资源的数据同样也可基于人口统计学和地理学因素,代表多个研究人群,进而允许研究地理或实践变异或治疗特异性。越来越多实际经验表明电子医疗数据库的分布式网络能够支持大范围流行病研究或检测评估(Toh and Platt,2013)。

然而,对学习能力和精确度的沉迷可能会引起即使增加样本也无法解决的有效性问题,例如,测量错误、选择偏倚或混淆(Chiolero,2013)。

因此,本章所使用的方法:第一,审核围手术期疗效对比研究以及所使用的流行病研究类型及其优点、缺点和局限;第二,我们将分析大型数据库的使用,其中包括围手术期研究中的管理数据库;第三,我们将评估危险分层中并存病的重要性,对87家西班牙医院样本中胆囊切除术后病患死亡率的两种共病指数进行对比分析;第四,我们将评价在围手术期研究中另外使用大型数据库分析的结果;第五,在讨论部分,将分析某些局限、分析时注意事项及结果解释,其中包括结果的有效性,例如,数据质量和深度、偏倚控制、缺失数据、I类(α)错误以及注意事项和检查表,以评估使用大型数据库和大数据所进行的公开研究的质量。

9.1.2 围手术期疗效比较研究

负责疗效比较研究的联邦协调委员会(FCCCCER)对疗效比较研究(CER)进行了如下定义(FCCCCER2009):

"疗效比较研究是一种归纳研究方式,该研究通过对比不同干预方法和策略的利弊以在真实世界对各种健康情况和问题进行防治、诊断、治疗和监控。该研究的目的是通过开发和向病患、临床医师和其他决策者宣传循证信息,且根据其明确需求,改善健康结果。因此,干预治疗是针对特殊病患的有效治疗方式。为提供此类信息,疗效比较研究必须针对一组不同病患人群和亚组的综合健康结果进行评估。已定义的干预措施包括药物、治疗、医疗和辅助器具以及技术、诊断实验、行为改变和服务系统策略。该研究要求开发、扩展和使用各类数据资源和方法,评估疗效比较,积极宣传疗效比较结果。"

定义最终目标是CER应得出有用证据,帮助内科医师在特殊情况下选择最为有效的治疗方式。一种用以控制成本的方式是确保医疗护理以科学证据为基础。研究表明,在美国,高达50%的医疗护理缺乏充分的科学依据,约30%的医疗干预是"不确定的或存在问题的"(Manchikanti et al.,2010)。因此,CER的中心目标是提高医疗保健的疗效、效力和功效。截止目前为止,我们已经对理想的CER研究目标进行了总结,研究表明当前应解决如下问题。①是否进行干预,干预是否有效?②是否适用于大部分人群,是否有效?③干预成本是否划算?(Kheterpal,2009)。

由于随机性可有效避免已测定和未测定变量的混杂效应,因此随机对照实验(RCT)是用于评估研究结果的最佳研究方案。若疗效定义为在理想条件下针对特殊病患的潜在手术收益或风险,良好管理和分析的RCT可针对结果提供较高水平的内部有效性(Myles et al.,2011)。

由于RCT的较高内部有效性,因此RCT方案适合用于研究新药物疗效,如止疼药。当RCT确定疗效明显时,人们希望了解药物本身潜在的风险和副作用。但是,此类信息要求在更大且更多样化的人群中具有外部有效性。另一个方法是设计和执行实际临床实验(PCT),通过实验比较相关的临床替代方案,选择多样化的研究人群,使用多种实践设置,同时对一系列结果进行评估。因此,PCT可更好地为研究人员解决"真实世界"的利益问题(Tunis et al.,2003;Evley et al.,2010)。

鉴于在全国范围内进行了大量的围手术期临床实践,因此PCT应为首选方案;但是,他们可能要求在多个研究地址进行合作,该方案类似于多中心方案,但不限于大容量、学院设置。

但是,尽管已有前述优势,但是传统RCT可能不适于回答围手术期护理中出现的每个CER问题。例如,很多报告表明,相对低容量中心而言,高容量中心更易于得出适用于特殊手术的结果(Weiss et al.,2009)。

随机选择分配高容量中心的各类候选人是不合逻辑或伦理的,同时,即使可确保所选资源参加实验,但是用以向医院确认和分配候选人的过程也可能致使实验结果外部有效性复杂化。因此,RCT无法回答每个围手术期CER问题。当罕见结果要求较长研究时间和大量参与者时,RCT成本会非常高。另外,即使设计良好,RCT结果也会缺少外部有效性(无法将该结果推广到其他人群)。最终,在伦理上,无法随机分配病患可能有害的干预措施(Memtsoudis and Besculides,2011)。

在围手术期,观察性研究在评估对大部分人群的潜在影响方面特别有用。在研究罕见结果时,观察性研究可能非常有用,通常,观察性研究以从实际临床应用中获得的结果为基础。观察性研究的内部有效性低于RCT。在观察性结果中,定群研究(前瞻性或回顾性)可分析在追踪期后最初健康人群表现的影响。其优势是可同时分析多重结果,由于围手术期干预可能影响很多结果,因此该项功能特别重要。在定群研究中,由于病患在手术中,最初无法显现结果,因此应对干预和结果之间的时效关系进行明确定义(Powell et al.,2011;Fuller et al.,2011)。

在病案对照研究中,对得出结果的病患样本(病案)和无结果病患样本(对照)进行比较,通过分析,比较两组病患暴露的患病率(治疗)。此类研究成本较低,且所需时间较短(Turan et al.,2011)。但是,偏倚估计风险较大,同时难以证明在病案对照研究中暴露和结果之间的时效关系。

定群研究或病案对照研究可提供有用的数据,特别是当评估可能影响特定围手术期病患亚群的干预所导致的可能危害时。因此不可能通过RCT和观察性联合研究解决大多数研究问题。例如,利用RCT评估新药物药效时,会要求在更多病患中评估其药效和安全性,且其有效性和安全性无法通过严格的RCT准入标准进行界定。

从随机的临床数据中提取有效信息一般采用非随机方法,这是因为RCT方法一般不可用或者存在医学伦理问题,这方面的研究已经进行了很多,也提出了很多解析设计方法。美国和其他国家的很多管理数据库都已开放可供使用。从二级大型数据库中收集临床试验结果是非常有用的,但是确保获得数据的有效性所采用的方法是一大难题。基于共识的报告建议,在进行多变量建模、带有偏好打分和使用其他方法之前面向二级数据进行分层分析。该报告也推荐进行灵敏度分析和相关数据工作(Berger et al.,2009;Cox et al.,2009;Johnson et al.,2009)。

现有且已公开的 RCT 和观察性研究数据的系统评价(荟萃分析)可解答许多问题;因此,进行新的 CER 研究并非必需的(White et al.,2009)。

研究方案是否合适取决于研究的问题。若所研究干预方案可能伴随较大的不良风险或较高成本,则要求较高程度的内部有效性,设计良好且可进行控制的随机临床实验是最佳选择。若在不同人群或环境中实施干预,或难以重复干预,则该研究要求较高的外部有效性,如在不同人群或高质量的观察性研究中进行 RCT。很多现实问题要求折中,以平衡内部有效性、外部有效性、可行性和时间要求。在此类情况下,研究员必须把握各类因素的重要性,例如,若要求适度内部有效性但较高的外部有效性,则最佳选择是进行设计良好的观察性研究。

9.1.3 大型数据库和围手术期研究

在过去十年间,对围手术期和麻醉研究大数据库的系统开发显著增加。尽管设计初衷是为了便于管理,但信息技术、流行病研究方法的进步以及大数据库信息成功提供有价值的临床和流行病信息支持这一动向(Freundlich and Kheterpal,2011;Memtsoudis et al., 2011)。

各类适用于临床和流行病研究的大型数据库可供使用。其中许多向公众免费开放(例如,美国的国家出院数据库或西班牙的最小基础数据集)。但是大部分数据要求在使用之前进行正式的申请,以免滥用,同时很多数据中包含了可以识别参与者的加密数据,所有大数据的使用均要求签订数据使用协议。由于缺少识别信息,因此在通常情况下,此类数据的使用无需研究伦理委员会审核。

特定研究用数据库的选择在很大程度上取决于待证实的各类假设以及数据集内相关信息的可用性。在大多数情况下,所收集变量的数量通常有限,同时完整性和准确性各异。此外,决定使用特定数据库时,清楚理解数据的主要用途(管理或临床)、特定现场的数量和类型、数据库设计以及数据验证过程的再编译属于众多待考虑因素的一部分。例如,研究人员需考虑,他们是否需要从各现场收集的国家代表性数据(通常通过设计的加权方式提供),或者是否需要从足够数量的医院中收集机构数据。在其他情况下,如在分析极其罕见的事件或结果的研究中,他们可能需要整个数据库。在决定继续此类研究之前需考虑的重要方面是基础设施的可用性,其中包括程序员、统计员、流行病学家,以及适用于处理此类大数据的硬件和软件设备。

大型数据库允许使用相同的数据集进行多类研究,其中包括描述性、流行性和趋势性分析调查,各类结果和疗效比较研究以及风险因素评估。

可利用从多数病患获得的可用信息对罕见事件进行研究,在病患子组中难以针对此类罕见事件得出研究结果。由于此类数据不受随机控制实验中严格的包含和排除标准约束,而代表对实际操作的概括,从而使结果具有较高水平的外部有效性。因此,数据的高外部有效性导致了在之前使用随机对照实验过程中没有研究的内容。由于特殊不利事件较为罕见,且针对事件的研究要求使用大量的样本,因此针对围手术期的不利影响所进行的各类麻醉结果的对比似乎非常复杂(Stundner et al.,2012;Memtsoudis et al.,2012;Neuman et al.,2012)。

恶性高热流行性、人工关节造形术围手术期疗效的已发表研究以及对脑血管意外风险研究证明了大型数据库的价值(Rosero et al.,2009;Memtsoudis et al.,2009;Sharipfour et al.,2013)。

部分管理数据是以电子数据形式记录,通常会在出院或提供其他服务时生成。其中通常包含初次和二次诊断,同时至少包含某些关于所实施手术和服用药物的信息,以及还包含了有人口统计信息的文件或是可以访问该文件的链接。管理数据通常不包含实验结果,诸如病理或放射报告,或临床测量报告,诸如血压或身高和体重(Virnig and McBean,2001)。

此类数据的使用日渐普遍。美国国立卫生研究院、卫生保健研究和质量机构、卫生保健财务管理机构(HCFA)以及退伍军人事务部(VA)鼓励使用此类数据。大多数国家会收集出院信息,如加拿大各省份。电子出院信息构成了针对国家卫生统计中心的国家出院调查收集数据的主要部分。很多国家会收集出院信息,用于制定计划和进行研究。此类数据库中包含住院和出院日期、诊断以及治疗、人口统计信息、结果和付款人信息等。其可被用于进行住院和出院分析,在某些国家,每名病患均有一个编码,以便再次住院和转院使用(Roos et al.,1996;Ministerio de Sanidad,2011)。

9.1.4 基于风险分层的共病重要性

年龄、性别、社会阶层以及疾病特异性因素是关键的预测因素,但除此之外,在麻醉学和围手术期研究中可能混杂的最重要因素是因共病导致的术前风险。

准确的围手术期风险预测是至关重要的,有助于确保病患同意接受手术治疗,并指导围手术期临床决策。此外,准确的风险分层工具还可通过对风险进行调整对供方手术结果进行有效对比,以便进行服务评估或临床审计。某些风险分层工具被纳入临床实践中,事实上,出于此目的建议进行风险分层(Nashef et al.,1999;Copeland, Jones and Walters 1991)。

风险分层工具可再分为风险评分和风险预测模型。这两种模型通常利用对适用于特定结果的风险因素的多变量分析开发。风险评分对被确认为独立的结果预测因素的因素分配权重;适用于各因素的权重通常由多变量分析中回归系数值确定。然后风险评分的总权重可体现所增加的风险。风险评分的优势是易于在临床应用中使用。但是,尽管其可在同其他病患进行比较的范围内对某个病患进行评分,但是其无法针对不利结果进行个体化的风险预测。风险评分的例子是美国麻醉医师协会的身体状况评分(ASA-PS)以及 Lee 修订的心脏危险指数(Saklad,1941;Lee et al.,1999)。

在围手术期可对若干预后工具和指数进行评估,但是其中大部分评估使用的是原始数据(临床记录、实验室数据以及其他结果)(Moonesinghe et al.,2013)。部分数据已经管理数据库验证。最常使用的共病调整方法是 Charlson 共病指数(Charlson et al.,1987)。Charlson 指数向 17 组疾病特异性群体分配权重,大多数获得一个权重。伴有器官损害的糖尿病、半身不遂、严重和中度肾脏疾病以及癌性肿瘤、白血病或淋巴瘤获得两个权重。中度或严重肝功能障碍获得三个权重,转移性实体瘤以及艾滋病获得六个权重。通过增加权重计算适用于各病患的各个状况的指数。尽管 Charlson 共病指数 开发的初衷是根据医疗记录数据(不是管理数据)预测医务人员(不是手术人员)一年内的死亡率,但是根据 ICD-9 编码对其进行改编后的效力已得到验证,并广泛应用于术后死亡率研究(Deyo、Cherkin and Ciol 1992;Romano、Roos and Jolli 1993;Cleves、Sanchez and Draheim 1997)。尽管共病往往是在管理数据中进行系统编码,但是无论源自医疗记录还是管理数据,作为总体措施的 Charlson 指数同样可发挥良好的作用(Quan、Parsons and Ghali 2002;Malenka et al.,1994)。

Elixhauser 共病指数对 30 组特异性疾病各分配一个权重。Elixhauser 共病指数利用适用于混合医务-手术人口的管理数据(不是医疗数据)开发,同样可在预测住院死亡率方面发挥良好的作用(Elixhauser et al.,1998;Southern、Quan and Ghali et al.,2004;Gili et al.,2011)。

尽管已使用上述方法,但是对若干因素的关注仍可优化风险调整。已选择风险调整方式应证实其在预测关注结果(例如,住院死亡率、长期死亡率、住院时间、医院费用等)方面的有效性。对使用共病指数的风险调整,可以通过对数据集中计算共病得分的场特异性和研究特异性权重的经验推导来进行,而不是简单地使用权重(Klabunde et al.,2007;Ghali et al.,1996;Martins and Blais,2006)。

最终,若其纳入编码(简称"标记")可表明该疾病诊断是住院(共病)还是后续(并发症)发展的,则可利用管理数据完善风险调整。某些研究已通过比较按照住院标记(POA)诊断的共病和无标记诊断共病对共病指数进行验证(Pine et al.,2007;Gili et al.,2011)。

不幸的是,很多管理数据中不包含此信息。例如,在西班牙,仅一个地区(安大露西亚)在 MBDS 中纳入标记 POA(Servicio Andaluz de Salud,2012)。

可针对研究问题,量身定制用以评估共病状况的存在和影响的编码和方法(Klabunde、Warren and Legler,2002)。

此外,还需明确沟通用以调整共病的方法和基本原理。所遵守标准适用范围以及描述透明度非常重要,以通知读者在既定分析中进行风险调整的适当性。

9.2 本章目标和结构

由于医疗政策和临床决策的制定需要大量不同人群信息,因此近年来基于大型数据库的研究呈指数上升。

在关于罕见结果和罕见暴露的病例对照研究的临床实验和定群研究中,大数据开发是获得更加精确估计的最佳方法。然而,当前研究人员需要考虑关于很多数据库的若干限制。

本章的主要目的是通过比较两个预后指数(Elixhauser 共病指数和 Charlson 共病指数)的水平,利用西班牙 87 家医院的大数据库预测住院死亡率。

此外,我们希望分析大数据对此类研究的进一步影响,同时说明此类大数据库中可用信息的注意事项和缺陷。

9.3 方法

9.3.1 参与者

可从 2008—2010 年期间 87 家西班牙医院的最小基础数据集(MBDS)中获取住院数据。

从前述临床记录的医院医师提供的书面或数字化信息可见,已按照国际疾病分类第 9 审查编码(ICD-9-CM)对各病患诊断、外因和手术进行了编码。电子数据库中的编码和数据录入应由指定管理人员进行,且此类管理人员应完成关于医疗数据登记的完整培训。管理数据库中应包括使用 ICD-9-CM 标准的人口统计数据、住院和出院日期、住院类型和出院类型、针对主体原因诊断编码以及二次诊断、外因和治疗。同样包含在数据库中的信息还包括诊断相关分组(DRG)以及根据服务规模和复杂性将一个等级的医院分为五个类型,包括从规模较小且复杂性较低的医院至提供广泛服务的医院。分析仅限于出院时年龄为 18 岁和以上的病患。

9.3.2 变量

胆囊切除术病例被定义为符合 ICD-9-CM 编码的病例,如适用于腹腔镜胆囊切除术的编码为 51.21 和 51.22 的手术以及适用于非腹腔镜胆囊切除术的编码为 51.23 和 51.24 的手术。ICD-9-CM 编码同样适用于因依赖烟草而导致的疾病。

对几年内患者的年龄进行了测量。此类数据库中还包括诊断相关分组

（DRG）以及根据服务规模和复杂性将医院分为五个类型，包括从规模较小且复杂性较低的医院至提供广泛服务的医院（Ministerio de Sanidad，2011）。分析仅限于出院时年龄为 18 岁和以上的病患。可使用 ICD-9 编码计算 Charlson 共病指数 和 Elixhauser 共病指数中所包含的共病。我们对 Quan 等提出的共病使用 ICD-9-CM 编码（Quan et al.，2005）。

9.3.3 数据分析

所关心的主要结果是确定接受胆囊切除术治疗病患的死亡率以及其同共病指数的关系。

利用单因素分析检查胆囊切除术病患之间的关联以及烟草相关疾病、年龄、性别和共病指数。为便于比较连续变量，可使用学生实验或参数等效法。对于定性变量而言，使用卡方实验。利用 Mantel-Haenszel 法分析共病指数之间的剂量-效应关系（Mantel and Haenszel，1959）。

通过执行多变量逻辑回归确定共病指数对接受胆囊切除术病患的住院死亡率的影响。可根据年龄、性别、烟草相关疾病和医院分组调整相关数据。

Hanley 和 McNeil 推荐的方法被用于比较适用于各多变量预测模型受试者工作特征曲线（ROC）的曲线下面积（AUC）（Hanley and McNeil，1982；Hanley and McNeil，1983）。一类误差是 10^{-6}。利用 STATA 版 MP13.1 进行算法和统计学分析。

9.4　结果

9.4.1　病患特征

总共对 5475315 病患进行了鉴别，其中包括 83231 名胆囊切除术病患，27038 名腹腔镜胆囊切除术病患和 56193 名非腹腔镜胆囊切除术病患。胆囊切除术病患的平均 Charlson 共病指数 为 0.79（95% CL 0.77-0.80）。胆囊切除术病患的平均 Elixhauser 共病指数是 1.07（95% CL 1.06-1.08）。

9.4.2　粗死亡率

如图 9.1 所示为胆囊切除术病患中基于年龄和性别的粗死亡率。两种性别的死亡率均随着年龄的增加而增加。在所有年龄组中男性的死亡率高于女性，年龄为 85 周岁或以上的分组除外。

如表 9.1 所列为 Charlson 共病指数和接受胆囊切除术病患死亡率之间的剂

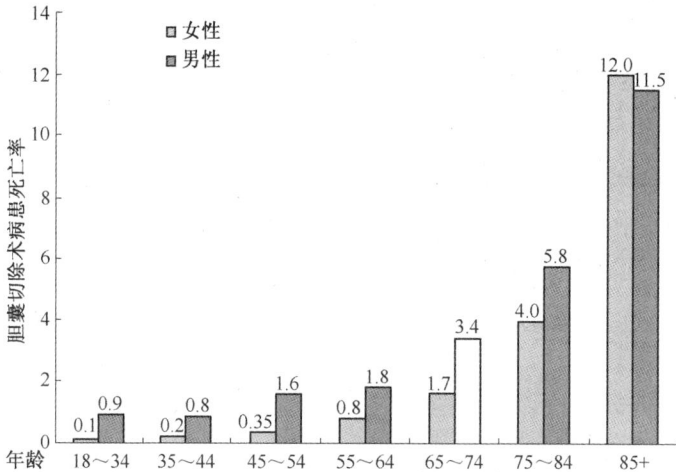

图 9.1   2008—2010 年在 87 家西班牙医院基于年龄和
性别的胆囊切除术病患死亡率

量-效应关系。Charlson 共病指数数值和调整的死亡比值比之间存在直接的剂量-
效应关系。虽然接受非腹腔镜胆囊切除术病患的死亡率更高,但是剂量-效应关
系同时直接同腹腔镜和非腹腔镜胆囊切除术相关。

表 9.1   接受腹腔镜胆囊切除术、非腹腔镜胆囊切除术后,
Charlson 共病指数(CCI)与死亡率之间的剂量-效应关系

Charlson 共病指数	调整比值比	95%CL	P	态势 p
腹腔镜胆囊切除术①				
0	1	—	—	
1	1.6	1.4~1.9	$<10^{-6}$	
2	3.1	2.6~3.6	$<10^{-6}$	
3	4.5	3.7~5.5	$<10^{-6}$	$<10^{-6}$
4	9.3	7.1~12.2	$<10^{-6}$	
5+	14.5	9.2~23.0	$<10^{-6}$	
非腹腔镜胆囊切除术①				
0	1	—	—	
1	2.1	1.4~3.0	$<10^{-6}$	
2	12.9	8.6~19.1	$<10^{-6}$	
3	15.2	8.9~26.0	$<10^{-6}$	$<10^{-6}$
4	43.3	16.8~111.5	$<10^{-6}$	
5+	59.8	13.1~272.0	$<10^{-6}$	

Charlson 共病指数	调整比值比	95%CL	P	态势 p
胆囊切除术任意类型②				
0	1	—	—	
1	1.6	1.4~1.9	$<10^{-6}$	
2	3.6	3.1~4.2	$<10^{-6}$	$<10^{-6}$
3	4.9	4.1~5.9	$<10^{-6}$	
4	9.8	7.5~12.7	$<10^{-6}$	
5+	15.5	10.0~24.1	$<10^{-6}$	
①依据年龄、性别和医院分组调整； ②根据年龄、性别、医院分组以及胆囊切除术类型调整				

ROC 曲线适用于各多变量模型,同时对 AUC 进行测量,并在模型之间进行比较,如图 9.2 所示结果。其显示,包含 Elixhauser 共病指数的模型最好地说明了胆囊切除术病患之间的死亡率(AUC = 0.8771),然后是包含 Charlson 共病指数(AUC = 0.8717)的模型,但是从统计学角度出发,二者区别不大(p = 0.0002 > 10^{-6})。

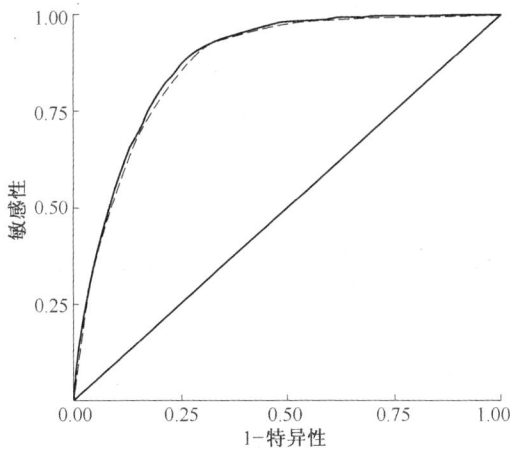

图9.2 适用于胆囊切除术病患住院死亡率预测
之多变量模型的 ROC 曲线

模型包括年龄、性别、烟草相关疾病以及医院分组,但 ECI(_____)和其他CCI(--------)中包含的模型除外。ECI 模型的 AUC = 0.8771,CCI 模型的 AUC = 0.817(p>10^{-6})。

9.5 讨论

9.5.1 研究的局限性和优势

我们的研究中存在若干局限性,所用数据仅限于在 MBDS 中找到的数据,而不是同其他病患数据的相互补充。我们使用如下临床定义,包括腹腔疾病、酒精和烟草相关疾病以及医师指定并使用编码记录的共病。若临床记录无法提供完成此类编码所需的所有信息或因编撰者变更数据解释而无法提供完成编码所需的所有信息,则可能低估其他局限性。ICD-9-CM 不包括特定于住院病患动因的编码,在某些情况下,可能需要对关注变量进行研究。

诸如 MBDS 之类的数据库同样具有显著的优势。通常可在住院时完成所有数据收集,同时,由于其事实上几乎包含所有病例。因此收集数据可提供关于发病率、患病率、共病率以及在医院接受治疗的疾病死亡率的合理准确估计。此外,还可通过回顾对数据进行分析,而不像其他的设计那样需要收集潜在数据,与此同时,可快速简单地收集来自较长时期内或来自大量病患的数据。由于可通过系统方式收集数据,因此成本相对降低。在使用此类数据库的研究中,由于病患或其法律代表拒绝签订允许病患参加研究的同意书,因此选择性偏倚较小。一类误差 = 10^{-6} 增加结果的有效性。

由于我们使用了大量的样本和多种类型的医院,因此我们所收集数据较为广泛,而不只是限于入住少数医疗中心的病患。每个 DRG 的住院费用,按医院分组和每年的具体情况进行分层,从而便于计算因不同风险(烟草、酒精等)而延长住院所造成的超额费用。

9.5.2 其他应用

在一个大型国家登记数据库中,Chen 等确认了于 2000 年 1 月 1 日至 2009 年 11 月 30 日期间至少发生 50 例成人住院期间心脏骤停病例的医院。他们使用多变量层次回归分析来评估调整病患和医院特征后的医院的心脏骤停发病率和病例存活率之间的相关性。共 358 家医院 102153 例病例,其中,医院心脏骤停发病率的平均数为 4.02/1000 住院人次,平均医院病例存活率为 18.8%。粗略分析显示,具有较高病例存活率的医院也具有较低的心脏骤停发病率(r, -0.16; $P = 0.003$)。在调整病患特征后,分析显示该关系仍持续(r, -0.15; $P = 0.004$)。在调整这种关系的潜在中介变量(医院特征)之后,发病率和病例存活率之间的关系减弱(r, -0.07; $P = 0.18$)。最可能减弱这种关系的一个可改变的医院因素是医院的护士-床位比率(r, -0.12; $P = 0.03$)。院内心脏骤停病生存率极高的医院在预防心脏骤停方面做得也更好,即使在调整病患病例组合后分析结果也是如此(Chen et al., 2013)。

Ebell 等开发了一种简单的骤停前评分,其可以辨别不可能在院内心脏骤停(IHCA)后保持神经功能完整或伴有最低限度缺陷的病患。该研究包括 51240 例于 2007 年 1 月 1 日—2009 年 12 月 31 日期间在 366 家医院(参与复苏急救指引登记)内发生 IHCA 的病患。将数据分为训练(44.4%)、测试(22.2%)和验证(33.4%)数据集,他们使用多变量方法选择良好神经功能结果的最佳独立预测因子,创建了一系列候选决策模型,并使用测试数据集来选择可最佳分类具有良好神经状态的 IHCA 病患经院内心肺复苏术后存活可能性的模型,其中存活可能性分类为:非常低(<1%)、低(1%~3%)、平均值(>3%~15%)或高于平均值(>15%)。使用验证数据集来评估最终模型。最佳表现模型是基于 13 个骤停前变量的一种简单评分。应用于验证数据集时,C 统计量为 0.78。它确定了良好结果可能性在 9.4% 的病患中非常低(良好结果可能性为 0.9%)、在 18.9% 的病患中处于低水平(良好结果可能性为 1.7%)、在 54.0% 的病患中处于平均值(良好结果可能性为 9.4%)和在 17.7% 的病患中高于平均值水平(良好结果可能性为 27.5%)。总体而言,该分数确定了超过 1/4 的病患在经历 IHCA 后存活至出院、保持神经功能完整或伴最低限度缺陷的可能性低或非常低(良好结果可能性为 1.4%)(Ebell et al., 2013)。

Sharifpour 等使用美国外科学院国家质量改进项目数据库研究了非颈动脉大血管手术后围手术期脑卒中的发病率、预测因素和预后。他们从美国外科学院国家质量改进项目数据库中确认了 2005—2009 年间在非退伍军人管理医院中进行非颈动脉血管手术的 47750 例病患。对行择期下肢截肢、下肢血管重建或开放性主动脉手术的病患进行了分析,以确定围手术期脑卒中的发病率、独立预测因子以及 30 天死亡率。手术后 30 天围手术期脑卒中的总体发病率为 0.6%。多变量分析显示,年龄每增加 1 岁[比值比 1.02,95% 置信区间(CI)(1.01~1.04)]、心脏病史[1.42, (1.07~1.87)]、女性[1.47, (1.12~1.93)]、脑血管疾病史[1.72, (1.29~2.29)]以及急性肾功能衰竭或透析依赖[2.03, (1.39~2.97)]是脑卒中脑中风的独立预测因子。只有 15%(95% CI, 11%~20%)的脑卒中发生在手术后的第 0 或 1 天。在一个对比研究评估中发现,围手术期脑卒中可使 30 天全因死亡率[3.36, (1.77~6.36)]增加 3 倍,并使平均外科住院时间由 6 天(95% CI, 2~28)增加到 13 天(95% CI, 3~43)($P < 0.001$)。显著增加的平均外科住院时间和 30 天全因死亡率反映出围手术期脑卒中是发病率和死亡率的一个重要来源。在这个群体中,他们已确定脑卒中的独立预测因子不容易改变且大多数脑卒中发生在术后第一天(Sharifpour et al., 2013)。

2007 年和 2008 年,Neuman 等在纽约的 126 家医院调查了进行髋骨骨折手术的回顾性研究队列。他们使用医院固定效应逻辑回归分析测试了局部麻醉和全身麻醉分别与住院死亡率(主要结果)及肺和心血管并发症(次要结果)的关联。亚组分析根据骨折解剖学结果检验麻醉类型和预后的关联。18158例病患中,5254例(29%)接受了局部麻醉。435例(2.4%)发生院内死亡。未调整的死亡率和心血管并发症的发生率没有因麻醉类型的不同而有所不同。接受局部麻醉的病患肺部并发症发生率低(359(6.8%)对1040(8.1%),$P < 0.005$)。局部麻醉的调整后死亡率比值比较低(比值比:0.710,95%CI:0.541~0.932,$P < 0.014$),而全身麻醉可导致肺部并发症(比值比:0.752,95%CI:0.637、0.887,$P < 0.0001$)。亚组分析显示,局部麻醉可使股骨转子间骨折病患的生存率提高以及更少的肺部并发症,但对股骨颈骨折病患没有此作用。与全身麻醉相比,对所有髋骨骨折病患来说,局部麻醉可使病患的住院死亡率和肺部并发症发生率降低(Neuman et al.,2012)。

2006—2010年,Mathis等在其机构接受喉罩麻醉的所有儿科病患进行了回顾性数据库审查。喉罩设备品牌仅限于LMA Unique™和LMA Classic™,主要结果为喉罩麻醉失败,定义为任何需要移除喉罩装置和气管插管术的气道事件。使用单变量和多变量技术分析潜在风险因素(包括病史、体格检查、手术和麻醉特征)。在研究的11910例麻醉病例中,102例(0.86%)发生喉罩麻醉失败。喉罩麻醉失败的常见表现特征包括:泄漏(25%)、阻塞(48%)和病患不耐受(如顽固性咳嗽/喘息)(11%)。57%的喉罩麻醉失败发生在手术切开之前,43%的喉罩麻醉失败发生在手术切开之后。独立的临床相关性包括:耳/鼻/喉外科手术、非门诊入院状态、延长手术时间、先天性/获得性气道异常和病患转运。该研究结果提示LMA Unique™和LMA Classic™表现出相对较低的喉罩麻醉失败率,支持使用它们作为可靠的儿科上呼吸道气道装置。儿科手术人群中喉罩气道失败的预测因子与成年人手术人群不重叠,因此应该独立考虑(Mathis et al.,2013)。

Gili等使用大型管理数据库(MBDS)评估了酒精使用障碍(AUD)对医疗相关感染(HCAI)风险、住院时间、住院费用和手术病患死亡率的影响。分析了在2008—2010年期间87个西班牙医院中接受了选择性手术的病患的不良事件。HCAI定义为与卫生护理相关的严重脓毒症、非严重脓毒症、肺炎、手术部位感染(SSI)、血管导管相关感染和尿路感染。要分析的主要结果是AUD病患发生HCAI的风险。次要结果是死亡率、延长的住院时间和医疗费用超支。共分析了1511899例住院病患;确认了43484例(2.9%)HCAI,其中,SSI是最常见的HCAI。39226例(2.6%)病患和2587例HCAI病例诊断为AUD。多变量分析表明,AUD是发展每种类型HCAI的独立预测因子(比值比:1.5;95%CL:1.4~1.6;$p < 0.0001$)。伴AUD的HCAI病患平均住院时间延长了2.1天,其住院费用超出了1871.1欧元。多变量分析发现,AUD与SSI感染所致死亡明显相关(OR 1.4,95%CL:1.1~1.8,p:0.004),但是在其余类型的HCAI中没有发现这种相关性。AUD可增加手术病患的HCAI风险,提高其SSI所致住院死亡的风险,并可导致更长的

住院时间和住院费用超支(Gili et al.,2013)。

Hlatky 等评估了临床特征是否可在未选择的一般病患群体中改变冠状动脉旁路移植术(CABG)与经皮冠状动脉介入术(PCI)的比较效果。本研究是使用倾向分数配对和 Cox 比例风险模型的观察性治疗比较。分析 1992—2008 年期间的美国医院病患。病患是年龄 66 岁或以上的医疗保险受益人。通过预先指定的协变量治疗相互作用测试,测量全因死亡率的 CABG-PCI 风险比(HR),并测量 CABG 或 PCI 治疗后的临床亚组的生存年的绝对差异(均超过 5 年的随访)。在 105156 例倾向分数-配对的病患中,CABG 与 PCI 相比具有更低的死亡率(HR,0.92 [95%CI,0.90~0.95];$P < 0.001$)。糖尿病(HR,0.88)、烟草使用史(HR,0.82)、心力衰竭(HR,0.84)和外周动脉疾病(HR,0.85)病患的 CABG 与较低死亡率的关联明显更大(每个的相互作用:$P = 0.002$)。5 年内,CABG 和 PCI 治疗的生存期总体预测差异为 0.053 寿命年(范围:-0.017~0.579 寿命年)。糖尿病、心力衰竭、外周动脉疾病或烟草使用病患在 CABG 治疗后的生存期具有最大的预测差异,而没有这些因素的病患在 PCI 治疗后有稍微更好的存活率。

此研究的一个局限性在于:治疗方式是由病患和医生选择的,而不是随机分配的。在社区医疗环境中,与多支 PCI 治疗相比,多支 CABG 治疗长期死亡率更低。这种关联可因病患特征不同而发生明显变化,糖尿病、烟草使用、心力衰竭或外周动脉疾病病患的存活率有改善(Hlatky et al.,2013)。

de Wit 等分析了接受选择性住院关节置换术、冠状动脉旁路移植术、腹腔镜胆囊切除术、结肠切除术和疝修复术的病患的医疗相关感染(HAI)和手术部位感染(SSI)的风险。他们从 2007 年和 2008 年的全国住院病患样本中获得数据。HAI 被定义为与卫生护理相关的肺炎、败血症、SSI 和尿路感染。要分析的主要结果是酒精使用障碍(AUD)病患的 HAI 和 SSI 风险。次要结果是 HAI 和 SSI 病患的死亡率和住院时间,$\alpha = 10^{-6}$。共分析了 1275034 例住院病患;记录了 38335 例(3.0%)HAI,确认了 5756 例(0.5%)SSI。11640 例(0.9%)病例诊断为患有 AUD。多变量分析表明,AUD 是发展 HAI 的独立预测因子:比值比(OR)1.70,$p < 10^{-6}$,并且这种风险与手术类型无关。多变量分析提示,AUD 病患的 SSI 风险也较高:OR 2.73,$p < 10^{-6}$。HAI 或 SSI 病患的住院死亡率不受 AUD 影响。然而,伴 AUD 的 HAI 病患的住院时间更长(多变量分析:延长 2.4 天,$p < 10^{-6}$)。伴 AUD 的 SSI 病患的住院时间并没有延长。结论:AUD 可使接受多种选择性手术的病患的术后感染性并发症风险增加(de Wit et al.,2012)。

Zhan 和 Miller 分析了医疗保健系统中医疗事故的影响,评估了住院期间因医疗事故而导致的延长住院时间、费用和死亡人数。在 2000 年 AHRQ 医疗成本和利用项目全国住院样本数据库中,他们使用美国卫生保健研究和质量机构(AHRQ)病患安全指标(PSIs)来确认来自美国 28 个州 994 家急救医院的 745 万份医院出院摘要中的医疗损害。主要结果测量包括:医院出院摘要中所记录的住院时间、费用和住院死亡率数据,并且由 18 个 PSIs 确认归因于医疗损害。可归因于医疗损害的延长的住院时间范围从损害的第 0 天到新生儿到手术后败血症的第 10.89 天,超额费用的范围从用于产科创伤的 0 美元(无阴道仪器)到术后败血症的 57727 美元,以及超额死亡率范围从产科创伤的 0% 到术后脓毒症的 21.96%($P <$ 0.001)。术后脓毒症后,第二个最严重的事件是术后伤口裂开,会导致需要再住院 9.42 天、超额费用 40323 美元以及 9.63% 的归因死亡率。由医疗护理导致的感染可导致 9.58 天的额外住院时间、38656 美元的超额费用和 4.31% 的归因死亡率(Zhan and Miller,2003)。

9.5.3 大数据库的优势

人口覆盖率可能是管理数据最重要的优势。没有这样庞大的人口数据基础,研究者可以从数据中得出的推论是有限的。医疗保险可为大约 3800 万人提供医疗保健,其中 3000 万是 65 岁及以上的人。据估计,美国 96% 以上的老年人可通过医疗保险计划获得医疗保健。稍微不那么引人注目的观察性数据是管理数据的一个优势,即使缺乏高人口覆盖率,文件中也会包含大量的观察性数据。

基本数据收集的主要缺点是收集数据所需成本高。虽然管理数据在其所包含的数据元素的数量方面可能受到限制,但是其获得数据的效率相对要高得多。一般来说,从接触病患到数据可用性之间的时间比使用手动抽取图表的时间要短。此外,由于人员成本较低,获得数据具有更便宜的前景。基于其数据及时性和更低的成本,部分研究者建议将管理数据作为继续长期收集的优选数据来源。

广泛使用这种标准标识符作为社会安全号码、代码编号以及更明显的身份信息(如姓名和出生日期)使得管理数据可以与其他来源的数据进行连锁。在 20 世纪 90 年代,一些作者描述了将 Medicare 数据与 SEER 癌症登记和 VA 利用数据连锁起来的方法(Potosky et al.,1993;Fleming and Fisher 1992)。

这种组合可使得自其他来源的数据增加管理数据的数据量,并增加两个来源的数据的研究和规划有用性。与联合管理数据和其他来源数据的能力相关的灵活性和效率可用于扩展两个数据源的应用。

管理数据除了能与个体级别的数据进行连接之外,还可以与组级别的数据进行联合。部分研究人员使用人口普查所估计的家庭收入来克服医疗保险数据来源缺乏收入信息的问题(Krieger,1992;Gornick et al.,1996)。

尽管上面概述了管理数据具有明显的优势,但该数据源也存在一些重大缺陷。由于其数据不是为了实验目的而专门收集生成的,其内部有效性受到怀疑,因此对于一些研究人员来说,管理数据只是"辅助的"数据来源。

9.5.4　大型数据库的有效性

若干因素影响着大型数据库作为在围手术期有效性研究的信息来源的有效性,其中包括:数据质量和可用信息的深度、偏倚的控制、缺失数据的控制和 α 错误(Ⅰ类错误)。

关于大型管理数据库与其他数据源(如病历)相比的准确性研究通常表明其具有高度有效性(Virnig,2001)。

必须评估这些数据库中所包含的群体,以确保其对所要讨论的临床群体的可推广性。许多管理数据不是为了研究目的而专门收集的,因此,它们对具体研究问题的适宜性需要根据具体情况加以判断。

一般来说,可能会准确编码报销程序,而共病症和并发症(死亡除外)的编码可能不太可靠。例如,医疗保险索赔数据和 SEER 登记数据之间的一致性在关于大量(即,高报销)外科手术的数据中通常比用于活检和非手术治疗的数据中更高(Cooper et al.,2002)。同样,管理数据识别并发症(如选择性腰椎间盘切除术后的伤口感染或出血)的敏感性仅为35%,但再次手术(其将带来高报销率)以100%的敏感性进行编码(Romano et al.,2002)。在膝关节置换手术的研究中,发现管理数据对识别治疗方式的敏感度为95.5%,但其对于共病症的敏感度仅为27%,并发症为66%(Hawker et al.,1997)。

即使事实上已提供相关服务,但低报酬率的服务可能不一定会被记录在管理数据库中。化验值通常不能从管理数据中获取。例如,美国全国住院病例样本或西班牙的 MBDS,包括在全国范围内收集到的医院级出院数据,纳入了住院病患的住院信息,但没有关于门诊病患治疗的信息。

如果所研究人群不能准确代表兴趣临床研究群体,则使用基于群体的数据研究的外部真实性(可推广性)可能受到影响,而内部真实性可能受到偏倚的影响。内部真实性具体指的是研究的效果测度准确地体现"真实"的程度。偏倚是在数据收集、分析、解释、出版或审查过程中可能导致无效结论的任何系统的趋势。

三种主要的偏倚类型:选择性偏倚、信息偏倚和混杂性偏倚(Delgado and Llorca,2004)。选择性偏倚是指每个组别中的参与者的代表性,并且当纳入一项研究或特定研究组别时结果受到同样影响预后的因素的影响。与手术治疗研究特别相关的是治疗的选择性偏倚。当数据测量的质量或类型中的问题导致后续的错误分类(案例分类为非案例、暴露分类为非暴露或相反)时,则产生信息偏倚(Copeland et al.,1997)。

当影响观察目标的因素在研究组别之间不均匀分布时,则产生混杂性偏倚。只有当变量表现出三个特性时,变量才可能引入混杂性偏倚。首先,它必须是观察目标的风险因素。其次,它必须与主要暴露因素相关。最后,它不应该是暴露因素和因果关系链中的观察目标之间的中间因素。当在研究设计阶段不能消除偏倚时,应在分析结果时采用控制偏倚的适当方法。

在使用管理和登记数据评估治疗的功效时,需要特别关注的是非随机治疗分配,其可能引入选择性偏倚。选择性偏倚的一个例子是:仅系统地向相对健康的病患或具有局限性病变的病患提供手术治疗。当从观察性数据中做出推断时,这种临床上合理的决定可能存在问题,因为分析结果的差异可能是由于选择标准、治疗本身或两者的不同所致。为了处理这种情况,通常使用多变量回归方法进行分析,其包括将治疗类型用作虚拟变量并调整其他协变量。

当模型中的协变量的分布在研究组别之间充分重叠时,多变量回归方法是合适的分析方法。当治疗组相对于协变量的分布存在显著差异时,依赖标准回归模型进行统计分析可能是危险的。

主要由于上述偏倚带来的这些缺点,使用倾向性分析解释非随机治疗分配变得越来越受欢迎(Rubin,1997;Rosenbaum and Rubin,1983;Rosenbaum and Rubin,1984;Rosenbaum and Rubin,1985;Braitman,2002)。

倾向得分研究确定接受某种治疗(如手术)的个体病患作为所有混杂协变量的函数的假设概率,折合为单个数值得分。倾向得分通过使用可用协变量的潜在完备集生成,与单独的常规多变量回归方法相比,能更完全地控制治疗的选择性偏倚。当治疗方法常见但观察目标很少见时,倾向得分研究可能特别有用。然后,倾向得分可以进一步用于分层或匹配主题分析。通过可预测协变量的可比分布,基于个体倾向得分的分层或匹配极大地促进了治疗组和对照组的构建和比较。倾向得分技术只能可靠地解释治疗选择的可预测决定因素。

然而,一些研究发现,使用管理数据进行倾向性分析不一定能平衡病患的临床特征,所得分析结果倾向于高估治疗效果(Austin et al.,2005)。

由于混杂性偏倚得不到完全控制,观察性研究具有较高的做出无效推理的风险。虽然多元回归方法试图调整可预测的混杂因素,但由于不可预测的混杂因素造成的偏倚风险仍然存在。当使用管理数据库时,混杂因素的潜在性可能甚至更会产生问题,因为这些数据通常缺乏临床深度,并且其潜在重要混杂因素的影响力可能是未知的。

大多数管理数据库和登记数据集具有一定程度的缺失数据,这是人群流行病学研究中的一个严重问题(Allison,2001)。

在纵向研究中,受试者可能退出、不能或拒绝参与随后的数据收集,从而产生无回应误差,这是医学研究中选择性偏倚的一个常见原因(Kleinbaum, Morgenstern and Kupper,1981)。

通常的方法是将分析限制于特定变量集中没有缺失值的受试者。这种所谓的可用案例分析可能对评估结果有偏倚。有时,当涉及多重分析时,该方法排除了在至少1种分析中使用的任何变量中存在任何缺失值的对象(所谓的完整病例或列表删除分析)。其他方法(如将缺失数据作为单独类别进行处理)也会导致有偏倚的估计(Vach,1994)。

列表删除或完整病例分析是大多数统计软件包中的默认分析方法。然而,除非数据缺失是完全随机的,否则使用这些方法可能会导致有偏倚的估计(Little and Rubin,2002)。

列表删除也减少了可用样本的大小,从而导致功率损失。相对较少的缺失值可导致大量病例删除。

另一种常用的方法是为缺失数据创建单独的类别(如种族未知)。这种方法也可能导致有偏倚的估计。如果缺失的数据量很小,一个合理的方法是执行列表删除,然后进行敏感度分析,以探索缺失数据对结果推断的潜在影响。

有三种方法可用于正确分析不完整数据(Raghunathan,2004;Horton and Kleinman,2007)。第一种方法是向包括在分析中的每个受试者附加权重以体现被排除的受试者。在数据调查中,个体的权重是他/她的选择概率的倒数。因此,加权平均值(其中权重是它们的选择率的倒数)是群体平均值的无偏倚估计,而简单平均值并不是。加权为补偿无回应是同一想法的延伸。也就是说,由于缺失值而排除对象并不能真实地反映原始样本数据,而将受试者附加权重纳入分析可以恢复原始数据的代表性。加权是一种用于校正偏倚的简单方法,但它仍然丢弃了来自具有缺失值的受试者的部分信息。

第二种方法是多重填补方法(Rubin,2004;Schafer,1999)。该方法是一种更为恰当和普遍使用的处理缺矢数据的方法。

多重填补使用可用数据通过使用回归模型来预测丢失数据的合理值。缺失数据随后被替换为预测的或估计的值。通过使用多重填补的数据集,随后的分析适当地考虑观察值的不确定性和估算值的不确定性,从而导致更有效的推断。基于多重填补的分析方法也许是最实用的方法。这种方法涉及在数据库中多次输入缺失值的前期投资。一旦进行多重填补,任何完整的数据软件可用于重复分析已完整的数据集、提取点估计及其标准误,并将其进行组合(Reiter and Raghunathan,2007)。

第三种方法是基于从可观察到的不完全数据构建的似然估计。在完整的数据统计方法中,给定模型的最大似然估计是一个主要的推理过程,如线性、对数、泊松、对数线性和随机效应模型。

Ⅰ类错误是指得出治疗有效或者两组之间存在差异的结论,而实际上治疗无效或不存在差异。统计软件包允许相对容易地执行数据分析,从而可能导致参与数据挖掘的诱惑,数据挖掘是用于统计结果显著性意义的非假设驱动的检索过程。这种做法具有较高的Ⅰ型错误的风险,并且可能导致得出假结论。所有行政管理数据的分析基本上是二次数据分析,因此通常更易受这种统计误差的影响。

研究人员可能考虑对Ⅰ类错误(一般情况下 $\alpha = 0.05$)施加更严格的标准作为

对假阳性结果的更保险的预防手段,正如我们在本研究中所做的那样:指定 $\alpha = 10^{-6}$。Bonferroni 校正将 I 类错误除以检验次数,并将该值用作统计显著性的阈值。例如,如果用 $\alpha = 0.05$ 进行 10 次检验,则仅认为小于 .005 的 P 值才具有统计学意义。

即使仅存在非常小的绝对差异,管理数据集中可用的大样本量也有可能使得差异结果具有统计学意义。虽然统计学显著性的常规阈值($P < 0.05$)被广泛使用,但是应当记住,该阈值是任意的。P 值本身对观察效应的重要性和临床意义没有意义,而是反映了效应估计的精确性。过度关注 $P < 0.05$ 可以夸大统计学显著性,但实际上得出的却是临床上无意义的结果。同样,这种方法可以因为 P 值超过任意阈值,而丢弃从分析中收集的潜在有意义的信息。

研究人员应关注效应值的估算(点估计和置信区间)。置信区间比 P 值可更清楚地量化不精确性,允许临床医生评估效应估计合理值范围的临床意义。

最后,若不注意观察到的效应或其统计学显著性的大小,则从观察性数据中单独导出的相关性并不总是意味着因果关系。相关性的强度只是几个因素之一,应该依据经典 Hill 规则评估建立的因果关系(Hill,1965)。

9.5.5　注意事项和清单

基于回顾性纵向数据库的研究对于医疗保健政策和临床决策越来越重要,其研究结论需要经"真实世界"实践、大量和不同人群的实验以及信息获取效率的信息进行验证。

为了帮助决策者评估使用健康相关回顾性数据库的已发表研究论文的质量,国际药物经济学和结果研究协会(ISPOR)工作组制定了一个清单,其重点是在于解决数据库研究特有的问题或在数据库研究中特别形成的问题。该清单主要用于常用的医学数据库,但也可能用于评估采用其他类型数据库的回顾性研究(Motherol et al.,2003)。

特别地,该清单在评估研究质量时提醒大家注意三个最关键的问题:①用于本研究的特定大型行政管理数据库是否充分代表预期的临床经验;②跨数据文件的数据连锁能否保证连锁本身的准确性和跨文件信息的兼容性;③纵向数据的细微差别和复杂性(包括在给定的健康计划中以及随着时间的推移病患真实体验发生的许多变化)能否得到重视。因此,一些研究人员对细致的 ISPOR 工作组清单增加了额外的建议(Andrews and Eaton,2003)。

9.6　总结

在相当多的情况下(如临床实验和研究罕见暴露因素的罕见结果或病例对照

研究)强制使用大数据以得到精确的预测数据。

尽管数据库相关研究有一定的优势,研究人员还需要考虑一些局限性。一些最大的数据库是以管理为目的而创建的,因此,经常缺少详细的临床信息(包括围手术期事件的文档)。在这种情况下,通常基于 ICD-9 编码系统对共病症和并发症进行编码,其具有相当大的编码偏倚风险和不能察觉到疾病和事件严重性的风险,以及不确定病患入院时是否存在病症的信息。最近,许多数据库管理员通过纳入先前已注释的"住院"变量来解决后者。

目前,因为没有可用的病患标识符而不能确定同一个体的单独入院信息,并且可能无法捕获医院外的相关机构的额外住院信息,因此许多数据库不允许对病患结果进行纵向分析。关于这一点,正在努力创建具有纵向数据分析能力的数据库。虽然大型数据库已经用于医学研究数十年,但是它们的大小和复杂性的增加需要计算机软件和统计方法的持续改进,以允许对数据进行适当的操纵和解释。生物统计学和流行病学领域在过去几十年中急剧扩大,以提供可以满足方法论工具需求的研究手段。为了便于在比较有效性研究、流行病学评估、风险因素分析和结果研究领域实现严格的科学分析过程,生物统计学家和流行病学家的合作是围手术期数据库分析的一个重要组成部分。

尽管大数据研究围手术期相关问题是有发展潜力的,但是为了以严格和鲁棒的科学方法解决围手术期研究提出的重要问题,麻醉和外科领域的研究人员需要了解大型数据库研究的缺陷和方法论持续发展的需要。

致谢:本研究由西班牙 Delegación del Gobierno para el Plan Nacional Sobre Drogas(DGPNSD)资助(基金号:2009I017,项目:G41825811)。DGPNSD 在研究设计、收集数据、分析和解释数据、撰写报告或在决定提交论文以供出版中没有进一步的作用。

参考文献

Allison, P. D.: Missing Data. Sage, Thousand Oaks (2001)

Andrews, E. B., Eaton, S.: Additional considerations in longitudinal database research. Value Health 6(2), 85-87 (2003)

Austin, P. C., Mamdani, M. M., Stukel, T. A., et al.: The use of the propensity score for estimating treatment effects: administrative versus clinical data. Stat. Med. 24(10), 1563-1578 (2005)

Berger, M. L., Mamdani, M., Atkins, D., et al.: Good research practices for comparative effectiveness research: defining, reporting and interpreting nonrandomized studies of treatment effects using secondary data sources: The ISPOR Good Research Practices for Retrospective Database Analysis Task Force Report-Part I. Value Health 12(8), 1044-1052(2009)

Braitman, L. E., Rosenbaum, P. R.: Rare outcomes, common treatments: analytic strategies using propensity scores. Ann. Intern. Med. 137(8), 693-695 (2002)

Charlson, M. E. , Pompei, P. , Ales, K. L. , et al. : A new method of classifying prognostic comorbidity in longitudinal studies: development and validation. J. Chronic. Dis. 40(5), 373–383 (1987)

Chen, L. M. , Nallamothu, B. K. , Spertus, J. A. , et al. : Association Between a Hospital's Rate of Cardiac Arrest Incidence and Cardiac Arrest Survival. JAMA Intern. Med. 173(13), 1186–1194 (2013)

Chiolero, A. : Big Data in Epidemiology. Too Big to Fail? Epidemiology 24(6),938–939 (2013)

Cleves, M. A. , Sanchez, N. , Draheim, M. : Evaluation of two competing methods for calculating Charlson's comorbidity index when analyzing short–term mortality using administrative data. J. Clin. Epidemiol. 50(8), 903–908 (1997)

Cooper, G. S. , Virnig, B. , Klabunde, C. N. , et al. : Use of SEER–Medicare data for measuring cancer surgery. Med. Care 40(8, suppl. IV), 43–48 (2002)

Copeland, K. T. , Checkoway, H. , McMichael, A. J. , et al. : Bias due to misclassification in the estimation of relative risk. Am. J. Epidemiol. 105(5), 488–495 (1997)

Copeland, G. P. , Jones, D. , Walters, M. : POSSUM: A scoring system for surgical audit. Br. J. Surg. 78(3), 355–360 (1991)

Cox, E. , Martin, B. C. , Van Staa, T. , et al. : Good research practices for comparative effectiveness research: approaches to mitigate bias and confounding in the design of nonrandomized studies of treatment effects using secondary data sources: The International Society for Pharmacoeconomics and Outcomes Research Good Research Practices for Retrospective Database Analysis Task Force Report–Part II. Value Health 12(8), 1053–1061 (2009)

de Wit, M. , Goldberg, S. , Hussein, E. , et al. : Health care–associated infections in surgical patients undergoing elective surgery: are alcohol use disorders a risk factor? J. Am. Coll. Surg. 215(2), 229–236 (2012)

Delgado–Rodríguez, M. , Llorca, J. : Bias. J. Epidemiol. Commun. Health 58(3),635–641 (2004)

Deyo, R. A. , Cherkin, D. C. , Ciol, M. A. : Adapting a clinical comorbidity index for use with ICD–9–CM administrative databases. J. Clin. Epidemiol. 45(6), 613–619 (1992)

Ebell, M. H. , Jang, W. , Shen, Y. , et al. : Development and Validation of the Good Outcome Following Attempted Resuscitation (GO–FAR) Score to Predict Neurologically Intact Survival After In–Hospital Cardiopulmonary Resuscitation. JAMA Intern. Med. 173(20), 1872–1878 (2013)

Elixhauser, A. , Steiner, C. , Harris, D. R. , et al. : Comorbidity measures for use with administrative data. Med. Care 36(1), 8–27 (1998)

Evley, R. , Russell, J. , Mathew, D. , et al. : Confirming the drugs administered during anaesthesia: a feasibility study in the pilot National Health Service sites, UK. Br. J. Anaesth. 105(3), 289 296 (2010)

Federal Coordinating Council for Comparative Effectiveness Research. Report to the President and Congress. U. S. Department of Health and Human Services, Washington, DC(2009), http://www. effectivehealthcare. ahrq. gov/ index. cfm/ what–is–comparative–effectiveness–research1/ (accesed on October 10, 2013)

Flemming, C. , Fisher, E. S. , Chang, C. H. , et al. : Studying outcomes and hospital utilization in the elderly: the advantages of a merged data base for Medicare and Veterans Affairs Hospitals. Med. Care 30(5), 377–391 (1992)

Freundlich, R. E. , Kheterpal, S. : Perioperative effectiveness research using large databases. Best Pract. Res. Clin. Anaesthesiol. 25(4), 489–498 (2011)

Fuller, G. , Bouamra, O. , Woodford, M. , et al. : The Effect of Specialist Neurosciences Care on Outcome in Adult Severe Head Injury: A Cohort Study. J. Neurosurg. Anesthesiol. 23(3), 198–205 (2011)

Ghali, W. A. , Hall, R. E. , Rosen, A. K. , et al. : Searching for an improved clinical comorbidity index for use with ICD–9–CM administrative data. J. Clin. Epidemiol. 49(3), 273–278 (1996)

Gili, M. , Sala, J. , López, J. , et al. : Impact of Comorbidities on In–Hospital Mortality From Acute Myocardial Infarction, 2003-2009. Rev. Esp. Cardiol. 64(12), 1130-1137 (2011)

Gili, M., Ramírez, G., López, J., et al.: Alcohol use disorders, healthcare associated infections, hospital stay, over-expenditures and mortality among surgical inpatients of a sample of 87 Spanish Hospitals. Gac San 27(suppl. 2), 163-164 (2013)

Gornick, M. E., Eggers, P. W., Reilly, T. W., et al.: Effects of race and income on mortality and use of services among Medicare beneficiaries. N. Engl. J. Med. 335(11), 791-799 (1996)

Hanley, J., McNeil, B.: The meaning and use of the area under a receiver operating characteristic (ROC) curve. Radiology 143(1), 29-36 (1982)

Hanley, J., McNeil, B.: A method of comparing the areas under receiver operating characteristic curves derived from the same cases. Radiology 148(3), 839-843 (1983)

Hawker, G. A., Coyte, P. C., Wright, J. G., Paul, J. E., Bombardier, C.: Accuracy of administrative data for assessing outcomes after knee replacement surgery. J. Clin. Epidemiol. 50(3), 265-273 (1997)

Hill, A.: The environment and disease: association or causation? Proc. R. Soc. Med. 58, 295-300 (1965)

Hlatky, M., Boothroyd, M. D., Baker, D. B., L., et al.: Comparative Effectiveness of Multivessel Coronary Bypass Surgery and Multivessel Percutaneous Coronary Intervention. A Cohort Study. Ann. Intern. Med. 158(10), 727-734 (2013)

Horton, N. J., Kleinman, K.: Much ado about nothing: A comparison of missing data methods and software to fit incomplete data regression models. Amer. Stat. 61(1), 79-90 (2007)

Johnson, M. L., Crown, W., Martin, B. C., et al.: Good research practices for comparative effectiveness research: analytic methods to improve causal inference from nonrandomized studies of treatment effects using secondary data sources: The ISPOR Good Research Practices for Retrospective Database Analysis Task Force Report-Part III. Value Health 12(8), 1062-1073 (2009)

Klabunde, C. N., Legler, J. M., Warren, J. L., et al.: A Refined comorbidity measurement algorithm for claims based studies of breast, prostate, colorectal, and lung cancer patients. Ann. Epidemiol. 17(8), 584-590 (2007)

Kheterpal, S.: Perioperative comparative effectiveness research: an opportunity calling. Anesthesiology 111(6), 1180-1182 (2009)

Klabunde, C. N., Warren, J. L., Legler, J.: Assessing comorbidity using claims data: anoverview. Med. Care 40(8, suppl. IV), 26-35 (2002)

Kleinbaum, D. G., Morgenstern, H., Kupper, L.: Selection bias in epidemiological studies. Am. J. Epidem. 113(4), 452-463 (1981)

Krieger, N.: Overcoming the absence of socioeconomic data in medical records: validation and application of a census based methodology. Am. J. Public Health 82(5), 703-710 (1992)

Lee, T. H., Marcantonio, E. R., Mangione, C. M., et al.: Derivation and prospective validation of a simple index for prediction of cardiac risk of major noncardiac surgery. Circulation 100(10), 1043-1049 (1999)

Little, R. J. A., Rubin, D. B.: Statistical analysis with missing data, 2nd edn. Wiley, Hoboken (2002)

Malenka, D. J., McLerran, D., Roos, N., et al.: Using administrative data to describe casemix: a comparison with the medical record. J. Clin. Epidemiol. 47(9), 1027-1032 (1994)

Manchikanti, L., Falco, F. J., Boswell, M. V., et al.: Facts, fallacies, and politics of comparative effectiveness research: Part I. Basic considerations. Pain Physician 13(1), E23-E54 (2010)

Mantel, N., Haenszel, W.: Statistical aspects of the analysis of data from retrospective studies of disease. J. Natl. Cancer Inst. 22(4), 719-748 (1959)

Martins, M., Blais, R.: Evaluation of comorbidity indices for inpatient mortality prediction models. J. Clin. Epidemiol. 59(7), 665-669 (2006)

Mathis, M. R., Haydar, B., Taylor, E. L., et al. : Failure of the Laryngeal Mask Airway Unique TM and Classic TM in the Pediatric Surgical Patient. A Study of Clinical Predictors and Outcomes. Anesthesiology 119(6), 1284-1295 (2013)

Memtsoudis, S. G., Ma, Y., Gonzalez Della Valle, A., et al. : Perioperative outcomes after unilateral and bilateral total knee arthroplasty. Anesthesiology 111(6), 1206-1216 (2009)

Memtsoudis, S. G., Besculides, M. C. : Perioperative comparative effectiveness research. Best Pract. Res. Clin. Anaesthesiology 25(4), 489-498 (2011)

Memtsoudis, S. G., Ma, Y., Swamidoss, C. P., et al. : Factors influencing unexpected disposition after orthopedic ambulatory surgery. J. Clin. Anesth. 24(2), 89-95 (2012)

Ministerio de Sanidad, Servicios Sociales e Igualdad. Registro de Altas de los Hospitales Generales del Sistema Nacional de Salud. CMBD. Norma Estatal (2011), http://www. msc. es/estadEstudios/estadisticas/cmbd. htm (accessed on November 14, 2013)

Moonesinghe, S. R., Mythen, M. G., Das, P., et al. : Risk stratification tools for predicting morbidity and mortality in adult patients undergoing major surgery: Qualitative systematic review. Anesthesiology 119(4), 959-981 (2013)

Motherol, B., Brooks, J., Clark, M. A., et al. : A checklist for retrospective database studies-Report of the IS-POR Task Force on retrospective databases. Value Health 6(2), 90-97 (2003)

Myles, P. S., Peyton, P., Silbert, B., et al. : Perioperative epidural analgesia for major abdominal surgery for cancer and recurrence-free survival: randomised trial. BMJ 342, d1491 (2011)

Nashef, S. A., Roques, F., Michel, P., et al. : European system for cardiac operative risk evaluation (EuroSCORE). Eur. J. Cardio-thorac. Surg. 16(1), 9-13 (1999)

Neuman, M. D., Silber, J. H., Elkassabany, N. M., et al. : Comparative effectiveness of regional versus general anesthesia for hip fracture surgery in adults. Anesthesiology 117(1), 72-92(2012)

Pine, M., Jordan, H. S., Elixhauser, A., et al. : Enhancement of claims data to improve risk adjustment of hospital mortality. JAMA 297(1), 71-76 (2007)

Platell, C. : Secrets to a successful database. ANZ J. Surg. 78(9), 729-730 (2008)

Potosky, A. L., Riley, G. F., Lubitz, J. D., et al. : Potential for cancer related health services research using a linked Medicare tumor registry database. Med. Care 31(8), 732-748 (1993)

Powell, E. S., Cook, D., Pearce, A. C., et al. : A prospective, multicentre, observational cohort study of analgesia and outcome after pneumonectomy. Br. J. Anaesth. 106(3), 364-370 (2011)

Quan, H., Parsons, G. A., Ghali, W. : Validity of information on comorbidity derived from ICD-9-CCM administrative data. Med. Care 40(8), 675-685

Quan, H., Sundararajan, V., Halfon, P., et al. : Coding algorithms for defining comorbidities in ICD-9-CM and ICD-10 administrative data. Med. Care 43(11), 1130-1139 (2005)

Raghunathan, T. E. : What do we do with missing data? Some options for analysis of incomplete data. Annu. Rev. Public Health 22, 99-117 (2004)

Reiter, J. P., Raghunathan, T. E. : The multiple adaptations of multiple imputation. J. Amer. Stat. Assoc. 102, 1462-1471 (2007)

Romano, P. S., Roos, L. L., Jollis, J. : Adapting a clinical comorbidity index for use with ICD-9-CM administrative data: differing perspectives. J. Clin. Epidemiol. 46(10), 1075-1079 (1993)

Romano, P. S., Chan, B. K., Schembri, M. E., et al. : Can administrative data be used to compare postoperative complication rates across hospitals? Med. Care 40(10), 856-867 (2002)

248

Roos, N. P. , Black, C. , Froehlich, N. , et al. : Population health and health care use: an information system for policy makers. Mil-bank Q. 74(1), 3-31 (1996)

Rosenbaum, P. R. , Rubin, D. : The central role of the propensity score in observational studies for causal effects. Biometrika 70(1), 41-55 (1983)

Rosenbaum, P. R. , Rubin, D. : Reducing bias in observational studies using subclassification on the propensity score. J. Am. Stat. Assoc. 79, 516-524 (1984)

Rosenbaum, P. R. , Rubin, D. : Constructing a control group using multivariate matched sampling methods that incorporate the propensity score. Am. Stat. 39, 33-38 (1985)

Rosero, E. B. , Adesanya, A. O. , Timaran, C. H. , et al. : Trends and outcomes of malignant hyperthermia in the United States, 2000 to 2005. Anesthesiology. Am. Soc. Anesthesiol. 110(1), 89-94 (2009)

Rubin, D. : Estimating causal effects from large data sets using propensity scores. Ann. Intern. Med. 127(8, Pt. 2), 757-763 (1997)

Rubin, D. B. : Multiple imputation for non response in surveys. Wiley-Interscience, Hoboken (2004)

Saklad, M. : Grading of patients for surgical procedures. Anesthesiology 2(3), 281-284 (1941)

Schafer, J. L. : Multiple imputation: a primer. Stat. Methods Med. Res. 8(1), 3-15(1999)

Servicio Andaluz de Salud. : Manual de instrucciones del conjunto mínimo básico de datos de Andalucía. Consejería de Salud de la Junta de Andalucía, Sevilla (2012), http://www. juntadeandalucia. es/servicioandaluzdesalud (accesed on October 12, 2013)

Sharifpour, M. , Moore, L. E. , Shanks, A. M. , et al. : Incidence, predictors, and outcomes of perioperative stroke in noncarotid major vascular surgery. Anesth. Analg. 116(2), 424-434 (2013)

Southern, D. A. , Quan, H. , Ghali, W. : Comparison of the Elixhauser and Charl - son/Deyo methods of comorbidity measurement in administrative data. Med. Care 42(4), 355-360 (2004)

Stundner, O. , Chiu, Y. L. , Sun, X. , et al. : Comparative perioperative outcomes associated with neuraxial versus general anesthesia for simultaneous bilateral total knee arthroplasty. Reg. Anesth. Pain Med. 37(6), 638-644 (2012)

Toh, S. , Platt, R. : Is size the next big thing in epidemiology? Epidemiology 24(3), 349-351 (2013)

Tunis, S. R. , Stryer, D. B. , Clancy, C. M. : Practical clinical trials: increasing the value of clinical research for decision making in clinical and health policy. JAMA 290(12), 1624-1632 (2003)

Turan, A. , Mascha, E. J. , Roberman, D. , et al. : Smoking and perioperative outcomes. Anesthesiology 114(4), 837-846 (2011)

Vach, W. : Logistic Regression with Missing Values in Covariates. Springer, New York (1994)

Virnig, B. A. , McBean, M. : Administrative data for Public Health Surveillance and Planning. Annu. Rev. Public Health 22, 213-230 (2001)

Weiss, E. S. , Allen, J. G. , Meguid, R. A. , et al. : The impact of center volume on survival in lung transplantation: an analysis of more than 10,000 cases. Ann. Thorac. Surg. 88(4), 1062-1070 (2009)

White, C. M. , Ip, S. , McPheeters, M. , et al. : Using Existing Systematic Reviews To Replace De Novo Processes in Conducting Comparative Effectiveness Reviews. Methods Guide for Effectiveness and Comparative Effectiveness Reviews. Rockville (MD): Agency for Healthcare Research and Quality, US (2009)

Zhan, C. , Miller, M. R. : Excess length of stay, charges, and mortality attributable to medical injuries during hospitalization. JAMA 290(14), 1868-1874 (2003)

第10章 采用初级保健服务、医院和职业数据库的病假和记录连接研究

Miguel Gili-Miner *, Juan Luís Cabanillas-Moruno,
Gloria Ramírez-Ramírez

摘要-目的 Charlson 共病指数(CCI)已用于确定初级保健(PC)患者的慢性疾病医疗成本。可追溯性地评估在 2007—2009 年期间随访的 1826190 名工人中 CCI 在预测病假、住院和住院死亡率方面的能力。

方法 电子管理数据库(DIRAYA©和 MBDS)分别包含初级保健和医院就诊的患者的疾病和症状相关的信息。使用 DIRAYA 医疗记录数据库中的可用信息可追溯性地计算适用于 PC 的 CCI(CCIPC),并分析其与病假、住院和住院死亡率之间的关系。

结果 若根据校正后的比值比和95%置信区间,包括患者年龄、性别、居住省份、医院规模和 PC 系统中计算所得 CCIPC 在内的模型可预测以下每个结果:病假(病假次数和病假时长)、住院(住院次数和住院时长)和住院死亡率。ROC 预测模型曲线下面积的最大值是住院死亡率(0.9254)。

Miguel Gili-Miner · Gloria Ramírez-Ramírez

Unit of Preventive Medicine, Surveillance and Health Promotion. Seville. Spain

e-mail: mgili@us.es

Miguel Gili-Miner · Gloria Ramírez-Ramírez · Juan Luís Cabanillas-Moruno

Department of Preventive Medicine and Public Health. University of Seville. Spain

Juan Luís Cabanillas-Moruno

Council of Health. Autonomous Government of Andalusia. Spain

* Corresponding author.

© Springer International Publishing Switzerland 2015

A.E. Hassanien et al.(eds.), *Big Data in Complex Systems*,

Studies in Big Data 9, DOI: 10.1007/978-3-319-11056-1_10

结论 合适的 CCIPC 可预测大量西班牙工人中与病假、住院和住院死亡率相关的所有结果。如果意图比较不同中心和地区间特定疾病的结果和病假原因,那么,CCIPC 是一个进行前瞻性实验的不错的选择。如果能同时避免威胁结果的内部有效性的偏倚,通过大数据增加未来信息的可用性,可以提高这些研究结果的外部有效性。

10.1 引言

10.1.1 电子卫生数据库

最好以基于人群水平的数据进行卫生服务和流行病学研究。从而有助于确保发病率和患病率的适当估算、最小化转诊偏倚以及研究结论对兴趣人群的总体概括性。

由于包含代表性样本或管辖区所有居民的前瞻性临床注册研究和病历回顾是不切实际的,因此分析电子卫生管理数据是慢性疾病监测(以人口为基础)、临床实效研究和卫生服务研究的替代方法。卫生管理数据是被动收集的信息,且通常由政府和医疗保健提供者收集,用于管理患者的医疗保健(Spasoff,1999)。

电子卫生数据库可及时报告数据,这有利于监测传染病、疾病爆发和慢性疾病。相关软件可以从记录中提取数据、分析数据,并可通过电子方式将其提交给公共卫生当局,从而有关部门可很快地获得前所未有的信息量(Chretien et al.,2009)。

这些数据库还将极大地促进公共卫生研究。大型数据库(包括来自多样化人口统计学数据的患者的数百万病历记录,且这些患者在真实的临床环境中得以治疗多年)可以使研究人员能够进行全面的观察性研究。研究人员可以使用这些多样化的数据集来研究疾病进展、共病症、健康差异、临床结果、治疗有效性和公共卫生干预措施的实施效果,他们的研究成果可能会影响许多公共卫生决策。为此,2010 年发布的"患者保护与平价医疗法案",涵盖了疗效比较研究的概念,并支持使用观察性研究来评估和比较健康结果(Cousens et al.,2011)。

在公共卫生突发事件中,电子卫生数据库可能特别有价值。在无法访问医生办公室或本地计算机的情况下,仍可以获得有关灾难受害者的重要医疗信息(Brown et al.,2007)。电子卫生数据库也可位于灾难现场或战地医院,以促进数据共享、理性决策和高效的管理操作(Levy et al.,2010)。

电子数据库可以作为医疗专业人员和公共卫生当局之间连续的沟通渠道。公共卫生服务可以在突发事件中和平常时期为临床医生提供疾病诊疗方法的电子更新和建议(Garrett et al.,2011)。

在某些情况下,电子卫生数据库并不完整,缺乏重要信息(如治疗结果)。接受药物治疗的患者通常不报告其治疗是否有效。缺乏回访可能意味着患者已治愈;但也可能表明:患者未能得到改善甚至病情恶化,从而使其决定转诊到其他医生或专家(Newgard et al.,2012;Hoffman and Podgurski,2013)。

即使电子卫生数据本身是完美无缺的,数据分析师也必须克服各种分析挑战。这些挑战可能在寻找病因的病例研究中特别突出,如不确定某些公共卫生干预是否对健康产生了积极的影响。电子卫生数据通常是观察性数据,而不是实验性数据,因此研究对象的治疗和暴露并不是随机分配的。这使得研究人员更加难以确保因果推断不被系统偏差所误导。研究数据的分析员和用户必须熟悉选择性偏倚、混杂性偏倚和测量性偏倚的发生风险。

当分析员不自觉地采用不代表兴趣人群特征的研究组时,则可能发生选择性偏倚。所研究的群组可能具有非典型的临床、人口或遗传属性,因此,其研究结论将不适合进一步推广到大范围人群(Delgado and Llorca,2004)。

混杂性偏倚是因存在与治疗/暴露变量和结果变量均相关的共同原因而发生的系统误差。例如,低收入可能导致患病个体选择次优、廉价的治疗方案,压力或营养不良也可能分别导致患者健康状况恶化,因此,此类情况下社会经济因素可能是混杂因素。未能说明患者的社会经济地位可能会影响研究结果的准确性(Greenland,2003)。

信息(错误分类)偏倚是来自于测量和数据收集方面的误差,其中,测量设备/软件发生错误或人为误差可导致数据收集误差(Copeland et al.,1997)。此外,若患者思维混乱、记忆受损或羞于说出真相,则其可能向临床医生提供错误的病史、症状或治疗依从性方面的信息。如上所述的问题可能产生的系统误差,使得分析员分析数据极具挑战性。

这些数据中,用于确诊患者所用诊断代码的准确性取决于多个因素,其中包括数据库质量、确诊所需的特定条件以及患者组别中诊断代码的有效性。不同数据库的数据质量存在差异,部分数据库的数据质量高于其他数据库(De Coster et al.,2006)。

已证明与医师账单记录相关的孤立的诊断代码对于确诊某些慢性疾病患者是准确的(Chen et al.,2009),但对于确诊患有其他疾病的患者并不准确(Hux et al.,2002;To et al.,2006;Benchimol et al.,2009;Guttmann et al.,2010)。

由于慢性疾病患者通常需要多次就诊于医疗系统以明确诊断,所以单次访问所得的诊断代码通常不足以确诊其患有该疾病。诊断代码的有效性也取决于研究组的患者特征。例如,由于医疗卫生系统的可变使用,诊断代码或代码组合(算法)的准确性因患者年龄而异(Ahmed et al.,2005;Benchimol et al.,2009;Guttmann et al.,2010)。

因信息偏倚可能威胁研究结论的内部有效性和理解,所以,验证用于确定不同健康状态(包括急性病症、慢性疾病和其他健康结果)患者的诊断代码算法的准确性,对于避免错误分类(信息)偏倚是必要的(Manuel et al.,2007)。例如,对一群慢性疾病患者进行卫生服务利用评估,但所研究的慢性疾病患者群体中存在大量被误诊的健康居民,从而将低估该疾病对医疗系统或医疗系统的质量和效能的影响程度。类似地,基于该群体所评估的疾病发病率将高估疾病的实际风险程度。虽然国际联盟已验证在卫生服务研究中确定管理数据编码为优先数据编码的准确性(De Coster et al.,2006),但是提供算法验证研究的完整和准确报告对规范应用同样重要。

经适当设计、报告和解释的研究,方能将其文献研究结论转化为医学实践或卫生政策。因此,联盟为临床实验报告(Begg et al.,1996)、观察性研究(von Elm et al.,2007)和诊断准确性研究(Bossuyt et al.,2003)创建了相关标准。

这些标准是参与研究设计的研究员和文献阅读者评估研究质量的指南。遗憾的是,采用卫生管理数据的研究的制定或报告没有类似的标准。在一次国际研讨会中,专家们评估了采用 ICD-9 和 ICD-10 的卫生管理数据的方法学研究的优先顺序(De Coster et al.,2006)。确定了 13 个潜在研究领域中的 5 个方法学研究与卫生管理数据的可靠性和有效性有关。其中包括:评估辨识算法的内部一致性、确定用于验证数据的可靠参考标准、为编码员创建培训标准、开发图表数据库比较研究以及 ICD-10 的国际性交叉验证。

用于识别患者不同健康状态(疾病和病症)的卫生管理数据的验证是研究的重点,但是并没有确保研究质量的相关指南。Benchimol 等(Benchimol et al.,2011)为验证管理数据辨识算法的研究创建了报告指南,并用它们评估文献中验证研究的报告质量。以诊断准确性研究报告指南(STARD)为标准,Benchimol 等创建了一份 40 条项目清单,其中认为文献应报告其辨识准确性研究。一项系统性评价使用卫生管理数据验证辨识算法确定了研究报告的质量。他们使用该项目清单来评估报告的质量。共纳入 271 篇文章,其中,研究目标和数据来源均得到了良好的报道,但很少对研究的准确性进行四种或以上的统计学评估报道(36.9%)。65.9% 的报告阳性预测值(PPV)/阴性预测值(NPV)的研究中,验证组的患病率高于管理数据,可能错误地提高了患病率预测值。同时,亚组准确度(53.1%)和准确性测量的 95% 置信区间(35.8%)也被低估了。验证管理数据中的患者健康状态的研究的质量不同,诊断准确性的各项指标的报告(包括 PPV 和 NPV 的适当评估)存在显著不足。他们认为,这些疏忽可能导致错误分类偏倚以及发病率和卫生服务利用率的错误评估。使用报告清单(如通过修正 STARD 标准为本研究创建的项目清单)可以提高验证研究报告的质量,从而使得算法得到准确应用,以及使用卫生管理数据的研究得到准确解释。

这些案例表明:电子病历在医疗保健、卫生保健质量控制和患者安全、健康监测以及新诊疗程序的评估等不同领域中的重要性日益增加。而接下来的问题是:这些电子病历间的连接及其发展趋势。

10.1.2 记录连接

医疗记录连接涉及将不同来源但与同一个体相关的电子病历进行汇总。数据连接是用于连接与相同个体、家庭、地点或事件相关的信息片段的技术。每当一个人接触特定医疗服务(如出生或死亡登记、住院或急诊治疗)时都会创建卫生管理信息。如果这类医疗信息可以以不违反个人隐私的方式连接到整个人群数据中,则可以对其进行分析。

医疗记录连接的三个基本步骤是:拦截具有潜在关系的医疗记录数据;匹配数据以确定数据块内的医疗记录是否可能相关;对匹配的医疗记录进行连接,使得其可作为一个个体的信息进行分析(Gill et al.,1993)。

数据匹配面临的主要挑战是:在要匹配的数据库中缺少通用实体标识符。因而,数据匹配需要使用包含部分辨识信息(如姓名、地址或出生日期)的患者属性来进行。然而,此类辨识信息通常质量较低。个人信息的准确性易遭受频繁出现的印刷变化和错误所影响,因此,这类信息的准确性可随时间而改变,或者其在要匹配的数据库中仅部分可用。

在医疗记录连接中,因数据匹配通常依赖于个人信息(如姓名、地址和出生日期),所以需要仔细考虑隐私和保密性。当在组织机构之间进行数据库匹配时,或者当结果(匹配的数据集)被外部组织机构或此类学术研究的个体使用时,情况尤其如此,更要慎重考虑隐私和保密性。当对单个数据库单独进行分析时,个体方面或实体组的特征并不明显,而匹配数据的分析有可能揭示个体方面或实体组的特征(Christen,2012)。

例如,在分析匹配的卫生和人口数据库时,如果发现某些个体群具有较高的患某种严重疾病的风险,则此分析结果可能导致他人或有关部门对这些人的歧视。歧视可以表现为:这些人需要交纳更高的人寿保险费,甚至这些人会因为长期患病的潜在增加风险而更难以就业。近年来,促进医疗记录连接隐私保护的技术开发研究在医疗信息学等领域中受到关注。其目的是:在不损害要匹配的数据的隐私和保密性的情况下,促进跨组织机构间的数据匹配。

病历的连接已用于支持公共卫生监测(Gill et al.,1993;Lynge and Thygesen,1988)、病因学和初级预防研究(Guend,Engholm and Lynge,1990;Van der Brandt et al.,1990)、自然史和预后研究(Overpeck,Hoffman and Prager,1992),以及医疗保健服务的利用率、不良反应和成果研究(Tyndall,Clarke and Shimmins,1987;Thomas and Holloway,1991)。

鉴于对长期规划和机构间合作的重大需求,在卫生领域大规模地系统应用医疗记录连接进行研究并不常见。全面的医疗记录连接系统的几个例子包括:牛津记录连接研究(Acheson,1967;Goldacre,Shiwach and Yeates,1994),其将这些连接技术应用于分析约 35 万人的出生、死亡和医院数据,从而得以研究某些疾病之间的关联性,并使用纵向匹配数据分析了职业性死亡率、移民和相关的社会-经济因素;苏格兰记录连接系统(Kendrick and Clarke,1993;Ryan,1994);罗切斯特流行病学项目(Melton,1996);马尼托巴人口卫生信息系统(Roos, et al., 1995; Black, Burchill and Roos,1995)。

加拿大死亡率数据库和国家癌症发病率报告系统虽然不包括关于医疗保健的全面数据,但其在可能的致癌物质和其他有害物质的流行病学后续研究中显示了记录连接的价值(Smith and Newcombe,1982)。

英国人口普查和纵向调查研究局的人口普查和死亡记录连接也是一个大规模记录连接的例子,其用于研究社会不同阶级的死亡率差异(Fox, Goldblatt and Jones,1985)。

部分北欧国家将死亡率和癌症登记数据与其中央人口登记相关联,旨在改善其职业卫生监督(Lynge and Thygesen,1988)。在这些国家,记录连接已广泛用于健康效益研究。

近期,Faze 等(Fazel et al.,2013)评估了癫痫患者(伴或不伴精神共病症)因自杀、意外和攻击等外部原因导致的过早死亡的发生率和风险。他们在瑞典连接了几个纵向的全国人口登记数据:患者登记(由国家卫生和福利委员会举行)、1970 年和 1990 年的人口普查(瑞典统计局)、多代登记(瑞典统计局)和死因登记(国家卫生和福利委员会)。多代登记将 1933 年以后出生于瑞典的每一个人和 1960 年以后与他们的父母登记生活在瑞典的人的登记信息连接起来。关于移民,18 岁之前成为瑞典公民的个体(和其一位或两位父母一起)具有类似的登记信息记录。在瑞典,包括移民在内的所有居民都有一个唯一的十位数个人身份证号码,可在所有的国家登记中使用,从而使得数据的连接成为可能。他们选择了 1954—2009 年出生的人群,并自 1969—2009 年的 41 年间对他们进行了随访(n = 7238800)。于 1969 年开始进行患者登记;因此在那时开始进行随访,这意味着在 1954—1968 年间死亡的癫痫儿童不包括在研究队列中。敏感性分析评估此情况的存在是否影响研究的主要发现。使用多代登记,他们还确定了有全同胞(不患有癫痫)的癫痫患者。

他们研究了 1954—2009 年在瑞典出生的所有于住院和门诊诊断为癫痫的患者(n = 69995)的过早死亡的风险和原因。将患者与年龄相匹配和性别相匹配的一般人群对照组(n = 660869)以及未受影响的同胞(n = 81396)进行比较。进行敏感性分析以研究这些概率是否因患者的性别、年龄、癫痫发作类型、精神共病症的诊断和癫痫诊断后的不同时期而不同。6155 名(8.8%)癫痫患者在随访期间死亡,平均年龄为 34.5 岁,与一般人群对照组相比,过早死亡的概率(校正后的比值比为 11.1,95%CI:10.6~11.6)显著升高,而与未受影响的同胞相比,其比值比为 11.4(95%CI:10.4~12.5)。在这些死亡的患者中,15.8%(n = 972)死于外部原因,非车辆事故(校正后的 OR = 5. 5,95% CI：4. 7 ~ 6. 5)和自杀(校正后的 OR = 3. 7,95% CI :3. 3 ~ 4. 2)概率高。在那些死于外因的患者中,75. 2%伴精神障碍,与没有癫痫和精神共病症的患者相比,其同时发生抑郁症(13. 0,10. 3 ~ 16. 6)和药物滥用(22. 4,18. 3 ~ 27. 3)的概率明显升高。他们的结论是,减少外部原因导致的过早死亡应是癫痫治疗的重点,而精神共病症是癫痫患者过早死亡的重要原因。

Pasternak 等(Pasternak et al. ,2013)调查了口服氟喹诺酮是否与视网膜脱离的风险增加相关。他们在 1997—2011 年在丹麦进行了一项全国性、基于登记的队列研究,使用参与者的一般特征、填充物处方和手术治疗视网膜脱离的病例(巩膜扣带术、玻璃体切除术或充气性视网膜固定术)的关联数据。中央人口登记是丹麦的主要行政管理登记,其记录包括出生日期和地点、移民和生命状况(每日更新)方面的信息,可用于确定研究队列的源人群。国家处方登记表保存了自 1995 年以来所有丹麦药房的所有处方信息,并接近完成;每个新处方生成一个电子文件,并在几分钟内自动传输到此登记表。其数据包括:药物的解剖学治疗学化学分类代码和处方配发的日期。他们使用该登记表来确定任何含有口服氟喹诺酮和同时使用的药物的处方信息。丹麦国家患者登记表保存了丹麦所有医院的个人信息记录(住院治疗、急诊治疗和门诊就诊),包括根据国际疾病分类(第 8 版)(ICD-8; 1977—1993 年)和国际疾病分类(第 10 版)(ICD-10;自 1994 年以来)的医师诊断分类数据,以及根据北欧医疗统计委员会手术程序分类进行分类的外科手术数据。这个记录表用于识别并发的其他疾病和视网膜脱离的病例。该队列包括 748792 次氟喹诺酮使用(660572 次环丙沙星,[88%])和 5520446 次对照组的不使用。泊松回归用于评估事件性视网膜脱离的率比(RR),校正包括总共 21 个变量的倾向得分。风险窗口被分类为当前使用(开始治疗后的第 1 ~ 10 天)、近期使用(第 11 ~ 30 天)、过去使用(第 31 ~ 60 天)和远期使用(第 61 ~ 180 天)。共 566 例视网膜脱离,其中 465 例(82%)为孔源性视网膜脱离;72 例为氟喹诺酮使用者和 494 例为对照组非使用者。当前使用者的粗略发病率为 25. 3 例/(10 万人/年),近期使用者为 18. 9 例/(10 万人/年),过去使用者为 26. 8 例/(10 万人/年),远期使用者为 24. 8 例/10(万人/年),而非使用者为 19. 0 例/(10 万人/年)。与非使用者相比,使用氟喹诺酮不会明显增加视网膜脱离的发生风险:当前使用的校正后 RR = 1. 29(95% CI:0. 53 ~ 3. 13);近期使用的校正后 RR = 0. 97(95% CI:0. 46 ~ 2. 05);过去使用的校正后 RR = 1. 37(95% CI:0. 80 ~ 2. 35)和远期使用的校正后 RR = 1. 27(95% CI:0. 93 ~ 1. 75)。以每 1000000 次治疗的视网膜脱离病例的校正数进行评估,当前使用的绝对风险差为 1. 5(95% CI: -2. 4 ~ 11. 1)。因此,此项基于一般丹麦人群的队列研究显示,口服氟喹诺酮与视网膜脱离的风险增加无关。

澳大利亚也有一些记录连接系统的例子(Sibthorpe,Kliewer and Smith,1995),其中部分用于特殊研究目的,如:用于围产期和儿科预后研究的妇幼卫生连接数据库(Stanley et al.,1994)、心肌梗死发病率的研究(Martin et al.,1989)、Roadwatch 道路损伤研究数据库(Ferrante,Rosman and Knuiman,1993)、健康保险委员会医保记录连接的实验性研究(McCallum,Lonergan and Raymond,1993)和根据新南威尔士的相关癌症登记和医院发病率记录对乳腺癌手术治疗模式的评估(Adelson et al.,1997;McGeechan et al.,1998)。

1995 年,西澳大利亚卫生服务研究连接数据库(Holman et al.,1999;Brook, Rosman and Holman,2008)开始建立基于人群的卫生记录连接。基于从研究所需的医疗信息中分离匹配所需的个人身份信息的最佳实践方案,来自各种健康(以及非健康)源的数据已经匹配,并且已经为所识别的每个个体生成了记录链。它总结了 1995—2003 年由该项目产生的 700 多项输出结果。其中的一些重要成果包括:改善卫生政策(如精神卫生患者的定期体检)和临床实践的变化(如在所有救护车和医院病房内安装电击咨询除颤器,或为有自杀风险的精神病患者提供社区式服务)。

Zhang 等(Zhang et al.,2009)进行了一项基于全州患者人群的回顾性定群研究,调查共病症、年龄和其他人口统计学因素以及药物类别是否与 60 岁及以上人群因不良药物反应导致的重复住院相关。他们使用西澳大利亚州(2007 年,全州人口为 209 万)所有公立和私立医院的管理数据。研究人群包括所有年龄≥60岁,且通过数据连接系统识别的与不良药物反应相关的入院患者。该系统使用患者的姓名和其他身份信息(可疑匹配的文书审查所得)的概率匹配,在个体级别连接全州范围内的管理卫生数据。它包括 7 个核心数据集之间的连接,其中 1969 年的法定死亡登记和 1970 年的医院发病率数据系统构成记录连接的主要部分。他们使用关联的医院发病率记录和死亡记录的提取数据,并加密以保护患者的个人身份信息。于 2005 年 2 月提取数据。医院发病率数据系统包含:加密的患者身份证和发病次数信息;年龄、性别、本土身份和邮政编码;入院日期和离院日期(即转院、出院或住院死亡);主要诊断和至多 19 个额外诊断以及 4 个外部原因的疾病编码分类号(E 代码),以及手术和至多 10 个额外手术的相关代码;入住医院类型(公立、私立、其他),入院类型(急症或选择性)和支付方式分类。他们在 1980 年以后的 7 年里使用 ICD-9,1988—1999 年 6 月使用 ICD-9-CM 和 1999 年 7 月以来使用 ICD-10-AM 进行疾病诊断分类。死亡记录的数据包括:加密的患者身份、年龄、性别、本土身份、死亡主要原因、死亡日期和邮政编码。他们提取所有年龄≥60岁患者(1980—2003 年在西澳大利亚因不良药物反应入院)的关联医院和死亡记录。在评估连接系统找到医疗记录之间真实匹配的技术性能时,无效连接(假阳性)和遗漏连接(假阴性)的比例估计均为 0.11%。对 28548 例年龄≥60 岁、在 1980—2000 年间因不良药物反应入院的患者,使用西澳大利亚数据连接系统进行了 3 年的随访。5056 例(17.7%)患者因药物不良反应而重复入院。重复不良药物反应与性别(男性风险比:1.08,95%置信区间:1.02~1.15)、1995 年 9 月首次入院(风险比:2.34,95%CI:2.00~2.73)、住院时长(住院时间 14 天及以上的风险比为 1.11,95%CI:1.05~1.18)和 Charlson 共病指数(7 分及以上的风险比为 1.71,95%CI:1.46~1.99)相关;记录了 60%的共病症,并在分析中考虑其可能的影响。相比之下,年龄的增长对重复的不良药物反应没有影响。并发充血性心力衰竭(1.56,1.43~1.71)、周围性血管疾病(1.27,1.09~1.48)、慢性肺病(1.61,1.45~1.79)、风湿性疾病(1.65,1.41~1.92)、轻度肝病(1.48,,1.05~2.07)、中至重度肝病(1.85,1.18~2.92)、中度糖尿病(1.18,1.07~1.30)、糖尿病合并慢性并发症(1.91,1.65~2.22)、肾脏疾病(1.93,1.71~2.17)、包括淋巴瘤和白血病在内的任何恶性肿瘤(1.87,1.68~2.09)和转移性实体瘤(2.25,1.92~2.64)是强预测因子。需要继续护理的共病症预示了因不良药物反应而重复住院的可能性降低(脑血管疾病:0.85,0.73~0.98;痴呆:0.62,0.49~0.78;截瘫:0.73,0.59~0.89)。他们得出以下结论:合并症(而不是年龄的增长)可预测老年人(特别是常常在社区中管理的伴有共病症的患者)因不良药物反应而重复入院的可能性,并且意识到这些预测因素可以帮助临床医生确定哪些老年人会因药物不良反应有更大的入院风险,从而使得这些老年人将可能从更密切的监护中受益。

Cabanillas 等(Cabanillas et al.,2012)回顾性地连接了安达卢西亚地区的西班牙国家卫生系统的四个数据库。①国家卫生系统的用户数据库,具有身份和人口统计学数据(出生日期、性别、居住地、身份证号码等)。②Sigilum XXI 数据库,其中包含安达卢西亚地区国家卫生系统医生登记的病假信息。在该数据库中,除了身份数据外,还有关于病假的原因和持续时间的代码。③DIRAYA 数据库,包含安达卢西亚地区国家卫生系统每个用户在初级卫生保健就诊的电子病历。包括使用 ICD-9-CM 编码的诊断和治疗,允许计算初级卫生保健患者的 Charlson 共病指数(CCIPC)(Charlson et al.,2008);④最小基础数据集,一个包括入住该地区私立和公立医院所有患者信息的数据库。每个记录包含多达 83 个属性,其中包括:患者的个人特征(包括年龄、性别、居住城市);行政管理信息(包括入院日期、入院类型、出院日期、出院类型(包括院内死亡))和医疗信息(包括多达 15 种诊断和多达 20 种治疗)。诊断和治疗根据 ICD-9-CM 代码进行编码。他们分析了 2007—2009 年的 2903401 名工人,该期间有 3039337 次病假。应用多变量模型,他们使用年龄、性别、居住省、医院规模和 Charlson 共病指数预测每种疾病的病假时间。

CCIPC 和病假之间的关系似乎是一个有前途的研究方向,值得更多的研究,正如下一部分所分析的那样。

10.1.3 初级卫生保健患者的 Charlson 共病指数和病假

病假是导致生产力丧失、额外的开支和残疾的一个重要原因(Rice,Hodgson and Kopstein,1985)。一些研究者使用它作为健康状况和功能的社会测量(Marmot et al.,1995），并且由于其与全因死亡率的关系，它也被建议作为一种全球健康测量方法（Kivimaki et al.,2003）。

不同社会群体和不同时期人群的病假比率不同。欧盟国家之间的病假比率有显著差异（Gimeno et al.,2004），但在所有这些国家中，病假在生产力丧失、额外的开支和长期残疾方面的负担都是巨大的。

流行病学研究的目的之一是使用管理数据库中登记的信息研究病假的风险因素。但为了从基于管理数据库的研究中得出有效的推论，在认识到部分患者疾病的潜在性质使他们比其他患者更有可能具有不良结果的情况下，校正患者风险是必要的（Iezzoni,2003）。

已使用管理数据库发展和验证了若干共病指数（Southern, Quan and Ghali 2004）。自1987年以来，使用医院管理数据，广泛应用 Charlson 共病指数（Charlson et al.,1987）以测量疾病或病例组合的医疗负担。在其原始文章中，Charlson 等使用图表中记录的临床表现界定了17种共病症。Deyo 等（Deyo,Cherkin and Ciol, 1992）和 Romano 等（Romano,Roos and Jollis,1993）独立发展了 Charlson 共病症的国际疾病分类（第9版临床修正本）（ICD-9-CM）编码算法。Deyo 和 Romano 的编码算法在生成 Charlson 指数评分和预测结果的能力方面是类似的（Romano,Roos and Jollis,1993；Ghali et al.,1996；Cleves,Sanchez and Draheim,1997）。

自从 Charlson 等的原创论文发表以来，已证实 CCI 能够预测若干疾病亚群的死亡率，其中包括：病危（Poses et al.,1996；Quach et al.,2009）、肾病（Hemmelgarn et al.,2003）、脑卒中（Goldstein,2004）、心力衰竭（Lee et al.,2005）、肝硬化（Myers et al.,2009）和急性心肌梗死（Gili et al.,2011）。

最近，Charlson 发展并验证了合适的共病指数，以预测初级保健患者的医疗成本（Charlson et al.,2008）。此适用于初级护理系统（CIPC）的 Charlson 共病指数（CCIPC）为原始 CCI 增加了4个额外的共病症，并预测了患者的医疗成本和死亡率。

在西班牙，人群可以在国家卫生系统（Sistema Nacional de Salud）免费获得 PC 和医院护理。在安达卢西亚，PC 医生使用 ICD-9-CM 代码在其电子病历中编辑患者日常护理的原因和病症，从而得以计算 CCIPC。在导致病假的病例中，每个工人需要由其 PC 医生完成疾病认证，医生使用 ICD-9-M 编辑患者电子病历中的病假原因。PC 医生在下拉菜单中选择 ICD-9-M 代码，编写疾病致残原因和其他疾病。如果工人被送进国家卫生系统的医院，诊断代码、外部原因和治疗也被编码，从而允许相关人员能够对每个病假进行结果随访。

据我们所知，尚无研究人员在工人中评估 CCIPC 预测病假的能力，包括其次数和时长、住院时间、住院次数和住院时长以及住院死亡率。

本研究的目的是利用西班牙工人大样本中获得的前瞻性数据来确定 CCIPC 预测病假、住院率和住院死亡率的能力。此外，我们希望在这一过程中，分析大数据增加信息的可用性的潜在有利影响。

10.2　目的和章节结构

本章节的主要目的是利用西班牙工人大样本中获得的前瞻性数据,来确定初级卫生保健的 Charlson 共病指数在预测旷工、入院和住院死亡率方面的能力,并在这一过程中,分析大数据增加信息的可用性的潜在有利影响。

为了实现这些目标,将文章分为以下章节:

10.3　方法
10.3.1　研究人群
10.3.2　数据收集
10.3.3　统计分析
10.4　结果
10.5　讨论
10.5.1　病假和 CCIPC
10.5.2　下一步:通过大数据提高信息的可用性
10.6　结论
参考文献
致谢

10.3　方法

10.3.1　研究人群

本研究是在安达卢西亚完成的,它是一个位于西班牙南部,西班牙最辽阔和人口稠密的地区。为了符合研究条件,工人必须在 2007 年 1 月 1 日—2009 年 12 月 31 日在安达卢西亚的国家卫生系统数据库中注册为工人。在研究的 3 年期间内,持续失业的工人在 PC 数据库中没有被标记为在职人员,因此他们没有被纳入研究。

10.3.2　数据收集

来自 PC 的数据由 DIRAYA© 捕获,DIRAYA© 是由安达卢西亚公共卫生保健系统开发的实践管理系统,用作信息和护理管理支持,并覆盖安达卢西亚人口的 94%。

医生在患者的日常护理中使用电子病历来对门诊诊断、实验室检查、放射学检查、治疗、会诊和处方进行编码。医生在患者每次就诊结束时使用 ICD-9-CM 分配诊断代码(在下拉菜单中选择代码)。诊断列表随时间累积、随着新诊断的出现而添加。因此,DIRAYA© 提供了人口统计学、门诊预约和 ICD-9-CM 诊断的前瞻性收集数据库。

DIRAYA© 也被 PC 医生用于使用 ICD-9-CM 编码工人病假超过 3 天的病因、病假时间和出院日期以及病假类型(常见疾病、职业病或工作事故)。因此,DIRAYA© 还提供了一个病假及其时长的前瞻性收集数据库。

2007—2009 年期间,医院住院数据由安达卢西亚医院的行政管理最小基础数据集(MBDS)所采集。从签署出院报告的医院医生提供的书面信息中,根据 ICD-9-CM 代码编纂每例患者的诊断、外部原因和治疗。电子数据库中的编码和数据输入由已经完成医学数据登记深入培训的专职行政管理人员执行。该管理数据库包括人口统计数据、入院和出院日期、入院类型和出院类型、主要原因和次要诊断的诊断代码、使用 ICD-9-CM 代码的外部原因和治疗方式(AHS 2009)。

本研究经我院医学伦理委员会批准。鉴于我们研究的回顾性特征,不能从每个参与者处获得知情同意书。

CCIPC 可用于评估共患疾病的预后负担。该指数指定特定疾病的权重。权重为 1 的共患疾病包括心肌梗死、充血性心力衰竭、周围性血管疾病、脑血管疾病、痴呆、慢性肺病、结缔组织病、溃疡病、轻度肝病、无终末器官损害的糖尿病、抑郁症、使用华法林、动脉性高血压。偏瘫、中或重度肾病、糖尿病伴终末器官损害、任何肿瘤、白血病或淋巴瘤、皮肤溃疡或蜂窝织炎的权重为 2。中或重度肝病的权重为 3。转移性实体瘤和 AIDS 的权重为 6。通过权重相加来计算总分。

10.3.3 统计分析

我们为本数据集中的每位工人评估 CCIPC。用 DIRAYA© 管理数据集中的信息计算的 CCIPC 和病假、住院与住院死亡率之间的关系用单变量逻辑回归分析进行分析。我们还对 CCIPC(0,1~2,3~4,5 或以上)进行分类,以确定其对病假、病假的发生次数、病假的累积时间、住院、住院次数、住院累积时间和住院死亡率的影响。使用 Mantel 和 Haenszel 方法进行分层分析。使用协方差分析评估 CCIPC、年龄、性别和病假的次数及持续时间之间的关系,以及 CCIPC、年龄、性别和住院次数及住院时间之间的关系。排除由怀孕、分娩和产褥引起的病假。

随后,进行非条件逻辑回归分析和多项式逻辑回归分析,以评估是否可以通过将年龄、性别、居住省和医院规模增加到预测模型中来提高 CCIPC 指数对结果的预测能力。排除怀孕、分娩和产褥原因导致的病假。年龄、性别、居住省和医院规模被添加到预测病假、病假次数、病假和住院持续时间、住院次数、住院时间和住院死亡率的模型中。计算校正后的比值比和相应的95%置信区间。安达卢西亚有8个省。医院的规模分为四类:少于200张床位、200~499张床位、500~999张床位和1000或以上张床位。根据Hanley和MeNeil(Hanley and McNeil,1982)推荐的方法,通过测量受试者工作特征曲线下面积(AUC)确定用于预测病假、病假的发生次数、病假的累积持续时间、住院、住院次数、住院累积时间和住院死亡率的风险调整模型的效能。

使用STATA 12MP版本(StataCorp LP,College Station,TX)进行统计分析。

10.4 结果

研究期间,共确定了1884033名工人,但由于数据不可用或不完整排除了其中57682人。在剩余的1826190名工人中,1103484人有1次或多次病假。大多数(82.5%)工人从未住院。在住院的319194名工人中,231453人(72.5%)住院1次。住院患者中有6154例患者死亡。

在研究期间共记录了2447436次病假事件。其中大多数由常见疾病引起(2239010次,91.5%),其次是非职业性事故(179345次,7.3%)、职业性事故(24463次,1.0%)和职业病(2618次,0.1%)。

表10.1显示了工人的人口统计学特征、共病症和结果之间的关系。在所有工人中,1354881名年龄为16~49岁(75.2%)。男性占样本的55.8%。在CCIPC>0的工人中,CCIPC的平均值为1.7,但不同年龄组间的CCIPC存在显著差异。16~19岁年龄组的工人平均CCIPC=1.20,而20~29岁的为1.25、30~39岁的为1.38、40~49岁的为1.66、50~59岁的为1.93、60~69岁的为2.31以及70岁或以上的为2.75。

表10.1　2007—2009年样本中工人的人口统计学特征、Charlson共病
指数、病假、住院和住院死亡

变量	性别		
	男性(n=1019328) 例数/%	女性(n=806862) 例数/%	全部(n=1826190) 例数/%
年龄/岁			
16~20	22443(2.2)	11956(1.5)	34399(1.9)
20~29	182936(17.9)	170992(21.2)	353928(19.4)
30~39	266215(26.1)	258104(32.0)	524319(28.7)
40~49	250222(24.5)	192013(23.8)	442235(24.2)

变量	性别		
	男性（$n=1019328$）例数/%	女性（$n=806862$）例数/%	全部（$n=1826190$）例数/%
50~59	187423（18.4）	118896（14.7）	306319（16.8）
60~69	105870（10.4）	51509（6.4）	157379（8.6）
>70	4219（0.4）	3392（0.4）	7611（0.4）
Charlson 共病指数			
0	862286（84.6）	677311（83.9）	1539597（84.3）
1	93875（9.2）	91785（11.4）	185660（10.2）
2	37367（3.7）	25770（3.2）	63137（3.5）
3	11895（1.2）	6376（0.8）	18271（1.0）
4	4974（0.5）	1767（0.2）	6741（0.4）
>5	8931（0.9）	3853（0.5）	12784（0.7）
共病症[①]			
心肌梗死	6005（3.8）	737（0.6）	6742（2.4）
充血性心力衰竭	3431（2.2）	870（0.7）	4301（1.5）
周围性血管疾病	3013（1.9）	572（0.4）	3585（1.3）
脑血管疾病	5189（3.3）	1848（1.4）	7037（2.5）
痴呆	190（0.1）	143（0.1）	333（0.1）
慢性肺病	31438（20.0）	27168（21.0）	58606（20.4）
结缔组织病	828（0.5）	1812（1.4）	2640（0.9）
溃疡病	5505（3.5）	2129（1.6）	7634（2.7）
轻度肝病	8302（5.3）	2497（1.9）	10799（3.8）
无终末器官损害的糖尿病	23597（15.0）	9447（7.3）	33044（11.5）
抑郁症	22066（14.1）	39932（30.8）	61998（21.6）
使用华法林	1800（1.1）	763（0.6）	2563（0.9）
高血压	46392（29.5）	27630（21.3）	74022（25.8）
偏瘫	883（0.6）	361（0.3）	1244（0.4）
中或重度肾病	2,544（1.6）	851（0.7）	3395（1.2）
糖尿病伴终末器官损害	579（0.4）	170（0.1）	749（0.3）
任何肿瘤、白血病或淋巴瘤	12436（7.9）	9526（7.4）	21962（7.7）
皮肤溃疡/蜂窝织炎	5355（3.4）	2530（2.0）	7885（2.8）
中或重度肝病	1444（0.9）	179（0.1）	1623（0.6）

变量	性别		
	男性($n=1019328$) 例数/%	女性($n=806862$) 例数/%	全部($n=1826190$) 例数/%
转移性肿瘤	2464(1.6)	1488(1.1)	3952(1.4)
AIDS	522(0.3)	124(0.1)	646(0.2)
病假次数≥1[②]	609232(59.8)	494252(61.3)	1103484(60.4)
至少1次住院[②]	166842(16.4)	152352(18.9)	319194(17.5)
住院死亡	4647(0.5)	1507(0.2)	6154(0.3)
①CCIPHC>0工人的例数和百分比； ②排除妊娠、分娩和产褥			

表10.2 CCIPC 和病假、病假发生次数、病假累积时间、住院、住院次数、住院累积时间和住院死亡。按年龄和性别校正的 Mantel 和 Haenszel 比值比（排除妊娠、分娩和产褥）

变量	CCIPC	比值比	95%置信区间	P 值	趋势的 P 值
病假 （至少1次对无）	0	1	—	—	< 0.0001
	1~2	59.4	57.4~61.5	< 0.0001	
	3~4	73.3	66.8~80.3	< 0.0001	
	≥5	153.5	128.3~183.6	< 0.0001	
病假发生次数 （≥10次对≤9次）	0	1	—	—	< 0.0001
	1~2	3.8	3.6~4.0	< 0.0001	
	3~4	8	7.1~8.9	< 0.0001	
	≥5	11.3	9.9~12.9	< 0.0001	
病假累积时间 （≥40天对≤39天）	0	1	—	—	< 0.0001
	1~2	1.8	1.8~1.9	< 0.0001	
	3~4	2.2	2.1~2.3	< 0.0001	
	≥5	2.3	2.2~2.4	< 0.0001	
住院 （至少1次住院对未住院）	0	1	—	—	< 0.0001
	1~2	1.5	1.5~1.5	< 0.0001	
	3~4	5.2	5.0~5.2	< 0.0001	
	≥5	39.1	36.1~42.4	< 0.0001	
住院次数 （≥4次对≤3次）	0	1	—	—	< 0.0001
	1~2	3.6	3.4~3.8	< 0.0001	
	3~4	13.8	12.8~15.0	< 0.0001	
	≥5	29.6	27.2~32.2	< 0.0001	

（续）

变量	CCIPC	比值比	95%置信区间	P 值	趋势的 P 值
住院累积时间 （≥14 天对≤13 天）	0	—		—	<0.0001
	1~2	3.3	3.2~3.4	<0.0001	
	3~4	10.3	9.9~10.8	<0.0001	
	≥5	28.6	26.9~30.3	<0.0001	
住院死亡 （是对否）	0	1		—	<0.0001
	1~2	6.7	5.9~7.6	<0.0001	
	3~4	21.2	18.4~24.5	<0.0001	
	≥5	133.3	114.4~155.3	<0.0001	

表 10.3 CCIPC 和病假、病假发生次数、病假累积时间、住院、住院次数、住院累积时间和住院死亡。按年龄、性别、居住省和医院规模校正非条件逻辑回归分析（排除妊娠、分娩和产褥）

变量	校正后的比值比	95%置信区间	P 值	ROC 曲线下面积
病假 （至少 1 次病假对无）	44.00	42.90~45.13	<0.0001	0.7616
病假发生次数 （≥10 次对≤9 次）	2.55	2.48~2.62	<0.0001	0.6903
病假累积时间 （≥40 天对≤39 天）	1.59	1.58~1.60	<0.0001	0.6848
住院 （至少 1 次住院对未住院）	3.69	3.66~3.72	<0.0001	0.6711
住院次数 （≥4 次对≤3 次）	3.05	2.99~3.10	<0.0001	0.7695
住院累积时间 （≥14 天对≤13 天）	3.07	3.03~3.11	<0.0001	0.7650
住院死亡 （是对否）	5.32	5.17~5.48	<0.0001	0.9254

表 10.4 CCIPC 和病假累积次数、病假累积时间、住院累积次数和住院累积时间。按年龄、性别、居住省和医院规模校正多项式逻辑回归分析（排除妊娠、分娩和产褥）

	病假累积次数	校正后的比值比	95%置信区间	P 值
CCIPC 和病假 累积次数	1~3	1	—	—
	4~10	2.17	2.15~2.19	<0.0001
	11~19	3.09	2.98~3.20	<0.0001
	20+	3.44	3.04~3.90	<0.0001

	病假累积时间			
CCIPC 和病假累积天数	1~30	1	—	—
	30~119	1.38	1.37~1.40	< 0.0001
	120~199	1.60	1.58~1.62	< 0.0001
	200+	2.10	2.08~2.12	< 0.0001
CCIPC 和住院累积次数	住院累积次数			
	1~2	1	—	—
	3~4	2.31	2.27~2.34	< 0.0001
	5~6	3.60	3.49~3.71	< 0.0001
	7+	4.88	4.66~5.11	< 0.0001
CCIPC 和住院累积天数	住院累积天数			
	1~6	1	—	—
	7~12	1.72	1.70~1.75	< 0.0001
	13~18	2.26	2.21~2.31	< 0.0001
	19+	3.60	3.54~3.67	< 0.0001

在 CCIPC> 0 的工人中,最常见的共病症是动脉性高血压(25.8%)、抑郁症(21.6%)和慢性肺部疾病(20.4%),最少见的共病症为痴呆(0.1%)、AIDS(0.2%)和糖尿病伴终末器官损害(0.3%),但不同性别间的共病症情况有显著差异。

在研究的 3 年期间内,有 1103484 名工人请了 2293570 次病假。这些生病工人的平均年龄为 38 岁(四分位数间距:29~49 岁),其中 52.7%为男性。

在同一时期,有 319194 名工人因病住院 411048 次。住院工人的平均年龄为 45 岁(四分位数间距:35~56 岁),其中男性为 59.8%,住院死亡率为 1.9%(占所有工人的 0.3%)。

女性工人的病假和住院率更高,但是男性工人的 CCIPC 评分 ≥2 分更常见(男对女:6.3%对 4.7%)、住院死亡率更高(男对女:0.5%对 0.2%),表明男性工人的疾病和共病症严重级别更高。

为分析 CCIPC 评分与结果之间的剂量—效应关系,CCIPC 分为四个级别(0,1~2,3~4 和5 或以上)。使用分层分析,我们发现病假、病假的发生次数、病假的累积持续时间、住院、住院次数、住院累积时间以及住院死亡与其比值比、95%置信区间以及调整年龄和性别后的趋势的统计学意义有直接因果关联(表10.2,排除由怀孕、分娩和产褥引起的病假病例)。CCIPC 和病假、住院死亡和入院的剂量—效应关系幅度最大。

使用非条件回归分析进行多变量分析,发现包括 CCIPC、年龄、性别、居住省和医院规模的模型与病假、病假发生次数、病假累积时间、入院、住院次数和住院死亡情况有直接因果关联(表 10.3)。排除了由妊娠、分娩和产褥引起的病假病例。计算每个预测模型的 ROC 曲线下面积,其中,具有最大 AUC 的为住院死亡(0.9254)、住院次数(0.7695)和住院累积时间(0.7650)。

最后,为分析模型之间的剂量—效应关系(包括 CCIPC、年龄、性别、居住省、医院规模与通过多项式逻辑回归分析的结果之间的关系),对非二分结果进行分层分析。结果还排除了由妊娠、分娩和产褥引起的病假病例。结果见表 10.4,可发现模型和结果之间有直接因果关联和阳性剂量—效应关系。CCIPC 与住院累积次数和住院累积时间之间的剂量—效应关系幅度最大。

10.5　讨论

10.5.1　病假和 CCIPC

本研究共使用了 1826190 名西班牙工人的管理数据,我们描述 CCIPC(在 PC 系统开发的共病指数)预测病假及其相关的结果的能力。

研究结果显示,CCIPC 可预测病假、病假的发生次数、病假的时间、住院、住院次数、住院时间和住院死亡率。这种预测能力在预测模型中纳入其他变量(如年龄、性别、居住省和医院规模)后仍然存在。

当此共病指数分为四个类别且按年龄和性别校正分析结果时,发现 CCIPC 和这些结果之间存在剂量-效应关系。此外,当非二分结果分层(病假次数、病假持续时间、住院次数和住院时间)时,多项式逻辑回归模型分析显示 CCIPC 的预测能力,其中,预测模型包括其他变量,如年龄、性别、居住省和医院规模。

因送进医院的工人的病例组合和预后不同,模型中纳入的医院规模是确定的。三级护理中心往往接诊病情更严重的患者,并执行更复杂的治疗,因而工人的病假次数和持续时间、住院次数和时间以及住院死亡率的风险均可能受到共病症、患者一般情况和医院护理质量的影响。

鉴于导致病假的一些疾病和病症不同,CCIPC 可预测病假的持续时间。根据导致病假的具体疾病或病症,CCIPC 可能或多或少具有预测性,但在本研究中,无论引起病假的具体疾病如何,CCIPC 都具有预测性。至少在理论上,这种预测能力对于特定疾病的疾病残疾的个体持续时间的预测模型(包括年龄、性别、居住省、医院规模和 CCIPC 作为模型中的独立变量)的开发是有帮助的。

本研究有一定的局限性。所使用的数据均是 DIRAYA 和 MBDS 数据库中的数据,并没有补充来自患者额外的数据。没有患者中长期随访结果的可用数据,因此,分析仅限于住院期间的死亡率。

我们所使用的数据是以行政管理为目的而收集的,并不是临床医生在 PC 和医院系统中使用标准化数据收集表格为本研究专门收集的。我们不得不依赖于在日常临床实践中照顾患者的临床医生提供的患者信息。

PC 医生在下拉菜单中选择 ICD-9-M 代码,编写疾病致残原因和其他疾病。疾病代码选择错误可能影响 CCIPC 评分,但我们没有分析这些诊断的有效性以及这些选择错误是否对 CCIPC 评分有影响。在西班牙医院,编码由从事患者出院报告工作的专业编码员执行,而患者出院报告又由出院医生完成。在针对编码者的各种出版物中充分解释了这些编码规则,并且随访可减少编码者产生的信息偏倚,但并不能完全消除信息偏倚。2007—2009 年,疾病诊断编码没有重大变化,且在此期间编码工作模式也没有重大变化。

我们纳入了经典的人口统计学变量:年龄、性别和居住地,不论诊断或基础疾病如何,提出将这些变量作为病假的重要决定因素,并且它们在病假的研究中经常被视为混杂因素(Allebeck and Mastekaasa,2004)。

我们没有考虑我们的数据库中的不可用变量,如:婚姻状况(Mastekaasa,2000)、婚姻状况的变化(Eriksen W,Natvig and Bruusgaard,1999;Bratberg,Dahl and Risa,2002)、住在家里的子女人数(Leigh,1986;Vistnes,1997)及其作为病假原因的影响。其他假设混杂因素在数据中不可用,如职业或一些社会阶层指标(经济、职业或文化)、与病假直接相关的变量(Chevalier et al.,198;Eyal,Carel and Goldsmith,1994;Feeney et al.,1998;Moncada et al.,2002;Fuhrer et al.,2002)和可避免的再入院(Pappas et al.,1997)。

同时,许多非法工作的工人("黑人经济")没有在社会保障系统中登记信息,因而他们的数据也不会记录在 PC 数据库中。在研究的 3 年期间内,那些长期失业的工人没有被标注为注册工人,因此也没有纳入到本研究中。

管理数据库(如 DIRAYA 和 MBDS)也有明显的优势。所收集的数据通常在所有 PC 系统和住院期间完成,并且由于它们包括了患者的几乎所有情况,因而可提供在 PC 和医院系统中治疗的疾病的发病率、患病率、共病症和死亡率的相当准确的评估。可以回顾性分析数据,与需要前瞻性数据收集的其他实验设计不同,我们可以快速而容易地收集来自长期或来自大量患者的数据。归因于系统性收集数据,研究成本大大降低。在基于这些数据库的研究中,可能会较少产生因患者或他们的法律代表拒绝签署允许患者参与研究的同意书所引起的选择性偏倚。

校正风险的目的是确保病人的疾病严重程度在评估病假结果时被计算在内。病假结果的这种风险调整可用于在不同地区的 PC 中心和医院进行的质量评估,并用于治疗效果的比较(Marshall et al.,2000;Romano and Zhou,2004)。

在进一步研究病假和与疾病残疾相关的结果时,使用在 PC 系统中计算的共病指数作为 CCIPC 似乎值得进行前瞻性实验。但更看好的是通过大数据提高信息的可用性。

10.5.2 下一步:通过大数据提高信息的可用性

随着越来越大的电子卫生数据库连接在数据云中,病假研究结果的概括性(外部有效性)及其与人口统计学变量、社会因素和共病症的关系将进一步得到加强。

流行病学数据资源正在被纳入越来越大的数据集群。所产生的数据库、队列和病例群体的集合通常很大,以至于它们变成唯一的、永不复制的资源。虽然这些庞大的流行病学项目提供了前所未有的研究机会,但它们也带来了新的挑战。例如,研究人员需要协调合作团队内部的工作、标准化数据收集和分析程序、促进初级调查员的职业发展、确保每份投入研究团队资金的安全,并向联盟外的流行病学家提供访问权,以确保大家能最大限度受益于庞大的数据资源(Hernan and Savitz,2013)。

近期一项针对靶向肾素-血管紧张素-醛固酮系统的药物研究,在超过 1 亿人的源群体和 3.5 亿人/年的观察时间内评估了药物的血管性水肿风险(Toh and Platt 2013)。该评估确定了 390 万合格的使用血管紧张素转化酶抑制剂(ACEIs)、血管紧张素受体阻断剂(ARBs)、直接肾素抑制剂 aliskiren 或常见的指示物组 β-阻滞剂(一类不认为会影响血管性水肿风险的药物)的新用户。观察到超过 4500 个结果事件。评估复制了一个众所周知的 ACEI 和血管性水肿之间的关联,但此项研究的风险评估比以往的研究更精确。该评估还为 ARBs 和 aliskiren 提供了新的证据。不久以前,对这种规模的评估仅存在于我们的想象中。现在常规收集的电子卫生信息的二次使用使我们能够使用数十万甚至数百万患者的数据进行研究。但是某些研究或监测活动(特别是那些暴露或结果罕见的活动),需要比任何单一现存来源更大的数据量。联合来自多个来源的数据将有助于解决样本大小的问题,但是因为存在隐私、安全、监管、法律和所有权问题,共享数据一直是一个挑战。

不同来源且作为基因组学、分子、临床、流行病学、环境和数字信息的合并数据有改变医疗和公共卫生决策制定的潜能。2012 年,美国政府公布了"大数据"倡议,并投入 2 亿美元用于若干机构的研究工作(Mervis,2012)。

传统上,流行病学家需要参与大数据集的收集和分析,因此,其应该在指导使用财政资源和机构/组织投资来建立基础设施以在存储和分析大数据集方面发挥核心作用。落实大数据科学的关键是需要高质量的生物医学信息学、生物信息学、数学和生物统计学专业知识(Khoury,Lam and Ioannidis,2013)。

开发强大的管理、集成、分析和解释大型复杂数据集的系统方法至关重要。为了应对开发数据存储和管理框架的挑战,可能需要学习其他学科的知识和经验(Birney,2012)。

已经被私营企业(如 Amazon 云驱动和苹果 iCloud)使用的诸如云计算平台的适用性技术进步,可以进一步促进这种虚拟基础设施的发展并改变生物医学研究和卫生保健(Pechette,2012)。

整合多尺度数据以促进研究进展的任务挑战,更多的在于生物信息学领域以及与数据共享相关的细节和采用可交叉研究/学科的标准和指标。美国国家标准与技术研究院(NIST)正在发起"云计算和大数据研讨会",以讨论部分这类紧迫的挑战(NIST,2013)。

对于从不同来源获得的数据,统一定义可能是一个挑战。流行病学团体和资助机构可以整合从这个 NIST 研讨会获得的见解,以期能够在未来的流行病学研究中更好地整合大数据科学。迫切需要一种系统化的方法来管理和综合大量的数据信息(Galea,Riddle and Kaplan,2010)。

通过大数据增加数据的可用性将提高病假的流行病学研究的概括性(外部有效性),但是必须避免可能威胁研究结果的内部有效性和解释的偏倚(选择性、信息和混杂性)。

10.6 结论

使用电子卫生数据库时,研究人员必须克服一些分析挑战。在分析因果关系的研究中,这些可能尤其重要,例如某些公共卫生干预措施和程序是否产生了积极影响(有效),同时这些干预是安全的。电子卫生数据通常是观察性数据,因此研究对象的治疗和暴露并不是随机分配的。从而难以确保因果推论不受系统偏倚(如选择性、信息或混杂性偏倚)的影响。若干联盟已经为临床实验、观察性研究和诊断准确性研究制定了相关标准,但是目前还没有关于使用卫生管理数据研究的制定或报告标准或准则。一次国际研讨会中,专家们评估了使用管理数据的方法学研究的优先顺序,特别强调了这些数据的可靠性和有效性。其中包括:评估辨识算法的内部一致性、确定用于验证数据的可靠参考标准、为编码员创建培训标准、开发图表数据库比较研究以及国际疾病编码分类的交叉验证。

记录连接涉及对不同来源但与同一个体相关的电子病历进行汇总。本书评价了医疗记录连接的几个应用,如公共卫生监测、致癌物识别、职业卫生监测、外部原因监测、药物不良反应、围产期和儿科预后研究、心肌梗死发生率研究、手术治疗模式的评估、共病症和医院再入院的研究以及每种疾病特异性病假时间的预测等。

在我们使用医疗记录连接的研究中,适用于初级卫生保健的 Charlson 共病指数可预测西班牙工人大样本中与病假、入院和住院死亡率相关的所有结果。如果目标是比较不同中心和地区特定疾病的结果和病假的原因,此共病指数值得进行前瞻性实验,是一个不错的选择。如果能避免威胁结果的内部有效性的偏倚,通过大数据增加未来信息的可用性,可以提高这些研究结果的外部有效性。

致谢:本研究由西班牙 Delegación del Gobierno para el Plan Nacional Sobre Drogas(DGPNSD)资助(基金号:2009I017,项目:G41825811)。DGPNSD 在研究设计、收集数据、分析和解释数据、撰写报告或在决定提交论文以供出版中没有进一步的作用。

参考文献

Acheson, E. D. : Medical Record Linkage. Oxford University Press, London(1967)

Adelson, P. , Lim, K. , Churches, T. , Nguyen, R. : Surgical treatment of breast cancer in New South Wales 1991, 1992. Aust. N. Z. J. Surg. 67(1), 9–14(1997)

Ahmed, F. , Janes, G. R. , Baron, R. , Latts, L. : Preferred provider organization claims showed high predictive value but missed substantial proportion of adults with high-risk conditions. J. Clin. Epidemiol. 58(6), 624–628(2005)

Allebeck, P. , Mastekaasa, A. : Chapter 5. Risk factors for sick leave-general studies. Scand. J. Public Health 32 (suppl. 63), 49–108(2004)

Andalusian Health Service. Instruction Manual of the Minimal Basic Data Set of Andalusia, 2009. Health Department of the Andalusian Government, Seville (2008), http://www. juntadeandalucia. es/servicioandaluzdesalud(accessed December 25, 2013)

Begg, C. , Cho, M. , Eastwood, S. , et al. : Improving the quality of reporting of randomized controlled trials. The CONSORT Statement. JAMA 276(8), 637–639(1996)

Benchimol, E. I. , Guttmann, A. , Griffiths, A. M. , et al. : Increasing incidence of paediatric inflammatory bowel disease in Ontario, Canada: evidence from health administrative data. Gut 58(11), 1490–1497(2009)

Benchimol, E. I. , Manuel, D. G. , To, T. , Griffiths, A. M. , Rabeneck, L. , Guttmann, A. : Development and use of reporting guidelines for assessing the quality of validation studies of health administrative data. J. Clin. Epidemiol. 64(8), 821–829(2011)

Birney, E. : The making of ENCODE: lessons for big-data projects. Nature 489(7414), 49–51(2012)

Black, C. D. , Burchill, C. A. , Roos, L. L. : The population health information system: Data analysis and software. Med. Care 33(12 suppl.), DS127–DS131(1995)

Bossuyt, P. M. , Reitsma, J. B. , Bruns, D. E. , et al. : Towards complete and accurate reporting of studies of diagnostic accuracy: the STARD initiative. BMJ 326(7379), 41–44(2003)

Bratberg, E. , Dahl, S. A. , Risa, A. E. : "The double burden" – Do combinations of career and family obligations increase sickness absence among women? Eur. Sociol. Rev. 18, 233–249(2002)

Brook, E. , Rosman, D. , Holman, C. D. J. : Public good through data linkage: measuring research outputs from the Western Australian data linkage system. Aust. N. Z. J. Public Health 32(1), 19–23(2008)

Brown, S. H. , Fischetti, L. F. , Graham, G. , et al. : Use of Electronic Health Records in Disaster Response: The Experience of Department of Veterans Affairs After Hurricane Katrina. Am. J. Public Health 97(1), S136–S141(2007)

Cabanillas, J. L. , Gili, M. , Luanco, J. M. , Villar, J. : Tiempo óptimo personalizado de incapacidad temporal por diagnóstico. Sevilla, Consejería de Salud y Bienestar Social de la Junta de Andalucía(2012)

Charlson, M. E. , Pompei, P. , Ales, K. L. , et al. : A new method of classifying prognostic comorbidity in longitudinal studies: development and validation. J. Chronic. Dis. 40(5) , 373−383(1987)

Charlson, M. E. , Charlson, R. E. , Peterson, J. C. , Marinopoulos, S. S. , Briggs, W. M. , Hollenberg, J. : The Charlson comorbidity index is adapted to predict costs of chronic disease in primary care patients. J. Clin. Epidemiol. 61(12) , 1234−1240(2008)

Chen, G. , Faris, P. , Hemmelgarn, B. , Walker, R. L. , Quan, H. : Measuring agreement of administrative data with chart data using prevalence unadjusted and adjusted kappa. BMC Med. Res. Methodol. 9, 5(2009)

Chevalier, A. , Luce, D. , Blanc, C. , Goldberg, M. : Sickness absence at the French National Electric and Gas Company. Br. J. Ind. Med. 44(2) , 101−110(1987)

Chretien, J. , Tomich, N. E. , Gaydos, J. C. , Kelley, P. W. : Real−Time Public Health Surveillance for Emergency Preparedness. Am. J. Pub. Health 99(8) , 1360−1363(2009)

Christen, P. : Data Matching. Concepts and techniques for Record Linkage, entity resolution and duplicate detection. Springer, Berlin(2012)

Cleves, M. A. , Sanchez, N. , Draheim, M. : Evaluation of two competing methods for calculating Charlson's comorbidity index when analyzing short−term mortality using administrative data. J. Clin. Epidemiol. 50(8) , 903−908(1997)

Copeland, K. T. , Checkoway, H. , McMichael, A. J. , Holbrook, R. H. : Bias due to misclassification in the estimation of relative risk. Am. J. Epidemiol. 105(5) , 488−495(1977)

Cousens, S. , Hargreaves, J. , Bonell, C. , et al. : Alternatives to Randomization in the Evaluation of Public−Health Interventions: Statistical Analysis and Causal Inference. J. Epidemiol. Comm. Health 65(7) , 576−581(2011)

De Coster, C. , Quan, H. , Finlayson, A. , et al. : Identifying priorities in methodological research using ICD−9−CM and ICD−10 administrative data: report from an international consortium. BMC Health Serv. Res. 6, 77 (2006)

Delgado−Rodriguez, M. , Llorca, J. : Bias. J. Epidemiol. Commun. Health 58(8) ,635−641(2004)

Deyo, R. A. , Cherkin, D. C. , Ciol, M. : Adapting a clinical comorbidity index for use with ICD−9−CM administrative databases. J. Clin. Epidemiol. 45(6) , 613−619(1992)

Eriksen, W. , Natvig, B. , Bruusgaard, D. : Marital disruption and long−term work disability. A four−year prospective study. Scand. J. Public Health 27(3) , 196−202(1999)

Eyal, A. , Carel, R. S. , Goldsmith, J. R. : Factors affecting long−term sick leave in an industrial population. Int. Arch. Occup. Environ. Health 66(4) , 279−282(1994)

Fazel, S. , Wolf, A. , Långström, N. , Newton, C. R. , Lichtenstein, P. : Premature mortality in epilepsy and the role of psychiatric comorbidity: a total population study. Lancet 382(9905) , 1646−1654(2013)

Feeney, A. , North, F. , Head, J. , Canner, R. , Marmot, M. : Socioeconomic and gender differentials in reason for sickness absence from the Whitehall II Study. Occup. Environ. Med. 55(2) , 91−98(1998)

Ferrante, A. M. , Rosman, D. L. , Knuiman, M. : The construction of a road injury database. Accid. Anal. Prev. 25(6) , 659−665(1993)

Fox, A. J. , Goldblatt, P. O. , Jones, D. R. : Social class mortality differentials: Artefact, selection or life circumstances? J. Epidemiol. Comm. Health 39(1) , 1−8(1985)

Fuhrer, R. , Shipley, M. J. , Chastang, J. F. , et al. : Socioeconomic position, health, and possible explanations: a tale of two cohorts. Am. J. Public Health 92(8) , 1290−1294(2002)

Galea, S. , Riddle, M. , Kaplan, G. A. : Causal thinking and complex system approaches in epidemiology. Int. J. Epidemiol. 39(1) , 97−106(2010)

Garrett, N. , Mishra, N. , Nichols, B. , Staes, C. , Akin, C. , Safran, C. : Characterization of Public Health Alerts and Their Suitability for Alerting in Electronic Health Record Systems. J. Pub. Health Manag. Practice 17(1), 77-83(2011)

Ghali, W. A., Hall, R. E., Rosen, A. K., Ash, A. S., Moskowitz, M. A.: Searching for an improved clinical co-morbidity index for use with ICD-9-CM administrative data. J. Clin. Epidemiol. 49(3), 273-278(1996)

Gili, M., Sala, J., López, J., et al.: Impact of Comorbidities on In-Hospital Mortality From Acute Myocardial In-farction, 2003-2009. Rev. Esp. Cardiol. 64(12), 1130-1137(2011)

Gill, L., Goldacre, M., Simmons, H., et al.: Computerised linking of medical records: Methodological guide-lines. J. Epidemiol. Comm. Health 47(4), 316-319(1993)

Gimeno, D., Benavides, F. G., Benach, J., Amick, B.: Distribution of sickness absence in the European Union countries. Occup. Environ. Med. 61(10), 867-869(2004)

Goldacre, M., Shiwach, R., Yeates, D.: Estimating incidence and prevalence oftreated psychiatric disorders from routine statistics: The example of schizophrenia in Oxfordshire. J. Epidemiol. Comm. Health 48(3), 318-322 (1994)

Goldstein, L. B., Samsa, G. P., Matchar, D. B., Horner, R. D.: Charlson index comorbidity adjustment for ische-mic stroke outcome studies. Stroke 35(8), 1941-1945(2004)

Greenland, S.: Quantifying Biases in Causal Models: Classical Confounding vs. Collider- Stratification Bias. Epi-demiology 14(3), 300-306(2003)

Guend, P., Engholm, G., Lynge, E.: Laryngeal cancer in Denmark A nationwide longitudinal study based on reg-ister linkage data. Br. J. Ind. Med. 47(7), 473-479(1990)

Guttmann, A., Nakhla, M., Henderson, M., et al.: Validation of a health administrative data algorithm for assess-ing the epidemiology of diabetes in Canadian children. Pediatr. Diabetes 11(2), 122-128(2010)

Hanley, J., McNeil, B.: The meaning and use of the area under a receiver operating characteristic(ROC) curve. Radiology 143(1), 29-36(1982)

Hemmelgarn, B. R., Manns, B. J., Quan, H., Ghali, W. A.: Adapting the Charlson comorbidity index for use in patients with ESRD. Am. J. Kidney Dis. 42(1), 125-132(2003)

Hernan, M. A., Savitz, D. A.: From "Big Epidemiology" to "Colossal Epidemiology": When all eggs are in one basket. Epidemiology 24(3), 344-345(2013)

Hoffman, S., Podgurski, A.: Big bad data: law, public health, and biomedical databases. J. Law Med. Ethics 41 (suppl. 1), 56-60(2013)

Holman, C. D. J., Bass, A. J., Rouse, I. L., Hobbs, M. S. T.: Population-based linkage of health records in Western Australia: development of a health services research linked database. Aust. N. Z. J. Public Health 23 (5), 453-459(1999)

Hux, J. E., Ivis, F., Flintoft, V., Bica, A.: Diabetes in Ontario: determination of prevalence and incidence using a validated administrative data algorithm. Diabetes Care 25(3), 512-516(2002)

Iezzoni, L. I.: Reasons for risk adjustment. In: Iezzoni, L. I. (ed.) Risk Adjustment for Measuring Health Care Outcomes, 3rd edn., pp. 1-16. Health Administration Press, Chicago(2003)

Kendrick, S., Clarke, J.: The Scottish record linkage system. Health Bull. (Edinb.) 51(2), 72-79(1993)

Khoury, M. J., Lam, T. K., Ioannidis, J. P. A., et al.: Transforming Epidemiology for 21st Century Medicine and Public Health. Cancer Epidemiol. Biomarkers Prev. 22(4), 508-516(2013)

Kivimaki, M., Head, J., Ferrie, J. E., Shipley, M. J., Vahtera, J., Marmot, M. G.: Sickness absence as a global measure of health: evidence from mortality in the Whitehall II prospective cohort study. BMJ 327(7411), 364(2003)

Lee, D. S., Donovan, L., Austin, P. C., et al.: Comparison of coding of heart failure and comorbidities in admin-

273

istrative and clinical data for use in outcomes research. Med. Care 43(2), 182-188(2005)

Leigh, J. : Correlates of absence from work due to illness. Human Relations 39(1), 81-100(1986)

Levy, G. , Blumberg, N. , Kreiss, Y. , Ash, N. , Merin, O. : Application of Information Technology within a Field Hospital Deployment Following the Haiti Earthquake Disaster. J. Am. Med. Inf. Assoc. 17(6), 626-630 (2010)

Lynge, E. , Thygesen, L. : Use of surveillance systems for occupational cancer: data from the Danish national system. Int. J. Epidemiol. 17(3), 493-500(1988)

Manuel, D. G. , Lim, J. J. , Tanuseputro, P. , Stukel, T. A. : How many people have had a myocardial infarction? Prevalence estimated using historical hospital data. BMC Public Health 7, 174(2007)

Marmot, M. , Feeney, A. , Shipley, M. , North, F. , Syme, S. : Sickness absence as a measure of health status and functioning: from the UK Whitehall II study. J. Epidemiol. Comm. Health 49(2), 124-130(1995)

Marshall, M. N. , Shekelle, P. G. , Leatherman, S. , Brook, R. H. : The public release of performance data: what do we expect to gain? A review of the evidence. JAMA 283(14), 1866-1874(2000)

Martin, C. A. , Hobbs, M. S. T. , Armstrong, B. K. , de Klerk, N. H. : Trends in the incidence of myocardial infarction in Western Australia between 1971 and 1982. Am. J. Epidemiol. 129(4), 665-668(1989)

Mastekaasa, A. : Parenthood, gender and sickness absence. Soc. Sci. Med. 50(12), 1827-1842(2000)

McCallum, J. , Lonergan, J. , Raymond, C. : The NCEPH record linkage pilot study: a preliminary examination of individual Insurance Commission records with linked data sets. National Centre for Epidemiology and Public Health, Canberra(1993)

McGeechan, K. , Kricker, A. , Armstrong, B. , Stubbs, J. : Evaluation of linked cancer registry and hospital records of breast cancer. Aust. N. Z. J. Public Health 22(7), 765-770(1998)

Melton III, L. J. : History of the Rochester Epidemiology Project. Mayo Clin. Proc. 71(3), 266-274(1996)

Mervis, J. : U. S. science policy. Agencies rally to tackle big data. Science 336(6077), 22(2012)

Moncada, S. , Navarro, A. , Cortes, I. , Molinero, E. , Artazcoz, L. : Sickness leave, administrative category and gender: results from the "Casa Gran" project. Scand. J. Public Health 30(1), 26-33(2002)

Myers, R. P. , Quan, H. , Hubbard, J. N. , Shaheen, A. A. M. , Kaplan, G. G. : Predicting inhospital mortality in patients with cirrhosis: results differ across risk adjustment methods. Hepatology 49(2), 568-577(2009)

National Institute of Standards and Technology Workshop. Cloud computing and big data (2013), http://www. nist. gov/itl/math/cloud-112912. cfm(accessed December 19, 2013)

Newgard, C. D. , Zive, D. , Jui, J. , Weathers, C. , Daya, M. : Electronic versus manual data processing: evaluating the use of electronic health records in out-of-hospital clinical research. Acad. Emerg. Med. 19(2), 217-227(2012)

Overpeck, M. D. , Hoffman, H. J. , Prager, K. : The lowest birth-weight infants and the US infant mortality rate: NCHS 1983 linked birth/infant death data. Am. J. Public Health 82(3), 441-444(1992)

Pappas, G. , Hadden, W. C. , Kozak, L. J. , Fisher, G. F. : Potentially avoidable hospitalizations: inequalities in rates between US socioeconomic groups. Am. J. Public Health 87(5), 811-816(1997)

Pasternak, B. , Svanstrom, H. , Melbye, M. , Hviid, A. : Association between oral fluoroquinolone use and retinal detachment. JAMA 310(20), 2184-2190(2013)

Pechette, J. : Transforming health care through cloud computing. Health Care Law Mon. 2012(5), 2-12(2012)

Poses, R. M. , McClish, D. K. , Smith, W. R. , Bekes, C. , Scott, W. : Prediction of survival of critically ill patients by admission comorbidity. J. Clin. Epidemiol. 49(7), 743-747(1996)

Quach, S. , Hennessy, D. A. , Faris, P. , Fong, A. , Quan, H. , Doig, C. : A comparison between the APACHE II and Charlson index score for predicting hospital mortality in critically ill patients. BMC Health Serv. Res. 9,

129(2009)

Rice, D. , Hodgson, T. A. , Kopstein, A. N. : The economic costs of illness: a replication and update. Health Care Financ. Rev. 7(1), 61-80(1985)

Romano, P. S. , Roos, L. L. , Jollis, J. G. : Adapting a clinical comorbidity index for use with ICD-9-CM administrative data: differing perspectives. J. Clin. Epidemiol. 46(10),1075-1079(1993)

Romano, P. S. , Roos, L. L. , Jollis, J. G. : Further evidence concerning the use of a clinical comorbidity index with ICD-9-CM administrative data. J. Clin. Epidemiol. 46(10),1085-1090(1993)

Romano, P. S. , Zhou, H. : Do well-publicized risk-adjusted outcomes reports affect hospital volume? Med. Care 42(4), 367-377(2004)

Roos, N. P. , Black, C. D. , Frohlich, N. , et al. : A population-based health information system. Med. Care 33 (12 suppl.), DS13-DS20(1995)

Ryan, D. H. : A Scottish record linkage study of risk factors in medical history and dementia outcome in hospital patients. Dementia 5(6), 339-347(1994)

Sibthorpe, B. , Kliewer, E. , Smith, L. : Record linkage in Australian epidemiological research: health benefits, privacy safeguards and future potential. Aust. J. Public Health 19(3), 250-256(1995)

Smith, M. E. , Newcombe, H. B. : Use of the Canadian Mortality Data Base for epidemiological follow-up. Can. J. Public Health 73(1), 39-46(1982)

Southern, D. A. , Quan, H. , Ghali, W. : Comparison of the Elixhauser and Charlson/ Deyo methods of comorbidity measurement in administrative data. Med. Care 42(4), 355-360(2004)

Spasoff, R. A. : Epidemiologic methods for health policy. Oxford University Press, New York(1999)

Stanley, F. J. , Croft, M. , Gibbins, J. , Read, A. W. : A population data base for maternal and child health research in Western Australia using record linkage. Paediatr. Perinatal Epidemiol. 8(4), 433-447(1994)

Thomas, J. W. , Holloway, J. J. : Investigating early readmission as an indicator of quality of care studies. Med. Care 29(4), 377-394(1991)

To, T. , Dell, S. , Dick, P. T. , et al. : Case verification of children with asthma in Ontario. Pediatr. Allergy Immunol. 17(1), 69-76(2006)

Toh, S. , Platt, R. : Is size the next big thing in Epidemiology? Epidemiology 24(3), 349-351(2013)

Tyndall, R. M. , Clarke, J. A. , Shimmins, J. : An automated procedure for determining patient numbers from episodes of care records. Med. Inform. 12, 137-146(1987)

Van der Brandt, P. A. , Schouten, L. J. , Goldbohm, R. A. , et al. : Development of a record linkage protocol for use in the Dutch Cancer Registry for Epidemiological research. Int. J. Epidemiol. 19(3), 553-558(1990)

Vistnes, J. P. : Gender differences in days lost from work due to illness. Ind. Labor Rel. Rev. 50, 304-323(1997)

Von Elm, E. , Altman, D. G. , Egger, M. , Pocock, S. J. , Gotzsche, P. C. , Vandenbroucke, J. P. : The Strengthening the Reporting of Observational Studies in Epidemiology(STROBE) statement: guidelines for reporting observational studies. PLoS Med. 4(10), e296(2007)

Zhang, M. , Holman, C. D. J. , Price, S. D. , Sanfilippo, F. M. , Preen, D. B. , Bulsara, M. K. :Comorbidity and repeat admission to hospital for adverse drug reactions in older adults: retrospective cohort study. BMJ 338, a2752(2009)

第11章 基于双射软集合的ECG心律失常的分类

S. Udhaya Kumar 和 H. Hannah Inbarani

摘要 本书提出了一种新型心电图(ECG)心律失常自动分类方法。ECG数据集通常称为大数据。大数据即为大量非结构化数据的集合。大数据意味着大量数据,如此之大以至于难以对数据进行收集、管理、分析、预测、可视化和建模。ECG记录了心脏电活动。心脏健康节律由ECG和心率组成。在本项工作中采用了一种ECG信号的非线性动态研究方法以研究心律失常的特征。心脏问题在医学界中是最为致命的疾病。心律失常即为心脏节律的异常,实际上是指心脏电传导系统的失调。在本书中,采用计算机化ECG解读识别心律失常。它是一种ECG信号采集、消除来自ECG信号的噪声(降噪)、检测波形参数(P、Q、R、S和T)和节律分类的处理过程。多年来,在信号调理、相关波形信号的提取和节律分类的简化技术上取得了实质性的进步。然而,许多问题和争论,尤其是那些使用软计算技术检测多节律失常事件相关的问题,仍需以一种更复杂的方式进行处理以改善在大量医疗中心中商用自动节律失常分析的前景。本书的主要目的为提出一种基于双射软集合决策系统的分类系统以将ECG信号数据分为五类(正常、左束支传导阻滞、右束支传导阻滞、室性期前收缩和起搏节律类)。为实现这一目的,应用一种检测P波、QRS波群和T波的运算法则,随后应用IBISOCLASS分类法。通过来自MIT-BIH节律失常数据库中的ECG数据检验提出的方法以获得实验结果。提出的运算法同时与众所周知的标准分类运算法则即反传网络(BPN)、决策表、J48和

H. Hannah Inbarani · S. Udhaya Kumar

Department of Computer science, Periyar University,

Salem-636011

e-mail: hhinba@gmail.com

© Springer International Publishing Switzerland 2015

A.E. Hassanien et al.(eds.), *Big Data in Complex Systems*,

Studies in Big Data 9, DOI: 10.1007/978-3-319-11056-1_11

朴素贝叶斯方法进行了比较。

关键词 软集合,双射软集合决策系统,分类,PQRST 检测,ECG 信号降噪,Pan-Tompkins 运算法则和心律失常

11.1 引言

医学诊断大数据系统的研究是一个重大的、具有轰动性的研究领域(Azar and Hassanien,2014)。医学数据特征的选择和分类是在许多决策任务中最重要的问题之一(Inbarani et al.,2014)。决策任务是分类问题的实例,可以很容易地概括为预测或语言任务、诊断任务和模式识别(Azar,2014)。心脏疾病仍然是人主要的死亡原因,且是需要解决的重要问题。通过早诊断、计算机辅助手段和医学治疗,可以预防心脏疾病患者的意外死亡。诊断心血管疾病的方式之一即为使用 ECG (Özbay,2009)。ECG 表示心脏的电活动,展示了心肌的收缩和舒张。ECG 节律的模式识别和分类是在冠脉重症监护病房中的最重要的任务,在那里 ECG 节律的分类是诊断的重要工具。ECG 为心脏病专家提供关于心脏节律和工作的合适的信息。ECG 节律的分析是检测不同心律不齐的有效方式。至今仍有许多算法建立以用于特征选择(Azar et al.,2013)和心率信号的分类(Osowski and Linh,2001)。由于 ECG 信号之间的不同和在同一时间中不同类型节律的相似性,因此在这一程度上同一患者的 ECG 信号可能是不同的(Saxena et al.,2002)。1 个 ECG 波形包括 5 个基本波段——P 波、QRS 波群和 T 波。图 11.1 展示了一个典型的 ECG 波形。Q 波、R 波和 S 波也被称为 QRS 波群,代表心室去极化。P 波代表心房去极化,T 波代表心室的复极化(Maglaveras et al.,1998)。

在临床上,如一个重症监护室,在实时的基础上以准确检测心电图信号,并对其进行分类的自动系统是很必要的。心脏疾病的早期识别和干预能拯救患者的性命或避免永久性损伤。到现在为止,已经进行了几项关于自动节律不齐的检测和分类的研究以提高 ECG 节律分类的准确性。对于 ECG 节律的分类,大多数系统建立了两个步骤:特征提取和模式分类。第一步即 ECG 特征提取,在时间域中完成以获得形态学特征(如 QRS 波群、P 波和 T 波的检测,心率变异性等……)(Chazal et al.,2000;Giovanni et al.,2001),在频率域中完成以发现 QRS 波群功率谱在正常和节律不齐波形间的变化(Minami et al.,1999;Qin et al.,2003),在时间频率域中(Lin et al.,2008;Dickhaus and Heinrich,1996)以同时显示 ECG 的频率和时间特征。第二步:有几种方法建立了分类方法,如人工神经网络(ANN)和基于神经模糊网络的异常节律分类、自组织映射(Marcel et al.,1997)、小波系数(Chazal et al.,2000)和 RBF 神经网络。

在本书中,我们提出了一个用于 ECG 心脏搏动分类的自动化方法。5 种不

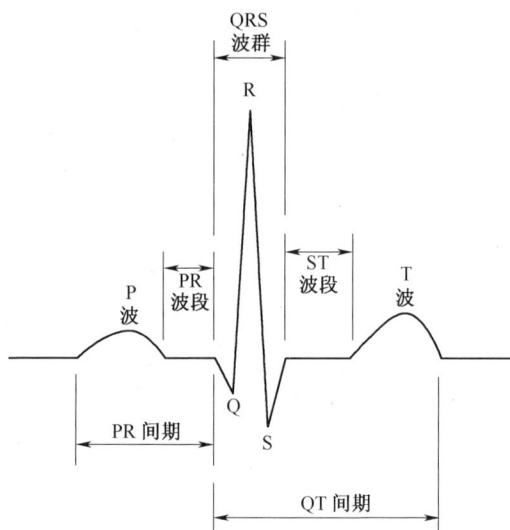

图 11.1　心电图波形基本结构

同心脏搏动分为:N(正常)、PVC(室性期前收缩)、LBBB(左束支传导阻滞)、RBBB(右束支传导阻滞)和 PR(起搏节律)。至于特征提取步骤,我们使用了Pan - Tompkins 算法以识别 P 波、QRS 波群和 T 波的形态学特征。这一算法是基于 Pan 和 Tompkins 提出的技术(Pan & Tompkins,1985)。至于分类步骤,利用改良双射软集合分类算法(IBISOCLASS)对 5 种不同搏动进行分类。在 MIT-BIH 心律不齐数据库中进行该算法的实施和评估。得到的结果与其他已有算法进行比较。

　　本书剩余部分结构如下:11.2 节为相关工作的回顾。11.3 节展示了在心律失常分类中使用的材料和方法。11.4 节为关于 Pan-Tompkins 算法的解释。11.5 节描述了软集合和双射软集合的基本概念。11.6 节解释了在本项工作中使用的、用于比较分析的其他几种分类算法。在 11.7 节,报告了实验结果。最后,11.8 节为结论部分。

11.2　相关工作

　　在相关文献中,已经提出一些方法用于 ECG 信号的自动分类。在本节中,表 11.1简要介绍了最近发表的针对 ECG 信号分类中使用的多种特征提取和分类方法的相关工作。

表 11.1　本研究相关工作

作者	目的	技术
Mai et al.,2011	分类	用于 ECG 分类的多层感知器和定向基功能神经网络 多层感知器准确度为 98% 径向基函数准确度为 97%
Melgani and Yakoub Bazi,2008	分类	用于信号分类的支持矢量和粒子群最佳混合技术。基于 20 个患者记录的分类准确度 PSO-SVM 为 89.72%，SVM 为 85.98%，KNN 为 83.70% 和 RBF 为 82.34%
Rai et al.,2013	特征提取和分类	通过多分辨小波变换和人工神经网络检测异常的 ECG 信号处理。使用正常和异常分类。分类准确度 MLP 为 100%、BPN 为 97.8% 和 FFN 为 97.8%
Issac Niwas et al.,2005	分类	在本项工作中，ECG 信号分类为正常和 9 种不同的心律失常。提出的方法的整体准确度为 99.02%
Benali et al.,2012	分类	在本文中,基于小波神经网络的自动分类可认为是用于心律失常分类,拥有高于 98.78% 的高准确度的有效工具。 小波神经网络（WNN）
Nazmy et al.,2010	分类	本项工作主要关注 6 种不同 ECG 信号,且提出 ANFIS 模型有高于 97% 的分类准确度。 自适应神经模糊推理系统(ANFIS)
Mitra et al.,2006	规则生成	基于规则的粗糙集的决策系统用于 ECG 心律疾病识别的推理引擎的改进。 10 个 ECG 形态学特征 静态小波转换（SWT） 多层感知准确度（MLP）
Inan et al.,2006	分类	应用稳健神经网络为基础的分类方法与室性期前收缩,所有 40 个文件的准确度为 95.16%,22 个文件的准确度为 96.82%。 时间间隔特征 小波转换
Hassan et al.,2011	分类	在本文中,作者提出了一种新型的模糊 C 均值聚类 PNN 方法用于 8 种 ECG 信号类型的区分。 概率神经网络（PNN） 多层前馈网络（MLFFN）

作者	目的	技术
Homaeinezhad et al.,2012	特征提取和分类	在本文中使用了以下分类法： K 近邻分类（KNN）； 径向基支持矢量机器（RBF-SVM）； 神经-SVM-KNN 融合分类算法
Wen et al.,2009	分类	在本研究中，使用无监督自组织小脑模型关节控制器（SOCMAC）网络设计了一种观察心跳 QRS 波的心电分类器
Yu and Chou,2008	特征提取和分类	在本文中，作者提出了一个结合独立元件分析（ICA）、危机度对比（RR）区间和神经网络分类器的混合方法，并用于心电图（ECG）博动分类
Prasad et al.,2003	分类	提出的方法将心律分为正常窦性心律和 12 种不同的心律失常。提出方法的 ANN 分类整体准确度为 96.77%
Pan and Tompkins,1985	特征提取	在本文中，作者提取了 ECG 信号的 QRS 波群
Özbay,2009	特征提取和分类	使用以下方法用于 MIT-BIH 数据库的特征提取和分类： 复小波变换（CWT）； 复值 ANN(CVANN)
Özbay et al.,2006	分类	本项研究使用了一个有反向训练算法的多层感知（MLP）的一个 NN 结构展示了 ECG 信号分类准确度的成比例研究，及一个新模糊聚类 NN 结构（FCNN）以用于早期分类
Gacek and Pedrycz,2006	分类	在本文中，作者建立了一个 ECG 信号的颗粒结构代表的大概纲要。 颗粒-模糊集合 模糊 C-均值
Mehmet Engin,2004	分类	应用模糊-杂合神经网络设备于心电图 ECG 博动分类。 模糊 C-均值分类器 MLP 神经网络
Chazal et al.,2000	分类	本项研究研究了 Frank 自动分类将 ECG 分为不同的病理生理学疾病的类型。 小波系数分类器
Karpagachelvi et al.,2012	分类	在本文中，展示了极限学习机（ELM），并将其与支持矢量机（SVM）进行比较
Senthilkumar et al., 2014	分类	在本文中，作者提出了一种新型方法以用于基于以改良软模糊集合为基础的分类方法的医学数据分类

作者	目的	技术
Inbarani et al.,2013	特征提取	在本文中,作者提出了杂合方法以用于数字化乳腺图像。 公差模糊集合 - 基于 PSO 的快速约减(STRSPSO-QR) 公差模糊集合 - 基于 PSO 的相对约减(STRSPSO-RR)

11.3 材料和方法

心律失常为规律心脏搏动节律的任何改变。在本书中,包括正常和其他异常心跳的心跳分类分为 5 种类型(Hassan et al.,2011)。它们为:

(1) 正常搏动(N)。

(2) 左束支传导阻滞(LBBB)。

(3) 右束支传导阻滞(RBBB)。

(4) 室性期前收缩(PVC)。

(5) 起搏心跳(PB)。

以下部分为不同心脏节律分类的简要解释。

(1) 正常:正常心脏搏动的发生是由"起搏器"的持续和间歇性活动,及其与神经传导通路的整合作用所致的。在这一正常搏动中,QRS 波群时限不超过 0.12s,PR 间期时限不超过 0.20s。P 波最大时限为 0.08s,而 T 波时限不应小于 0.20s。对于一个健康人,心率范围为 60~100 BPM(次/分),因此 R-R 间期时限应在 0.6~1s 范围内 (Inan et al.,2006)。

(2) LBBB:在这种情况下,左心室传导延迟,这可导致左心室收缩迟于右心室收缩,从而使 QRS 间期大于 0.12s (Inan et al.,2006)。

(3) RBBB:在这种情况下,两个心室不再同步地接受电脉冲。ECG 上 QRS 波群的时限在 0.10~0.11s 范围内(不完全性 RBBB)或大于 0.12s(完全性 RBBB),并有较长的心室激活时间或 QR 间期大于 0.3s。

(4) PVC:随之而来的心脏搏动较预期早,从而干扰了正常心脏节律。节律的不规则性,提前出现的 P 波被 QRS 波群或 T 波掩盖,宽大的 QRS 波群,以及 T 波相对于 R 波的反极性,是 PVC 的显著特征(Inan et al.,2006)。

(5) PB:一个可兴奋心室肌组织试图控制心脏搏动的传导,并致使范围为30~50 BPM 的较慢的心率。慢心率可导致乏力、意识模糊、头晕、晕厥、气短和猝死。

本项工作所使用的方法学见图 11.2。可以看到整个过程分为三个基本部分,包括信号采集、预处理(降噪)、特征提取和分类。ECG 信号来自 MIT-BIH 心律失常数据库。新的 ECG 信号必须经过预处理以减少 ECG 信号的噪声。降噪以后，提取的特征被确定为 P 波、QRS 波群和 T 波。该方法的最后一步为将所得的信号分为 5 种不同的类型。

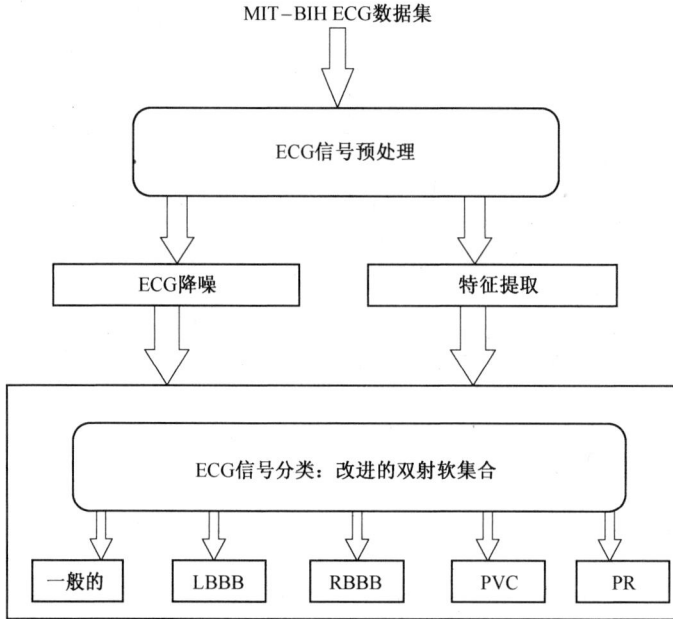

图 11.2 提出的方法

11.3.1 信号采集

信号采集是信号处理的第一步；数据库收集是信号处理的最重要任务之一。对于本研究工作，使用的是来自 physioNet 的 ECG 信号的 MIT-BIH 心律失常目录。MIT-BIH 的 ECG 资源由 Beth 以色列医院心律失常实验室收集。该数据库包括分为两部分的 48 个文件，第一部分中的 23 个文件(记录编号为 100~124，包括了一些丢失的记录)是从该数据集中随机选择而得的，另一部分包括 25 个文件(标号为 200~234，包括一些缺失的编号)。这 48 个记录均稍长于 30 分钟(Mark and Moody,1988；Moody and Mark,2001)。本章提出的处理 ECG 的方法如图 11.2 所示。

11.3.2 信号预处理和特征提取

这是信号处理的下一步，使用 Pan 和 Tompkins 算法对得出的信号进行降噪是非常有必要的。对于 ECG 信号的预处理，对多种噪声源有不同噪声去除方法。在特征提取之前，信号必须经过降噪处理以提高系统分类的准确性。图 11.3 为来自

MIT–BIH 实验室的原始或嘈杂 ECG 信号。

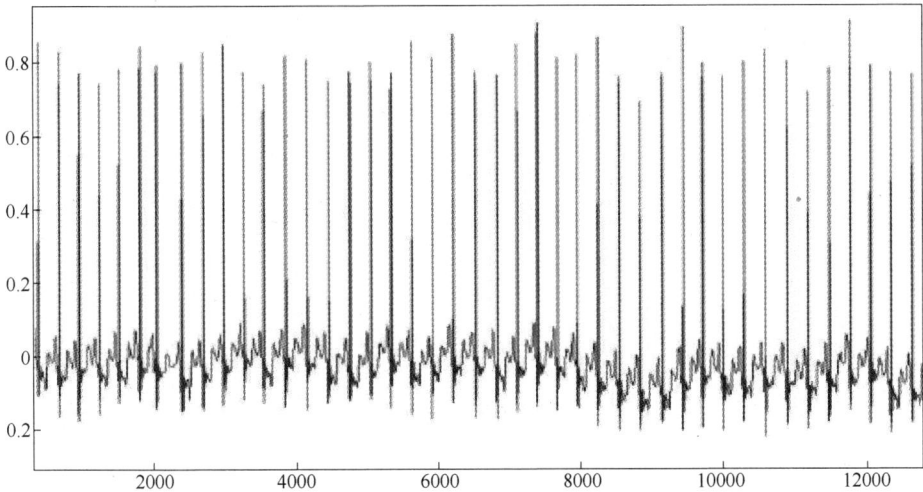

图 11.3 原始 MIT–BIH ECG 信号

Pan 和 Tompkins 算法(Pan and Tompkins,1985)在低通滤波器和高通滤波器的帮助下对 ECG 信号进行过滤。图 11.4 说明了过滤后的 ECG 信号。过滤后,信号进入求导部分,在这一时期,对信号进行鉴别以获得 QRS 波群坡度信息。

经鉴别后,在平方公式中对信号进行逐点平方。移动窗口联合的目的在于获得波形特征信息以形成完整的 R 波坡度。QRS 波群与联合波形的上升支相匹配。用 Pan 和 Tompkins 算法的框标检测 QRS 波群,我们发现基于 P 波和 T 波的调整阈值的 P 波和 T 波。需要标记的波形特征如根据 QRS 波群时间位置的 R 波的最大上升幅度或波峰。图 11.5 为 P 波、QRS 波群和 T 波的检测值。

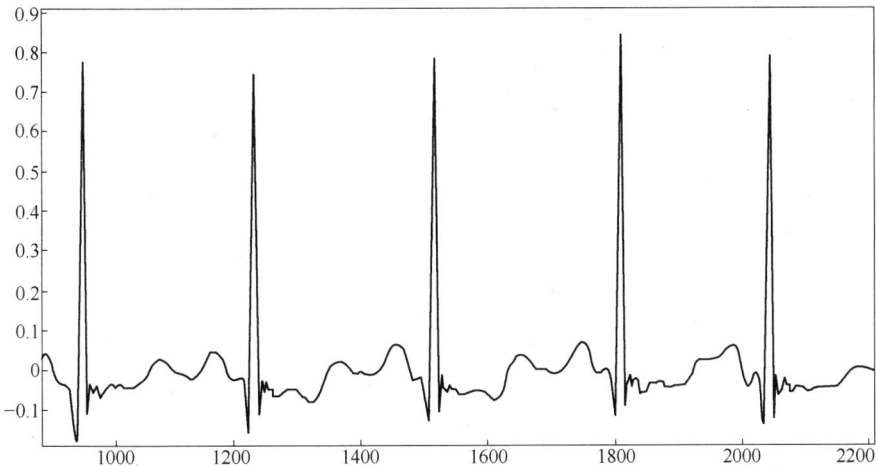

图 11.4 过滤后 MIT–BIH ECG 信号

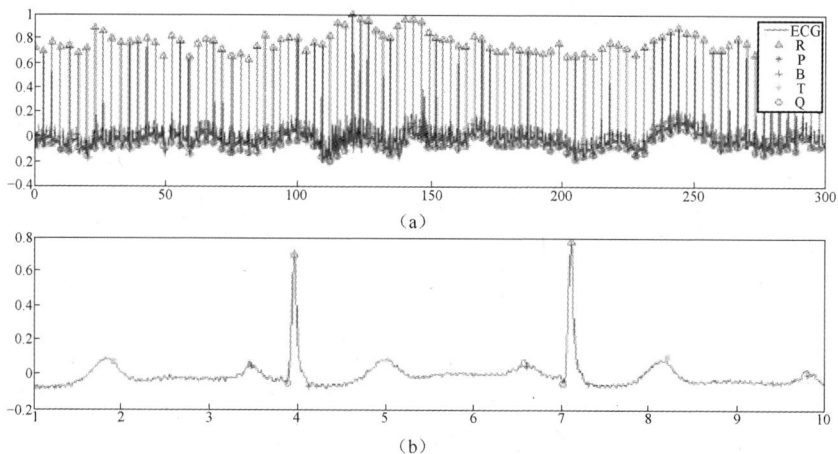

图 11.5　P、QRS 波群和 T 波检测值

11.3.3　改良双射软集合的提出和应用

应用改良双射软集合进行信号分类。使用改良双射软集合分类算法有两种类型规则。第一种类型为决定型规则(确定规则),由使用 AND 和严格 AND 运算形成。第二种类型的规则为非决定型规则(可能规则),可能规则用过使用 AND 和松散 AND 运算实现。对于每种非决定型规则,均计算支持度(Udhayakumar et al.,2013)。以改良双射软集合为基础的分类方法列于算法 11.1。软集合和双射软集合的基本概念在 11.5 节有解释。

算法 11.1　以改良双射软集合为基础的分类
输入:给定的数据集条件属性 $1,2,\cdots,n-1$ 和决定属性 $n_{\circ}$ 输出:规则集合 $R_{\circ}$ 步骤 1:对所有条件属性设定双射软集合 (F_i,E_i),$i = 1 \sim n-1$,n 为属性编号。 步骤 2:设定决定属性的双射软集合 (G,B)。 步骤 3:对双射软集合 (F_i,E_i) 应用 AND。结果保存为 (H,C)。 步骤 4:应用严格 AND 运算得出决定型规则。 $$U_{e \in E}\{F(e):F(e) \subseteq X$$ 步骤 5:应用松散 AND 运算得出非决定型规则。 $$U_{e \in E}\{F(e):F(e) \cap X \neq \varnothing\}$$ 步骤 6:应用以下公式对每种非严格规则计算支持度: $$支持度 = \frac{支持度(A \wedge B)}{支持度(U)}$$

表 11.2 给出了一个数据集的样本作为提取规则的例子。令 $A = \{A_1, A_2\}$ 作为条件属性集，而 D 为决策属性。在决策属性中 $\{B, M\}$ 代表良性和恶性（Udhayaku-mar et al.，2014）。

表 11.2　样本数据集

	X_1	X_2	X_3	X_4	X_5	X_6	X_7	X_8	X_9	X_{10}
A_1	1	1	1	1	2	2	2	2	2	1
A_2	1	2	1	2	1	1	2	2	2	1
D	B	B	B	B	M	M	B	M	M	B

通过表 11.1 的例子来解释提出的方法。

步骤 1：设定来自条件属性的双射软集合。

$$(F_1, A_1) = \{X_1, X_2, X_3, X_4, X_9, X_{10}\}\{X_5, X_6, X_7, X_8\}$$
$$(F_1, A_2) = \{X_1, X_3, X_5, X_6, X_9, X_{10}\}\{X_2, X_4, X_7, X_8\}$$

步骤 2：设定来自决策属性的双射软集合。

$$D(良性) = \{X_1, X_2, X_3, X_4, X_7, X_9, X_{10}\}$$
$$D(恶性) = \{X_5, X_6, X_8\}$$

步骤 3：对双射软集合 (F_i, A_i) 应用 AND 运算。表 11.3 所列为该 AND 运算的表格形式。

表 11.3　$(F_1, A_1) \wedge (F_1, A_2)$ 表格形式

	X_1	X_2	X_3	X_4	X_5	X_6	X_7	X_8	X_9	X_{10}
E_1	1	0	1	0	0	0	0	0	1	1
E_2	0	1	0	1	0	0	0	0	0	0
E_3	0	0	0	0	1	1	0	0	0	0
E_4	0	0	0	0	0	0	1	1	0	0

$(F_1, A_1) \wedge (F_1, A_2) = (H, C) = \{\{X_1, X_3, X_9 X_{10}\}, \{X_5, X_6\}, \{X_7, X_8\}, \{X_2, X_4\}\}$

步骤 4：通过应用 $U_{e \in E}\{F(e): F(e) \subseteq X\}$ 得出决策规则。

$$(H, C) \underset{\sim}{\wedge} D(良性) = \{\{X_1, X_3, X_9, X_{10}\}, \{X_2, X_4\}\}$$

$$(II, C) \underset{\sim}{\wedge} D(恶性) = \{X_5, X_6\}$$

$$(F, B) = \{\{X_1, X_3, X_9, X_{10}\}, \{X_5, X_6\}, \{X_2, X_4\}\}$$

如果 $A_1 = 1$ 和 $A_2 = 1 => d = $ 良性

如果 $A_1 = 1$ 和 $A_2 = 2 => d = $ 良性

如果 $A_2 = 2$ 和 $A_2 = 1 => d = $ 恶性

步骤 5：应用 $U_{e \in E}\{F(e): F(e) \cap X \neq \varnothing\}$ 得出非决策规则。

$$(F, B) = \{\{X_1, X_3, X_7, X_{10}\}, \{X_2, X_4\}, \{X_5, X_6, X_8\}\}$$

如果 $A_1 = 1$ 和 $A_2 = 1 => d = $ 良性

如果 $A_1 = 1$ 和 $A_2 = 2 => d = $ 良性

如果 $A_2 = 2$ 和 $A_2 = 1 => d = $ 恶性

如果 $A_1 = 2$ 和 $A_2 = 2 => d = $ 良性

如果 $A_1 = 2$ 和 $A_2 = 2 => d = $ 恶性

步骤 6:支持度(良性,恶性) = $(\frac{1}{10} \wedge \frac{2}{10}) = 0.2$。

11.4 Pan-Tompkins 算法

图 11.6 为 Pan-Tompkins 算法的图示。在 Pan-Tompkins 算法中信号需在设定阈值和检测 QRS 波群前经过过滤、求导、乘方和整合阶段。Pan-Tompkins 算法仅检测 QRS 波群,但在本书中,在检测 QRS 波群的同时也检测 P 波和 T 波的特征。

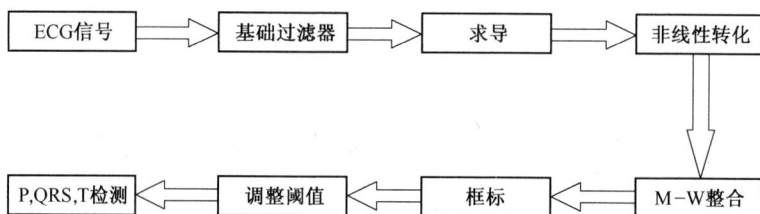

图 11.6 Pan-Tompkins 算法图示

11.4.1 带通滤波器

带通滤波器为双通滤波器,一个为低通滤波器,另一个为高通滤波器。低通滤波器应用于减少如 EMG 和 50Hz 的电力线噪声。二阶低通过滤器的转换方程为

$$H(z) = \frac{(1 - z^{-6})^2}{(1 - z^{-1})^2} \qquad (11.1)$$

低通过滤器的差分方程式为

$$y(nT) = 2y(nT - T) + y(nT - 2T) - 2x(nT - 6T) + x(nT - 12T) \qquad (11.2)$$

式中:$x(n)$ 为输入差异性 ECG 和 $y(n)$ 为带通 ECG;T 为采样的时期。

该滤波器具有纯线性相位响应。电力线噪声通过这一过滤器可显著减弱。高通过滤器的转换方程为

286

$$H_{lp}(z) = \frac{(-1 + 32z^{-16} + z^{-32})}{(1 + z^{-1})} \tag{11.3}$$

高通过率器的差分方程为

$$y[n] = y[n-1] - x[n]/32 + x[n-16] - x[n-17] + x[n-32]/32$$
$$\tag{11.4}$$

11.4.2 求导

过滤信号的区别是为了提供 QRS 波群的坡度信息,因在 ECG 信号中 QRS 波群有较快的上升和下降时间,而 ECG 的求导使得在 QRS 波群出现时能更容易被检测到。

五点格式差分方程的转换方程式为

$$H(Z) = (\frac{1}{8T})(-z^{-2} - 2z^{-1} + 2z^{1} + z^{2}) \tag{11.5}$$

11.4.3 非线性转换

当完成信号的区别,将信号进行逐点乘方。这一过程的方程式为

$$Y(nT) = [x(nT)]^{2} \tag{11.6}$$

这使得所有的数据均为正数,并使求导的突出的更高频率输出得到非线性放大(即使 ECG 频率占主要部分)。

11.4.4 移动窗口整合

乘方后的波形经过一个移动窗口整合器。移动窗口整合的确定是为了得到 R 波坡度之外的波形特征信息。通过以下方程式进行计算,N 为整合窗口的宽度。

$$Y(T) = (\frac{1}{N})[x(nT - (N-1)T) + x(nT - (N-2)T) + \cdots + x(nT)]$$
$$\tag{11.7}$$

11.4.5 框标

QRS 波群与整合波形的上升支相关。QRS 波群的宽度和上升支有同样的持续时间。需要标记的波形特征包括 R 波的最大上升幅度和波峰等,可以根据 QRS 波时间位置的增量边界进行标记。基于噪声域(为自动调整的),低阈值是有可能的,因通过带通过滤器可升高信号/噪声的比例(Portet et al.,2005)。

11.5 基本概念——软集合和双射软集合

在本节,我们将描述软集合和双射软集合的基本概念。令 U 为最初的对象集合,E 为与 U 中相关的参数集合。参数通常为对象的属性、特征或性质。

11.5.1 软集合理论

Molodtsov(Molodtsov,1999)提出了软集合理论的概念,可用于不确定性管理的一般数学工具。

定义 11.1:

一对 (F, E) 称为一个软集合(U 上),当且仅当集合 F 是集合 E 到集合 U 的所有子集的映射,其中 F 通过以下方式映射:

$$F: E \rightarrow P(U) \tag{11.8}$$

也就是说,软集合是集合 U 的子集的参数集。每一集合 $F(\varepsilon)(\varepsilon \in E)$ 都可以看作是软集合 (F,E) 中 ε-元素的一个集合,或者是软集合 (F,E) 中 ε-近似元素的集合。

11.5.2 双射软集合理论

Ke Gong 等提出了一种新型软集合,称为双射软集合。双射软集合概念的形成,每一元素仅能被映射到一个参数,且由参数集合划分的集合为域。基于这一双射软集合概念,他提出了一些关于其的运算以研究双射软集合之间的关系(Gong et al.,2008)。

在本节中,U 指一个初始论域,E 为参数集;$P(U)$ 为 U 的幂集,且 $A \subseteq E$(Gong et al.,2008)。

定义 11.2:

令 (F,B) 为一个普通论域 U 的软集合,而 F 是一个映射 $F: E \rightarrow P(U)$,B 为非空参数集合。我们说 (F,B) 是一个双射软集合,如果 (F,B) 满足以下条件:

(1) $U_{\varepsilon \in B} F(e) = U$。

(2) 对于任意两个参数 $e_i, e_j \in B, e_i \neq e_j, F(e_i) \cap F(e_j) = \varnothing$。

也就是说,假设 $Y \subseteq P(U)$ 和 $Y = \{F(e_i), F(e_j), \cdots, F(e_n)\}$,$e_1, e_2, \cdots, e_{\varepsilon \in B}$。根据定义 11.2,映射 $F: E \rightarrow P(U)$ 可转换为映射 $F: E \rightarrow Y$,后者为双射方程。即,对于每个 $y \in Y$,有一个正确的参数 $e \in B$ 使得 $F(e) = y$ 和同时在 $B\&Y$ 中无未映射的元素存在。

定义 11.3 （AND 运算）：

两个软集合的 AND 运算。如果 (F,A) 和 (G,B) 为两个软集合,那么"$(F,A)\text{AND}(G,B)$"表示为 $(F,A) \wedge (G,B)$,定义为 $(F,A) \wedge (G,B) = (H,A \times B)$,其中 $H(\alpha,\beta) = F(\alpha) \cap F(\beta)$, $\forall (\alpha,\beta) \in A \times B$。

定义 11.4 （严格 AND 运算）：

令 $U = \{x_1,x_2,\cdots,x_n\}$ 为一论域,X 为 U 的子集,及 (F,E) 为 U 上的双射软集合。(F,E) 严格 $\text{AND}X$ 运算表示为 $(F,E) = \overset{\wedge}{\sim} X$,定义为 $U_{e \in E}\{F(e):F(e) \in X\}$。

定义 11.5 （松散 AND 运算）：

令 $U = \{x_1,x_2,\cdots,x_n\}$ 为一论域,X 为 U 的子集,及 (F,E) 为 U 上的双射软集合。(F,E) 松散 $\text{AND}X$ 运算表示为 $(F,E) = \overset{\sim}{\wedge} X$,定义为 $U_{e \in E}\{F(e):F(e) \cap X \neq \phi\}$。

11.6 ECG 信号相对性分类算法

在经过降噪和特征提取后,有必要对 ECG 信号进行分类以预测信号类型。应用反向传播(BP)神经网络、朴素贝叶斯方法、决策表、J48 和改良双射软集合分类算法进行信号分类。

11.6.1 反向传播神经网络

反向传播算法用于训练多层神经网络(Alejo et al. ,2012)。作为在正向上的功能信号流和在反向上的错误信号传播,它也被称为反向传播网络。隐藏和输出神经元之间的计算,如反曲激活函数般应用不同激活函数。该算法是基于错误-纠正技术。用于训练神经网络的修正突触权重的规则后为一个普遍的 δ 规则(Jinkwon et al. ,2009)。一般我们所说的三层网络即由一个输入层、一个隐藏层和一个输出层组成用于分类的网络。

隐藏神经元:

$$\text{net}_i^{(1)} = \sum_{j=1}^{n0} w_{ij}^{(1)} x_j \qquad (11.9)$$

$$a_i^{(1)} = f(\text{net}_i^{(1)}), i = 1,2,\ldots,n1 \qquad (11.10)$$

输出神经元:

$$\text{net}_i^{(2)} = \sum_{i=1}^{n1} w_{1i}^{(2)} a_i^{(1)} \qquad (11.11)$$

$$a^{(2)} = f(\text{net}^{(2)}) \qquad (11.12)$$

激活函数 $f(\text{net})$ 可为线性函数或类型 Fermi 函数:

$$f(\text{net}) = \frac{1}{1 + e^{-4\sigma(\text{net}-\sigma)}} \tag{11.13}$$

与书写和阅读阶段相似,在监督学习 BP 网络中也有两个阶段。当一个训练数据集合用于定义描述神经模型的权重时,有一个训练阶段。因此 BP 算法的任务为找到能最小化目标值和实际反应之间的误差的最佳权重。然后训练后的神经模型将被用于随后的检索阶段以处理和评估实际模式。令模式的输出与模式的输入 X 相等,为目标值 t(Jing et al.,2012)。然后进行神经网络学习的训练模式(X,t)以最小化目标和实际反应之间的误差平方,即

$$E = \frac{1}{2}(t - a^{(2)})^2 \tag{11.14}$$

根据下列公式改变权重:

W 为

$$w_{ij}^{\text{new}} = w_{ij}^{\text{old}} + \Delta w_{ij} \tag{11.15}$$

其中

$$\Delta w_{ij} = n\delta_i^{(l)}a_j^{(l)} \tag{11.16}$$

输出层为

$$\delta^{(2)} = f'(\text{net}^{(2)})(t - a^2) \tag{11.17}$$

其中激活方程的导数为

$$f'(\text{net}) = 4\text{net}(1 - \text{net}) \tag{11.18}$$

隐藏层为

$$\delta_i^{(1)} = f'(\text{net}_i^{(1)}\delta^{(2)}w_{1i}^{(2)}) \tag{11.19}$$

算法 11.2　反向传播神经网络算法

初始网络权重(常为较小的任意值)

　执行

　　遍历训练数据

　　　预测 = <u>神经-网络-输出</u>(网络,ex) // forward pass

　　　实际 = <u>老师-输出</u>(ex)

　　　在输出单元计算误差(预测- 实际)

　　　对自隐藏层至输出层的所有权重计算 ΔW

　　　对自输入层至隐藏层的所有权重计算 ΔW

　　　修正网络权重

　　直至所有例子均被分类正确或满足另一停止标准

　返回网络

11.6.2　朴素贝叶斯分类法

基于贝叶斯原理的朴素贝叶斯分类法是一种概率统计分类法。在这里,术语"朴素"指明了在特征或属性中的条件依赖性(Dong et al. ,2011)。

朴素贝叶斯分类法非常容易创建,不需要任何问题重复参数评估设计。这意味着它将可能广泛地应用于大量数据集中。这一方法的操作易于解释说明,因此从未使用过的用户也能理解如何对数据集进行分类。朴素贝叶斯分类法可能不能如统计分类方法那样特征性地包含显示条件可能性分布 $P(C \mid D)$,其中 C 指分类,D 指种类,在一些语言中,为待分类的对象。给定一个特定对象的种类 d ,我们将其分配至类型 $\mathrm{argmax} P(C=c \mid D=d)$ 。贝叶斯方法将该验后分布分为一个眼前分布 $P(C)$ 和可能的 $P(D \mid C)$:

$$\mathrm{argmax}_c \, P(C=c \mid D=d) = \mathrm{argmax}_c \frac{P(D=d \mid C=c)P(C=c)}{P(D=d)} \tag{11.20}$$

分母 $P(D=d)$ 为一个归一化因素,当决定最大验后分类时可忽略不计,因其不依赖于分类。式(11.20)中的关键语为 $P(D=d \mid C=c)$,为给定分类解释的概率。贝叶斯分类器评估这些来自训练数据的可能性,但是这特别需要一些附加的简单假定。例如,在一个属性值证明(也称为命题或单线态性代表)中,个体通过一个矢量值 $a_1, \cdots, a_n$ 描述以对应一个属性混合集 $A_1, \cdots, A_n$ 。此处确定 $P(D=d \mid C=c)$ 需要一个连接概率 $P(A_1=a_1, \cdots, A_n=a_n \mid C=c)$ (简写为 $P(a_1, \cdots, a_n \mid c)$)的评估。

该连接概率分布是有疑问的,因以下 2 个原因:

(1) 它的大小为属性 n 编号的指数。

(2) 它需要一个完全的训练集,同时有对于每一可能的种类的一些例子。如果我们能假定所有属性独立于给定的分类:n,那么该问题即消失

$$P(A_1=a_1, \cdots, A_n=a_n \mid C=c) = \prod_{i=1}^{n} P(A=a \mid C=c) \tag{11.21}$$

该假设通常称为朴素贝叶斯假设,且一个使用该假设的贝叶斯分类器被称为朴素贝叶斯分类器,常简写为"朴素贝叶斯"。实际上,它意味着我们忽略了同一类中个体属性之间的相互作用(Dong et al. ,2011)。

11.6.3　决策树——J48

J48 是决策树算法(算法 11.3)的一种类型,由 J. Ross Quinlan 提出,最常见的为 C4.5。决策树为一种表示来自一个机器学习算法的信息的标准方法,且能提供表示数据结构的牢固的和强有力的方式(Charfi and Kraiem,2012)。

当使用该算法时,理解多种可获得的选择是很重要的,因其能使结果的质量产

生显著性差异。在许多情况下,默认设置是合适的,在其他情况下,每种选择可能都需考虑到。

算法 11.3　J48 分类算法

输入:D //训练数据

输出:T //决策树

DTBUILD(*D)

{

　T = φ ;

　T =创建具有拆分属性的根节点和标签;

　T =在每一拆分断言和标签根节点处添加弧;

对每一弧进行

　D=通过应用拆分断言于 D 创建数据库;

　如果到达该途径的停止点,那么

　　T' =创建有合适分类的叶节点;

否则

T' = DTBUILD(D);

T=添加 T' 至弧;

}

J48 算法处理与树枝修剪相关的一系列选择。许多算法试图"修剪",或精简结果。修剪产生少量更简单解释的结果。更重要的是,修剪可作为纠正可能存在的超重的工具。基本算法递归地进行分类直至每一片叶子都是纯正的,意味着数据的特征化尽可能地接近于完美。该方法可提供训练数据的极度准确性,但是它可能导致产生仅能描述数据特定特征的极限规则。修剪常常降低训练数据模型的准确性。整体的概念是为了慢慢地概括出一个决定树直到其能在灵活度和准确度之间保持平衡。尽管建立了一棵树,但是 J48 忽略了丢失值,即那些条目的值可用于预测基于已知的属性值的其他记录。基本思想为将数据划分为基于在训练样本中发现的条目属性值的范围(Minghao et al. ,2012)。

11.6.4　决策表算法

给定一个标记实例的训练集,一种归纳算法建立起一个分类器。我们在概念上基于一种简单的查找表描述两种决策表分类器。第一种分类器,称为 DTMaj(决策表主要部分),如果决策表中与新实例相匹配的单元是空的,即不含任何训练实例,则返回训练集合的主要部分(Liu et al. ,2008)。

第二个分类器称为 DTLoc（决策表局部）分类器，如果匹配单元是空的，那么这个分类器可以用于寻找具有较少匹配属性（较大单元）的决策表条目。这个变量就可以返回来自局部领域的一个结果，如我们假设的将会更好地对趋于平滑的真实数据集进行一般化处理，即相关属性较小的变化不会引起标记结果的改变。

功能性定义

一个决策表包含量部分：

（1）图示，为属性的列表。

（2）主体，为标记实例的多集合。

每一特征包含一个在图示中的每一属性的值和一个标签值。有同样的图示属性值的实例集为一个单元。给定一个未标记的实例 x，通过一个决策表分类器将标签分配至该实例，并经以下规则进行计算。令 I 为能准确匹配给定的实例 x 的在单元中的标记实例集合，其中仅在图示中的属性需要进行匹配，而忽略所有其他属性。如果 $I \neq 0$，则返回 I 中的主要分类，果断打破其间的联系。否则 $I = 0$，其结果主要依赖于所使用的决策表类型：

（1）DTMaj 返回决策表中的大部分分类。

（2）DTLoc 移去在图示列表中的结尾处的属性，并试图根据较少的属性来匹配直至发现一个或更多的匹配，然后返回大部分的标签。这可增加单元覆盖率直至训练实例匹配 x。在匹配过程中，将未知值视为独立值。给定一个数据集合和用于图示的属性列表，决策表在功能上是明确定义的（Liu et al. ,2008）。

11.7　实验分析和结果

实验结果由 MATLAB 软件包 2012b 计算得出。MIT-BIH 心律失常数据库有48 个每一记录时间为 30min 长的 ECG 记录。在本书中，选用了 24 个 ECG 记录，并将这 24 个记录分为 5 个不同的类型，它们为 N 、LBBB、RBBB 、PVC 和 PR。表 11.4 所列为来自 MIT-BIH 心律失常数据库的记录的编号和相应的决定分类。这 5 种形态学特征是通过 Pan-Tompkins 算法提取的。

表 11.4　来自 MIT-BIH 心律失常的记录数字和决定分类

分类	记 录 数 字
正常	101,105,112,113,114,115,117,121,122,202,205,230,234
LBBB	109
RBBB	124,212,232
PVC	106,203,209,219,228
PR	102,217

对于实验分析,所有的患者记录均用 Pan - Tompkins 算法进行分类。如图 11.7、图 11.8、图 11.9 和图 11.10 所示的信号为经过带通过滤器、鉴别、乘方和移动平均过滤器后的样本 ECG 信号。应用提出的改良双射软集合进行特征提取,并将结果与 BPN、朴素贝叶斯、J48 和决策表方法进行比较。通过多种分类算法获得的结果进行基于分类准确度的验证。验证对于数据采集的发展非常重要,当该领域仍处于发展的初级阶段时尤为重要。有多种可用的验证方法(Inbarani et al. , 2013)。在本书中,列举了分类器所使用的最常见的度量精确度、召回率和 F 值。它们的计算方式如下:

$$\text{精确度} = \frac{\text{TP}}{(\text{TP} + \text{FP})} \tag{11.22}$$

$$\text{召回率 / 敏感度} = \frac{\text{TP}}{(\text{TP} + \text{FN})} \tag{11.23}$$

$$F\,\text{值} = \frac{(2 * \text{精确度} * \text{召回率})}{(\text{精确度} + \text{召回率})} \tag{11.24}$$

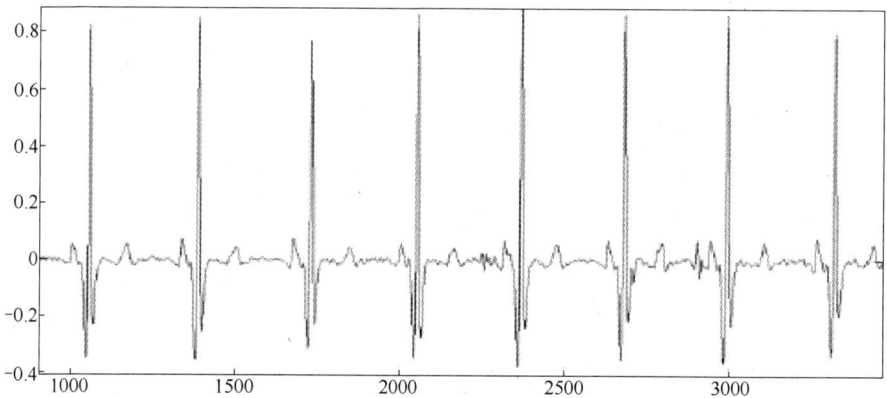

图 11.7　经带通过滤器后

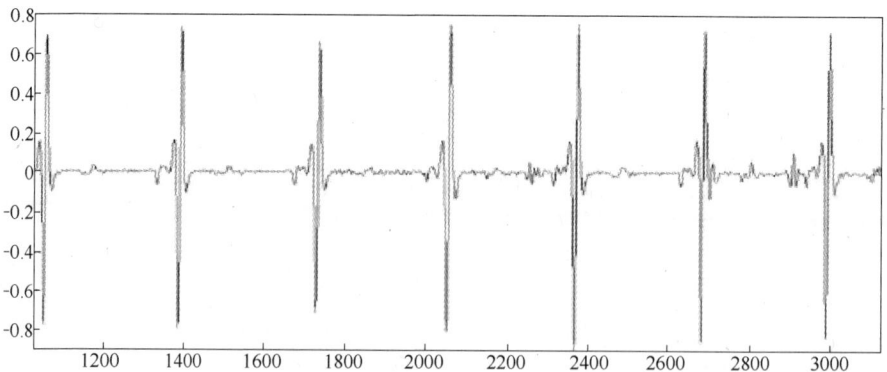

图 11.8　经带通过滤器和鉴别后

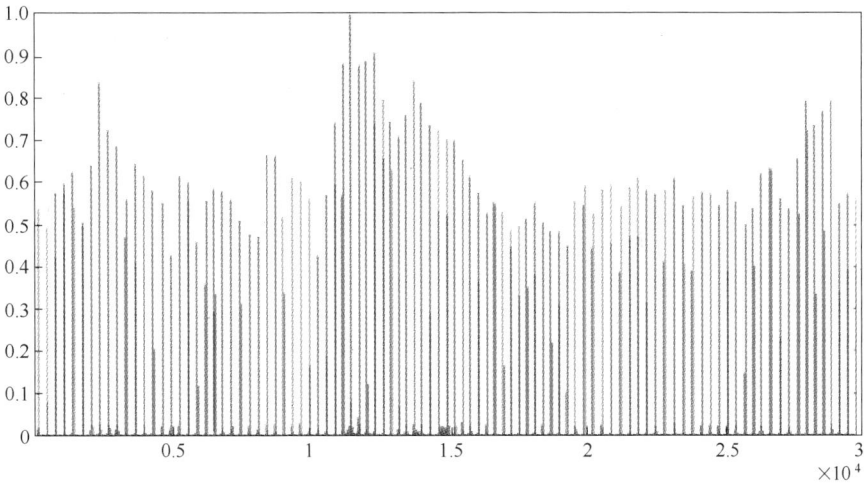

图 11.9　经带通过滤器、鉴别和乘方后

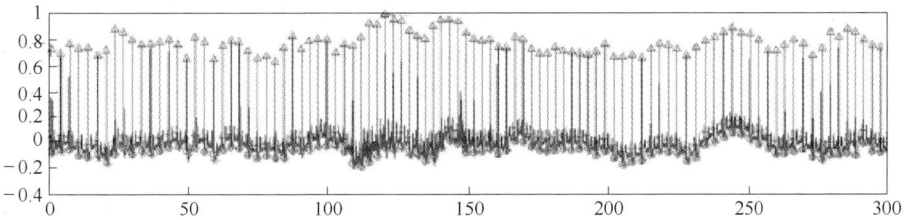

图 11.10　最终过程：经带通过滤器、鉴别、乘方、移动平均过滤器和 PORST 检测后

精确度为当一种特定的分类确定后其准确程度。召回率为一个预测模型自一个数据集中选择一个确定的分类的能力。综合精确度和召回率的度量为精确度和召回率的调和平均数，传统的 F 值或平衡 F 分值中，TP 为真阳性样品数，TN 为真阴性样品数，FN 为假阴性样品数，FP 为假阳性样品数。基于搏动识别的分类器的性能，真阳性（TP）、假阳性（FP）、真阴性（TN）和假阴性（FN）的更适合的定义如下：

TP：LBBB 类被准确分类为 LBBB。FP：正常被分类为 LBBB 类。FN：LBBB 被分类为正常。TN：正常类被分类为正常。

定义完整系统性能的最重要的度量标准为一般准确度。我们将分类器针对每一类型的总体准确度定义如下：

$$准确度 = \frac{准确分类样品数}{（总样品数）} \tag{11.25}$$

分类结果是根据 5 种 ECG 搏动的 2469 例的混合矩阵所展示的。说明改良双射软集合分类结果的混合矩阵示于表 11.5 中，所有 5 种分类均适当地进行分类，且使用提出的算法的两种类型中无错误分类。分类性能达到了 100% 的准确度，其根据精确度、召回率和 F 值进行计算。

表 11.5　分类法混合矩阵和 5 种分类

分类方法	输出类型	正常	PB	RBBB	LBBB	PVC	分类准确性/%
IBISOCLASS	正常	1022	0	0	0	0	100
	PB	0	203	0	0	0	100
	RBBB	0	0	559	0	0	100
	LBBB	0	0	0	124	0	100
	PVC	0	0	0	0	561	100
BPN	正常	825	28	99	25	45	80.72
	PB	12	179	7	0	4	88.17
	RBBB	73	5	477	0	4	85.33
	LBBB	15	1	0	106	2	85.48
	PVC	75	0	8	0	478	85.20
Naïve Bayes	正常	596	17	338	32	39	58.31
	PB	90	70	34	3	6	34.48
	RBBB	178	1	360	0	20	64.4
	LBBB	8	0	6	103	7	83.06
	PVC	211	0	98	1	251	44.74
决策表	正常	904	8	79	0	31	88.45
	PB	36	149	17	0	1	73.39
	RBBB	93	5	447	0	14	80
	LBBB	35	1	0	86	2	69.35
	PVC	75	0	8	0	478	85.20
J48	正常	1004	1	8	2	7	98.2
	PB	4	193	2	0	4	95
	RBBB	15	1	533	1	9	95.3
	LBBB	4	2	2	116	0	93.5
	PVC	12	0	3	0	546	97.3

对来自 MIT-BIH 心律失常数据库中的 24 个 ECG 记录的分类算法的性能通过准确度进行评估。表 11.6 所列为提出的对来自 MIT-BIH 心律失常数据库的 24 个 ECG 记录的分类算法的性能分析。图 11.11 说明 J48 的分类准确度较 BPN、决策表和朴素贝叶斯高。同时也显示基于分类方法的改良双射软集合的有效性较其他分类方法 BPN、J48、决策表和朴素贝叶斯高。

表 11.6　ECG 信号分类算法的性能分析

准确度测量	分类运算法则				
	IBISOCLSS	BPN	Naïve Bayes	决策表	J48
精确度/%	100	85.8	59.7	80	90.2
检出率/%	100	85	55.2	78	90.1
F 值/%	100	85.4	55.2	77.9	90.1

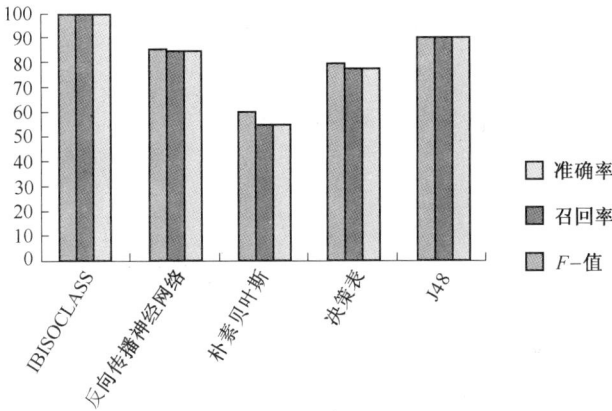

图 11.11　ECG 信号分类算法的相对性分析

11.8　结论

在本书中,提出了一种对来自 MIT-BIH 数据库中的 ECG 信号分类的新型双射软集合为基础的分类方法。所提出的方法学包括信号采集、特征提取和分类器三个部分。在特征提取部分,我们提取了形态学特征作为鉴别不同 ECG 跳动类型的有效特征。然后,于分类阶段,应用改良双射软集合,并评估其 ECG 信号的 5 种不同类型的 ECG 跳动识别度。所得的结果表明所提出的方法表现较其他分类算法好。既往的研究中,Hari Mohan Rai 等使用神经网络分类器实现了基于 2 种分类(正常和异常)的 100% 准确度,但是在本研究中,我们获得了基于 5 种不同分类的 100% 准确性。因此,可认为其可作为一个有 100% 的高准确度的进行心律失常分类的有效工具。这些结果是非常有希望，且激励我们将本研究扩展至其他生物医疗或非生物医疗设备中。

致谢：第一作者非常感谢来自塞勒姆 Periyar 大学研究奖学金的部分经费资助。第二作者感谢新德里印度大学拨款委员会（UGC），为其获得的印度大学拨款委员会（UGC）重要研究项目（编号为 F-41-650/2012 ）（SR）的经费支持。同时作者还感谢那些匿名评论者，感谢他们提出的宝贵建议。

参考文献

Alejo, R., Toribio, P., Valdovinos, R. M., Pacheco-Sanchez, J. H.: A Modified BackPropagation Algorithm to Deal with Severe Two-Class Imbalance Problems on Neural Networks. In: Carrasco-Ochoa, J. A., Martínez-Trinidad, J. F., Olvera López, J. A., Boyer, K. L. (eds.) MCPR 2012. LNCS, vol. 7329, pp. 265-272. Springer, Heidelberg (2012)

Azar, A. T.: Neuro-fuzzy feature selection approach based on linguistic hedges for medical diagnosis. International Journal of Modelling, Identification and Control (IJMIC) 22(3) (forthcoming, 2014)

Azar, A. T., Banu, P. K. N., Inbarani, H. H.: PSORR - An Unsupervised Feature SelectionTechnique for Fetal Heart Rate. In: 5th International Conference on Modelling, Identification and Control (ICMIC 2013), Egypt, August 31-September 1-2 (2013)

Azar, A. T., Hassanien, A. E.: Dimensionality Reduction of Medical Big Data Using NeuralFuzzy Classifier. Soft Computing (2014), doi:10.1007/s00500-014-1327-4

Benali, R., Reguig, F. B., Slimane, Z. H.: Automatic Classification of Heartbeats Using Wavelet Neural Network. Journal of Medical System 36(2), 883-892 (2012)

Charfi, F., Kraiem, A.: Comparative Study of ECG Classification Performance Using Decision Tree Algorithms. International Journal of E-Health and Medical Communication 3(4), 102-120 (2012)

De Chazal, P., Celler, B. G., Rei, R. B.: Using wavelet coefficients for the classification of the electrocardiogram. In: Proceedings of the 22nd Annual International Conference of the IEEE, vol. 1(1), pp. 64-67 (2000), http://ieeexplore.ieee.org/xpl/mostRecentIssue.jsp? punumber=7218

Dickhaus, H., Heinrich, H.: Classifying bio-signals with wavelet networks-a method for noninvasive diagnosis. IEEE Engineering inMedicine and Biology 15(5), 103-111 (1996)

Dong, T., Shang, W., Zhu, H.: Naïve Bayesian Classifier Based on the Improved Feature Weighting Algorithm. Advanced Research on Computer Science and Information Engineering 152(1), 142-147 (2011)

Gacek, A., Pedrycz, W.: A granular description of ECG signals. IEEE Transaction on Biomedical Engineering 53(10), 1972-1982 (2006)

Giovanni, B., Christian, B., Sergio, F.: Possibilities of using neural networks for ECG classification. Journal of Electrocardiology 29(1), 10-16 (2001)

Gong, K., Xiao, Z., Zhang, X.: The Bijective soft set with its operations. An International Journal on Computers & Mathematics with Applications 60(8), 2270-2278 (2008)

Hari, M. R., Anuragm, T., Shailja, S.: ECG signal processing for abnormalities detection using multi-resolution wavelet transform and Artificial Neural Network classifier. Science Direct 46(9), 3238-3246 (2013)

Hassan, H. H., Paul, K. J., Abraham, T. M.: Classification of Arrhythmia Using Hybrid Networks. Journal of Medical

Systems 35(6),1617-1630 (2011)

Homaeinezhad,M. R.,Atyabi,S. A.,Tavakkoli,E.,Toosi,H. N.,Ghaffari,A.,Ebrahimpour,R.：ECG arrhythmia recognition via a neuro-SVM-KNN hybrid classifier with virtual QRS image-based geometrical features. An International Journal of Expert Systems with Applications 39(2),2047-2058 (2012)

Inan,O. T.,Giovangr and i,L.,Kovacs,G. T.：A Robust Neural-Network-BasedClassification of Premature Ventricular Contractions Using Wavelet Transform and Timing Interval Features. IEEE Transactions on Biomedical Engineering 53(12),2507-2515 (2006)

Inbarani,H. H.,Azar,A. T.,Jothi,G.：Supervised hybrid feature selection based on PSO and rough sets for medical diagnosis. Computer Methods and Programs in Biomedicine 113(1),175-185 (2014)

Inbarani,H. H.,Banu,P. K. N.,Azar,A. T.：Feature selection using swarm-based relative reducttechnique for fetal heart rate. Neural Computing and Applications (2013),doi:10. 1007/s00521-014-1552-x

Inbarani,H. H.,Jothi,G.,Azar,A. T.：Hybrid Tolerance-PSO Based Supervised FeatureSelection For Digital Mammogram Images. International Journal of Fuzzy System Applications(IJFSA) 3(4),15-30 (2013)

Issac Niwas,S.,ShanthaSelvaKumari,R.,Sadasivam,V.：Artificial neural network based automatic cardiac abnormalities classification. In：Proceedings of the 6th International Conference on Computational Intelligence and Multimedia Applications,pp. 41-46(2005)

Jing,L.,Cheng,J.,Shi,J.,Huang,F.：Brief Introduction of Back Propagation(BP) Neural Network Algorithm and Its Improvement. In：Jin,D.,Lin,S. (eds.) Advances in CSIE,Vol. 2. AISC,vol. 169,pp. 553-558. Springer,Heidelberg (2012)

Jinkwon,K.,Hang,S. S.,Kwangsoo,S.,Myoungho,L.：Robust algorithm for arrhythmia classification in ECG using extreme learning machine. BioMedical Engineering OnLine(2009)

Karpagachelvi,S.,Arthanari,M.,Sivakumar,M.：Classification of electrocardiogram signals with support vector machines and extreme learning machine. Neural Computing and Applications 21(6),1331-1339 (2012)

Lin,C. H.,Du,Y. C.,Chen,T.：Adaptive wavelet network for multiple cardiac arrhythmias recognition. Expert Systems with Applications 34(4),2601-2611 (2008)

Liu,H.,Feng,B.,Wei,J.：An Effective Data Classification Algorithm Based on the Decision Table Grid. In：Seventh IEEE/ACISInternational Conference on Computer and Information Science,pp. 306-311(2008)

Maglaveras,N.,Stamkopoulos,T.,Diamantaras,K.,Pappas,C.,Strintzis,M.：ECG pattern recognition and classification using nonlinear transformations and neural networks：a review. International Journal of Medical Informatics 52(1-3),191-208 (1998)

Mai,V.,Khalil,I.,Meli,C.：ECG biometric uses multilayer perceptron and radial basis function neural networks. In：Proceedings of the 33rd Annual International Conference of the IEEE EMBS,pp. 2745-2748 (2011)

Marcel,R. R.,Jamil,F. S.,Philip,J.：Beat Detection and Classification of ECG using selforganizing maps. In：Proceedings of the 19th International Conference of the IEEE EMBS,vol. 1(1),pp. 89-97 (1997)

Mark,R.,Moody,G.：MIT-BIH arrhythmia database directory,http：// ecg. mit. edu/dbinfo. html Engin,M.：ECG beat classification using neuro - fuzzy network. Pattern Recognition Letters 25(15),1715-1722 (2004)

Melgani,F.,Bazi,Y.：Classification of Electrocardiogram Signals with Support Vector Machines and Particle Swarm Optimization. IEEE Transactions on Information Technology in Biomedicine 12(5),667-677 (2008)

Minami,K.,Nakajima,H.,Toyoshima,T.：Real-time discrimination of ventricular tachyarrhythmia with fourier-transform neural network. IEEE Transaction on Biomedical Engineering 46(2),179-185 (1999)

Minghao,P.,Yongjun,P.,Shon,H. S.,Jang-Whan,B.,Ryu,K. H.：Evolutional DiagnosticRules Mining for Heart Disease Classification Using ECG Signal Data. Advances in Control and Communication 137 (1),673-680

（2012）

Mitra,S. ,Mitra,M. ,Chaudhuri,B. B. : A Rough-Set-Based Inference Engine for ECG Classification. IEEE Transactions on Instrumentation and Measurement 55(6) ,2198-2206 (2006)

Molodtsov: Soft set theory-Rough first results. Computational Mathmetics Application 37(4-5) ,19-31 (1999)

Moody,G. B. ,Mark,R. G. : The impact of the MIT-BIH Arrhythmia Database. IEEE Engineering in Medicine and Biology Magazine 20(1) ,45-50 (2001)

Nazmy,T. M. ,El-Messiry,H. ,Al-Bokhity,B. : Adaptive neuro-fuzzy inference system for classification of ECG signals. In: Proceeding of the 7th International Conference on Informatics and Systems,pp. 1-6(2010)

Osowski,S. ,Linh,T. H. : ECG beat recognition using fuzzy hybrid neural network. IEEE Transaction on Biomedical Engineering 48(11) ,1265-1271 (2001)

Özbay,Y. : A New Approach to Detection of ECG Arrhythmias: Complex Discrete Wavelet Transform Based Complex Valued Artificial Neural Network. Journal of Medical System 33(6) ,435-445 (2009)

Özbay,Y. ,Ceylan,R. ,Karlik,B. : A fuzzy clustering neural network architecture for classification of ECG arrhythmias. Computers in Biology and Medicine 36(4) ,376-388 (2006)

Pan,J. ,Tompkins,W. : A real-time QRS detection algorithm. IEEE Transactions Biomedical Engineering 32(3) , 230-236 (1985)

Portet,F. , Hernández, A. I. , Carrault, G. : Evaluation of real-time QRS detection algorithms in variable contexts. Medical and Biological Engineering and Computing 43(3) ,379-385 (2005)

Prasad,G. K. ,Sahambi,J. S. : Classification of ECG arrhythmias using multi-resolution analysis and neural networks. In: Proceedings of the IEEE Conference on Convergent Technologies,vol. 1(1) ,pp. 227-231 (2003)

Qin,S. ,Ji,Z. ,Zhu,H. : The ECG recording and analysis instrumentation based on virtual instrument technology and continuous wavelet transform. In: Proceedings of the 25th Annual International Conference of the IEEE Engineering in Medicine and Biology Society,vol. 4(1) ,pp. 3176-3179 (2003)

Saxena,S. C. ,Kumar,V. ,Hamde,S. T. : Feature extraction from ECG signals using wavelet transforms for disease diagnostics. International Journal of System and Science 33(13) ,1073-1085 (2002)

Senthilkumar,S. , Inbarani, H. H. , Udhayakumar, S. : Modified Soft Rough set for Multiclass Classification. In: Krishnan,G. S. S. ,Anitha,R. ,Lekshmi,R. S. ,Senthil Kumar,M. ,Bonato,A. ,Graña,M. (eds.) Computational Intelligence, Cyber Security and Computational Models. AISC, vol. 246, pp. 379 - 384. Springer, Heidelberg (2014)

Udhayakumar,S. ,Inbarani,H. H. ,Senthilkumar,S. : Improved Bijective-Soft-Set-Based Classification for Gene Expression Data. In: Krishnan,G. S. S. ,Anitha,R. ,Lekshmi,R. S. ,Senthil Kumar,M. ,Bonato,A. ,Graña,M. (eds.) Computational Intelligence, Cyber Security and Computational Models. AISC, vol. 246, pp. 127 - 132. Springer,Heidelberg (2014)

Udhayakumar,S. ,Inbarani,H. H. ,Senthilkumar,S. : Bijective soft set based classification of Medical data. In: International Conference on Pattern Recognition,Informatics and Medical Engineering(PRIME) ,pp. 517-521 (2013)

Wen,C. , Lin, T. C. , Chang, K. C. , Huang, C. H. : Classification of ECG complexes using self-organizing CMAC. Measurement 42(3) ,399-407 (2009)

Wieben,O. ,Afonso,V. X. ,Tompkins,W. J. : Classification of premature ventricular complexes using filter bank features,Introduction of decision trees and a fuzzy rulebased system. Medical & Biological Engineering & Computing 37(5) ,560-565 (1999)

Yu,S. N. ,Chou,K. T. : Integration of independent component analysis and neural networks for ECG beat classification. Expert Systems with Applications 34(4) ,2814-2846 (2008)

第12章 地理空间语义：从大数据到数据生态系统

Salvatore F.Pileggi,Robert Amor

摘要 通过整合语义模型增强地理空间的物理视图,使得地理数据基础设施(数据生态系统模型)得以扩展新的情境逻辑,并且使用构成模型的概念定义了生态系统的语义特性和关系。当前语义技术的发展允许分析人员根据本体论方法丰富数据模型,该本体论方法可确保用于通用目的的语义环境(如语义网)以及更具体的信息系统(如地理信息系统),具有更好的可交互运作的解决方法。表达能力的扩展对于数据/信息处理(特别是大规模(大数据))产生很大的影响。与仅能反映地理视角的大部分模型的被动作用相反,空间语义在这些处理数据的过程中可以发挥关键作用。本章提出了一个用于地理空间语义的简单模型及其一些应用的简要概述,内容主要集中于在不同使用案例中使用空间语义所提供的附加价值。

关键词 语义技术;大数据;地理信息系统;语义互操作性;语义推理;地理空间建模;犯罪地图;语义网

12.1 引言

如今,地理空间涉及相当宽泛的计算机应用领域(图12.1),包括经典领域(如

Salvatore F. Pileggi · Robert Amor

Department of Computer Science, The University of Auckland

e-mail: f.pileggi@ auckland.ac.nz, trebor@ cs.auckland.ac.nz

© Springer International Publishing Switzerland 2015

A.E. Hassanien et al.(eds.),*Big Data in Complex Systems*,

Studies in Big Data 9, DOI:10.1007/978-3-319-11056-1_12

工程学(Peachavanish et al. ,2006)和建筑学(Jones et al. ,2004)),较新的领域(如移动服务(Reichenbacher,2009))以及由于IT(McAfee,2006)在信息量(如大数据(Katina&Miller,2013))、信息复杂性(如社交网络(Pileggi et al. ,2012))和计算能力(McAfee,2006)方面提供了强化的技术环境而改变其方法和观点的一些领域(如社会学(Goodchild et al. ,2008))。

更新和不断变化的技术场景(Brown et al. ,2011)对旧问题(主要是未解决的问题有很大的影响,如地理空间语义的定义(Kuhn,2002)或地理数据的互操作性(Manso & Wachowicz,2009))。同时,它还开发了有趣的新技术场景,包括新应用(如(Jiang & Yao,2006,Tsou,2004))以及旧应用的完全重新设计。

在这种情况下,如果有可能的话,通用性等同于代表目标数据(Pileggi & Amor,2013)以及多元化需求(Couclelis,1991)、约束和观点(Pileggi & Amor,2014)的现实的异质性,将使得数据难以取得全局收敛性解决方案。目前大部分工作都是遵循网络计算的一般趋势来解决这些问题的,其中,主要包括数据结构的互操作性和数据模型的整合(Pileggi & Amor,2013)。具体来说,有的通用方法提出了广泛解决方案,例如在领域模型上设计特定的网络语言(如语义传感网(Pileggi et al. ,2010))。其他方法则侧重于面向特定应用领域模型。在这两种情况下,由于不同原因具有共同的收敛点,使得应用技术存在明显的限制:如果上一代技术提供了增强的能力,则提出最新的应用要具有克服某些障碍的挑战性要求。图12.1给出了GIS应用实例和根据应用/规模的简单分类。

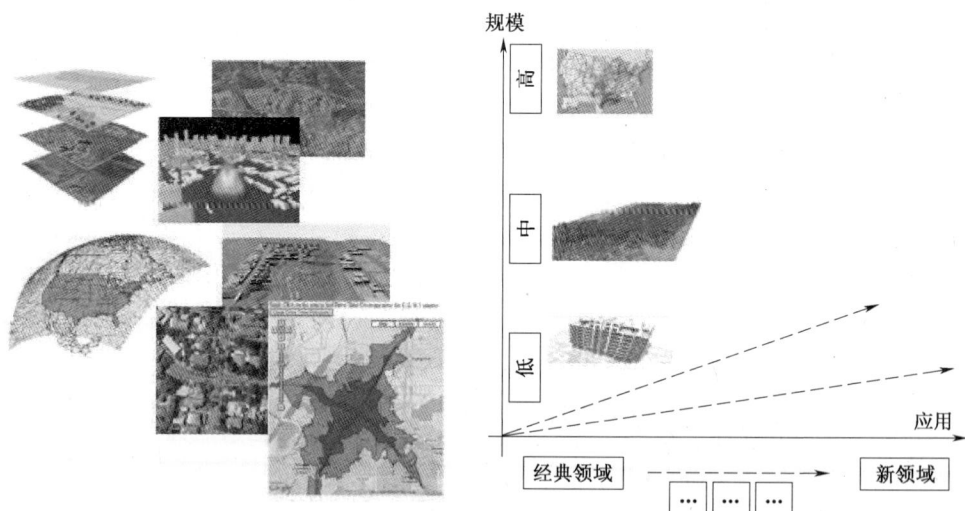

图12.1 GIS应用实例和根据应用/规模的简单分类

从理论的角度来看,地理空间语义(Pileggi & Amor,2014)的概念更接近于一个通用解决方案,因为地理空间共同视觉与语义的结合,一方面代表了目标空间的

302

具体视角,另一方面为数据集提供了情境理解。但正是这些规范的语义(以及针对空间和相关数据基础设施的特定应用角度),使得数据模型在实践中可表达特定领域。

数据模型的定性评估需要不同的参数。因此,在通用性需求和表达能力适应方面的具体要求之间客观上存在一个关键的折中点。当前语义技术(网络本体语言(OWL)n. d.)范围内的本体论方法(Pileggi & Amor,2014)似乎可通过使用可能根据互操作模型工作的宣告式数据结构,提供用于设计有竞争力且可扩展的解决方案的有效框架(Bittner et al. ,2005)。

除了引言部分(包括本节和针对相关工作的 12. 2 节)和文档结尾的结论部分,本章将分为两个不同的逻辑部分进行阐述,分别进行地理空间模型语义的描述和部分应用案例的简要分析。

如前所述,空间语义建模意味着通用方面和领域/特定应用概念之间需要一个收敛性关键点(Pileggi et al. ,2013,Pileggi & Amor,2014),所以很难给出不同领域的详尽分析。为了优先考虑关键概念的理解以及具体环境下对其应用的讨论,本章仅关注空间抽象视图(不包括任何特定领域词汇)更通用的方面。我们将语义模型的描述与实现 OWL 技术(网络本体语言(OWL)n. d.)(Pileggi & Amor,2014)的概述相结合。

本章第二部分是关于模型应用于不同场景所带来的好处以及复杂应用中的空间语义的潜力的关键性讨论。不幸的是,详尽分析需要对大量使用案例进行调查。此外,潜在引入的大多数应用进展不仅与空间模型相关,而且与用于信息处理的语义推理程序或其他元件相关。因此,为了限制到必须的特定领域方面,可选择少数重要应用程序显示具体环境中的特定特征。

12. 2 相关工作

如 12. 1 节所述,地理空间的计算机视觉与其应用领域具有很直接且重要的关系。不管其哲学问题和意义如何,简化视图(图 12. 2)假定了"真实"空间状况与多个机器可处理的地理空间表达相关,每个表达可反映目标空间的一个或多个特征。有时空间本身(和它的语义)是感兴趣的对象,而其他时候,数据集通过一些逻辑关系建立与地理空间的相关性。

这种看似简单的场景包含了大量重要的开放研究问题(主要反映复杂应用领域的关注点和要求)。由于信息量和信息源的不断增加,第一个(也可能是更广泛的)关注点是如何直接或间接地关联到互操作性。最近的应用程序试图通过基于丰富数据模型的方法(如(N. Anh et al. ,2012,MGStrintzis et al. ,2009))克服传统应用障碍,例如上文已经提到的本体论模型(如(X. Mao & Q. Li,2011,Bittner et al. ,2005））。

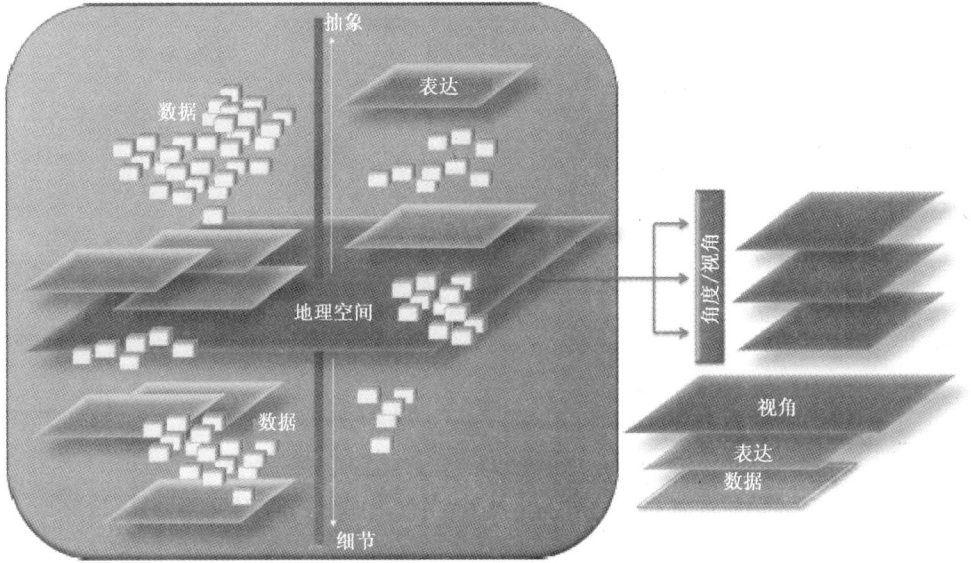

图 12.2　计算机系统视角的地理空间简化视图

　　许多语义环境最明显的限制之一是目前特定应用具有明确的关注点（如（F. Luckel & P. Woloszyn,2009,C. Shahabi et al. ,2010,HHEldienl,2009,D. Zheng-yu & W. Quan,2009）），从而通常不允许使用开放且灵活的方法处理空间表达。即使考虑采用最新的解决方案，也会错过社会对象的表达（Pileggi et al. ,2012）。这种缺乏似乎与数据和应用的最后趋势（假定信息的社会化程度不断增加）形成鲜明对比（Thompson,2013）。

　　地理空间语义（Pileggi & Amor,2014）试图通过提供一个多层语义框架来克服前面提到的大多数限制,此多层语义框架包括一个通用的可在其顶部设计更多的特定层的基础层。它最终与不同级别的特定领域元素整合在一起,这种将地理空间的物理描述与基于逻辑的理解相结合的方法,侧重于语义关系和属性。

12.3　地理空间语义

　　如前所述,在互操作性增强的环境中,地理空间语义被设计成克服将机器可处理语义集成到数据基础设施中的当前空间地理视图。

　　可以提出不同的方法,但应优先考虑某些要求的适应性。

　　在（Pileggi & Amor,2014）中提出的解决方案旨在定义通用基础支持,其可在词汇和结构（开放模型）方面扩展并集成到具体应用领域情境中。为确保在大规模领域中的适用性(忽视要表达的目标空间的抽象级别或细节),明确地设计了用于汇集构成模型的不同数据结构的逻辑。图12.2给出了计算机系统视角的地理空间简化视图。

即使复杂的数据基础设施通常需要几个概念集合来进行协调,但模型中的主要和关键模型是地理空间模型(Pileggi & Amor,2014),因为它可对所有其他设计决策产生强烈的影响。它可作为一个框架,其中任何感兴趣的空间被定义为一个"黑盒子"((Pileggi & Amor,2014)中的容器),此盒子必须具有该空间的特征(通过语义属性)并与其他空间建立相关性(通过语义关系)。因为它们是根据本体论方法实现的,图12.3可通过本体论方法显示构成地理空间模型的主要概念(Pileggi & Amor,2014)。

遵循完全相同的方法定义空间数据(Pileggi & Amor,2014):数据可以通过属性独立表达具体空间特征,也可以通过关系与其他数据和空间建立相关性;数据容器(模型中的数据层)被构建在同一模式下,从而可根据类型、属性和关系实现其动态分组。

在接下来的两小节中将阐述关于语义关系和属性的一些详细信息。

12.3.1 语义关系

语义关系在构成数据模型的主体之间建立了特征关系,所以语义关系是定义空间语义的关键因素(Pileggi & Amor,2014)。例如,关系可理解为模型的特定领域元件(Pileggi & Amor,2014),其必须能够根据模型反映的特定视角,详尽地表达空间之间、数据集之间、空间和数据集之间的关系以及涉及目标对象的任何其他逻辑联系。

由于其应用程序特定的关注点不同,一个具体语义关系集合的重要概述可能产生领域分析,而不仅是技术概述。在(Pileggi & Amor,2014)中简单讨论了一组涉及空间的语义关系。这些关系(图12.4~图12.7)具有表达能力,足以提供空间的一致观点,同时还具有足够的通用性以反映无领域的空间特征。

除了可表达一个空间物理特征(包括:到另一个空间(Pileggi & Amor,2014)和使用较小的空间组成一个更大的空间(Pileggi & Amor,2014))的普通关系,这组关系还使得特定空间可以识别其比邻空间(图12.4中的关系 N)和具有语义依赖性的空间(图12.5中的关系 D),以及具有语义相似性的空间(图12.7中的关系 PA)。假设以多层逻辑定义基于某个参数(图12.6中的逻辑级)的空间,则可以通过关系 P 定义逻辑空间。逻辑空间可以反映物理空间(如区)的抽象视图,或者可以定义与地理空间没有明确联系的逻辑环境:例如,一个整体"工业区"可以由分布在同一领土上的所有工业区组成,以及在一所大学有多个校区的情况下,一个整体"大学"可以由不同的校区组成。

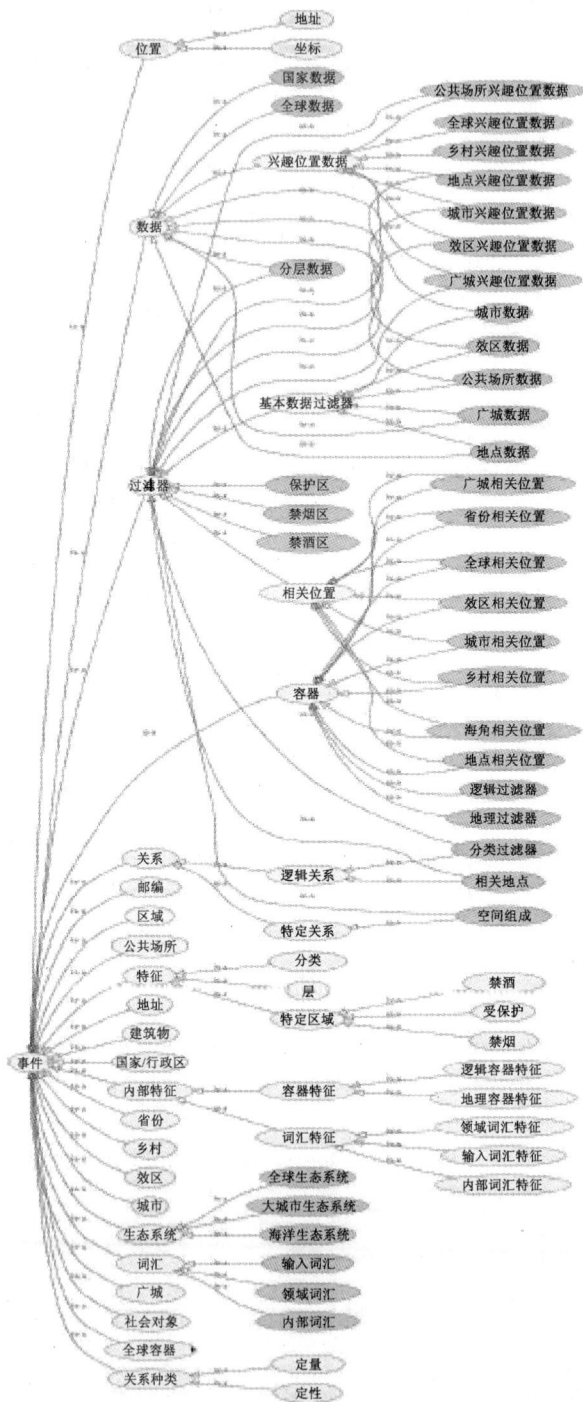

图 12.3　根据本体论方法实现的 MANSION 的主要概念(Pileggi & Amor,2014)

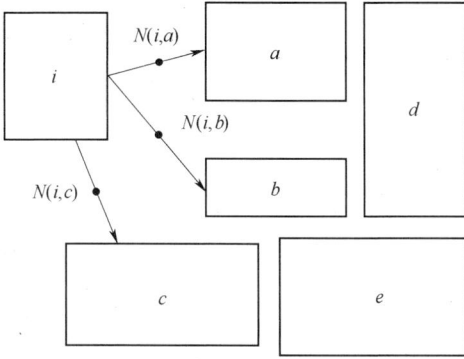

图 12.4 空间之间的通用关系示例:比邻(N)

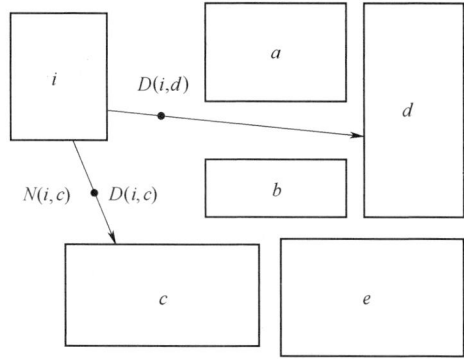

图 12.5 空间之间的通用关系示例:从属(D)

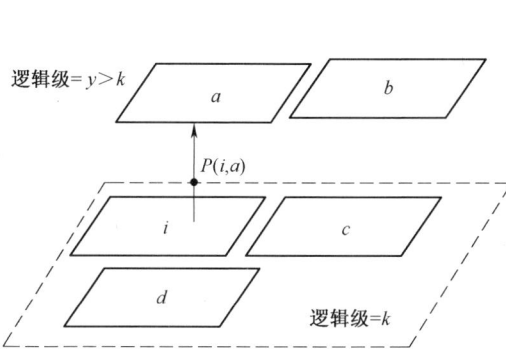

图 12.6 空间之间的通用关系示例:母本(P)

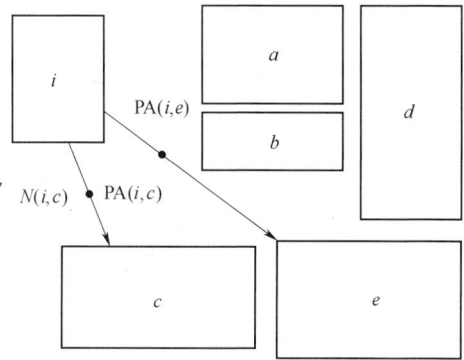

图 12.7 空间之间的通用关系示例:配对(PA)

12.3.2 语义属性和剖析

语义属性是语义关系的自然补充,它们能够根据特定分类或词汇表征空间(和其他主体)(Pileggi & Amor,2014)。它们还用于增强或指定语义关系(Pileggi & Amor,2014)。

很容易弄清楚其用于分类或表征空间(如住宅、商业、海滩、湖泊、夜生活、自然保护区)或数据层(如旅游)的通用视图的多种属性集,在某些领域中可以是极其结构化的。

因为语义属性提供了相关信息的情境理解,所以语义属性在应用层面起着关键作用。许多高级解决方案将复杂的技术应用于需要扩展剖析的情境数据处理。因此,经常整合多个语义剖面(Noulas et al.,2011;Xie et al.,2013),并且与一个(或多个)语义属性相关联。语义剖面是复杂的结构:如果其与空间(空间剖面)相关联,则可以强烈表征环境。此外,空间剖面可以与其他剖面(如用户剖面

307

（Golemati et al. , 2007）、服务剖面（Ankolekar et al. , 2002）、社会剖面（Kontaxis et al. , 2011））一起使用,以实现复杂的语义匹配（Giunchiglia et al. , 2009）。

12.4 应用

信息系统内部地理空间的强通用性,以及一般来说来自信息社会对地理信息系统的日益增长的需求,涉及了广泛的潜在应用领域。地理空间可以以不同的方式涉及这些领域,包括从相对简单的表达到非常复杂的过程。

由于特定应用的焦点和同时日益增长的面向地理服务和应用的不断扩散,这就导致难以采用不同的地理图像信息系统对空间模型进行遍历分类（Worboys & Duckham,2004）。一个普遍接受的标准（图 12.1）应包括具体应用领域中的特性分析。例如,与领土表达（如城市）相关联的空间模型可以根据领土的规模进行分类:小规模空间模型,在建筑物的级别上匹配来自工程/建筑任务（如设计）的要求;中等规模空间模型,描述大城市区域（或其子集）,用于建模、分析和解决复杂问题（如传输系统优化）等;大规模空间模型,通常用于表现扩展空间（如区域）,并且它们通常支持需要全局理解空间的应用（如国土规划）。

评估应用领域内的地理空间模型的最有效的方法之一是对表达（增强的语义）方面需求的分析,而不是系统分类。下面将按照该原则组织 12.4.1 节中的应用案例,并将重点讨论应用案例中语义复杂性不断增加的特征。

12.4.1 地理数据生态系统

地理数据生态系统（Pileggi & Amor,2014）与通用的地理数据基础设施不同,因为它们具有丰富的语义（通常由丰富的语义技术数据模型实现,例如网络本体语言（OWL,n. d）,这些语义技术通过属性和关系来进行模型的对象和主体表达。

地理空间和相关的空间数据是地理生态系统的主要组成元件（Pileggi et al. , 2013）。

本章第一部分讨论了与空间表达最相关的扩展,包括对地理空间的更丰富的理解（包括不同元件之间的剖析、抽象化和关联）。在实践中,强化的语义通过与语义视角的整合克服了地理空间的经典物理概念。

此外,可根据实现抽象化（如复杂数据层）以及数据之间或数据与抽象概念之间进行关联的类似方法来表达数据。分别表现感兴趣对象及其情境的两个主要概念（空间和数据）,可通过另一组语义关系合并到唯一数据模型中。异构数据的正常联合被替换为旨在促进互操作性和复杂应用情境中高表达能力的一致的表现形式。

地理数据生态系统是一个非常接近于参考数据模型的应用程序,实际上,通常直接把它设计在参考数据模型的上面。在某种意义上,地理数据生态系统是某些用户级别的数据模型本身,因此,它反映了所采用的数据模型的表达能力。

　　根据 MANSION 模型(Pileggi & Amor,2014)(如本章前面所述)在图 12.8 和图 12.9 中提出地理数据生态系统示例。这种设计生态系统的方法的独特性在于

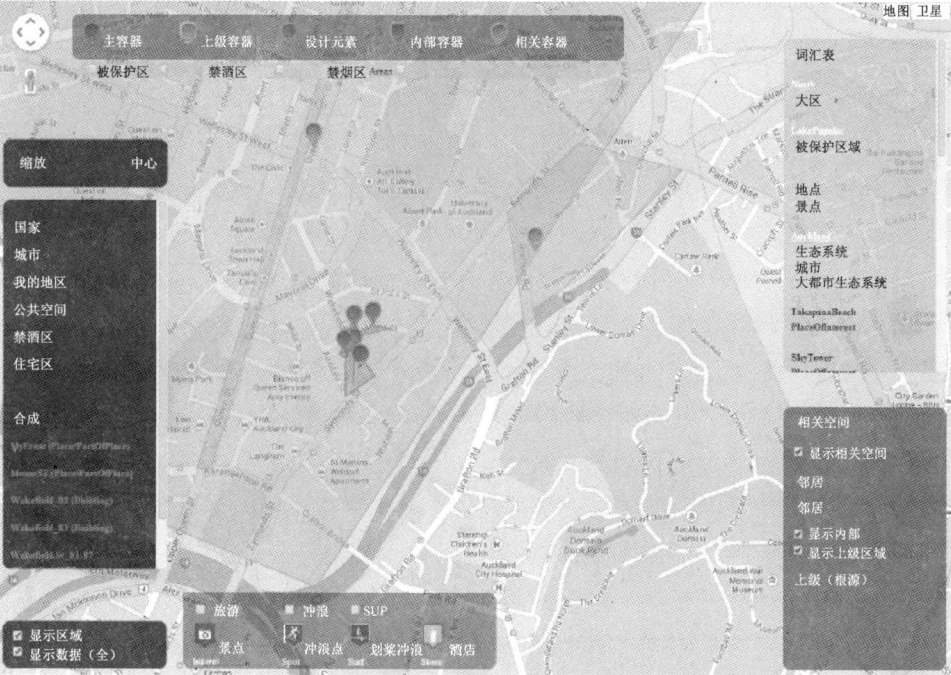

图 12.8　地理数据生态系统的示例(根据 MANSION 模型)

图 12.9　地理数据生态系统的示例(与 RSS 新闻源链接)

可以浏览语义数据和空间的技术。实际上,MANSION 提出了反映观察者观点的空间模型,观察者能够通过使用相关联的概念词汇或通过遵循现有关系查看整体空间或"进入"不同的子空间。从全局或局部角度来看,观察者具有空间语义视图(包括与其他空间、数据以及模型中其他抽象概念间的联系)。观察者能够在不同的抽象概念层中移动,就像他们在模型上使用某种语义缩放一样。

12.4.2 犯罪地图:分析员和公民

执法机构的社会科学家(Vann & Garson,2001)或分析师(Boba,2001)通常使用犯罪地图(Ratcliffe,2010)来绘制、可视化、分析和了解犯罪趋势和模式,以及它们对个体和社区的影响。犯罪分析专业软件(i2 COPLINK,IBM n. d.)的示例见图 12.10。

数字化时代逐步使得基于计算机的犯罪地图绘制成为可能,与通常基于统计模型的那些战略相比,其处理的信息量和复杂性在识别犯罪热点以及其他趋势和模式方面发挥了关键作用,并且还设计了随后的复杂的预防犯罪战略。

分析员用来设计和处理犯罪地图的技术的有效性取决于若干因素。除此之外,它还与情境信息(包括地理空间)具有明确的关系。可以合理地认为,在许多具体应用的情境中,空间的更丰富语义表达是决定因素。

除了这些通用性的考虑之外,利用网络服务(包括通常作为网络服务提供的地理信息系统(Fu & Sun,2010))的大量且快速的传播,也使得犯罪地图成为了社会的通用信息资源而逐渐广为人知,如同其他类型的信息(如运输)。在实践中,越来越多的人(没有任何犯罪分析员专业背景)可以获得犯罪信息、犯罪统计数据和其时空分布。很明显,拥有犯罪地图不再是警察(和间接治理)的专有特权,更恰当地说,犯罪地图成为一组更广泛的利益相关者(如公民、游客)可能获得的信息资源。

即使如前所述,专业过程中的贡献也是相关的,但本部分内容主要(但不仅限于)关注公民视角,以分析犯罪地图在当前 GIS 内地理空间语义的可能贡献。此外,分析主要针对如今在线的有效可用工具,而不是研究原型。

提供网络上当前可用的公共犯罪地图简要概述的最简单方法,是根据信息的详细程度进行简单分类。英国警察(犯罪地图,英国警方 n. d.)提供了一个粗略地图的例子(图 12.11)。如图 12.11 所示,此犯罪地图的信息非常抽象,主要集中于犯罪趋势和统计。这种犯罪地图显然是一个官方渠道,显示警察活动以对比犯罪的大图片,而不适合公民/游客进行浏览。

若切换到更详细的地图(如来自美国(犯罪地图 n. d.)的图 12.12 中所示的地图),则可以看到其中可用的信息相当丰富,包括关于事件种类和准确时空分布的细节。在某些地图中,还提供了关于犯罪事件扩展的详尽信息,例如图 12.13(来

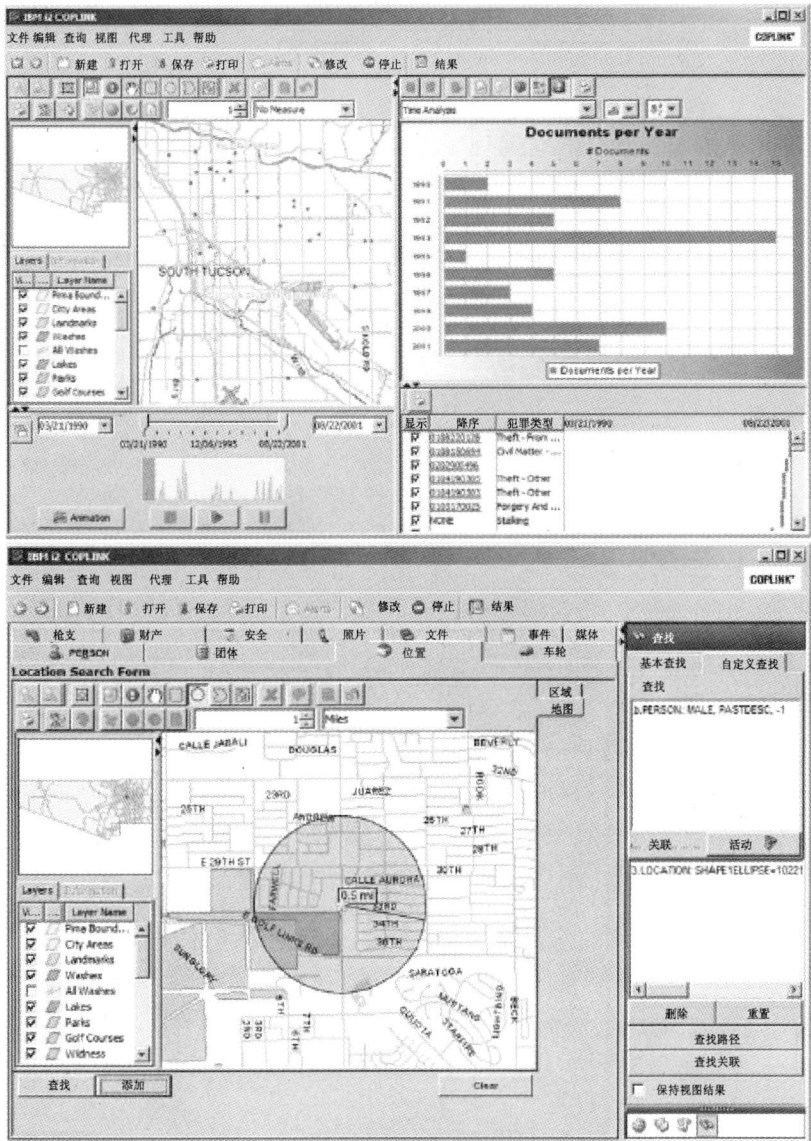

图 12.10　警察使用的涉及 GIS 的犯罪分析专业软件示例(i2 COPLINK,IBM n.d.)

自澳大利亚,CrimeMAP n.d.)中所示的地图可提供该犯罪事件的"状态"(已解决/未解决)。

这些详细信息应该支持社区应用,因为来源于许多公共资源,如犯罪地图等,其服务包括:

"本门户致力于帮助执法机构向社区提供关于其临近地区犯罪活动的有价值信息。我们的目标是通过更好地让公民知情来帮助警察部门减少犯罪。"

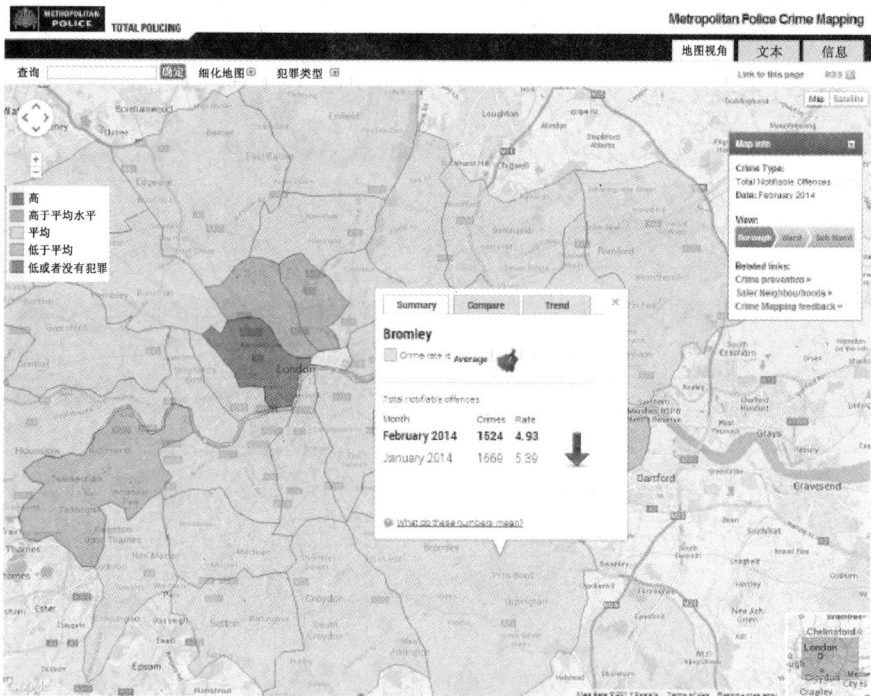

图 12.11　粗略犯罪地图示例(犯罪地图,英国警方 n.d.)

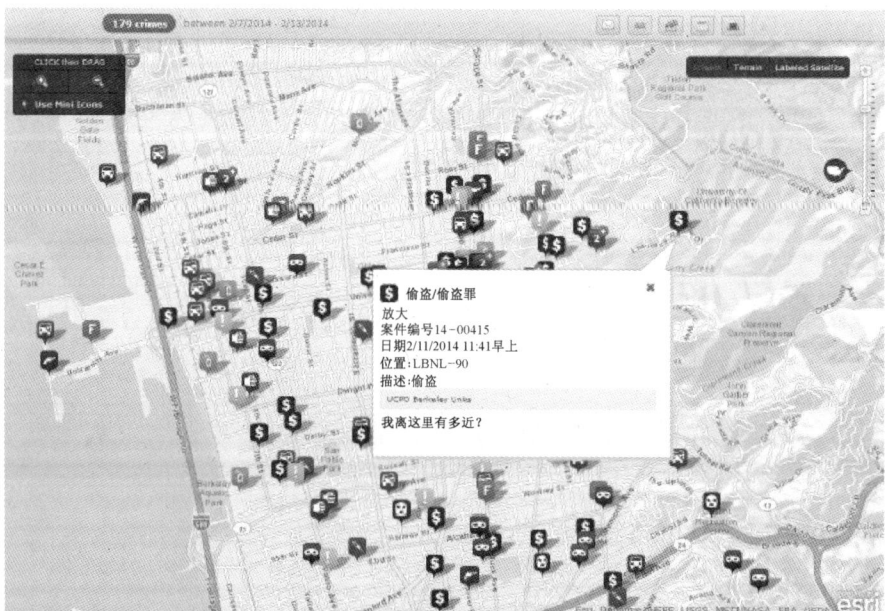

图 12.12　详细犯罪地图示例

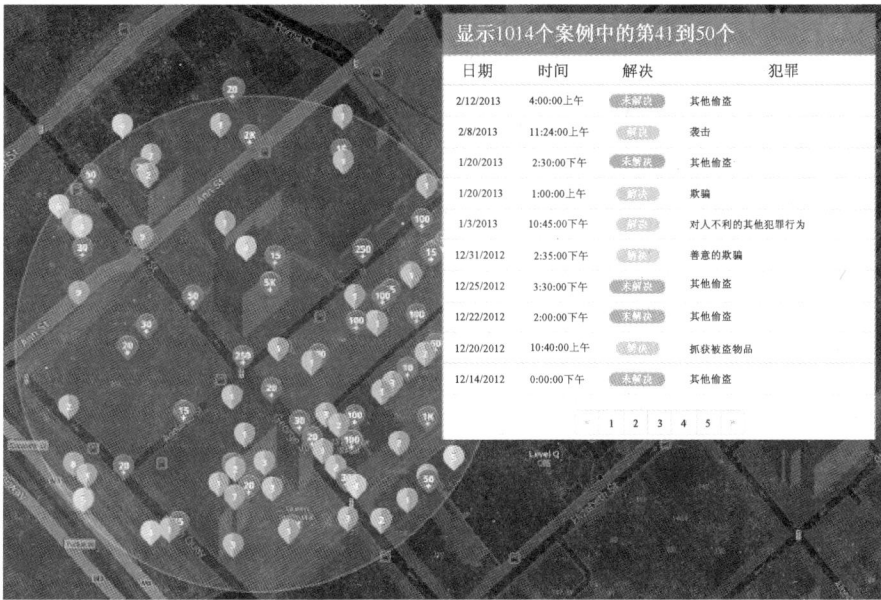

图 12.13　详细犯罪地图的另一示例(包括状态信息,来自(CrimeMAP n.d.))

即使考虑到所提供信息的重要性、详细性和准确性,实际上对社区的真正有用性以及关乎公民在日常生活中的实际利益也有若干需要担心的地方。如果目标是了解某些区域的犯罪风险,那么就需要标出详细的地理定位,提供关乎犯罪风险的敏感且关键的信息,这会令人怀疑是否有这个必要:这种情况下,针对性意识可以使得公民产生真实的恐惧感,并且会有警察(和间接治理)"做得不够"的一般思维倾向。如果将(潜在)收益与大规模的附带效应进行比较(其中包括隐私问题和对当地业务的损害),这些担忧似乎更为显著。此外,根据这些信息设计的应用程序也可能出现相同的问题。显然,针对分析员设计的方法与针对社区设计的方法不能是相同的。

犯罪地图和分析是当前刚开始的研究对象,并正在快速发展。用于复杂模式与趋势建模和分析的改良技术和方法,均具有更强大的技术支持,所以更新场景能在短时间内产生实际进展。例如,协作方法(Furtado et al.,2012)似乎反映了通过多个利益相关者的积极作用大规模地推进信息社会化。

语义剖面的应用(如本章第一部分所述)作为对空间情境的丰富理解可能对犯罪地图产生实际影响的示例。不管所提供的信息的细节如何,从非专业的角度(公民/访客)来看,当前犯罪地图的主要限制是:观察者不能正确地理解(并解释)信息的含义。

与不同空间相关联的语义剖面(案例中的犯罪剖面(图12.14)),可以提供某种潜在危险的抽象和通用概述,这种潜在威胁以特定类型的位置(如公园、停车场、夜生活区、红灯区、旅游景点、体育场)而不是特定位置为特征。在实践中,这部分语义剖面界定了其危险等级,由与具有某些特征的地方相关联的不同风险类别(如攻击、抢劫)组成。剖面的这一部分与任何具体空间没有关系,但是从犯罪的视角来看,它是根据某种地方类型的抽象视图而设计的。

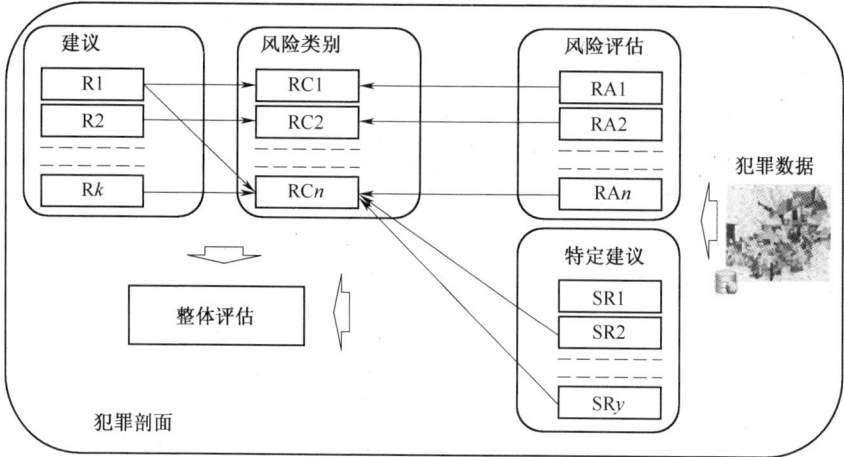

图 12.14　关注公民/访客视角的犯罪剖面示例

一类危险的直接和自然整合是指具体地点的数据对每个风险的评估或量化(风险评估)。评估是可以根据不同的模式和策略来建模的情境信息,但是为了克服先前描述的许多限制,建议应用可以比较其他地方相似特征的数据高级抽象视图(如低、中等、高)。如果风险明确地与情境信息相关联,则需要汇总针对地方危险的观点(剖面风险)。

为了提供更一致的支持,剖面还必须包括与不同风险相关的建议信息地图。建议信息的结构与风险类似:通用性建议(与通用风险相关)关联到具体地点的具体建议,作为可用的总体信息函数(包括情境)。

犯罪剖面是一种相对简单的技术,当局可以在实际情况下轻松进行管理。它有助于促进公民理解风险,试图在不破坏地方图像信息的情况下,为公民提供一个犯罪状况的抽象图片。此外,它还可以与其他剖面相关联,以便向社区提供整合支持。例如,健康剖面目的是使人们意识到某类地点的潜在健康风险(如污染)、风险的当前状态以及给出相关建议。

12.4.3　地理空间的推理

大都市区域复杂,人们每天作为个体和社区的一部分而生活、行动和工作。在其地理环境中应用不同技术(如(Frank,1992)和(Nobbir & Miller,2007))处理信息,在许多应用领域中都很常见(如(Liben-Nowella et al.,2005)和(K. Jha &

Schonfeld,2000)))。

处理地理数据的最突出的新颖性在于不断增长的信息规模(Katina & Miller,2013)及其复杂性(如社会数据(Wellman,2001,Pileggi et al.,2012))。规模越大意味着需要更多且更一致的互操作性(Winters et al.,2006 年)和语义(Fagin,et al.,2002),它正在逐步将研究人员引向更丰富的包括宣告性结构的数据模型(本体论(网络本体语言)n. d.)以及更复杂的计算机技术(语义推理(Guo,2008))。

与数据库或普通数据集的共同理解相比,大数据已经克服了数据量以及因传统技术使得数据经常改变或移动太快而不能被处理的问题(Mayer-Schönberger&Cukier,2013),有时也克服了复杂性问题(Pileggi et al.,2012)。例如,应用流计算技术(Yamagiwa & Sousa,2007)处理数据流。一般来说,大数据带来了许多优势(McAfee & Brynjolfsson,2012),主要包括增加了大量可用的异构数据和数据源,使得研究员可以根据统计模型大规模地建模和解决问题(Chen et al.,2012)。

大数据对 IS 的强烈影响(Chen et al.,2012)并不意味着存在一个"适合所有人的答案"。事实上,大数据不一定是更好的数据选择(Boyd & Crawford,2012),专家对如此大规模和分布式数据的可靠性也有所担忧(Wei Tan & Dustdar,2013,Meeker & Hong,2014)。同样地,最近的相关研究(David Lazer & Vespignani,2014)也提出,经常检测到(大)数据的假定可靠数据集合存在(大)错误。大数据的陷阱的产生显然可能存在不同的原因,但大多数专家认为除了数据源的可靠性之外,缺乏情境(或情境不好(Henricksen et al.,2002))是其中最关键的因素之一,将会强烈影响许多系统和过程。这些考虑可能会建议整合数据处理的新技术与更常规的解决方案、清楚界定的情境以及对所涉及源的可靠性的清楚理解。

这正是具有丰富语义规范的空间希望在地理数据处理中起到的作用:一方面,将一致的情境作为逻辑框架;另一方面,将基于语义推理的技术整合到大数据分析中,以确保获得更可靠的结果。

不同问题强烈需要不同的方法来设计语义支持和相关的推理器。当前网络语义技术(网络本体语言(OWL)n. d.)的"正常"工作模式需要面向推论(Barbieri et al.,2010),因为高语义概念通常是从低语义概念中由模型语言提供的一组规则推断而来。推理器(Paul,1993)实现了从观察到假设的逻辑推理,以便考虑数据(观察)的可靠性并试图解释相关的证据。其他解决方案旨在从特定数据集和物理空间中构建空间语义,支持更能定向反映归纳逻辑的推理模型(Barbieri et al.,2010)。

本章将大城市活动建模的推力器作为应用示例,以较少的细节定义多数公共空间(图 12.15,图 12.16 和图 12.17),这些公共空间属于奥克兰(新西兰)城市的核心区域。我们认为每个空间的活动与该地点的几个社会网络流行度成比例。在本实验中考虑了大量的信息来源。

图 12.15 表示根据信息的直接处理的活动分布。1 区代表检测到的最重要的

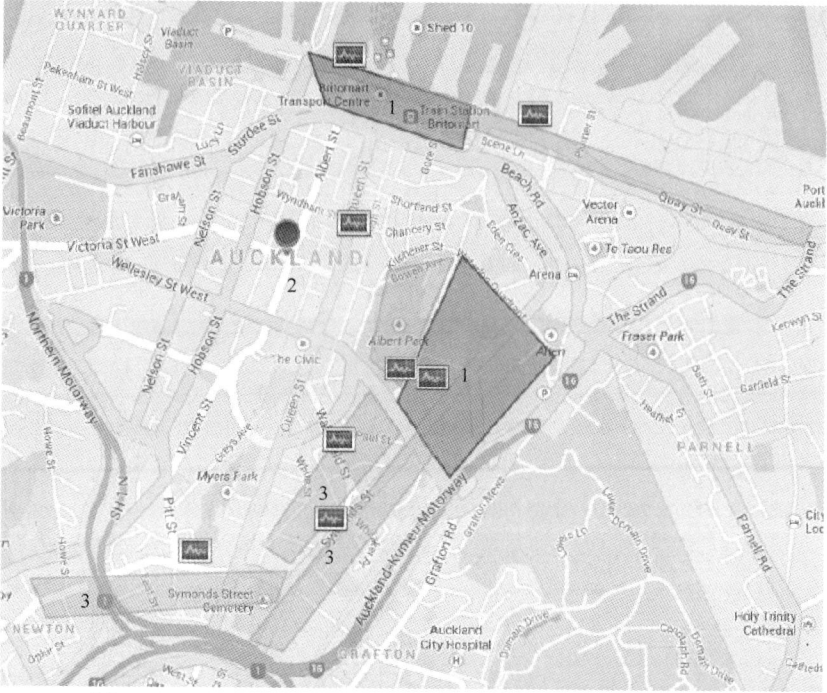

图 12.15　地理空间的溯因推理示例：来自直接数据处理的场景

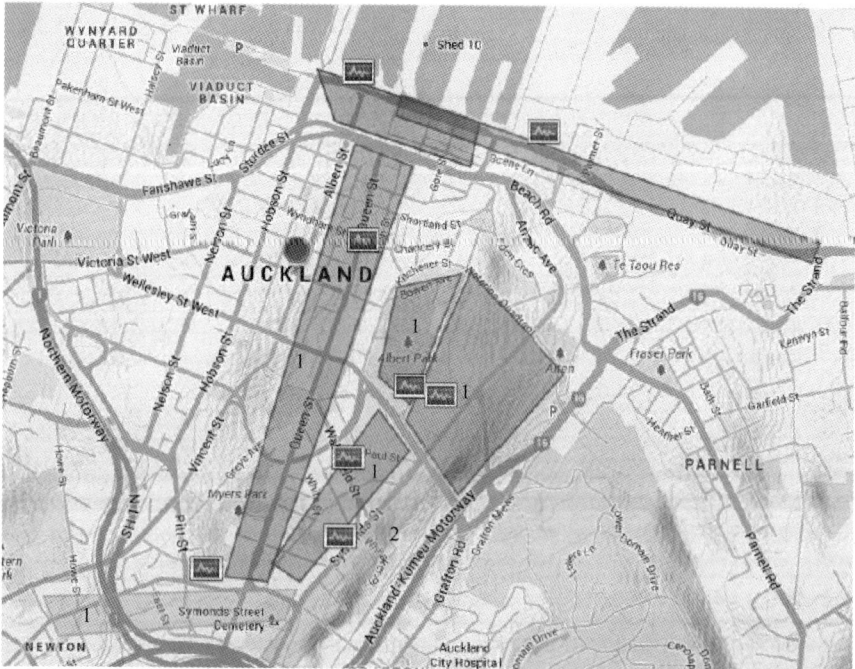

图 12.16　地理空间溯因推理示例：根据空间的特定地理视图处理数据获得的分布图

316

活动区域,3区反映更高的活动值。2区用于标记平均或较差水平的活动3区表示具有非常差或未检测到的活动区域。如图12.15所示,由于以强烈且恒定的活动为特征的城市的主要街道实际上与低值相关联,因此这些分布的可靠性存在问题,以至于许多(非常中心的)空间不能被很好地表征。这些问题可能由若干原因所致,例如,社交内容的模糊性、需要更详细的空间和不可靠的来源。

图12.16表明了简单推理器的输出,该简单推理器从直接数据处理的结果中获取输入并将活动从每个空间分配到邻近的空间。这是对现实客观且更好的近似处理,但是如图12.15中所示,其只能区分空间之间的微小差异。这是因为推理器根据空间的均匀视图假定了活动的线性减少。

在扩展的和语义更丰富的情境(在这种情况下的空间语义)中处理信息可以有助于克服这些限制。空间的地理表达与一组语义关系和属性整合到一起,这些根据通用观察者(如普通公民)视角获得的语义关系和属性可以表现空间之间的依赖性和界定抽象区域(如商业、教育、住宅)。如图12.17所示,新的活动分布区域间差异较大,并且它们不反映作为距离函数的活动线性减少:推理器提供了与输入和情境相关的活动分布图。

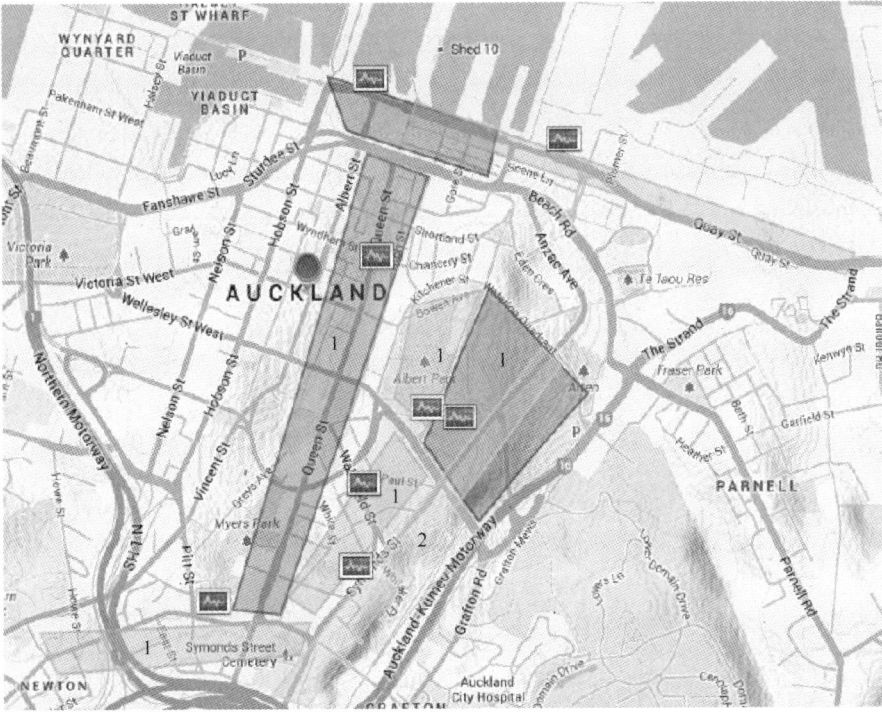

图12.17　地理空间溯因推理示例:基于强化空间语义的推理

317

12.5 结论

如本章所述,理解丰富地理空间语义的技术可以应用于广泛的领域以便实现特定的目标。地理空间语义的不同特征可以以不同的方式解决空间复杂表达的问题。首先,当在地理环境中处理信息时,模型提供了一个关键的附加值,可有助于完成需要特定视角的目标地理空间的知识密集型任务。

这种方法能否得到有效应用,取决于能否将物理空间的特定领域视图定义为模型的有条理的描述以及处理模型的规则(描述包括参考词汇、语义关系和属性)。在有领域专家参与处理过程的大多数情况下,这种假设是完全现实的。例如,理解和评估复杂动力学和行为的社会研究。

相反,该模型难以应用于不能详尽描述的空间视图(如涉及虚拟利益相关者的业务过程)。根据应用的范围,应用通用视图可能有效或完全无效。

总之,地理空间语义能够很好地支持空间的多个视图,并且通常对提供多场景分析以及空间的异构视图(对于推理器来说更潜在的输入)非常有用。

参考文献

Ankolekar, A. , et al. : DAML-S: Web service description for the semantic web. In: Horrocks, I. , Hendler, J. (eds.) ISWC 2002. LNCS, vol. 2342, pp. 348-363. Springer, Heidelberg (2002)

Barbieri, D. , Braga, D. , Ceri, S. , Della Valle, E. , Huang, Y. , Tresp, V. , Rettinger, A. , Wermser, H. : Deductive and inductive stream reasoning for semantic social media analytics. IEEE Intelligent Systems 25(6), 32-41 (2010)

Bittner, T. , Donnelly, M. , Winter, S. : Ontology and semantic interoperability. In: Large-scale 3D Data Integration, pp. 139-160 (2005)

Boba, R. : Introductory guide to crime analysis and mapping. Community Oriented Policing Services, USA (2001)

Boyd, D. , Crawford, K. : Critical questions for big data: Provocations for a cultural, technological, and scholarly phenomenon. Information, Communication & Society 15(5), 662-679 (2012)

Brown, B. , Chui, M. , Manyika, J. : Are you ready for the era of "big data". McKinsey Quarterly 4, 24-35 (2011)

Chen, H. , Chiang, R. H. L. , Storey, V. C. : Business intelligence and analytics: From big data to big impact. MIS Quarterly 36(4) (2012)

Couclelis, H. : Requirements for planning-relevant gis: a spatial perspective. Papers in Regional Science 70(1), 9-19 (1991)

CrimeMAP (n. d.), http://www. crimemap. info/ (accessed March 17, 2014)

CrimeMapping (n. d.), http://www. crimemapping. com/ (accessed March 17, 2014)

Crime Maps, UK Police (n. d.), http://maps. met. police. uk/ (accessed March 17, 2014)

Shahabi, C. , Banaei-Kashani, F. , Khoshgozaran, A. , Nocera, L. , Xing, S. : Geodec: A framework to visualize and query geospatial data for decision-making. IEEEMultiMedia17(3), 14-23 (2010)

Lazer, D. , Kennedy, R. , King, G. , Vespignani, A. : The parable of google flu: Traps in big data analysis. Science 343, 1203-1205 (2014)

Zheng-yu,D. ,Quan,W. : Road network analysis and evaluation of huizhou city based on space syntax. In: IEEE Conference on Measuring Technology and Mechatronics Automation,ICMTMA 2009 (2009)

Fagin,R. ,Kolaitis,P. G. ,Miller,R. J. ,Popa,L. : Data exchange: Semantics and query answering. In: Calvanese, D. ,Lenzerini,M. ,Motwani,R. (eds.) ICDT 2003. LNCS,vol. 2572,pp. 207-224. Springer,Heidelberg (2002)

Luckel,F. ,Woloszyn,P. : A "perlaborative" environment for sustainable cities design staff in a participative perspective. gis and knowledge database. In: International Conference on Computers and Industrial Engineering,CIE 2009. IEEE (2009)

Frank,A. : Qualitative spatial reasoning about distances and directions in geographic space. Journal of Visual Languages and Computing 3(4),343-371 (1992) Fu,P. ,Sun,J. : Web GIS: principles and applications. Esri Press (2010)

Furtado,V. ,Caminha,C. ,Ayres,L. ,Santos,H. : Open government and citizen participation in law enforcement via crowd mapping. IEEE Intelligent Systems 27(4),63-69 (2012)

Giunchiglia,F. ,Shvaiko,P. ,Yatskevich,M. : Semantic matching. In: Encyclopedia of Database Systems,pp. 2561-2566. Springer (2009)

Golemati,M. ,Katifori,A. ,Vassilakis,C. ,Lepouras,G. ,Halatsis,C. : Creating an ontology for the user profile: Method and applications. In: Proceedings of the First RCIS Conference,pp. 407-412 (2007)

Goodchild, M. F. , Anselin, L. , Appelbaum, R. P. , Harthorn, B. H. : Toward spatially integrated social science. International Regional Science Review 23(2) (2000)

Guo,W. : Reasoning with semantic web technologies in ubiquitous computing environment. Journal of Software 3(8) (2008)

Henricksen,K. ,Indulska,J. ,Rakotonirainy,A. : Modeling context information in pervasive computing systems. In: Mattern,F. ,Naghshineh, M. (eds.) PERVASIVE 2002. LNCS, vol. 2414, pp. 167-180. Springer, Heidelberg (2002)

Eldien,H. H. : Noise mapping in urban environments: Application at suez city center. In:IEEE International Conference on Computers and Industrial Engineering,CIE 2009 (2009) i2 COPLINK,IBM,http://maps. met. police. uk/ (accessed March 17,2014)

Jiang,B. ,Yao,X. : Location-based services and gis in perspective. Computers,Environment and Urban Systems 30 (6),712-725 (2006)

Jones,C. B. ,Abdelmoty,A. I. ,Finch,D. ,Fu,G. ,Vaid,S. : The SPIRIT spatial search engine: Architecture,ontologies and spatial indexing. In: Egenhofer,M. ,Freksa,C. ,Miller,H. J. (eds.) GIScience 2004. LNCS,vol. 3234, pp. 125-139. Springer,Heidelberg (2004)

Katina,M. ,Miller,K. W. : Big data: New opportunities and new challenges. IEEE Computer 46(6),22-24 (2013)

Jha,M. K. ,Schonfeld,P. : Integrating genetic algorithms and geographic information system to optimize highway alignments. Transportation Research Record: Journal of the Transportation Research Board 1719(1),233-240 (2000)

Kontaxis,G. ,Polakis,I. ,Ioannidis,S. ,Markatos,E. : Detecting social network profile cloning. In: 2011 IEEE International Conference on Pervasive Computing and Communications Workshops (PERCOMWorkshops),pp. 295-300. IEEE (2011)

Kuhn,W. : Modeling the semantics of geographic categories through conceptual integration. In: Egenhofer,M. ,Mark, D. M. (eds.) GIScience 2002. LNCS,vol. 2478,pp. 108-118. Springer,Heidelberg (2002)

Liben-Nowella, D. , Novak, J. , Kumar, R. , Raghavan, P. , Tomkins, A. : Geographic routing in social networks. Proceedings of the National Academy of Sciences of the United States of America 102(3),11623-11628 (2005)

Manso, M. , Wachowicz, M. : Gis design: A review of current issues in interoperability. Geography Compass 3(3) , 1105-1124 (2009)

Mayer-Schönberger, V. , Cukier, K. : Big data: A revolution that will transform how we live, work, and think. Houghton Mifflin Harcourt (2013)

McAfee, A. : Mastering the three worlds of information technology. Harvard Business Review 84(11) (2006)

McAfee, A. , Brynjolfsson, E. : Big data: the management revolution. Harvard Business Review 90(10) , 60-68 (2012)

Meeker, W. Q. , Hong, Y. : Reliability meets big data: Opportunities and challenges. Quality Engineering 26(1) , 102-116 (2014)

Strintzis, M. G. , Mademlis, A. , Kostopoulos, K. , Moustakas, K. , Tzovaras, D. : A novel 2d urban map search framework based on attributed graph matching. IEEE MultiMedia (2009)

Anh, N. , Vinh, P. T. , Duy, H. K. : A study on 4d gis spatio-temporal data model. In: IEEE 2012 Fourth International Conference on Knowledge and Systems Engineering (KSE) , pp. 34-38 (2012)

Nobbir, A. , Miller, H. J. : Time-space transformations of geographic space for exploring, analyzing and visualizing transportation systems. Journal of Transport Geography 15(1) , 2-17 (2007)

Noulas, A. , Scellato, S. , Mascolo, C. , Pontil, M. : Exploiting semantic annotations for clustering geographic areas and users in location-based social networks. The Social Mobile Web 11 (2011)

Paul, G. : Approaches to abductive reasoning: an overview. Artificial Intelligence Review 7(2) , 109-152 (1993)

Peachavanish, R. , Karimi, H. A. , Akinci, B. , Boukamp, F. : An ontological engineering approach for integrating cad and gis in support of infrastructure management. Advanced Engineering Informatics 20(1) (2006)

Pileggi, S. F. , Amor, R. : Addressing semantic geographic information systems. Future Internet 5(4) , 585-590 (2013)

Pileggi, S. F. , Amor, R. : Mansion-gs: semantics as the n-th dimension for geographic space.
In: International Conference on Information Resource Management, Conf-IRM 2014 (2014)

Pileggi, S. F. , Calvo-Gallego, J. , Amor, R. : Bringing semantic resources together in the cloud: from theory to application. In: Fifth International Conference on Computational Intelligence, Modelling and Simulation, CimSim 2013 (2013)

Pileggi, S. F. , Fernandez-Llatas, C. , Traver, V. : When the social meets the semantic: Social semantic web or web 2. 5. Future Internet 4(3) , 852-864 (2012)

Pileggi, S. F. , Fernandez-Llatas, C. , Traver, V. : Metropolitan Ecosystems among Heterogeneous Cognitive Networks: Issues, Solutions and Challenges. In: Fred, A. , Dietz, J. L. G. , Liu, K. , Filipe, J. (eds.) IC3K 2011. CCIS, vol. 348, pp. 323-333. Springer, Heidelberg(2013)

Pileggi, S. F. , Palau, C. E. , Esteve, M. : Building semantic sensor web: Knowledge and interoperability. In: SSW, pp. 15-22 (2010)

Ratcliffe, J. : Crime mapping: spatial and temporal challenges. In: Handbook of Quantitative Criminology, pp. 5-24. Springer (2010)

Reichenbacher, T. : Geographic relevance in mobile services. In: ACM 2nd International Workshop on Location and the Web (2009)

Thompson, J. : Media and modernity: A social theory of the media. JohnWiley & Sons (2013)

Tsou, M. -H. : Integrated mobile gis and wireless internet map servers for environmental monitoring and management. Cartography and Geographic Information Science 31(3) , 153-165 (2004)

Vann, I. , Garson, D. : Crime mapping and its extension to social science analysis. Social Science Computer Review 19 (4) , 471-479 (2001)

Web Ontology Language (OWL), http://www-03. ibm. com/software/products/en/coplink/ (accessed March 17, 2014)

Tan, W. , Blake, M. B. , Saleh, I. , Dustdar, S. : Social-network-sourced big data analytics. IEEE Internet Computing 17(5) , 62-69 (2013)

Wellman, B. : Computer networks as social networks. Science 293(5537) , 2031-2034 (2001) Winters, L. S. , Gorman, M. M. , Tolk, A. : Next generation data interoperability: It's all about the metadata. In: IEEE Fall Simulation Interoperability Workshop (2006)

Worboys, M. , Duckham, M. : GIS: A computing perspective. CRC Press (2004)

Xie, X. , Zhu, Q. , Du, Z. , Xu, W. , Zhang, Y. : A semantics-constrained profiling approach to complex 3d city models. Computers, Environment and Urban Systems 41 , 309-317 (2013)

Mao, X. , Li, Q. : Ontology-based web spatial decision support system. In: 2011 19th International Conference on Geoinformatics (2011)

Yamagiwa, S. , Sousa, L. : Caravela: A novel stream-based distributed computing environment. IEEE Computer 40 (5) , 70-77 (2007)

第13章 常见乳腺癌中DNA甲基化的大数据分析和可视化

Islam Ibrahim Amin, Aboul Ella Hassanien,
Samar K. Kassim, 和 Hesham A. Hefny

摘要 DNA甲基化是基因表达调控中一种表观遗传学机制,在癌症研究领域起到极其重要的作用,特别是对抑癌基因高度甲基化研究或低甲基化癌基因的研究。DNA甲基化分析的作用主要是确定那些作为癌症生物标志物的候选的显著高度甲基化基因或低甲基化基因。DNA甲基化状态的可视化分析,通过采用形式概念分析(FCA)数学理论模型,分析高度甲基化基因和低甲基化基因之间的重要关系。

关键词 表观遗传学;DNA甲基化;高度甲基化基因;低甲基化基因和形式概念分析

Islam Ibrahim Amin

Institute Of Statistical Studies and Researches

Cairo University, Egypt

e-mail: eng.IslamAmin@gmail.com

Scientific Research Group in Egypt (SRGE), http://www.egyptscience.net

Aboul Ella Hassanien

Faculty of Computers and Information, Cairo University, Cairo-Egypt,

Scientific Research Group in Egypt (SRGE), http://www.egyptscience.net

e-mail: aboitcairo@gmail.com

Samar K. Kassim

Faculty of Medicine, Ain Shams University, Cairo, Egypt

Hesham A. Hefny

Institute Of Statistical Studies and Researches

Cairo University, Egypt

ⓒ Springer International Publishing Switzerland 2015

A.E. Hassanien et al.(eds.), *Big Data in Complex Systems*,

Studies in Big Data 9, DOI: 10.1007/978-3-319-11056-1_13

13.1 引言

表观遗传学是指不改变基本 DNA 序列的基因可遗传的变化,如 DNA 甲基化。DNA 序列由腺嘌呤(A)、胞嘧啶(C)、鸟嘌呤(G)和胸腺嘌呤(T)四个碱基组成,DNA 与蛋白质结合形成染色体。人体的每个细胞都有 46 条染色体,位于这 46 条染色体上含有 25000 个基因(Poethig,2001)。基因是 DNA 的片段,是编码蛋白质的设计图。基因表达是指基因指导蛋白质合成的过程,它包括转录和翻译两个阶段。如图 13.1 所示,在转录过程中,基因被复制为 mRNA;在翻译过程中,mRNA 翻译成蛋白质。基因表达过程受细胞类型和生物状态影响。一些基因负责调控细胞生长,原癌基因和抑癌基因是控制细胞周期的两大类基因。DNA 核苷酸序列的任何改变称为突变,这将可能导致癌症。因此,识别癌症相关基因已成为热门的研究领域(Li et al. ,2012)。2010 年,Karakach 等人应用微阵列技术监测细胞中数千个基因的 mRNA 全集,该基因表达数据的分析可引导识别癌症相关基因。微阵列在单个实验中能监测几种条件下的数千个基因,如正常样品和癌症样品(Kaytoue et al. ,2011)。微阵列技术获得的数据表示基因表达数据(GED),可用一个数据表格表示,列表示样品,行表示基因。

有许多数据挖掘方法可用于处理基因表达数据,如聚类算法、双聚类算法和形式概念分析。以前常用的方法是聚类算法,即将相似的基因表达模式归入同一聚类中,例如,K-means 算法、层次聚类和自组织映射(Self-Organizing Map,SOM)。但是,聚类算法中要求一个基因属于且仅属于一个类。为克服聚类方法的局限性提出了双聚类方法。最近形式概念分析(FCA)已应用于基因表达数据(GED)分析(Amin et al. ,2013a,2012,2013b;Kaytoue-Uberall et al. ,2008)。

DNA 甲基化在基因调控过程中起到重要作用。DNA 甲基化发生在位于基因(启动子)转录起始位点附近的区域中。如图 13.1 所示,启动子是位于基因上游调控的区域,能与 RNA 聚合酶相互作用,使之开始转录基因。DNA 甲基化不涉及 DNA 序列的改变,常发生在特定的启动子区域,这些区域称为 CPG 位点(CpGs),其中,"C"表示胞嘧啶,"G"表示鸟嘌呤,"P"表示鸟嘌呤(G)和胞嘧啶(C)间的磷酸二酯键,见图 13.2。启动子中的 CpG 甲基化能够抑制基因的表达。最近,Lynch 等在一个实验中应用微阵列技术同时监控数千个 CpG 位点的甲基化水平(2009)。高度甲基化意味着该区域呈现更多范围的甲基化,这将抑制转录过程;而低甲基化意味着该区域呈现更少范围的甲基化,这将诱导基因不断表达。

本章的其余部分将由以下组成:13.2 节简要介绍乳腺癌亚型的生物学特征、DNA 甲基化、形式概念分析(FCA)以及统计学背景,13.3 节实验方法,13.4 节实验结果,13.5 节形式概念分析在亚型乳腺癌中的应用,最后,13.6 节简要总结全文并展望。

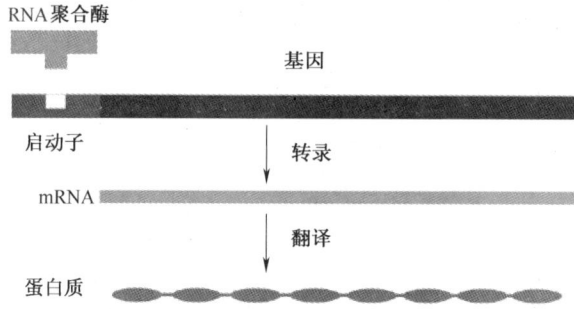

图 13.1　基因表达过程

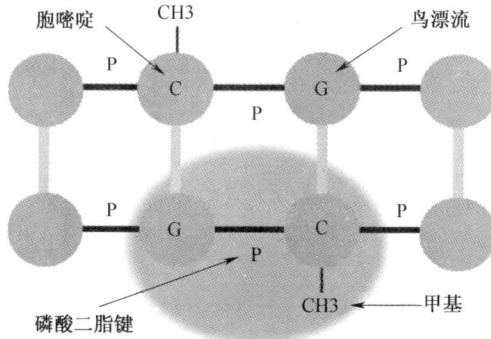

图 13.2　甲基化 CPG 位点

13.2　背景

13.2.1　DNA 甲基化

高度甲基化意味着该区域呈现更多范围的甲基化,而低甲基化意味着该区域呈现更少范围的甲基化。CPG 岛基因组低甲基化可诱导基因不断表达,而高度甲基化 CPG 位点将抑制基因的表达。因此,探索高度甲基化或低甲基化水平成为重要的研究领域。由于不断发展,高通量的微阵列技术(如 Illumina 微阵列)已用于监测甲基化水平(Lynch et al.,2009;Smale and Kadonaga,2003)。DNA 甲基化是一个生物化学过程,在高等生物正常发育过程中是必不可少的。DNA 甲基化主要在嘧啶环的 5-位添加甲基,胞嘧啶为图 13.2 中所示 4 个碱基之一(Florescu et al.,2012)。

启动子位于基因上游的调控区域,沿着模板链(也称无义链)的 3'末端前进开始转录(Strachan and Read,1999)。它们长度约为 100 ~1000 个碱基对左右。启动子是一段具有特定序列 DNA,能提供转录因子与 RNA 聚合酶结合的位点。转录因子具有特异性激活子或抑制子,能与特异性启动子相结合,并调节基因表达。启动子通常位于其相应基因的上游,它们序列号一般用负数表示,起点为-1,依次为-1、-2、-3……。例如,-30 表示上游第 30 个碱基对位置(Smale and Kadonaga,2003)。启动子中的甲基化可以抑制基因转录,甲基化发生于特定的基因组区域,该区域称为 CPG 位点(CPGs)。癌症的产生和发展是遗传或基因突变积累引起的,这些改变的性质是可遗传或表观遗传的。表观遗传修饰是指在核苷酸序列不发生改变的情况下,DNA 结构发生可遗传的改变,这种改变在细胞增殖间过程中稳定传递。这些现象包括 DNA 甲基化、组蛋白质修饰(磷酸化、乙酰化、甲基化)以及微小 RNA(Esteller,2008)。在基因组 CPG 二核苷酸的胞嘧啶 5' 碳位发生甲基化,并且大多发生在大小为 0.5 ~4kb 左右且富含 CPG 二核苷酸的 CPG 岛区域(Esteller and Herman,2002;Takai and Jones,2002)。甲基化是一种调控基因表达的方法,并广泛应用于整个健康基因组中。在正常情况下,基因组中绝大多数 CPG 位点发生甲基化,这导致其基因表达沉默(Jones and Baylin,2002)。研究者们已经发现,正常甲基化模式的中断是癌病变过程中的重要事件。众所周知,通过启动子高度甲基化促使肿瘤抑制基因沉默,这已经是癌症形成过程中的常见事件。它为肿瘤细胞提供了选择性生长优势,并且有助于肿瘤的整体不稳定遗传(Widschwendter and Jones,2002)。高度甲基化似乎是癌病变过程中的早期事件,并且经常发生;这使得数百个基因通过单一癌症中的甲基化而失活(Barat and Ruskin,2010)。

由于高通量微阵列(如 Illumina 微阵列)的不断发展和进化,甲基化水平才可以监测(Amin et al.,2013b)。Illumina 微阵列技术获得的数据可用一个数据表格表示,行表示基因区域(CPG 位点),列表示组织样品。基因与行之间的关系是一对多关系,即一个基因可以有许多 CPG 位点。用 0(完全未甲基化)到 1(完全甲基化)之间的连续值表示甲基化水平,表达值'β' 表示每个 CPG 位点的基化比例,均在[0,1]区间范围内(Bediaga et al.,2010)。

13.2.2 乳腺癌亚型的生物学特征

乳腺癌可根据受体状态进行分类。受体是存在于细胞膜、细胞质或细胞核内的蛋白质。这些受体将化学信号从细胞外部传递到细胞内部,在接受化学信号过程中起到重要作用。乳腺癌受体含雌激素受体(ER)、孕激素受体(PR)和人表皮生长因子受体-2(HER2)。只有含雌激素受体时才称为雌激素受体阳性(ER+)乳腺癌,而不含雌激素受体则称为雌激素受体阴性(ER-)乳腺癌。当雌激素受体(ER)、人表皮生长因子受体-2(HER2)和孕激素受体(PR)均为阴性时,则称为三阴性乳腺癌。因此,有必要进行激素受体测试,以确定最快速有效的癌症治疗手段。乳腺癌主要分为四种亚型,包括基底样型(Basal-like型,也称三阴性型)、HER2过表达型、管腔型B(Luminal B)型和管腔型A(Luminal A)(Bediaga et al.,2010)。表13.1中列出了每种亚型的不同特征(Castellanos-Garzón et al,2013),也总结了乳腺癌亚型和受体之间的关系。

表 13.1　每种亚型的激素受体状态

乳腺癌亚型	临床病理定义
Luminal A	ER 和/或 PR 阳性,HER2 阴性,Ki-67 低表达
Luminal B	ER 和/或 PR 阳性,HER2 阳性(或 HER2 阴性且 Ki-67 高表达)
基底样型	ER、PR、HER2 均阴性,细胞角蛋白 5/6 抗体(cytokeratin 5/6)阳性,和/或 HER1 阳性
HER2 过表达型	ER、PR 均阴性,HER2 阳性

13.2.2.1　Luminal A 型和 Luminal B 型

Luminal 型乳腺癌其 ER 呈阳性,通常低表达,生长缓慢,不具侵略性。这些类型的乳腺癌由乳腺的腺体或管腔细胞突变形成,其基因表达模式已证明了这一观点。与 Luminal B 型乳腺癌相比,Luminal A 型乳腺癌的生长较慢,愈后效果较优。

13.2.2.2　HER2 过表达型

这种类型的癌症具有 HER2 基因过表达或者其他几种基因障碍特征,通常其病理学分级呈高级。它们往往生长更快,预后效果更差。激素治疗和抗 HER2 治疗可以有效治疗这种类型的癌症。

13.2.2.3　基底样型

这种类型的癌症即所谓的三阴性,它们的雌激素受体或孕激素受体呈阴性,并具有正常含量的人表皮生长因子受体-2。它们的基因表达模式与乳腺腺体和管腔基底层中的细胞相似。这种类型在 BRCA1(乳腺癌 1 号基因)基因突变的女性中更为常见。这些癌症的病理分级呈高级,倾向于快速生长并具有不良的预后效果。激素治疗和抗 HER2 治疗对这些癌症无效,然而,化疗可能是有效的(Goldhirsch et al.,2011;Olayioye,2001;Yanagawa et al.,2012)。

Luminal 型和基底样型之间的差异是,Luminal 型对雌激素受体和孕激素受体有表达(ER 和 PR 呈阳性),而基底样型却没有表达。

13.2.3 统计学背景

DNA 甲基化数据分析的主要任务是鉴定特异性基因,其甲基化模式在一定实验条件下甲基化水平显示差异性变化。在本章中,DNA 甲基化数据分析包括两个阶段:非特异性过滤和特异性过滤(注:过滤方法也可以称为基因排序法),通过这两个阶段识别显著高度甲基化基因。图 13.3 为微阵列数据分析的统计学方法。

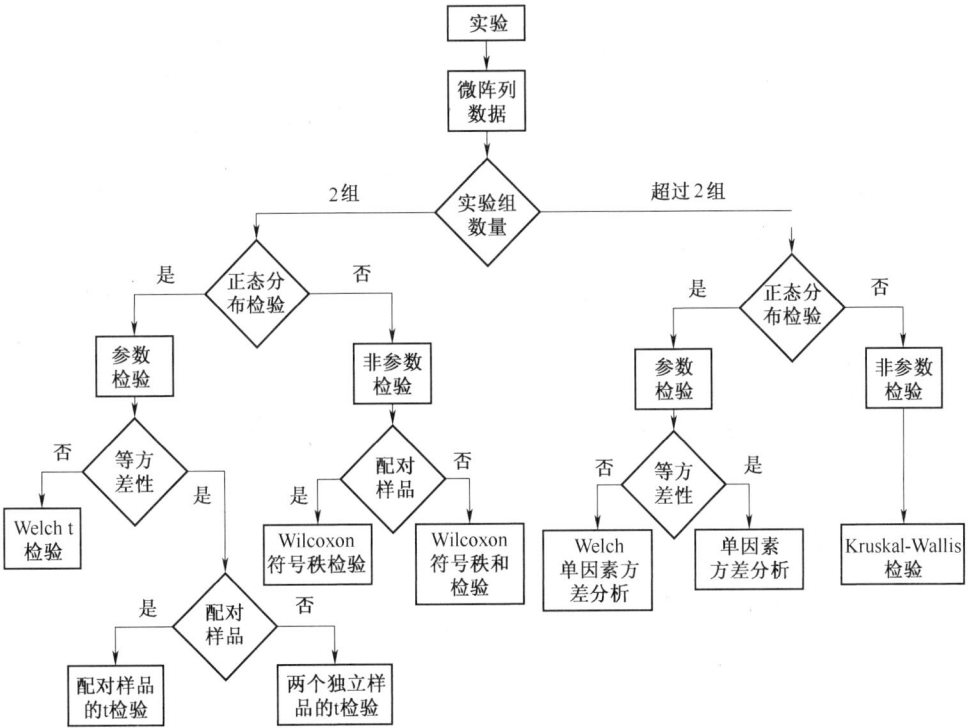

图 13.3 微阵列数据分析的统计学方法

13.2.3.1 非特异性过滤

本阶段主要是通过计算 $\Delta\beta$ 过滤掉不是高度甲基化目标基因的 CPG 位点(行)即除去低甲基化 CPG 位点,其中 $\Delta\beta$ 表示癌症样品的甲基化平均水平与相应邻近正常组织的甲基化平均水平的差异,负值表示低甲基化,而正值则表示高度甲基化。为了选择与癌症组织和正常组织间差异最低的高度甲基化标志物,采用了一种 $\Delta\beta>0$ 的非特异性过滤方法,如图 13.4 所示。

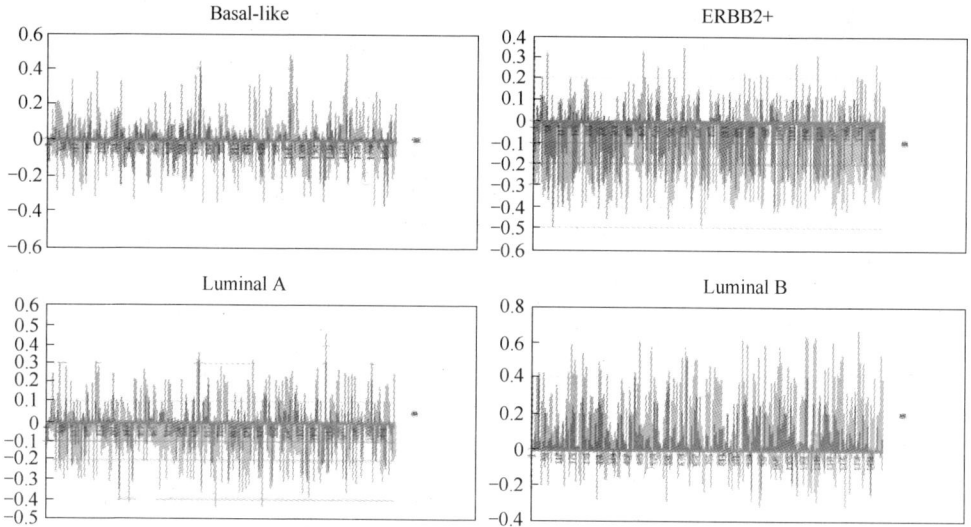

图 13.4　癌症样品和正常样品之间的甲基化差异 $\Delta\beta$ 直方图，
负值表示低甲基化，正值表示高度甲基化

13.2.3.2　特异性过滤

本阶段主要是先通过单样本柯尔莫哥洛夫-斯米诺夫检验对甲基化数据进行正态性检验，从而确定将使用参数检验还是非参数检验；然后使用适当的统计学实验来确定差异最大的高度甲基化 CPG 位点。对配对样品采用 t 检验作参数检验，不然采用威尔科克森符号秩检验作非参数检验。在确定显著基因之后，采用附加的过滤方法进行分析，该方法要求正常组织和癌症组织两组样品 β 值之间的差值必须达到某个特定的最低值，减少由多个测试产生的假阳性结果。图 13.3 展示了根据实验设计如何选择最优实验数据统计分析实验。

13.3　实验方法

Illumina 甲基化微阵列可以从 806 个癌症相关基因的调控区（每个基因含 1～5 个 CPG 位点）测定 1505 个 CPG 基因位点的 DNA 甲基化水平。本书分析了来自 28 个乳腺癌亚型配对样品的 DNA 甲基化数据。本书使用的甲基化数据已存储在 NCBI 基因表达数据库（GEO）中（Omnibus, 2014），可通过 GEO 序列号（GEO：GSE22135）访问。实验完成了对代表 4 种主要乳腺癌亚型的 30 个配对的乳腺组织（正常组织和癌组织）的分析。为了进一步分析，由于 2 个癌症组织的甲基化水平低，所以排除这 2 个样品。最终有 28 个配对的乳腺组织（正常组织和癌组织）和 4 个不同癌症区域的样品，其中正常组织位于距肿瘤位点至少 2cm 处。用 0（完全未甲基化)到 1(完全甲基化)之间的连续值表示甲基化水平(Bediaga et al.,2010)。本书中采用的实验方法分两个阶段识别显著高度甲基化基因:非特异性Filter 和特异性 Filter,如图 13.5 所示。

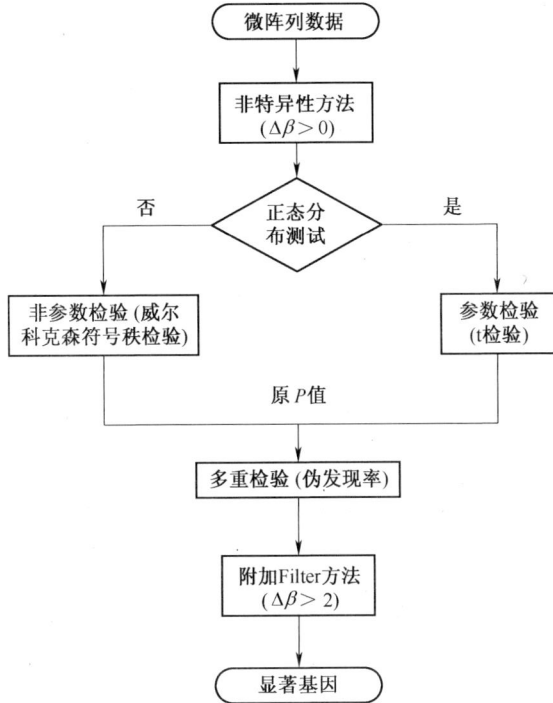

图 13.5 识别高度甲基化基因的模型

13.3.1 非特异性过滤

本阶段主要是通过计算 $\Delta\beta$ 过滤掉低甲基化 CPG 位点,其中 $\Delta\beta$ 表示癌症样品的甲基化平均水平与相应邻近正常组织的甲基化平均水平的差异。本实验处理了 1505 个 CPG 基因位点。非特异性 Filter 方法的最终结果 $\Delta\beta > 0$ 时表示每种乳腺癌亚型的 CPG 位点呈现高度甲基化,如表 13.2 所列。

表 13.2 识别高度甲基化 CPG 位点的结果

亚型	$\Delta\beta > 0$	威尔科克森符号秩检验	$\Delta\beta > 0.2$	基因
基底样型	706 CPG 位点	628 CPG 位点	39 CPG 位点	30
HER2 过表达型	443 CPG 位点	432 CPG 位点	16 CPG 位点	16
Luminal A	547 CPG 位点	485 CPG 位点	39 CPG 位点	30
Luminal B	1158 CPG 位点	1140 CPG 位点	71 CPG 位点	50

13.3.2　特异性过滤

非特异性 Filter 阶段的结果将用于接下来的特异性 Filter 阶段。在 Amin 等 2013 年和 2012 年的报道中(Amin et al.,2013a,2012),提出了微阵列数据通常都是呈正态分布的假设,但本章则提出选择合适的测试正态性的统计检验方法的重要性。采用单样本柯尔莫哥洛夫-斯米诺夫检验对每种乳腺癌亚型进行正态性检验,如果数据遵循正态分布,则采用双边 t 检验分析配对样品,否则威尔科克森符号秩检验将是最合适的检验。当 CPG 位点的甲基化值大于 0.2 时,该位点将是显著高度甲基化位点的候选位点,这是合乎逻辑的假设。因此,需要采用附加的 Filter 方法进行分析,减少由多个测试产生的假阳性结果。

13.3.3　形式概念分析(FCA)

形式概念分析是德国学者 Wille 于 1982 年将其作为一种数学理论模型提出来的(Ganter et al.,1997)。形式概念分析是一种强有力的数据挖掘工具,并已应用到许多应用中。数据可视化是形式概念分析的有效目标之一。概念格(Concept Lattice)则提供了这种可视化。"交互式数据探索"方法是与形式概念分析相关联的另一重要特征,该特征精确回答了知识获取的任何问题(Burmeister,2003)。

形式概念分析提供了一个强有力的框架来识别所有共有属性的对象组(Ar′evalo et al.,2005)。形式概念分析中,根据形式背景构建概念格,能够发现隐藏的依赖关系。这种概念格对知识表达和知识获取具有非常重要的作用,因此,生物学家们越来越关注这一现象(Kaytoue-Uberall et al.,2008)。这足以证明形式概念分析在信息科学中的优势(Priss,2006)。

形式概念分析的标准定义(Ganter et al.,1997)中描述了 Wille 改进晶格理论的尝试。该理论依赖于概念层次的几个理论模型。这个概念被理解为由外延和内涵两个部分所组成的思想单元。外延被理解为具有共有属性的所有对象(实体)的集合,而内涵被认为是所有这些对象所共有的特征(或属性)。在形式概念分析中,数据是用形式背景来表示,形式背景 K 是形式概念分析中的一个符号。一个形式背景 K 可以表示为三元组:$K:=(G,M,I)$,其中 G 为所有对象的集合,M 为所有属性的集合,$I \subseteq (G \times M)$ 为 G 和 M 中元素之间的二元关系集合。其他应用程序也将这种关系称为 $(g,m) \in I$ 也称为 gIm,表示对象 g 具有属性 m。形式背景可用表格表示,表示了相应的对象和属性之间具有关系。设 $K:=(G,M,I)$ 为一形式背景,对于集合 $A \subseteq G$ 为对象子集(如 $G \subseteq B$)(如 B 由属于 G 的所有对象组成),则 $A' = \{m \in M | (g,m \in I), \forall g \in A\}$;相应地,对于集合 $B \subseteq M$ 为对象子集(如 B 由属于 M 的所有属性组成),则 $B' = \{g \in G | (g,m \in I), \forall m \in B\}$。如果

$A' = B$ 且 $B' = A$,一个由对象和属性组成的集合对 (A,B) 称为形式背景概念。如果 (A_1,B_1) 和 (A_2,B_2) 均是形式背景中的概念,并且 $A_1 \subseteq A_2$, $B_1 \subseteq B_2$,那么 (A_1,B_1) 称为 (A_2,B_2) 的子概念,(A_2,B_2) 则是 (A_1,B_1) 的超概念。由层次关系构建的所有 (G,M,I) 的概念记作 $B(G,M,I)$(或 $B=(K)$),被叫做概念格。这一定义解释了为什么一个概念外延越大而内涵越小(Burmeister,2003)。下面给出了形式概念分析的标准定义。

定义 13.1 一个形式背景 K 是一个三元组,设 $K=(G,M,I)$, $I \subseteq (G \times M)$ 为 G 和 M 中元素之间的二元关系集合。$(g,m) \in I$,表示对象 g 具有属性 m。形式概念分析提供了外延和内涵,外延是对象的子集,内涵是用来确定概念属性的子集,其定义可见定义 13.2。

定义 13.2 如果一组 $A \in G$,

$$A := \{m \in M \mid gIm \text{ 对应所有 } g \in A\}$$
$$B := \{g \in G \mid gIm \text{ 对应所有 } m \in B\}$$

定义 13.3 令 (G,M,I) 是一个形式背景,由一对 (A,B) 组成,$B \subseteq M$ 称为内涵,$A \subseteq G$ 称为外延,并且 $A' = B \wedge B' = A$。

定义 13.4 令 (A_1,B_1) 和 (A_2,B_2) 是形式背景 (G,M,I) 的概念,并且 $A_1, A_2 \in G \wedge B_1, B_2 \in M$(如果 $A_1 \subseteq A_2$(其中 $A_1 \subseteq A_2$ 等价于 $B_2 \subseteq B_1$),因此 (A_1,B_1) 是 (A_2,B_2) 的下位概念;如果 (A_2,B_2) 是 (A_1,B_1) 的上位概念,那么 $(A_1,B_1) \subseteq (A_2,B_2)$。概念的顺序由 $B \in (G,M,I)$ 表示,称为背景 (G,M,I) 的概念格,它是 (G,M,I) 的所有概念的集合的分层次序。

13.4 实验结果与讨论

非特异性 Filter 阶段采用 GeneFilter R 语言软件进行分析(Gentleman et al.,2011)。第一阶段先分别将基底样、ERBB2+、luminal A 和 luminal B 的输出值减少至 706、443、547 和 1158,然后通过单样本柯尔莫哥洛夫-斯米诺夫检验进行正态性检验,结果用 SPSS 统计软件分析,结果表明,每个乳腺癌亚型的甲基化值不遵循正态分布。因此,威尔科克森符号秩检验方法(非参数检验)是检验配对样品最适合的方法。特异性 Filter(威尔科克森符号秩检验,$P \leq 0.05$)采用 GeneSelector R 语言软件进行分析(Boulesteix and Slawski,2009)。对于这一阶段 CPG 位点中基底样、ERBB2+、luminal A 和 luminal B 的过滤输出值分别为 628、432、485 和 1140。在采用附加 Filter 方法之后,假阳性结果减少。基底样、ERBB2+、luminal A 和 luminal B 的最终结果分别为 39、19、29 和 71,这被认为是最显著的高度甲基化 CPG 位点,如表 13.2 所列。

13.5 应用 FCA 识别乳腺癌亚型

本节介绍了 FCA 在识别乳腺癌分子亚型中高度甲基化基因中的应用。首先提出形式背景,然后可以根据形式背景构建概念格。

13.5.1 形式背景

形式背景对象(癌症亚型)和属性(高度甲基化基因)之间的关系,其交叉关系清晰地表达在表 13.3 中。

表 13.3 形式背景

基因	Basal-like	ERBB2+	luminal A	luminal B
ABCB1	×		×	
ACVR1				×
ADAMTS12			×	
ADCYAP1				×
AGTR1	×	×		
ALOX12	×			×
APC		×	×	
ASCL2			×	
BCR	×			
BDNF	×			
CCNA1				×
CD40	×			×
CD9				×
CDH13	×			×
CFTR	×		×	×
CHGA			×	
COL1A2			×	×
DAB21P				×
DAPK1			×	
DBC1				×
DLK1	×			×

基因	Basal-like	ERBB2+	luminal A	luminal B
DLL1				×
EPHA3			×	
EPHB1			×	
ETS1			×	
FABP3				×
FGF2				×
FGF3		×		
FGF9		×		
FRZB	×			
FZD9			×	×
GDF10		×		
GSTM2	×	×		
GSTP1			×	×
HCK		×		
HOXA9	×	×		×
HS3ST2	×		×	×
HTR1B	×		×	×
HTR2A	×			
IGF2AS				×
IGFBP3				×
IGFBP7			×	×
IPF1	×			
ISL1			×	×
JAK3			×	×
MME	×	×	×	×
MMP14	×			
MOS	×	×		
MYCL2				×
MYOD1			×	
NEFL	×	×	×	×

基因	Basal-like	ERBB2+	luminal A	luminal B
NPY		×	×	×
PAX6			×	
PDGFRA			×	
PDGFRB	×			×
PENK	×		×	×
PITX2			×	×
PLAT	×			
POMC				×
PTGS1		×		
PTGS2				×
YCARD	×			
RASSF1			×	×
RBP1			×	
SCGB3A1		×	×	×
SERPINE1	×			
SLC22A3			×	×
SLIT2			×	×
SNCG	×			
SOCX1	×		×	×
SOX17	×			×
SPARC				×
ST6GAL1				×
STAT5A				×
TAL1				×
TBX1				×
TERT				×
TMEFF2	×	×		
TNFRSF10D				×
TNFRSF1B		×		
TSP50	×			
ZNF215			×	×

13.5.2 FCA

根据形式背景构造出概念格,即本体。概念格将构建乳腺癌亚型和高度甲基化基因之间的关系。根据图 13.6 中的 14 个概念格,可以识别 14 个概念。根据常见的高度甲基化基因,将它们按层次分在一组,组成这些概念格。通过使用概念格,概念(1,2,3 和 4)识别每个乳腺癌亚型的不同高度甲基化基因。表 13.4 列出了乳腺癌亚型中常见的高度甲基化基因。

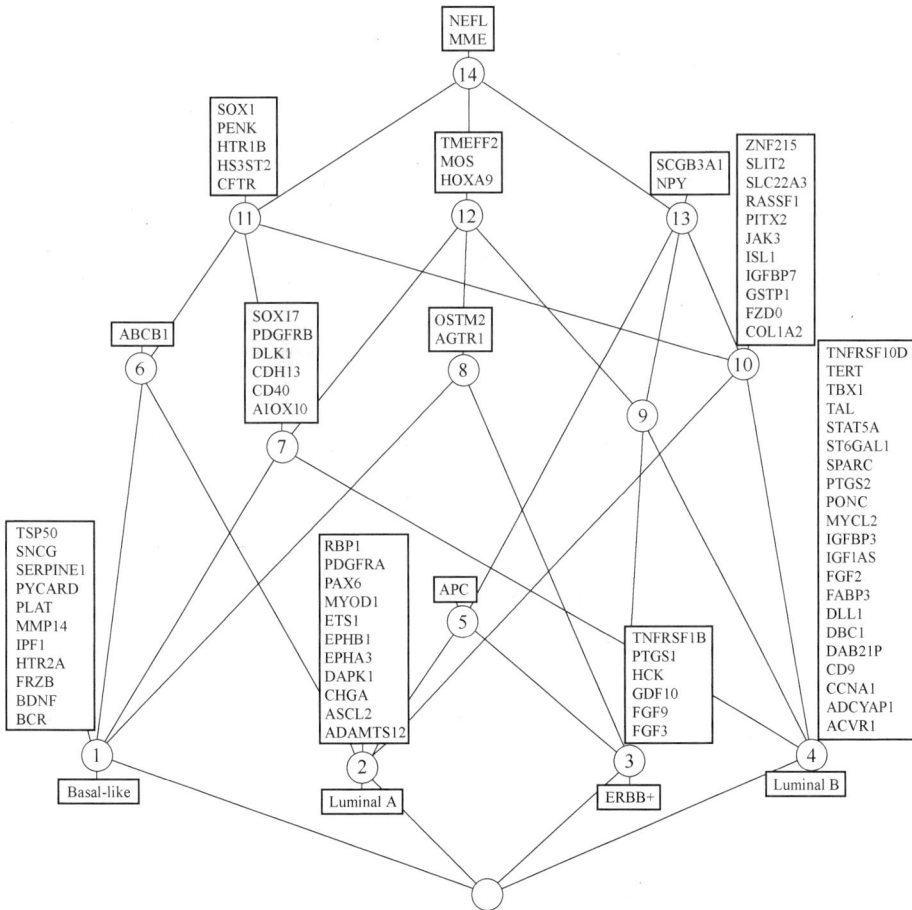

NEFL
MME
14

SOX1
PENK
HTR1B
HS3ST2
CFTR
11

TMEFF2
MOS
HOXA9
12

SCGB3A1
NPY
13

ZNF215
SLIT2
SLC22A3
RASSF1
PITX2
JAK3
ISL1
IGFBP7
GSTP1
FZD0
COL1A2

ABCB1
6

SOX17
PDGFRB
DLK1
CDH13
CD40
AIOX10
7

OSTM2
AGTR1
8

9

10

TNFRSF10D
TERT
TBX1
TAL
STAT5A
ST6GAL1
SPARC
PTGS2
PONC
MYCL2
IGFBP3
IGF1AS
FGF2
FABP3
DLL1
DBC1
DAB21P
CD9
CCNA1
ADCYAP1
ACVR1

TSP50
SNCG
SERPINE1
PYCARD
PLAT
MMP14
IPF1
HTR2A
FRZB
BDNF
BCR

RBP1
PDGFRA
PAX6
MYOD1
ETS1
EPHB1
EPHA3
DAPK1
CHGA
ASCL2
ADAMTS12

APC
5

TNFRSF1B
PTGS1
HCK
GDF10
FGF9
FGF3

1
Basal-like

2
Luminal A

3
ERBB+

4
Luminal B

图 13.6 乳腺癌亚型中高度甲基化基因的概念格

表 13.4   乳腺癌亚型中常见的高度甲基化基因

概念	亚型	甲基化基因
C(14)	Luminal A,LuminalB,Basal-like,ERBB+2	MME,NEFL
C(13)	Luminal A,LuminalB,ERBB+2	NPY,SCGB3A1
C(12)	Luminal A,LuminalB,Basal-like	MOS,HOXA9,TMEFF2
C(11)	Luminal A,LuminalB	SOX1,PENK,HTR1B,HS3ST2,CFTR
C(10)	Luminal A,LuminalB,Basal-like,ERBB+2	FZD9,GSTP1,IGFBP7,ISL1,JAK3,PITX2,RASSF1,SLC22A3,SLIT2,ZNF215,COL1A2
C(9)	LuminalB,ERBB+2	NULL
C(8)	Basal-like,ERBB+2	AGTR1,GSTM2
C(7)	LuminalB,Basal-like	ALOX12,CD40,CDH13,DLK1,PDGFRB,SOX17,
C(6)	Luminal A,Basal-like,	ABCB1
C(5)	Luminal A,ERBB+2	APC
C(4)	LuminalB	ACVR1,ADCYAP1,CCNA1,CD9,DAB2IP,DBC1,DLL1,FABP3,FGF2,IGF2AS,IGFBP3,MYCL2,POMC,PTGS2,SPARC,ST6GAL1,STAT5A,TAL1,TBX1,TERT,TNFRSF10D
C(3)	ERBB+2	FGF3,FGF9,HCK,PTGS1,TNFRSF1B
C(2)	Luminal A	ADAMTS12,ASCL2,CHGA,DAPK1,EPHA3,EPHB1,ETS1,MYOD1,PAX6,PDGFRA,RBP1
C(1)	Basal-like	BCR,BDNF,FRZB,HTR2A,IPF1,MMP14,PLAT,PYCARD,SERPINE1,SNCG,TSP50

13.6   结论与展望

在本研究中,采用 FCA 作用数据挖掘工具,用于分析识别乳腺癌亚型中的高度甲基化基因。首先构建一个形式背景,该背景表达了癌症亚型和高度甲基化基因之间的关系。然后根据形式背景,构造出概念格,从而清晰地表达各不同亚型之间的新关系。FCA 是能识别对象之间的关系的强有力工具。因此,乳腺癌亚型中的高度甲基化和低甲基化之间的关系还需进一步研究。

参考文献

Amin, I. I. , Kassim, S. K. , Hassanien, A. E. , Hefny, H. A. : Applying formal conceptanalysis for visualizing dna methylation status in breast cancer tumor subtypes. In: 2013 9th International Confe12rence on International Computer Engineering (ICENCO) , pp. 37−42. IEEE (2013a)

Amin, I. I. , Kassim, S. K. , Hassanien, A. E. , Hefny, H. A. : Formal concept analysis for mining hypermethylated genes in breast cancer tumor subtypes. In: 2012 12th International Conference on Intelligent Systems Design and Applications (ISDA) , pp. 764−769. IEEE (2012)

Amin, I. I. , Kassim, S. K. , Hefny, H. A. , et al. : Using formal concept analysis for min − inghyomethylated genes among breast cancer tumors subtypes. In: 2013 International Conference on Advances in Computing, Communications and Informatics (ICACCI) , pp. 521−526. IEEE (2013b)

Arévalo, G. , Ducasse, S. , Nierstrasz, O. : Lessons learned in applying formal concept analysis to reverse engineering. In: Ganter, B. , Godin, R. (eds.) ICFCA 2005. LNCS (LNAI) , vol. 3403, pp. 95−112. Springer, Heidelberg (2005)

Barat, A. , Ruskin, H. J. : A manually curated novel knowledge management system for genetic and epigenetic molecular determinants of colon cancer. Open Colorectal Cancer Journal 3 (2010)

Bediaga, N. G. , Acha−Sagredo, A. , Guerra, I. , Viguri, A. , Albaina, C. , Ruiz Diaz, I. , Rezola, R. , Alberdi, M. J. , Dopazo, J. , Montaner, D. , et al. : Dna methylation epigenotypes in breast cancer molecular subtypes. Breast Cancer Res. 12(5) , R77(2010)

Boulesteix, A. −L. , Slawski, M. : Stability and aggregation of ranked gene lists. Briefings in Bioinformatics 10(5) , 556−568 (2009)

Burmeister, P. : Formal concept analysis with ConImp: Introduction to the basic features. FachbereichMathematik, TechnischeUniversität Darmstadt (2003)

Castellanos−Garzón, J. A. , Garc′ıa, C. A. , Novais, P. , Dráz, F. : A visual analytics framework for cluster analysis of dna microarray data. Expert Systems with Big DNA Methylation Data Analysis and Visualizing in a Common Form 391 Applications 40(2) , 758−774 (2013)

Esteller, M. : Epigenetics in cancer. New England Journal of Medicine 358(11) , 1148−1159 (2008)

Esteller, M. , Herman, J. G. : Cancer as an epigenetic disease: Dna methylation and chromatin alterations in human tumours. The Journal of Pathology 196(1) , 1−7 (2002)

Florescu, A. , Cojocaru, D. , Fazio, V. , Parrella, P. : Study of mir−200c and mir−9 methylation on patients with breast cancer. AnaleleStiintifice ale Universitatii" AlexandruIoanCuza" din Iasi Sec. II a. GeneticasiBiologieMoleculara 13(1) , 1−6 (2012)

Ganter, B. , Wille, R. , Franzke, C. : Formal concept analysis: mathematical founda − tions. Springer − Verlag New York, Inc. (1997)

Gentleman, R. , Carey, V. , Huber, W. , Hahne, F. : Genefilter: Methods for filtering genes from microarray experiments. R package version, 1(0) (2011)

Goldhirsch, A. , Wood, W. , Coates, A. , Gelber, R. , Thürlimann, B. , Senn, H. −J. , et al. : Strategies for subtypes − dealing with the diversity of breast cancer: highlights of the stgallen international expert consensus on the primary therapy of early breast cancer 2011. Annals of Oncology 22(8) , 1736−1747 (2011)

337

Jones, P. A. , Baylin, S. B. : The fundamental role of epigenetic events in cancer. Nature Reviews Genetics 3(6), 415–428 (2002)

Karakach, T. K. , Flight, R. M. , Douglas, S. E. , Wentzell, P. D. : An introduction to dna microarrays for gene expression analysis. Chemometrics and Intelligent Laboratory Systems 104(1), 28–52 (2010)

Kaytoue, M. , Kuznetsov, S. O. , Napoli, A. , Duplessis, S. : Mining gene expres-sion data with pattern structures in formal concept analysis. Information Sci-ences 181(10), 1989–2001 (2011)

Kaytoue-Uberall, M. , Duplessis, S. , Napoli, A. : Using formal concept analysis for the extraction of groups of co-expressed genes. In: Le Thi, H. A. , Bouvry, P. , Pham Dinh, T. (eds.) MCO 2008. CCIS, vol. 14, pp. 439 – 449. Springer, Heidelberg (2008)

Li, B. -Q. , Huang, T. , Liu, L. , Cai, Y. -D. , Chou, K. -C. : Identification of colorectal cancer related genes with mrmr and shortest path in protein-protein interaction network. PloS One 7(4), e33393 (2012)

Lynch, A. G. , Dunning, M. , Iddawela, M. , Barbosa-Morais, N. , Ritchie, M. : Consid-erations for the processing and analysis of goldengate-based two-colourillumina platforms. Statistical Methods in Medical Research 18(5), 437–452 (2009)

Olayioye, M. A. : Update on her-2 as a target for cancer therapy: intracellular sig-naling pathways of erbb2/her-2 and family members. Breast Cancer Res. 3(6), 385–389 (2001)

Omnibus, G. E. : Gene expression omnibus, geo [online\] (2014)

Poethig, R. S. : Life with 25,000 genes. Genome Research 11(3), 313–316 (2001)

Priss, U. : Formal concept analysis in information science. ARIST 40(1), 521–543 (2006)

Smale, S. T. , Kadonaga, J. T. : The rna polymerase ii core promoter. Annual Review of Biochemistry 72(1), 449–479 (2003)

Strachan, T. , Read, A. : Human molecular genetics, 2nd edn. Bios Scientific (1999)

Takai, D. , Jones, P. A. : Comprehensive analysis of cpg islands in human chromo-somes 21 and 22. Proceedings of the National Academy of Sciences 99(6), 3740–3745 (2002)

Widschwendter, M. , Jones, P. A. : Dna methylation and breast carcinogenesis. Onco-gene 21(35), 5462–5482 (2002)

Yanagawa, M. , Ikemot, K. , Kawauchi, S. , Furuya, T. , Yamamoto, S. , Oka, M. , Oga, A. , Nagashima, Y. , Sasaki, K. : Luminal a and luminal b (her2 negative) subtypesof breast cancer consist of a mixture of tumors with different genotype. BMC Research Notes 5(1), 376 (2012)

第14章 大数据的数据质量、分析学和隐私

Xiaoni Zhang 和 Shang Xiang

摘要 在当今世界,公司为了获得竞争优势和持续增长业绩,不仅需要在产品或服务方面进行竞争,还需要在分析和挖掘数据能力方面进行竞争。随着数据量的指数式增长,如今,企业面临着前所未有的挑战,但同时也带来了大量的竞争机会。先进的数据采集设备和组织机构中的多代系统增加了数据源的数量。通常,由不同采集设备生成的数据可能彼此间不兼容,从而需要进行数据集成。虽然,ETL 市场提供了各种各样的数据集成工具,但公司仍然经常使用 SQL 手动生成内部 ETL 工具,所以处理数据集成存在技术和管理上的挑战。在数据集成过程中,必须嵌入数据质量控制。

大数据分析学可提供用于有效商业决策的见解。然而,其中的某些见解可能会侵犯消费者隐私。随着收集到越来越多的消费者行为相关数据和大数据分析学的进步,隐私问题越来越受到关注。因此,为了保护隐私,有必要解决隐私法律、消费者保护和最佳实践相关的问题。本章,将讨论大数据集成、大数据质量、大数据隐私和大数据分析学领域中的大数据相关主题。

关键词 大数据;数据质量;隐私;数据分析学

Xiaoni Zhang

Northern Kentucky University, USA

e-mail: zhangx@nku.edu

Shang Xiang

KPMG

e-mail: sxiang@kpmg.com

© Springer International Publishing Switzerland 2015

A.E. Hassanien et al.(eds.),*Big Data in Complex Systems*,

Studies in Big Data 9, DOI: 10.1007/978-3-319-11056-1_14

14.1 引言

McKinsey 全球研究院(2011 年)进行的研究表明,大数据具有创造巨大价值和商业影响的能力。McKinsey 发现,大数据可使零售商营业利润率增长 60%、美国医疗保健生产力增长 0.7%,而这些增长每年可创造出 3000 亿美元的价值。此外,深度分析人才岗位的需求还可能增加,需求估计在 14 万~19 万。目前,许多公司已经或计划实施大数据解决方案。企业改变了它们的传统资产角度观点,除了现金、库存和固定资产之外,资产还包括大数据(Brands,2014)。不仅企业正在探索大数据,拥有先进 ICT 基础设施的政府也投资了大数据应用,以提高国家运行效率和透明度、确保国家安全和经济发展(Gang-Hoon,2014)。

数据仓库研究所的 2002 年报告称,每年因经济数据质量差,美国需要耗费 6000 亿美元(TDWI,2002)。若数据有缺陷,完成一个简单的工作则需要耗费 10 倍成本(Everett,2012)。数据质量可影响商业决策。评估数据质量的维度通常有:准确性、相关性、时效性和完整性。随着越来越多的大数据被整合,大数据分析的需求增加。与数据类型通常是数字的传统数据分析不同,大数据的数据类型复杂多样。大数据的数据类型可包括数字、文本、图像、语音、视频等。因此,大数据分析可用于结构化和非结构化数据混合的数据。大数据需要能够分析各种来源和类型的数据。随着这个应用市场不断涌现的新技术和技巧,探索数据分析问题和相关实践的需求增加。

大数据是一个时髦词汇,所有行业的企业都在投资开发大数据技术、技巧、应用和管理。在当今世界,为了获得增强竞争优势和持续增长业绩的见解,公司间不仅竞争产品或服务,也竞争分析和挖掘数据的能力。随着数据量的指数式增长,如今,企业面临着前所未有的挑战,相反也带来了大量的竞争机会。先进的数据采集设备和组织机构中的多代系统创造了许多数据源。由不同设备生成的数据可能彼此间不兼容,从而需要进行数据集成。ETL 市场提供了各种各样的数据集成工具,但公司仍然经常使用 SQL 手动生成内部 ETL 工具,所以处理数据集成存在技术和管理上的挑战。在数据集成过程中,必须使用适当的工具确保数据质量。数据是任何组织机构的最宝贵资产。商业决策取决于高质量的数据。从日常运营到战略规划,高质量数据都为其改进创造了许多机会。数据质量管理是企业的必然要求,且这种管理需要不断更新、分析和完善。数据质量管理的新技术、技巧和方法也在不断发展。最佳实践和经验教训是改进数据质量管理的良好来源。但实际上数据质量问题并不是一个新生的问题。

虽然大数据的确可为消费者提供创建定价透明度的好处(Fulgoni,2013),但据说基于数据分析的互联网广告的目标是为了提供一种维持或改善品牌资产的手段。

将在本章节中介绍大数据的几个有趣的主题,如下所述:14.2 节讨论数据/信息质量、市场趋势和数据管理;14.3 节重点讨论一般隐私和安全问题,特别是医疗保健领域;14.4 节大数据分析学和技术概述;14.5 节讨论大数据的市场和相关的前期出版物;14.6 节总结本书章节所涵盖的内容,并提供未来的研究方向和技术趋势。

14.2　数据/信息质量和数据集成

数据质量问题很普遍,这些问题得到了所有行业各种规模的企业的关注。数据质量对于商业运作至关重要,如果商务交易出现任何错误,可能会导致销售损失、客户流失、竞争失败、产品销售失败等不利后果。有缺陷的数据可能产生影响许多商业活动(如将产品交付到特定地点,传统的邮件营销扩展客户和潜在客户)的链式效应。

14.2.1　定义

数据质量问题已研究多年,可与信息质量互换使用。Petter 等(2013)将信息质量定义为系统输出(内容、报告和指示板)的理想特征,信息质量是信息系统的关键成功因素之一。Setia 等(2013)认为信息质量包含以下维度:完整性、准确性、格式化和时效性;而 Petter 等(2013)指出信息质量应包含这些维度:相关性、可理解性、准确性、简洁性、完整性、时效性、及时性和可用性。

数据质量视具体情况而定。如果数据的含义能够被不同的用户组很好地理解,则属于高质量数据。随着设备的不断变更,数据可由不同应用程序产生并相互整合,所以数据一致性可能出现问题。例如,客户名称和联系信息可能在不同应用程序中存储不同,从而使得数据库不同部分该客户的年龄和出生日期的信息间可能存在冲突。

考虑到数据质量的维度,在管理数据质量时要注意七个来源的质量:进入质量、过程质量、识别质量、集成质量、使用质量、老化质量和组织机构质量(McKnight,2009)。美国 SAP 用户组报告称,93%的公司在最近的项目中遇到了数据问题(Woods,2009)。

14.2.2　市场概述

ResearchMoz(2013)认为全球数据质量工具市场将在 2012—2016 年间以

16.78%的复合年增长率增长。提高生产力是促进市场增长的关键因素之一。全球数据质量工具市场已经见证了基于(SaaS)的数据质量工具的出现。据 Gartner 估计,2012 年底这个市场的软件收入将达到 9.6 亿美元。这意味着 2011 年的定值美元增长率为 12.3%(这个市场的增长率为 17.5%)。据 Gartner 预测,数据质量工具市场将在未来几年内加速增长,并将成为增长最快的市场。到 2017 年,市场预计将增长到 16%,达到 20 亿美元的定值美元软件收入。非结构化数据市场中的数据质量工具预计在未来会显著增长。

因为认识到数据质量影响组织机构的绩效,公司将重视数据质量。随着云计算和大数据市场的开发,技术和数据质量市场将更加复杂。市场上出现了两个主要的新服务和供应商群体:数据服务供应商和数据管理服务供应商。数据服务供应商提供数据传输、分析、管理或治理相关服务,而数据管理服务供应商则在查找、收集、迁移和集成数据领域运营。

SaaS 和基于云计算的普及,Gartner(2013)报告称:SaaS 的部署达到 14%,基于云计算的工具达到 6%。在数据管理新兴领域(大数据和分析学),企业可能使用第三方进行数据管理,69%的受访者称他们目前正在使用或将使用服务供应商进行数据管理(Green,2014)。

交易、财务、位置和产品数据的数据质量措施正在增加,78%的数据质量项目解决了客户的数据质量问题(Lawson,2013)。总体而言,数据治理推动了许多数据质量计划。大数据领域的数据质量问题还没有消失。Gartner 的报告还显示,目前的买家不考虑数据质量相关的问题。市场上有独立的数据质量工具,可以满足客户的核心功能需求,如数据剖析、数据质量测量、解析和标准化、清洁、匹配、监控和丰富。

2009—2013 年数据质量工具魔力象限(Gartner 报告)见表 14.1。Gartner 将主要供应商分为四类:领导者、挑战者、梦想家和利基者。一般来说,领导者控制50%的市场份额。在过去的五年中,Informatica、IBM、SAS、SAP 和 Trillium 等企业一直属于领导者类别供应商。在挑战者类别中,Pitney Bowes 在过去五年中一直属于这一类别,然而 Oracle 在 2011 年加入了这一类别。在梦想家类别中,Human Inference 有四年时间属于这一类别,Talent 和 Atccama 有三年时间属于这一类别,而近两年来是 Information Builders 在这一类别中。在利基者类别中,有五个供应商(Red Point、Data Mentors、Datactics、Innovative Systems 和 Uniserv)在过去五年中一直排在这个组中。

在市场份额方面,像 IBM、Informatica、Pitney Bowes、SAP 和 SAS 这样的大型厂商需要 50%的市场份额,而所有其他市场份额由中型和小型公司共享。如表 14.1所列,在过去五年中,除了 Oracle 在 2011 年进入数据质量市场之外,市场供应商都是稳定的。

表 14.1 2009—2013 年数据质量工具市场魔力象限

年份/年	2013	2012	2011	2010	2009
领导者	Informatica	Informatica	Informatica	Informatica	Informatica
	IBM	IBM	IBM	IBM	IBM
	Triumlium	Triumlium	Triumlium	Triumlium	Triumlium
	SAP	SAP	SAP	SAP/Business Objects	SAP
	SAS	SAS/ Dataflux	SAS/ Dataflux	Dataflux	Dataflux
挑战者	Oracle	Oracle	Oracle		
	Pitney Bowes	Pitney Bowes	Pitney Bowes	Pitney Bowes	Pitney Bowes
梦想家	Neopost/ Human Inference	Human Inference		Human Inference	Human Inference
	Talend	Talend	Talend		
	Information Builders	Information Builders/ iWay		Datanomic	Datanomic
	Atccama	Atccama	Atccama		
	X88				
利基者	Red Point	Red Point (DataLever)	Human Inference		Netrics
	Data Mentors	Data Mentors	Data Mentors	Data Mentors	Data Mentors
	Datactics	Datactics	Datactics	Datactics	Datactics
	Innovative Systems	Innovative Systems	Innovative Systems	Innovative Systems	Innovative Systems
	Uniserv	Uniserv	Uniserv	Uniserv	Uniserv
			DataLever	DataLever	DataLever

14.2.3 数据/信息质量管理

数据质量差会对企业造成不利影响。数据缺陷增加了组织机构的成本。反过

343

来,许多职能领域将受到影响,包括报价和提议、研究和开发、人力资源以及客户关系管理。数据管理在许多节约成本计划中发挥作用。好的数据管理和数据治理实践有助于确保数据质量。

十年前,数据仓库研究所报告称:每年因数据质量差需要花费 6000 亿美元。最近,英国人注意到组织机构需要花费 20% ~35% 的营业收入用于从数据质量差导致的过程失败、信息报废和返工中恢复(2009 年)。任何组织机构都会为数据质量差付出昂贵的代价。为了解决数据质量问题,组织机构投资开发解决数据错误的技术。Gartner 的调查(2013 年)显示,超过 2/3 的组织机构将在明年增加它们在数据管理服务上的支出。

由英国人(2003)开发的全面信息质量管理(TIQM)方法在指导和管理数据质量方面实用且有效。它遵循六西格玛的"定义—测量—分析—改进—控制"方法。TIQM 要求建立和部署有关获取、维护、传播和处置数据的角色、职责、政策和程序。TIQM 的成功实施取决于商业用户和技术组之间的合作关系。商业用户定义数据元素的商业规则和含义,而技术组构建架构、数据库和应用程序,以确保数据元素的有效寿命。

14.2.4　大数据质量

主数据管理在数据质量管理中至关重要。主数据管理和数据治理计划是组织机构应当有的关键项目计划。在大数据时代,随着数据量的急剧增长,数据战略应该侧重于收集正确和需要的数据。在数据质量工具市场,数据质量供应商和数据集成供应商都有一个发展趋势。由各种各样的供应商制造多代技术的企业通常会提供各种不同的方法。

主数据是商业中最重要的数据。常用的主数据包括客户、员工、产品等。所有商务交易都涉及主数据。许多商业应用使用主数据,并且依赖于主数据,其定义、标准化和管理是至关重要的。主数据用于生成操作目的的报告、分析趋势和识别用于战略目的的异常。

为了更好地保护数据质量,数据仓库、数据质量和数据集成技术需要协同工作。大数据质量涉及各种数据类型,具有加快的流通速度。评估大数据质量比以前使用 Hadoop 或 NoSQL 更复杂。技术是管理大数据的基础,然而新技术还不成熟,还需要发展。

14.3　数据隐私和安全

隐私对我们至关重要。然而,作为一个个体,我们不知道如何保护隐私。技术进步使"零隐私"成为可能。隐私意味着不被干涉的权利。信息隐私或数据保护法禁止披露或滥用私人信息。世界上许多国家都颁布了数据隐私法。与欧洲相比,美国的数据隐私法受到较少监管。

规范大数据商业模式的法律框架建立在知识产权、保密、合同和数据保护法的现有原则基础上。在没有适当的安全和隐私措施到位的情况下,大数据可能导致大规模的法律纠纷,尤其是公司与其他实体进行买卖和数据共享。重要的是要知道数据的来源,以及数据可以被重复使用的程度。当使用大数据时,公司首要和最重要的任务是必须确保各种来源的数据是匿名的。

侵犯隐私不时会发生,而且侵犯隐私在医疗保健中的后果特别突出。在本章中,将重点关注医疗保健中的数据隐私,因为美国医疗保健系统正在经历重大变化,医疗保健有更多的隐私法规和要求。信息隐私或数据保护法禁止披露或滥用私人信息。法律、法规、技术和医院合并都在隐私方面发挥了交织作用。

14.3.1 医疗保健大数据

大多数医疗保健高层管理人员都对大数据有很高的期望,但人才短缺和资源缺乏会阻碍实现大数据的潜力。据精算学会(2013年)报告,87%的医疗保健决策者认为大数据在未来具有影响力;84%的决策者认为很难找到技能人才来优化大数据;45%的决策者计划在明年雇用更多的技术人员。在大数据的当前价值方面,45%的决策者表示大数据提供了实质性好处;27%认为大数据提供了一些好处,但并不多;22%的医疗保健决策者声称大数据没有提供任何福利。

1/3 的医疗保健 IT 决策者表示,他们对大数据的潜力表示担忧(35%);他们认为大数据是机会和风险的双刃剑(34%);他们还认为付款人(55%)比供应商(47%)更有可能将大数据视为一个机会。只有一半的决策者表示他们的组织机构对于充分利用数据增长已经做好准备(51%)。根据精算学会的调查,与医院和卫生系统相比,似乎健康保险公司对利用大数据准备得更为充分。

健康保险公司、医院和卫生系统的决策者对大数据寄予了较高的期望。大数据将带来的好处不仅包括帮助做出更好的财务决策,还包括提高人口健康和临床诊断结果。然而,目前许多的大数据预期好处还没有实现,医疗保健有待于进一步利用大数据。鉴于大数据尚属于新领域,因此很难找到具有必要的大数据经验和技能的人才。几年来,随着大数据技术变得越来越成熟、学习大数据技能的人越来越多,实施大数据解决方案将会带来实实在在的好处。

14.3.2 医疗保健领域的数据隐私

数据是以复合速率生成。高级诊断设备、PDA、平板电脑、健康监控设备等以惊人的速度不断增加医疗保健数据。数据安全和隐私问题一直是所有行业的关注点。作为消费者,我们在乎自己的身份和隐私。作为患者,我们希望我们的病历能够得到保护,只有我们认为重要的人才能知道我们的病历情况。法律在限制组织机构和个人的行为方面很重要,并且在保护隐私和信息安全方面起着至关重要的作用。

健康保险便携性和责任法案(HIPPA)于 1996 年颁布。卫生经济与临床的卫生信息技术(HITECH)法案于 2009 年签署成生效。HIPAA 和 HITECH 旨在解决卫生信息的电子传输、电子信息系统的实施和医疗保健中的云计算普及方面的问题。这些新的挑战引入了前所未有的隐私和信息安全挑战(Birk,2013)。

14.3.3　数据安全概述

Experian 报告说"到目前为止,2014 年医疗行业将最容易受到公开披露和广泛审查数据泄露"(Carr,2014)。医疗机构保存社会保险号并用作许多系统的唯一用户身份标识符。波莱蒙研究所调查报告显示,94%的受访者在过去两年中至少有一次数据泄露(2014 年)。针对患者数据安全的 2010 年 HIMSS 分析报告显示,医疗机构在保护患者信息方面存在重大障碍:其努力主要是被动而非主动。所调查的医疗机构中 19%有安全漏洞(2008 年为 13%),其中 84%是由于笔记本电脑丢失或被盗、文件处理不当、备份磁带被盗等所致;87%的医疗机构会留意他们的数据访问、共享和安全策略。

如今的黑客技术更加高明,他们可以利用安全漏洞渗透网络。IBM(2012)报告了常见的黑客渗透网络途径,包括利用默认或容易猜到的密码、后门恶意软件、使用盗取的凭证、利用后门或命令和控制通道、关键日志记录器间谍软件以及 SQL 注入攻击。

隐私和信息安全风险也可来自相互连接的医疗设备和消费者健康监控工具。这些设备在远程患者监护和个人健康管理方面发挥至关重要的作用。然而,由于用于传输数据和指令的无线数据链路没有被加密,所以其中的许多设备不具备基本的安全功能,不提供隐私保护(Carr,2013)。最近,因为许多实体可以访问HealthCare. gov 网站上的信息,导致许多人关注该网站。因此,滥用医疗信息的可能性很大。此外,患者门户提供了另一个风险来源。患者门户成为患者与其医疗保健提供者沟通的流行接口。患者可以通过患者门户给医生留信息、预约、续药和输入健康史数据。考虑到患者门户上有这么多的个人健康信息,其信息安全和隐私问题成为主要的关注点。

重要的是要注意:数据安全和数据隐私是不同,但相互关联的问题。数据安全防止或授权访问基于授权的数据。数据隐私确保只有那些经认可需要查看和/或利用数据的人才能访问数据,并且确保他们的行为符合组织机构政策。患者健康信息的隐私和安全必须是任何组织机构政策的核心。政策和程序应明确规定谁有权访问哪些部分的健康信息，以及数据从一个站点传输到另一个站点时是如何进行保护、存储和保障的。安全和隐私政策必须遵守联邦和州法律。

14.3.4　管理和政策

随着政府强制实施电子病历系统，到 2012 年，有超过一半的医院实施了电子病历。数据泄露风险的迅速增加，使得安全和隐私问题走向前台。任何组织机构都会为数据泄露付出昂贵的代价。一旦发生，组织机构将面临诉讼、处罚和客户流失。所以组织机构必须对数据安全和隐私协议保持警惕，需要制定和实施各种措施以加强其信息安全和隐私。同时，组织机构应为安全和隐私建立财政预算。大多数健康 IT 计划的重点是满足监管要求、管理数字化患者数据、降低成本、改善护理、提高临床效率和协作。过去，安全并不在投资清单上，但是，它现在应该作为一个优先事项，因为安全问题会带来更昂贵的后果。单个设备的平均加密成本为 150 美元。企业加密系统的平均成本为 25 万～50 万美元。有几家供应商提供隐私监控软件，可以专门满足医疗保健行业的隐私需求。对于高技术漏洞，对加密软件的投资是必要的。

为了在大数据时代有效管理信息安全和隐私，组织机构不仅应该解决外部威胁，还应该解决内部威胁。在医疗保健领域，传统上许多人不认为他们个人应对数据管理负责。事实上，医疗保健领域的处理数据技术通常比金融业落后多年，医疗保健领域的人们对技术的熟悉程度较低、对数据安全性的了解有限。因此，教育和培训对于提高对隐私和安全问题的认识非常重要。员工教育在处理低技术数据泄露方面有效。维护数据安全的部分内容是教授终端使用者基本的安全措施、了解公司政策。教授员工相关安全危险信息（如单击电子邮件链接、窃取计算机桌面的密码或浏览未经授权的网站）将有助于避免无意的破坏。同时，组织机构需要安装监控和评估系统，以确保员工的工作符合组织机构的政策要求。根据健康保险便携性和隐私法案，供应商可能对其员工在某些情况下的数据泄露行为负责。随着新的安全威胁的出现，员工的继续教育是保障安全的关键。

为了防止安全漏洞，医疗保健组织制定相关政策，并明确规定如何处理违规行为。用于保护患者数据的措施包括安全政策、数据访问监控、物理安全、正规教育等。数据安全应该是整个组织机构的责任，而不仅仅是特定部门的责任。发展企业安全观有助于减少所谓的"低技术"安全漏洞，并加强当前的政策和努力。因此，组织机构必须利用支持这种举措的策略，如"循环隐私和安全审计以发现问题，其中包括：不把密码写在贴纸上和在无人值守的计算机上显示敏感信息；遵守隐私和安全规则；把完成教育和培训作为绩效评估的指标；不要因为有趣而在日常发言中讨论患者信息——不适当地侵犯患者的健康信息"（Birk，2013）。

有计划的行动和积极主动是重要的。在信息泄露发生后进行的后续行动等反应式行为没有效果。医疗保健数据是身份窃贼的理想选择。因此，医疗机构设置风险管理团队至关重要。而现实情况是，许多组织机构在选择网路管理系统和云计算后不执行适当的安全风险管理。组织机构必须始终评估和重新评估所有系统状况。从一开始就采取适当的措施来保护组织机构免受信息安全和隐私侵犯至关重要。

14.3.5　大量安全数据

任何规模的组织机构都将面临前所未有的各种的网络安全威胁和风险。大数据将改变智能驱动模型(Kar,2014)。研究公司 Gartner 预测，到 2016 年，超过 25%的全球公司将采用大数据分析：至少进行一次信息安全和欺诈检测。

安全数据的种类、数量和速度迅速增加。因此，分析大量安全数据变得越来越重要，特别是当黑客算法和方法变得出乎意料地更加复杂时。大量的安全相关数据使得识别威胁变得非常困难。然而，大量安全数据在保护组织机构安全和挖掘安全数据方面是有用的，使他们能够积极主动地保护自己的网络和组织机构。McAfee(2014)对 IT 决策者的安全调查显示，35%的组织机构可以在几分钟内检测到数据泄露；22%的组织机构需要一天的时间来确定发生泄漏；5%的组织将需要一个星期才能检测到数据泄露。平均来说，组织机构需要 10 小时才能识别安全漏洞。对于严重的安全问题，大数据分析学可以发挥关键作用，并允许组织机构访问数据、获得商务完整视图、执行有效的安全分析以及检测高级威胁。

14.3.6　安全产品

安全专家一直在预测安全活动的发展趋势和挑战。例如，Schwartz(2012)指出了 2013 年的 7 个安全趋势：①主流云和移动应用寻求安全；②企业开始沙盒化智能手机应用；③云计算提供了前所未有的攻击强度；④后闪回、跨平台攻击增加；⑤破坏性恶意软件攻击关键基础设施；⑥黑客攻击 QR 二维码、TecTiles；⑦电子钱包成为网络犯罪的目标。Hurst 预测的 2013 年 10 大安全挑战如下：①政府资助的间谍；②分布式拒绝服务(ddos)攻击；③云迁移；④密码管理；⑤破坏；⑥自动程序网络；⑦内部威胁；⑧移动性；⑨互联网；⑩隐私法。

面对如此多的挑战以及还会发现的更多信息安全挑战，安全产品可以有效地解决上述挑战。表 14.2 显示了 19 个类别的顶级安全产品读者选择奖。在应用程序安全类别中，要求读者对静态和动态漏洞扫描程序以及开发过程中使用的其他源代码分析产品和服务进行投票。在验证类别中，读者需要对数字身份验证产品、服务和管理系统(包括 PKI、硬件和软件令牌、智能卡、基于知识的系统、数字证书、生物识别、基于蜂窝电话的身份验证)进行投票。在云安全类别中,读者需要对旨在确保云计算商务使用(包括数据加密、识别和访问管理以及网络安全)的服务和产品进行投票。

在数据丢失防护类别中,读者投票表决了企业和中型企业部署的网络、客户端和组合数据泄漏防护软件与设备,以及"DLP lite"电子邮件产品。在电子邮件安全类别中,读者对反垃圾邮件、反钓鱼、电子邮件防病毒服务和反恶意软件渗透、软件设备产品以及托管的"云计算"电子邮件安全服务进行投票,其中包括电子邮件归档和电子发现产品和服务。在加密类别中,读者对基于硬件和软件的文件和全盘加密以及网络加密产品进行投票。在终端安全类别中,读者对使用基于签名、基于行为和异常的检测、白名单、基于主机的入侵防御和客户端防火墙,包括防病毒和间谍软件的企业级桌面和服务器反恶意软件与终端保护包进行投票。在企业防火墙类别中,读者对企业级网络防火墙设备和软件、具有高阶应用层级和通信协定过滤的状态包过滤防火墙进行投票。在身份及访问管理类别中,读者对用户身份访问权限和授权管理、单点登录、用户身份配置、基于网络的访问控制、联合身份、基于角色的访问管理、密码管理、合规性报告进行投票。

在入侵检测与预防类别中,读者对基于网络的入侵检测和防御设备(使用基于签名、行为、异常和基于排序的技术识别拒绝服务、恶意软件和黑客攻击流量模式)。在移动数据安全类别中,读者对智能手机和平板电脑数据保护产品进行投票,其中包括反恶意软件、移动访问、平台特定安全(Android、iOS、Windows 和 BlackBerry)、移动设备管理、移动应用程序管理和移动应用程序安全。在网络访问控制类别中,读者对设备、软件和基础架构用户与设备网络访问策略创建、合规性、强制(802.1X、基于客户端、DHCP)和修复产品进行投票。在政策和风险管理类别中,读者对风险评估和建模、政策制定、监控和报告产品与服务、IT 治理、风险和合规性产品以及配置管理进行投票。在远程访问类别中,读者对 IPsec VPN、SSL VPN(独立运行或作为应用程序加速和交付系统的一部分)、组合系统和产品以及其他远程访问产品和服务进行投票。

在 SIEM 类别中,读者对 SMB 和企业安全监控、合规性和报告的安全信息和事件管理软件、设备和管理服务进行投票。在统一威胁管理类别中,读者对集成防火墙、VPN、网关防病毒、URL 网络过滤、反垃圾邮件的 UTM 设备进行投票。在漏洞管理类别中,读者对网络漏洞评估扫描程序、漏洞风险管理、报告、修复和合规性、补丁管理和漏洞生命周期管理进行投票。在网站应用防火墙类别中,读者对作为应用程序加速和交付系统的一部分的独立网站应用防火墙和其他防火墙进行投票。在网络安全类别中,读者对软件和硬件产品、用于入站和出站内容过滤的托管网站服务(用于检测/预防恶意软件活动、静态和动态 URL 过滤和应用程序控制(IM,P2P))进行投票。表 14.2 给出了 2013 年安全产品读者选择奖的相关信息。

表 14.2　2013 年安全产品读者选择奖

安全产品类别	金　奖	银　奖	铜　奖
应用程序安全	QualysGuard WAS, Qualys Inc.	Juniper Networks AppSecure, Juniper Networks Inc.	API Gateways, Layer7 Technologies Inc.
验证	SecurID, RSA, the security division of EMC Corp.	Symantec Managed PKI for SSL, Symantec Corp.	
	Symantec User Authentication Solutions, Symantec Corp.		
云安全	Juniper Networks vGW Virtual Gateway, Juniper Networks Inc.	Symantec Email Security. cloud, Symantec Corp.	Symantec O3, Symantec Corp.
数据丢失防护	Symantec Data Loss Prevention, Symantec Corp.	Websense Data Security Suite, Websense, Inc.	McAfee Total Protection for Data, McAfee, Inc.
电子邮件安全	Messaging Gateway powered by Brightmail, Symantec Corp.	Cisco Email Security Appliance(formerly IronPort), Cisco Systems	Google Message Security, Google
加密	Dell Data Protection - Encryption, Dell Inc.	Check Point Full Disk Encryption, Check Point Software Technologies Ltd	SecureData Enterprise, Voltage Security, Inc.
终端安全	Symantec Endpoint Protection 12, Symantec Corp.	Kaspersky Endpoint Security for Business, Kaspersky Lab	AVG AntiVirus Business Edition, AVG Technologies
企业防火墙	McAfee Firewall Enterprise, McAfee, Inc.	Juniper Networks SRX Series Services Gateways for the Data Center, Juniper Networks, Inc.	Juniper Networks ISG Series Integrated Security Gateways, Juniper Networks, Inc.
身份及访问管理	Oracle Identity and Access Management Suite Plus, Oracle Corp.	RSA Identity Protection and Verification Suite, RSA, the security division of EMC	CA IdentityMinder, CA Technologies Inc.

350

安全产品类别	金　奖	银　奖	铜　奖
入侵检测与预防	Juniper Networks IDP Series Intrusion and Prevention Appliances, Juniper Networks Inc.	Fortinet Forti-Gate, Fortinet Inc.	Check Point IPS Software Blade, Check Point Software Technologies Ltd.
移动数据安全	McAfee Enterprise Mobility Management, McAfee Inc.	AirWatch MDM, Air-Watch LLC	Check Point Mobile Access Software Blade, Check Point Software Technologies Ltd.
网络访问控制	Unified Access Control, Juniper Networks Inc.	McAfee Network Access Control, McAfee Inc.	Cisco NAC Appliance, Cisco Systems
政策和风险管理	IBM Tivoli Compliance Insight Manager, IBM Corp.	VMware vCenter Configuration Manager, VMware Inc.	McAfee ePolicy Orchestrator, McAfee Inc.
远程访问	Check Point Remote Access VPN Software Blade, Check Point Software Technologies LTD.	Juniper Networks SA Series SLL VPN Appliances, Juniper Networks	Netgear ProSafe VPN Firewall, Netgear
SIEM	Splunk Enterprise, Splunk Inc.	HP ArcSight Enterprise Security Manager(ESM), Hewlett-Packard Co.	McAfee Security Information and Event Manager, McAfee, Inc.
统一威胁管理	Dell SonicWall, Dell Corp.	Check Point Unified Threat Management, Check Point Software Technologies LTD.	FortiGate, Fortinet, Inc.
漏洞管理	Shavlik Protect, LANDesk Software	QualysGuard Vulnerability Management, Qualys, Inc.	Nessus Vulnerability Scanner, Tenable Network Security
网站应用防火墙	Citrix NetScaler AppFirewall, Citrix Systems Inc.	FortiWeb-400C, Fortinet, Inc.	F5 Networks BIG-IP Application Security Manager, F5 Networks
网络安全	Websense Web Security Gateway, Websense Inc.	Blue Coat Systems ProxySG appliances, Blue Coat Systems, Inc. 90-100 words	Symantec Web Security. cloud, Symantec Corp.

资料来源: http://searchsecurity. techtarget. com/essentialguide/Security-Readers-Choice-Awards-2013

14.4 大数据分析学

14.4.1 概述

大数据分析学将高级分析学应用于非常大的数据集。根据 2009 年的 TDWI 调查显示,38%的受访组织机构报告称它们应用了高级分析学,而 85%的受访组织机构表示他们将在未来三年内应用高级分析。Forrester(2013)报告称,70%的 IT 决策者认为大数据是企业当前或未来一年内的首要任务。此外,据估计,Forrester 调查的大多数公司只分析其 12%的数据。大数据正在改变产品、解决方案和服务的市场营销方式。McKinsey & Company(2012)报告说,大数据和改进的大数据分析学可以将销售额提高 2000 亿美元。

大数据分析学可以处理复杂的数据类型。查询这种复杂的数据类型可能很困难,分析会耗费大量的资源:存储、内存和 CPU。因此,查询性能可能受到影响。构建一个坚实的基础架构,通过产出支持快速数据并提高查询性能是大数据分析学的关键。目前,分析学可用于报告、仪表、性能分析学、网络分析学和过程、预测、位置分析学、高级可视化、文本分析学和串流分析。

14.4.2 技术

新技术 Hadoop 为大数据分析学带来希望。Hadoop 和相关产品以节约成本的方式进行数据采集、存储和分析。当投资大数据技术时,可扩展性是关键。组织机构必须面向未来未雨绸缪。数据量呈爆炸式增长,各种设备(手机、传感器、网站)将会产生不同的数据类型(网络数据、图像文件、视频和音频文件)。同时,新创新设备的上市将继续改变大数据市场的未来。因此,大数据基础设施必须能够适应未来的数据增长需求。

Hadoop 是一种分布式文件系统,可处理大量基于文件的非结构化数据。它成为大数据技术的事实标准,是由 Apache 软件基金会管理的一个开源软件项目。因为 Hadoop 本质上是一个分布式文件系统,所以它缺乏数据库管理系统的一些功能。此外,一组相关的软件技术(Pig、MapReduce、Hive、HBase)可与之一起成为 Hadoop 系列产品。Apache 软件基金会和几个软件供应商都可以提供 Hadoop 系列产品。鉴于对 Hadoop 在处理大数据方面寄予了高期望,越来越多的供应商努力将他们的产品与 Hadoop 集成。

Pig 是一个用于分析大型数据集的平台,这些大型数据集由用于表达数据分析程序的高级程式语言组成,可用于创建用于大型数据集的映射器和减速器。Pig 由两个组件组成:PigLatin 和运行时环境。MapReduce 是一个用于创建应用程序的软件框架,以便在大型群集(数千个节点)的商品硬件上并行处理大量数据(多 TB 数据集)。Hive 是执行查询和管理位于分布式存储大数据集的 Apache 数据仓库软件。Hive 不是标准的 SQL,而是类似于 SQL 的软件。HBase 是一个非关联式数据库,可以托管非常大型的表(数十亿行和数百万列),用于随机、实时的读/写访问。HBase 是在 Google 的 Bigtable 之后建模的,并且具有与 Bigtable 类似的功能。

通常引用的 Hadoop 在大数据环境中基本上包含一组相关技术,并且这些技术都在管理和处理大数据集方面有它们自己的独特优点。Hadoop、Pig、MapReduce、Hive、Hbase 等都利用计算资源来有效地处理大数据。Hadoop 适用于多结构化数据类型,而数据仓库用于处理结构化数据。

TWDI 调查(2012)显示,大多数组织机构计划将 Hadoop 集成到其现有架构中。TDWI 还预测,Hadoop 技术将为商业智能(BI)、数据仓库(DW)、数据集成(DI)和分析学补充完善的产品和实践。不管怎样,Hadoop 是一种新技术,其安全和管理工具有待改进。此外,很难找到 Hadoop 用户和技术专家。随着时间的推移,会有更多的 Hadoop 用户。如今有 10%的受调查组织机构在生产中实施了 Hadoop(Russon,2013)。

例如,组织机构可以在其关系数据库中存储聚合网络日志数据,同时在 Hadoop 中将完整数据集保持在最细粒度级别。从而允许他们可以随时针对完整的历史数据运行新的查询,以找到新的见解,这可能是一个真正的变革者,因为组织机构为了能够在竞争中脱颖而出,会积极寻找新的见解和产品。流行的 Hadoop 产品包括 MapReduce、HDFS、Java、Hive、HBase 和 Pig。Mahout、Zookeeper 和 HCatalog 即将展翅起飞。

支持大数据分析学是 Hadoop 的主要优势,所以缺乏 Hadoop 技能是想领先他人的障碍。除了 BI / DW,一些受访者预计还会使用 Hadoop 作为实时归档(23%)或作为内容管理平台(35%)。如图 14.1 所示为大数据架构。

14.4.3　商业决策

大数据分析对来自传感器、设备、第三方、网络应用程序和社交的各种设备采集的大型数据集进行操作。可以分析商业运作的详细和粒度级数据,并且可以生成新的见解。高级分析学技术(例如,预测分析学、数据挖掘、统计和自然语言处理)可以应用于非结构化和结构化数据类型,从而创建基于事实的决策。来自大数据分析学的结果可能有助于客户细分、欺诈检测、风险分析和跟踪不断发展的客户行为。使用深入且高级的数据分析学的商业决策为运营、战术和战略层面带来了好处。此外,实施大数据分析学有许多优点:可导致组织机构优化、性能改进、整

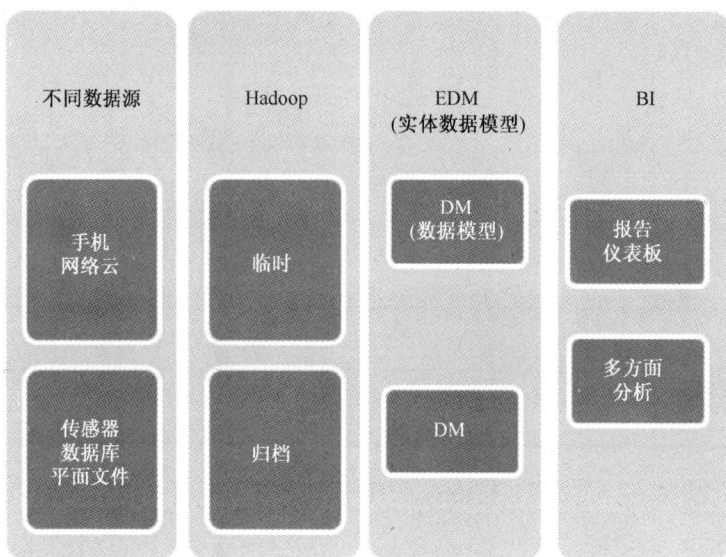

图 14.1　大数据架构

个组织机构的成本降低。

虽然长期期望很高，但大多数医疗保健管理人员表示，他们还没有看到大数据所能带来的巨大利益。精算协会(SOA,2013)最近的报告发现，66%的领导者热衷于发掘大数据的潜力，而87%以上的领导者表示数据分析学将对未来医疗保健业务产生重要影响。另一半的付款人表示，实施大数据分析学实现了巨大的商业利益(53%)。

医疗保健通过许多不同的系统收集了大量的数据。为了降低成本和改善护理结果，必须使用大数据分析学。在过去，结构化数据被用于医疗保健的行政和财务领域，越来越多的文本数据被采集。在患者护理方面，文本数据在理解病因和结果方面提供了更有价值的见解。文本和预测分析学工具可以显示隐藏模式。

14.5　讨论

虽然许多组织机构已经并且渴望乘上大数据的马车，但实施大数据解决方案并不容易。很常见的是，鉴于各种复杂的信息合规性和安全策略，大型组织机构在不同的时代中拥有不同的技术、工具和架构。企业领导对数据的信心赶不上信息容量、种类和速度的增加。数据质量问题仍然存在。如果企业领导认为他们拥有的数据不值得信赖，那么他们就不会根据数据生成的分析做出决策。

数据质量、隐私和信息安全是任何组织机构都应该解决的主要问题。过程与程序是数据质量问题的根本原因,这些问题不能由技术纠正。因此,在数据质量管理中应遵循严格的方法。

大数据领域的数据质量更加复杂。然而,成熟的数据管理方法仍然适用于大数据环境。为了在大数据管理中有效控制数据质量,必须建立数据质量工具、数据集成工具、数据责任、政策和程序。另外,高层管理支持大数据质量控制也是必要的。此外,为了确保大数据成功实施,应重点关注安全智能解决方案。

14.5.1　大数据人才的市场需求

McKinsey全球研究所(2011年)报告说,将缺乏14万~19万深度分析人才,以及150万拥有大数据分析能力可以进行有效决策的管理员和分析师。此外,大多数组织机构不准备应对大数据带来的技术和管理挑战。

在医疗保健领域,大数据技能的短缺也是一个问题。包括人员配备、预算和基础设施在内的资源整体缺口是在其组织机构中采用大数据分析学的最大障碍。付款人和供应商难以获得资金来招聘有技能的员工,以获得大数据的全部好处。大多数供应商和付款人很难找到可以整合复杂数据集并从中搜集可操作信息的人才。此外,付款人和提供商很难雇用到能够识别大数据提供的商机的合适人才。这时候考虑在医疗保健行业之外的其他行业寻找相关人才可能更为可行。

此外,我们需要培养专业人士了解大数据安全的重要性。很明显,技术本身不会解决安全问题。人们才是保护网络空间的支柱。虽然安全教育在过去已经解决,但威胁和攻击变得越来越阴险和有害。为了更有效地确保数据安全,我们需要为所有员工在各方面(工作流程、过程、安全策略、软件、防病毒软件等)举办强制性安全培训课程。大学需要提供全面的课程,解决安全问题,为学生准备网络防御技能。

14.5.2　大数据解决方案的实施

当谈到大数据解决方案的实施时,Forrester(2013)发现有6个挑战:①在一个复杂的异构数据管理环境中集成大数据解决方案;②员工具备技术实施技能;③满足大数据分析的业务需求;④了解大数据解决方案的商业价值;⑤基础设施预算上限;⑥难以找到和雇佣到具有所需技能的人才。此外,Forrester(2013)还为生产就绪的大数据解决方案提出了7个质量要求:①可管理性;②可用性;③性能;④可扩展性;⑤适应性;⑥安全性;⑦可购买性。

14.5.3　大数据出版物分析

我们使用SAS文本挖掘分析了2010—2014年间发布的有关大数据的220篇

白皮书。我们基于频率检查了前四个术语(数据、大、商业、大数据)的概念链接。数据与分析学、大、基础、设计、大数据、分析、类型、软件和分析相关联。分析学可链接到非结构化、预测性、非结构化数据、商业智能、可视化、预测分析学和传感器。与大数据关联的关键词有Hadoop、网络、开放、存储、行业、种类、数量、源、企业、支持、访问、信息、集群和存在。与大相关联的词有发展、行业、大数据、软件、环境、管理、战略和挑战,商业、绩效、事物、决策、实践、结果、机会、洞察力、战略和分析学。

表14.3降序列出了我们选择的220篇白皮书中的词条频率。如表14.3所列,TDWI出版了大多数大数据相关论文。Tdwi、用户、组织机构和分析的组合通常在10个文献中提到。下一个经常出现的词组是支柱、四、治理、Hadoop和节点,这些词的组合出现在16个文献中。

表14.3 词条/主题频率

文献临界值	词条临界值	主 题	词条数量	#文献
0.554	0.038	tdwi,+tdwi,+用户组织机构,+分析,+bi	713	10
0.539	0.036	+支柱,四,治理,hadoop,+no de	709	16
0.569	0.039	+集成者,+五,+数据集成,+集成,异构	672	14
0.553	0.042	安全智能,+组织机构,限制,+单位,rst	648	11
0.608	0.043	hr,hr,+bi,+客户,+劳动力	643	26
0.637	0.045	hadoop,+hadoop,+家,+大,+大数据	630	22
0.26	0.03	+手机,数字化,+代理,+大数据,+部门	607	30
0.32	0.031	+质量,+评论,+建议,+理论,+意见	603	20
0.443	0.034	+分析的,+分析学,+bi,+预测的,+大	580	34
0.487	0.037	+患者,+医疗保健,临床的,+再入院,+健康,	5/5	12
0.496	0.038	+myth,+质量,完整,+数据质量	566	13
0.429	0.036	+创建者,iway,+质量,+信息创建者,ltd	558	10
0.397	0.035	治理,家,+家,+li,+数据治理	557	22
0.498	0.035	+联邦,hadoop,+lasr,hdfs,+cache	556	20
0.486	0.038	信息空间,+静态分析,+纯数据,+纯数据系统,hadoop	527	26
0.449	0.034	+内复制,+立方,cognos,+动态,+cache	520	17
0.494	0.037	hadoop,forrester,+forrester wave,edw,+wave	499	10
0.227	0.028	+sap,hp,hp,+tb,+内复制	496	19

文献临界值	词条临界值	主　　题	词条数量	#文献
0.393	0.033	+图表,+视力的,+可视化,+plot,+视觉化	490	14
0.33	0.031	+备份,+加密,+保护,+云,数据保护	490	9
0.158	0.026	+章节,+springer,+书,+quo,+类型	488	13
0.468	0.041	+安全,+威胁,+攻击,+恶意软件,+漏洞	456	15
0.415	0.038	+标题,+参考,+类型,+pt,+head	404	9
0.431	0.037	spons,of,page,pa,edby home	359	19
0.283	0.029	+bi,+rs,+基准,+dan,+ar	357	10

表 14.4 降序显示了文献中出现的词条。单词组(分析学、分析、BI、大、预测
的)出现在 34 个文献中;在 30 个文献中出现单词组(手机、数字化、+代理、+大数
据、+部门);词组(hr、hr、+ bi、+ 客户、+ 劳动力)出现在 26 个文献中。词的出现表
明概念的重要性。

表 14.4　文献频率

文献临界值	词条临界值	主题	词条数量	#文献
0.443	0.034	+分析的,+分析学,+bi,+预测的,+大	580	34
0.26	0.03	+手机,数字化,+代理,+大数据,+部门	607	30
0.608	0.043	hr,hr,+bi,+客户,+劳动力	643	26
0.486	0.038	信息空间,+静态分析,+纯数据,+纯数据系统,hadoop	527	26
0.637	0.045	hadoop,+hadoop,+家,+大,+大数据	630	22
0.397	0.035	治理,家,+家,+li,+数据治理	557	22
0.32	0.031	+质量,+评论,+建议,+理论,+意见	603	20
0.498	0.035	+联邦,hadoop,+lasr,hdfs,+cache	556	20
0.227	0.028	+sap,hp,hp,+tb,+内复制	496	19
0.431	0.037	spons,of,page,pa,edby home	359	19
0.449	0.034	+内复制,+立方,cognos,+动态,+cache	520	17
0.539	0.036	+支柱,四,治理,hadoop,+节点	709	16
0.468	0.041	+安全,+威胁,+攻击,+恶意软件,+漏洞	456	15
0.569	0.039	+集成者,+五,+数据集成,+集成,异构	672	14
0.393	0.033	+图表,+视力的,+可视化,+plot,+视觉化	490	14

文献临界值	词条临界值	主题	词条数量	#文献
0.496	0.038	+myth,+质量,完整,+数据质量	566	13
0.158	0.026	+章节,+springer,+书,+quo,+类型	488	13
0.487	0.037	+患者,+医疗保健,临床的,+再入院,+健康	575	12
0.553	0.042	安全智能,+组织机构,限制,+单位,rst	648	11
0.554	0.038	tdwi,+tdwi,+用户组织机构+分析,+bi	713	10
0.429	0.036	+创建者,iway,+质量,+信息创建者,ltd	558	10
0.494	0.037	hadoop,forrester,+forrester wave,edw,+wave	499	10
0.283	0.029	+bi,+rs,+基准,+dan,+ar	357	10
0.33	0.031	+备份,+加密,+保护,+云,数据保护	490	9
0.415	0.038	+标题,+参考,+类型,+pt,+head	404	9

14.5.4　大数据安全

网络安全对任何公司和个人都至关重要。网络攻击变得越来越复杂、隐蔽、危险。2013 年的 Verizon 数据泄露调查报告显示,66%的漏洞数月内不会被发现。安全智能是一种提前管理安全的主动战略。虽然公司有许多安全系统,但通常这些安全系统彼此间不能交流。集成来自许多不同系统的安全数据在安全管理中至关重要。更多的安全数据、交易数据、非结构化数据可以帮助识别漏洞和滤除噪声。漏洞的主要来源可以分为两类:内部和外部。一般来说,对于内部漏洞,人为错误是安全模型中的薄弱环节。安全专家应该能够分析出是否会由于错误而导致漏洞。

鉴于威胁的复杂程度不断增加以及不同安全系统彼此间不能交流的事实,获得安全状况的综合观点是不可行的。有些攻击发生得很安静、攻击速度缓慢。在现实中,这不是攻击进来的问题;这是当攻击进来后安全团队需要多长时间才能找出异常的问题。安全团队应该从正常的行为、正常的网络流量和正常的用户活动开始查找。使用正常行为作为安全基线将有助于发现异常。

组织机构构建一个解决高级长期威胁(APT)的模型至关重要。APT 很难从不同的安全系统中识别出来。内部威胁来自具有损害企业的动机和能力的实体。APT 是一组隐匿而持久的黑客入侵过程,通常意图伤害组织机构、国家的商业或政治动机。APT 入侵过程可能非常持久而缓慢。这种类型的恶意软件在系统上隐藏了很长时间。

Ponemon 研究所报告说,67%的组织机构声明其当前的安全活动不足以阻止有针对性的攻击。针对性攻击难以预测、诊断和防御。定制攻击需要定制防御。部分公司有专门的安全技术,用于检测和分析 APT 与针对性攻击。

APT 很危险,其黑客组织良好,意图窃取有价值的知识产权(如机密项目说明、合同和专利信息)。Grimes(2012)提出了 5 个监测到 APT 的迹象:①深夜登录增加;②发现广泛的后门木马;③意外的信息流;④发现意想不到的数据包;⑤检测到哈希传递黑客工具。此外,Frank 和 Watson(2013)建议重视检测内部人员和 APT 的账户滥用、精确定位 APT 的数据渗透、警告新程序执行。

在实施新的分析系统时,患者信息的隐私必须是优先重视。此外,信息应该是安全的,特别是当信息通过网络和/或云从一个地方运输到另一个地方时。HIPAA 要求保证此类数据的绝对隐私和安全。随着基于网络的系统和云计算越来越受欢迎,这些类型的系统带来了它们的独特特性:暴露出新的安全漏洞。组织机构应在使用基于网络的系统和云之前,实施适当的安全风险管理。组织机构需要持续不断地评估和重新评估所有系统的安全情况,以便及时发现可能的数据泄露。从一开始就采取适当的措施来保护组织机构免受信息安全和隐私侵犯,至关重要。

14.6 结论

大数据在行业和学术界都受到了广泛的关注。在本章节中,讨论了数据质量、数据集成、隐私、安全和分析学。我们认为,这些主题在未来十年内仍然很重要。我们将开发新技术、技巧和政策以跟上大数据开发的脚步。此外,关于大数据的伦理和法律问题也为研究人员带来了许多挑战和机遇。

IDC 称,约 22%的数字信息适合分析,很多数据驻留在数据孤岛中(Lev-ram,2014)。数据集成的努力继续保持,技术供应商的市场变得越来越有前途。数据中心将继续增长。未来大数据将成为更大型的数据(Lev-ram,2014)。越来越多的公司将投资于其数据中心,并期望从中获得价值回报。

专业人士和学术界都很重视数据质量。确保数据质量、技术、人员、政策和程序协同工作以产生预期效果。为了保证数据分析的可靠性,必须确保数据质量。各组织机构将珍视数据质量的常用维度:数据准确性、相关性、及时性、可信度。由于数据被视为组织机构的一种资产,因此应在组织机构不同层次强调数据质量的价值。

目前,只分析了 5%的数字化数据(Lev-ram,2014)。鉴于这样小的百分比,大数据分析尚还有许多领域等待进一步的探索。一些人认为技术,特别是新的统计技术有利于促进大数据分析,而其他人在陈述大数据分析学的未来时认为应关注效应大小和方差解释(George,2013),而不应关注 p 值。此外,因为大数据可视化可以通过将大量信息转化成人们易于理解的图像,而使大数据变得有意义,所以它是未来的另一个关键研究方向。

最后,在教育领域,全国的几所大学已经开始将数据科学作为新型专业。设置此学科的目的是培养学生在大数据技术和大数据分析学方面的能力,以满足新兴市场的人才需求。事实上,随着市场引入新的职位名称(如首席财务技术官),CFO需要了解技术和大数据。Brand(2014)指出"会计职业的未来在于财务、技术和信息的交汇"。作为教育者,我们需要跟上技术的发展,并与我们的同事合作,为学生提供交叉学科知识技能。

参考文献

Birk,S.：Protecting patient medical data. Healthcare Executive 28(5),20-28 (2013)

Brands,K.：Big Data and Business Intelligence for Management Accountants. Strategic Finance 96(6),64-65 (2014)

Brand,H.：Big data：adapt or die (2014),https：//www. accountancylive. com/big-data-adapt-or-die (accessed June 15,2014)

Carr,D. F.：Hackers outsmart pacemakers,fitbits：worried yet? InformationWeek (2013),
  http：//www. informationweek. com/healthcare/security-andprivacy/ hackers-outsmart-pacemakers-fitbits-worried-yet/d/d-id/1113000? image_number=3 (accessed June 14,2014)

English,L. P.：Information quality applied：best practices for improving business information,Processes and Systems. Wiley (2009)

Forrester, Is your big data solution production-ready? (2013),http：//www. itworld. com/data-center/417766/your-big-datasolution-production-ready (accessed June 15,2014)

Fulgoni,G.：Big data：friend or foe of digital advertising? Five ways marketers should use digital big data to their advantage. Journal of Advertising Research 53(4),372-376 (2013)

Gartner report, Magic quadrant for data quality tools (2013),http：//www. gartner. com/technology/reprints. do? id=1-1LE6U4H&ct=131008&st=sg (accessed February 26,2014)

Kim,G. -H.,Trimi,S.,Chung,J. -H.：Big-data applications in the government sector. Communications of the ACM 57(3),78-85 (2014)

George,G.,Haas,M. R.,Pentland,A.：Big data and management. Academy of Management Journal 57(2),321-326 (2014)

Research Moz,Global data quality tools market is expected to reach a CAGR of 16. 78% in 2016 (2013),http：//www. prweb. com/releases/2013/11/ prweb11352256. htm (accessed February 25,2014)

Green,C.：Organizations will rapidly ramp up their data services in 2014 (2014),http：//blogs. forrester. com/charles_green/14-02-06-organizations_will_rapidly_ramp_up_data_services_spend_in_2014 (accessed February 25,2014)

Grimes,R.：5 signs you've been hit with an advanced persistent threat (2012),http：//www. infoworld. com/d/security/5-signs-youve-been-hitadvanced-persistent-threat-20494 (accessed March 24,2014)

Hurst,S.：Top 10 security challenges for 2013. SC Magazine (2013)

IBM Corporation. Three guiding principles to improve data security and compliance：A holistic approach to data protection for a complex threat landscape (2012)

Kar,S. : Gartner report: big data will revolutionize cybersecurity in the next two years. CloudTimes (2014)

Lawson,L. : Eight questions to ask before investing in data quality tools (2014), http://www. itbusinessedge. com/
blogs/integration/eightquestions−to−ask−before−investing−in−data−qualitytools. html (accessed February 26,
2014)

McAfee,Needle in a datastack: the rise of big security data (2013), http://www. mcafee. com/us/about/news/
2013/q2/20130617−01. aspx (accessed January 15,2014)

Lev−ram,M. : What's the next big thing in big data? Bigger data. Fortune 169(8),233−238 (2014)

Mcknight,W. : Seven sources of poor data quality. Information Management 19(2),32−33 (2009)

McKinsey Global Institute,Big data: next frontier for innovation,competition,and productivity (2011)

McMillan,M. ,Cerrato,P. : Healthcare data breaches cost more than you think. InformationWeek Reports (2014)

Nunan ,D. ,Di Domenico,M. : Market research and the ethics of big data. International Journal of Market Research 55
(4),2−13 (2013)

Petter,S. ,DeLone,W. ,McLean,E. R. : Information systems success: the quest for the independent variables. Jour-
nal of Management Information Systems 29(4),7−62 (2013)

Russom,P. : Integrating hadoop into business intelligence and datawarehousing. TWDI Research (2013), http://
www. cloudera. com/content/dam/cloudera/ Resources/PDF/TDWI% 20Best% 20Practices% 20report% 20 −%
20Hadoop%20foro%20BI%20and%20DW%20−%20April%202013. pdf (accessed February 15,2014)

Schwartz, M. J. : 7 Top Information security trends for 2013. InformationWeek (2012), http://
www. darkreading. com/risk−management/7 − top − information − security − trends − for − 2013/d/d − id/1107955?
(accessed January 23,2014)

Setia ,P. ,Venkatesh,V. ,Joglekar,S. :Leveraging digital technologies:how informa−tion quality leads to localized ca-
pabilities and customer service performance. MIS Quarterly 37(2),565−A4 (2013)

Smith,R. F. ,Watson,B. :3 Big data security analytics techniques you can apply now to catch advanced persistent
threats. HP Enterprise Security (2013)

Society of Actuaries,Healthcare decision makers perspectives on big data (2013)

TDWI's Data Quality Report, http://tdwi. org/research/2002/02/tdwisdata−quality−report. aspx (accessed March
2,2014)

Verizon. 2013 Data Breach Investigations Report, http://www. verizonenterprise. com/resources/reports/ rp _data −
breach−investigations−report−2013_en_xg. pdf (accessed March 2,2014)

Woods ,D. :Why data quality matters (2009),http://www. forbes. com/2009/08/ 31/software−engineers−enterprise−
technology−cio−networkdata. html (accessed February 25,2014)

第15章 医学领域海量异构数据的检索、分析与可视化对比研究

Ahmed Dridi,Salma Sassi,Anis Tissaoui

摘要 由于硬件技术的持续发展使信息系统能够存储大量的数据,信息储量的爆炸性增长甚至超过了计算能力的增长速度。惊人的数据增长就是大数据时代的起源。与其他受数字化影响的领域一样,近年来医学领域也经历了一项重大的科技数字革命,其促使了数字化医疗数据的信息大爆炸。这些数据除了数据量大,其还具有复杂性、多样性和互异性,同时这些数据往往被包含在患者的电子病历(EHR)之中。然而,这些具有潜在价值而被收集的大量数据还没有合适的工具来进行检索,从而导致这些数据失去了价值,同时其数据库及管理系统也失去了优越性。在此背景下,本书提出了医疗多项目可视化系统(M^2ICOP)。这是一个专门服务于临床医生和研究人员的互动系统,帮助他们在医疗领域对一系列海量异构数据进行检索、分析与可视化比较。本系统可以帮助使用者查看和操作大量电子健康档案以及进行相似电子健康档案的研究和对比,从而获得最佳临床实践和共享临床经验从而提高诊疗质量。

Ahmed Dridi · Salma Sassi

Faculty of Law, Economics and Management of Jendouba,

University of Jendouba, Avenue de l'U.M.A, 8189 Jendouba, Tunisia

e-mail: ahmed-dridi@outlook.com, sassisalma@yahoo.fr

Anis Tissaoui

High Institute of Management of Gabes, Rue Jilani Habib, Gabs 6002, Tunisia

e-mail: tissaouianis@yahoo.fr

© Springer International Publishing Switzerland 2015

A.E. Hassanien et al.(eds.), *Big Data in Complex Systems*,

Studies in Big Data 9, DOI: 10.1007/978-3-319-11056-1_15

15.1 引言

从 20 世纪 80 年代起至今,由于计算机的储存能力几乎每四十个月就要翻倍,数字化和信息化世界的数字化数据量显著增加(Hilbert & López,2011)。根据(Hilbert & López,2011)报道,这些数据的年平均增长速度估计为 59%,而且在近几年其速度会有进一步地增长。事实上,从 2012 年起,全世界每天可生产 25EB 的数据量(Halper,2012)。根据 EMC 所赞助的 IDC 研究,其预计在 2020 年全世界将生成达 40ZB 的数据量,而 2012 年已超过了 2.8ZB 的数据量(Rometty,2013)。

这种现象称为"大数据",其被认定为 2012 年度信息技术的最大趋势之一(CeArley & Claunch,2012)。许多新的定义包含在这个新名词的相关文献中。大数据是指无法在可接受的时间用常规软件对其进行抓取、分配、管理和处置的数据集合(Snijders et al.,2012)。Doug Laney,一位加特纳分析学家,其在 2001 年的研究报告中指出"大数据"具有"3V"特征(Laney,2001)。第一个"V"是指其容量。即其持续获取、储存和访问大容量数据的能力。第二个"V"与速度相关,其体现在完成数据产生、抓取、共享这一个过程的频率。最后一个"V"与类型相关,其囊括了不同源头的多种数据类型。事实上,以往的公司和各种组织所分析的数据是所谓的结构化数据,例如,数据库中的数据或者是简单的电子表格,而这些数据只占整个数据总量的 20%。根据 IBM 所报道,剩下的 80% 的数据是指原始的、半结构化或者非结构化的数据,其需要被结构化才能加以使用(Pierre & Marc,2003)。专家认同用"容量""速度""类型"这三个特点来定义"大数据"(Stefan,2012)。直至今天,这种统称为"3V"的模型仍广泛用来定义"大数据"这一现象(Beyer,2011)。此外,IBM 加入另一个"V"用以反映数据的精准性(Brian & Boris,2011)。其主要指数据的完整性、某一组织对数据的信任能力并有信心使用这些数据来进行重大决策。图 15.1 给出了"3V"大数据的相关要素与关系。

"大数据"现象在政治、商业、文化、社会、科技等众多领域有着广泛的应用,同时也涉及医学和生物信息学等领域。本书专注于处理医疗保健行业中海量数据时所面临的挑战。事实上,近年来医疗数据以指数形式进行演变,其速度远超过了医疗保健行业所能处理的速度(IBM,2011)。因此,对大数据的运用及其抓取、收集、查看、分析数据能力的需求比以往更受人关注。这些数据主要分布于一些领域,例如,分析实验室、放射影像中心、医生记录、理赔系统、CRM 系统、医疗保险和社会保障系统、各种卫生保健设施,而其更多来源于个人电子健康档案系统(IBM,2011)。

事实上,保存每个人的历史健康数据同时克服传统医疗记录缺陷的这一想法是促使电子病历(EHR)出现的第一步。EHR 定义为对个人或者群体电子健康信

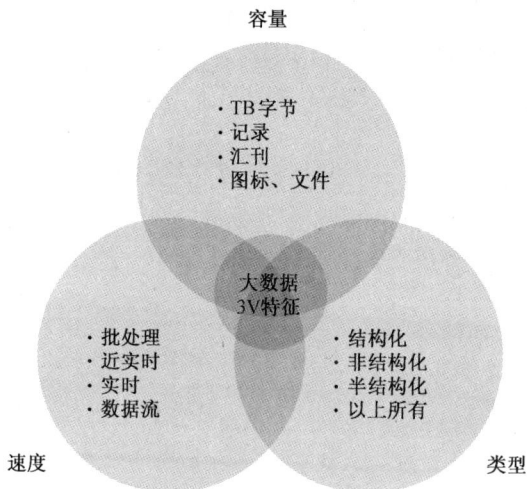

图 15.1 "3V"大数据

息进行系统性的采集(Gunter & Terry, 2005)。近年来,随着电子病历的飞速发展,目前设计这些系统的设计师们正面临着一项重大挑战即实现一种既创新又有效的可视化途径来协助临床决策和研究。这将满足医疗领域的临床医生和研究人员的期望和要求。

在此背景下,一些与之相关的研究工作早已经展开,其研究结果包括对电子健康档案的进行可视化操作和管理的各种系统和工具。其中有些研究专注于对单一记录进行管理,而另外一些研究目的是为了多个记录的显示。然而其仍达不到某些用户的特定要求,如进行研究与比较的要求。

本章的研究结构如下。15.2 节中的 15.2.1 节介绍了数据可视化的研究现状。15.2.2 节对电子病历的可视化系统的现有工作进行概述。15.3 节介绍了本章所推荐的系统,并描述其体系结构和基本概念。15.4 节对本系统的验证原型进行了描述。15.5 节致力于对系统的评价。最后,15.6 节中表明今后的工作将对本文进行总结。

15.2 相关工作

15.2.1 数据可视化

和以往相比,我们可获得更多的数据,然而没有合适的工具和相应的处理技术来进行管理,这些数据也显得毫无用处。为了赋予这些数据以存在的意义,它们必须以图表的形式呈现出来(Cleveland, 1993)。这就是所谓的数据可视化。IT 领域早已存在一些定义来详细阐述这个概念。根据 Michael Friendly 所言,数据可视化是将数据以可视化的形式表现出来的科学,其定义为在某些示意图中总结出信息,这些信息包含信息单元的属性和变量(Friendly,2008)。现场数据可视化起源于计算图形学的早期,20 世纪 50 年代计算机生成了第一个图形和图像(Owen,1999)。从一开始,数据可视化的主要目的是使用图形工具清晰有效地进行信息交流,也是为了组织复杂数据,增强与数据互动,从而扩大人类的认知,且有助于对数据进行评估,并从中提取新的知识(Fernanda & Martin,2011)。

在此情况下,人们提出了多种类型的数据可视化技术并且相对于每种技术研发出了很多工具。接下来,本书将概述不同类型数据的可视化技术和工具。

据 Solveig Vidal(vidal,2006)所报道,现已从不同角度研发出了四种数字可视化技术:

(1)线性可视化:这一类可视化与线性数据有关,如字母表、文本文件、表格、程序源代码和顺序有序集。根据我们正在处理的数据是否为按年代编排的数据,其分为三种主要的处理方式:

① 大型表格,如 TableLen(Rao & Card,1994),DEVise(Livny et al.,1997)和 Seesoft(Eick et al.,1992)。

② 数据透视表,如 Perspective Wall(Mackinlay et al.,1991)。

③ 历史脉络或者时间线,如 LifeStreams(Freeman,1997)和 LifeLines(Plaisant et al.,1998)。

(2)分层可视化:就是通过母节点与子节点之间的树结构关系建立分层数据组织。其在图书馆目录、文件系统、层级化的诸如业务流程图、磁盘空间管理、家谱和分类系统等组织结构中是最常见的信息管理方式。用户对数据能有简单直观的认识,因此这种可视化类型是世界上最直观的可视化工具。相较于其他的可视化类型它有更多样化的表现形式:

① 锥形树,如 Cat-a-cone(Hearst & Karadi,1997)和 LyberWorld(Hemmje et al.,1994a)。

② 双曲线树,如 Star Tree,H3 3D 双曲线浏览器(Munzner,1998)和 Walrus(Hemmje et al.,1994b)。

(3)多维可视化:通过这种可视化方式表现的信息主要来源于相互关联的数据库,其中每个元素信息项根据其在 N 维中的数值进行显示。为了便于最终用户的理解与分析,显示系统会选择减少 2~3 维的数据。在此可视化类型中,其主要可分为 2 种方式:

① 点云图,如 Xgobi(Swayne et al.,1998)、Envision(Nowell et al.,1996)、Spot-Fire(De Saussure,1957)内嵌的 FilmFinder(Ahlberg & Shneiderman,1994),Miner3D(Miner3D,2014)以及 LHN-FCSF(Azar & Hassanien,2014)。

② 岛山图(或者折线图),如 Parallel Coordinates(Inselberg & Dimsdale,

1991），Attribute Explorer（Tweedie et al.,1994）。

（4）网络可视化:这种可视化涉及如超文本文件网络或者人群的数据集。这些网络对象不一定存在层次顺序上的关系(同引文网络)。例如,允许从一个文档到另一个文档集,或到另一个文档的某部分,或者到个人的超链接导航。这种可视化网络应该在单一窗口中尽可能地显示信息,从而让浏览者可迅速发现节点之间的关系以及其中感兴趣的节点。

本书将在后续章节中对不同数据可视化技术进行比较研究。

15.2.2　电子病历的可视化系统

现已有相当多的工作研究了用户与电子病历之间的相互影响。这些工作的目的是帮助医学领域的临床医生和研究人员加深对诊疗计划和诊疗结果的理解。其也有助于解决基于电子病历的医疗决策的复杂性。在本节中,我们对其中一些工作进行了概述:

LifeLines(Plaisant et al.,1998)使用时间轴可视化技术来表现个人历史、医疗记录和其他类型的传记数据。在 LifeLines 中,水平线表示事件的持续时间,也可以表示在时间轴线上某一事件发生的时间点。将同类型的事件放置在同一层面上以便于进行深入拓展和缩减层面来增加或者减少细节层次。颜色符号和线条的粗细用于表示事件的重要性和关系。为便于管理高密度数据区域,LifeLines 提供了缩放功能,允许用户在任何时间点对时间尺度进行压缩和扩展,且在时间点上可添加其他的内容(如多媒体)。

Timelines(Harrison et al.,1994)是以病人问题记录为中心的时间可视化系统。在用户界面中电子病历的内容沿着时间轴进行集成、重组和显示。时间轴在形式上类似于 LifeLines。在时间轴中电子病历的各项内容如图像、报告、实验室测试等沿 Y 轴分组。然而,与 LifeLines(Plaisant et al.,1998)不同,Timelines 系统采用以 XML 数据的方式管理分布式异构医学数据库中的数据。在用户界面中根据用于指导纳入标准和数据隐喻的知识库,将数据各元素进行分类。

LifeLine2(Wang et al.,2008)是 LifeLines 的拓展,为了同时查看多个项目。该系统通过对齐、筛选、分类各项数据等操作便于用户对档案进行可视化比较。通过将患者记录中类似的事件(如第一次心脏病发作)排列整齐,使用者可以快速察觉并发事件。当操作用户发生变化时,通过交互重组将数据进行筛选和分类使其重新排列整齐,从而避免界面数据冗余。在 LifeLine2 中将每份电子病历视为时间轴上的一条水平条带。在实例中,同种类型的事件排列在同一水平带中。每一种类型通过不同的颜色来区分。

Similan(Wongsuphasawat & Shneiderman,2009)是一种交互式的用户界面,其帮助用户在包含了多个文件的数据库中找到类似的记录,且具有自定义搜索参数的能力从而加深用户对搜索结果的理解。为了获得文件夹与文件夹之间的相似事件,Similan 通过 M&M(匹配与不匹配)的操作来计算文件夹之间的相似度。该系统采用了 LifeLine2(Wang et al. ,2008)中将类似事件进行排列的概念,同时允许用户通过将主从数据排列整齐的方式进行数据预处理。Similan 可以显示每条记录中各项内容的时间。每个文件夹通过交替的背景颜色进行垂直叠加,又通过位于左侧的文件名加以区分。文件夹之间的相似值会出现在文件名的左侧。记录中的各项内容在时间轴上显示为彩色的方形。默认情况下,所有记录都是采用统一的时间尺度(即在界面顶部显示的年或月标签),从而使得时间尺度适用于不同的界面操作。

LifeFlow(Wongsuphasawat et al. ,2011)可对各事件的先后顺序进行可视化的交互式演示。其容量可扩展到任意数量,总结其中所有可能存在的顺序,并突出序列中事件之间的时间间隔。LifeFlow 以一种不同的方式查看各文件夹。在这个系统中,所有的记录在被查看之前,需按一个称为序列树的层次结构进行划分。在水平轴上原始数据通过彩色三角形表示(LifeLines2 中同样使用了这一传统方式)。每行分别代表着一个项目。各个记录先按序列树中的顺序分组,然后转化为可视化 LifeFlow。在序列树中每一个彩色条形图代表树中的一个节点,从而将每个节点分别对应各个项目类型的颜色,这就是 Lifelow 转换。而每个条形图的高度取决于此节点中所包含项目的数量占项目总数的比例。

VISITORS(Klimov et al. ,2010)是一种基于时间的进行大量数据处理的智能工具,这些数据产生于在时间来源上不一致的多个患者,从而达到分析临床实验结果和评估治疗效果的目的。其过程包括恢复工具、可视化、搜索和分析基于时间的原始数据以及概括多个病人的记录内容。因此,该系统是一个基于本体的互动探索模式,允许用户在不同的时间点可视化多个病人记录的原始数据和来源于不同时间粒度水平的多个患者所归纳的概念,从而研究这些概念并显示原始和所归纳概念之间的关联。基于学科的委托函数是将多个数据点转换为单一委托值从而显示每一个时间点。为了对病人群体进行检索,该系统包括基于本体的时态聚集规范、表达方式和图形规范语言模块。其中的表达方式是通过应用外源性的时间媒介设置时间限制和属性,随着时间变化检索患者列表、相关的时间间隔列表以及基于患者的数据集列表。表 15.1 为数据可视化不同类型和技术汇总表。

CLEF(Hallett,2008)是一种可浏览病历的可视化结构体系,其包括视觉导航工具和自动文本生成摘要。此可视化浏览器可通过追踪相应的诊断、治疗和研究三条平行线显示患者的病史。一个病人病史中的各项项目显示为视觉图形,而视觉图形通过颜色和标识符来加以区分。此外,使用者在时间尺度上对某个时间点进行缩放(向前或向后)可以查看更多或者更少的项目,且浏览器可对病史中各项目之间的语义联系(如所导致的、所指示的等)提供交互式可视化。用户可以操作该系统通过在不同的显卡区绘制检测结果图来查看大量数据(如抽血化验结果)。

表 15.1　数据可视化不同类型和技术汇总表

可视化类型	可视化技术	优点	缺点
线性可视化	大型表格	用户能够有一个概要性的了解,并且能够筛选、详细设计、重新分配数据进组并且能看到事件之间的联系	一旦识别就无法提取或导出利益数据
	投射墙	你可以跟踪事件的发展并且辨别各阶段和事件之间的关系,同时能有一个概要的把握	因为其不具有筛选功能,必须预先直到知道所要查看事件的时间点,除非 Timewall 具备了筛选功能
分层可视化	双曲线法	相对于径向图,用户通过双曲线几何图形能更好地可视化圆周上的节点	未经训练的用户需按照"鱼眼"转换模型努力重新构建认知语境
	圆锥法	三维透明锥视图和每一个感兴趣的锥点均伴随各节点的细节来表达,从而获得整体视觉("焦点+语境")	锥形图重叠在一起,即使有透明度,也很难区分细节
多维可视化	点云图	可以通过动态查询来筛选信息	图上的点的多样性造成了理解的困难
	岛山图	这一类图表间的关系很清楚,因为它可以同时进行多维可视化,它也能得出发展趋势并绘制出相应模型	这种展现模式不太常见因此需要用户熟悉此模式,并且必须所有参数列出来后才能显示关系图
网络可视化	社交网络	总的来说,除了 NetMap 外就交互性而言这种可视化非常灵活,用户可以通过概念执行请求来找一个人、一个项目或者一项要完成的任务	在 TheBrain 之中,不能搜到超过两个层次水平的事件
	网络文件	你可以查看引用的文件并且可以引用文件以了解科技领域的重点并发现在这一领域的领头人	大量的网络报告不值一看

ICOP(Sassi et al.,2009)是一个将不同来源的信息统一用时间符号表示的可视化系统。系统的重点是根据访问权限和用户需求进行筛选的过程。该系统也可以查看当地已创建的各类文件。ICOP 推出了一个标志性且具有时效性的全新的可视化技术。就可视化技术而言,ICOP 基于图形可视化模型的创建,其含 4 个主要组成部分:符号、环境、时效、元数据。ICOP 是为了在标识符信息卡(I^2C,图 15.2)上有关的特定区域中检索信息。标识符信息卡代表的是一个学科项目的图解历史,而图解历史的基础是用标识符来代表项目,同时这些项目沿时间轴分布(Sassi,2009)。

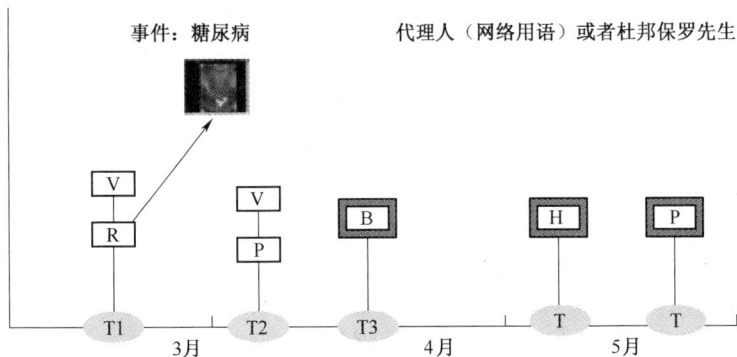

事件：糖尿病　　　　　代理人（网络用语）或者杜邦保罗先生

图 15.2　标识符信息卡（I²C）

基于此文献综述的基础上，提出了一项对照研究。此研究基于所推论的三项分类标准：可视化技术、显示方式、时间性的特征。

（1）可视化技术：电子病历中所运用的可视化技术可以用来区分各项操作。根据这一标准有如下两种可视化技术：

① 简单的图形显示：它包括基于简单图形和图表的图形表示（曲线，直方图）。

② 标识符可视化：它由主要基于标识符概念的图形形式组成。

（2）显示模式：此标准与系统显示的项目数目相关。根据这个标准可分为两类：

① 单项目系统：管理和显示界面中的一个项目。

② 多项目系统：支持多项目同时可视化。

（3）时间性：此标准与可视化项目中所使用的时间轴的特征相关。事实上，这种时间性也分为两类。

① 连续性：诠释项目的各种事件的确切日期，从而形成一个由开始时间和结束时间界定的历史项目。

② 非连续性：在这种类型的时间性，时间轴被分成相等且固定的时间间隔。

在某些系统中，这些间隔是通过应用程序窗口的大小和完整的时间范围来自动计算生成的。因此，这些事件是以相同的顺序进行分组和分布的。电子病历可视化系统汇总表如表 15.2 所列。

可以肯定的是，可视化记录和所作决策的疗效分析往往是这些系统的主要目的，而系统也已经在尝试着实现这个目标。很明显这些系统在某些方面存在共同点，也存在着一些差异。我们有了以下客观发现：

（1）大多数系统只能显示单个项目或者几个病人，但这两者不会同时出现在一个系统中。

（2）多数系统使用连续或者非连续的时间轴，但这两者不会存在于一个系统中。

369

表 15.2　电子病历可视化系统汇总表

系统	可视化技术		显示模式		时间性	
	简单的	标识符的	单项目的	多项目的	连续性的	非连续的
LifeLines	*		*			*
Timelines	*		*			*
LifesLine2	*			*	*	
Similan	*			*	*	
LifeFlow	*			*	*	
Visiteurs	*			*		*
CLEF		*	*		*	
ICOP		*	*			*

（3）仅管理多个病人病历的系统具有筛选功能。

（4）很少考虑特殊用户的意图。

（5）多数系统使用简单的图像语言或标识符语言,但不会两者都用。

（6）以下情况系统不能联合使用:

① 单项目和多项目治疗。

② 简单图像可视化和对应标识符。

③ 时间连续性与非连续性。

考虑到以上几点,考虑开发一个系统,它可以结合简单图形语言和对应的标识符,单项目可视化和多项目可视化以及两型性(连续性和非连续性)。为保证我们的想法可实现,选择了 ICOP 系统(Sassi et al. ,2009)作为研究出发点。

15.3　医疗多项目系统

医疗多项目 ICOP 系统(M^2ICOP)是一个健康信息交互式系统,它致力于为卫生领域的专业人才和研究人员服务。此系统是 ICOP 系统的拓展(Sassi et al. ,2009)。ICOP 系统起着语义媒介的作用,以确保不同信息系统之间的交流与协调,从而通过一种统一的、图形的、标识符的、按时间顺序排列的格式显示数据,并将其可视化。M^2ICOP 用于多项目(电子病历)同时可视化。

实际上,用户可以在包含多个文件的数据库中找到相似的记录,系统具有自定义搜索参数的功能。系统可以让用户加深对治疗结果的了解,比较在同一时间轴上两个病人的记录以及使用最佳医疗实践和共享了的治疗经验。M^2ICOP 的主要功能是实现多项目的可视化,其有助于监测以及慢性病管理看护的监测。

15.3.1 M^2ICOP 系统的结构

该系统具有四层结构(图 15.3)。

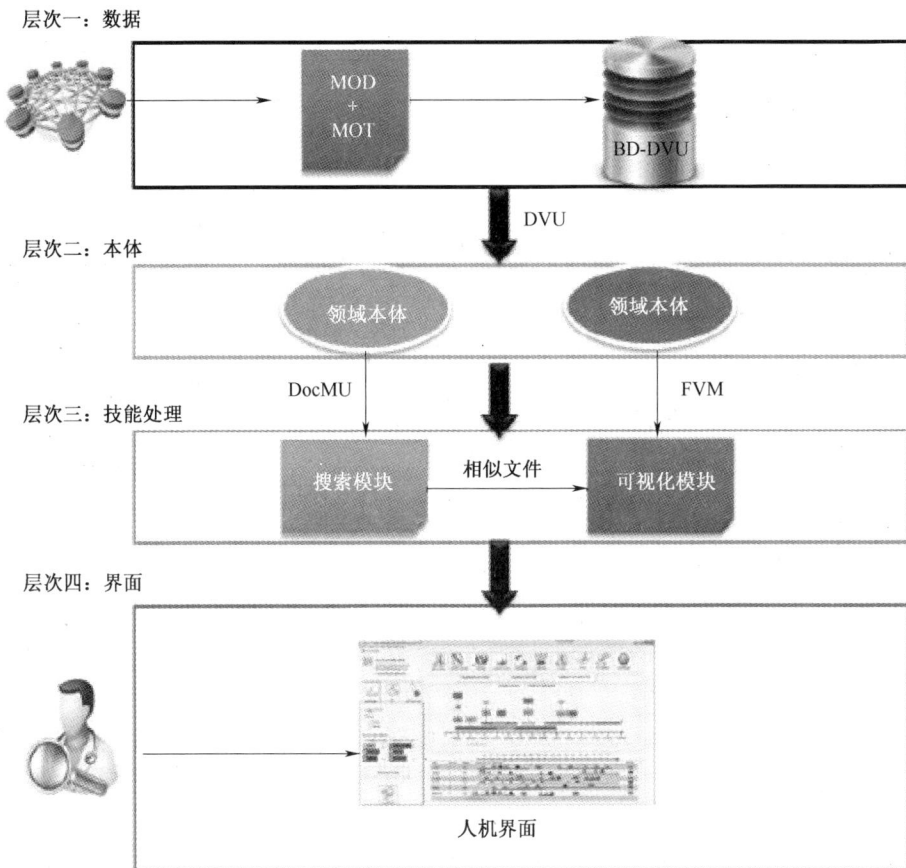

图 15.3 M^2ICOP 系统结构

第一层数据:将不同来源的信息根据两个元本体(领域元本体"MOD"和任务元本体(MOT))进行注释,描绘并统一化。这解决了异构问题且保证了语义互操作性。通过 MOD 和 MOT 这两个概念为每个病人建立了一个统一的统一虚拟文件夹(UVF)。所有的 UVF 存储在关系数据库中。在这个数据库中,每个记录都有一个标识符和一组元数据。事实上,这些元数据是从文件自身提取出的信息摘要。这些元数据的主要作用是有助于研究大量的数据,例如本案中的数据。

第二层本体:其中包含两个特意为满足系统某些功能而设计的域本体。第一本体 ExaMed 提供了病人能够做的所有医疗检查的分类。第二本体 AtlasDeseas 描述了按人体结构部位划分的所有疾病。

第三层技能处理:这是系统的核心层,它由两个主要模块组成,即研究模块和显示模块。研究模块主要用于研究类似的记录,而可视化模块的目标是创造不同类型的可视化。

第四层界面:界面主要依赖于系统的人机互动部分,它包含了所有用户与系统交互作用的图形界面。

更普遍地说,我们的系统体系结构可演绎为 3 个方面的特征(图 15.4):

(1) 第一方面可以用与前两级相关的代表性信息表示:数据和本体。

(2) 第二方面是信息检索与技能处理的搜索模块相关。

(3) 最后一方面是信息可视化与艺术层、界面层的显示模块相关联。

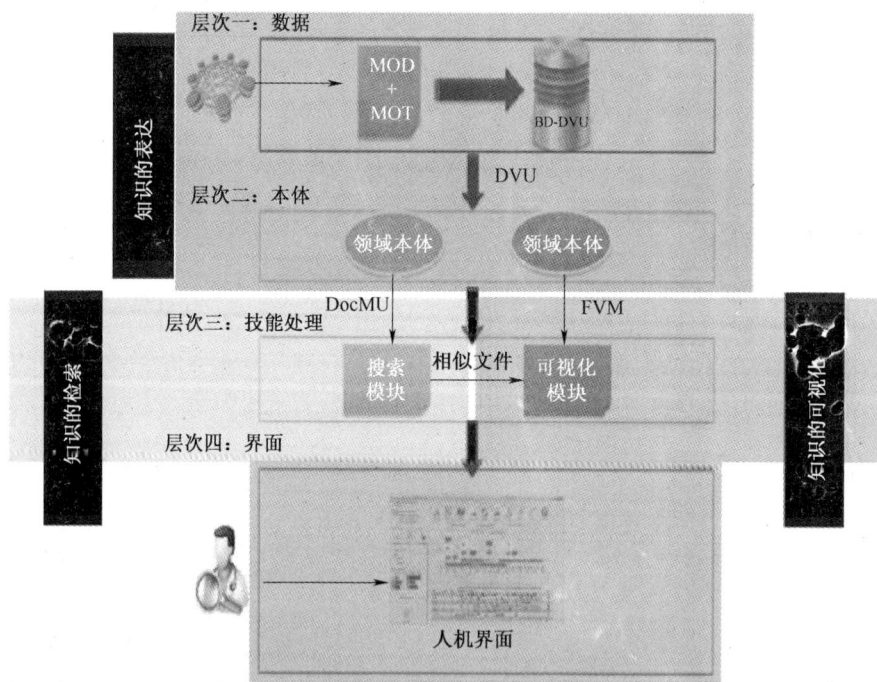

图 15.4   M²ICOP 系统结构的三方面

15.3.1.1   信息的体现

至于信息的体现,M²ICOP 系统是在领域本体(MOD)、任务的元本体(MOT)以及两个领域本体 Examed 和 AtlasDeaseas 所形成强有力的语义基础上充分表现出来的。

MOD:定义了各种概念以及从现有数据文件所提取概念之间的语义关系。根据(Sassi,2009),MOD 提出了一个元模型再利用的框架,以便于通过概念以及这些概念之间的关系对知识领域进行阐述。系统也支持概念、属性、值域和实例的描述与分类。

MOT:它为客户提供常见任务词汇的框架性描述。除了明确的任务目标,它也可以结合指定任务的环境(其场地、用户及时间)来理解从 MOD 中提取的概念(Sassi,2009)。MOT 连接一个用户类的每个配置文件,从而确定与域的本体论子集相关的活动或任务。

设计这两个元本体是用来确保语义之间的协同性的。事实上,根据这两个为解决异构问题而产生的元本体,异源异构数据已经被注释、描述且统一化了。对于每一个病人,通过 MOD 和 MOT 都建立一份统一虚拟记录(UVR),所有的 UVR 都储存在数据库(BUVR)之中。

ExaMed(Dridi,2014)是一个展现医疗检测与检查相关概念的领域本体。医疗检测是指一项有助于诊断和评估疾病的医疗程序,它可以了解病人的易感性并有助于保健人员决定合适的治疗方式(Al-Gwaiz & Babay,2007)。事实上,这些医疗检查和检测可以根据几种类型来进行划分。一般说来,有两种主要类型:临床检查和辅助检查,后一种检查又可以分为几种不同的类型(生物测试、医学影像学检查,内窥镜检查,活检……)。因此,每种医学检测都有对应的参数(Murthy & Halperin,1995)。

AtlasDeseas(Dridi,2014)是涵盖所有人类疾病的领域本体论。它根据正常或慢性疾病的标准进行疾病分类,并通过人类各个器官与对应疾病间的联系将解剖学和病理学结合起来。科学地说,人体是由结构物质组成的。人体由六个主要部分组成(头和颈部,皮肤,指甲和头发;胸部;上肢;腹部和骨盆;下肢),人体图的每一部分都包含了人体的四肢和器官(Bianconi et al.,2013)。这些身体部位易感于各类疾病,可分为:常规疾病和慢性疾病(Navarro-Alarcon & López-Martinez,2000)。

15.3.1.2 知识检索

相比于用户输入的搜索查询,搜索模块(三级)通过计算不同项目之间的相似性可搜索其中最可能的相关对象。在实践中,当系统用户发出请求并启动搜索时,系统将在 UVR 基础上查找与请求相关的统一虚拟记录文件。由于其有助于加快搜索进程,这一积极作用对于储存在数据库中的 UVR 元数据也是非常重要的。在此过程中,需选择一个统一虚拟文件语义列表。然后参考用户的配置文件,通过语义调解生成器将每一项统一虚拟记录转换成语义调解文件。语义调解文件包含了详细介绍目标语境的元数据,而源文件中的信息与对象及其 URL 地址有关。基于这些 URL 地址,此模块能检索每个病人的医疗检查记录(图 15.5)。

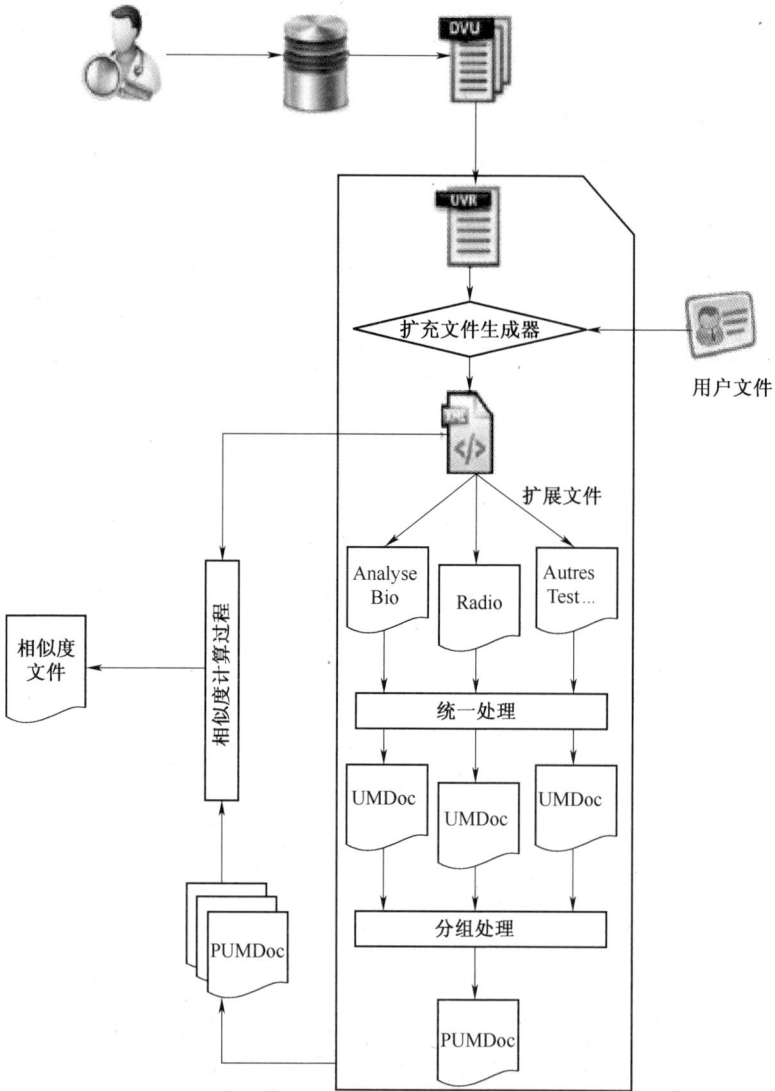

图 15.5　搜索模块结构

每一个恢复文件都将进行一项统一的处理,其目的是为了重置文档模式,这一过程最终结果将得到一组统一的医疗文书(UMDoc)。

这一过程的结果为一组与患者有关的统一医疗文书(UMDoc)。这表明该系统是以结构化的方式、特殊的模式和统一的结构来表达医学文献中的概念。这些统一医疗文书随后被传递至第二个名为"分组处理"的过程中。这个过程是依次将这些文件放置在一起,形成一个病人统一的医疗文件文书(PUMDoc)。因此这个文件包含了同一个患者一系列的所有医疗文件,用于与其他患者的病人统一医疗文件文书相比较。

在本模块中,由上产生的病人统一医疗文件文书与其对应的扩充文件将被传递至最后一个计算相似度的处理过程中,这一过程旨在计算不同项目之间的相似程度。所获得的计算结果将形成一个文件,名为"相似度文件"(FoS)。相似度的计算过程包括2个计算步骤:

(1)基本计算(默认):比较器的作用是用于两个相计较的文件之间计算公共医疗事件(扩充文件中所示疾病)。

(2)高级计算:比较器在这一水平远不止计算两者之间的公共医疗事件,其专注于在患者统一医疗文件文书中患者的医疗检验和检查参数(数值)。

比较器所获得的结果是一个以表格的形式呈现的文件,称为相似度文件。表中各列呈现的是所假定患者的相关医疗事件(疾病)和高级计算中所获得的医疗检验的参数。表中各行显示的是一个患者列表(患者标识符),其需要与患者相关指标相对应。

15.3.1.3 知识可视化

来自异构源和系统中的数据通过统一虚拟记录的格式被采集和描述,而可视化模块(3级)可将这些数据和研究模块所产生的的信息进行可视化。这种新型的视觉方式有助于用户的理解、认知、互动等方面。该模块包括四个子模块,每一个模块提供特定的可视化模式。事实上,其分为单项目可视化模式、多项目可视化模式、双项目可视化模式和隐喻性可视化模式。

单项目可视化(图15.6):这种基础的可视化模式的前身为ICOP系统。其显示的是最简单的情况,如用户想要查看单个病人的病历。此方法中的子模块仅输入单个扩充文件从而产生单个病人的标识符信息卡(I^2C)。在此可视化模式中,电子病历以标识符显卡的形式显示,其可呈现病人从出生到死亡时的概要病史。

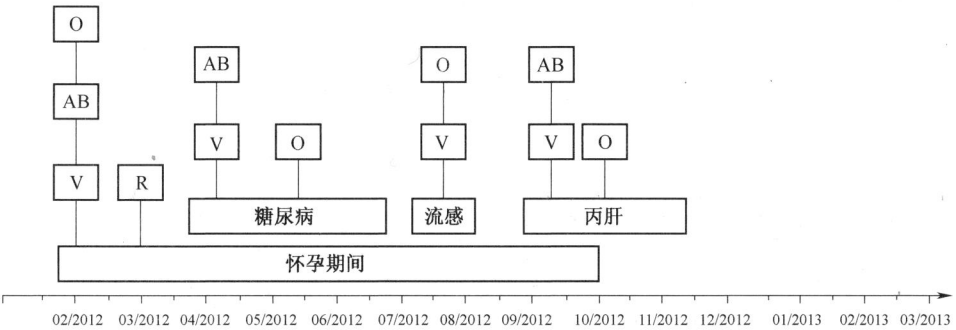

图 15.6　单项目可视化

如图所示,这些事件都是用一个伴有开始日期和结束日期的矩形表示。医疗行为通过标识符的形式来解释说明每一个事件。单击标识符通过此标识符的简单说明来显示医疗行为的元数据。当一个文档分配到某一个标识符,在此标识符将出现一个小图解,这表明这一医疗行为存在了描述性的文件。在此模式中使用的可视化技术只是单纯的标识符,其时间性的特点为连续性。

双项目可视化(图 15.7):用户通过这一技术能看到两个不同患者的健康记录,从而有机会将这两个文件进行比较。此显示模式的子模块需要输入两个患者的扩充文件,可以获得两个项目的标识符信息卡。

在此可视化模式中,两个项目依次显示且通过时间来区分,从而使得对比任务更加便利高效。

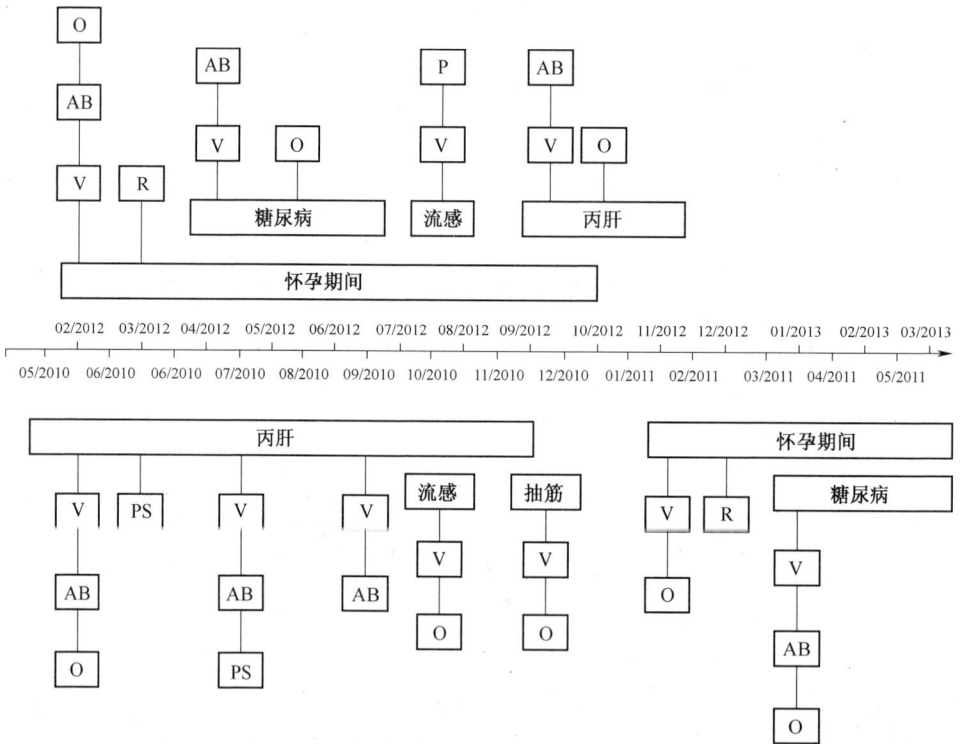

图 15.7 双项目的可视化

多项目可视化(图 15.8):多项目可视化的子模块通过搜索相似项目这一操作干预并显示研究结果表格,这种模式的可视化呈现给用户一个类似健康记录文件的综合概述。在这种模式下,项目将显示在一个表中,或者每行由一个病历组成。根据其位于表格左侧的 ID,病人性别,年龄以及位于表格右侧的病人的健康状况(康复、生病、死亡)定义了每个文件,这些文件放在一块,并通过不断变换的背景颜色加以区分。在这个系统中,事情根据所发生的时间通过水平线来划分。因此,用三角形表示各类医疗行为,"+"则表示有更多的医疗的行为,但不能完全显示出来。鼠标点击事件或医疗过程将会有一个简短的描述(对象元数据)。在这个模型里,所用的可视化技术是简单图形可视化,时间特性为非连续性。

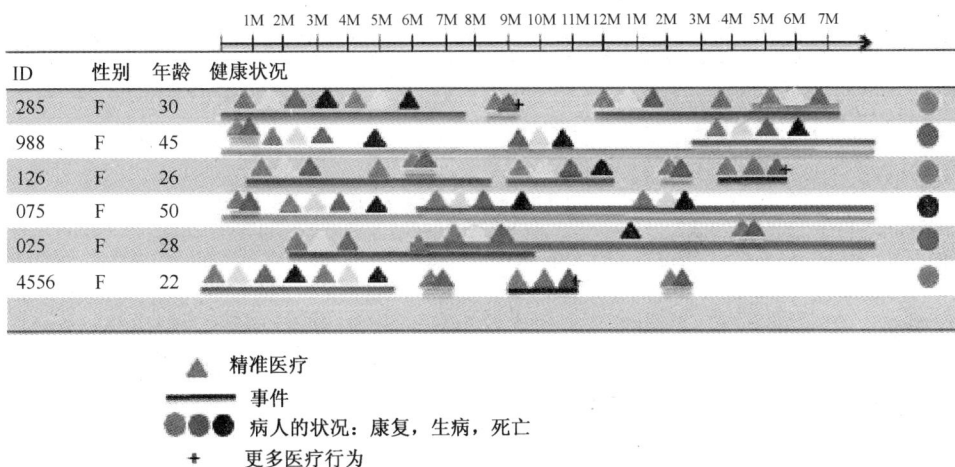

图 15.8　多项目的可视化

隐喻可视化(图15.9):这种可视化模式在工作原理、利益相关者组成和所获

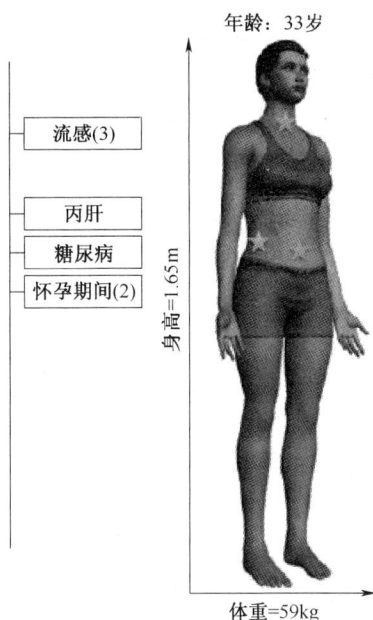

图 15.9　隐喻可视化

377

得的结果方面不同于之前的模式。这种模式是在一个人体形态图上展现患者的不同疾病,同时将患者的简介以一种更快速和更具有表现力的方式呈现给用户。在此模式中,患者的医疗记录在人体形态图上显示出来,相关的医疗事件放置在所受累的人体部位(器官),同时用两种颜色的星星来区分疾病的类型(红色代表慢性疾病,绿色代表正常状态)。除了其在人体形态图上的图形表示法,患者的医疗事件还可以通过他们的名字以标识符来表示。点击其中一个标识符将会呈现出有关患者的按时间顺序排列的标志性医疗事件。关于病人的其他信息如身高、体重和年龄也可以在这种模式中被可视化。

15.4 实验

实际上,M²ICOP 原型是为医务工作者设计的办公软件。联网后,医生可以使用办公软件提供的各种功能,如信息、共享日历、组织联系人、备份共享文件和个人文件、记事本、任务、收藏夹和同步通信工具(聊天和论坛),最后还有病人的健康记录。

事实上,M²ICOP 系统界面主要由 4 个版面组成(图 15.10):

(1)数字用户版块:提供所有与系统有关的人员信息。

(2)功能菜单:由一系列可以帮助用户的工具组成(电子邮件、日历、共享文件、收藏夹等)。

(3)项目显示板:标识符信息卡所展示的内容。

(4)平台管理和调研:平台与项目显示面板息息相关。它有 3 个标签:

① 一般信息标签:介绍病人的信息。

② 筛选标签:根据不同的可视化角度,它可以使患者查看一个病人的电子病历记录。

a. 片段视图:在一个特定的片段上显示所有的医疗程序。换而言之,它就是一个注释了一个片段的视图。

b. 医学行为视图:此视图对应于对象类型的显示并总结了同类型注释集的医学程序。

c. 时间间隔视图:时间间隔视图可以让所有集和在一个给定的时间间隔里的医疗程序可视化。

③ 搜索标签:赋予它指定搜索参数的功能所有用户搜索类似的病人健康记录。

a. 默认搜索:搜索标准是病人的年龄、性别和疾病。

b. 高级搜索:搜索标准主要是医学考试和考试的参数。

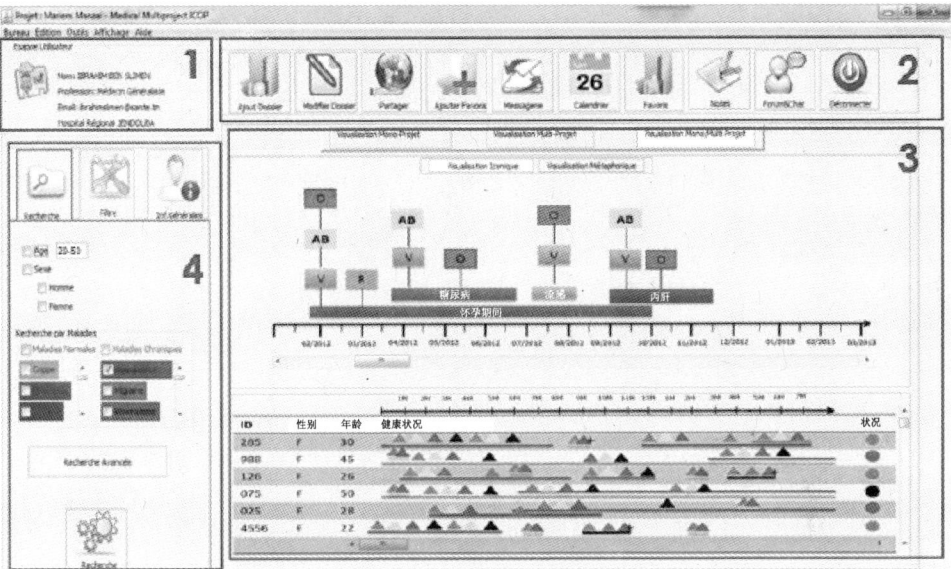

图 15.10　M²ICOP 虚拟界面

15.5　M²ICOP 系统功能和可用性的评估

卫生信息系统的评价是一项挑战：一个系统本身的评估是复杂的，但在医疗领域，我们不仅需要关注技术和人这一方面，同时也要关注对医务工作者临床实践中的影响（Ammenwerth et al. ,2003,Lemmetty & Häyrinen,2005）。其他作者如（Friedman et al. ,1997,Brender,1998）声称对医疗系统的评估很难普及，他认为必须考虑被检测病人的差异，医疗系统在卫生领域使用背景的特殊性以及系统评估本身的背景。我们根据医务工作者的要求研发并改进了 M²ICOP 系统。我们对系统做了一项评估来回答以下 3 个研究问题：

（1）整体功能和可用性：系统运营商互动探索是否可能，功能是否多样，是否可用。

（2）可视化功能：

① 确认对标识符信息卡采用标识符的形式表达和进行时间可视化的实用性。

a. 采用标识符表示法是一种可行的做法吗？

b. 其通过时间轴采用时间表示法是一种可行的做法吗？

② 衡量这些标识符特征的可用性：

a. 医务工作者会使用各种浏览模式（单项目、多项目、双项目和隐喻可视化）的全部功能吗？

379

b. 不同可视化模式的功能是否具有实用性？

③ 确认搜索功能的实用性和可用性：

a. 研究结果与用户所期望的结果相关联吗？

b. 所显示的结果是有限且有用的研究吗？

④ 衡量进行各项特征比较的可行性？

a. 进行功能之间的比较是一种可行的做法吗？

b. 你所定义的比较标准可行吗？

15.5.1 数据采集和评估过程

在此项工作中，我们决定让医疗工作者操作该系统原型，从而验证我们所假设的其在临床实践中的实用性和可用性，获得关于可用性功能的第一建议。为了评估我们的系统，我们调用了包含来自坚杜拜地区医院和私人诊所的 37 例患者的医疗记录的数据库。8 名来自不同层次水平和不同专业领域的医生对此系统进行了评估。参与者被要求回答 15 个临床问题：其中 5 个问题要求参与者使用了 M^2ICOP 的常规搜索功能，其中 5 个问题参与者需使用项目比较的功能（选择标准，分类，……），还有 5 个问题需要使用各类模式的可视化功能（单项目、多项目、双项目、隐喻可视化）。

在评估第一步，我们通过大屏幕的投影装置播放幻灯片的方式将系统介绍给参与者们。我们采用幻灯片展示的目的是为了向所有参与者提供对 M^2ICOP 系统所提供的服务的可用性、我们所做研究的目的和本质进行评价所必需的信息。这一步骤也可以让参与者熟悉本系统以及评估中所需使用的相关概念，从而让其更专注 M^2ICOP 系统的可行性测试。在此演示后，我们要求每个参与者回答三个临床问题，以测试他们对各项系统功能的理解和掌握程度。当参与者正确回答了上述问题，则可视为其能够进行系统评估。

15.5.2 评估结果

本节根据 15.4 节中提出的三个研究问题对评价结果进行了总结。所获得的评价结果使人备受鼓舞。临床医师表明该系统所有的功能均具有使用性且界面易于操作。而收集到的主要负面评价为缺乏语音界面。卫生保健专业人士表明在界面中整合语音的观念非常有利于节省时间。尽管 70% 的医务人员表明他们之前没有使用过此类型的工具，但他们发现该系统的 80% 的常规使用项目操作起来相当简单。仅 10% 的临床工作者称此系统确实具有搜索方面的特色（其他人觉得此系统更易于搜索），只有 20% 的临床医生表明搜索时存在操作失误。从整体来看，操作、标识符可视化和项目比较这三项更易于理解。最鼓舞人心的事情是临床医

生表明通过 M^2ICOP 的功能极大地帮助他们制定合适的诊疗计划且更易于与其他医务人员进行沟通。

15.6　结论

海量数据时代的到来,毫无疑问这种极具潜力和期望的技术将在捕捉、存储、可视化和分析方面取得飞跃,这些技术会真正提升这些数据的价值和重要性。在此系统所应用的医疗保健领域,大数据都早已面临着诸多挑战。这种技术致力于增强和提高从复杂且异质的病人获得知识的推理能力,充分利用海量数据和提高护理和治疗的质量等。在此背景下,我们提出了一种新的交互式信息系统,称为 M^2ICOP 系统。此系统允许医疗领域的临床医生和研究人员管理和可视化海量医疗数据,在电子病历中它包含四种不同的显示模式:单项目、双项目、多项目、隐喻。因此,该系统为用户提供了搜索类似文件的机会,并可以对两个不同的项目进行比较。M^2ICOP 的独创性主要在于单项目与多项目的结合、简单图形与纯粹标识符对应、时间的连续性和非连续性的使用。

尽管我们所获得的结果备受鼓舞,但在今后的工作中仍有一些方面我们需要考虑到。在 GUI 中加入一些新的功能(如图形缩放)也备受关注。同时我们也考虑使此系统适应于移动和分布式的环境中(如在移动设备 PDA(个人数字助理)上使用我们的系统)。因此,进一步开发和扩大我们的系统应用领域备受关注,例如将我们的系统应用于法律行业来查看、管理和比较诉讼事件。

参考文献

Ahlberg, C., Shneiderman, B.: Visual information seeking using the filmfinder. In: Conference Companion on Human Factors in Computing Systems, CHI 1994, pp. 433–434. ACM, New York (1994)

Al-Gwaiz, L. A., Babay, H. H.: The diagnostic value of absolute neutrophil count, band count and morphological changes of neutrophils in predicting bacterial infections. Med. Princ. Pract. 16(5), 344–347 (2007)

Ammenwerth, E., Iller, C., Mansmann, U.: Can evaluation studies benefit from triangulation? a case study. International Journal of Medical Informatics 70(2), 237–248 (2003)

Azar, A. T., Hassanien, A. E.: Dimensionality reduction of medical big data usingneural-fuzzy classifier. Soft Computing, 1–13 (2014)

Beyer, M.: Gartner says solving 'big data' challenge involves more than just managing volumes of data (2011), http://www.gartner.com/newsroom/id/1731916 (accessed: April 14, 2014)

Bianconi, E., Piovesan, A., Facchin, F., Beraudi, A., Casadei, R., Frabetti, F., Vitale, L., Pelleri, M. C., Tassani, S., Piva, F., et al.: An estimation of the number of cells in the human body. Annals of Human Biology 40(6), 463–471 (2013)

Brender, J. : Trends in assessment of it – based solutions in healthcare and recommendations for the future. International Journal of Medical Informatics 315(7109), 217–227 (1998)

Brian, H. , Boris, E. : Expand your digital horizon with big data. Forrester Research Inc. (2011), http:// www. asterdata. com/newsletter-images/30-04-2012/ resources/Forrester Expand Your Digital Horiz. pdf

CeArley, D. , Claunch, C. : Top 10 strategic technology trends for 2012 (2012), http://www. gartner. com/ technology/research/top-10-technology-trends (accessed: April 14, 2014)

Cleveland, W. S. : Visualizing Data. Hobart Press, Summit (1993)

De Saussure, F. : Cours de linguistique génèrale(1908-1909). Cahiers Ferdinand de Saussure (15), 3–103 (1957)

Dridi, A. : Le syst'eme medical multi-project icop(m^2 icop). Master' s thesis, Faculty of Law, Economics and Management of Jendouba, University of Jendouba, Tunisia (2014)

Eick, S. G. , Steffen, J. L. , Sumner Jr. , E. E. : Seesoft – a tool for visualizing line oriented software statistics. IEEE Trans. Softw. Eng. 18(11), 957–968 (1992)

Fernanda, V. , Martin, W. : How to make data look sexy (2011), http://articles. cnn. com/2011 – 04 – 19/opinion/ sexy. data 1 visualization-21st-century-engagement? s = PM: OPINION (accessed: April 14, 2014)

Freeman, E. T. : The Lifestreams Software Architecture. PhD thesis, New Haven, CT, USA (1997) UMI Order No. GAX97-33943

Friedman, C. P. , Wyatt, J. C. , Faughnan, J. : Evaluation methods in medical informatics. BMJ – British Medical Journal – International Edition 52(7109), 689 (1997)

Friendly, M. : Milestones in the history of thematic cartography, statistical graphics, anddata visualization. In: Proceedings of the 13th International Conference on Database and Expert Systems Applications (Dexa 2002), Aix En Provence, pp. 59–66. Press (2008)

Gunter, T. D. , Terry, N. P. : The emergence of national electronic health record architectures in the united states and australia: models, costs, and questions. Journal of Medical Internet Research 7(1), e3 (2005)

Hallett, C. : Multi-modal presentation of medical histories. In: Proceedings of the 13th International Conference on Intelligent User Interfaces, IUI 2008, pp. 80–89 (2008)

Halper, F. : Ibm what is big data? bringing big data to the enterprise (January 2012), http://www-01. ibm. com/ software/in/data/bigdata/ (accessed: April 14, 2014)

Harrison, B. L. , Owen, R. , Baecker, R. M. : Timelines: an interactive system for the collection and visualization of temporal data. In: Graphics Interface 1994, pp. 141–141. Citeseer (1994)

Hearst, M. A. , Karadi, C. : Cat-a-cone: an interactive interface for specifying searches and viewing retrieval results using a large category hierarchy. ACM SIGIR Forum 31, 246–255 (1997)

Hemmje, M. , Kunkel, C. , Willett, A. : Lyberworld – a visualization user interface supporting fulltext retrieval. In: SIGIR 1994, pp. 249–259. Springer (1994a)

Hemmje, M. , Kunkel, C. , Willett, A. : Lyberworld – a visualization user interface supporting fulltext retrieval. In: Proceedings of the 17th Annual International ACM SIGIR Conference on Research and Development in Information Retrieval, SIGIR 1994, pp. 249–259. Springer-Verlag New York, Inc. , New York (1994b)

Hilbert, M. , L'opez, P. : The world' s technological capacity to store, communicate, and compute information. Science 332(6025), 60–65 (2011)

IBM. Harness your data resources in healthcare (2011), http://www-01. ibm. com/software/data/bigdata/industry-healthcare. html (accessed: April 14, 2014)

Inselberg, A. , Dimsdale, B. : Parallel coordinates. In: Human – Machine Interactive Systems, pp. 199 – 233. Springer (1991)

Klimov, D. , Shahar, Y. , Taieb – Maimon, M. : Intelligent selection and retrieval of multiple time – oriented records. Journal of Intelligent Information Systems 35(2) ,261-300 (2010)

Laney, D. :3D data management: Controlling data volume, velocity, and variety. Technical report, META Group (February 2001)

Lemmetty, K. , H"ayrinen, E. : Operation management system evaluation in the central finland health care district. In: Connecting Medical Informatics and Bio-Informatics, vol. 116, pp. 605-607. IOS Press (2005)

Livny, M. , Ramakrishnan, R. , Beyer, K. , Chen, G. , Donjerkovic, D. , Lawande, S. , Myllymaki, J. , Wenger, K. : Devise: integrated querying and visual exploration of large datasets. ACM SIGMOD Record 26, 301-312 (1997)

Mackinlay, J. D. , Robertson, G. G. , Card, S. K. : The perspective wall: Detail and context smoothly integrated. In: Proceedings of the SIGCHI Conference on Human Factors in Computing Systems, pp. 173-176. ACM (1991)

Miner3D. Computer software (2014), http://www. miner3d. com/ (accessed: April 14, 2014)

Munzner, T. : Exploring large graphs in 3d hyperbolic space. IEEE Computer Graphics and Applications 18(4) ,18-23 (1998)

Murthy, L. , Halperin, W. : Medical screening and biological monitoring: A guide to the literature for physicians. Journal of Occupational and Environmental Medicine 37(2) ,170-184 (1995)

Navarro-Alarcon, M. , L'opez-Martınez, M. C. : Essentiality of selenium in the human body: relationship with different diseases. Science of the Total Environment 249(1) ,347-371 (2000)

Nowell, L. T. , France, R. K. , Hix, D. , Heath, L. S. , Fox, E. A. : Visualizing search results: some alternatives to query-document similarity. In: Proceedings of the 19th Annual International ACM SIGIR Conference on Research and Development in Information Retrieval, pp. 67-75. ACM (1996)

Owen, G. S. : History of visualization (1999), http://www. siggraph. org/education/ materials/HyperVis/visgoals/visgoal3. htm (accessed: April 14, 2014)

Pierre, D. , Marc, M. : Big data: du concept `a la mise en oeuvre. premiers bilans (2013), http://blog. dataraxy. com/public/TR4_Big_data. pdf (accessed: April 14, 2014)

Plaisant, C. , Mushlin, R. , Snyder, A. , Li, J. , Heller, D. , Shneiderman, B. : Lifelines:

using visualization to enhance navigation and analysis of patient records. In: Proceedingsof the AMIA Symposium, p. 76. American Medical Informatics Association (1998)

Rao, R. , Card, S. K. : The table lens: merging graphical and symbolic representations in an interactive focus + context visualization for tabular information. In: Proceedings of the SIGCHI Conference on Human Factors in Computing Systems, CHI 1994, pp. 318-322. ACM, New York (1994)

Rometty, V. : Big data: la nouvelle r'evolution. La Tribune 42, 4 (2013)

Sassi, S. : Le syst`eme ICOP: repr'esentation, visualisation et communication de l' information `a partir d' une repr'esentation iconique des donn'ees. Phd thesis, INSA de Lyon et ENSI de Manouba (2009)

Sassi, S. , Verdier, C. , Flory, A. : Collaborative tasks: reorganize the information representation and communication in the project management. Electronic Journal of Digital Enterprise 25, 10 (2009)

Snijders, C. C. P. , Matzat, U. , Reips, U. D. : " big data ": Big gaps of knowledge in the field of internet science. International Journal of Internet Science 7, 1-5 (2012)

Stefan, S. : Les 3 v du big data: Volume, vitesse et var' eit' e (2012), http://www. journaldunet. com/solutions/expert/51696/les-3-v-du-big-data-volume-vitesse-et-variete. shtml (accessed: April 14, 2014)

Swayne, D. F. , Cook, D. , Buja, A. : Xgobi: Interactive dynamic data visualization in the x window system. Journal of Computational and Graphical Statistics 7(1) ,113-130 (1998)

Tweedie, L. , Spence, B. , Williams, D. , Bhogal, R. : The attribute explorer. In: onference Companion on Human Factors in Computing Systems, CHI 1994, pp. 435-436 (1994)

Vidal, S. : Visualisation de l' information - un panorama d' outils et de méthodes. Technical report, INIST-CNRS -

Institute for scientific and technical information, Vandoeuvre-l'es-Nancy, France (2006)

Wang, T. D. , Plaisant, C. , Quinn, A. J. , Stanchak, R. , Murphy, S. , Shneiderman, B. : Aligning temporal data by sentinel events: Discovering patterns in electronic health records. In: Proceedings of the SIGCHI Conference on Human Factors in Computing Systems, CHI 2008, pp. 457-466. ACM, New York (2008)

Wongsuphasawat, K. , G'omez, J. A. G. , Plaisant, C. , Wang, T. , Taieb-Maimon, M. , Shneiderman, B. : Lifeflow: Visualizing an overview of event sequences (video preview). In: CHI 2011 Extended Abstracts on Human Factors in Computing Systems, CHI EA 2011, pp. 507-510 (2011)

Wongsuphasawat, K. , Shneiderman, B. : Finding comparable temporal categorical records: A similarity measure with an interactive visualization. In: IEEE Symposium on Visual Analytics Science and Technology, VAST 2009. , pp. 27-34. IEEE (2009)

第16章 基于改进软粗糙集的心律失常心电图信号分类方法

S.Senthil Kumar,H.Hannah Inbarani

摘要 本研究的目的是将心律失常的心电图信号进行分类。大多数模式重组技术在提取特征和分类上消耗大量的计算和处理时间。心电图(ECG)是 P 波,QRS 波群,T 波,表现了心脏的电活动。心电图是最直观的生物信号,可以为医生提供有关病人心脏疾病的合理而准确的数据。通过扭曲的心电图可以识别出许多心脏问题。不同的心脏疾病有着不同的心电图波形;此外,因为存在大量的心脏疾病,所以很难准确地从不同的心电图波形中提取心脏特征。现在,大数据被迅速用于所有科学和工程领域,包括物理、生物医学和社会科学。它可以直接根据大量的心电图数据集构建计算模型。粗糙集规则专门用于从标定数据中提取人类可以理解的决策规则。软粗糙集理论是一种用于解决不确定性问题的新型数学工具。从 MIT-BIH 心律失常数据库中可以得到 5 种心脏节律,包括正常窦性心律(NSR)、过早心室收缩(PVC)、左束支传导阻滞(LBBB)、右束支传导阻滞(RBBB)和起搏节律(PR)。在预处理选定的记录后,从每次心跳中提取 5 种形态特征。本章利用改良的软粗糙集技术,将心电图信号分类。实证分析表明,该方法较其他 6 种已有技术,如反向传播神经网络技术、建立决策表、J48、JRip、多层感知器和朴素贝叶斯,有着更好的性能。本章重点是找出一种简单可靠的特征和最佳 MSR 结构,以正确地将 5 种不同的心脏疾病分类。

关键词 心电信号;特征提取;软粗糙集;分类;比较分析

S. Senthil Kumar ・ H. Hannah Inbarani

Department of Computer Science, Periyar University, Salem-636011

e-mail：｛pkssenthilmca,hhinba｝@ gmail.com

ⓒ Springer International Publishing Switzerland 2015

A.E. Hassanien et al.(eds.), *Big Data in Complex Systems*,

Studies in Big Data 9, DOI：10.1007/978-3-319-11056-1_16

16.1　引言

心肌的电活动及其与人体表面电势的连接形成了心电图。近年来,研究已经证明,生成模拟心电图信号可以简化信号处理算法的检测。医生判读心电图正弦波形态,确定心跳的正弦波是否正常,若失常,则确定心律失常的种类。使用心电图可以同时记录病人心音(Ravindra et al.,2013)。当前任何心电图分析系统实际上都可以进行信号处理,这显然证明了信号处理提高各种心律失常的诊断效率的重要性。而且信号处理还可以处理心电图分析中的多种问题,例如节拍检测、降噪、信号分离、特征提取和分类。

医护人员和病人通过大量的设备生成大量数据,如监测患者健康的心电图信号测序器、心电图信号记录器。大数据不是无中生有:它来自于一些数据源的记录。例如,根据心律失常的心律,判断我们理解和观察周围世界的能力(Azar et al.,2013;Inbarani et al.,2014 b)。

将不同的传感器连接到病人身上,保持一段时间后,医疗监测系统可以从中生成结构松散的数据。这些是大型复杂的系统,需要有效的算法来处理这些原始数据,所以需要强大的计算能力。大数据(Sam et al.,2012)指的是不同传感器生成的数据,其中包括医疗数据(Azar,2014;Azar and Hassanien,2014;2014;Inbarani et al.,2014 b),交通和社会数据。

要建立大数据分析的基础设施,需要一种可以获取数据、组织数据并处理数据以提取有意义信息的机制(Jeffrey et al.,2008),也可以将其表示为数据采集和数据预处理(Inbarani et al.,2013)。

搜索信号是为了获得正常心律的顺序。首先计算心律的平均长度,然后可以得出从左到右的最近所有心律。P 波、QRS 波群和 T 波的形态特征可以用来分类心电信号。

提取的形态特征被分为五个不同的种类。信号决定类为正常窦性心律(NSR)和各种心律失常,包括 LBBB、PVC、RBBB、PR。

本研究主要目的是通过改良的软粗糙集技术,将提取的心电图信号分类。可以将数据输入分类器,用以辨认心律失常。改良软粗糙集是分类心律失常的最佳方法。粗糙集的数据处理能力强,可以从心电信号数据集中提取有用的规则。决策规则是匹配观察结果与适当行为的函数。决策规则(Khoo et al.,1999)在粗糙集理论中有着重要作用。下近似是对明确属于有用子集的域对象的描述,而上近似则是对可能属于该子集的对象的描述。确定性规则对应下近似,而非确定性规则对应上近似。在这种情况下,MSR 集可以帮助我们找到子集的近似。我们的方案由两部分组成:首先,在预处理阶段,利用低通和高通滤波器过滤信号噪声数据,提取心电信号特征;然后,通过心电信号数据集得出决策规则。

16.1.1　心电图波形描述

图 16.1 说明了心电图信号的基本结构。心电图能显示心脏的电信号。当心脏分阶段有效地推动血液循环时,波形的每一部分都分别对应心脏内的不同活动。用{$PQRST$}分别标记波形中的每个主要点。振幅的首次增加会导致心房收缩,被称为 P 波。在短暂的停顿后,QRS 波群监视 P 波,导致心室紧闭,将心脏血液泵至肺部和身体休息区域。T 波是该循环的最后环节,其作用是让心室恢复等势状态。然后,经过一个很少活动的暂停,重复循环。心脏电势矢量的汇总投影就形成了心电图波形。心电图波包括几种有利于诊断的波峰和"形态"。

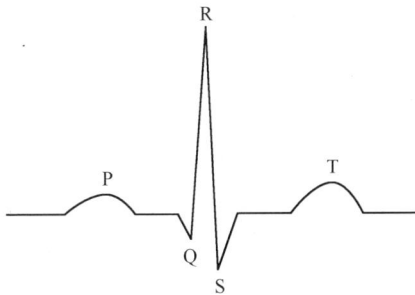

图 16.1　心电图波形的基本结构

P 波——代表从窦房结到心房的去极化波,长度为 0.08~0.1s(80~100ms)。

Q 波——代表了心室间隔正常的从左到右去极化。

R 波——代表首先出现的心室去极化。

S 波——代表了后期的心室去极化。

T 波——代表了心室复极化,比去极化持久。

Pan-Tompkins 算法(Pan et al.,1985)较其他传统的实时方法在多种心跳形态上有更高的精度(Srinivasan et al.,2012)。在本书中,将基于改良软粗糙集的心电图信号分类与 4 种不同的分类器算法比较。将针对心律不齐的 5 种不同种类——NSR、LBBB、PVC、RBBB 和 PR,分别确定基于改良软粗糙集的分类方法的分类精度。

16.1.2　心电图的解释

利用计算机对心电图进行机器解释是计算机在医学中的最早应用之一(Jenkins,1981)。基于计算机的系统的最主要优点是代替了人工认读,并阐释了标准波信号和间隔。起先是用电话线或计算机网络将心电图设备与中央计算机相连。

现代心电图诊断设备全部由模拟信号、12~16位模拟数字(A/D)转换器、中央计算机微处理器、专用的输入输出(I/O)处理器集成。上述系统还可以用来计算源自12导联信号的测量矩阵,并用一组规则分析这个矩阵,以获得最终的解释语句集(pryor et al.,1983)。

每次心电图的具体诊断可以获得成百上千条解释语句,但是心电图仅用到5~6种主要的分类组。第一步是分析心电图,需确定心房和心室的节律和节奏。这里包括了不同心房间或心房内关系中的任何传导干扰。

16.2 相关工作

在解决如预测、说明、总结、分类和数据可视化问题的若干论文中,分析时态数据和更具体的心电图数据的方法的发展成为了焦点。大部分分类问题都与提取相关特征和提高计算能力有关,因此提出了复杂的算法来提高心电图波形分类系统的预测精度。本章这个部分讨论了早期文献中提出的各种特征提取、心电图信号分类技术。如表16.1所列,大量特征提取及分类研究专注于诊断心电图信号。

表 16.1 本研究相关工作

作者	目的	技　术
Serkan et al.,2011	分类	本文提出了个性化长期心电图分类方法,可以通过检测典型心跳帮助专业人士快速准确地诊断任何潜在的心脏病。该分类过程得到的结果与手动标记一致,平均准确率超过了99%。该系统是高维度大型数据(特征)的集合
Sung-Nien et al.,2009	分类	本文研究了所提出的方法和三种其他独立组件安排策略的效力和效率。利用两种带有概率神经网络的分类器和支持向量机评估提山的方法。该实验结果证明,提山的独立组件安排策略较其他策略更佳
Mohammadreza et al.,2013	分类	本文使用了感应法和感应矩阵选择法,可以表现信号中信噪比(SNR)15%的增加量及随机测量和稀疏矩阵间良好的不相干水平
Cheng et al.,2006	分类	本文提出的自组织小脑模型关节控制器(SOCMAC)网络是一种无监督学习方法。这种方法分类精度达到98.21%,与现有结果相当
Adam et al.,2010	特征提取	心跳新的特征提取方法适于根据心电图实时信号创建独特的正常心跳样品
Pan et al.,1985	特征提取	本文提出了检测心电图信号QRS波群的实时算法。它可以利用有关坡度、振幅、宽度数字,有效识别QRS波群。特别的数字带通滤波器可以降低心电图信号中各种干扰造成的检测错误

作者	目的	技　术
Natalia et al. ,2008	特征提取	本文提出了适用于特征提取的 Hamilton-Tompkins 方法
Khoo et al. ,1999	分类	本文提出了新颖的分类方法和不相容信息系统的归纳规则
Senthilkumar et al. ,2014	分类	本文将基于改良软粗糙集的分类方法应用于医疗数据
Udhayakumar et al. ,2013 & 2014	分类	本文将基于双射软集的分类方法应用于医疗数据
Hari et al. ,2013	分类	本文提出的心电图信号分析系统建立在人工神经网络（离散小波变换和形态学）特征的基础上。我们提出了一种利用多种神经分类器将心电图信号数据分为两类（异常和正常）的技术
YogendraNarain et al. ,2011	分类	本文提出了一种通过心跳有效勾画 P 波和 T 波并比较分类结果的新技术

16.3　研究方法

本研究采用的方法见图 16.2。第一步,应用过滤技术去除心电图信号噪声。第二步,利用 Pan-Tompkins 算法(Pan et al. ,1985)从心电图信号中提取形态特征。第三步,应用基于改良软粗糙集的分类方法,根据训练心电图信号得出规则,再将该规则应用于测试数据,在可靠的分析基础上计算决策类别。(Senthilkumar et al. ,2014)。

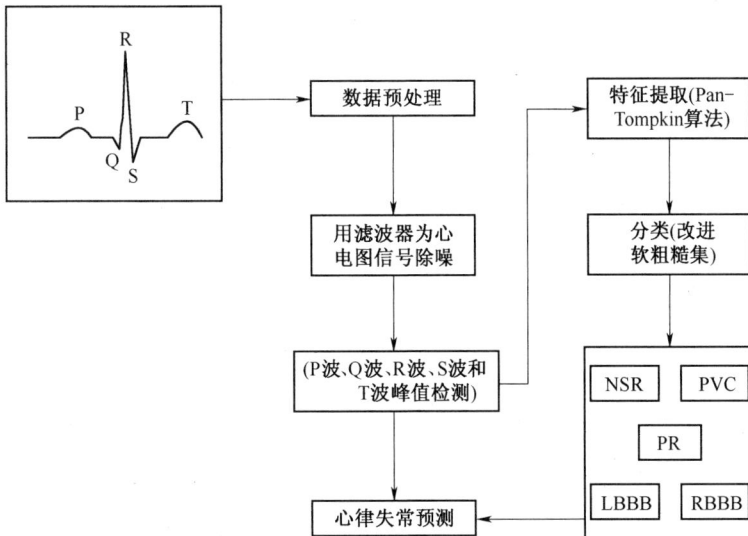

图 16.2　提出的方法

16.3.1 信号采集

这是信号处理的第一阶段;采集数据库是信号处理最重要的任务之一。本研究中用到的数据是来自 MIT-BIH(麻省理工学院波士顿贝斯以色列医院)心律失常的心电图信号,可在生理网上获取(Mark et al. ,&http://www.physionet.org/physiobank/database)。这个数据库包含 48 份文件。这些文件被分为两部分,一部分是从该数据集中随机选取的 23 份文件(记录编号为 100~124,包含一些缺失记录),另一部分则包含 25 份文件(编号为 200~234,包含一些缺失编号)。48 份记录,每份都略微长于 30 分钟。

该数据库包括大约 109000 个心跳标记。用一个字头文件(. hea)、一个二进制文件(. dat)和一个二进制注释文件(. atr)表示来自 MIT-BIH 数据库的心电图信号。头文件描述如样品数量、采样率、心电信号数据的格式、心电图信号头(signal leads)的类型和数量、病人病史和详细的临床资料等详细信息。

16.3.2 预处理

可以预料,任何心电图感知系统都不得不在嘈杂的医院环境中工作。心电图信号通常被不同类型的噪声破坏。通常不能随意地从原始信号中提取信息,必须首先处理才能得到有用的结果。

心电图信号预处理是为了去除电缆干扰、呼吸、肌肉震颤和峰值等造成的噪声。信号样本影响所选片段,所以必须仔细地选取最少一个心动周期,才能精确显示信号,并将其用于诊断。为了协调高频和低频成分,用低通和高通滤波器过滤心电图信号。图 16.3 为原始(有噪声的)心电图信号(Ra - vindra et al. ,2013).

16.3.2.1 过滤

低通滤波器可以让低频信号通过,并减弱超过设定临界值的高频信号(振幅变小)。各频率的实际衰减量取决于具体的滤波器设计。在音频应用中,它有时称为高频去除滤波器,或三次阻隔滤波器。高通滤波器与低通滤波器相反。图 16.4 为应用低通滤波器后的心电图信号(Sameni et al. ,2006;Saurabh et al. ,2012)。

高通滤波器(HPF)则是一种电子滤波器,它可以通过高频信号,但是会减弱(减小振幅)低于设定临界值的低频信号。各频率的实际衰减量取决于滤波器。高通滤波器通常被当作线性定常系统。它有时称为低频去除滤波器或低音阻隔滤波器(Sameni et al. ,2006;Saurabh et al. ,2012)。应用高通滤波器后的心电图信号如图 16.5 所示。

输入心电图信号

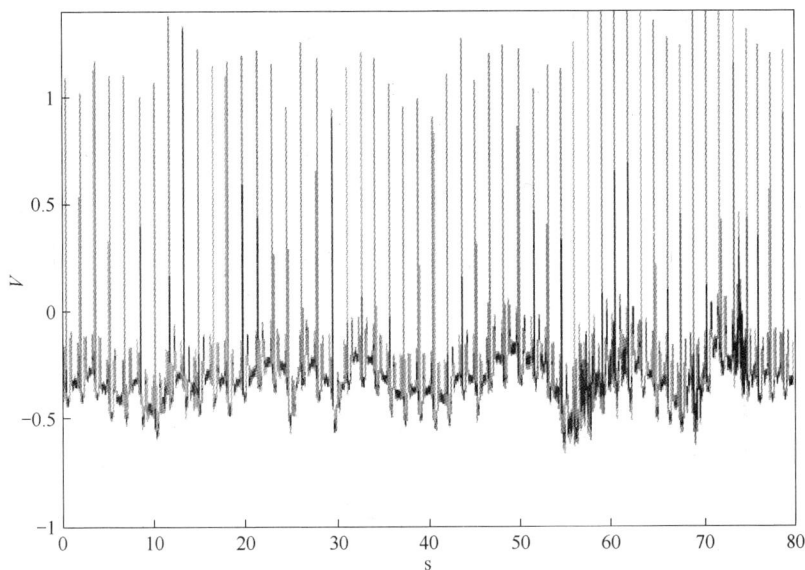

图 16.3　输入心电图信号

低通滤波器后的心电图信号

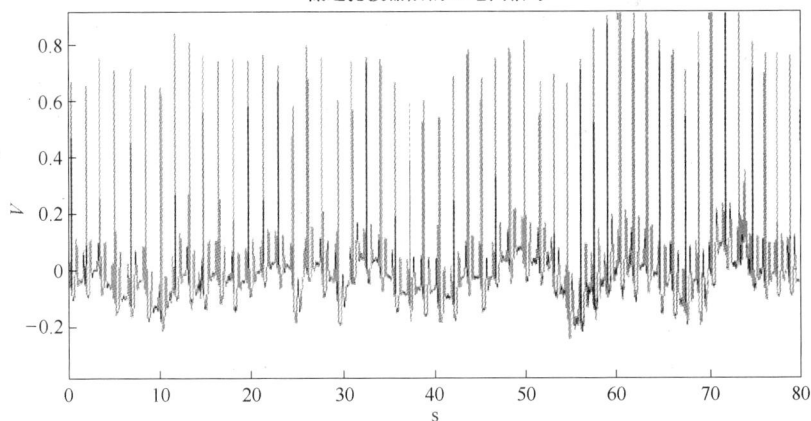

图 16.4　应用低通滤波器后的心电图信号

　　因为医生根据节律和形态信息来判定心律失常,一个输入方向可能包含一些特征,可以说明节奏和形态特征,如各心电图信号极性。正极性、两相性或负极性分别被赋值为 1、0、-1。信号存在或不存在分别显示 1 或 0。

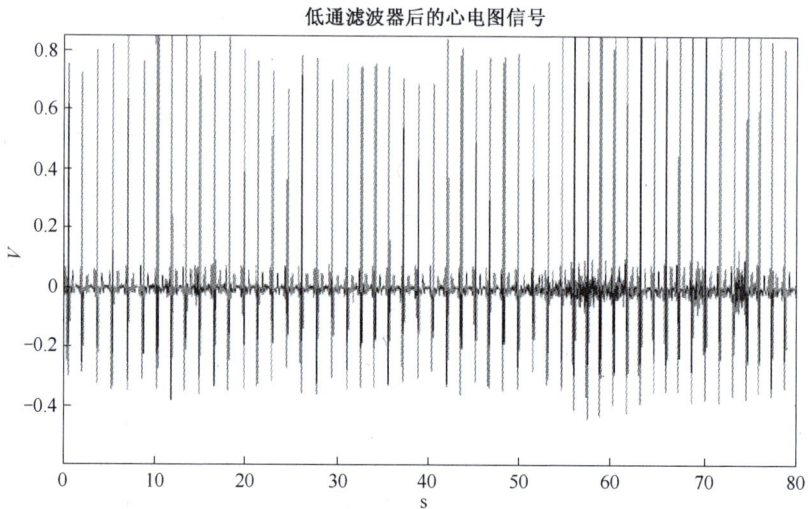

低通滤波器后的心电图信号

图 16.5　应用高通滤波器后的心电图信号

16.3.3　特征提取

特征提取阶段的目标是找到最小的特征组,以达到可以接受的分类率。通常,没有训练和测试的分类系统,开发人员就无法预测特征集的表现。因此,特征选择是步步推进的过程,需要引出不同的特征集,直到获得可以接受的分类性能(Devashreejoshi et al. ,2013)。

本研究应用 Pan - Tompkins 算法,以提取心电图信号的形态特征。该算法检测心电图信号中 P 波、R 波和 T 波的波峰。在许多心脏病例中,先前心跳产生的 T 波旁通了信号的某些部分,尤其是旁通并盖住了 P 波。心脏的某些部分也可以反向极化,形成部分反向信号(Adam et al. ,2010)。这可以通过寻找最近的 P 波、R 波和 T 波最大值点,以及附近的 Q 波、S 波最小值点得到。提取形态学特征如图16.6 所示。

本章的目的是开发一个简单、耐用和强大的技术,可以①通过扫描心电图图像获得数字时间序列心电图波形;②提取心电图的临床信息,如心电图的振幅和时间间隔(特征波的峰值和持续时间)。它可以消除噪声,进入预处理阶段,进行形态解释,减少计算时间并提高准确性。这有助于自动疾病诊断(Dhar et al. ,2008)。

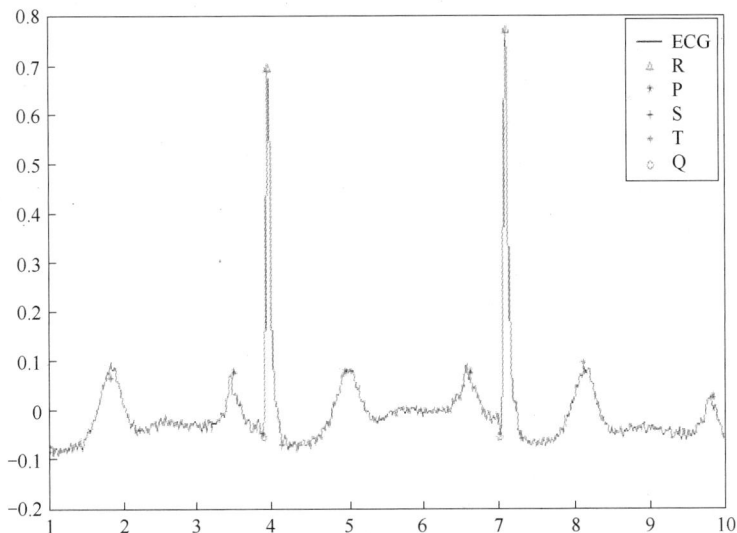

图 16.6 提取的 P 波, QRS 波群和 T 特性

16.4 背景

16.4.1 粗糙集

Pswlak 为了处理信息系统中的模糊性和粒化度,创立了粗糙集理论(Pawlak et al. ,1982 & 2007)。该理论通过两种可定义或可观测的子集(分别称为下近似和上近似),来处理全域中的任一近似子集。它已经在诸多领域得到了成功运用,如机器学习、智能系统、归纳推理、模式识别,度量学、图像处理、信号分析、知识发现、决策分析、专家系统和许多其他领域。

定义 16.1 设 R 为一种有关 U 的等价关系。则称 (R,U) 数组为一个 Pawlak 近似空间。这种等价关系通常被称为一种不可识别关系。可以用不可识别关系 R 定义以下两个粗糙的近似:

$$R_*(x) = \{x \in U : [x]_R \subseteq X\}$$
$$R^*(x) = \{x \in U : [x]_R = \theta\}$$

式中: $R_*(x)$ 和 $R^*(x)$ 称为 X 的 Pawlak 下近似和 Pawlak 上近似。一般来说,称 $R_*(x)$ 和 $R^*(x)$ 为 Pawlak 粗糙近似计算操作,称 $R_*(x)$ 和 $R^*(x)$ 为 X 的 Pawlak 粗糙近似。X 的 Pawlak 边界区的定义与 Pawlak 粗糙近似不同,它的定义是, $Bnd(X) = R_*(x) - R^*(x)$ 。很直观地可以看出 $R_*(x) \subseteq X \subseteq R^*(x)$ 。如果一个

393

集合的边界区不是空的,则为 Pawlak 粗糙集,否则,集合为空。因此,如果 $R_*(x)$ ≠ $R^*(x)$ 则 X 是 Pawlak 粗糙集。

16.4.2 软集合理论

软集合理论提供了一种用来处理不确定性的、没有明确定义对象的通用数学工具。本节将说明软集合的基本概念。设 U 是初始论域,E 是关于 U 的参数集。参数往往是对象的属性、特征或特性。

定义 16.2 当且仅当 F 是 A 到 U 的一个映射时,即 $F = A \rightarrow P(U)$,称 (F,A) 是 U 上的一个软集合。换句话说,U 上的一个软集合就是全域 U 的子集中的一个参数集。对 $\varepsilon \in A$ 而言,每个 $F(\varepsilon)$ 都可以看作是软集合 (F,A) 中 ε-元素的一个集合,或者是软集合 (F,A) 中 e-近似元素的集合(Molodstov 1999)。

示例 16.1: 设 U 为考虑的房子的集合。E 是参数集。每个参数都是一个词或一句话。$E =$ {昂贵的;美丽的;木制的;便宜的;绿色环绕的;现代的;良好的;破损的}。在这种情况下,定义一个软集合,用来表示昂贵的房子,漂亮的房子,等等。软集 (F,E) 则描述了 X 先生(说)想要购买的"房子的魅力"。

假设全域 U 中共有 6 套房子:

$$U = \{h1,h2,h3,h4,h5,h6\} \ , \ E = \{e1,e2,e3,e4,e5\}$$

此处的 E:$e1$ 代表参数"昂贵的";$e2$ 代表参数"美丽的";$e3$ 代表参数"木质的";$e4$ 代表参数"便宜的";$e5$ 代表参数"绿色环绕的"。

假设

$$F(e1) = \{h2,h4\}$$
$$F(e2) = \{h1,h3\}$$
$$F(e3) = \{h3,h4,h5\}$$
$$F(e4) = \{h1,h3,h5\}$$
$$F(e5) = \{h1\}$$

软集合 (F,E) 是集合 U 的子集的参数集族 $F(e_i)$,$i = 1,2,3,\cdots,8$,即对象的近似描述的集合。将映射 F 看作"房子($\cdot$)",其中($\cdot$)处填上参数 E。因此 $F(e1)$ 就是指"房子(昂贵的)",其函数值为 $\{h2,h4\}$ 集合。这样,就可以将软集合 (F,E) 视作近似的集合 ,如下所示:$(F,E) = \{$昂贵的房子 $= \{h2,h4\}\}$,漂亮的房子 $= \{h1,h3\}$,木质的房子 $= \{h3,h4,h5\}$,便宜的房子 $= \{h1,h3,h5\}$,绿色环绕的房子 $= \{h1\}$,其中每个近似都分为两部分:

(1) 一个描述语 p。

(2) 一个近似值集合 u(或简称为值集 u)。

例如,对于近似"昂贵的房子 $= \{h2,h4\}$ ",可以得出:

(1) 描述名为昂贵的房子。

（2）近似值集合或值集为 $\{h2, h4\}$。

16.4.3 软粗糙集

软粗糙集,可以视作基于软集的广义粗糙集模型。标准的软集模型被用于构建全域的粒子结构,即软近似空间。在这种粒子结构基础上,定义了软粗糙近似、软粗糙集和一些相关的概念。利用结合了粗糙集和软集的混合模型,在粗糙集或软集基础上,软粗糙集有着许多扩展实际应用。

定义 16.3:设 $S = (F, A)$ 为 U 上的一个软集。则数组 $P = (U, S)$ 就被称为软近似空间。在 P 基础上,定义了下面两种运算（feng et al. ,2011; Zhaowen et al. , 2007）:

$$\underline{\mathrm{apr}}(x) = \{u \in U : \exists a \in A[u \in F(a) \subseteq X]\}$$

$$\overline{\mathrm{apr}}(x) = \{u \in U : \exists a \in A[u \in F(a), F(a)X \neq \varPhi \subseteq X]\}$$

适用于 U 的任何子集 X。得出的两个子集 $\underline{\mathrm{apr}}(x)$ 和 $\overline{\mathrm{apr}}(x)$ 则分别称为 P 中 X 的上、下软粗糙近似。

此外,

$$\mathrm{Pos}(x) = \underline{\mathrm{apr}P}(x);$$

$$\mathrm{Neg}(x) = U - \overline{\mathrm{apr}P}(x);$$

$$\mathrm{BND}(x) = \overline{\mathrm{apr}P}(x) - \underline{\mathrm{apr}P}(x);$$

分别被称作 X 的软正极性、软负极性和软边界区。如果 $\overline{\mathrm{apr}P}(x) = \underline{\mathrm{apr}P}(x)$,则称 X 是可以软定义的;否则称 X 为一个软粗糙集。当然,该定义并不符合 Pawlak 严格定义的的粗糙集。

示例 16.2:

设 $U = \{u1, u2, u3, u4, u5, u6\}$, $A = \{e1, e2, e3, e4\} \subseteq E$ 。则根据表 16.2,U 上的软集合为 $S = (F, A)$, 软近似空间为 $P = (U, S)$ 。从表 16.2 可得, $[u1] = \{u1\}$, $[u2] = [u5] = \{u2, u5\}$, $[u3] = [u3]$, $[u4] = [u4]$, $[u6] = [u6]$ 。若 $X = \{u3, u4, u5\}$,则可以得到 $\underline{\mathrm{apr}}(X) = \{u3, u4\}$, $\overline{\mathrm{apr}}(x) = \{u2, u3, u4, u5\}$ 。

表 16.2 软集合 $S = (F, A)$ 表

	U1	U2	U3	U4	U5	U6
E1	1	0	0	0	0	1
E2	0	0	1	0	0	0
E3	0	0	0	0	0	0
E4	1	1	0	0	1	0

16.5 分类

分类(Azar and Hassanien 2014; Inbarani et al. ,2014; Azar ,2014)是一种用于预测数据实例的组成员关系的数据挖掘技术。在此分类的最后阶段,根据先前阶段生成的规则构建一个分类器,并通过输入带有预定义分类属性标签的检测数据来检测该分类器的精度和覆盖率。如果分类器的预测能力合格,则可以将其作为预测模型,预测未知记录的类别标签。本书旨在提出一种分类精度相对高且适用于心电图分类的分类方法(Abdelhamid et al. ,2012; Abawajy et al. ,2013; Inbarani et al. ,2001; Zi-delmal et al. ,2013)。可将该模型用于分类作为测试数据的新心电图信号。本研究通过分类精度指标正确率、召回率和 F 值,比较了提出的方法和三种不同分类器:反向传播网络(BPN)、朴素贝叶斯、JRip、J48、多层感知(MLP)以及决策表的分类精度。

16.5.1 朴素贝叶斯

朴素贝叶斯分类器假设所有变量是有条件地相互独立的分类变量。多个研究已经表明朴素贝叶斯将与更复杂的分类器竞争(Gurkan et al. ,2012)。考虑到本研究的心律失常分类的任务,假设参数模型生成了心电图数据,并使用训练数据来计算模型参数的贝叶斯最优估计。然后,在这些估计基础上,分类器利用贝叶斯规则将新的信号分类,计算一个类别生成这些信号的后验概率。这个分类器根据给定的属性值计算不同类别的条件概率,然后选择最高条件概率的类别。利用监督离散化将数字型属性转化为名词型属性。

16.5.2 MLP

MLP 是一种神经网络,通常用来解决分类问题。MLP 的一种常见类型是前馈反向传播神经网络(FFBNN),叫这个名字是因为它正向传播输入信息,反向传播错误信息,以调整神经元权重。输入层将输入值传播至隐藏层,将各神经元的值与各自的权重相乘。应用所有加权值总和上的激活函数,得到隐层神经元的终值。用同样的程序可得到输出层神经的值,将这个值与训练集的期望值比较,然后传回两者之差(误差),纠正各层的神经权重。这种方法可以在短时间内分类各种节律。由于多层感知分类器的性质,只是想通过网络传播输入值找出目标类别。MLP 分类器可应用于心电图信号数据(Biju et al. ,1997,Mehme et al. ,2010)。

16.5.3　BPN

反向传播是一种多层网络的监督学习形式,也被称为通用德尔塔定律。输出层的误差数据被"反向传播回"上一层,从而可以更新这些层的权重。它最常被用作当前神经网络应用的训练算法。该流程第一步为应用首次输入模式和相应的目标输出。输入使得第一层神经元作出响应,继而又使得下一层神经元作出响应,直到某个响应到达输出层。将该响应与目标响应比较;计算两者之差(误差信号)。该算法根据输出神经元的误差计算该神经元变化活跃程度上的误差变化率。到目前为止,该计算是向前的(如从输入层到输出层)。现在,该算法退回到输出层的前一层,并重新计算输出层的权重(最后一个隐藏层与输出层神经元之间的权重),以此最小化输出误差。然后该算法计算上个隐藏层的误差输出,并计算新的权重(最后一个隐藏层和倒数第二隐藏层之间的权重)值。该算法继续计算误差,并计算新的权重值,一层一层地往回推,直到输入层。如果拉伸了输出,但权重没有变化(如当它们到达稳定状态时),那么该算法选择下一对输入-目标模式数组,重复上述过程。虽然响应向前,但是权重计算往后,因此命名为反向传播(Deepak et al.,2013;Gupta et al.,2012)。

16.5.4　J48

它利用信息增益以标记的训练数据集为基础建立了决策树。选取一个属性,建立数据分支,利用该算法考察因此得到相同结果。以此确定用到了信息增益最高的属性。然后在更小的子集中递归重复该算法。当同一个子集内的所有实例有相同的分类时,分裂过程停止。然后在决策树中建立一个子节点,说明选择该类。

16.5.5　JRip

William W. Cohen 提出了重复增量修枝(RIPPER),它是 IREP 的优化版本,这种算法指定了一个命题规则学习者。

初始化 RS = { },从少见的到频繁的各类,DO。

16.5.5.1　构建阶段

重复 1.1 和 1.2,直到规则集和案例的描述长度(DL)较最小描述长度长 64位,或没有真阳,或者出错率> = 50%,结束。

1.1 成长阶段
通过不断增加前提(或条件),不断完善规则,直到该规则完美(100%准确)。

该过程会尝试所有属性的可能值并选择信息增益最高的条件: $p(\log(p/t) - \log(P/T))$。

1.2 修剪阶段

增量地修剪每条规则,并允许修剪条件的任何最终结果;修剪度量为 $p - n/p + n$,但实际为 $2p/(p + n) - 1$,所以简单地使用 $2p/(p + n)$ (实际 $\cdot(p + 1)/(p + n + 2)$),因此,如果 $p + n = 0$,则为 0.5)。

16.5.5.2   优化阶段

在生成初始规则集 $\{Ri\}$ 后,利用 16.5.5.1 和 16.5.5.2 程序,从随机数据中得到并修剪 Ri 规则的两个变量。但是一个变量是从空规则得来的,而另一个变量则是在原规则上增加条件得到的。此外,这里使用的修剪度量为 $(TP + TN)/(P + N)$。然后计算各变量和原始规则的最小可能描述长度。选择最小描述长度的变量为该规则集中的 Ri 最终代表。在检查了 $\{Ri\}$ 集合中的所有规则后,如果仍然有残留正极性,则应在该残留正极性上,再一次利用构建阶段,生成更多的规则。

16.5.5.3   删除规则集中加长了整个规则集描述长度的规则(如果有),将合成规则集添加到 RS

ENDDO

注意,在原始的分裂程序中似乎有两个漏洞,可能会轻微地影响规则集尺寸和准确度。

16.5.6 决策表

给定一个标记实例的训练集,一种归纳算法,构建一个分类器。我们将基于决策表分类器的两个变量概念上描述为一张简单的查找表。第一种分类器称为 DTMaj(多数决策表),如果决策表单元与新实例的匹配为空,如它不包含任何训练实例,就可以得到大部分训练集。第二种分类器,则被称作 DTLoc(局部决策表),是一个新变量,如果匹配为空,就用更少的匹配属性(更大的单元)搜索一条决策表条目。因此该变量从局部附近返回一个答案,我们假设,趋势更平滑的真实数据集结果更好,如相关属性的细微变化不会改变标记。

决策表包含两个部分:

(1) 一个模式,即属性列表。

(2) 一个实体,即标记实例的多重集合。每个实例包含该模式中每一属性的值和该标记的值。模式属性的相同值的实例集合即为一个单元。给定一个无标记

实例 X ,通过决策表分类器将标记分配给该实例的计算过程如下:设 I 是单元中的一个标记实例集合,与给定的实例 X 完全匹配,因此仅需匹配模式的属性,可以忽略其他属性。如果 $I \neq 0$,则返回 I 中的多数类,随意分裂连接。否则 $(I = 0)$,动作取决于所使用的决策表类型:

① DTMaj 返回决策表中的多数类。

② DTLoc 删除模式列表末尾的属性,并试图在更少属性的基础上进行匹配,直到发现一个或多个匹配结果,返回它们的多数标记。这提高了单元覆盖率,直到训练实例与 X 匹配。在该匹配过程中,未知值被视为不同值。给该模式指定一个数据集和属性列表,就可以定义一个完整的决策表。

16.5.7 MSR

软粗糙集一方面可以处理不确定性和模糊性问题,另一方面拥有足够的参数化工具。(Feng et al. ,2011)引入了软粗糙集并比较分析了粗糙集和软集。为了强化软粗糙集的概念,人们提出了一种新方法叫做 MSR(Muhammad et al. ,2013)。上下软粗糙近似的定义如下:

定义 16.4:当且仅当 F 是映射 $F = A \rightarrow P(U)$ 时, (F,A) 为 U 上的一个软集。设 $u : U \rightarrow P(A)$ 是另一映射,定义为

$$u(x) = \{a : x \in F(a)\}$$

则可以称数组 $\{U,u\}$ 为一个 MSR 近似空间,对于任何 $X \subseteq U$ 而言,其下 MSR 近似的定义如下:

对所有 $y \in x^c$ 而言,

$$\underline{X\phi} = \{X \in U : \phi(x) \neq \phi(y)\}$$

当 $x^c = U - x$,且它的上 MSR 近似如下:

对某些 $y \in x^c$ 而言,

$$\overline{X\phi} = \{X \in U : \phi(x) = \phi(y)\}$$

如果 $\underline{X\phi} = \overline{X\phi}$,则称 X 为 MSR 集合。

然而在上述定义中,软集 (F,A) 的参数集 A 的作用是定义全域 U 的一个子集的近似。基于改良软粗糙集的分类(Senthilkumar et al. ,2014)如图 16.7所示。

示例 16.3:

设 $U = \{s1,s2,s3,s4,s5,s6\}$ 是六个商店(全域)的集合, $A = \{e1 、e2 、e3\} \subseteq E$,其中: $e1$ 代表授权的销售人员; $e2$ 代表感知到的商品质量; $e3$ 代表高流量位置。

软集 (F,A) 表示表 16.3 中的数据。

算法：基于MSR的分类
输入：为心电图信号数据集设定条件属性P、Q、R、S和T与决策属性 NSR，LBBB，PVC，RBBB，PR

输出：生成的决策规则

步骤1：为给定的心律失常数据集构建MSR近似空间。

步骤2：对所有条件属性执行加法运算。

步骤3：生成确定性规则，利用：

对所有$y \in X^c$而言，

$\underline{X}\phi = \{X \in U : \phi(x) \neq \phi(y)\}$，

步骤4：生成非确定性规则，利用：

对某些$y \in X^c$而言，

$\overline{X}\phi = \{X \in U : \phi(x) = f(y)\}$

步骤5：计算各不确定性规则的支持值：

支持值=支持值$(A \wedge B)$/支持值(A)

图 16.7　基于 MSR 的分类

表 16.3　软集 (F, A) 表格

	$s1$	$s2$	$s3$	$s4$	$s5$	$s6$
$e1$	1	0	0	1	0	1
$e2$	1	1	1	0	0	0
$e3$	0	0	0	0	1	1

基于软集 (F, A) 中的信息，假设有人可能认为商店集合 $X = \{s1, s3, s6\}$ 代表生意不错的商店。因为 $s3 \in X$，且 $s2 \in X^c$，则两者都不在 $\underline{X}\phi$ 中。因此，根据该映射，X 的上下 MSR 近似为

$$X = \{s1, s3, s6\}, \quad X^c = \{s2, s4, s5\}$$

$$\underline{X}\phi = \{s1, s6\}, \quad \overline{X}\phi = \{s1, s2, s3, s6\}$$

16.6　实验分析及结果

实验所用数据集来自 PhysioBank(http://physionet.org/ physiobank/database/ mitdb/)。利用心电图信号数据集，对基于软粗糙集的分类方法进行实验分析。这是心律分析的基础。心律分析常被用于 24 ECG 记录，以辨认心脏疾病。在心律失常研究文献中，普遍应用了心电图信号数据集。将本书提出的算法应用于训练数据，然后将生成的分类规则与测试数据匹配，确定具体类别。数据集中的这些属性都是数值。选取 80% 的数据作为训练集，20% 作为测试数据。比较本书提出的

方法与反向传播神经网络等其他分类方法,如决策表、J48、JRip、多层感知器和朴素贝叶斯的性能。心电图信号的类别、记录和注释如表 16.4 所列。

表 16.4　心电图信号数据库类别、记录和注释

类别	记录	注释
1. NSR	101, 112, 113, 115, 117, 121, 122, 209, 230, 234	97, 119, 80, 87, 69, 83, 121, 130, 108, 128
2. LBBB	109	124
3. PVC	114, 203, 205, 219, 228	76, 146, 124, 105, 110
4. RBBB	105, 106, 124, 202, 212, 232	115, 92, 69, 73, 125, 86
5. PR	102, 217	102, 101

16.6.1　评价指标

评价是数据挖掘取得进展的关键,且在当该区域尚处于该发展的早期阶段时尤为重要。要求苛刻的数据集社区批评了非类独立评价指标,如调试完成的数据集上实验结果报告的总体精度。非类独立评价不合格,是因为其结果只能反映多数类的学习能力,而类别属性越倾斜,其效果越差。因此,当我们在评价严格的数据集的性能时,我们想要关注单个类别。数据挖掘有很多评价方法,其中包括:正确率、召回率、F 值(Cheng et al. ,2009)。

正确率是相关检索的平均概率。召回率是完整检索的平均概率。将正确率和召回率相结合就是正确率与召回率的调和平均数,即为传统的 F 值。一个正确率、召回率和 F 值评价指标集合和报告了二值分类任务的适当描述性统计。正确召回评估的基础是实际计数和预测分类组成的矩阵,这个矩阵称为二类问题混淆矩阵(Cheng et al. ,2009),如表 16.5 所列。

表 16.5　混淆矩阵

实际类别	预测类别	
	真阳	伪阴
	伪阳	真阴

(1) 正确检测(真阳性);
(2) 错误检测(伪阳性);
(3) 未被发现的(伪阴性)。

$$正确率 = 真阳 /(真阳 + 伪阳)$$
$$召回率 = 真阳 /(真阳 + 伪阴)$$
$$F\ 值 = (2 × 正确率 × 召回率)/(正确率 + 召回率)$$

16.6.2 性能评估

表 16.6 和图 16.8 说明了提出的方法与对比分类方法的性能。正如图 16.8 中所示,对心律失常数据集而言,基于 MSR 的分类方法优于其他分类方法。MSR 的正确率高于 J48、决策表、朴素贝叶斯、MLP、BPN、J48 和 JRip。以 F 值为准,基于 MSR 的分类方法优于其他方法。MSR 的召回率高于 J48、决策表、朴素贝叶斯、MLP、BPN、J48 和 JRip。

表 16.6 心电信号分类算法的性能分析

算法	混淆矩阵						正确率	召回率	F 值
	实际类别	预测类别							
		NSR	LBBB	PVC	RBBB	PR			
决策表	NSR	183	1	4	0	1	0.67	0.968	0.792
	LBBB	7	2	0	16	1	0.977	0.697	0.813
	PVC	31	3	76	0	1	0.927	0.685	0.788
	RBBB	35	0	2	0	85	0.833	0.638	0.723
	PR	17	30	0	0	0	1	0.64	0.78
	总体指标						**0.836**	**0.789**	**0.789**
JRip	NSR	171	0	15	2	1	0.803	0.905	0.851
	LBBB	3	0	0	22	0	0.846	0.88	0.863
	PVC	19	3	85	0	4	0.833	0.766	0.798
	RBBB	10	0	2	1	109	0.948	0.893	0.92
	PR	10	35	0	1	1	0.921	0.745	0.824
	总体指标						**0.859**	**0.854**	**0.854**
朴素贝叶斯	NSR	106	3	73	4	3	0.475	0.561	0.515
	LBBB	0	0	2	23	0	0.821	0.92	0.868
	PVC	40	0	70	0	1	0.407	0.631	0.495
	RBBB	52	0	21	0	49	0.891	0.402	0.554
	PR	25	13	6	1	2	0.813	0.277	0.413
	总体指标						**0.612**	**0.528**	**0.528**

402

算法	实际类别	混淆矩阵					正确率	召回率	F 值
		预测类别							
		NSR	LBBB	PVC	RBBB	PR			
MLP	NSR	178	5	4	0	2	0.809	0.942	0.87
	LBBB	0	0	0	25	0	0.781	1	0.877
	PVC	11	0	78	0	22	0.729	0.703	0.716
	RBBB	21	1	15	0	85	0.759	0.697	0.726
	PR	10	17	10	7	3	0.739	0.362	0.486
	总体指标						**0.771**	**0.775**	**0.764**
J48	NSR	172	0	14	1	2	0.896	0.91	0.903
	LBBB	1	0	0	24	0	0.889	0.96	0.923
	PVC	9	0	97	0	5	0.843	0.874	0.858
	RBBB	6	0	3	0	113	0.934	0.926	0.93
	PR	4	39	1	2	1	1	0.83	0.907
	总体指标						**0.903**	**0.901**	**0.901**
BPN	NSR	167	0	17	4	1	0.795	0.901	0.831
	LBBB	3	0	1	21	0	0.845	0.86	0.860
	PVC	20	3	81	0	6	0.833	0.766	0.798
	RBBB	12	0	4	1	105	0.938	0.893	0.921
	PR	10	35	0	1	1	0.911	0.735	0.834
	总体指标						**0.85**	**0.854**	**0.854**
MSR-集	NSR	1022	0	0	0	0	1	1	1
	LBBB	0	124	0	0	0	1	1	1
	PVC	0	0	559	0	0	1	1	1
	RBBB	0	0	0	556	0	1	1	1
	PR	3	0	0	2	201	1	1	1
	总体指标						**1**	**1**	**1**

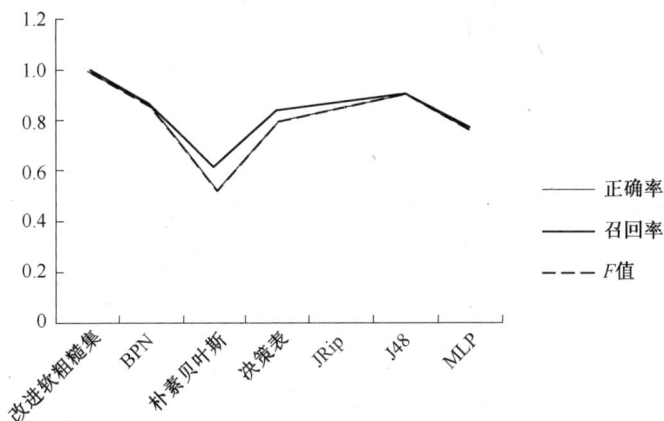

图 16.8　心电图信号分类算法的比较分析

16.6.3　讨论

表 16.6 和图 16.8 所示为正确率、召回率和 F 值。有趣的是,可以注意到,本书提出的方法的分类正确率更高。基于 MSR 的分类正确率高于反向传播神经网络。

从上面的结果,可以很容易地确定 MSR 算法是最佳心电图信号诊断方法,因为它达到了 100% 的正确率。应用该分类方法提取数据集,可以减少规则数量,提高分类正确率。

根据 MSR 集的结果,可以说,本书设计的改良软粗糙集分类法性能突出。在 MIT-BIH 数据库的心电图数据上利用本书提出的信号处理和特征提取方法,取得了良好的结果。大部分信号分类方法和 QRS 波群检测算法都是标准的,且已经证明,本章提出的特征提取算法可以成功完成该项工作。本法没有提取整个心电图心跳样本,然后将它们按照特征放入网络中;而是仅提取 P 波、Q 波、R 波、S 波、T 波,因为这些波的近似间隔可以有效代表心电图波形的不同类别,且基于 MSR 分类法的分类系统复杂度低,从而提高了速度和正确率(Dingfei et al. ,2002)。该框架可以为各医疗领域的大数据处理平台提供所需和所用的完整功能。本书给出了一种集成心电图信号各方面的新范式,从而为处理各种临床问题如实时检测、预测和处理大量数据提供了一个完整的解决方案。

然而,当前分类系统的优秀表现非常依赖于它的当前设计。如果试图将五种心脏条件(疾病)分类,则只能使用噪声数据及检测 QRS 波群。为了避免这种情况,应在心电图数据上使用更高效的信号分类和过滤方法,并且,随着类别的不断增加,心电图波形间隔之间的样本变得越来越相似,分类器越来越难区分它们之间的差别,所以应该考虑另一种综合了统计学、形态学特征的特征提取方法。但是,就本书条件而言,我们的心电图模式识别和分类系统做了它应做的工作,非常准确地将五种不同的心脏条件有效且高效的分类,该结果很容易重复。

16.7　结论

为了分类心电图信号,本书提出了基于 MSR 的心电图信号分类方法,从心电信号中提取重要的形态学特征。MSR 集方法得到了比反向传播神经网络、决策表、JRip、J48、多层感知和朴素贝叶斯方法更高效的结果,生成更紧凑的规则。可以得出结论:基于时域的滤波器表现良好,也证明了基于 QRS 检测的 Pan - Tompkins 算法非常适合我们的情况。本书提出的特征提取的方法在将五种不同的心脏疾病分类上是一种有效方法。基于 MSR 的分类方法利用了提出的系统,具有简单、易于实施的优点。该系统实现了 100% 的正确率。

致谢　本书第二作者要感谢新德里 UGC 资助 UGC 重大研究项目(编号. F-41-650/2012(SR))。

参考文献

Abawajy,J. H. , Kelarev, A. V. , Chowdhury, M. : Multistage approach for clustering andclassification of ECG data. Computer Methods and Programs in Biomedicine 112(3) ,720-730 (2013)

Abdelhamid, D. , Latifa, H. , Naif, A. , Farid, M. : A wavelet optimization approach for ECG Signal Classification. Biomedical Signal Processing and Control 7(4) ,342-349 (2012)

Szczepański, A. , Saeed, K. , Ferscha, A. : A New Method for ECG Signal Feature Extraction. In:Bolc, L. , Tadeusiewicz,R. ,Chmielewski, L. J. , Wojciechowski, K. (eds.) ICCVG 2010, Part II. LNCS, vol. 6375, pp. 334 - 341. Springer,Heidelberg (2010)

Azar, A. T. :Neuro-fuzzy feature selection approach based on linguistic hedges for medical diagnosis. International Journal of Modelling,Identification and Control (IJMIC) 22(3) (forthcoming,2014)

Azar,A. T. , Hassanien, A. E. : Dimensionality Reduction of Medical Big Data Using Neural-Fuzzy Classifier. Soft Computing (2014) ,doi:10. 1007/s00500-014-1327-4

Azar,A. T. , Banu, P. K. N. , Inbarani, H. H. :PSORR - An Unsupervised Feature Selection Technique for Fetal Heart Rate. In:5th International Conference on Modeling,Identification and Control (ICMIC 2013) ,Egypt, August,31,September 1-2 (2013)

Biju,P. ,Simon,E. C. :An ECG Classifier Designed Using Modified Decision Based Neural Networks. Computers and Biomedical Research 30(4) ,257-272 (1997)

Cheng,G. ,Weng,J. P. :A New Evaluation Measure for Imbalanced Datasets. In:Proceedings of the 7th Australasian Data Mining Conference, vol. 87, pp. 27-32 (2006)

Cheng,W. ,Teng-chiao,L. ,Kung-chiung, C. ,Chih-hung, H. : Classification of ECG complex using self-organizing CMAC. Measurement 42(3) ,395-407 (2009)

Deepak,D. , Avinash,W. :Study of Hybrid Genetic Algorithm Using Artificial Neural Network in Data Mining for the

Diagnosis of Stroke Disease. International Journal of Computational Engineering Research 3(4),95-100 (2013)

Dingfei,G. ,Narayanan,S. ,Shankar,M. K. :Cardiac arrhythmia classification using autoregressive modelling. Bio-Medical Engineering On Line 1(5),1-12 (2002)

Devashree, J. , Rajesh, G. : Performance analysis of feature extraction schemes for ECG signal classification. International Journal of Electrical,Electronics and Data Communication 1 (2013) 2320-2084

Dhar,P. K. ,Hee-Sung,J. ,Jong-Myon,K. :Design and implementation of digital filters for audio signal processing. In:The Third International Forum on Strategic Technologies,pp. 332-335 (2008)

Feng,F. ,Xiaoyan,L. ,Leoreanu-Fotea, V. , Young,B. J. :Soft sets and soft rough sets. Information Sciences 181 (6),1125-1137 (2011)

Jenkins,J. M. :Computerized electrocardiography. Critical Review Bio-Engineering:CRC 6(4),307-357 (1981)

Jeffrey,D. ,Sanjay,G. :Map Reduce:simplified data processing on large clusters. Communications of the ACM - 50th Anniversary 51(1),107-113 (2008)

Gupta,K. O. ,Chatur,P. N. :ECG Signal Analysis and Classification using Data Mining and Artificial Neural Networks. International Journal of Emerging Technology and Advanced Engineering 2(1),2250-2459 (2012)

Gurkan,H. :Compression of ECG signals using variable-length classified vector sets and wavelet transforms. EURASIP Journal on Advances in Signal Processing 119(1),1-17 (2012)

Hari,M. R. , Anuragm, T. , Shailja, S. : ECG signal processing for abnormalities detectionusing multi - resolution wavelet transform and Artificial Neural Network classifier. Science Direct 46(9),3238-3246 (2013)

Inbarani,H. H. ,Jothi,G. ,Azar,A. T. :Hybrid Tolerance-PSO Based Supervised Feature Selection For Digital Mammogram Images. International Journal of Fuzzy System Applications (IJFSA) 3(4),15-30 (2013)

Inbarani,H. H. ,Azar,A. T. ,Jothi,G. :Supervised hybrid feature selection based on PSO and rough sets for medical diagnosis. Computer Methods and Programs in Biomedicine 113(1),175-185 (2014a)

Inbarani,H. H. ,Banu,P. K. N. ,Azar,A. T. :Feature selection using swarm-based relative reduct technique for fetal heart rate. Neural Computing and Applications (2014b),doi:10. 1007/s00521-014-1552-x

Mark,R. ,Moody,G. :MIT-BIH arrhythmia database directory,http://ecg. mit. edu/dbinfo. html

Mehmet,K. ,Berat,D. :ECG beat classification using particle swarm optimization and radial basis function neural network. Expert Systems with Applications 37(12),7563-7569 (2010)

Muhammad,S. ,Muhammad,I. A. ,Tanzeela,S. :Another approach to soft rough sets. Knowledge-Based Systems 40, 72-80 (2013)

Mohammadreza,B. ,Kaamran,R. ,Sridhar,K. :Robust Ultra-Low-Power Algorithm for Normal and Abnormal ECG Signals Based on Compressed Sensing Theory. In:The 4th International Conference on Ambient Systems,Networks and Technologies,vol. 19,pp. 206-213 (2013)

Molodtsov:Soft set theory-Rough first results. Computational Mathematics Application 37(4-5),19-31 (1999)

Arzeno, N. M. , Zhi-De, D. , Chi-Sang, P. : Analysis of First-Derivative Based QRS Detection Algorithms. IEEE Transactions on Biomedical Engineering 55(2),478-484 (2008)

Khoo,L. P. ,Tor,S. B. ,Zhai,Y. L. :A Rough-Set-Based Approach for Classification and Rule Induction. International Journal Advanced Manufacturing Technology 15(6),438-444 (1999)

Pan,J. ,Tompkins,W. :A real-time QRS detection algorithm. IEEE Transactions on Biomedical Engineering 32(3), 230-236 (1985)

Pawlak,Z. :Rough sets. International Journal of Computer Information Science 11(5),341-356 (1982)

Pawlak,Z. ,Skowron,A. :Rough sets:some extensions. Information Science 177(1),28-40 (2007)

Pawlak,Z. ,Skowron,A. :Rough sets and Boolean reasoning. Information Science 177(1),41-73 (2007)

Pryor,T. A. ,Gardner,R. M. ,Clayton,P. D. ,Warner,H. R. :The Help system. Journal of Medical Systems 7(2),

87-102 (1983)

Ravindra, P. N., Seema, V., Singhal, P. K.: Reduction of Noise from ECG Signal Using Fir Low Pass Filter With Various Window Techniques. Current Research in Engineering, Science and Technology (CREST) Journals 1(5), 117-122 (2013)

Sam, Madden: From Databases to Big Data. IEEE Internet Computing 16(3), 4-6 (2012)

Sameni, R., Vrins, F., Parmentier, F., Hérail, C., Vigneron, V., Verleysen, M., Jutten, C., Shamsollahi, M. B.: Electrode Selection for Noninvasive Fetal Electrocardiogram Extraction using Mutual Information Criteria. In: 26th International Workshop on 贝叶斯 Inference and Maximum Entropy Methods in Science and Engineering, CNRS Paris (France), vol. 872, pp. 97-104 (2006)

Saurabh, S. R., Bhadauria, S. S.: Implementation of FIR Filter Using Efficient Window Function and Its Application In Filtering a Speech Signal. International Journal Electrical, Electronic and Mechanical Controls 1(1), 1-12 (2012)

Senthilkumar, S., Inbarani, H. H., Udhayakumar, S.: Modified Soft Rough set for Multiclass Classification. In: Krishnan, G. S. S., Anitha, R., Lekshmi, R. S., Senthil Kumar, M., Bonato, A., Graña, M. (eds.) Computational Intelligence, Cyber Security and Computational Models. AISC, vol. 246, pp. 379-384. Springer, Heidelberg (2014)

Srinivasan, J., Vani, D.: An Improved Method for ECG Morphological Features Extraction from Scanned ECG Records. In: 4th International Conference on Bioinformatics and Biomedical Technology, vol. 29, pp. 64-68 (2012)

Sung-Nien, Y., Kuan-To, C.: Selection of significant Independent Components for ECG beat Classification. Expert Systems with Applications 36(2), 2088-2096 (2009)

Serkan, K., Turker, I., Jenni, P., Moncef, G.: Personalized long-term ECG Classification: A systematic approach. Expert Systems and with Applications 38(4), 3220-3226 (2011)

Udhayakumar, S., Inbarani, H. H., Senthilkumar, S.: Bijective soft set based classification of Medical data. In: International Conference on Pattern Recognition, Informatics and Medical Engineering (PRIME), pp. 517-521 (2013)

Udhayakumar, S., Inbarani, H. H., Senthilkumar, S.: Improved Bijective-Soft-Set-Based Classification for Gene Expression Data. In: Krishnan, G. S. S., Anitha, R., Lekshmi, R. S., Senthil Kumar, M., Bonato, A., Graña, M. (eds.) Computational Intelligence, Cyber Security and Computational Models. AISC, vol. 246, pp. 127-132. Springer, Heidelberg (2014)

YogendraNarain, S., Phalguni, G.: Correlation-based classification of heartbeats for individual Identification. Soft Computing 15(3), 449-460 (2011)

Zhaowen, L., Bin, Q., Zhangyong, C.: Soft Rough Approximation Operators and Related Results. Journal of Applied Mathematics, 15 pages (2007, January 2013)

Zidelmal, Z., Amirou, A., Ould-Abdeslam, D., Merckle, J.: ECG Beat Classification using a cost sensitive Classifier. Computer Methods amd Programs in Biomedicine 111(3), 570-577 (2013)

Zumray, D., Tamer, O.: ECG beat Classification by a novel hybrid neural network. Computer Methods and Programs in Biomedicine 66(2-3), 167-181 (2001)

第17章 一种新型大型分布式数据的描述与操作架构

Fadoua Hassen;Amel Grissa Touzi

摘要 信息的指数级增长、数据与来源的多样性带来的数据的结构意义的丧失促使了数据库分布的集中化。正确的设计和实施分布式数据库可以满足性能需要并保持相关完整性。将IT系统从集中式数据库迁移到分布式数据库意味着高昂的成本,包括检查当前系统核心和界面调整的成本。此外,不一致的设计对于大数据处理系统是致命的,如完整性规则破坏导致的数据缺失。对"常规"的数据库而言,可以接受简单的字段复制,但会导致大量的存储空间被浪费。实际上,当前推向市场的 DDBMS 还无法自动支持大型分布式数据库。大型分布式通常在没有GUI 辅助的情况下完成(或只需要适当的 GUI 辅助),确保分布规则得到满足(完整性、不相交性和重构性)。此外,即使出现了分布脚本,也无法自动保证数据库的透明度。数据处理的存储程序和功能必须考虑分布环境。环境的变化会导致数据处理算法的全部重写。本书旨在提出一个新的架构描述和操作大分布数据。该方法成果为一个分布环境感知工具,该工具遵守数据库分布规则,并辅助设计人员创建可靠的 DDB 脚本。为了避免对核心应用程序和界面进行重写,使用自动转换器将集中式查询转换成分布环境感知查询。并通过查询转换器来保证终端用户和应用装置能够看见分布式数据库分裂之前的样子。

Fadoua Hassen
Université Tunis El Manar, LIPAH, FST, Tunis, Tunisia
e-mail: hassen.fadoua@gmail.com

Amel Grissa Touzi
Université Tunis El Manar, ENIT, LIPAH, FST
Bp. 37, Le Belvédère 1002 Tunis, Tunisia
e-mail: amel.touzi@enit.rnu.tn

© Springer International Publishing Switzerland 2015
A.E. Hassanien et al.(eds.),*Big Data in Complex Systems*,
Studies in Big Data 9, DOI: 10.1007/978-3-319-11056-1_17

17.1 引言

当前,随着信息的开发和大量分布式异构数据的存储,DDBMS 已经成为大多数信息系统的标配。关联数据库不再是许多标准测试报告的分布式环境中领先的实时处理平台(Dede et al.,2014),但仍然是保持重要系统中数据完整性的唯一方案。完整性标准仍然是非结构化数据的知识提取目标,而与分布式完整性约束检查无关,所以不再在大数据处理方案中进行讨论(Patterson,2013)。一些关于分布式环境中数据完整性的文章讨论了一种宽松的 ACID 方法,以解决临时 DDB 异常问题。但是,由于宽松的 ACID 方法在一致性标准方面存在问题,所以这种方法并不是重要系统的最佳方案。大数据分布式数据库处理(Manyika et al.,2011)具有许多优点,尤其在分布式存储和并行能力等方面(Wu et al.,2013)。MapReduce(Krishnanal et al.,2010)算法是该环境下用于在 DDB 上进行汇总查询的最有效算法之一(Sakr and Liu,2014)(Polo,2013)。在大数据领域中,MapReduce 算法已经被视为能够满足大规模数据库对计算资源不断增长需求的主要实现方法之一。其原因是 MapReduce 算法的高度可扩展性,可以在大量计算节点上进行大规模并行分布式实施(Lindblad et al.,2014)。查询请求必须在每个节点(Map)上单独执行,然后汇总返回给客户端(Reduce)。返回的结果是各节点中所收集结果的汇总。客户端可以像单个查询一样进行汇总查询。该算法允许进行并行处理,从而大大提高了查询响应时间。如果结合有效的数据库分布设计,MapReduce 方法可以进行更快查询(Aji et al.,2013)(Giese et al.,2013)。有效的数据库分布是一种能够防止数据丢失、最小化所需存储空间并保持初始数据完整性的方案。具体来说,通常在不同分布节点中创建的分布式数据库上进行设置。

本书重点讨论通过确保最佳分配策略来增强大数据处理性能。分布式数据库设计必须符合正确的规则(Silberschatz,2002),以避免数据丢失和不必要的存储消耗。这些规则具有完整性、不相交性和重构性。完整性规则对于保留原始数据至关重要,而不相交性可以避免数据重复,从而可以更好地进行数据更新和存储。数据分布重构性可以保持关系完整性。在小型数据库模型中,通常可以检查这三个规则是否符合分布策略。但是,对于大数据环境,数据库模式变得更加复杂,人工检查通常是不可能实现的。因此,需要自动验证工具来协助设计人员实施分布式方案。此外,转换集中式 CRUD(Seung et al.,2014)的程序、功能和触发器来进行分布式完整性测试还与数据库对象的数量和关系有关。数据切片分配是创建分布式数据库时另一个需要考虑的重要因素。数据检索站点之间的通信成本是最重要的标准之一。因此,数据分配算法尝试通过在可能需要的站点或附近进行数据分配来尽量降低该成本。数据分配问题(DAP)是 NP 难问题,因此我们必须采用启发式算法来解决。数据分配问题也是一个热点问题,已经成功应用于其他问题中(Tosun et al. ,2013)。

分布式数据库设计中一个更重要的过程是数据同步复制。数据同步有两种主要方法:一是赋予任务专门的 DDBMS 关系字符;二是依据数据库基本工具(如触发器和可更新审查)实施另一种容错机制。当然,也可以通过硬件和操作系统复制机制等外部工具来实现数据同步(Etemad and Kupgu, 2013)(Soares et al. , 2013)。这些集聚和同步机制通常非常昂贵,并且其效率与许多因素有关。由于增加的复杂性,引入新组件并不总是最佳选择。

本书提出,通过在每个站点上维护一个作为查询相关数据的软交换路径的分布字典,来改进分布式数据库的查询。

本书主要分为 5 部分。17.2 节介绍了分布式数据库在大数据环境中的作用。17.3 节展示了一个 Oracle DDB 的设计和实现示例,用于说明方案的实施难点。17.4 节介绍了新方法的理论基础和基本原理。17.5 节介绍了该方法的具体实施方案,并验证了该方法对创建"完美的"分布式数据库的有效性。17.6 节介绍了工作缺陷以及下一步工作。

17.2　分布式数据库和大数据

分布式数据库定义为在网络上物理延伸的一种逻辑互连数据集合(QIAN et al. ,2010)。DDBMS 是一款管理分布式数据库并确保其对用户透明度的应用软件。本章介绍 DDBMS 如何帮助我们克服大数据带来的挑战。

17.2.1　集中式架构内大数据的缺点

大数据环境下的首要需求通常是"数据太多,输入太快,RDBMS 无法处理"(Goswami and Kundu,2013)。CPU(Pukdesree et al. ,2006)和计算机电子部件的市场领导者英特尔(Stinson and Chandramouly,2014)可能是现有的集中式公司中满足这种需求的唯一一家公司。集中式不仅仅是一种理论,而且在现实生活中有许多优点。巨额投资在建立和维护数据中心上的大多数公司可能还没有准备好应对这种变化。存储空间通常是各种数据格式文件的累积存储,甚至只是描述相同的文件和对象。这可能是标准更改或应用程序升级的结果。因此,文件和信息结构的丢失是实施大数据需要首先应对的挑战。而且,现实生活中,每个公司的数字化和市场增长都需要正确存储和处理大量数据。在这种情况下,数据一致性就成为最重要的考虑因素,并且对于这种约束,更需要集中式数据库架构;在分布式数据库中保持完整性约束并不像集中式 RDBMS 那样简单,后者的单个查询和事务引擎能够掌握所有关系约束。由于在集中式数据库架构的情况下 RDBMS 采用集中式 CPU,设计人员的处理算法必须是串行算法。同时,集中架构的主要缺点也是串行处理。与数据交换发展相比,硬件输入(网卡)始终都是过时的。虽然并行站点在过去的三十年里取得了长足的进步,但是其在进行大量数据处理中仍然表现出固有的局限性。随着网络栅格计算技术的发展,并行处理操作系统开始用于管理分布式节点。

直到现在,尚未展开大数据的第三个基本特征:速度(Embley and Liddle,2013)。就运算性能而言,并行处理比串行处理更有效。这个标准在许多系统环境(如矿业、国防等)中至关重要。存储和管理分配是性能提升的重要途径。在独立处理单元之间运行并行查询大大减少响应时间。这一结论的假设是数据分配能够很好地进行分割和定位,以避免在不需要复制的情况下获取重复的记录,并且在网络交换结果时能够获得准确的数据包大小。因为这种假设依赖于应用程序的业务理解能力和系统记录的查询权重,所以在处理庞大的关系模型时这种假设并不是一定成立的。

17.2.2 分布式数据库的性能问题

需要大数据的公司的第二个需求通常认为"我有遍布全球的大量服务器,我需要在附近进行实时读写"。分布式数据库对查询性能的贡献来自于这种架构本身的并行性。

采用分布式架构,由 DDBMS 协同管理的节点可以执行相同的查询,且涉及的数据更少。例如,使用 ID、名称和地址描述脸书(Lewisa et al. ,2008)的联系人初始数据库。水平分割表与初始数据表的快速比较可以突出其过程时间增益。

图 17.1 中所述的样本查询处理包含三个事务过程(在集中式 DBMS 中和 DDBMS 中的比较)。对每个事务进行处理,然后在所有节点做出响应之后,提交该事务。只通过四个节点的查询数据就已经显示出相当大的响应时间增益。

17.2.3 关于透明度问题

DDB 的实施必须符合一系列透明度要求。这组透明度要求的主要目的是让终端用户将 DDB 视为一个集中式数据库。这些透明度水平描述如下:

(1)分布透明度可以保证终端用户可以不考虑数据复制或分割(Wang,2014)。作为直接的结果,在数据更新时,系统负责更新所有数据。

(2)事务透明度可以在并行用户访问数据和系统故障时保证整个数据库的透明度。

(3)性能透明度,即使在多个站点上引用数据时,也能提供可靠的查询管理。

(4)查询透明度,可以在同一个调用中调用不同站点的混合资源。

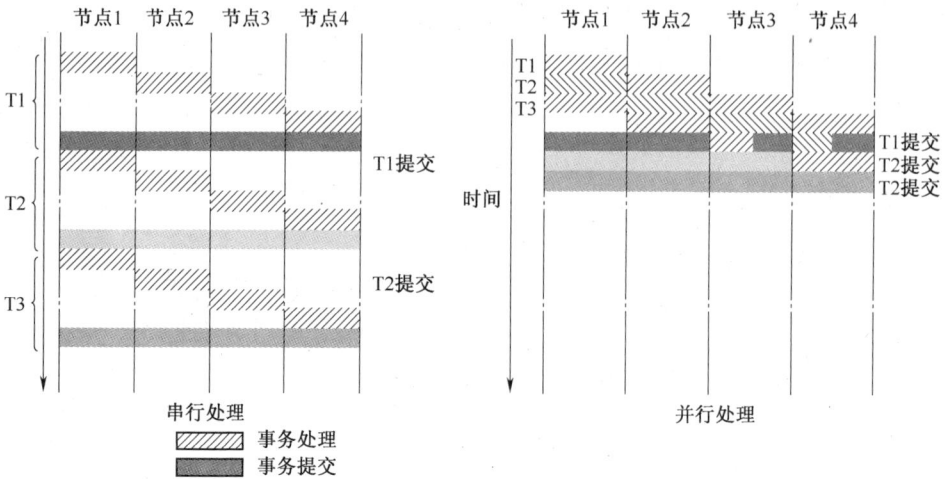

图 17.1　并行处理与串行处理

（5）DBMS 透明度，可确保访问不同的 DBMS，而无需用户特别关注。

17.3　现有 DDBMS 概述

17.3.1　DDBMS 规范

根据定义，分布式数据库管理系统是一种管理分布式数据库并确保其对用户透明度的软件。当前市场上最重要的 DDBMS 为 Oracle（Chen et al.，2014），其次为 MySql（Krishnan et al.，2010）、INGRES（Stonebraker，1979）、CASSANDRA（Hewitt，2010）和 F1（Shute et al.，2012）。

1987 年，DATE（Silberschatz，2002）根据用户必须将 DDBMS 视为 1 种非分布式数据库管理系统这一基本原则，制定了 12 条规则定义 DDBMS。这 12 条规则为：本地自治性、不依赖中心站点、持续可用性、站点唯一性、分段独立性、复制独立性、分布式查询处理、分布式事务处理（Ozsu 和 Valduriez，2011 年）、硬件抽象性、操作系统独立性、网络独立性和数据库独立性。

17.3.2　在 Oracle 下的 DDB 实现示例

分布式数据库作为单个数据库显示给用户，但实际上是存储在多台计算机上的一组数据库。通过网络访问可以同时对几台计算机上的数据进行访问和修改。

分布式数据库中的每个数据库服务器由其本地 DBMS 来控制,并且每个数据库服务器协同来保持全局数据库的一致性。Oracle 支持两种类型的分布式数据库。在分布式同构数据库系统中,所有数据库均为 Oracle 数据库。在分布式异构数据库系统中,至少有一个数据库不是 Oracle 数据库。

在本节中,通过真正的 Oracle 10g 脚本描述部分分布式数据库的实现,以突出设计人员的任务复杂性。

示例 17.1 突尼斯 El Manar 大学的三个学院:突尼斯国家工程学院(ENIT)、突尼斯数学、物理学与自然科学学院(FST)以及突尼斯经济科学与管理学院(FESMT)决定对它们的图书馆和图书借阅服务实现联网业务,使所有学生可以在参与院校的所有图书馆借阅图书。

图书馆和图书借阅业务通过在 3 个站点(站点 1 = ENIT,站点 2 = FST 和站点 3 = FESMT)上分布的数据库进行联合管理,全局模式如表 17.1 所列。

表 17.1 集中式数据库模式样例

员工(SSN,fname,lname,address,status,assignment)
学生(NCE,stud_fname,stu_lname,address,institution,class,nb_borrow)
书籍(Id_book,Title,editor,Year,Area,Stock,website)
作者(Id_book,au_lname,au_fname)
借书处(Id_book,NCE,date_borrows,return_date)

本应用程序的管理基于以下假设:

(1)每个员工属于衣蛾站点。每个站点负责对其员工的管理。

(2)学生在一个学院进行注册,但可以在所有图书馆借阅图书。

(3)从图书馆借阅的图书使用完之后应归还给所借阅的图书馆。

(4)使用学生关系的 nb_borrow 字段来限制同时在所有图书馆借阅的图书数量。每次借阅和归还时都会进行更新,与借阅的图书馆无关。

(5)每个学院负责对自己的学生进行管理。

(6)每个图书馆对其工作人员及其工作进行管理。

DBA 可以得出的第一个结论是总体关系必须在不同站点进行拆分和分配。功能假设的第二个推论是将学生表拆分成两个垂直分表,然后在每个地点复制该垂直分表。所复制的垂直分表和学生表之间呈现从属关系,该垂直分表中含有学生 ID(NCE)和所借图书数量(nb-borrow)信息。

例如,FST 站点形成的本地模式如表 17.2 所列。

上述分布策略的主要优点为:

(1)在不同站点之间查询学生数据时可以减少需要交换的数据量。

(2)可以通过本地检查 nb-borrows 字段减少网络活动。这是因为通过复制 STUDENT_BIBLIO 字段即可进行本地检查。

表 17.2　本地模式说明

D 语言脚本:站点 FST 的本地模式
员工_FST(SSN,fname,lname,address,status,assignment)
学生_FST(NCE,stud_fname,stu_lname,Address,Institution,Class)
学生_BIBLIO(NCE,nb_borrow)
书籍_FST(Id_book,Title,editor,Year,Area,Stock,website)
作者_FST(Id_book,au_lname,au_fname)
借书处_FST(Id_book,NCE,date_borrows,return_date)

由于更新 STUDENT_BIBLIO 所需成本较大,这种分布策略并不是最佳策略。

为了说明实施 DDB 需要花费较长时间,表 17.3 介绍了实施学生关系所必须的部分脚本。

表 17.3　本地模式创建脚本

```
PL/SQL 脚本:站点创建脚本摘录

---------------------------------------------------------------------
-- DB Link BB1 的 DDL(动态链接)
---------------------------------------------------------------------
CREATE DATABASE LINK "ENIT_dblink"
CONNECT TO "ROOT" IDENTIFIED BY VALUES 'root'
USING   '(DESCRIPTION=  (ADDRESS=  (PROTOCOL=TCP)
(HOST=127.0.0.1)  (PORT=1521))  (CONNECT_DATA=
(SERVICE_NAME=ENIT)))';
---------------------------------------------------------------------
-- DDL for Table STUDENT_FST
---------------------------------------------------------------------
CREATE TABLE STUDENT_FST ( NCE NUMBER,ST_FNAME
VARCHAR2(200),
ST_FLNAME VARCHAR2(200),ADRESS VARCHAR2(200 CHAR),
CLASS NUMBER,CURSUS VARCHAR2(200 CHAR),Constraint PK11
primary key (NCE) ) ;
---------------------------------------------------------------------
-- Synonym ENIT 的 DDL(动态链接)
CREATE SYNONYM STUDENT_ENIT FOR STUDENT_ENIT@ ENIT;
---------------------------------------------------------------------
--物化视图 STUDENT 的 DDL(动态链接)
---------------------------------------------------------------------
```

（续）

创建物化视图 STUDENT
刷新 complete start with sysdate next sysdate + 7 as （SELECT ＊ from FOR STUDENT_ENIT@ ENIT）UNION （SELECT ＊ from FOR STUDENT_ENIT@ FST）UNION （SELECT ＊ from FOR STUDENT_ENIT@ FESMT） --
--触发器 insetSudent 的 DDL（动态链接） --
创建或替换触发器 insertStudent

在对学生表插入 rowdeclare 前
检查异常
nbTuples number
Begin（开始）
nbTuples ：＝0;
select count（＊）into nbTuples from Etudiant where
NCE＝:new. NCE ;
if（nbTuples ！＝1）then raise excep ;
else
IF :new . Institution ：＝"ENIT" THEN
INSERT INTO Etudiant_ENIT（NCE,ST_FNAME,ST_LNAME,ADRESS,
Institution,"CLASS",CURSUS）VALUE
（:new . NCE ,:new. ST_FNAME,:new. ST_LNAME,:new . adress ,
new . Institution,:new."CLASS",:new . cursus）
INSERT INTO Student_lib（NCE ,Nb_borrow,ST_FNAME,ST_LNAME）
VALUE（:new . NCE ,:new. Nb_borrow,:new. ST_FNAME,:new.
ST_LNAME）
ELSIF :new . Institution ：＝"FST" THEN
INSERT INTO Etudiant_FST
（NCE,ST_FNAME,ST_LNAME,ADRESS,Institution
"CLASS",CURSUS）VALUE
（:new . NCE ,:new. ST_FNAME,:new. ST_LNAME,:new . adress ,
new . Institution,:new."CLASS" ,:new . cursus）
INSERT INTO Student_lib
（NCE ,Nb_borrow,ST_FNAME,ST_LNAME）
VALUE（:new . NCE ,:new. Nb_borrow,:new. ST_FNAME,:new.
ST_LNAME）
ELSIF :new . Institution ：＝"FESMT" THEN
INSERT INTO Etudiant_FESMT（NCE,ST_FNAME,ST_LNAME,ADRESS,
Institution "CLASS",CURSUS）VALUE

415

```
（ :new . NCE , :new. ST_FNAME, :new. ST_LNAME, :new . adress ,
new . Institution, :new . "CLASS" , :new . cursus ）
INSERT INTO Student_lib（ NCE , Nb_borrow, ST_FNAME, ST_LNAME ）
VALUE（ :new . NCE , :new. Nb_borrow, :new. ST_FNAME, :new.
ST_LNAME ）
ELSE
RETURN 'The university name is invalid'
END IF
END IF
when excep then
raise_application_error （ -20009 , 'constraint violation' ）
END；
```

为了确保表格更新, 可以执行一段可重用的程序来处理不同表格的同义词和属性字段, 如表 17.4 所列。

表 17.4　可重复使用的 Oracle 更新程序

Oracle 类属过程
创建或替换过程的 update_table
tbl VARCHAR2,
column VARCHAR2,
value VARCHAR2,
id__column_name VARCHAR2,
id VARCHAR2 ）
IS
stmt_str VARCHAR2（500）；
BEGIN
stmt_str :＝ 'UPDATE ' ‖ tble ‖ '
set ' ‖ column ‖ ' = ' ‖
valeur ‖ ' WHERE ' ‖
id_name ‖ ' = ' ‖ id ；
EXECUTE IMMEDIATE stmt_str ；
END；

此更新程序可以在更新列类型为 VARCHAR2 的表格上进行创建和更新。如果该程序用于任何其他列类型, 则须做相应调整。

17.4　目的

如上所述, DDB 设计人员仍然会面临以下问题：

（1）DDB 设计不是一件容易的事情。设计必须考虑多个标准，包括站点数量、扩展用户需求和频繁查询。设计人员必须综合考虑数据复制与性能更新成本和选择查询之间的关系。必须找到与片段或重复的关系以及在每个同步或异步关系中需要考虑的更新类型。

（2）目前实现 DDB 仍然是一项艰巨的任务，特别是在多个站点中调用的大型数据库。现有的 DDBMS（Bassil，2012）尚未具备确保初始集中式数据库自动分布的集成组件。实际上，目前的 DDBMS 还不能自动实现，设计人员手动实现必须通过确保透明度列表使 DDB 看起来像一个集中式 BD。

（3）查询分布式数据必须符合分布透明度和性能透明度要求。查询语言和格式必须与集中式数据库的语言和格式大致相同。任何语法审查都有可能导致与目标数据库系统交互失败。因此，DDB 必须具有不需要在客户端应用程序中进行任何（或只有少量）更改的标准查询语言。

DDB 设计的复杂度与启动模式大小密切相关。在生产环境中，经常会面对具有数百个表格的复杂模式。如果通过 Oracle 命令行工具手动处理这种分布，则可能会出现较大的出错概率。

在下文中，本研究建议修改 Oracle DDBMS。其思路是通过辅助层提供以下功能对其进行扩展：①通过定义地理上分散不同站点的 GUI 创建不同类型的程序段；②分配和复制不同的数据库。系统必须自动为原始配置的每个站点生成 SQL 脚本（Pribyl and Feuerstein，2001），如图 17.2 所示。

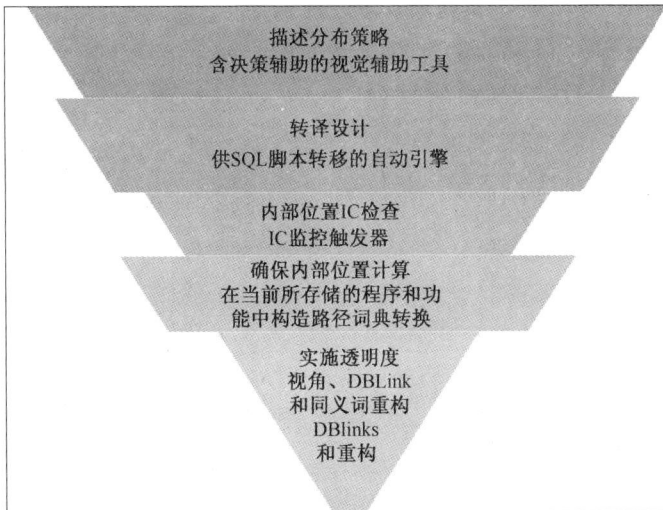

图 17.2　实现完美 DDB 应遵循的主要步骤

17.5 描述和操作大型分布式数据的新架构

17.5.1 本方法的目标

理想情况下,新架构层必须满足以下目标要求:

(1) 为分布式架构提供设计帮助:该层必须为设计人员提供一个友好和丰富的界面,使其能够将设计草案作为一种全面可访问模式进行审查和协同。必须向设计人员提供字段、表格、站点的建议列表和工作工具(分段和复制),以简化架构图形说明并避免其他任务复杂化。

(2) 设计架构的自动实现:一旦设计人员在向导帮助下建立并验证了该分发架构,组件"脚本生成器"必须能够将准确描述的分布策略转换为有效的 SQL 脚本。如果已经准备好访问,生成的脚本可以直接在该层的站点上执行,或者向每个站点管理员递交可发布的文件。

(3) 确保完整性约束和站点间计算:横向和纵向的数据分段(Nishimura et al.,2013 年)可能会破坏大多数 DBMS(包括 Oracle)的关系,而不是处理两个不同站点之间的完整性限制。建议替换本地 DBMS 触发器的完整性检查,从而维持两个站点之间主键的独特性以及两个或多个远程分片之间非主键的有效性。

(4) 确保对终端用户的透明度:创建自动组合远程片段数据的视图。这种重建是分配透明度的重要组成部分。

(5) 根据分布策略为大型分布式数据库提供自定义查询构建器,并针对迁移目标进行优化。保持客户端"不变"是一种完美的策略。中间件可以透明地集成在 DDB 之上,以将集中式目标的查询转换为分布式查询。

17.5.2 建议的分层架构

如图 17.2 所示的智能 DDB 的架构展示了实施层的架构。帮助功能可在以下分布过程步骤中使用:

(1) 访问集中式数据库进行分布。

(2) 创建数据库链接。

(3) 水平、垂直和嵌套分段。

(4) 分段结果验证。

(5) 数据复制。

在该过程结束时,依据所提供的前提条件建议使用两个选项来执行脚本。

(1) 自动:如果设计环境具有对远程站点的有效访问权限,则该层在每个远程站点上执行脚本。

（2）手动：使用外部工具传输文件，然后负责在远程站点上执行。

"通用连接器"是一种确保对 DBMS 抽象化的抽象层。这是支持混合架构的第一步。通过这个组件，工具可以访问给定相关连接符和有效凭据的数据库。

设计转换组件负责通过 GUI 对可见描述进行验证和重写，并将其转换为正式的 SQL 脚本。该组件具有"验证向导"，可以对每个步骤的正确性规则进行处理，并报告可能出现的故障。"脚本生成器"功能专门用于转换不同的 SQL 类型。初始版本仅支持 Oracle SQL 类型（PLSQL）。后续版本可支持 T-SQL 和 PGPSQL 类型。在"脚本生成器"组件内部，"M 审查管理器"通过对站点内部的过渡格式进行重写审查来确保层的透明度。完整性检查管理器（IC 管理器）可以生成附加程序来确保分布式环境中的完整性限制。在给定的样本模式中，IC 管理器可创建一个特定的程序，该程序通过在学生登录数据库之前对所有站点上的最高属性主键进行检查，来确保 NCE 的独特限制。分层架构如图 17.3 所示。分布处理算法如表17.5 所列。

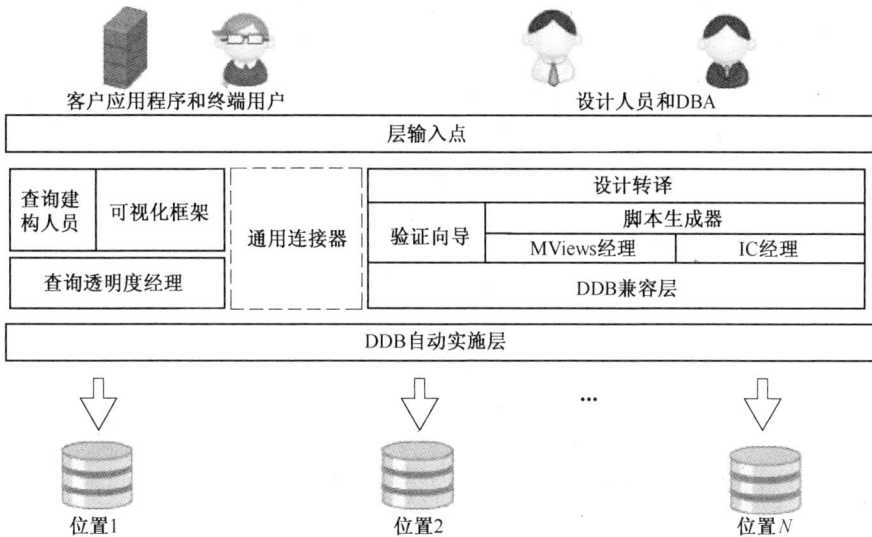

图 17.3　分层架构

表 17.5　分布处理算法

算法 1:分布处理
开始： 1. 选择数据库切片（分段储存） 2. 进入分布站点列表 3. 检索基于初始模式的关系的列表

419

4. 当"完全分段存储"是错误时

a. 选择表格级碎片

b. 选择分段存储的类型（A）

i. 如果属于水平分段存储

　　1. 选择列分段存储

　　2. 影响各站点的分段存储值

ii. 如果属于垂直分段存储

　　1. 命名碎片

　　2. 选择碎片列

选择垂直碎片的主机站点

iii. 如果是混合分段存储

　　1. 处理混合碎片

c. 验证所得到的分段存储状态

d. 显示验证报告

e. 如果验证是负值，返回（4.b）

f. 如果得到的碎片有外键值

iv. 实施衍生碎片化（分段储存）

5. 以下情况下程序终止

6. 对每个站点

a. 生成脚本用于创建来自其他站点的链接

b. 生成此站点的脚本碎片

c. 生成 CRUD 过程（程序）

d. 生成物化视图

e. 在站点的文件名中写入脚本

以下情况下程序终止

终止

17.6　智能大型分布式数据

　　本章对相关研究结果进行了说明，并对所实施工具的总体作用和局限性进行了评价。

17.6.1　研究结果

　　分布向导程序"智能 DDB"旨在帮助用户通过图形的方式来分布集中式 DB，支持创建 DB 链接，以及垂直、水平、混合与衍生分片与复制。最终的结果是获得一组在每个站点运行的 SQL 脚本。图 17.4 显示了 DDB 的创建步骤。

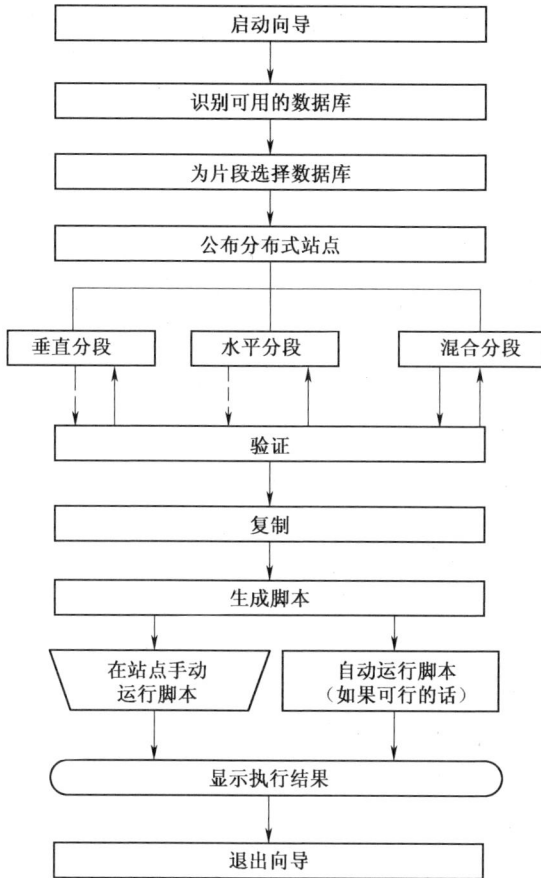

图 17.4　DDB 创建步骤

为了应用该工具,使用的操作系统应为微软 Windows 7 系统。通过在所选择的主机上安装两个虚拟机(Oracle Virtual Box),进行网络节点模拟。开发环境是 DotNet 框架 4.5 版(Rajshekhar,2013)(CSharp)。图 17.5 显示了 DDB 步骤的运行。智能 DDB 为设计人员提供了多个界面。

样本水平分屏与隐式派生通知样例如图 17.6 所示。

下文阐述了一些相关的样例。

出现欢迎界面、工具介绍和交互式帮助访问后,用户可以访问连接面板确定目标集中式数据库(图 17.3)。如果设计人员不想或者还不需要访问当前的数据库,那么其可以在连接面板的文本框内写入标准 SDL,对目标数据库进行描述。给定的描述必须符合"The First Manifesto"中所述的 D 规范要求。17.4 节中给定的样例为 C Date 相关的描述语言格式。

一旦连接测试成功,下一个界面将跳出来,询问需要分布的站点数量。然后,

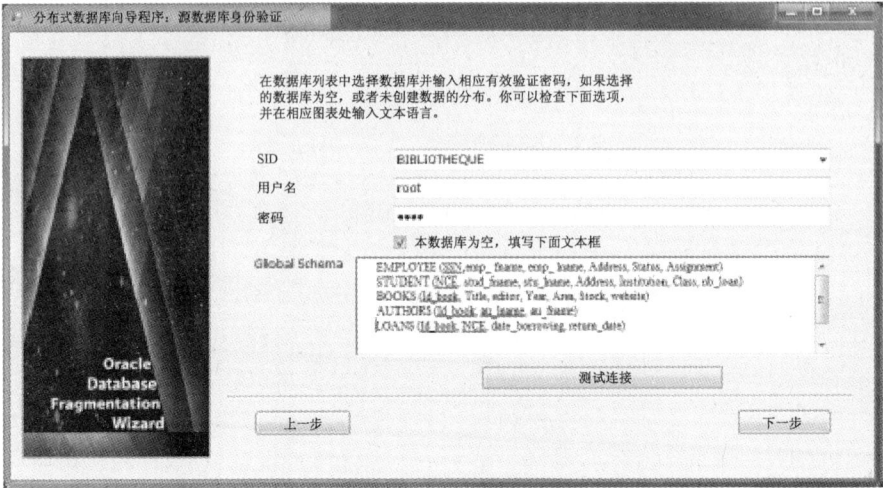

图 17.5　验证界面

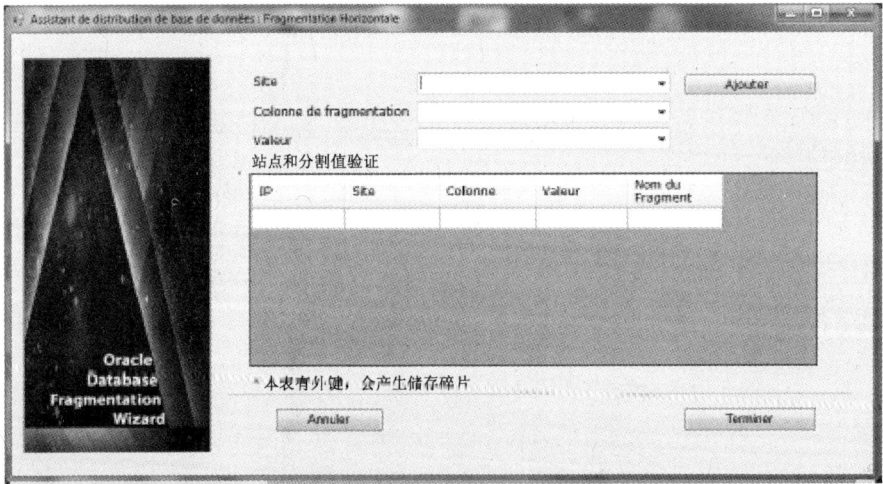

图 17.6　样本水平分片屏与隐式派生通知样例

还会显示一个带原始节点的视图。设计人员必须通过网络地址（名称或 IP 地址）、逻辑名称和 DB 链接名称确定每个站点（图 17.4）。站点界面详情样例如图17.7 所示。

　　站点定义后的下一步为分段界面。用户之前定义的访问表格会以自动完成的形式添加到第一个建议列表中。第二个建议列表对分段类型进行确定（水平分段、垂直分段（图 17.8）和嵌入分段）。储存碎片对设计人员是透明的，仅供参考。

　　例如，水平分段界面向用户提供与所选表格行列有关的列表（图 17.5）。用户应输入分段名称，选择主机站点，然后检查与该分段有关的行（图 17.6）。通过默

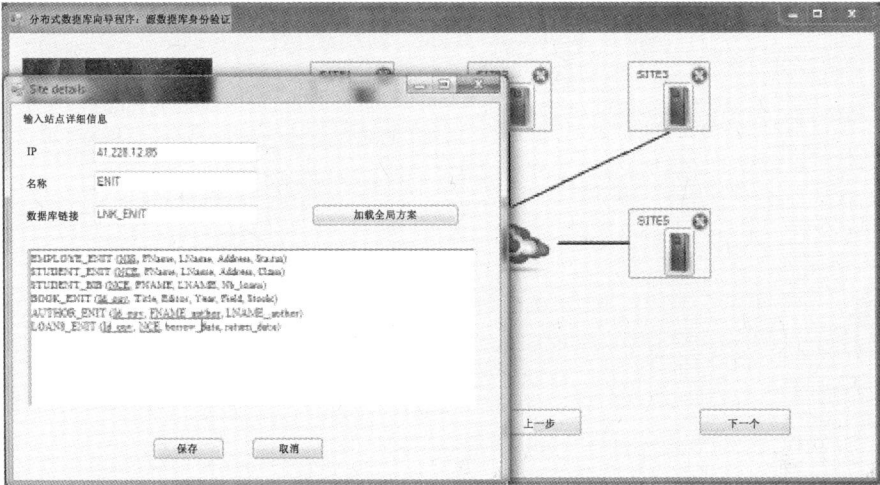

图 17.7　站点界面详情样例

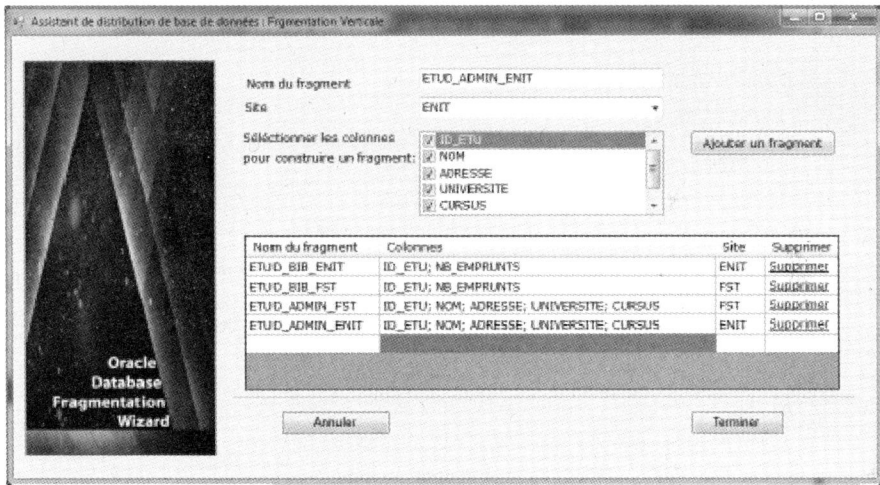

图 17.8　垂直分段界面样例

认工具来保持最后选择的行,使得设计人员能够影响多个站点上的相同分段,而无需重新定义该分段的行。如果设计人员需要清空选择,可以操作快捷键 F5。要对表格进行水平拆分,设计人员需要遵循以下步骤:

(1) 从节点列表中选择主机站点。

(2) 从目标表格行中选择分段属性。

(3) 选择或手动输入判别值。

(4) 单击完成,开始进行验证。

因为工具会向设计人员建议进行垂直拆分所需的必要值,所以处理垂直分段和处理水平分段一样容易。要创建垂直片段,设计人员应遵循以下步骤。

(1) 从节点列表中选择主机站点。

(2) 输入分段名称。这个字段由总关联名称、选择的主机大小和数值型判别值组成的有效片段名称进行先期填写。

(3) 通过检查包含在总表行中的字段选择相关行。

(4) 单击添加片段按钮。

验证报告样例如图 17.9 所示。

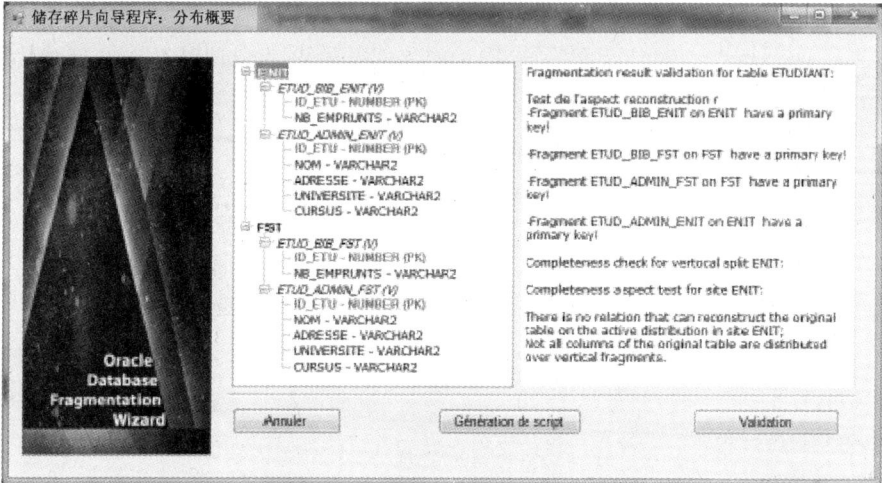

图 17.9　验证报告样例

为了减轻设计人员的工作任务,在向片段汇总列表中增加最后创建的对象后,工具选项保持不变。设计人员可以通过更改主机站点并最终对其重新命名来再次使用该片段。因为重构和不相交规则仅基于主键和所选择的字段交叉,所以可在运行条件下对其进行验证。工具会向设计人员提醒这些用于创建片段的规则。因为整个片段列表需要强制性检查所提出的分布模式是否造成某些数据丢失或者所有组件在已分布片段之间是否开始建立联系,所以在运行条件下无法完整性规则进行验证。

一旦完成表格分片,向导便开始自动验证所述的配置。创建片段(单击"增加片段"按钮)时,对增加的无主键新片段进行了控制。然后会显示验证界面:左侧界面有一个片段树,第 1 层节点表示站点,第 2 层节点表示片段名称,叶片表示行。主键用橘色突出显示。验证界面的右侧应显示使用三种验证标准(重构性、完整性和不相交性)的验证报告。

在整个过程的最后,如果向导和设计人员对该策略进行了验证,应能够使用将可视设计转换成 SQL 脚本的工具,以便在远程站点上运行。该操作所需的参数只有脚本站点,脚本文件的名称通常为:[SITE_NAME]_DDB_SCRIPT. sql。

424

生成过程会通过所有站点,并生成可以创建软链接的脚本,然后将标准片段转换为 SQL 脚本。

各站点脚本生成界面如图 17.10 所示。

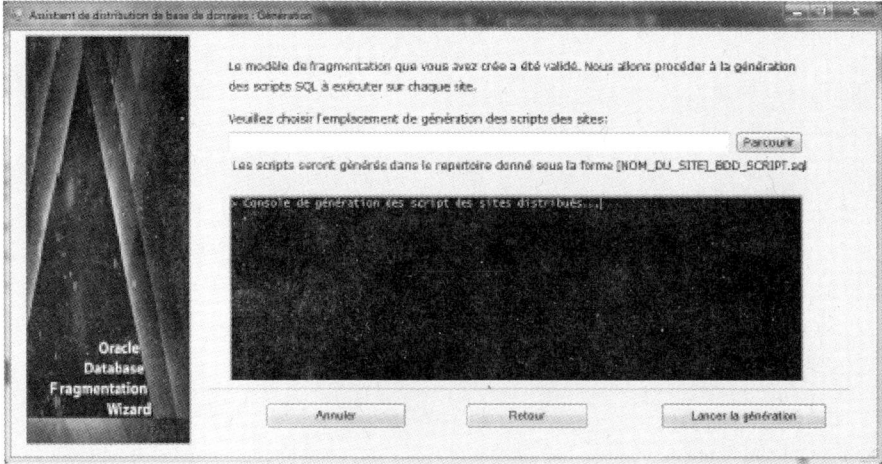

图 17.10　各个站点的脚本生成界面

字段名称和类型与起始表格的一致(具有相同名称和类型)。然后据此写入程序、审查、触发器和其他部分。

生成触发器跨站点 IC 验证的算法。

下述算法介绍了创建触发器的方法,该触发器用于在两个站点之间进行完整性约束控制。在 CSharp 中执行该算法的详细信息可以在所创建的工具代码中获得。该算法专门用来在两个水平实体片段中插入相关程序。它会生成一个触发器,该触发器将在插入相关程序之前对所有站点上记录的主键唯一性进行验证。如果主键唯一,它会在下一行插入相关程序和适合相关站点的水平分片标准。

开始

1. 写入触发器头插入实体。

2. 对每个站点:

a. 在 `number_id` 变量中写入查询语句(作为参数提供)的 `SELECT ID`。

b. 当条件大于 `0` `number_id` 时,写入。

c. 写入 `RAISE EXCEPTION` 的程序说明以表示插入错误。

3. 对于所有的站点来说:

a. 如果以下条件成立,则写入:

`VALEUR_COLONNE_FRAGMENTATION_DU_SITE_X` = `VALEUR_ELEMENT_A_INSERER`

b. 如果正在生成站点 X 的脚本:

i. 站点基地 X 中把 `INSERT` 程序说明写入相关表中。

```
ii. 相关同义字表中写入 INSERT 程序说明。
4. 写入返回码和唯一性的异常消息。
5. 关闭触发器。
结束.
```

该算法的主要目标是执行正确和优化后的分片。这些工作的客户端部分意在增强各种透明度。在分布式数据库上建立数据查询以及执行优化的时间反应是创建分布式数据库中的一个非常敏感部分。在大型数据库中，如果在进行查询时没有考虑分布式环境，那么与数据分布有关的前期工作将无法获得任何效果。

```
CREATE OR REPLACE PROCEDURE "LOAN_BOOK"
创建或替换过程 "LOAN_BOOK"
( FNameST IN VARCHAR2,
LNameST IN VARCHAR2,
book IN VARCHAR2
) IS
ID_st NUMBER;
Cou NUMBER;
i VARCHAR2(100);
NB_loan NUMBER;
ADRESS VARCHAR2(100);
ID_book NUMBER;
TITLE_Book VARCHAR2(100);
NB_stock BOOK.STOCK% TYPE;
BEGIN
Cou :=0;
select NCE into ID_st from STUDENT where ST_FNAME=FNameST and
ST_LNAME=LNameST ;
select NB_loan into NB_laon from STUDENT_bib where NCE = ID_st;
DBMS_OUTPUT.PUT_LINE( 'NB_EMPRUNTS ->' ||NB_PRETS ) ;
commit;
DBMS_OUTPUT.PUT_LINE( 'BOOK ->' ||book ) ;
select ID_book into ID_BOOK from BOOK where title=book;
DBMS_OUTPUT.PUT_LINE( 'ID_book ->' ||ID_book ||'- IN STOK ' ||
nb_stock) ;
commit;
if( nb_stock >0) THEN
insert into loans (ID_BOOK,NCE,LOAN_DATE,RETURN_DATE)
values (ID_book,ID_st,sysdate,'',SYSTIMESTAMP);
```

```
update student_biblio set nb_loan = nb_loan+ 1 where NCE = ID_std
update book set stock = nb_stock - 1 where id_book = ID_book;
else
dbms_output.put_line('NO COPY N IS AVAILABLE AT THIS TIME.');
end if;
commit;
EXCEPTION
WHEN NO_DATA_FOUND THEN
BEGIN
/* la cle n'existe pas -> INSERTION */
DBMS_OUTPUT.PUT_LINE( 'EX ID_book ->' || ID_book);
END;
END;
```

生成可存储程序的算法构想非常简单。当创建网址的站点脚本时,工具会生成对输出表格进行重构的物化视窗。Oracle 物化视窗可以进行升级,取代依据透明度进行选择和升级的传统视图。但是,检测这些情况需要在临时表格(在生成期间可以访问)中存储此类信息:X 片段站点 S 来自 MX 表格。存储程序起始站点能够适应在 Oracle 中的由物化视窗分布的环境。在脚本样例中,物化视窗"etudiant_prets_global_view"应取代学生表模板。

生成程序会生成一个含有分布策略信息的配置表。本表格以工具的生成过程算法为基础,并通过以下属性对每个片段进行描述:

(1) 片段 ID:串行序列生成的每个片段的唯一键。

(2) 片段名称:在分片步骤中输入的片段名称。

(3) 片段站点:数据库链接名称指向的位置站点。

(4) 片段母表:在集中式数据库中当前片段的母表。

(5) 片段类型:本标记表示为水平片段还是垂直片段。

(6) 片段行:本字段含有与当前片段中行名有关的逗号分隔值。

(7) 片段拆分行:如果当前表格为水平片段,那么本属性含有需要进行拆分的行。

(8) 片段拆分条件:如果当前表格为水平片段,那么本属性含有需要进行拆分的条件。

(9) 片段错误:本字段含有分布站点上当前片段同义词的逗号分隔列表。

所提出的片段库结构在生成程序和触发器以及查询路径问题中非常有用。因为在识别含有信息的站点时,直接从数据站点中进行查询且避免了额外的查询,所以根据每个水平拆分标准生成的路径可以提高查询时间。

片段库的映射属性描述了复制片段列表。根据这个属性,如果对当前片段进行更新并且映射属性中含有非空列表,那么对这个片段进行的每一次复制会及时得到更新。此行为增强了实时数据同步性并提高了 DDB 的数据一致性。

这项研究的客户部分将被打造成一个网络环境丰富的客户端,使得所有用户都能够进行查询,并对分布结构进行可视预审查。这个界面背后的想法是对查询转换进行控制,从而保护分布的性能指标,并确保对终端用户具有一定水平的透明度。

构建的查询特征包含在 DDBMS 智能查询界面上。它就像属于同一个集中式数据库一样,会显示表格列表、视窗和物化视窗。在目标对象选择上,多状态面板会显示在查询构建器空间内。面板的默认状态为对象结构(字段或行名称)概览。第二个状态描述了与字段类型和限制有关的更多详细信息。第三个状态显示了该对象所含的数据样本。这可能有助于终端用户对该字段进行检查,包括对结果进行预审查(如果不太确定行的内容,而是只给出了行名称)。为了创建一次查询,终端用户需要选择一个或多个需要查询的对象。然后用户应选择显示查询结果和限制标准的字段。标准字段是一种无文本字段。如果其条件和字段拆分条件(C1)匹配,并且所有所需字段(C2)都包含在该字段中,那么便可以直接向目标站点发送查询。这个默示路径通过 DDB 执行过程中的自动生成程序来实现。因为在嵌入片段中,拆分条件保留在水平拆分步骤中,但是该水平片段可以转换为垂直片段,并且用户所请求的字段中会缺失一个或多个行,所以 C2 条件是一种强制性条件。

终端用户界面上分布的可视图如图 17.11 所示。

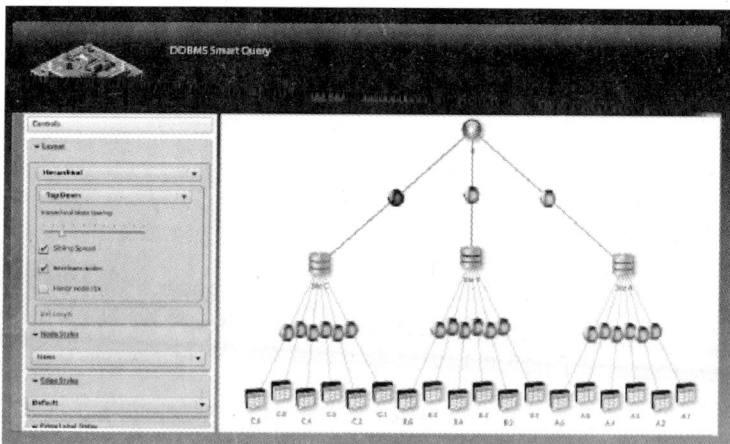

图 17.11　终端用户界面上分布的可视图

可视查询辅助界面如图 17.12 所示。

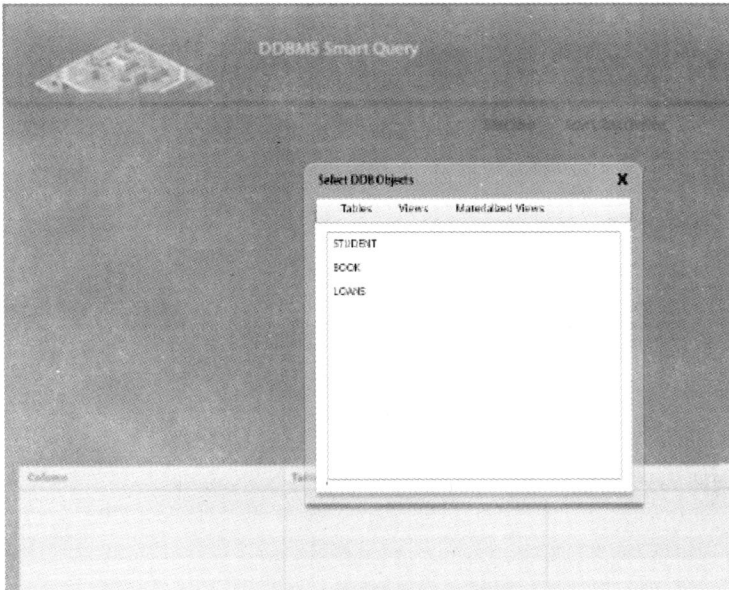

图 17.12　可视查询辅助界面

17.6.2　结果评论

我们所提出的工具可以慎重考虑添加到当前的 Oracle 分区方案中。在最新版本 Oracle 12c 中,供应商似乎忽略了图像工具直接执行分布模式的重要性。为了执行自身的分布策略,提供给设计人员的控制台指令很少。本工具提供了一系列建议和对结果进行实时验证的预加载列表。根据标准模式描述语言(SDL)输入目标模式的能力增强了抽象水平,并促使工具向异构型环境发展。验证报告为设计人员提供了一种固定分布策略的针对性参考,从而避免出现数据丢失和无效的复制信息。

内嵌在每个站点上的分布库缩短了包含拆分标准的查询响应时间,并直接从目标数据所在站点开始进行查询。例如,当某个学生在学院的 FST 借书时,因为它保留了拆分标准 INSTITUTION = "FST",相应的查询会根据片段库重新导向各站点的 FST。以同样的方式,如果出现查询请求,且通过对既定行列表和片段库中行列表进行比较的该片段中含有一系列子行,则会直接唤醒垂直片段。

本书的研究中缺少组合键处理和多对多关系默认处理程序。目前,根据启动模式和集中式数据库统计集成的提议专家系统可以增强该工具的辅助属性。Rim(Moussa,2011)的研究成果可以在所创工具的寿命周期中集成,从而对智能辅助属性进行完善。分布结果模拟器是一种非常有用的集成工具,能够为设计人员提供更多的决策标准来选择最佳分布策略。

17.7　结论

大数据的出现已经改变了互联网的发展趋势。尽管很多行业正在加大对大数据的投资,但是许多问题仍然没有得到解决。对关键系统进行准确挖掘常常会受到 NoSql 发展趋势的影响。因此,关联数据库中的数据完整性能够确保 RDBMS 成为一种处理大数据的新手段。虽然集中式 RDBMS 显示出很多缺点,尤其是在性能方面,但由于是本地并行执行,DDBMS 似乎可以解决性能方面的问题。当然,DDBMS 仍然有许多缺点,如创建步骤中的设计和实施工具、综合性的标准语言和 API 的查询使客户将集中式数据库迁移到分布式环境时避免应用软件重写。

本书中所讨论的内容为解决 DDB 设计和实施中的此类问题找到了一种正确的解决方法(同时还能完全遵守分布法则和规则)。因为实施错误的策略可能会导致性能和数据丢失问题,所以在迁移过程中,分布正确性是一个非常重要的因素。因此,急需一个辅助层来帮助设计人员创建 DDB。本书所示的方法可以作为中间件(带输入点和标准连接器)进行设计和实施,以便于其在当前的应用软件内的集成。所实施的可视辅助使得设计人员能够快速创建不同的站点脚本,并确保其设计符合正确性规则。通过集成查询转换器来替代重写当前应用软件的应用代码,客户应用软件和终端用户也可以从该辅助层中获益。查询转换组件执行与集中式数据库一样的查询,并将其转移到分布式环境中。这个组件以"DDB 自动实施层"在第一步中创建的模式库为基础。其提供的处理加速是解决具有分布式关联数据库的大数据世界中性能问题的第一步。

实施层已经表明分布式数据库处理生命周期内的性能得到了一定提高。在大数据基准上,可能需要对智能数据索引和复制片段同步处理等进行审查。

参考文献

Aji ,A. ,Wang,F. ,Vo,H. ,Lee,R. ,Liu,Q. ,Zhang,X. ,Saltz,J. :Hadoop GIS:a highperformance spatial data ware-housing system over Mapreduce. Proceedings of iheVLDB Endowment 6(11) ,1009-1020 (2013)

Bassil ,Y. :A Comparative Study on the Performance of the Top DBMS Systems. Journalof Computer Science & Research 1(6) ,20-31 (2012)

Chen,M. ,Mao, S. ,Zhang, Y. , Leung, V. C. : Big data applications. In:Chen, M. , Mao, S. , Zhang, Y. , Leung, V. C. M. (eds.) Big Data,pp. 59-79. Springer (2014)

Dede, E. ,Fadika,Z. ,Govindaraju,M. ,Ramakrishnan,L. :Benchmarking Mapreduceimplementations under different application scenarios. In:2011 12th IEEE/ACMInternational Conference on Grid Computing (GRID) ,Lyon,September 21-23,pp. 28-31 (2014) ,doi:10. 1109/Grid. 2011. 21

Embley, D. W. , Liddle, S. W. : Big Data—Conceptual Modeling to the Rescue. In: Ng, W. , Storey, V. C. , Trujillo, J. C. (eds.) ER 2013. LNCS, vol. 8217, pp. 1-8. Springer, Heidelberg (2013)

Etemad, M. , Küpçü, A. : Transparent, distributed, and replicated dynamic provable datapossession. In: Jacobson, M. , Locasto, M. , Mohassel, P. , Safavi-Naini, R. (eds.) ACNS2013. LNCS, vol. 7954, pp. 1-18. Springer, Heidelberg (2013)

Giese, M. , et al. : Scalable end-user access to big data. In: Akerkar, R. (ed.) BigDataComputing, pp. 205-245. CRC Press, New York (2013)

Goswami, S. , Kundu, C. : Xml based advanced distributed database: implemented on librarysystem. International Journal of Information Management 33(1) , 389-399 (2013)

Hewitt, E. : Cassandra: The Definitive Guide. Distributed Data at Web Scale. O' ReillyMedia (2010) , http://it-ebooks. info/book/623/

Lewis, K. , Kaufman, J. , Gonzalez, M. , Wimmer, A. , Christakis, N. : Tastes, ties, and time: A new social network dataset using facebook. com. Social Networks 30(4) , 330-342(2008)

Manyika, J. , et al. : Big data: The next frontier for innovation, competition, andproductivity, pp. 34 – 67. McKinsey Global Institute (2011)

Moussa, R. : DDB Expert: A Recommender for Distributed Databases Design. In: Databaseand Expert Systems Applications (DEXA) , Toulouse, August 29-September 02, pp. 534-538 (2011) , doi: 10. 1109/DEXA. 2011. 25

Nishimura, S. , Das, S. , Agrawal, D. , El Abbadi, A. : MD-hbase: Design and implementationof an elastic data infrastructure for cloud-scale location services. Distributed and ParallelDatabases 31(2) , 289-319 (2013)

Özsu, M. T. , Valduriez, P. : Principles of distributed database systems, 3rd edn. Springer, New York (2011)

Patterson, T. : Information integrity in the age of big data and complex informationanalytics systems. EDPACS 48(6) , 1-10 (2013)

Polo, J. , Carrera, D. , Becerra, Y. , Torres, J. , Ayguadé, E. , Steinder, M. , Whalley, I. : Performance-driven task co-scheduling for Mapreduce environments. In: NetworkOperations and Management Symposium (NOMS) , San Diego, April 19-23, pp. 373-380. IEEE (2010) , doi: 10. 1109/ICPP. 2010. 73

Pribyl, B. , Feuerstein, S. (eds.) : Learning Oracle PL/SQL. Oracle Development Languages, 6th edn. , pp. 128 - 180. O' Reilly Media (2001)

Pukdesree, S. , Sukstrienwong, A. , Lacharoj, V. : Performance Evaluation of DistributedDatabase on PC Cluster Computers. WSEAS Transactions on Information Science andApplications 10(1) , 21-30 (2006)

Rajshekhar, A. : . Net Framework 4. 5 Expert Programming Cookbook, 3rd edn. PacktPublishing Ltd. (2013)

Sakr, S. , Liu, A. : The family of map-reduce. In: Gkoulalas-Divanis, A. , Labbi, A. (eds.) Large-Scale Data Analytics, pp. 1-39. Springer, New York (2014)

Shute, J. , Oancea, M. , Ellner, S. , Handy, B. , Rollins, E. , Samwel, B. , Vingralek, R. , Whipkey, C. , Chen, X. , Jegerlehner, B. , Littleeld, K. , Tong, P. : F1: the fault-tolerantdistributed rdbms supporting google' s ad business. In: Proceedings of the 2012 ACMSIGMOD International Conference on Management of Data, New York, May 19-22, pp. 777-778 (2012) , doi: 10. 1145/2213836. 2213954

Silberschatz, A. , Korth, H. F. , Sudarshan, S. : Database system concepts, vol. 4. McGraw-Hill, New York (2002)

Soares, J. , Lourenço, J. , Preguiça, N. : MacroDB: Scaling Database Engines on Multicores. In: Wolf, F. , Mohr, B. , an Mey, D. (eds.) Euro-Par 2013. LNCS, vol. 8097, pp. 607-619. Springer, Heidelberg (2013)

Krishnan, S. , Baru, C. , Crosby, C. : Evaluation of MapReduce for Gridding LIDAR Data. In: 2010 IEEE Second International Conference on Cloud Computing Technology andScience (CloudCom) , Indianapolis, November 30-December 3, pp. 33-40 (2010) , doi: 10. 1109/CloudCom. 2010. 34

Stinson, A. , Chandramouly, K. : Enabling big data solutions with centralized datamanagement. IT@ Intel White Paper,

7 pages (2013)

Stonebraker, M. : Concurrency control and consistency of multiple copies of data indistributed Ingres. Berkeley Workshop 5(3), 235–258 (1979)

Tosun, U., Dokeroglu, T., Cosar, A. : Heuristic algorithms for fragment allocation in adistributed database system. In: Gelenbe, E., Lent, R. (eds.) Computer and InformationSciences III, pp. 401–408. Springer, London (2013)

Wang, X. : Research of data replication on cluster heterogenous database. In: Liu, X., Ye, Y. (eds.) Proceedings of the 9th International Symposium on Linear Drives for IndustryApplications, pp. 249–260. Springer, Berlin (2014)

Wu, L., Barker, R. J., Kim, M. A., Ross, K. A. : Navigating Big Data with high-throughput, Energy-efficient data partitioning. SIGARCH Computer Architecture News 41(3), 249–260 (2013)

内 容 简 介

　　本书面向不同领域的大数据分析研究和从业人员介绍理论前沿，同时将前沿理论应用于解决不同领域的实际问题，最后进行归纳总结，提炼出复杂系统中大数据的应用要点。本书包括三个部分：第一部分(第1章~第5章)介绍复杂系统中的大数据基础理论知识，第二部分(第6章~第13章)介绍不同应用背景下大数据的成功应用案例，第三部分(第14章~第17章)提炼总结复杂系统中大数据的应用要点。

　　本书可以作为各大学计算机科学与工程、管理科学与工程、系统工程等专业本科生和研究生的教材，也可以作为相关研究机构和企业从事人工智能、数据挖掘以及电子商务等专业研究和工作的相关人员的参考书籍。